全国优秀数学教师专著系列

重点大学自主招生数学备考全书
——重点大学自主招生真题（上）

The Book of Mathematics Examination for Independent Enrollment in Key Universities
—Examination Questions (Ⅰ)

● 甘志国 著

哈尔滨工业大学出版社
HARBIN INSTITUTE OF TECHNOLOGY PRESS

内容简介

本书是重点大学自主招生数学备考全书系列的第 9 册,给出了重点大学自主招生数学真题及解答,包括"方法指导""真题再现"和"真题答案"三章,每章内容均分节编写,方便读者选择使用。

本书可供广大高中教师(学生)在教(学)高中数学时选用,也可供广大数学爱好者参阅。

图书在版编目(CIP)数据

重点大学自主招生数学备考全书:重点大学自主招生真题.上/甘志国著. —哈尔滨:哈尔滨工业大学出版社, 2019.4

ISBN 978-7-5603-8029-2

Ⅰ.①重… Ⅱ.①甘… Ⅲ.①中学数学课-高中-习题集-升学参考资料 Ⅳ.①G634.605

中国版本图书馆 CIP 数据核字(2019)第 045765 号

策划编辑	刘培杰 张永芹
责任编辑	李广鑫 关虹玲
封面设计	孙茵艾
出版发行	哈尔滨工业大学出版社
社　　址	哈尔滨市南岗区复华四道街 10 号 邮编 150006
传　　真	0451-86414749
网　　址	http://hitpress.hit.edu.cn
印　　刷	哈尔滨市工大节能印刷厂
开　　本	787mm×1092mm 1/16 印张 35 字数 664 千字
版　　次	2019 年 4 月第 1 版　2019 年 4 月第 1 次印刷
书　　号	ISBN 978-7-5603-8029-2
定　　价	68.00 元

(如因印装质量问题影响阅读,我社负责调换)

甘志国与林群院士合影(2015年7月16日,北京昌平)

    北京丰台二中的甘志国老师令人敬佩.他的志趣是为教育而生存,他的生活有两个乐趣:一是学数学,二是教数学.他发表了多篇教学论文,为同行所认可,真是"可喜可贺"!

林群 贺

2018年6月21日

甘为人梯育桃李
志在强国谱华章

书赠
甘志国老师

张景中
2018年6月24日

中国科学院张景中院士题词

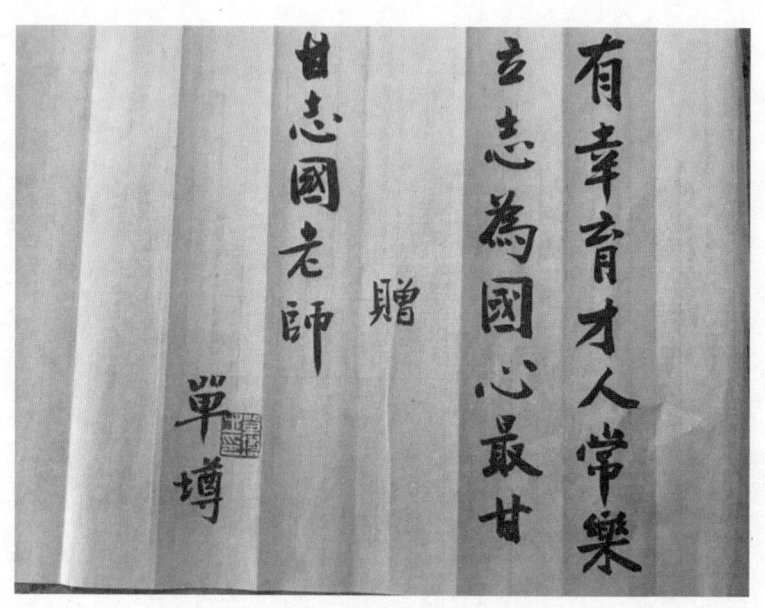

原中国国家数学奥林匹克代表队总教练、领队单墫教授题词

作者简介

甘志国,出生于1971年,湖北省竹溪人,中国民主促进会会员、硕士研究生学历,湖北省高中数学特级教师、北京市中学数学特级教师、湖北名师,获"十堰市政府专项津贴专家奖"称号,《中学数学》《高中数理化》等杂志封面、封底人物,中国数学会会员,全国初等数学研究会常务理事,《中学数学》《中学数学教学参考》《学数学》《新高考》《数理化解题研究》等期刊的编委、特约编辑,《新高考》"甘老师讲题"栏目的专栏作者,曾任《中学数学》"新题征展"栏目的主持人。在公开发行的期刊上发表了多篇论文并产生深远影响(知网上能查到的有五百多篇).已出版著作49种,即将出版著作16种(这些著作的作者均为甘志国一人).

2018年7月2日,北京市丰台区教委召开了"北京市特级教师甘志国教育科研研讨会",中国科学院林群院士、张景中院士、中国数学奥林匹克国家队(1990年)领队单墫教授等众多知名人士和单位(出版社、杂志社、编辑部,等等)发来了题词与贺信.

任教31年来,甘老师培养了多名学生考入清华大学、北京大学等重点高校,还有多名学生在全国高中数学联赛中荣获一等奖,个人小传曾载入《中国当代教育名人名家大辞典》(中国科学技术出版社,1999)等多部著作.

在重点大学自主招生方面,他做了如下工作:

1. 2005年至2012年在湖北省十堰市东风高级中学(首届(2005年)中国百强中学)主讲重点大学自主招生数学备考课程,2012年至今在北京市丰台第二中学(市级示范高中)主讲重点大学自主招生数学备考课程.

2. 于2014年在哈尔滨工业大学出版社出版《自主招生》,于2016年在中国科学技术大学出版社出版《重点大学自主招生数学备考用书》(它们均印刷多次,后者即将出版第二版),哈尔滨工业大学出版社即将出版《重点大学自主招生数学备考全书》(10种);陕西师范大学出版社即将出版"高考数学自主招生的备考策略与方法"丛书(3册).

3. 经常在各种杂志上于第一时间发表重点大学自主招生数学真题及其详解,在《新高考(高三·数学)》2014年第10期至2015年第3期发表了自主招生的系列专题文章.

4. 收录了有史以来所有重点大学自主招生的数学真题(2001年~2018年),并给出了其详解(包括分类整理和套题).

5. 作为福建教育学院数学研修部面向高中数学老师的《高考数学教学与解题主题探究》系列培训的专家导师,于2018年暑假在福州分专题讲解了2015~2018年所有重点大学自主招生数学真题的详解及其研究.

甘志国已（即将）出版著作目录

序号	书名	出版社及出版时间	定价/元	字数/千字
	初等数学研究系列			
1	初等数学研究(Ⅰ)	哈工大,2008.9	68.00	833
2,3	《初等数学研究(Ⅱ)》(上、下)	哈工大,2009.5	118.00	1428
4	集合、函数与方程	哈工大,2014.1	28.00	290
5	数列与不等式	哈工大,2014.1	38.00	328
6	三角与平面向量	哈工大,2014.1	28.00	242
7	平面解析几何	哈工大,2014.1	38.00	306
8	立体几何与组合	哈工大,2014.1	28.00	225
9	极限与导数、数学归纳法	哈工大,2014.1	38.00	314
10	趣味数学	哈工大,2014.3	28.00	310
11	教材教法	哈工大,2014.4	68.00	730
	数学高考研究系列			
12	数学文化与高考研究	哈工大,2018.3	48.00	413
13	高考数学提分宝典(上册)	清华大学,2018.6	59.80	611
14	高考数学提分宝典(下册)	清华大学,2018.6	59.80	599
15	高考数学难题突破(上册)	中科大,即将出版		
16	高考数学难题突破(下册)	中科大,即将出版		
17	高考压轴题(上)	哈工大,2015.1	48.00	423
18	高考压轴题(下)	哈工大,2014.10	68.00	669
19	北京市五区文科数学三年高考模拟题详解(2013~2015)	哈工大,2015.8	48.00	460
20	北京市五区理科数学三年高考模拟题详解(2013~2015)	哈工大,2015.9	68.00	575
21	高考数学真题解密	清华大学,2015.3	56.00	682
22	数学高考参考	哈工大,2016.1	78.00	741
23	2016年高考文科数学真题研究	哈工大,2017.4	58.00	462

续表

序号	书名	出版社及出版时间	定价/元	字数/千字
24	2016年高考理科数学真题研究	哈工大,2017.4	78.00	712
25	2017年高考文科数学真题研究	哈工大,2018.1	48.00	350
26	2017年高考理科数学真题研究	哈工大,2018.1	58.00	453
27	2018年高考数学真题研究	哈工大,2019.1	68.00	569
	高中数学题典系列			
28	高中数学经典题选·三角函数与平面向量	浙江大学,2014.3	29.00	274
29	高中数学经典题选·三角函数与平面向量(第二版)	浙江大学,即将出版		
30	高中数学题典——集合与简易逻辑·函数	哈工大,2016.7	48.00	405
31	高中数学题典——导数	哈工大,2016.6	48.00	453
32	高中数学题典——三角函数·平面向量	哈工大,2016.6	48.00	438
33	高中数学题典——数列	哈工大,2016.6	58.00	476
34	高中数学题典——不等式·推理与证明	哈工大,2016.6	38.00	319
35	高中数学题典——立体几何	哈工大,2016.6	48.00	406
36	高中数学题典——平面解析几何	哈工大,2016.8	78.00	714
37	高中数学题典——计数原理·统计·概率·复数	哈工大,2016.7	48.00	415
38	高中数学题典——算法·平面几何·初等数论·组合数学·其他	哈工大,2016.6	68.00	647
39	高中数学题典精编(第一辑)——集合与简易逻辑·函数	哈工大,即将出版		
40	高中数学题典精编(第一辑)——导数	哈工大,即将出版		
41	高中数学题典精编(第一辑)——三角函数·平面向量	哈工大,即将出版		
42	高中数学题典精编(第一辑)——数列	哈工大,即将出版		
43	高中数学题典精编(第一辑)——不等式·推理与证明	哈工大,即将出版		
44	高中数学题典精编(第一辑)——立体几何	哈工大,即将出版		
45	高中数学题典精编(第一辑)——平面解析几何	哈工大,即将出版		
46	高中数学题典精编(第一辑)——计数原理·统计·概率·复数	哈工大,即将出版		

续表

序号	书名	出版社及出版时间	定价/元	字数/千字
47	高中数学题典精编（第一辑）——算法·平面几何·初等数论·组合数学·其他	哈工大，即将出版		
	重点大学自主招生数学备考系列			
48	自主招生	哈工大，2014.5	58.00	438
49	重点大学自主招生数学备考用书	中科大，2016.1	63.00	806
50	重点大学自主招生数学备考用书（第二版）	中科大，即将出版		
51	高考数学自主招生备考的策略与方法（高一）	陕西师大，即将出版		
52	高考数学自主招生备考的策略与方法（高二）	陕西师大，即将出版		
53	高考数学自主招生备考的策略与方法（高三）	陕西师大，即将出版		
54	重点大学自主招生数学备考全书——函数	哈工大，即将出版		
55	重点大学自主招生数学备考全书——导数	哈工大，即将出版		
56	重点大学自主招生数学备考全书——数列与不等式	哈工大，即将出版		
57	重点大学自主招生数学备考全书——三角函数与平面向量	哈工大，即将出版		
58	重点大学自主招生数学备考全书——平面解析几何	哈工大，即将出版		
59	重点大学自主招生数学备考全书——立体几何与平面几何	哈工大，即将出版		
60	重点大学自主招生数学备考全书——排列组合·概率统计·复数	哈工大，即将出版		
61	重点大学自主招生数学备考全书——初等数论与组合数学	哈工大，即将出版		
62	重点大学自主招生数学备考全书——重点大学自主招生真题（上）	哈工大，2019.4	68.00	664
63	重点大学自主招生数学备考全书——重点大学自主招生真题（下）	哈工大，即将出版		
	数学竞赛系列			
64	日本历届（初级）广中杯数学竞赛试题及解答（第1卷）（2000~2007）	哈工大，2016.5	28.00	150
65	日本历届（初级）广中杯数学竞赛试题及解答（第2卷）（2008~2015）	哈工大，2016.5	38.00	165

◎ 前言

自主招生,你准备好了吗

1 大学自主招生介绍

自1977年高考制度恢复至今已有40多年了,以高考成绩为主要录取依据的政策却并没有太大的变化.这种以考试分数为高等教育人才选拔主要标准的制度保证了公平性,却助长了中小学教学完全以应试为目标的办学方向.为此,2001年教育部开始对大学的招生和考试制度进行探索性改革,于2001年批准了江苏省颁布的《关于深化高等学校教育教学管理改革等若干问题的意见》,并以东南大学、南京航空航天大学、南京理工大学三所高校为国家首批自主招生试点院校.参加自主招生的高校可以自主确定同批省最低控制分数线以上的调档比例和要求,经过申请、批准、公示、测试、审批等程序择优录取有特殊才能的优秀考生.

2002年末,教育部召开自主招生座谈会,并于2003年下发《教育部关于做好2003年普通高等学校招生工作的通知》和《教育部办公厅关于做好高等学校自主选拔录取改革试点工作的通知》,就自主选拔录取试点的招生计划、招生程序和首批试点学校等具体内容做了详细阐述,允许北京大学、清华大学等22所学校实行自主招生.

拥有自主招生的高等学校的数量从2003年的22所增加到2018年的90所,在这期间发生了许多重大的变革,这也导致了自主招生相关政策发生了很多调整.

2006年,北京科技大学、北京交通大学、北京邮电大学、北京林业大学、北京化工大学5所高校,开始实行自主招生笔试联考,这就增加了招生笔试环节. 2010年,全国拥有自主招生资格的高校多达80所,并且这些高校进行大规模的联盟,形成了"华约"联盟(共6所,按国家院校代码从小到大为序(下同):上海交通大学、清华大学、中国科学技术大学、西安交通大学、南京大学、浙江大学,中国人民大学于2014年因故退出);"北约"联盟(共11所:北京大学(含医学部)、北京航空航天大学、北京师范大学、厦门大学、山东大学、武汉大学、华中科技大学、中山大学、四川大学、兰州大学、香港大学,南开大学、复旦大学是2011年联盟成员,2012年退出);"卓越"联盟(共9所:天津大学、同济大学、北京理工大学、重庆大学、大连理工大学、东南大学、哈尔滨工业大学、华南理工大学、西北工业大学);"京都"联盟(共5所:北京邮电大学、北京交通大学、北京林业大学、北京化工大学、北京科技大学),同时清华大学、北京大学开始举办自主招生夏令营和冬令营.

2014年,中国人民大学宣布自主招生暂缓一年.9月份,教育部新的高考招生方案出台后,"三大一小四联盟"随之解散.

2015年,教育部首次将自主招生考核调整到了高考结束后,在高考成绩公布之前进行,并要求大多数高校自主招生都放在阳光高考上进行.

2016年,教育部要求所有高校自主招生报名都必须在阳光高考信息平台报名,高校招生条件划分也更为精细,招生条件也有不同程度的提高.

2017年4月1日,教育部印发了《关于严格高校自主招生资格审查和考核工作的通知》,在自主招生历史上首次提出"对查实提供虚假申请材料的考生,取消其高考相应资格".

自主招生是我国高校统一考试招生制度的重要补充,也是对学生多元录取、综合评价的重要组成部分.目前自主招生认同的学生提供的材料主要为竞赛获奖情况("北大培文杯"全国青少年创意写作大赛、"语文报杯"全国中学生作文大赛、全国中小学生创新作文大赛、全国中学生创新英语大赛及全国中学生英语能力竞赛等获奖、数学奥林匹克竞赛、物理奥林匹克竞赛、化学奥林匹克竞赛、生物奥林匹克竞赛、信息学奥林匹克竞赛等获奖、全国中学生财经素养大赛、明天小小科学家奖励活动等)、国家级学术论文、国家专利、精品课题研究报告、大学先修课、文学作品发表等,不同的学校要求不同.

据统计显示,2018年清华大学、北京大学自主招生、综合评价、高校专项获得降分的总人数,达到了惊人的6 100人,占其计划招生总数6 700人的91%,详见下表：

2018年清华大学、北京大学获得降分人数汇总

降分类型	清华大学	北京大学	合计
自主招生	949	855	1 804
领军计划/博雅计划	1 825	1 559	3 384
自强计划/筑梦计划	479	466	945
获得降分总人数	3 253	2 880	6 133
预计计划招生总人数	3 400	3 300	6 700
获得降分人数所占比例	95.68%	87.27%	91.54%

从上面的数据可以看出自主招生扮演着非常重要的角色,仅凭裸分考进清华大学和北京大学的学生比例已经很低了. 2018年教育部在"打造高素质教师队伍、建设有中国特色的世界一流大学"的主体目标下,自主招生考试在未来对高考招生制度的补充作用将会越来越大.

2018年自主招生考试自6月10日就已经开始了. 2018年北京大学自主招生考试安排在北京大学校内,自主招生和博雅计划、筑梦计划时间错开. 博雅计划和筑梦计划在6月10日下午13:00~18:30进行,共4.5小时. 自主招生笔试在上午8:00~11:00进行,共3小时. 自主招生考核方式包括但不限于笔试、面试、实验操作、作品答辩、现场创作等. 测试形式为语文、数学、英语三科一套卷子,全部为选择题,三科各100分,共120题300分. 其中,语文50题、数学20题、英语50题. 2018年清华大学自主招生和领军计划在全国设置多个考点,考生可就近选择. 自主招生测试为初试和复试. 初试采用笔试形式,理科类考核科目为数学与逻辑、理科综合(物化),文科类考核科目为数学与逻辑、文科综合. 学生依据填报的学科类型参加考试. 初试时间为6月10日上午9:00~12:00,共3个小时. 清华大学理科笔试都是选择题,共75题,数学35题,物理25题,化学15题. 时间是数学90分钟,理化90分钟.

1.1 自主招生考试的一般程序

1.1.1 招考程序

自主招生的招考程序通常包括:招生对象及条件、报名程序、考核办法、志愿填报、录取政策五部分内容.

1.1.2 招生对象

具体来说,高校自主招生一般要求考生在某些方面具备突出的能力和特长.例如,超长的创新和实践能力,在文学、艺术、体育等方面有特殊才能,以及学科竞赛获奖等.一般来说参加自主招生的考生可细划分为以下三类:

(1)高中阶段学习成绩优秀、品学兼优、综合实力强或取得优秀荣誉称号的考生;

(2)在一定领域具有学科特长,在各类比赛及竞赛中获得奖励的考生;

(3)高中阶段在科技创新、发明方面有突出表现并获得奖励的考生.

1.1.3 报名程序

高校在自主招生中采用以"中学推荐为主,个人自荐为辅"的原则进行报名.然而,不管是"中学推荐"还是"个人自荐"(从2015年开始,取消前者),中学和学生一定要遵循"诚信"的原则,按照公平、公正、公开的原则进行申请和推荐工作,申请材料必须真实.

2014年9月3日公布的《国务院关于深化考试招生制度改革的实施意见》对大学自主招生政策有所调整,规定从2015年起推行自主招生安排在全国统一高考后进行.

教育部于2014年12月10日发布的《关于进一步完善和规范大学自主招生试点工作的意见》进一步明确要求,从2015年起所有试点大学自主招生考核统一安排在高考结束后、高考成绩公布前进行.该《意见》还指出,大学自主招生是我国大学考试招生制度的有机组成部分,是对现行统一高考招生录取的一种补充,主要选拔具有学科特长和创新潜质的优秀学生,促进科学选才,尊重教育规律和人才成长规律,通过科学有效途径选拔特殊人才.

高校在自主招生报名中大多采用网上报名和书面材料申请两个步骤:

网上报名:登录院校招生网站→在相关网页进行注册及报名→报名信息填写→提交申请表.

书面材料申请:打印网上报名申请表(报名表)(用A4纸)→申请表(报名表)贴好照片,加盖中学校级公章,连同个人自述以及其他申请材料(高中阶段的课程学习情况和相关成绩、学业水平考试和综合素质评价情况,以及获奖证明和参加社会公益性活动等写实性材料;初中及初中以前的材料一般不必提供)邮寄给高校招生办.各校的报名程序在细节上有所不同,考生应一一细读.此外,考生还应注意网上报名截止时间和申请材料邮寄截止时间,一定不要错过报名时间.

1.1.4 考核办法

高校对报名考生进行初审,初审通过的考生名单将在高校招生网站上公布.接下来就是高校组织笔试和面试,各个高校笔试的科目不同,笔试和面试成绩的比重也不同.值得注意的是,自主招生多侧重考查考生的能力,主要是考生平时的积累,不是短时间内的针对性突击准备.

而在考试安排这个环节中,考生们除了要做好相关知识的梳理之外,还务必提前做好安排,以免几所高校的笔试或面试时间有冲突.

1.1.5 志愿填报

入选考生需参加高校招生全国统一考试,并根据所在省级招办及有关高校的要求填报志愿.省级招办应单设自主选拔录取考生的志愿表或志愿栏,并将入选考生填报高校志愿时间安排在高考之前.

一般参加自主招生的高校多要求入选考生必须第一志愿填报该校,实行平行志愿的省份,需填报该校为平行志愿第一顺序.如果考生在志愿表上没填报该校,或者没将该校放在第一志愿填报,那么考生将不享有该校的自主招生优惠政策.

1.1.6 录取政策

自主招生入选考生在高考录取时是可以享受优惠政策的,但考生的高考成绩需高于其所在省(区市)试点高校同批次录取控制分数线.一般来说,降分优惠在20~30分,最高不超过60分.

1.2 2018年自主招生进程

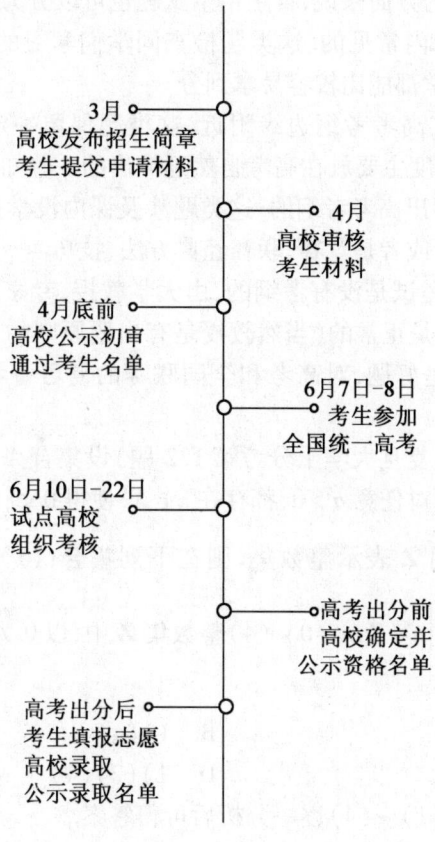

2 大学自主招生考试介绍

重点大学自主招生考试一般包括笔试和面试两个部分(也有只选其一的;北京大学的自主招生考试有时还会有加试:北京大学一般在面试环节再让学生做几套题,会让学生考数学、物理、化学、语文、英语这5科,如果在自主招生笔试中已经考过某科了,加试的该科就不用考了).

不少同学对自主招生试题的难度不太了解,这里做一个粗略的对比.各科综合起来的大致情况是:高考的中档题相当于自主招生的简单题,高考的难题相当于自主招生的中档题也相当于竞赛中的简单题,自主招生的难题相当于竞赛的中档题.

可以说,自主招生70%的题在课内范围,30%的题是超纲范围(是竞赛题难度,甚至有的题目超过联赛一试).

所以,有人说自主招生试题的难度介于高考和竞赛之间是有道理的.

从更细致一点的方面来说,自主招生试题也可以分为这样三部分:

(1)有的题是课内常见的.这类题检查同学们学习的基础情况,一般熟练掌握高考内容的同学都能比较容易拿到分.

(2)有的题是在高考考纲边缘附近.这类题保留一定数量的高考核心考点,但着力点和区分度主要放在高考自然延伸出的一些知识和方法上.

(3)有的题是超出高考考纲的.这类题涉及课内没学过的知识、公式(比如反三角函数、极限),或者是竞赛、联赛经典方法、技巧.

大学自主招生考试是没有考纲的,由大学教授、专家或数学界知名人士命题,所以有超纲内容是正常的(当然教授是有出题原则的:应当说,重点大学自主招生考试试题都是好题,对高考和全国联赛的复习备考也有重要的参考价值).列举几题如下:

题1 (2010年复旦大学千分考第132题)设集合 X 是实数集 $\mathbf{R}$ 的子集,如果点 $x_0 \in \mathbf{R}$ 满足:对任意 $a > 0$,都存在 $x \in X$,使得 $0 < |x - x_0| < a$,那么称 x_0 为集合 X 的聚点.用 $\mathbf{Z}$ 表示整数集,则在下列集合:(1) $\left\{ \dfrac{n}{n+1} \,\middle|\, n \in \mathbf{Z}, n \geq 0 \right\}$,(2) $\mathbf{R} \backslash \{0\}$,(3) $\left\{ \dfrac{1}{n} \,\middle|\, n \in \mathbf{Z}, n \neq 0 \right\}$,(4)整数集 $\mathbf{Z}$ 中,以0为聚点的集合有

( )

A.(2)(3)　　　　　　　　B.(1)(4)
C.(1)(3)　　　　　　　　D.(1)(2)(4)

解 A.对集合(1)~(4)逐一分析后可得答案.

注 其中"$\mathbf{R}\setminus\{0\}$"表示集合 $\mathbf{R}$ 与 $\{0\}$ 的差集,这是高中数学课本中没有介绍的. 一般地,$A\setminus B=\{x\mid x\in A\text{ 且 }x\notin B\}$.

题 2 (2011 年复旦大学千分考) 设 $a,b\in(-\infty,+\infty)$,$b\neq 0$,α,β,γ 是三次方程 $x^3+ax+b=0$ 的三个根,则总以 $\dfrac{1}{\alpha}+\dfrac{1}{\beta}$,$\dfrac{1}{\beta}+\dfrac{1}{\gamma}$,$\dfrac{1}{\gamma}+\dfrac{1}{\alpha}$ 为根的三次方程为 ( )

A. $a^2x^3+2abx^2+b^2x-a=0$ B. $b^2x^3+2abx^2+a^2x-b=0$
C. $a^2x^3+2abx^2+bx-a=0$ D. $b^2x^3+2a^2bx^2+ax-b=0$

解 B. 由一元三次方程的韦达定理,可得
$$\alpha+\beta+\gamma=0,\ \alpha\beta+\beta\gamma+\gamma\alpha=a,\ \alpha\beta\gamma=-b$$
所以
$$\left(\frac{1}{\alpha}+\frac{1}{\beta}\right)+\left(\frac{1}{\beta}+\frac{1}{\gamma}\right)+\left(\frac{1}{\gamma}+\frac{1}{\alpha}\right)=2\left(\frac{1}{\alpha}+\frac{1}{\beta}+\frac{1}{\gamma}\right)$$
$$=2\cdot\frac{\alpha\beta+\beta\gamma+\gamma\alpha}{\alpha\beta\gamma}$$
$$=-\frac{2a}{b}$$
再由韦达定理及排除法,可知选 B.

注 一元三次方程的韦达定理,现行高中数学课本是在普通高中课程标准实验教科书《数学·选修 2-2·A 版》(人民教育出版社,2007 年第 2 版)"第三章 数系的扩充与复数的引入"中的阅读材料"代数基本定理"中讲述的,学生很陌生.

题 3 (华中科技大学 2013 年自主选拔录取测试数学试卷(理科)第 5 题) 已知 $f(x)$ 为 $\mathbf{R}$ 上的增函数,记 $f^{-1}(x)$ 为 $f(x)$ 的反函数. 若存在实数 a,b 使得 $f(a)+a=1$ 与 $f^{-1}(b)+b=1$,则 $a+b=$ ( )

A. 1 B. -1 C. 2 D. -2

解 A. 由 $f^{-1}(b)+b=1$,可得 $f^{-1}(b)=1-b$,$f(1-b)=b$,$f(1-b)+1-b=1$.

又由 $f(a)+a=1$,可得 $f(1-b)+1-b=f(a)+a$.

由 $f(x)$ 为 $\mathbf{R}$ 上的增函数,可得 $g(x)=f(x)+x$ 也为 $\mathbf{R}$ 上的增函数,所以由 $g(1-b)=g(a)$,可得 $1-b=a$,$a+b=1$.

注 该题中的反函数符号"$f^{-1}(x)$"是目前高中数学课本中没有介绍的.

题 4 (2014 年北约自主招生试题第 6 题) 若 $f(x)=\arctan\dfrac{2+2x}{1-4x}+C$($C$ 是常数)在 $\left(-\dfrac{1}{4},\dfrac{1}{4}\right)$ 上为奇函数,则 $C=$ ( )

A. 0 B. $-\arctan 2$ C. $\arctan 2$ D. 不存在

解 B. 由 $f(0)=0$，可得 $C=-\arctan 2$. 下面证明 $f(x)=\arctan\dfrac{2+2x}{1-4x}-\arctan 2$ 在 $\left(-\dfrac{1}{4},\dfrac{1}{4}\right)$ 上为奇函数，即证

$$f(x)+f(-x)=0$$

$$\arctan\dfrac{2-2x}{1+4x}+\arctan\dfrac{2+2x}{1-4x}=2\arctan 2 \qquad ①$$

证明如下：

设 $\arctan\dfrac{2-2x}{1+4x}=\alpha$，$\arctan\dfrac{2+2x}{1-4x}=\beta$；$\alpha,\beta\in\left(-\dfrac{\pi}{2},\dfrac{\pi}{2}\right)$，可得 $\tan(\alpha+\beta)=-\dfrac{4}{3}$.

还可得 $\tan(2\arctan 2)=-\dfrac{4}{3}$，$\dfrac{2\pi}{3}<2\arctan 2<\pi$.

当 $-\dfrac{1}{4}<x<\dfrac{1}{4}$ 时，$\dfrac{2-2x}{1+4x}>0$ 且 $\dfrac{2+2x}{1-4x}>0$，得 $0<\alpha+\beta<\pi$，所以此时式① 成立.

证毕!

注 (1)笔者发现这道题出自全俄第 16 届数学竞赛题：求常数 c，使函数 $f(x)=\arctan\dfrac{2-2x}{1+4x}+c$ 在区间 $\left(-\dfrac{1}{4},\dfrac{1}{4}\right)$ 上为奇函数. (见刘诗雄主编《高中数学竞赛辅导》(陕西师范大学出版社，2000)第 22 页例 5)

(2)该题中的"反正切函数 arctan"是现行高中数学课本中没有介绍过的.

如果说笔试让重点大学间接认识了考生，那么面试则是二者的直接碰撞，能否擦出火花直接决定了自主招生考试的最终结果. 因此，面试也是重点大学自主招生中十分重要的环节.

3 大学自主招生考试数学试题特点

如前所述，可以说自主招生试题的难度介于高考和竞赛之间.

下面再详细谈谈自主招生数学试题的若干特点.

目前，高中生在数学思维和数学素养方面表现出诸多不足，比如思维广度不开阔；思路不清晰，对题目的分析不周全，难以准确识别模型以尽快将其转化为相应的数学问题；学生普遍知识面狭窄（如对复数等许多基本知识都不了解）；运算能力较低，等等，尤其是创新意识和动手操作能力较差.

针对以上情形，自主招生试题便有如下特点.

3.1 自主招生考试数学试题的一般特点

3.1.1 自主招生数学试题突出考查考生的数学思维与数学素养

自主招生的目的是选拔顶尖的优秀人才,所以试题必然会突出这一特点,因为它是各种能力的核心.

题 5 (2009 年清华大学自主招生试题(理综)第 3 题)有限条抛物线及其内部(指含焦点的区域)能覆盖整个平面吗?证明你的结论.

证明 不能.与抛物线的对称轴不平行的直线与该抛物线的位置关系有且仅有三种:(1)相交;(2)相切;(3)相离.

对于情形(1),抛物线及其内部仅覆盖该直线上的一段线段;对于情形(2),抛物线及其内部仅覆盖该直线上的一个点;对于情形(3),抛物线及其内部不能覆盖该直线上的任意一个点.

由这三种情形可得:用有限条抛物线及其内部不能覆盖与这有限条抛物线的对称轴均不平行的直线.所以欲证结论成立.

注 容易证明:有限条双曲线及其内部(指含焦点的区域)能覆盖整个平面.

3.1.2 自主招生数学试题突出考查思维的广阔性(如发散思维)、深刻性与灵活性

数学思维的关键是思维品质,如思维的宽阔与深厚.宽阔主要表现在能迅速理解题意,寻找出各种不同的解题思路;深刻性则主要表现为能较快地看清问题的数学本质,在更为深入的层面上等价转化问题,即在不同的背景下寻求相同的数学结构.

题 6 (2015 年华中科技大学理科实验班选拔试题(数学)第 6 题)若对任意实数 x,y,有 $f((x-y)^2) = f^2(x) - 2xf(y) + y^2$,求 $f(x)$.

"解" 令 $y=x$,得 $f(0) = (f(x)-x)^2$(所以 $f(0) \geq 0$).

再令 $x=0$,得 $f(0) = f^2(0)$,$f(0) = 0$ 或 1.

当 $f(0) = 0$ 时,可得 $f(x) = x$;当 $f(0) = 1$ 时,$f(x) = x \pm 1$(由 $f(0) \geq 0$ 知,应舍去 $f(x) = x - 1$).

还可验证:$f(x) = x$ 及 $f(x) = x + 1$ 均满足题设.

所以 $f(x) = x$ 或 $f(x) = x + 1$.

剖析 在以上解答中"当 $f(0) = 1$ 时,$f(x) = x \pm 1$"的意义是"对于某个确定的 x 的值,$f(x)$ 的值可能是 $x+1$,也可能是 $x-1$(且没有其他的可能)",但不能得到 $f(x) = x + 1(x \in \mathbf{R})$ 恒成立,或 $f(x) = x - 1(x \in \mathbf{R})$ 恒成立(即由"$p \vee q$ 恒成立"并不能推出"p 恒成立或 q 恒成立").所以以上解法是错误的!

正解 在错解中得到的结论"$f(0) = 0$ 或 1;当 $f(0) = 0$ 时,$f(x) = x$;当 $f(0) = 1$ 时,$f(x) = x \pm 1$"均是正确的.

在题设的等式中,令 $y = t + x$ 后,可得
$$f(t^2) = (t+x)^2 - 2xf(t+x) + f^2(x) \quad ②$$
再令 $x = 0$,得
$$f(t^2) = t^2 + f^2(0) \quad ③$$
当 $f(0) = 1$ 时,由③可得 $f(x) = x + 1(x \geq 0)$.
若 $\exists x_0 < 0$,使得 $f(x_0) = x_0 - 1$,则在②中令 $t = -x_0$ 后,可得
$$x_0^2 + 1 = -2x_0 \cdot 1 + (x_0 - 1)^2$$
$$x_0 = 0$$
前后矛盾!所以当 $f(0) = 1$ 时,$f(x) = x + 1 (x \in \mathbf{R})$.
综上所述,可得 $f(x) = x(x \in \mathbf{R})$,或 $f(x) = x + 1(x \in \mathbf{R})$.
还可验证:当 $f(x) = x(x \in \mathbf{R})$,或 $f(x) = x + 1(x \in \mathbf{R})$ 时均满足题设.
所以 $f(x) = x(x \in \mathbf{R})$,或 $f(x) = x + 1(x \in \mathbf{R})$.

3.1.3 许多自主招生试题有深刻背景,可以引申推广

题 7 (2005 年上海交通大学冬令营数学试题第 9 题)4 封不同的信放入 4 只写好地址的信封中,全装错的概率为_____,恰好只有一次装错的概率为_____.

解 把编号为 $1, 2, \cdots, n$ 的 n 个球装入编号为 $1, 2, \cdots, n$ 的 n 个盒子中,每个盒子装一个球,但 1 号盒子里不能装 1 号球,2 号盒子里不能装 2 号球,……,n 号盒子里不能装 n 号球,这种装球的方法就叫作 $1, 2, \cdots, n$ 的错位排列,这种装球的方法数就叫作 $1, 2, \cdots, n$ 的错位排列数,记作 D_n.

显然,$D_1 = 0, D_2 = 1, D_3 = 2, D_4 = 9$.

人们还得到了关于 D_n 的递推公式及直接计算公式
$$D_{n+2} = (n+1)(D_n + D_{n+1})(n \in \mathbf{N}^*)$$
$$D_n = n! \sum_{k=0}^{n} \frac{(-1)^k}{k!} = n! \left[1 - \frac{1}{1!} + \frac{1}{2!} - \frac{1}{3!} + \cdots + (-1)^n \cdot \frac{1}{n!}\right] (n \in \mathbf{N}^*)$$

从而可得两空的答案分别是
$$\frac{D_4}{4!} = \frac{9}{24} = \frac{3}{8}, \frac{C_4^1 D_3}{4!} = \frac{4 \cdot 2}{24} = \frac{1}{3}$$

注 本题的背景是组合数学中著名的"错位排列"问题.

题 8 (2010 年南开大学数学特长班招生试题)求证:$\sin x > x - \frac{1}{6}x^3, x \in \left(0, \frac{\pi}{2}\right)$.

解 用三次求导易证.

注 本题的背景是泰勒(Brook Taylor,1685—1731)展开式,用三次求导即可获证.

题 9 (1)(2009 年清华大学自主招生数学试题(理科)第 3 题)请写出三

个质数(正数),且它们形成公差为 8 的等差数列,并证明你的结论;

(2)(2013 年北约联盟自主招生试题第 7 题)最多能找多少个两两不相等的正整数使其任意三个数之和为质数,并证明你的结论.

解 (1)设这个等差数列为 $a, a+8, a+16$.

若 $a = 3n(n \in \mathbf{N}^*)$,因为 a 为质数,所以 $a = 3$,得这个等差数列为 3,11,19,符合题意;

若 $a = 3n + 1(n \in \mathbf{N})$,这与 $a+8$ 为质数矛盾:$a+8 = 3(n+3)(n \in \mathbf{N}^*)$;

若 $a = 3n + 2(n \in \mathbf{N})$,这与 $a+16$ 为质数矛盾:$a+8 = 3(n+3)(n \in \mathbf{N}^*)$.

所以所求答案为 3,11,19.

(2)任意一个正整数必是以下三个集合之一的元素

$$\{3k \mid k \in \mathbf{N}^*\}, \{3k+1 \mid k \in \mathbf{N}\}, \{3k+2 \mid k \in \mathbf{N}\}$$

所以所找的正整数不会包含同一集合的三个元素,也不会同时包含上述三个集合中的各一个元素,否则其中必有三个元素的和是 3 的倍数.

所以所找的正整数最多是 $2 \times 2 = 4$ 个,又可验证 1,5,7,11 满足题设,所以答案为 4.

注 质数问题非常古老,之中的猜想很多也很有名,比如哥德巴赫(Goldbach,1690—1764)猜想等. 华裔数学家陶哲轩(Terence Tao,出生于 1975 年)在第 25 届(2006 年)国际数学家大会上获得菲尔兹(Fields,1863—1932)奖,数学天才陶哲轩的一项重要贡献就是证明了存在任意长(至少三项)的素数等差数列(指各项都是素数的等差数列,素数就是质数). 这就是这道自主招生题的深刻背景.

3.1.4 自主招生试题覆盖面广

自主招生还没有明确的考试大纲,试题的覆盖面很广,很多题的难度超出高考、联赛,甚至高中数学的知识范围而涉及高等数学,需要考生"见多识广".

题 10 (2010 年南京大学特色考试试题)已知 $A = \left\{x \mid \dfrac{2x+1}{x-3} \geqslant 1\right\}$,$B = \left\{y \mid y = b\arctan t, -1 \leqslant t \leqslant \dfrac{\sqrt{3}}{3}, b \leqslant 0\right\}$,$A \cap B = \varnothing$,求 b 的取值范围.

解 可得 $A = (-\infty, -4] \cup (3, +\infty)$,$B = \begin{cases} \left[\dfrac{\pi}{6}b, -\dfrac{\pi}{4}b\right], b < 0 \\ \{0\}, b = 0 \end{cases}$.

当 $b < 0$ 时,可得 $A \cap B = \varnothing \Leftrightarrow \begin{cases} \dfrac{\pi}{6}b > -4 \\ -\dfrac{\pi}{4}b \leqslant 3 \end{cases} \Leftrightarrow -\dfrac{12}{\pi} \leqslant b < 0$;

当 $b = 0$ 时,满足 $A \cap B = \varnothing$.

所以,所求 b 的取值范围是 $\left[-\dfrac{\pi}{12},0\right)\cup\{0\}$,即 $\left[-\dfrac{\pi}{12},0\right]$.

注 解答本题时要用到反正切函数是增函数的性质,而该知识在现行高中数学教材中未讲述,但却在自主招生命题范围内.

题 11 (2004 年上海交通大学自主招生暨冬令营数学试题第一题第 5 题)设 x^2+ax+b 和 x^2+bx+c 的最大公因式为 $x+1$,最小公倍式为 $x^3+(c-1)x^2+(b+3)x+d$,则 $(a,b,c,d)=$ _____.

解 $(-1,-2,-3,6)$.由题设,可得
$$\begin{cases} x^2+ax+b=(x+1)(x+b) \\ x^2+bx+c=(x+1)(x+c) \\ x^3+(c-1)x^2+(b+3)x+d=(x+1)(x+b)(x+c) \end{cases}$$

把各等式展开后,比较两边的系数,可得
$$\begin{cases} a=b+1 \\ b=c+1 \\ b+c+1=c-1 \\ b+c+bc=b+3 \\ bc=d \end{cases}$$

可解得答案 $(a,b,c,d)=(-1,-2,-3,6)$(先由第三个方程可得 $b=-2$).

注 本题中的概念"最大公因式""最小公倍式"是高中数学教材中未讲述的,其含义及求法均分别类似于"最大公因数""最小公倍数".

3.1.5 部分数学自主招生试题运算量较大且有较强的技巧

运算能力是各种思维能力和技巧的显化,各种思维与创意往往体现在简捷巧妙的"计算"上,需要考生仔细体会"想"与"算"的关系,运用纯熟!"想"得深远,可以"算"得既快又好;"算"得到位,可以验证并延伸"想"的奇妙.

所以,有部分数学自主招生试题的运算量较大且有较强的技巧,比如涉及恒等变形、解析几何、解多元方程组的题.

题 12 (2013 年北约联盟自主招生试题第 1 题)以 $\sqrt{2}$ 和 $1-\sqrt[3]{2}$ 为根的有理系数多项式的项的最高次数为 ( )

A. 2   B. 3   C. 5   D. 6

解 C. 显然,多项式 $f(x)=(x^2-2)\left[(x-1)^3+2\right]$ 以 $\sqrt{2}$ 和 $1-\sqrt[3]{2}$ 为根且是有理系数多项式.

若存在一个次数不超过 4 的有理系数多项式 $g(x)=ax^4+bx^3+cx^2+dx+e$,其有根 $\sqrt{2}$ 和 $1-\sqrt[3]{2}$,其中 a,b,c,d,e 不全为 0,可得
$$g(\sqrt{2})=(4a+2c+e)+(2b+d)\sqrt{2}=0$$

$$(2b+d)\sqrt{2} = -(4a+2c+e)\ (2b+d, 4a+2c+e \in \mathbf{Q})$$

由 $\sqrt{2} \notin \mathbf{Q}$ 及反证法可证得

$$4a+2c+e = 2b+d = 0$$

$$g(1-\sqrt[3]{2}) = -(7a+b-c-d-e) - (2a+3b+2c+d)\sqrt[3]{2} + (6a+3b+c)\sqrt[3]{4} = 0$$

所以

$$7a+b-c-d-e = 2a+3b+2c+d = 6a+3b+c = 0$$

这是因为可证"若 $p+q\sqrt[3]{2}+r\sqrt[3]{4}=0\ (p,q,r \in \mathbf{Q})$,则 $p=q=r=0$",可得

$$(q\sqrt[3]{2}+r\sqrt[3]{4})^2 = (-p)^2$$

$$q^2r\sqrt[3]{4} + 2r^2\sqrt[3]{2} \cdot q = p^2r - 4qr^2$$

（实际上为 $q^2 \sqrt[3]{4} + 2qr^2 \sqrt[3]{2} = p^2 - 4qr^2$ 的变形）

再由 $r\sqrt[3]{4} + q\sqrt[3]{2} = -p$, 可得

$$q^2r\sqrt[3]{4} + q^3\sqrt[3]{2} = -pq^2$$

所以

$$(2r^3 - q^3)\sqrt[3]{2} = p^2r + pq^2 - 4qr^2$$

由 $\sqrt[3]{2} \notin \mathbf{Q}$ 及反证法可证得 $2r^3-q^3 = 0$, $\sqrt[3]{2}r = q\ (q,r \in \mathbf{Q})$,同理可得 $r=q=0$.
再由题设,可得 $p=q=r=0$.

可得方程组

$$\begin{cases} 4a+2c+e=0 & ④ \\ 2b+d=0 & ⑤ \\ 7a+b-c-d-e=0 & ⑥ \\ 2a+3b+2c+d=0 & ⑦ \\ 6a+3b+c=0 & ⑧ \end{cases}$$

由 ④+⑥,得

$$11a+b+c-d = 0 \qquad ⑨$$

由 ⑤+⑨,得

$$11a+3b+c = 0 \qquad ⑩$$

由 ⑦+⑨,得

$$13a+4b+3c = 0 \qquad ⑪$$

由 ⑩-⑧,得 $a=0$,再由 ⑩⑪,得 $b=c=0$,又由 ④⑤,得 $d=e=0$.

说明不存在一个次数不超过 4 的有理系数多项式 $g(x) = ax^4+bx^3+cx^2+dx+e$,使其有根 $\sqrt{2}$ 和 $1-\sqrt[3]{2}$.

得选 C.

题 13 (2013 年北约联盟自主招生试题第 9 题) 对于任意 θ,求 $32\cos^6\theta - \cos 6\theta - 6\cos 4\theta - 15\cos 2\theta$ 的值.

解法 1 由公式 $\cos 2\alpha = 2\cos^2\alpha - 1$,$\cos 3\alpha = 4\cos^3\alpha - 3\cos\alpha$,可得

原式 $= 32\cos^6\theta - (2\cos^2 3\theta - 1) - 6(2\cos^2 2\theta - 1) - 15(2\cos^2\theta - 1)$

$\quad = 32\cos^6\theta - [2(4\cos^3\theta - 3\cos\theta)^2 - 1] - 6[2(2\cos^2\theta - 1)^2 - 1] -$

$\quad\quad 15(2\cos^2\theta - 1)$

$\quad = 10$

解法 2 由降幂公式 $2\cos^2\alpha = 1 + \cos 2\alpha$,得 $32\cos^6\theta = 4(1 + \cos 2\theta)^3$.

由倍角公式,得 $\cos 6\theta = 4\cos^3 2\theta - 3\cos 2\theta$,$6\cos 4\theta = 12\cos^2 2\theta - 6$,所以

原式 $= 4(1 + \cos 2\theta)^3 - (4\cos^3 2\theta - 3\cos 2\theta) - (12\cos^2 2\theta - 6) - 15\cos 2\theta = 10$

3.1.6 自主招生数学试题注重引导培养考生创新意识和动手操作能力

毫无疑问,这是自主招生考试的主旨和方向.

题 14 (2005 年上海交通大学保送生考试数学试题第一题第 4 题)将三个 $12\text{ cm} \times 12\text{ cm}$ 的正方形沿邻边的中点剪开,分成两部分(图 1),将这六部分接于一个边长为 $6\sqrt{2}$ 的正六边形上(图 2),若拼接后的图形是一个多面体的展开图,则该多面体的体积为_____.

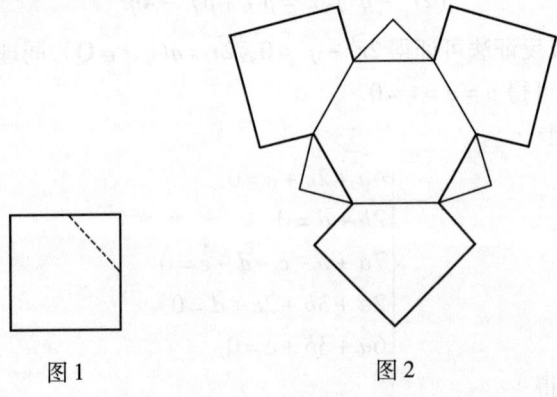

图 1   图 2

解法 1 864 cm^3. 如图 3 所示,拼接后的多面体为将四面体 $V - ABC$ 截去三个小四面体 $V_1 - ADI, V_2 - BEF, V_3 - CGH$ 后得到的几何体.

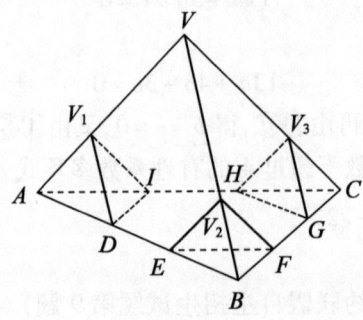

图 3

而这三个小四面体都与四面体 $V-ABC$ 相似,且相似比为 $1:3$,且四面体 $V-ABC$ 的三条侧棱 VA,VB,VC 两两互相垂直,$VA=VB=VC=18$,所以拼接后的多面体的体积为 $\frac{1}{6}\cdot 18^3\left[1-\left(\frac{1}{3}\right)^3\cdot 3\right]=864(\text{cm}^3)$.

解法 2 $864\ \text{cm}^3$. 拼接后的多面体为三条侧棱两两垂直且侧棱长为 18 的三棱锥,在三个顶点截去全等的三侧棱两两垂直且棱长为 6 的三棱锥所得到的多面体,如图 4 所示,所以 $V=\frac{1}{6}\cdot 18^3-\frac{1}{6}\cdot 6^3\cdot 3=864$;也可把该多面体补成正方体后求解,如图 5 所示,$V=\frac{1}{2}\cdot 12^3=864(\text{cm}^3)$.

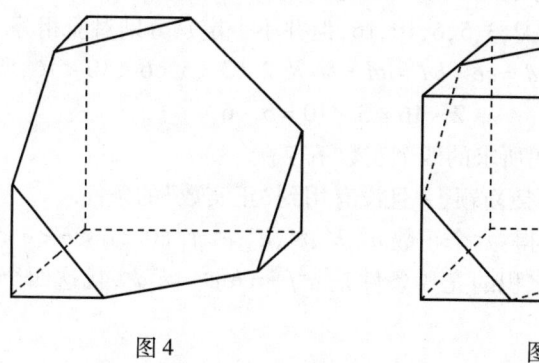

图 4   图 5

题 15 (2011 年华约联盟自主招生试题第 12 题)已知圆柱形水杯质量为 a g,其重心在圆柱轴的中点处(杯底厚度及重量忽略不计,且水杯直立放置).质量为 b g 的水恰好装满水杯,装满水后的水杯的重心还在圆柱轴的中点处.

(1)若 $b=3a$,求装入半杯水的水杯的重心到水杯底面的距离与水杯高的比值;

(2)水杯内装多少克水可以使装入水后的水杯的重心最低?为什么?

解 可不妨设水杯高为 1.

(1)这时,水杯质量:水的质量 $=2:3$. 水杯的重心位置("位置"指到水杯底面的距离)为 $\frac{1}{2}$,水的重心位置为 $\frac{1}{4}$,所以装入半杯水的水杯的重心位置为

$$\frac{2\cdot\frac{1}{2}+3\cdot\frac{1}{4}}{2+3}=\frac{7}{20}.$$

(2)设装 x g 水. 这时,水杯质量:水的质量 $=a:x$.

水杯的重心位置为 $\frac{1}{2}$,水的重心位置为 $\frac{x}{2b}$,水面位置为 $\frac{x}{b}$,于是装入水后的

水杯的重心位置为

$$\frac{a \cdot \frac{1}{2} + x \cdot \frac{x}{2b}}{a+x} = \cdots = \frac{1}{2b}\left[(x+a) + \frac{a^2+ab}{x+a} - 2b\right]$$

由均值不等式知,当且仅当 $x+a = \frac{a^2+ab}{x+a}$,即 $x = \sqrt{a^2+ab} - a$,也即水杯内装($\sqrt{a^2+ab} - a$)g 水时,可使装入水后的水杯的重心最低.

3.1.7 部分数学自主招生试题解法简捷新颖,用到的知识也很少

题 16 (2011 年北约联盟自主招生试题第 5 题)是否存在四个正实数,它们两两乘积分别是 2,3,5,6,10,16.

解 设这四个数分别是 a,b,c,d,它们的两两乘积是六个数 ab,ac,ad,bc,bd,cd,而这六个数就是 2,3,5,6,10,16,但并不一定是分别对应相等.

我们注意到 $ab \cdot cd = ac \cdot bd = ad \cdot bc$ 及 $2<3<5<6<10<16$,所以

$$2 \cdot 16 = 3 \cdot 10 = 5 \cdot 6$$

而这不可能!说明所求的四个实数不存在.

注 (1)该解法简捷新颖,并且没有用到"正实数"的条件.

由此解法,还可证得:六个正数 $a^2, b^2, c^2, d^2, e^2, f^2 (0<a<b<c<d<e<f)$ 是某四个正数的两两之积的充要条件是 $a^2f^2 = b^2e^2 = c^2d^2$,且这四个正数分别为 $\frac{ab}{d}, \frac{ad}{b}, \frac{bd}{a}, \frac{c^2d}{ab}$.

(2)该解法只用到了小学数学知识.

3.1.8 数学自主招生试题的最大特点是原创性

由于自主招生试题命题人多是大学教授、专家或数学界知名人士,他们视野宽阔,经常站在数学学科和社会发展的前沿思考问题,因此每年的自主招生试题都令人耳目一新,难以捉摸;但仔细分析一些自主招生的数学试题,还是可以看出其一些特点的,比如原创是其最大的特点.

3.2 2015 年以前的三大联盟及复旦大学的数学笔试题的特点

下面再对三大联盟及复旦大学的数学笔试题特点予以简述.

(一般来说,四联盟的数学笔试试题难度渐升的顺序依次是"京都""北约""卓越"和"华约".)

(1)"北约"的数学笔试,总的来说比较容易,试题更加关注基础知识和基本技能.从内容上看,不追求对高中知识的全覆盖,重点为方程、不等式、数列、函数、平面几何、解析几何等.一般来说,每题只有一问(不像高考题设置多问).当然,也不能说试题没有难度,大部分试题都达到了普通高考试题中的后两道大题的难度.

(2)"华约"的自主选拔采用 GSI 模式,包括"华约"通用科目笔试(General Exam,简称 G 考)、各校特色测试(Special Exam,简称 S 考)、各校面试(Interview,简称 I 考).

"华约"通用科目测试,中文名称为"高水平大学自主选拔学业能力测试",英文名称为 Advanced Assessment for Admission,简称"AAA 测试"."AAA 测试"是由"华约"联盟共同组织的高中毕业生学业能力测试.

一般来说,"华约"的数学笔试在难度和创新程度上均比普通高考试题高,部分试题有竞赛特征.在内容上主要涉及三角、函数、数列、复数、概率、立体几何、解析几何、平面几何、组合问题等,以检测考生的创新潜质和学习能力为目标,突出对逻辑思维、运算变形、空间想象、综合创新等能力的考查.

(3)因为"卓越"成员均是工科特色鲜明的"985 工程"大学,所以其命题理念必定切合卓越人才的培养目标.从试题结构上来看类似"华约",10 道选择题,5 道解答题.考试内容一般不会超过高中所学内容,重点涉及概率、解析几何、三角、函数、数列、平面几何等.试题的题型、风格均类似于普通高考,但难度明显增加.

(4)"复旦水平测试"是一场高中文化课程综合知识的笔试,测试内容涵盖高中语文、数学、英语、政治、历史、地理、物理、化学、生物和计算机共 10 个科目,共计 200 道选择题,满分 1 000 分(所以俗称复旦"千分考")(每题答对得 5 分,不答得 0 分,答错扣 2 分),考试时间为 3 小时.

这样设置主要基于两个原因:一是进入大学的学生首先应保质保量地接受完整的高中教育;二是复旦大学的人才培养推行"通识教育",要求学生有较宽的知识面.

复旦"千分考"更多关注学生是否具有知识的深厚积淀,命题一般不超过中学所学内容,以考查基础为主,不设题库.虽然试题难度不在于某一科、某一题上,而在于考十门、考综合、考基础,但就数学学科来说,试题难度确实要高于普通高考.数学试题 32 道,一般是第 113~144 题.

4 大学自主招生考试数学试题的来源

4.1 来源于教材

教材是命题的基本依据,不少自主招生试题有教材背景,是教材上例题、习题、定义、定理的组合改编,甚至有时就是原题.

题 17 (2008 年复旦大学自主招生试题)求证:$\sqrt{2}$ 是无理数.

本题就是普通高中课程标准实验教科书《数学·选修2-2·A版》(人民教育出版社,2007年第2版)第90页的例5.

早在公元前5世纪,古希腊的数学家希帕索斯(Hippasus)就发现等腰直角三角形的直角边和斜边的比不能用两个整数的比来表示,用现在的话来说就是发现了$\sqrt{2}$是一个无理数.这个不同凡响的结论对当时信奉"万物皆数"(即一切数都可以用整数或整数之比来表示)的毕达哥拉斯(Pythagoras,公元前572—公元前497)学派来说,无异于一场动摇根基的风暴,导致了数学史上的第一次危机.这位发现真理的数学家被人投身海里,献出了宝贵的生命.

这道题常用反证法来证:尾数法,同为偶数法,素因子证法,算术基本定理证法,与最小值性质相矛盾的证法;直接证法就是无限连分数法.

题18 (2002年上海交通大学冬令营数学试题第19题)欲建面积为$144\ m^2$的长方形围栏,它的一边靠墙,如图6所示,现有铁丝网50 m,问筑成这样的围栏最少要用铁丝网多少米? 并求此时围栏的长度.

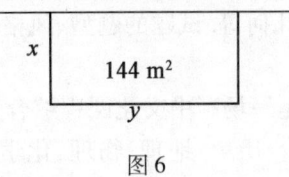

图6

答案 最少要用铁丝网$24\sqrt{2}\ m$.

注 本题与普通高中课程标准实验教科书《数学5·必修·A版》(人民教育出版社,2007年第3版)(下简称《必修5》)第100页的习题第2题如出一辙(虽说前者先于后者):

如图7所示,一段长为30 m的篱笆围成一个一边靠墙的矩形菜园,墙长18 m,问这个矩形的长、宽各为多少时,菜园的面积最大? 最大面积是多少?

图7

题19 (2005年上海交通大学保送、推优生考试数学试题第12题)是否存在三边为连续自然数的三角形,使得:

(1)最大角是最小角的2倍;

(2)最大角是最小角的3倍.

若存在,求出该三角形;若不存在,请说明理由.

答案 (1)存在,且三角形的三边长是4,5,6.

(2)不存在.

注 这道题源于《必修5》中"第一章 解三角形"复习参考题的最后一题即B组的第3题:

研究一下,是否存在一个三角形同时具有下面两条性质:

(1)三边是三个连续的自然数;

(2)最大角是最小角的2倍.

该题后来还被改编为2015年湖南省高中数学竞赛试卷(A卷)第7题:已知三边为连续自然数的三角形的最大角是最小角的2倍,则该三角形的周长为_____.(答案:15.)

题20 (2005年上海交通大学保送、推优生考试数学试题第14题)已知月利率为γ,采用等额还款方式,若本金为1万元,试推导每月等额还款金额m关于γ的函数关系式(假设贷款时间为2年).

答案 $m = \dfrac{\gamma(1+\gamma)^{24}}{(1+\gamma)^{24}-1}$(万元).

注 本题来源于全日制普通高级中学教科书(必修)《数学·第一册(上)》(人民教育出版社,2006年第2版)第144~145页的"研究性学习课题:数列在分期付款中的应用".

题21 (1)(2011年华约联盟自主招生试题第11题)已知$\triangle ABC$不是直角三角形.

①证明:$\tan A + \tan B + \tan C = \tan A \tan B \tan C$;

②若$\sqrt{3}\tan C - 1 = \dfrac{\tan B + \tan C}{\tan A}$,且$\sin 2A, \sin 2B, \sin 2C$的倒数成等差数列,求$\cos\dfrac{A-C}{2}$的值.

(2)(2009年南京大学数学基地班第三题)求所有满足条件$\tan A + \tan B + \tan C \leqslant [\tan A] + [\tan B] + [\tan C]$的非直角三角形.(笔者注:这里"$[x]$"表示不大于实数$x$的最大整数.)

(3)(2005年复旦大学保送生考试第二题第2题)在$\triangle ABC$中,已知$\tan A : \tan B : \tan C = 1:2:3$,求$\dfrac{AC}{AB}$的值.

答案 (1)①略;②$1$或$\dfrac{\sqrt{6}}{4}$.

(2)所有满足条件的三角形是三边长之比为$\sqrt{5}:2\sqrt{2}:3$的三角形.

(3)$\dfrac{2}{3}\sqrt{2}$.

注 这三道自主招生试题都源于普通高中课程标准实验教科书《数学4·必修·B版》(人民教育出版社)第154页"巩固与提高"的第7题(即自主招生试题19(Ⅰ)),也是全日制普通高级中学教科书(必修)《数学·第一册(下)》(2006年人民教育出版社)第46页的第15题的特例.

4.2 来源于国内外高考试题

许多稍难的高考试题更适合更高层次的选拔,所以有些这样的高考题就被改编成了自主招生试题.

题22 (2013年卓越联盟自主招生试题第12题)已知数列$\{a_n\}$满足$a_{n+1} = a_n^2 - na_n + \alpha$,首项$a_1 = 3$.

(1)如果$a_n \geqslant 2n$恒成立,求α的取值范围;

(2)如果$\alpha = -2$,求证:$\dfrac{1}{a_1-2} + \dfrac{1}{a_2-2} + \cdots + \dfrac{1}{a_n-2} < 2$.

答案 (1)$[-2, +\infty)$. (2)略.

注 本题可能是由2002年高考全国卷理科压轴题(即第21题)改编的:

设数列$\{a_n\}$满足$a_{n+1} = a_n^2 - na_n + 1$, $n = 1, 2, 3, \cdots$.

(1)当$a_1 = 2$时,求a_2, a_3, a_4,并由此猜想出a_n的一个通项公式;

(2)当$a_1 \geqslant 3$时,证明:对所有的$n \geqslant 1$,有:

①$a_n \geqslant n+2$;

②$\dfrac{1}{1+a_1} + \dfrac{1}{1+a_2} + \cdots + \dfrac{1}{1+a_n} \leqslant \dfrac{1}{2}$.

题23 (2011年卓越联盟自主招生试题第13题)已知椭圆的两个焦点为$F_1(-1, 0), F_2(1, 0)$,且椭圆与直线$y = x - \sqrt{3}$相切.

(1)求椭圆的方程;

(2)过F_1作两条互相垂直的直线l_1, l_2,与椭圆分别交于P, Q及M, N,求四边形$PMQN$面积的最大值与最小值.

答案 (1)$\dfrac{x^2}{2} + y^2 = 1$.

(2)最小值为$\dfrac{16}{9}$,最大值为2.

注 本题是由2005年高考全国卷(Ⅱ)理科第21题及2013年高考全国卷(Ⅱ)理科第20题改编的,这两道高考题分别是:

P, Q, M, N四点都在椭圆$x^2 + \dfrac{y^2}{2} = 1$上,F为椭圆在y轴正半轴上的焦点.已知$\overrightarrow{PF}$与$\overrightarrow{FQ}$共线,$\overrightarrow{MF}$与$\overrightarrow{FN}$共线,且$\overrightarrow{PF} \cdot \overrightarrow{MF} = 0$.求四边形$PMQN$的面积的最小值与最大值.

平面直角坐标系 xOy 中,过椭圆 $M:\dfrac{x^2}{a^2}+\dfrac{y^2}{b^2}=1(a>b>0)$ 右焦点的直线 $x+y-\sqrt{3}=0$ 交 M 于 A,B 两点,P 为 AB 的中点,且 OP 的斜率为 $\dfrac{1}{2}$.

(1)求 M 的方程;

(2)C,D 为 M 上的两点,若四边形 $ACBD$ 的对角线 $CD\perp AB$,求四边形 $ACBD$ 面积的最大值.

题 24 (2011 年卓越联盟自主招生试题第 15 题)(1)设 $f(x)=x\ln x$,求 $f'(x)$;

(2)设 $0<a<b$,求常数 c,使得 $\dfrac{1}{b-a}\displaystyle\int_a^b|\ln x-c|\mathrm{d}x$ 取得最小值;

(3)记(2)中的最小值为 $m_{a,b}$,证明 $m_{a,b}<\ln 2$.

答案 (1)$f'(x)=\ln x+1$. (2)$c=\ln\dfrac{a+b}{2}$. (3)略.

注 笔者猜测本题改编于 2004 年高考全国卷 II 理科第 22 题:

已知函数 $f(x)=\ln(1+x)-x,g(x)=x\ln x$.

(1)求函数 $f(x)$ 的最大值;

(2)设 $0<a<b$,证明:$0<g(a)+g(b)-2g\left(\dfrac{a+b}{2}\right)<(b-a)\ln 2$.

自主招生试题 24(3)与这道高考题(2)中右边的不等式完全一致. 这道高考题有着丰富的高等数学背景,比如可看成是泰勒展开式(即泰勒公式)的特例,用泰勒公式给予证明;其中所证不等式右边的不等式的背景正是高等数学中的有界平均振荡函数(简称 BMO). 在中学数学中经常使用的基本初等函数中,只有对数函数是典型的无界 BMO 函数. 上述不等式所表达的内容就是 $\ln x\in\mathrm{BMO}$,即 $\dfrac{1}{b-a}\displaystyle\int_a^b|\ln x-c_I|\mathrm{d}x\leqslant\ln 2$. 更确切的结果是 $\|\ln x\|_{\mathrm{BMO}}=\ln 2$. BMO 函数是一类非常重要的函数,它出现在许多数学前沿的问题中;著名数学家 C. Fefferman 主要是因为对 BMO 的深入研究而荣获 1978 年度的菲尔兹奖.

4.3 来源于历年的自主招生试题

由于自主招生命题系统的多样性与复杂性,所以历年的保送推优自主招生试题也是不可回避的极的好命题源. 由下面的六组试题可看出这一特点.

题 25 (1)(2008 年北京大学自主招生数学试题第 1 题)已知六边形 $AC_1BA_1CB_1$ 中,$AC_1=AB_1,BC_1=BA_1,CA_1=CB_1,\angle A+\angle B+\angle C=\angle A_1+\angle B_1+\angle C_1$,求证:$\triangle ABC$ 的面积是六边形 $AC_1BA_1CB_1$ 面积的一半;

(2)(2008 年北京大学自主招生数学试题第 2 题)求证:边长为 1 的正五边形的对角线长为 $\dfrac{\sqrt{5}+1}{2}$.

(3)(2010年北京大学自主招生数学试题第2题)已知A,B为边长为1的正五边形上的点,证明:线段AB长度的最大值为$\frac{\sqrt{5}+1}{2}$.

(4)(2012年北约联盟自主招生试题第8题)求证:若圆内接五边形的每个角都相等,则它为正五边形.

注 关于自主招生试题25(4),笔者得到了以下结论:

(1)各边相等的圆内接n边形是正n边形;

(2)各角相等的圆内接奇数边形是正多边形;

(3)各角相等的圆内接偶数边形不一定是正多边形.

证明 (1)设圆O的内接n边形$A_1A_2\cdots A_n$各边相等,则$\angle A_1OA_2=\angle A_2OA_3=\cdots$. 再由等腰三角形$OA_1A_2,OA_2A_3,\cdots$,可得$n$边形$A_1A_2\cdots A_n$各内角相等,所以$n$边形$A_1A_2\cdots A_n$是正$n$边形.

(2)设圆O的内接奇数边形是$2n+1$边形$A_1A_2\cdots A_{2n+1}$,只证$n\geq 2$的情形.

由圆O的内接四边形$A_1A_2A_3A_4$对角互补,可得$\angle A_4A_1A_2+\angle A_2=\pi$,所以$A_1A_4 /\!/ A_2A_3$,得$\overset{\frown}{A_1A_2}=\overset{\frown}{A_3A_4},A_1A_2=A_3A_4$.

同理,可得$A_2A_3=A_4A_5=A_6A_7=\cdots=A_{2n}A_{2n+1}=A_1A_2,A_1A_2=A_2A_3$.

同理,可得$A_1A_2=A_2A_3=A_3A_4=\cdots$.

所以多边形$A_1A_2\cdots A_{2n+1}$是正多边形.

(3)比如,各角相等的圆内接四边形不一定是正方形.

题26 (1)(2007年复旦大学千分考第69题)若实数a,b满足$(a+b)^{59}=-1,(a-b)^{60}=1$,则$\sum_{n=1}^{60}(a^n-b^n)=$ ( )

A. -121 B. -49 C. 0 D. 23

(2)(2006年复旦大学千分考第131题)已知a,b为实数,且$(a+b)^{59}=-1,(a-b)^{60}=1$,则$a^{59}+a^{60}+b^{59}+b^{60}=$ ( )

A. -2 B. -1 C. 0 D. 1

答案 (1)C.(2)C.

题27 (1)(2007年复旦大学千分考第71题)设函数$y=f(x)$的一切实数x均满足$f(2+x)=f(2-x)$,且方程$f(x)=0$恰好有7个不同的实根,则这7个不同实根的和为 ( )

A. 0 B. 10 C. 12 D. 14

(2)(2006年复旦大学千分考第108题)设函数$y=f(x)$对一切实数x均满足$f(5+x)=f(5-x)$,且方程$f(x)=0$恰好有6个不同的实根,则这6个实根的和为 ( )

A. 10 B. 12 C. 18 D. 30

答案 (1)D. (2)D.

题28 (1)(2007年复旦大学千分考第86题)设$f(x)$是定义在实数集上的周期为2的周期函数,且是偶函数.若当$x\in[2,3]$时,$f(x)=-x$,则当$x\in[-2,0]$时,$f(x)=$ ( )

A. $-3+|x+1|$　　B. $2-|x+1|$　　C. $3-|x+1|$　　D. $2+|x+1|$

(2)(2006年复旦大学千分考第130题)设$f(x)$是定义在实数集上的周期为2的周期函数,且是偶函数.已知当$x\in[2,3]$时,$f(x)=x$,则当$x\in[-2,0]$时,$f(x)$的解析式为 ( )

A. $x+4$　　B. $2-x$　　C. $3-|x+1|$　　D. $2+|x+1|$

答案 (1)A. (2)C.

题29 (1)(2005年上海交通大学保送、推优生数学试题第二题第3题)已知函数$y=\dfrac{ax^2+8x+b}{x^2+1}$的最大值为9,最小值为1,求实数$a,b$的值;

(2)(2009年复旦大学自主招生数学试题)已知函数$y=\dfrac{ax^2+bx+b}{x^2+2}$的最大、最小值分别为6,4,求实数$a,b$的值.

答案 (1)$a=b=5$. (2)$(a,b)=(4,12)$或$\left(\dfrac{28}{3},\dfrac{4}{3}\right)$.

题30 (1)(2007年上海交通大学自主招生暨冬令营数学试题第14题)设$f(x)=(1+a)x^4+x^3-(3a+2)x^2-4a$,(1)试证明对任意实数$a$:

①方程$f(x)=0$总有相同的实根;

②存在实数x_0,使得$f(x_0)\neq 0$恒成立.

(2)(2004年上海交通大学自主招生暨冬令营数学试题第二题第3题)已知$f(x)=ax^4+x^3+(5-8a)x^2+6x-9a$,证明:

①恒有实数x,使$f(x)=0$;

②存在实数x,使$f(x)$的值恒不为0.

4.4 来源于各级各类竞赛试题

由于自主招生试题总体难度基本上介于高考和联赛之间,从高观点看,各级各类竞赛如全国联赛、希望杯竞赛,甚至国外一些竞赛试题,也会成为自主招生命题的重要借鉴.

前面题4的"注"已说明:2014年北约自主招生试题第6题出自全俄第16届数学竞赛.

题31 (2012年北约联盟自主招生试题第2题)求$\sqrt{x+11-6\sqrt{x+2}}+\sqrt{x+27-10\sqrt{x+2}}=1$实数解的个数.

答案 0.

注 笔者认为,命题者编拟本题时可能借鉴了 2010 年浙江省高中数学竞赛题:

满足方程 $\sqrt{x-2009-2\sqrt{x-2010}}+\sqrt{x-2009+2\sqrt{x-2010}}=2$ 的所有实数解为_____.(答案:$2010 \leqslant x \leqslant 2011$.)

4.5 来源于某些初等数学研究成果

比如前面的题 7(2005 年上海交通大学冬令营数学试题第 9 题),就是初等数学研究的成果"错位排列"问题.

4.6 来源于高等数学

突出选拔性的一个重要命题特点就是考虑考生进入高校后继续学习、研究的潜力,这必然在自主招生试题中有重要体现.

比如前面的题 24(2011 年卓越联盟第 15 题)就有深刻的高等数学背景.

题 32 (2002 年上海交通大学保送生考试试题第 17 题)(1)用数学归纳法证明以下结论

$$1+\frac{1}{2^2}+\frac{1}{3^2}+\cdots+\frac{1}{n^2}<2-\frac{1}{n}(n\geqslant 2, n\in \mathbf{N}^*)$$

(2)已知当 $0<x\leqslant 1$ 时,$1-\frac{x^2}{6}<\frac{\sin x}{x}<1$,试用此式与(1)的不等式求

$$\lim_{n\to\infty}\frac{1}{n}\left(1\sin 1+2\sin\frac{1}{2}+\cdots+n\sin\frac{1}{n}\right)$$

答案 (1)略.(2)1.

注 解答第(2)问除了要运用第(1)问的结论外,还要使用高等数学中数列极限的"夹逼准则"法.

5 大学自主招生数学试题的备考策略

考生在日常学习中应该重新审视高考中"不太考"的知识和方法,并做必要的拓展,增强对数学问题的探究意识,关注高中数学后续内容的学习,注重数学思想方法的学习和创造性思维的培养,细述如下.

5.1 夯实基础,尤其要自觉加强基本运算能力的训练

千里之行,始于足下;强化基本功训练,是今后延拓与快速提高的资本!

解得自主招生数学试题用到的思想、方法和知识,大部分也都在高考的范围之内.所以准备高考和准备自主招生应该是相辅相成,互相补充的.

5.2 注重知识的延伸与拓展

日常学习中不能仅仅局限于课本,要学得更深更广.

(1)注重在不同的知识阶段及时延伸与拓展.

比如学习函数时,不仅要学习函数的定义、基本性质及各类基本初等函数,还要及时学习函数与方程的思想方法.这有助于对函数理解得更深刻,在更为高级的层面上构建知识结构和认知结构.

(2)关注 AP 课程及其他多种形式的学习.

AP 课程是指针对 AP 众多的考试科目进行的授课辅导,目前以 Calculus AB(微积分 AB)、Calculus BC(微积分 BC)、Statistics(统计学)、Physics B(物理 B)、Macroeconomics(宏观经济学)、Microeconomics(微观经济学)等几门课程为主.

AP 课程中的许多内容和方法已经进入自主招生试题,如极限理论中的数列收敛准则、夹逼定理、函数极限存在定理、迫敛性定理、两个重要极限、洛比达法则,微积分中的罗尔定理、拉格朗日中值定理、积分中值定理、牛顿-莱布尼茨公式等.

自主招生试题的风格与难度和典型的高考还是大有不同的,同时自主招生还会考一些在高考范围边缘处的知识.既没有接触过竞赛,又没有准备自主招生的裸考考生最终很可能会无功而返.

5.3 多做自主招生真题

在趋于稳定的风格、难度、考点的考试中,将往年的真题吃透是非常有益的.这在"4.3 来源于历年的自主招生试题"中已有论述.

5.4 注重数学思想方法的学习与运用

这是提升数学思维水平铸造学科思维力的必经之途,如反证法、奇偶分析法、构造法、数学归纳法等.

5.5 培养推广与探究的意识

这是立足于研究问题的重要方法.

5.6 留心跨界科学与学科知识的交汇

这从前面的题 13(2011 年华约联盟第 12 题)及下面的自主招生试题 31 可

见一斑.

题 33 (2010 年华约联盟自主招生试题第 14 题)假定亲本总体中三种基因型式:AA,Aa,aa 的比例为 $u:2v:w(u>0,v>0,w>0,u+2v+w=1)$ 且数量充分多,参与交配的亲本是该总体中随机的两个.

(1)求子一代中,三种基因型式的比例;

(2)子二代的三种基因型式的比例与子一代的三种基因型式的比例相同吗? 并说明理由.

答案 (1)$p^2:2pq:q^2$.(2)相同.

5.7 培养自主学习能力

21 世纪最重要的个人能力首推自主学习能力! 有了过硬的自学能力和意识,即可与时俱进,从容应对很多新问题.

6 大学自主招生数学考试备考规划

参加自主招生对于大学和考生来说,是个双赢的过程.考生要想如愿考上重点大学,参加自主招生是一条捷径.笔者认为,大学自主招生会持续受到学校、家长及学生的关注.

《普通高中数学课程标准(2017 年版)》的教学内容取消了原有"模块",突出主线"函数、几何与代数、统计与概率",强调应用"数学建模、数学探究",注意文化"数学文化将贯穿始终".新课标的教学内容包括"必修"部分和"选修"部分("选修"又分选修Ⅰ和选修Ⅱ,前者是高考内容,后者是大学自主招生内容).所以在实施新一轮课改的过程中,考生参加大学自主招生是常态.

众所周知,名目繁多的各级各类高中数学竞赛在重点高中从未间断过.虽说"全民奥数"是严重违背教育规律的:有专家指出"只有很少的学生适合学数学竞赛",我们就把这部分学生叫数学天才吧,他们喜欢数学,对数学的接受能力、自学能力及探究能力都很强,对数学有敏锐的洞察力、科学的思维方法和良好的思维品质,敢于打破常规并发表自己独到的见解,能轻松愉悦地学习数学,对数学有良好的感觉、永远充满自信,还会主动啃数学难题.但不争的事实是:数学竞赛对开发智力、培养能力、选拔人才有其积极的一面.

在我国,重点大学招生的选拔性将是长期存在的,重点大学更是如此(实际上,教育发达的国家,比如美国、法国、日本、韩国、苏联的重点大学入学高考试题的难度高出我国很多也是不争的事实,其竞争之激烈是国人无法想象的).

而大学自主招生和高中数学竞赛的试题有相同之处,比如"源于课本、高于课本""开发智力、培养能力""区分度大,利于选拔人才",等等.所以,笔者撰写了重点大学自主招生数学备考全书系列(共 10 册),供广大高中教师(学生)在教(学)高中数学时选用(也可供广大数学爱好者参阅),这 10 册书依次是:

1.《重点大学自主招生数学备考全书——函数》;
2.《重点大学自主招生数学备考全书——导数》;
3.《重点大学自主招生数学备考全书——数列与不等式》;
4.《重点大学自主招生数学备考全书——三角函数与平面向量》;
5.《重点大学自主招生数学备考全书——平面解析几何》;
6.《重点大学自主招生数学备考全书——立体几何与平面几何》;
7.《重点大学自主招生数学备考全书——排列组合·概率统计·复数》;
8.《重点大学自主招生数学备考全书——初等数论与组合数学》;
9.《重点大学自主招生数学备考全书——重点大学自主招生真题(上)》;
10.《重点大学自主招生数学备考全书——重点大学自主招生真题(下)》.

在前 8 册中,每册均包括"试题研究"和"练习题"两章;在后 2 册中,每册均包括"方法指导""真题再现"和"真题答案"三章.读者可根据自己的需要选用.研读之后,但愿你有这样的感受和效果(著名特级教师孙维刚语):

八方联系,浑然一体

漫江碧透,鱼翔浅底

让不聪明的学生变聪明

让聪明的学生更聪明

经过以上论述,读者可能对自主招生数学试题有了比较全面且深入的了解,希望你提前做好规划,及时行动,充分应变,并在做中体味、修正、总结、提高.

读者朋友:祝你成功!

(张昌齐、甘武关、袁秀芬、甘治涛、甘治波、甘艳丽、陈美菊、龙艳丽、刘浩浩、张琳、张亮、甘润东、甘超一等好友参加了本书的编写,特此致谢!)

甘志国
2018 年 8 月 1 日
于北京丰台二中

目录

第1章 方法指导 //1

§1 解题需严谨 //1
§2 用观察-验证法解题 //2
§3 用"不等价转化"解题 //7
§4 题谈用必要条件解题 //39
§5 例谈构造对偶式解题 //45
§6 例谈用升维法解题 //61
§7 用"算两次"来解题 //63
§8 用构造法解题举例 //78
§9 一样的情境,不一样的解答 //97
§10 重点大学自主招生面试题中的数学知识 //110
§11 重点大学自主招生面试题(数学部分)精选 //116
§12 重点大学自主招生面试技巧 //127

第2章 真题再现 //134

§1 2018年北京大学自主招生数学试题(部分) //134
§2 2018年清华大学自主招生数学试题(部分) //135
§3 2018年中国科学技术大学自主招生数学试题 //138
§4 2018年复旦大学自主招生考试数学试题 //139
§5 2018年浙江大学自主招生数学试题(部分) //140
§6 2018年武汉大学自主招生数学试题 //142
§7 2018年上海交通大学自主招生数学试题 //143
§8 2017年北京大学自主招生数学试题 //145

§9　2017年北京大学博雅人才计划笔试(理科数学)试题　　//148

§10　2017年北京大学514优特数学测试　　//151

§11　2017年北京大学优秀中学生夏令营数学试题　　//153

§12　2017年清华大学领军计划数学试题　　//154

§13　2017年清华大学标准学术能力测试数学试题　　//157

§14　2017年清华大学能力测试(数学部分试题)　　//161

§15　2017年中国科学技术大学自主招生数学试题(部分)　　//166

§16　2016年北京大学自主招生数学试题　　//167

§17　2016年北京大学博雅计划自主招生数学试题　　//170

§18　2016年清华大学领军计划数学试题　　//173

§19　2016年中国科学技术大学自主招生数学试题　　//177

§20　2015年北京大学自主招生数学试题　　//178

§21　2015年北京大学博雅计划自主招生数学试题　　//179

§22　2015年北京大学优秀中学生体验营综合测试数学科目试题　　//181

§23　2015年清华大学领军计划数学测试题　　//181

§24　2015年清华大学数学物理体验营数学试题　　//186

§25　2015年复旦大学自主招生数学试题　　//187

§26　2015年上海交通大学自主招生数学试题(部分)　　//188

§27　2015年华中科技大学理科实验班选拔试题(数学)　　//188

§28　2018年全国高中数学联合竞赛一试(A卷)　　//189

§29　2018年全国高中数学联合竞赛一试(B卷)　　//190

§30　2017年全国高中数学联合竞赛一试(A卷)　　//192

§31　2017年全国高中数学联合竞赛一试(B卷)　　//193

§32　2016年全国高中数学联合竞赛一试(A卷)　　//194

§33　2016年全国高中数学联合竞赛一试(B卷)　　//196

§34　第32届(2016年)中国数学奥林匹克试题　　//197

§35　第31届(2015年)中国数学奥林匹克试题　　//198

§36　2015年湖南省高中数学竞赛试卷(A卷)　　//199

§37　2015年湖南省高中数学竞赛试卷(B卷)　　//202

第3章　真题答案　　//206

§1　2018年北京大学自主招生数学试题(部分)参考答案　　//206

§2　2018年清华大学自主招生数学试题(部分)参考答案　　//208

§3　2018年中国科学技术大学自主招生数学试题参考答案　//212

§4　2018年复旦大学自主招生考试数学试题参考答案　//218

§5　2018年浙江大学自主招生数学试题(部分)参考答案　//226

§6　2018年武汉大学自主招生数学试题参考答案　//229

§7　2018年上海交通大学自主招生数学试题参考答案　//238

§8　2017年北京大学自主招生数学试题参考答案　//245

§9　2017年北京大学博雅人才计划笔试(理科数学)试题参考答案　//255

§10　2017年北京大学514优特数学测试参考答案　//273

§11　2017年北京大学优秀中学生夏令营数学试题参考答案　//284

§12　2017年清华大学领军计划数学试题参考答案　//287

§13　2017年清华大学标准学术能力测试数学试题参考答案　//299

§14　2017年清华大学能力测试(数学部分试题)参考答案　//322

§15　2017年中国科学技术大学自主招生数学试题(部分)参考答案　//342

§16　2016年北京大学自主招生数学试题参考答案　//348

§17　2016年北京大学博雅计划自主招生数学试题参考答案　//355

§18　2016年清华大学领军计划数学试题参考答案　//364

§19　2016年中国科学技术大学自主招生数学试题参考答案　//384

§20　2015年北京大学自主招生数学试题参考答案　//390

§21　2015年北京大学博雅计划自主招生数学试题参考答案　//397

§22　2015年北京大学优秀中学生体验营综合测试数学科目试题参考答案　//403

§23　2015年清华大学领军计划数学测试题参考答案　//406

§24　2015年清华大学数学物理体验营数学试题参考答案　//427

§25　2015年复旦大学自主招生数学试题参考答案　//431

§26　2015年上海交通大学自主招生数学试题(部分)参考答案　//434

§27　2015年华中科技大学理科实验班选拔试题(数学)参考答案　//439

§28　2018年全国高中数学联合竞赛一试(A卷)参考答案　//449

§29　2018年全国高中数学联合竞赛一试(B卷)参考答案　//454

§30　2017年全国高中数学联合竞赛一试(A卷)参考答案　//457

§31　2017年全国高中数学联合竞赛一试(B卷)参考答案　//462

§32　2016年全国高中数学联合竞赛一试(A卷)参考答案　//465

§33　2016年全国高中数学联合竞赛一试(B卷)参考答案　//471

§34 第32届(2016年)中国数学奥林匹克试题参考答案　//474

§35 第31届(2015年)中国数学奥林匹克试题参考答案　//478

§36 2015年湖南省高中数学竞赛试卷(A卷)参考答案　//483

§37 2015年湖南省高中数学竞赛试卷(B卷)参考答案　//491

方法指导

§1 解题需严谨

题1 (1) 若 $x^{x^{x^{\cdots}}}=2(x>0)$，求 x 的值；

(2) 若 $x^{x^{x^{\cdots}}}=4(x>0)$，求 x 的值；

(3) 计算 $\sqrt{2}^{\sqrt{2}^{\sqrt{2}^{\cdots}}}$.

解 (1) 可得 $x^2=2(x>0)$，所以 $x=\sqrt{2}$.

(2) 可得 $x^4=4(x>0)$，所以 $x=\sqrt{2}$.

(3) 由(1)的结论知答案为 2；由(2)的结论知答案为 4. 难道 $2=4$？

实际上可求得函数 $G(x)=x^{x^{x^{\cdots}}}$（x 是正数）的定义域是 $\left[e^{-e},e^{\frac{1}{e}}\right]$，值域是 $\left[\dfrac{1}{e},e\right]$（见文献[1]），所以题1(3)的正确答案是 2，题1(2)的正确答案是"无解".

题2 若 A 是 B 的充分不必要条件，B 是 C 的充分不必要条件，则 A 是 C 的(　　)

A. 充要条件　　　　　　B. 充分不必要条件

C. 必要不充分条件　　　D. 既不充分也不必要条件

"解" B. 因为 $A\Rightarrow B,B\Rightarrow C$，所以 $A\Rightarrow C$.

因为 C 不能推出 B，B 不能推出 A，所以 C 不能推出 A.

说明选 B.

分析 以上解法答案正确，过程有误."因为 C 不能推出 B，B 不能推出 A，所以 C 不能推出 A"不对（这也是一种滑过现象),反例:虽然 $x>1$ 不能推出 $x<0$,$x<0$ 不能推出 $x>-1$,但 $x>1$ 能推出 $x>-1$.

正解1 B.把条件"$A\Rightarrow B,B$ 不能推出 A"分离后,难以作出正确解答.可用集合的观点来解决此问题.

由 A 是 B 的充分不必要条件知,满足条件 A 的元素的集合 A' 是满足条件 B 的元素的集合 B' 的真子集;同理,满足条件 B 的元素的集合 B' 是满足条件 C 的元素的集合 C' 的真子集.所以,A' 是 C' 的真子集.

正解2 B.易得 $A\Rightarrow C$.

假设 $C\Rightarrow A$,可得 $A\Rightarrow B\Rightarrow C\Rightarrow A$,所以 $A\Leftrightarrow B\Leftrightarrow C$,这与题设相矛盾!所以 C 不能推出 A.

参考文献

[1] 甘志国.几个含无限步运算的函数的定义域和值域[J].中学数学杂志,2009(3):16-20.

§2 用观察-验证法解题

题1 (1)求证:若两组数据 $a,b,c,d(a\leq b\leq c\leq d)$ 和 $A,B,C,D(A\leq B\leq C\leq D)$ 的均值、中位数、极差、方差均分别相等,则 $a=A,b=B,c=C,d=D$.

(2)请判断命题"若两组数据 $a,b,c,d,e(a\leq b\leq c\leq d\leq e)$ 和 A,B,C,D,E $(A\leq B\leq C\leq D\leq E)$ 的均值、中位数、众数、极差、方差均分别相等,则 $a=A,b=B,c=C,d=D,e=E$"的真假.

解 (1)由均值相等,可设 $a+b+c+d=A+B+C+D=4\bar{x}$.

由中位数相等,得 $b+c=B+C$,再得 $a+d=A+D$.

由极差相等,得 $a-d=A-D$,再得 $a=A,d=D$.

再由方差相等,可得

$$\begin{cases} B+C=b+c & \text{①} \\ (B-\bar{x})^2+(C-\bar{x})^2=(b-\bar{x})^2+(c-\bar{x})^2 & \text{②}\end{cases}$$

其中 $\bar{x}=\dfrac{a+b+c+d}{4}$.

容易观察出方程组①②有两组解 $(B,C)=(b,c),(c,b)$.

由①可得 $C=b+c-B$，把它代入②得
$$(B-\bar{x})^2+(B-b-c+\bar{x})^2=(b-\bar{x})^2+(c-\bar{x})^2$$
这是关于 B 的一元二次方程，它最多有两个解．由①知，一个 B 确定一个 C，所以关于 B,C 的方程组①②最多有两组解．

所以 $(B,C)=(b,c),(c,b)$ 这两组解就是方程组①②的全部解．

又 $b\leqslant c,B\leqslant C$，所以 $(B,C)=(b,c)$．

得 $a=A,b=B,c=C,d=D$．

(2) 该命题为假命题．反例：两组数据 7,10,10,11,12 和 8,9,10,10,13 的均值均是 10、中位数均是 10、众数均是 10、极差均是 5、方差均是 $\frac{14}{5}$，但这两组数据并不相同．

注 若按常规方法（即代入消元法）解方程组①②，则运算量较大；而以上解方程组①②的方法（本文叫作观察－验证法）几乎没有运算量，且说理清晰．

发表于《新高考（高二·数学（必修3））》2015 年第 9 期第 15～16 页的文章"由部分看整体"的案例 4 研究的就是上述题 1，但笔者认为该文的推理中有一步（即第 16 页左栏倒数第 14～11 行）有误：

即
$$(b-\bar{x})^2+(c-\bar{x})^2-4[(b-\bar{x})+(c-\bar{x})]$$
$$=(B-\bar{x})^2+(C-\bar{x})^2-4[(B-\bar{x})+(C-\bar{x})]$$
$$[(b-\bar{x})-(c-\bar{x})]^2=[(B-\bar{x})-(C-\bar{x})]^2$$

笔者认为，由第一式推出第二式的理由不充分．

下面再来举例说明观察－验证法在解题中的运用．

题2 已知 $\sin\alpha+\cos\alpha=\dfrac{1}{5}$，求 $\sin\alpha$ 的值．

解 所求 $\sin\alpha$ 的值由方程组 $\begin{cases}\sin\alpha+\cos\alpha=\dfrac{1}{5}\\\sin^2\alpha+\cos^2\alpha=1\end{cases}$ 确定，可得
$$\sin^2\alpha+\left(\dfrac{1}{5}-\sin\alpha\right)^2=1$$

这是一个关于 $\sin\alpha$ 的一元二次方程，所以所求 $\sin\alpha$ 的值最多有两个．

由"勾三股四弦五"可得上述方程组的两组解 $\begin{cases}\sin\alpha=\dfrac{4}{5}\\\cos\alpha=-\dfrac{3}{5}\end{cases},\begin{cases}\sin\alpha=-\dfrac{3}{5}\\\cos\alpha=\dfrac{4}{5}\end{cases}$．

所以所求答案是 $\sin \alpha = \dfrac{4}{5}$ 或 $-\dfrac{3}{5}$.

题3 解方程 $\sqrt{x+\sqrt{x+\cdots+\sqrt{x+2}}} = 2$（共 n 个根号，n 是已知的正整数）.

解 容易观察出该方程有解 $x=2$，但该方程还有别的解吗？

因为该方程左边的值随 x 的增加而增加，所以该方程的解最多有一个，而又找到了一个解 $x=2$，所以它就是该方程的全部解.

若能先找到某问题的 n 个解（先通过观察猜想出答案，再验证猜想的答案是正确的），又能再判定该问题的个数不超过 n，则该问题的全部解就是找到的 n 个解. 这就是本文介绍的用观察 – 验证法解题.

早在 2008 年 3 月，笔者就在《中学数学月刊》发表文章"用验证法求数列通项两例"，介绍了一种求数列通项的好方法——验证法，简洁地解答了两道理科压轴题. 下面再用这种方法来求解此类问题.

题4（2012 年高中数学联赛辽宁赛区预赛试题第 16 题）设递增数列 $\{a_n\}$ 满足 $a_1=1, 4a_{n+1}=5a_n+\sqrt{9a_n^2+16}\,(n\geq 1)$.

(1) 求数列 $\{a_n\}$ 的通项公式；

(2) 证明：$\dfrac{1}{a_1}+\dfrac{1}{a_2}+\dfrac{1}{a_3}+\cdots+\dfrac{1}{a_n}<2$.

先来解答第(1)问：

解法1 由 $4a_{n+1}=5a_n+\sqrt{9a_n^2+16}\,(n\geq 1)$，可得

$$a_{n+1}^2+a_n^2-\dfrac{5}{2}a_{n+1}a_n=1\,(n\geq 1)$$

所以

$$a_{n+2}^2+a_{n+1}^2-\dfrac{5}{2}a_{n+2}a_{n+1}=1\,(n\geq 1)$$

把这两式相减，得

$$(a_{n+2}-a_n)\left(a_{n+2}+a_n-\dfrac{5}{2}a_{n+1}\right)=0\,(n\geq 1)$$

由题设易知 $\{a_n\}$ 是递增数列，所以 $a_{n+2}=\dfrac{5}{2}a_{n+1}-a_n\,(n\geq 1)$.

进而可求得数列 $\{a_n\}$ 的通项公式是 $a_n=\dfrac{2}{3}\left(2^n-\dfrac{1}{2^n}\right)$.

解法2 可求得 $a_1=1, a_2=\dfrac{5}{2}=\dfrac{1+4}{2}, a_3=\dfrac{21}{4}=\dfrac{1+4+4^2}{2^2}, a_4=\dfrac{85}{8}=$

$\dfrac{1+4+4^2+4^3}{2^3}$,所以可猜测

$$a_n = \dfrac{1+4+4^2+\cdots+4^{n-1}}{2^{n-1}}$$

即

$$a_n = \dfrac{2}{3}\left(2^n - \dfrac{1}{2^n}\right)$$

接下来,可用数学归纳法证得 $a_n = \dfrac{2}{3}\left(2^n - \dfrac{1}{2^n}\right)(n \in \mathbf{N}^*)$ 恒成立,所以所求数列 $\{a_n\}$ 的通项公式就是 $a_n = \dfrac{2}{3}\left(2^n - \dfrac{1}{2^n}\right)$.

解法 3　同解法 2,可猜测 $a_n = \dfrac{2}{3}\left(2^n - \dfrac{1}{2^n}\right)$.

易证其满足全部题设. 又满足题设的数列 $\{a_n\}$ 是唯一存在的,所以所求数列 $\{a_n\}$ 的通项公式就是 $a_n = \dfrac{2}{3}\left(2^n - \dfrac{1}{2^n}\right)$.

再来解答第(2)问:

设 $S_n = \dfrac{1}{a_1} + \dfrac{1}{a_2} + \dfrac{1}{a_3} + \cdots + \dfrac{1}{a_n}$.

由 $2^n - \dfrac{1}{2^n} = 2\left(2^{n-1} - \dfrac{1}{2^{n+1}}\right) > 2\left(2^{n-1} - \dfrac{1}{2^{n-1}}\right)$,得 $a_n > 2a_{n-1}$,$\dfrac{1}{a_n} < \dfrac{1}{2} \cdot \dfrac{1}{a_{n-1}}$ ($n \geq 2$),所以

$$S_n = \dfrac{1}{a_1} + \dfrac{1}{a_2} + \dfrac{1}{a_3} + \cdots + \dfrac{1}{a_n} < \dfrac{1}{a_1} + \dfrac{1}{2}\left(\dfrac{1}{a_1} + \dfrac{1}{a_2} + \cdots + \dfrac{1}{a_{n-1}}\right)$$

$$= \dfrac{1}{a_1} + \dfrac{1}{2}\left(S_n - \dfrac{1}{a_n}\right) < \dfrac{1}{a_1} + \dfrac{1}{2}S_n \,(n \geq 2)$$

$$S_n < \dfrac{2}{a_1} = 2 \,(n \geq 2)$$

又 $S_1 = \dfrac{1}{a_1} = 1 < 2$,所以欲证结论成立.

题 5　在数列 $\{a_n\}$ 中,$a_1 = 0$,且对任意 $k \in \mathbf{N}^*$,$a_{2k-1}, a_{2k}, a_{2k+1}$ 成等差数列,其公差为 d_k.

(1)若 $d_k = 2k$,证明:$a_{2k}, a_{2k+1}, a_{2k+2}$ 成等比数列 ($k \in \mathbf{N}^*$);

(2)若对任意 $k \in \mathbf{N}^*$,$a_{2k}, a_{2k+1}, a_{2k+2}$ 成等比数列,其公比为 q_k.

①证明:$\left\{\dfrac{1}{q_k - 1}\right\}$ 是等差数列;

②若 $a_2 = 2$,证明:$\dfrac{3}{2} < 2n - \sum_{k=2}^{n}\dfrac{k^2}{a_k} \leq 2(n \geq 2)$.

分析 (1)我们先来探求数列$\{a_n\}$的通项公式.

可算得$\{a_n\}$的一些项:$0,2,4,8,12,18,24,32,\cdots$.

所以,$\{a_{2k-1}\}:0,4,12,24,\cdots$;$\{a_{2k}\}:2,8,18,32,\cdots$.

设$a_{2k-1} = b_k$,得$b_{k+1} - b_k = 4k, b_1 = 0$,用累加法可求得$a_{2k-1} = b_k = 2k(k-1)$(实际上,用观察法也容易得出此式).

同理,可得$a_{2k} = 2k^2$,所以$a_n = \left[\dfrac{n^2}{2}\right]$(即不超过$\dfrac{n^2}{2}$的最大整数,下同).

若能再证得以上所求就是$\{a_n\}$的通项公式,则欲证就一定不在话下.

(2)也来先探求数列$\{a_n\}$的通项公式.

可算得$\{a_n\}$的一些项:$0,a_2,2a_2,4a_2,6a_2,9a_2,12a_2,16a_2,20a_2,\cdots$.

同上可求得$a_{2k-1} = k(k-1)a_2, a_{2k} = k^2 a_2$,即$a_n = \dfrac{1}{2}\left[\dfrac{n^2}{2}\right]a_2$.

若能再证得以上所求就是$\{a_n\}$的通项公式,则:

①容易求出q_k,从而欲证也不在话下.

②因为之中的和式可以求出,所以欲证肯定能解决.

证明 (1)数列$\{a_n\}$是由条件"$a_1 = 0$,且对任意$k \in \mathbf{N}^*$,$a_{2k-1}, a_{2k}, a_{2k+1}$成公差为$2k$的等差数列"唯一确定的,所以,若能找到一个数列$\{a_n\}$($a_n = f(n)$)满足这里的所有题设,则该数列就是数列$\{a_n\}$.容易验证由$a_{2k-1} = 2k(k-1)$,$a_{2k} = 2k^2(k \in \mathbf{N}^*)$满足上述题设,所以$a_{2k-1} = 2k(k-1), a_{2k} = 2k^2(k \in \mathbf{N}^*)$.进而可验证欲证成立.

(2)把a_2看成已知数,则数列$\{a_n\}$是由条件"$a_1 = 0$,且对任意$k \in \mathbf{N}^*$,$a_{2k-1}, a_{2k}, a_{2k+1}$成等差数列,$a_{2k}, a_{2k+1}, a_{2k+2}$成等比数列"唯一确定的,又可验证由$a_{2k-1} = k(k-1)a_2, a_{2k} = k^2 a_2 (k \in \mathbf{N}^*)$确定的$\{a_n\}$满足上述题设,所以$a_{2k-1} = k(k-1)a_2, a_{2k} = k^2 a_2 (k \in \mathbf{N}^*)$.

①进而可得$q_k = 1 + \dfrac{1}{k}, \dfrac{1}{q_k - 1} = k$,所以欲证成立.

②因为$a_2 = 2$,所以$\dfrac{(2k+1)^2}{a_{2k+1}} = 2 + \dfrac{1}{2}\left(\dfrac{1}{k} - \dfrac{1}{k+1}\right), \dfrac{(2k)^2}{a_{2k}} = 2$.

下面分n为奇数和偶数来证.

当n为奇数时,可设$n = 2l + 1 (l \in \mathbf{N}^*)$,得

$$\sum_{k=2}^{n}\dfrac{k^2}{a_k} = \sum_{k=2}^{2l+1}\dfrac{k^2}{a_k} = 2l + 2l + \dfrac{1}{2}\left(1 - \dfrac{1}{l+1}\right) = 2n - \dfrac{3}{2} - \dfrac{1}{n+1}$$

$$2n - \sum_{k=2}^{n} \frac{k^2}{a_k} = \frac{3}{2} + \frac{1}{n+1}(n \geq 3)$$

当 n 为偶数时,可设 $n = 2l(l \in \mathbf{N}^*)$,得

$$\sum_{k=2}^{n} \frac{k^2}{a_k} = \sum_{k=2}^{2l} \frac{k^2}{a_k} = 2l + 2(l-1) + \frac{1}{2}\left(1 - \frac{1}{l}\right) = 2n - \frac{3}{2} - \frac{1}{n}$$

$$2n - \sum_{k=2}^{n} \frac{k^2}{a_k} = \frac{3}{2} + \frac{1}{n}(n \geq 2)$$

均易得欲证成立.

§3 用"不等价转化"解题

等价转化思想是一种重要的数学思想,在解题中的作用往往体现在化复杂为简单、化陌生为熟悉,并且通过等价转化的结果是不需要检验的.

但在数学解题中,有很多情形不易、不宜,甚至是不可能进行等价转化(比如,解超越方程、解超越不等式、由递推式求数列通项公式等)的,这时只有"退而求其次",可以考虑用"不等价转化"的方法来解题:常见的方法有"先必要后充分"和"先充分后必要".

下面通过题目的解答来阐述这两种解题方法.

1."先必要后充分"

题 1 若函数 $f(x) = \dfrac{1}{2^x - a} + \dfrac{1}{2}$ (a 为正常数)是奇函数,则 a 的取值范围是_____.

解 {1}. 若用等价转化来求解,就要对 $f(-x) = f(x)$ 进行一系列的等价变形,再由得到的恒等式求出正常数 a 的取值范围. 其中的运算量较大且复杂.

但我们可以运用"先必要后充分"的方法来求解:

函数 $f(x)$ 的定义域是 $(-\infty, \log_2 a) \cup (\log_2 a, +\infty)$,而奇函数的定义域关于原点对称,所以 $\log_2 a = 0, a = 1$.

接下来,还可验证当 $a = 1$ 时,函数 $f(x)$ 是奇函数,即

$$f(x) + f(-x) = \frac{1}{2^x - 1} + \frac{1}{2^{-x} - 1} + 1 = \frac{1}{2^x - 1} + \frac{2^x}{1 - 2^x} + 1 = 0$$

所以所求 a 的取值范围是 $\{1\}$.

题 2 (2013 年高考江苏卷第 14 题)在正项等比数列 $\{a_n\}$ 中,$a_5 = \dfrac{1}{2}$,$a_6 +$

$a_7 = 3$,则满足 $a_1 + a_2 + \cdots + a_n > a_1 a_2 \cdots a_n$ 的最大正整数 n 的值为_____.

解 12. 设等比数列 $\{a_n\}$ 的公比为 q. 由 $a_5 = \dfrac{1}{2}$ 及 $a_5(q + q^2) = 3$ 得 $q = 2$,所以 $a_1 = \dfrac{1}{32}$.

可得 $a_1 + a_2 + \cdots + a_n > a_1 a_2 \cdots a_n$,即
$$2^n - 1 > 2^{\frac{1}{2}n^2 - \frac{11}{2}n + 5} \qquad ①$$

接下来,若再进行等价转化求出其解集,必将不易.

但我们可以运用"先必要后充分"的方法来求解:

由①,可得
$$2^n > 2^{\frac{1}{2}n^2 - \frac{11}{2}n + 5} (n \in \mathbf{N}^*)$$
$$n > \frac{1}{2}n^2 - \frac{11}{2}n + 5 (n \in \mathbf{N}^*)$$
$$n \leq 12$$

还可验证 $n = 12$ 时①成立(即 $2^{12} - 1 > 2^{11}$,也即 $2^{11} > 1$),所以满足题设的最大正整数 n 的值为 12.

题 3 (2018 年北京通州一模理科第 14 题)设函数 $f(x) = x^2 + a\cos x, a \in \mathbf{R}$,非空集合 $\{x | f(x) = 0, x \in \mathbf{R}\}$.

(1) M 中所有元素之和为_____;

(2) 若集合 $N\{x | f(f(x)) = 0, x \in \mathbf{R}\}$,且 $M = N$,则 a 的值是_____.

解 (1) 0. 由 $f(x)$ 是偶函数可得答案.

(2) 0. 由 $M = N$,可得 $M \subseteq N$.

$\forall t \in M$,即 $f(t) = 0$,可得 $t \in N$,即 $f(f(t)) = f(0) = a = 0$.

当 $a = 0$ 时,$f(x) = x^2$,可以验证 $M = N$,$M = \{x | x^2 = 0, x \in \mathbf{R}\} = \{0\}$,$N = \{x | (x^2)^2 = 0, x \in \mathbf{R}\} = \{0\}$.

综上所述,可得所求答案是 0.

题 4 (2012 年高考浙江卷理科第 17 题)设 $a \in \mathbf{R}$,若 $x > 0$ 时均有 $[(a-1)x - 1](x^2 - ax - 1) \geq 0$,则 $a = $_____.

解 $\dfrac{3}{2}$. 可得当 $x = 2$ 时,$(a-1)x - 1$ 与 $x^2 - ax - 1$ 的值互为相反数,所以令 $x = 2$ 后,可得 $a = \dfrac{3}{2}$.

还可检验 $a = \dfrac{3}{2}$ 满足题意.

第1章 方法指导

题5 若 $\forall x \in [0,1]$,$e^x(x^2+a\cos x+1) \geqslant 2x+1$,则实数 a 的取值范围是_____.

解 $[1,+\infty)$. 当 $x \in [0,1]$ 时,可得 $0 \leqslant 1-x \leqslant e^{-x}$,所以 $(2x+1)(1-x) \leqslant \dfrac{2x+1}{e^x}$.

再由题设,可得
$$(2x+1)(1-x) \leqslant x^2+ax\cos x+1(0 \leqslant x \leqslant 1)$$
$$x(1-3x) \leqslant ax\cos x(0 \leqslant x \leqslant 1)$$
$$1-3x \leqslant a\cos x(0 \leqslant x \leqslant 1)$$
$$\dfrac{1-3x}{\cos x} \leqslant a(0 \leqslant x \leqslant 1)$$

可得
$$\left(\dfrac{1-3x}{\cos x}\right)' = \dfrac{\cos x(\tan x-3)-3x\sin x}{\cos^2 x}(0 < x \leqslant 1)$$

再由
$$\tan x-3 < \tan 1-3 < \tan \dfrac{\pi}{3}-3 < 0(0 < x \leqslant 1)$$

可得 $\left(\dfrac{1-3x}{\cos x}\right)' < 0(0 < x \leqslant 1)$,$y=\dfrac{1-3x}{\cos x}(0 < x \leqslant 1)$ 是减函数,得 $a \geqslant \lim_{x \to 0^+}\dfrac{1-3x}{\cos x}=1$,$a \geqslant 1$.

下面证明当 $a \geqslant 1$ 时满足题设,只需证明 $a=1$ 时满足题设,即证
$$e^x(x^2+x\cos x+1) \geqslant 2x+1(0 < x \leqslant 1)$$

再由 $e^x > x+1(0 < x \leqslant 1)$ 可知,只需证明
$$(x+1)(x^2+x\cos x+1) > 2x+1(0 < x \leqslant 1)$$
$$(x+1)(x+\cos x) > 1(0 < x \leqslant 1)$$

用导数可证 $y=x+\cos x(0 < x \leqslant 1)$ 是函数值为正数的增函数,$y=x+1(0 < x \leqslant 1)$ 也是函数值为正数的增函数. 因此,$f(x)=(x+1)(x+\cos x)(0 < x \leqslant 1)$ 也是函数值为正数的增函数,所以 $f(x) > f(0)=1(0 < x \leqslant 1)$,得当 $a \geqslant 1$ 时满足题设.

综上所述,可得所求实数 a 的取值范围是 $[1,+\infty)$.

题6 若 $\forall x \in [-4,4]$,$2ax^2+bx-3a+1 \geqslant 0$,则 $5a+b$ 的取值范围是_____.

解 $\left[-\dfrac{1}{3},2\right]$. (1) 由 $x=3$ 时题设中的不等式成立,可得 $5a+b \geqslant -\dfrac{1}{3}$.

当 $a=\frac{1}{21}, b=-\frac{4}{7}$ 时,$5a+b=-\frac{1}{3}$,且此时 $\forall x\in[-4,4]$,$2ax^2+bx-3a+1=\frac{2}{21}(x-3)^2\geqslant 0$.

所以 $5a+b$ 的最小值是 $-\frac{1}{3}$.

(2)由 $x=-\frac{1}{2}$ 时题设中的不等式成立,可得 $5a+b\leqslant 2$.

当 $a=\frac{2}{7}, b=\frac{4}{7}$ 时,$5a+b=2$,且此时 $\forall x\in[-4,4]$,$2ax^2+bx-3a+1=\frac{1}{7}(2x+1)^2\geqslant 0$.

所以 $5a+b$ 的最大值是 2.

再由 $5a+b$ 的值是连续变化的,可得答案.

注 以上解法是"先必要后充分". 下面给出以上解法是怎么来的?

由 $2ax^2+bx-3a+1=(2x^2-3)a+xb+1$,欲求 $5a+b$ 的取值范围,自然想到令 $(2x^2-3):x=5:1$,得 $x=3$ 或 $x=-\frac{1}{2}$.

(1)由 $x=3$ 时题设中的不等式成立,可得 $5a+b\geqslant -\frac{1}{3}$. 下面想办法证明 $5a+b$ 的最小值是 $-\frac{1}{3}$,即还需证明 $5a+b$ 的值能取到 $-\frac{1}{3}$.

若 $5a+b=-\frac{1}{3}$ 即 $b=-5a-\frac{1}{3}$,得 $2ax^2+bx-3a+1=2ax^2-\left(5a+\frac{1}{3}\right)x-3a+1$,其判别式 $\Delta=\left(5a+\frac{1}{3}\right)^2-4\cdot 2a(-3a+1)=\left(7a-\frac{1}{3}\right)^2\geqslant 0$.

欲使此时题设"$\forall x\in[-4,4], 2ax^2+bx-3a+1\geqslant 0$"成立,可选 $\begin{cases}a>0\\\Delta\leqslant 0\end{cases}$,即 $\begin{cases}a>0\\\Delta=0\end{cases}$,也即 $a=\frac{1}{21}, b=-\frac{4}{7}$,进而可得 $5a+b$ 的值能取到 $-\frac{1}{3}$.

所以 $5a+b$ 的最小值是 $-\frac{1}{3}$.

(2)由 $x=-\frac{1}{2}$ 时题设中的不等式成立,可得 $5a+b\leqslant 2$. 下面想办法证明 $5a+b$ 的最大值是 2,即还需证明 $5a+b$ 的值能取到 2.

若 $5a+b=2$ 即 $b=2-5a$,得 $2ax^2+bx-3a+1=2ax^2-(5a-2)x-3a+1$,

其判别式 $\Delta = (5a-2)^2 - 4 \cdot 2a(-3a+1) = (7a-2)^2 \geqslant 0$.

欲使此时题设"$\forall x \in [-4,4], 2ax^2 + bx - 3a + 1 \geqslant 0$"成立,可选 $\begin{cases} a > 0 \\ \Delta \leqslant 0 \end{cases}$,即 $\begin{cases} a > 0 \\ \Delta = 0 \end{cases}$,也即 $a = \dfrac{2}{7}, b = \dfrac{4}{7}$,进而可得 $5a + b$ 的值能取到 2.

所以 $5a + b$ 的最大值是 2.

再由 $5a + b$ 的值是连续变化的,可得答案.

题 7 若 $f(x) = e^x(ax^3 - 3x^2)(0 \leqslant x \leqslant 2, a$ 是常数$)$ 是减函数,则 a 的取值范围是_____.

解 $\left(-\infty, \dfrac{6}{5}\right]$. 可得 $f'(x) = e^x[ax^3 + 3(a-1)x^2 - 6x] \leqslant 0 (0 \leqslant x \leqslant 2)$ 恒成立,因而

$$f'(2) = 4e^2(5a - 6) \leqslant 0, a \leqslant \dfrac{6}{5}$$

当 $a \leqslant \dfrac{6}{5}$ 时,可得

$$f'(x) = e^x[a(x^3 + 3x^2) - 3x^2 - 6x] \leqslant e^x\left[\dfrac{6}{5}(x^3 + 3x^2) - 3x^2 - 6x\right]$$
$$= \dfrac{3}{5} x e^x (2x + 5)(x - 2) \leqslant 0 (0 \leqslant x \leqslant 2)$$

因而 $f(x)$ 是减函数.

所以所求 a 的取值范围是 $\left(-\infty, \dfrac{6}{5}\right]$.

题 8 若 $\forall x \in [0, +\infty), \ln(ax + 2) + \dfrac{2}{x+1} \geqslant 2\ln 2 + 1$,则实数 a 的取值范围是_____.

解 $[2, +\infty)$. 在题设中令 $x = 1$ 后,可得 $a \geqslant 2$.

下证 $a \geqslant 2$ 满足题设,只需证明 $a = 2$ 满足题设:$\forall x \in [0, +\infty), \ln(2x + 2) + \dfrac{2}{x+1} \geqslant 2\ln 2 + 1$.

即证 $\forall x \in [0, +\infty), \ln(x+1) + \dfrac{2}{x+1} \geqslant \ln 2 + 1$.

设 $f(x) = \ln(x+1) + \dfrac{2}{x+1} (x \geqslant 0)$,可得 $f'(x) = \dfrac{x-1}{(x+1)^2} (x \geqslant 0)$,进而可得 $f(x)_{\min} = f(1) = \ln 2 + 1$,所以欲证结论成立.

综上所述,可得答案.

题9 已知函数 $f(x) = ex - 2x^2 - x\ln x, g(x) = e^x - ax^2 + x$. 若 $\forall x \in (0, +\infty), f(x) \leqslant g(x)$, 则实数 a 的取值范围是_____.

解法1 $(-\infty, 3]$. 可得 $f(x) \leqslant g(x)$, 即

$$\frac{e^x}{x^2} + \frac{\ln x}{x} + \frac{1-e}{x} \geqslant a - 2$$

设 $h(x) = \frac{e^x}{x^2} + \frac{\ln x}{x} + \frac{1-e}{x}$, 可得

$$h'(x) = \frac{e^x(x-2) + ex - x\ln x}{x^3}$$

再设 $u(x) = e^x(x-2) + ex - x\ln x$, 可得

$$u'(x) = e^x(x-1) - \ln x + e - 1$$

$$u''(x) = \frac{x^2 e^x - 1}{x} \ (x > 0)$$

可得 $u''(x)$ 存在唯一的零点(设为 x_0, 可得 $0 < x_0 < 1, e^{x_0} = \frac{1}{x_0^2}, -\ln x_0 = \frac{x_0}{2}$), 再得

$$u'(x)_{\min} = u'(x_0) = e^{x_0}(x_0 - 1) - \ln x_0 + e - 1 = \frac{x_0 - 1}{x_0^2} + \frac{x_0}{2} + e - 1$$

$$= \left(\frac{1}{x_0} + \frac{x_0}{2}\right) - \frac{1}{x_0^2} + e - 1 = \left(\frac{1}{x_0} + \frac{x_0}{2} - 1\right) + (e^1 - e^{x_0})$$

再由均值不等式,可得 $\frac{1}{x_0} + \frac{x_0}{2} \geqslant \sqrt{2}$, 进而可得 $u'(x)_{\min} > 0$, 所以 $u(x)$ 是增函数.

又因为 $u(1) = 0$, 所以可得 $h(x)$ 在 $(0,1), (1, +\infty)$ 上分别是减函数、增函数,进而可得 $h(x)_{\min} = h(1) = 1$.

所以题设即 $1 \geqslant a - 2, a \leqslant 3$, 进而可得答案.

解法2 $(-\infty, 3]$. 可得 $f(1) \leqslant g(1)$, 即 $a \leqslant 3$.

下面证明 $a \leqslant 3$ 满足题设,只需证明

$$ex - 2x^2 - x\ln x \leqslant e^x - 3x^2 + x$$

$$e^x + x\ln x - x^2 + (1-e)x \geqslant 0$$

设 $h(x) = e^x + x\ln x - x^2 + (1-e)x$, 可得

$$h'(x) = e^x + \ln x - 2x + 2 - e$$

$$h''(x) = e^x + \frac{1}{x} - 2 \ (x > 0)$$

用导数可证得不等式 $e^x > x+1(x>0)$,再由均值不等式可得
$$h''(x) = e^x + \frac{1}{x} - 2 > x+1+\frac{1}{x}-2 \geqslant 1 > 0(x>0)$$
所以 $h'(x)$ 是增函数.

再由 $h'(1) = 0$,可得 $h(x)_{\min} = h(1) = 0$,所以欲证结论成立.

综上所述,可得答案.

题 10 (南京市、盐城市 2012 届高三年级第三次模拟考试数学试题第 14 题)若不等式 $|ax^3 - \ln x| \geqslant 1$ 对任意 $x \in (0,1]$ 都成立,则实数 a 的取值范围是_____.

解 $\left[\frac{e^2}{3}, +\infty\right)$. 由 $x = 1$ 时成立,得 $a \leqslant -1$ 或 $a \geqslant 1$.

这就是所求的一个必要条件. 再由此进行分类讨论,即可获得答案.

设 $f(x) = ax^3 - \ln x(0 < x \leqslant 1)$,得 $f'(x) = \frac{3ax^3 - 1}{x}(0 < x \leqslant 1)$.

当 $a \leqslant -1$ 时,可得 $f'(x) < 0(0 < x \leqslant 1)$,$f(x)$ 是减函数,所以 $f(x)_{\min} = f(1) = a$,得 $f(x)$ 的值域是 $[a, +\infty)$.

又因为 $a \leqslant -1$,所以 $|f(x)|_{\min} = 0$,得此时不满足题意.

当 $a \geqslant 1$ 时,可得 $f(x)_{\min} = f\left(\sqrt[3]{\frac{1}{3a}}\right) = \frac{1 + \ln 3a}{3} > 0$,所以 $|f(x)|_{\min} = \frac{1 + \ln 3a}{3}$.

得 $\frac{1 + \ln 3a}{3} \geqslant 1, a \geqslant \frac{e^2}{3}$,所以所求实数 a 的取值范围是 $\left[\frac{e^2}{3}, +\infty\right)$.

题 11 (第 54 届罗马尼亚数学奥林匹克决赛试题)求正整数 a, b,使得 $\forall x, y \in [a, b], \frac{1}{x} + \frac{1}{y} \in [a, b]$.

解 在题设中,令 $x = y = a$,可得 $\frac{1}{x} + \frac{1}{y} = \frac{2}{a} \leqslant b, 2 \leqslant ab$;再令 $x = y = b$,可得 $\frac{1}{x} + \frac{1}{y} = \frac{2}{b} \geqslant a, ab \leqslant 2$.

所以 $ab = 2$. 再由 a, b 是正整数及 $a < b$(因为题设中有区间 $[a, b]$),可得 $a = 1, b = 2$.

当 $a = 1, b = 2$ 时,$\forall x, y \in [1,2], 1 = \frac{1}{2} + \frac{1}{2} \leqslant \frac{1}{x} + \frac{1}{y} \leqslant \frac{1}{1} + \frac{1}{1} = 2, \frac{1}{x} + \frac{1}{y} \in [1,2]$.

综上所述,可得所求的正整数 a,b 的值分别为 1 和 2.

题 12 (2013年高考全国大纲卷文科第21题)已知函数 $f(x) = x^3 + 3ax^2 + 3x + 1$.

(1)当 $a = -\sqrt{2}$ 时,讨论 $f(x)$ 的单调性;

(2)若 $x \in [2, +\infty)$ 时,$f(x) \geq 0$,求 a 的取值范围.

解 (1)略.

(2)由 $f(2) \geq 0$,得 $a \geq -\dfrac{5}{4}$.

当 $a \geq -\dfrac{5}{4}, x \in (2, +\infty)$ 时

$$f'(x) = 3(x^2 + 2ax + 1) \geq 3\left(x^2 - \dfrac{5}{2}x + 1\right) = 3\left(x - \dfrac{1}{2}\right)(x - 2) > 0$$

所以 $f(x)$ 在 $(2, +\infty)$ 上是增函数.

于是当 $x \in [2, +\infty)$ 时,$f(x) \geq f(2) \geq 0$.

综上所述,可得 a 的取值范围是 $\left[-\dfrac{5}{4}, +\infty\right)$.

题 13 (2018年北京丰台二模理科第20题)已知数列 $\{a_n\}$ 的前 n 项和为 $S_n, a_1 = 0, a_2 = m$,当 $n \geq 2$ 时,$a_{n+1} = \begin{cases} a_n - 1 & (k > t) \\ \dfrac{S_n}{n} & (k = t) \\ a_n + 1 & (k < t) \end{cases}$. 其中,$k$ 是数列的前 n 项中 $a_i < a_{i+1}$ 的数对 (a_i, a_{i+1}) 的个数,t 是数列的前 n 项中 $a_i > a_{i+1}$ 的数对 (a_i, a_{i+1}) 的个数 $(i = 1, 2, 3, \cdots, n-1)$.

(1)若 $m = 5$,求 a_3, a_4, a_5 的值;

(2)若 $a_n (n \geq 3)$ 为常数,求 m 的取值范围;

(3)若数列 $\{a_n\}$ 有最大项,写出 m 的取值范围(结论不要求证明).

解 (1)因为 $a_1 = 0, a_2 = 5$,所以 $a_1 < a_2$,得 $a_3 = a_2 - 1 = 4$.

因为 $a_2 > a_3$,所以 $a_4 = \dfrac{a_1 + a_2 + a_3}{4 - 1} = 3$.

因为 $a_3 > a_4$,所以 $a_5 = a_4 + 1 = 4$.

得 $a_3 = 4, a_4 = 3, a_5 = 4$.

(2)当 $m = 0$ 时,$a_3 = 0, a_4 = 0$.

当 $m > 0$ 时,因为 $a_1 < a_2$,所以 $a_3 = a_2 - 1 = m - 1 < a_2$,得 $a_4 = \dfrac{a_1 + a_2 + a_3}{3} =$

$\dfrac{2m-1}{3}$.

因为 $a_3 = a_4$,所以 $m - 1 = \dfrac{2m-1}{3}$,得 $m = 2$.

当 $m < 0$ 时,因为 $a_1 > a_2$,所以 $a_3 = a_2 + 1 = m + 1 > a_2$,得 $a_4 = \dfrac{a_1 + a_2 + a_3}{3} = \dfrac{2m+1}{3}$.

因为 $a_3 = a_4$,所以 $m + 1 = \dfrac{2m+1}{3}$,得 $m = -2$.

所以 $a_n(n \geqslant 3)$ 为常数的一个必要条件是 $m \in \{-2, 0, 2\}$.

当 $m = 2$ 时,$a_3 = a_4 = 1$. 因为当 $3 \leqslant n \leqslant k(k > 3)$ 时,$a_n = 1$,都有 $a_{n+1} = \dfrac{S_n}{n} = \dfrac{0 + 2 + 1 + \cdots + 1}{n} = 1$,所以当 $m = 2$ 时符合题意.

同理,可得当 $m = -2$ 和 $m = 0$ 时也都符合题意.

所以 m 的取值范围是 $\{-2, 0, 2\}$.

题 14 (2012 年高考新课标全国卷文科第 21 题)设函数 $f(x) = e^x - ax - 2$.

(1)求 $f(x)$ 的单调区间;

(2)若 $a = 1$,k 为整数,且当 $x > 0$ 时,$(x - k)f'(x) + x + 1 > 0$,求 k 的最大值.

解 (1)减区间是 $(-\infty, \ln a)$,增区间是 $(\ln a, +\infty)$.

(2)可得题设即 $xe^x - ke^x + k + 1 > 0 (x > 0)$ 恒成立.

接下来,若再进行等价转化(比如,分离常数后求相应函数的最值),可能不易解决(因为求最值时需要求导函数的零点,很可能求不出来).

但我们可以运用"先必要后充分"的方法来求解:

由 $x = 1$ 时成立,得 $k < \dfrac{2}{e-1} + 1$,所以整数 $k \leqslant 2$. 还可证 $k = 2$ 时成立.

设 $g(x) = xe^x - 2e^x + 3 (x > 0)$,因为 $g'(x) = (x - 1)e^x (x > 0)$,所以 $g(x)_{\min} = g(1) = 3 - e > 0$.

所以所求 k 的最大值是 2.

题 15 已知函数 $h(x) = \dfrac{(x+1)[1 + \ln(x+1)]}{x} (x > 0)$,若当 $x > 0$ 时,$h(x) > k(x \in \mathbf{Z})$ 恒成立,求 k 的最大值.

解 可得 $e > 2.5 > \sqrt{6}$, $e^5 > e^4 > 36 > 27$, $5 > 3\ln 3$, $1 + \ln 3 < \dfrac{8}{3}$, 所以 $h(2) = \dfrac{3}{2}(1 + \ln 3) < 4$.

由 $h(x) > k(x > 0)$ 恒成立, 得 $4 > h(2) > k(k \in \mathbf{Z})$, 所以 $k \leqslant 3$.

还可用导数证得 $h(x) > 3(x > 0)$ 恒成立 (过程略).

所以所求 k 的最大值是 3.

题 16 (2011 年高考浙江卷文科第 21 题) 设函数 $f(x) = a^2 \ln x - x^2 + ax$, $a > 0$.

(1) 求 $f(x)$ 的单调区间;

(2) 求所有实数 a, 使 $e - 1 \leqslant f(x) \leqslant e^2$ 对 $x \in [1, e]$ 恒成立.

注: e 为自然对数的底数.

解 (1) 可得 $f'(x) = \dfrac{a^2}{x} - 2x + a = \dfrac{(a - x)(2x + a)}{x} (x > 0)$.

由 $a > 0$, 可得 $f(x)$ 的增区间为 $(0, a)$, 减区间为 $(a, +\infty)$.

(2) 若对题设 "$e - 1 \leqslant f(x) \leqslant e^2$ 对 $x \in [1, e]$ 恒成立" 进行等价转化, 则需求出函数 $f(x)$ 在区间 $[1, e]$ 上的最大值和最小值, 这就需要对参数 a 进行分类讨论, 解法会很复杂.

但我们可以运用 "先必要后充分" 的方法来求解:

由题设可得, $e - 1 \leqslant f(1) = a - 1$, $a \geqslant e$.

再由 (1) 的结论可得 $f(x)$ 在 $[1, e]$ 上单调递增, 所以 "$e - 1 \leqslant f(x) \leqslant e^2$ 对 $x \in [1, e]$ 恒成立" 的充要条件是 $\begin{cases} f(x)_{\min} = f(1) = a - 1 \geqslant e - 1 \\ f(x)_{\max} = f(e) = a^2 - e^2 + ae \leqslant e^2 \end{cases}$, 即 $a = e$.

所以所求实数 $a = e$.

题 17 (2013 年高考新课标卷 I 理科第 21 题) 已知函数 $f(x) = x^2 + ax + b$, $g(x) = e^x(cx + d)$. 若曲线 $y = f(x)$ 和曲线 $y = g(x)$ 都过点 $P(0, 2)$, 且在点 P 处有相同的切线 $y = 4x + 2$.

(1) 求 a, b, c, d 的值;

(2) 若 $x \geqslant -2$ 时, $f(x) \leqslant kg(x)$, 求 k 的取值范围.

解 (1) $a = 4, b = c = d = 2$ (过程略).

(2) 若对题设 "当 $x \geqslant -2$ 时, $f(x) \leqslant kg(x)$ 恒成立" 进行等价转化, 则需分离常数并分类讨论, 求相应函数的最大值或最小值, 过程会比较复杂.

但我们可以运用 "先必要后充分" 的方法来求解:

第1章　方法指导

由 $x=-2$ 时 $f(x)\leqslant kg(x)$ 成立,得 $k\leqslant e^2$. 由 $x=0$ 时成立,可得 $k\geqslant 1$.

所以可得题设即"$x>-2$ 时 $h(x)=2ke^x(x+1)-x^2-4x-2\geqslant 0(1\leqslant k\leqslant e^2)$ 恒成立".

得 $h'(x)=2(x+2)(ke^x-1)$,令 $h'(x)=0$,得 $x=-\ln k(1\leqslant k\leqslant e^2)$.

进而还可得:函数 $h(x)(x\geqslant -2)$ 的最小值 $h(-\ln k)=(2-\ln k)\ln k\geqslant 0$,所以所求 k 的取值范围是 $[1,e^2]$.

题18　(北京市东城区2016届高三第二学期理科数学练习(Ⅱ)第18题)
已知 $f(x)=2\ln(x+2)-(x+1)^2,g(x)=k(x+1)$.

(1) 求 $f(x)$ 的单调区间;

(2) 当 $k=2$ 时,求证:对于 $\forall x>-1,f(x)<g(x)$ 恒成立;

(3) 若存在 $x_0>-1$,使得当 $x\in(-1,x_0)$ 时,恒有 $f(x)>g(x)$ 成立,试求 k 的取值范围.

解　(1) 可得 $f'(x)=\dfrac{2}{x+2}-2(x+1)=\dfrac{-2(x^2+3x+1)}{x+2}(x>-2)$,所以 $f'(x)>0 \Leftrightarrow -2<x<\dfrac{-3+\sqrt{5}}{2}$,因而 $f(x)$ 的单调递增区间为 $\left(-2,\dfrac{-3+\sqrt{5}}{2}\right)$,单调递减区间为 $\left(\dfrac{-3+\sqrt{5}}{2},+\infty\right)$.

(2) 当 $k=2$ 时,设
$$h(x)=f(x)-g(x)=2\ln(x+2)-(x+1)^2-2(x+1)(x>-1)$$
可得
$$h'(x)=\dfrac{-2(x^2+3x+1)}{x+2}-2=\dfrac{-2(x+1)(x+3)}{x+2}<0(x>-1)$$
得 $h(x)$ 单调递减,所以 $h(x)<h(-1)=0$,即 $f(x)-g(x)<0,f(x)<g(x)$ 恒成立.

(3) ①当 $k\geqslant 2$ 时,由(2)的结论可知不满足题意;

②当 $k<2$ 时,设 $h(x)=f(x)-g(x)(x>-1)$,可得
$$h'(x)=\dfrac{-2(x^2+3x+1)}{x+2}-k=-\dfrac{2x^2+(k+6)x+2k+2}{x+2}(x>-1)$$
可得
$$h'(x)>0 \Leftrightarrow -\dfrac{k+6+\sqrt{k^2-4k+20}}{4}<x<-\dfrac{k+6-\sqrt{k^2-4k+20}}{4}$$

用分析法可证得:当 $k<2$ 时,$-\dfrac{k+6+\sqrt{k^2-4k+20}}{4}<-1<$

$-\dfrac{k+6-\sqrt{k^2-4k+20}}{4}$,即证$|k+2|<\sqrt{k^2-4k+20}$,所以$\exists x_0=-\dfrac{\sqrt{k^2-4k+20}-k-6}{4}>-1$,当$x\in(-1,x_0)$时,$h(x)$是增函数,得$h(x)>h(-1)=0$,即恒有$f(x)>g(x)$成立.

综上所述,可得所求k的取值范围为$(-\infty,2)$.

题19 (2012年高考全国大纲卷理科第20题)设函数$f(x)=ax+\cos x$,$x\in[0,\pi]$.

(1)讨论$f(x)$的单调性;

(2)设$f(x)\leqslant 1+\sin x$,求a的取值范围.

解 (1)$f'(x)=a-\sin x$.

①当$a\geqslant 1$时,$f'(x)\geqslant 0$,且仅当$a=1,x=\dfrac{\pi}{2}$时,$f'(x)=0$,所以$f(x)$在$[0,\pi]$上是增函数.

②当$a\leqslant 0$时,$f'(x)\leqslant 0$,且仅当$a=0,x=0$或$x=\pi$时,$f'(x)=0$,所以$f(x)$在$[0,\pi]$上是减函数.

③当$0<a<1$时,由$f'(x)=0$解得$x_1=\arcsin a,x_2=\pi-\arcsin a$.

当$x\in[0,x_1)$时,$\sin x<a,f'(x)>0,f(x)$是增函数;当$x\in(x_1,x_2)$时,$\sin x>a,f'(x)<0,f(x)$是减函数;当$x\in(x_2,\pi]$时,$\sin x<a,f'(x)>0,f(x)$是增函数.

(2)由$f(x)\leqslant 1+\sin x$可得$f(\pi)\leqslant 1$,$a\pi-1\leqslant 1$,所以$a\leqslant\dfrac{2}{\pi}$.

当$a=\dfrac{2}{\pi}$时,可证得$f(x)\leqslant 1+\sin x(0\leqslant x\leqslant\pi)$,即证$\dfrac{2}{\pi}x-\sin x+\cos x-1\leqslant 0$($0\leqslant x\leqslant\pi$).

设$g(x)=\dfrac{2}{\pi}x-\sin x+\cos x-1(0\leqslant x\leqslant\pi)$,可得

$$g'(x)=\dfrac{2}{\pi}-\sqrt{2}\sin\left(x+\dfrac{\pi}{4}\right)(0\leqslant x\leqslant\pi)$$

当$x\in\left[0,\dfrac{\pi}{4}\right]$时,可得$g'(x)\leqslant 0$,$g(x)$是减函数.

当$x\in\left[\dfrac{\pi}{4},\pi\right]$时,可得$g'(x)$是增函数. 又因为$g'\left(\dfrac{\pi}{4}\right)=\dfrac{2}{\pi}-\sqrt{2}<0<\dfrac{2}{\pi}+1=g'(\pi)$,所以$x_0\in\left(\dfrac{\pi}{4},\pi\right)$,使得$g'(x_0)=0$.

因而 $g(x)$ 在 $\left[\dfrac{\pi}{4}, x_0\right]$, $[x_0, \pi]$ 上分别是减函数、增函数,进而可得 $g(x)$ 在 $[0, x_0]$, $[x_0, \pi]$ 上分别是减函数、增函数.

又因为 $g(0) = g(\pi) = 0$,所以欲证结论成立.

还可证明当 $a \leqslant \dfrac{2}{\pi}$ 时也满足题设,即

$$f(x) = ax + \cos x \leqslant \dfrac{2}{\pi}x + \cos x \leqslant 1 + \sin x \, (0 \leqslant x \leqslant \pi)$$

所以所求 a 的取值范围是 $\left(-\infty, \dfrac{2}{\pi}\right]$.

题 20 (北京市丰台区 2015—2016 学年度第一学期高一数学期末练习第 20 题)对于在区间 $[p, q]$ 上有意义的两个函数 $f(x)$ 和 $g(x)$,如果对于任意 $x \in [p, q]$,都有 $|f(x) - g(x)| \leqslant 1$,则称 $f(x)$ 与 $g(x)$ 在区间 $[p, q]$ 上是"接近"的两个函数,否则称它们在区间 $[p, q]$ 上是"非接近"的两个函数.

(1) 函数 $f(x) = e^{x-1}$ 和 $g(x) = e^{-x}$ 在区间 $[0, 1]$ 上是否为"接近"的两个函数,说明理由;

(2) 如果函数 $f(x) = \log_a(x - 3a)$, $g(x) = \log_a \dfrac{1}{x-a}$ $(a > 0,$ 且 $a \neq 1)$ 在区间 $[a+2, a+3]$ 上都有意义,试判断 $f(x)$ 与 $g(x)$ 在区间 $[a+2, a+3]$ 上是否为"接近"的两个函数,并说明理由;

(3) 如果函数 $f(x) = \log_2 x + m$, $g(x) = 2^{x-n}$ $(m, n \in \mathbf{Z})$ 在区间 $[2, 4]$ 上是"接近"的两个函数,那么请写出一组 m, n 的值(直接写出结果).

解 (1) 令 $h(x) = f(x) - g(x) = e^{x-1} - e^{-x}$,得 $h(x)$ 在 $[0, 1]$ 上是增函数.

所以 $h(x)_{\min} = h(0) = \dfrac{1}{e} - 1 > -1$, $h(x)_{\max} = h(1) = 1 - \dfrac{1}{e} < 1$,得 $h(x) \in [-1, 1]$.

所以 $|h(x)| < 1$,即 $|f(x) - g(x)| < 1$.

所以函数 $f(x) = e^{x-1}$ 和 $g(x) = e^{-x}$ 在区间 $[0, 1]$ 上是"接近"的两个函数.

(2) 因为函数 $f(x), g(x)$ 在区间 $[a+2, a+3]$ 上都有意义,所以
$$\begin{cases} a+2-3a > 0 \\ a+2-a > 0 \end{cases}, 得 0 < a < 1.$$

还得 $f(x) - g(x) = \log_a(x - 3a) - \log_a \dfrac{1}{x-a} = \log_a(x - 3a)(x - a)$.

令 $p(x)=(x-3a)(x-a)$,因为函数 $p(x)$ 的图像的对称轴为 $x=2a<2$,所以 $p(x)$ 在 $[a+2,a+3]$ 上单调递增,可得 $p(x)$ 的值域为 $[4-4a,9-6a]$.

因为 $0<a<1$,所以 $\log_a(9-6a)\leq \log_a p(x)\leq \log_a(4-4a)<0$.

所以函数 $f(x)$ 与 $g(x)$ 在区间 $[a+2,a+3]$ 上是两个"接近"的函数,即 $|f(x)-g(x)|\leq 1$,也即 $\begin{cases}\log_a(9-6a)\geq -1\\ 0<a<1\end{cases}$,解得 $0<a\leq\dfrac{9-\sqrt{57}}{12}$.

所以当 $a\in\left(0,\dfrac{9-\sqrt{57}}{12}\right]$ 时,函数 $f(x)$ 与 $g(x)$ 在区间 $[a+2,a+3]$ 上是"接近"的两个函数;当 $a\in\left(\dfrac{9-\sqrt{57}}{12},1\right)$ 时,函数 $f(x)$ 与 $g(x)$ 在区间 $[a+2,a+3]$ 上不是"接近"的两个函数.

(3)可得 $\begin{cases}|f(2)-g(2)|\leq 1\\ |f(4)-g(4)|\leq 1\end{cases}$,即 $\begin{cases}-2\leq m-\dfrac{4}{2^n}\leq 0\\ -3\leq m-\dfrac{16}{2^n}\leq -1\end{cases}$.

设 $\dfrac{4}{2^n}=r$,得 $\begin{cases}-2\leq m-r\leq 0\\ -2\leq m-4r\leq -1\end{cases}$,由线性规划知识可求得 m,r 的取值范围分别为 $\left[-\dfrac{7}{3},\dfrac{2}{3}\right]$,$\left[-\dfrac{1}{3},\dfrac{2}{3}\right]$(由 $\begin{cases}m=\dfrac{4}{3}(m-r)-\dfrac{1}{3}(m-4r)\\ r=\dfrac{1}{3}(m-r)-\dfrac{1}{3}(m-4r)\end{cases}$ 也可得此结论).

再由 $m,n\in \mathbf{Z}$,可得 $m=-2,-1$ 或 0;正整数 $n\geq 3$.

① 当 $m=-2$ 时,可得 $|f(2)-g(2)|=|2^{2-n}+1|>1$,所以此时不可能!

② 当 $m=-1$ 时,$|f(x)-g(x)|\leq 1(2\leq x\leq 4)$ 恒成立,即 $\begin{cases}\log_2 x-2\leq 2^{x-n}\\ 2^x\leq 2^n\log_2 x\end{cases}$ $(2\leq x\leq 4)$ 恒成立.

当 $2\leq x\leq 4$ 时,$\log_2 x-2\leq \log_2 4-2=0<2^{x-n}$,所以 $|f(x)-g(x)|\leq 1(2\leq x\leq 4)$ 恒成立,即 $2^x\leq 2^n\log_2 x(2\leq x\leq 4)$ 恒成立.

下面再证明当正整数 $n\geq 3$ 时,$2^x\leq 2^n\log_2 x(2\leq x\leq 4)$ 恒成立.

即证 $8\log_2 x-2^x\geq 0(2\leq x\leq 4)$ 恒成立.

设 $u(x)=8\log_2 x-2^x(2\leq x\leq 4)$,得 $u'(x)=\dfrac{8-x2^x\ln^2 2}{x\ln 2}(2\leq x\leq 4)$.

因为函数 $y=8-x2^x\ln^2 2(2\leq x\leq 4)$ 是减函数,所以 $u(x)_{\min}=\min\{u(2),u(4)\}=\min(4,0)=0$,所以欲证结论成立.

即当 $m=-1$ 时,正整数 $n\geqslant 3$.

③当 $m=0$ 时,$|f(x)-g(x)|\leqslant 1 (2\leqslant x\leqslant 4)$ 恒成立,即 $\begin{cases}\log_2 x-1\leqslant 2^{x-n}\\ \log_2 x+1\geqslant 2^{x-n}\end{cases}$ $(2\leqslant x\leqslant 4)$ 恒成立.

由 $x=4$ 时,$\log_2 x-1\leqslant 2^{x-n}$ 成立且正整数 $n\geqslant 3$,可得 $n=3$ 或 4.

再由 $x=3$ 时,$\log_2 x-1\leqslant 2^{x-n}$ 成立且正整数 $n=3$ 或 4,可得 $n=3$.

用导数可证:当 $n=3$ 时,$\begin{cases}\log_2 x-1\leqslant 2^{x-n}\\ \log_2 x+1\geqslant 2^{x-n}\end{cases}$ $(2\leqslant x\leqslant 4)$,即 $\begin{cases}\log_2 x-2^{x-3}\leqslant 1\\ 2^{x-3}-\log_2 x\leqslant 1\end{cases}$ $(2\leqslant x\leqslant 4)$ 恒成立.

所以当 $m=0$ 时,$n=3$.

综上所述,可得本题的所有答案是:当 $m=0$ 时,$n=3$;当 $m=-1$ 时,n 是大于 2 的整数.

题 21 (2017 年高考全国卷 I 理科第 21 题)已知函数 $f(x)=ae^{2x}+(a-2)e^x-x$.

(1)讨论 $f(x)$ 的单调性;

(2)若 $f(x)$ 有两个零点,求 a 的取值范围.

解 (1)由 $f(x)=ae^{2x}+(a-2)e^x-x$,可得
$$f'(x)=2ae^{2x}+(a-2)e^x-1=(ae^x-1)(2e^x+1)$$

①当 $a\leqslant 0$ 时,$ae^x-1<0,2e^x+1>0$,从而 $f'(x)<0$ 恒成立,得 $f(x)$ 在 **R** 上单调递减.

②当 $a>0$ 时,令 $f'(x)=0$,得 $ae^x-1=0,x=-\ln a$,可列表如下:

x	$(-\infty,-\ln a)$	$-\ln a$	$(-\ln a,+\infty)$
$f'(x)$	$-$	0	$+$
$f(x)$	↘	极小值	↗

综上所述:当 $a\leqslant 0$ 时,$f(x)$ 在 **R** 上单调递减;当 $a>0$ 时,$f(x)$ 在 $(-\infty,-\ln a)$ 上单调递减,在 $(-\ln a,+\infty)$ 上单调递增.

(2)由(1)的答案可得:

当 $a\leqslant 0$ 时,$f(x)$ 在 **R** 上单调递减,所以 $f(x)$ 在 **R** 上至多有一个零点,不满足题设.

当 $a>0$ 时,$f(x)_{\min}=f(-\ln a)=1-\dfrac{1}{a}+\ln a$.

因而由 $f(x)$ 有两个零点,可得 $1-\dfrac{1}{a}+\ln a<0$. 因为可得 $u(a)=1-\dfrac{1}{a}+\ln a$ 是增函数,所以 $1-\dfrac{1}{a}+\ln a<0$,即 $u(a)<u(1)$,也即 $0<a<1$.

当 $0<a<1$ 时:

可得 $f(-2)=ae^{-4}+(a-2)e^{-2}+2>-2e^{-2}+2>0$,所以 $f(x)$ 在 $(-2,-\ln a)$ 上有唯一零点.

当 $x_0>\ln\left(\dfrac{3}{a}-1\right)$ 时,可得 $e^{x_0}>\dfrac{3}{a}-1$,$ae^{x_0}+a-2>1$,所以 $f(x_0)=e^{x_0}(ae^{x_0}+a-2)-x_0>e^{x_0}-x_0>0$(因为用导数易证 $e^t-t\geqslant 1(t\in\mathbf{R})$)

由 $0<a<1$,可证得 $-\ln a<\ln\left(\dfrac{3}{a}-1\right)$,所以 $f(x)$ 在 $(-\ln a,x_0)$ 上有唯一零点.

综上所述,可得所求 a 的取值范围为 $(0,1)$.

题 22 已知椭圆 $G:\dfrac{x^2}{a^2}+\dfrac{y^2}{b^2}=1(a>b>0)$ 的离心率为 $\dfrac{\sqrt{3}}{2}$,短半轴长为 1.

(1)求椭圆 G 的方程;

(2)设椭圆 G 的短轴端点分别为 A,B,点 P 是椭圆 G 上异于点 A,B 的一动点,直线 PA,PB 分别与直线 $x=4$ 相交于 M,N 两点,以线段 MN 为直径作圆 C.

①当点 P 在 y 轴左侧时,求圆 C 半径的最小值;

②是否存在一个圆心在 x 轴上的定圆与圆 C 相切?若存在,求出该定圆的方程;若不存在,请说明理由.

解 (1)椭圆 G 的方程为 $\dfrac{x^2}{4}+y^2=1$.

(2)①设 $P(x_0,y_0)(x_0\in[-2,0)\cup(0,2])$,得 $A(0,1),B(0,-1)$.

所以直线 PA 的方程为 $y-1=\dfrac{y_0-1}{x_0}x$.

令 $x=4$,得 $y_M=\dfrac{4(y_0-1)}{x_0}+1$.

同理可得 $y_N=\dfrac{4(y_0+1)}{x_0}-1$.

得 $|MN|=\left|2-\dfrac{8}{x_0}\right|$.

所以圆 C 半径 $r=\left|1-\dfrac{4}{x_0}\right|(-2\leqslant x_0<0)$.

当且仅当 $x_0 = -2$ 时,圆 C 的半径最小且最小值为 3.

②当点 P 在左端点时,可得 $M(4,3), N(4,-3)$,所以此时圆 C 的方程为 $(x-4)^2 + y^2 = 9$.

当点 P 在右端点时,可得 $M(4,-1), N(4,1)$,所以此时圆 C 的方程为 $(x-4)^2 + y^2 = 1$.

所以所求的定圆若存在,则只可能是 $(x-2)^2 + y^2 = 1$ 或 $(x-6)^2 + y^2 = 1$.

可证这两个圆均满足题意. 下面只对前者给予证明.

由①知圆 C 的半径

$$r = \left|1 - \frac{4}{x_0}\right| = \begin{cases} 1 - \dfrac{4}{x_0} & (-2 \leq x_0 < 0) \\ \dfrac{4}{x_0} - 1 & (0 < x_0 \leq 2) \end{cases}$$

因为 $y_M = \dfrac{4(y_0 - 1)}{x_0} + 1, y_N = \dfrac{4(y_0 + 1)}{x_0} - 1$,圆 C 的圆心坐标为 $\left(4, \dfrac{4y_0}{x_0}\right)$,所以圆心距

$$d = \sqrt{(4-2)^2 + \left(\dfrac{4y_0}{x_0}\right)^2} = \sqrt{4 + \dfrac{16\left(1 - \dfrac{x_0^2}{4}\right)}{x_0^2}} = \dfrac{4}{|x_0|} = \begin{cases} -\dfrac{4}{x_0} & (-2 \leq x_0 < 0) \\ \dfrac{4}{x_0} & (0 < x_0 \leq 2) \end{cases}$$

当 $-2 \leq x_0 < 0$ 时,$d = r - R = \left(1 - \dfrac{4}{x_0}\right) - 1 = -\dfrac{4}{x_0}$,此时定圆与圆 C 内切;

当 $0 < x_0 \leq 2$ 时,$d = r + R = \left(\dfrac{4}{x_0} - 1\right) + 1 = \dfrac{4}{x_0}$,此时定圆与圆 C 外切;

所以欲证结论成立.

得定圆的方程是 $(x-2)^2 + y^2 = 1$ 或 $(x-6)^2 + y^2 = 1$.

题 23 (2015 年高考四川卷理科第 20 题)如图 1 所示,椭圆 $E: \dfrac{x^2}{a^2} + \dfrac{y^2}{b^2} = 1$ $(a > b > 0)$ 的离心率是 $\dfrac{\sqrt{2}}{2}$,过点 $P(0,1)$ 的动直线 l 与椭圆相交于 A, B 两点. 当直线 l 平行于 x 轴时,直线 l 被椭圆 E 截得的线段长为 $2\sqrt{2}$.

(1)求椭圆 E 的方程.

(2)在平面直角坐标系 xOy 中,是否存在与点 P 不同的定点 Q,使得 $\dfrac{|QA|}{|QB|} = \dfrac{|PA|}{|PB|}$ 恒成立?若存在,求出点 Q 的坐标;若不存在,请说明理由.

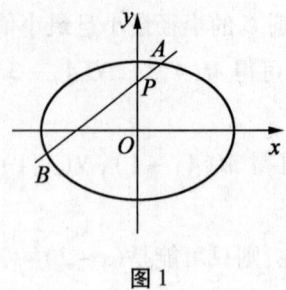

图1

解 (1)设椭圆的半焦距为 c.

由题设可得点 $(\sqrt{2},1)$ 在椭圆 E 上,因此 $\begin{cases} \dfrac{2}{a^2}+\dfrac{1}{b^2}=1 \\ a^2-b^2=c^2 \\ \dfrac{c}{a}=\dfrac{\sqrt{2}}{2} \end{cases}$,解得 $a=2,b=\sqrt{2}$.

所以椭圆 E 的方程为 $\dfrac{x^2}{4}+\dfrac{y^2}{2}=1$.

(2)当直线 l 与 x 轴平行时,设直线 l 与椭圆相交于 C,D 两点.

如果存在定点 Q 满足条件,则有 $\dfrac{|QC|}{|QD|}=\dfrac{|PC|}{|PD|}=1$,即 $|QC|=|QD|$,所以点 Q 在 y 轴上,可设点 Q 的坐标为 $(0,y_0)(y_0\neq 1)$.

当直线 l 与 x 轴垂直时,设直线 l 与椭圆相交于 M,N 两点,得 M,N 的坐标分别为 $(0,\sqrt{2}),(0,-\sqrt{2})$.

由 $\dfrac{|QM|}{|QN|}=\dfrac{|PM|}{|PN|}$,得 $\left|\dfrac{y_0-\sqrt{2}}{y_0+\sqrt{2}}\right|=\dfrac{\sqrt{2}-1}{\sqrt{2}+1}(y_0\neq 1)$,解得 $y_0=2$.

所以若存在不同于点 P 的定点 Q 满足条件,则点 Q 坐标只可能为 $(0,2)$.

下面证明:对任意的直线 l,均有 $\dfrac{|QA|}{|QB|}=\dfrac{|PA|}{|PB|}$.

当直线 l 的斜率不存在时,由以上论述可知,欲证结论成立.

当直线 l 的斜率存在时,可设直线 l 的方程为 $y=kx+1$,点 A,B 的坐标分别为 $(x_1,y_1),(x_2,y_2)$.

联立 $\begin{cases} \dfrac{x^2}{4}+\dfrac{y^2}{2}=1 \\ y=kx+1 \end{cases}$,可得 $(2k^2+1)x^2+4kx-2=0$.

因为其判别式 $\Delta=(4k)^2+8(2k^2+1)>0$,所以 $x_1+x_2=-\dfrac{4k}{2k^2+1}$,$x_1x_2=$

$-\dfrac{2}{2k^2+1}$,因此$\dfrac{1}{x_1}+\dfrac{1}{x_2}=\dfrac{x_1+x_2}{x_1x_2}=2k$.

如图 2 所示,易知点 B 关于 y 轴对称的点 B' 的坐标为 $(-x_2,y_2)$.

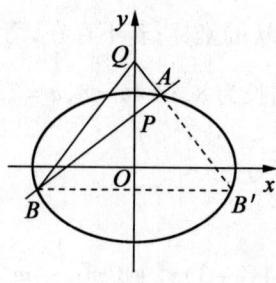

图 2

又因为 $k_{QA}=\dfrac{y_1-2}{x_1}=\dfrac{kx_1-1}{x_1}=k-\dfrac{1}{x_1}$,$k_{QB'}=\dfrac{y_2-2}{-x_2}=\dfrac{kx_2-1}{-x_2}=-k+\dfrac{1}{x_2}=k-\dfrac{1}{x_1}$,所以 $k_{QA}=k_{QB'}$,即 Q,A,B' 三点共线.

得 $\dfrac{|QA|}{|QB|}=\dfrac{|QA|}{|QB'|}=\dfrac{|x_1|}{|x_2|}=\dfrac{|PA|}{|PB|}$.

所以存在与 P 不同的定点 $Q(0,2)$,使得 $\dfrac{|QA|}{|QB|}=\dfrac{|PA|}{|PB|}$ 恒成立.

题 24 (2012 年福建卷理科第 19 题)如图 3 所示,椭圆 $E:\dfrac{x^2}{a^2}+\dfrac{y^2}{b^2}=1(a>b>0)$ 的左焦点为 F_1,右焦点为 F_2,离心率 $e=\dfrac{1}{2}$. 过 F_1 的直线交椭圆于 A,B 两点,且 $\triangle ABF_2$ 的周长为 8.

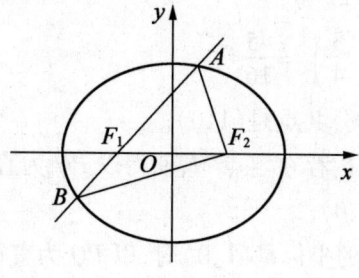

图 3

(1) 求椭圆 E 的方程;

(2) 设动直线 $l: y = kx + m$ 与椭圆 E 有且只有一个公共点 P, 且与直线 $x = 4$ 相交于点 Q. 试探究: 在坐标平面内是否存在定点 M, 使得以 PQ 为直径的圆恒过点 M? 若存在, 求出点 M 的坐标; 若不存在, 请说明理由.

解 (1) 由 $\triangle ABF_2$ 的周长为 8, 得 $4a = 8$, $a = 2$. 再由离心率 $e = \dfrac{1}{2}$, 可求得椭圆 E 的方程为 $\dfrac{x^2}{4} + \dfrac{y^2}{3} = 1$.

(2) 由 $\begin{cases} y = kx + m \\ \dfrac{x^2}{4} + \dfrac{y^2}{3} = 1 \end{cases}$, 得 $(4k^2 + 3)x^2 + 8kmx + 4m^2 - 12 = 0$.

因为动直线 $l: y = kx + m$ 与椭圆 E 有且只有一个公共点 $P(x_0, y_0)$, 所以 $m \neq 0$ 且 $\Delta = 0$ (即 $m^2 = 4k^2 + 3$).

还可得 $x_0 = -\dfrac{4km}{4k^2 + 3} = -\dfrac{4k}{m}$, $y_0 = kx_0 + m = \dfrac{3}{m}$, 即 $P\left(-\dfrac{4k}{m}, \dfrac{3}{m}\right)$.

由 $\begin{cases} y = kx + m \\ x = 4 \end{cases}$, 可求得 $Q(4, 4k + m)$.

由 $m^2 = 4k^2 + 3$ 知:

可选 $(k, m) = (0, \sqrt{3})$, 得 $P(0, \sqrt{3})$, $Q(4, \sqrt{3})$, 此时可得以 PQ 为直径的圆为 $C_1: (x - 2)^2 + (y - \sqrt{3})^2 = 4$.

还可选 $(k, m) = (0, -\sqrt{3})$, 得 $P(0, -\sqrt{3})$, $Q(4, -\sqrt{3})$, 此时可得以 PQ 为直径的圆为 $C_2: (x - 2)^2 + (y + \sqrt{3})^2 = 4$.

还可选 $(k, m) = \left(-\dfrac{1}{2}, 2\right)$, 得 $P\left(1, \dfrac{3}{2}\right)$, $Q(4, 0)$, 此时可得以 PQ 为直径的圆为 $C_3: \left(x - \dfrac{5}{2}\right)^2 + \left(y - \dfrac{3}{4}\right)^2 = \dfrac{45}{16}$.

可求得 C_1, C_2, C_3 的公共点是 $(1, 0)$.

所以, 若在坐标平面内存在定点 M, 使得以 PQ 为直径的圆恒过点 M, 则定点 M 的坐标只可能是 $(1, 0)$.

下面证明当定点 M 的坐标是 $(1, 0)$ 时, 以 PQ 为直径的圆恒过点 M, 即 $\overrightarrow{MP} \cdot \overrightarrow{MQ} = \left(-\dfrac{4k}{m} - 1, \dfrac{3}{m}\right) \cdot (3, 4k + m) = -\dfrac{12k}{m} - 3 + \dfrac{12k}{m} + 3 = 0$.

综上所述, 在坐标平面内存在定点 M, 使得以 PQ 为直径的圆恒过点 M, 且点 M 的坐标是 $(1, 0)$.

题 25 (2017 年全国高中数学联合竞赛(四川初赛)第 13 题)已知数列 $\{a_n\}$ 满足:$a_1 = a, a_{n+1} = \dfrac{5a_n - 8}{a_n - 1}(n \in \mathbf{N}^*)$.

(1)若 $a = 3$,求证:数列 $\left\{\dfrac{a_n - 2}{a_n - 4}\right\}$ 成等比数列,并求数列 $\{a_n\}$ 的通项公式;

(2)若对任意的正整数 n,都有 $a_n > 3$,求实数 a 的取值范围.

解 (1)若 $\exists n_0 \in \mathbf{N}^*, n_0 \geq 2, a_{n_0} = 4$,则由题设中的递推式可得,$a_{n_0-1} = 4$,进而可得 $a_1 = 4$,这与题设 $a_1 = 3$ 矛盾!所以 $a_n \neq 4(n \in \mathbf{N}^*)$.

再由题设,可得

$$\frac{a_{n+1} - 2}{a_{n+1} - 4} = 3 \cdot \frac{a_n - 2}{a_n - 4}(n \in \mathbf{N}^*)$$

得 $\left\{\dfrac{a_n - 2}{a_n - 4}\right\}$ 是以首项为 $\dfrac{a_1 - 2}{a_1 - 4} = -1$,公比为 3 的等比数列,因而

$$\frac{a_n - 2}{a_n - 4} = -3^{n-1}(n \in \mathbf{N}^*)$$

进而可求得数列 $\{a_n\}$ 的通项公式是 $a_n = \dfrac{4 \cdot 3^{n-1} + 2}{3^{n-1} + 1}$.

(2)解法 1:当 $a = 4$ 时,用数学归纳法可证得 $a_n = 4(n \in \mathbf{N}^*)$,此时满足题设 $a_n > 3(n \in \mathbf{N}^*)$.

当 $a \neq 4$ 时,由(1)的解答可得

$$\frac{a_n - 2}{a_n - 4} = \frac{a - 2}{a - 4} \cdot 3^{n-1}(n \in \mathbf{N}^*)$$

设 $\dfrac{a - 2}{a - 4} = b$,可得

$$\frac{2}{a_n - 4} = b \cdot 3^{n-1} - 1(n \in \mathbf{N}^*)$$

$$a_n = \frac{2}{b \cdot 3^{n-1} - 1} + 4(n \in \mathbf{N}^*)$$

题设 $a_n > 3(n \in \mathbf{N}^*)$,即

$$\frac{2}{b \cdot 3^{n-1} - 1} + 1 = \frac{b \cdot 3^{n-1} + 1}{b \cdot 3^{n-1} - 1} > 0(n \in \mathbf{N}^*)$$

$$b < -3^{1-n} \text{ 或 } b > 3^{1-n}(n \in \mathbf{N}^*)$$

设命题 $p: \forall n \in \mathbf{N}^*, b < -3^{1-n}$ 或 $b > 3^{1-n}$,则 $\neg p: \exists n \in \mathbf{N}^*, -3^{1-n} \leq b \leq 3^{1-n}$.

设 $c_n = 3^{1-n}(n \in \mathbf{N}^*)$，可得 $-c_n < -c_{n+1} < c_{n+1} < c_n$，所以 $\neg p$ 即 $b \in \bigcup_{n=1}^{\infty}[-c_n, c_n]$，也即 $b \in [-c_1, c_1]$，$b \in [-1, 1]$。因而，p 即 $b \in \complement_{\mathbf{R}}[-1, 1]$，也即

$$|b| > 1, \left|\frac{a-2}{a-4}\right| > 1, |a-2| > |a-4|, (a-2)^2 > (a-4)^2$$

所以此时 a 的取值范围是"$a > 3$ 且 $a \neq 4$".

综上所述，可得所求实数 a 的取值范围是 $(3, +\infty)$.

解法 2：由解法 1 可得，当 $a = 4$ 时满足题设 $a_n > 3(n \in \mathbf{N}^*)$.

当 $a \neq 4$ 时，设 $\frac{a-2}{a-4} = b$，由解法 1 可得，题设 $a_n > 3(n \in \mathbf{N}^*)$，即

$$b < -3^{1-n} \text{ 或 } b > 3^{1-n}(n \in \mathbf{N}^*) \qquad ①$$

因为当 $n = 1$ 时成立，因而 $b < -1$ 或 $b > 1$.

当 $b < -1$ 时，可得 $b < -1 < -3^{1-n}(n \in \mathbf{N}^*)$，得①成立；当 $b > 1$ 时，可得 $b > 1 > 3^{1-n}(n \in \mathbf{N}^*)$，得①也成立.

综上所述，可得 b 的取值范围是"$b < -1$ 或 $b > 1$"，进而可求得所求实数 a 的取值范围是 $(3, +\infty)$.

解法 3：由 $a_n > 3(n \in \mathbf{N}^*)$，可得 $a = a_1 > 3$.

由解法 1 可得，当 $a = 4$ 时满足题设 $a_n > 3(n \in \mathbf{N}^*)$.

当 $a \neq 4$ 时，设 $\frac{a-2}{a-4} = b$，由解法 1 可得 $a_n = \frac{2}{b \cdot 3^{n-1} - 1} + 4(n \in \mathbf{N}^*)$.

当 $3 < a < 4$ 时，可得 $b < 0$，再得 $0 > b \cdot 3^{n-1} - 1 > b \cdot 3^n - 1(n \in \mathbf{N}^*)$，进而可得 $a_n < a_{n+1}(n \in \mathbf{N}^*)$，$\{a_n\}$ 是递增数列，所以 $a_n \geq a_1 = a > 3(n \in \mathbf{N}^*)$，得此时满足题设.

当 $a > 4$ 时，可得 $b > 1$，$b \cdot 3^{n-1} - 1 > 0$，$a_n = \frac{2}{b \cdot 3^{n-1} - 1} + 4 > 4 > 3(n \in \mathbf{N}^*)$，得此时也满足题设.

综上所述，可得所求实数 a 的取值范围是 $(3, +\infty)$.

解法 4：由 $a_n > 3(n \in \mathbf{N}^*)$，可得 $a = a_1 > 3$.

下面用数学归纳法证明：当 $a > 3$ 时，$a_n > 3(n \in \mathbf{N}^*)$.

当 $n = 1$ 时成立：$a_1 > 3$.

假设 $n = k$ 时成立：$a_k > 3$. 可得 $n = k+1$ 时也成立：$a_{k+1} = \frac{5a_k - 8}{a_k - 1} = 3 + \frac{2a_k - 5}{a_k - 1} > 3$.

所以欲证结论成立.

综上所述,可得所求实数 a 的取值范围是 $(3,+\infty)$.

题 26 （2018 年全国卷Ⅲ文科、理科第 23 题）设函数 $f(x)=|2x+1|+|x-1|$.

(1) 在图 4 中画出 $y=f(x)$ 的图像;

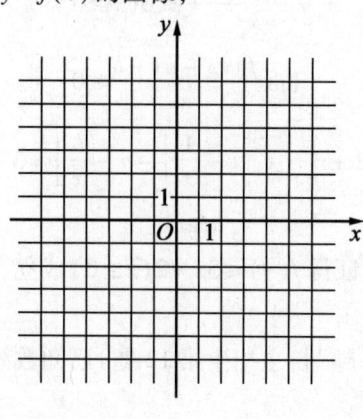

图 4

(2) 当 $x\in[0,+\infty)$ 时,$f(x)\leqslant ax+b$,求 $a+b$ 的最小值.

解 （1）可得 $f(x)=\begin{cases}-3x & \left(x<-\dfrac{1}{2}\right)\\ x+2 & \left(-\dfrac{1}{2}\leqslant x<1\right)\\ 3x & (x\geqslant 1)\end{cases}$,进而可画出其图像如图 5 所示.

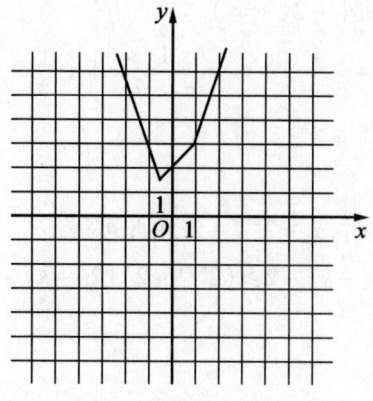

图 5

(2) 解法 1:由(1)知,当 $x\in[0,+\infty)$ 时,$y=f(x)$ 的图像与 y 轴交点的纵

坐标为 2,且两部分所在直线斜率的最大值为 3,所以当且仅当 $a \geq 3$ 且 $b \geq 2$ 时, $f(x) \leq ax + b$ 在 $[0, +\infty)$ 时成立,因此 $a+b$ 的最小值为 5.

解法 2:可得 $f(x) \leq ax + b$ 在 $x = 0$ 时成立,进而可得 $b \geq 2$. 还可得
$$f(x) - ax - b \leq 0 (x \geq 0)$$
$$\frac{f(x) - ax - b}{x} \leq 0 (x \geq 0)$$
$$\lim_{x \to +\infty} \frac{f(x) - ax - b}{x} \leq 0$$
$$\lim_{x \to +\infty} \left[\left| 2 + \frac{1}{x} \right| + \left| 1 - \frac{1}{x} \right| - a - \frac{b}{x} \right] = 3 - a \leq 0$$
$$a \geq 3$$

通过分类讨论,还可证得 $f(x) \leq 3x + 2 (x \geq 0)$ 成立,所以 $a+b$ 的最小值为 $3 + 2 = 5$.

题 27 (2013 年"卓越"自主招生第 12 题)已知数列 $\{a_n\}$ 满足 $a_{n+1} = a_n^2 - na_n + \alpha$,首项 $a_1 = 3$.

(1) 如果 $a_n \geq 2n$ 恒成立,求 α 的取值范围;

(2) 如果 $\alpha = -2$,求证: $\frac{1}{a_1 - 2} + \frac{1}{a_2 - 2} + \cdots + \frac{1}{a_n - 2} < 2$.

解 (1) 由 $n = 1, 2$ 时成立,得 $\alpha \geq -2$. 下面用数学归纳法证明:当 $\alpha \geq -2$ 时, $a_n \geq 2n$ 恒成立.

假设 $n = k (k \geq 2)$ 时成立,下证 $n = k + 1$ 时也成立,则
$$a_{k+1} \geq a_k(a_k - k) - 2 \geq 2k(2k - k) - 2 \geq 2(k+1)$$
所以 α 的取值范围是 $[-2, +\infty)$.

(2) 只需证明 $\frac{1}{a_1 - 2} + \frac{1}{a_2 - 2} + \cdots + \frac{1}{a_n - 2} < 1 + \frac{1}{2} + \frac{1}{2^2} + \cdots + \frac{1}{2^{n-1}}$,只需用数学归纳法证明 $a_n \geq 2^{n-1} + 2$.

当 $n = 1, 2$ 时,成立.

假设当 $n = k (k \geq 2)$ 时, $a_k \geq 2^{k-1} + 2$. 由此可得
$$a_{k+1} = a_k(a_k - k) - 2 \geq (2^{k-1} + 2)(2k - k) - 2 \geq 2^k + 2$$
即 $n = k + 1$ 时也成立.

所以欲证成立.

2. "先充分后必要"

下面谈谈用导数求解一类参数取值范围问题的好方法——"先充分后必要".

题 28 (2006 年高考全国卷Ⅱ理科第 20 题)设函数 $f(x)=(x+1)\ln(x+1)$. 若对所有的 $x \geq 0$,都有 $f(x) \geq ax$ 成立,求实数 a 的取值范围.

解 设 $g(x)=f(x)-ax=(x+1)\ln(x+1)-ax(x \geq 0)$,得题设即 $g(x) \geq g(0)(x \geq 0)$ 恒成立.

所以当 $g(x)(x \geq 0)$ 是增函数,即 $g'(x) \geq 0(x \geq 0)$ 恒成立时满足题设.

得 $g'(x)=\ln(x+1)+1-a(x \geq 0)$,且 $g'(x)(x \geq 0)$ 是增函数,所以当 $g'(0)=1-a \geq 0$ 即 $a \leq 1$ 时满足题设.

当 $a>1$ 时,得 $g'(x)$ 的零点为 $e^{a-1}-1$,且当 $x \in (0, e^{a-1}-1)$ 时,$g'(x)<0$,即 $g(x)$ 在 $(0, e^{a-1}-1)$ 上是减函数,得 $g(x)<g(0)=0(0<x<e^{a-1}-1)$,即此时不满足题意.

所以所求 a 的取值范围是 $(-\infty, 1]$.

题 28 这种题型——"用导数求解一类参数取值范围问题"在高考题中很常见,其解答方法"先充分后必要"也是一种容易掌握的好方法;而用"常规"的等价转化即分离常数法后再求相应函数的最值却难以求解.

下面再来谈谈这种题型及其解法.

题 29 (2007 年高考全国卷Ⅰ理科第 20(2) 题)设函数 $f(x)=e^x-e^{-x}$,若对所有的 $x \geq 0$,都有 $f(x) \geq ax$,求实数 a 的取值范围.

解 设 $g(x)=f(x)-ax=e^x-e^{-x}-ax(x \geq 0)$,得题设即 $g(x) \geq g(0)(x \geq 0)$ 恒成立.

所以当 $g(x)(x \geq 0)$ 是增函数,即 $g'(x) \geq 0(x \geq 0)$ 恒成立时满足题设.

得 $g'(x)=e^x+e^{-x}-a(x \geq 0)$.

由均值不等式,可得 $g'(x)_{\min}=2-a(x \geq 0)$,所以当 $a \leq 2$ 时 $g'(x) \geq 0(x \geq 0)$ 恒成立,即 $g(x)(x \geq 0)$ 是增函数,得此时满足题设.

当 $a>2$ 时,可得当 $x \in \left(0, \dfrac{a-\sqrt{a^2-4}}{2}\right)$ 时,$g'(x)<0$,即 $g(x)$ 在 $\left(0, \dfrac{a-\sqrt{a^2-4}}{2}\right)$ 上是减函数,得 $g(x)<g(0)=0\left(0<x<\dfrac{a-\sqrt{a^2-4}}{2}\right)$,即此时不满足题意.

所以所求 a 的取值范围是 $(-\infty, 2]$.

题 30 (2008 年高考全国卷Ⅱ理科第 22(2) 题)设函数 $f(x)=\dfrac{\sin x}{2+\cos x}$,若对所有的 $x \geq 0$,都有 $f(x) \leq ax$,求实数 a 的取值范围.

解 设 $g(x) = f(x) - ax = \dfrac{\sin x}{2+\cos x} - ax (x \geq 0)$，得题设即 $g(x) \leq g(0)$ $(x \geq 0)$ 恒成立.

所以当 $g(x)(x \geq 0)$ 是减函数，即 $g'(x) \leq 0(x \geq 0)$ 恒成立时满足题设.

得 $g'(x) = \dfrac{2\cos x + 1}{(2+\cos x)^2} - a(x \geq 0)$.

可求得 $g'(x)_{\max} = \dfrac{1}{3} - a(x \geq 0)$，所以当 $a \geq \dfrac{1}{3}$ 时，$g'(x) \leq 0(x \geq 0)$ 恒成立 即 $g(x)(x \geq 0)$ 是减函数，得此时满足题设.

当 $a < \dfrac{1}{3}$ 时，可得当 $x \in (0, \alpha)$（其中 $0 < \alpha \leq \pi$ 且 $\cos \alpha = \dfrac{1 - 2a - \sqrt{1-3a}}{a}$）时，$g'(x) > 0$，即 $g(x)$ 在 $(0, \alpha)$ 上是增函数，得 $g(x) > g(0) = 0(0 < x < \alpha)$，即此时不满足题意.

所以所求 a 的取值范围是 $\left[\dfrac{1}{3}, +\infty\right)$.

题 31 （2015 年高考北京卷理科第 18(3) 题）设实数 k 使得 $\ln \dfrac{1+x}{1-x} > k\left(x + \dfrac{x^3}{3}\right)$ 对 $x \in (0,1)$ 恒成立，求 k 的最大值.

解 设 $g(x) = \ln \dfrac{1+x}{1-x} - k\left(x + \dfrac{x^3}{3}\right)(0 < x < 1)$，得 $g'(x) = (x^2 + 1) \cdot \left(\dfrac{2}{1-x^4} - k\right)(0 < x < 1)$.

题设即 $g(x) \geq g(0)(0 < x < 1)$ 恒成立.

所以当 $g(x)(0 < x < 1)$ 是增函数，即 $g'(x) \geq 0(0 < x < 1)$ 恒成立，也即 $k \leq 2$ 时满足题设.

当 $k > 2$ 时，可得 $g'(x) = \dfrac{kx^4 - (k-2)}{1-x^2}$.

所以当 $0 < x < \sqrt[4]{\dfrac{k-2}{k}}$ 时，$g'(x) < 0$，因此 $g(x)$ 在区间 $\left(0, \sqrt[4]{\dfrac{k-2}{k}}\right)$ 上单调递减.

所以当 $0 < x < \sqrt[4]{\dfrac{k-2}{k}}$ 时，$g(x) < g(0)$，即此时不满足题意.

所以所求 k 的最大值为 2.

题 32 （2016 年高考全国卷 II 文科第 20 题）已知函数 $f(x) = (x+1)\ln x - $

$a(x-1)$.

(1)当 $a=4$ 时,求曲线 $y=f(x)$ 在 $(1,f(1))$ 处的切线方程;

(2)若当 $x\in(1,+\infty)$ 时,$f(x)>0$,求 a 的取值范围.

解 (1)函数 $f(x)$ 的定义域为 $(0,+\infty)$.

当 $a=4$ 时,$f(x)=(x+1)\ln x-4(x-1)$,$f'(x)=\ln x+\dfrac{1}{x}-3$,$f'(1)=-2$,$f(1)=0$.

所以可求得曲线 $y=f(x)$ 在 $(1,f(1))$ 处的切线方程为 $2x+y-2=0$.

(2)题设即 $f(x)>f(1)(x>1)$ 恒成立,因而当 $f(x)(x>1)$ 是增函数时满足题设,再得当 $f'(x)\geqslant 0(x>1)$ 恒成立时满足题设.

可求得 $f'(x)=\ln x+\dfrac{1}{x}+1-a(x>1)$,$(f'(x))'=\dfrac{x-1}{x^2}>0(x>1)$,所以 $f'(x)(x>1)$ 是增函数,得 $f'(x)>f'(1)=2-a(x>1)$.

当 $2-a\geqslant 0$ 即 $a\leqslant 2$ 时,$f'(x)>0(x>1)$,$f(x)(x>1)$ 是增函数,得满足题设即 $f(x)>f(1)(x>1)$ 恒成立.

当 $2-a<0$ 即 $a>2$ 时,可得 $f'(1)=2-a<0$,$f'(e^a)>0$,所以存在唯一的 $x_0\in(1,e^a)$ 使得 $f'(x_0)=0$.

再由 $f'(x)$ 是增函数,得当 $x\in(1,x_0)$ 时 $f'(x)<0$,得此时 $f(x)$ 是减函数,所以 $f(x)<f(1)=0(1<x<x_0)$,得此时不满足题意.

综上所述,可得所求实数 a 的取值范围是 $(-\infty,2]$.

题33 (2010年高考全国新课标卷文科第21(2)题)设函数 $f(x)=x(e^x-1)-ax^2$,若当 $x\geqslant 0$ 时,都有 $f(x)\geqslant 0$,求 a 的取值范围.

解 题意即"若 $e^x-1-ax>0(x>0)$ 恒成立,求 a 的取值范围",也即"若 $e^x-1-ax\geqslant 0(x\geqslant 0)$ 恒成立,求 a 的取值范围".

设 $g(x)=e^x-1-ax(x\geqslant 0)$,得题设即 $g(x)\geqslant g(0)(x\geqslant 0)$ 恒成立.

所以当 $g(x)(x\geqslant 0)$ 是增函数,即 $g'(x)\geqslant 0(x\geqslant 0)$ 恒成立时满足题设.

得 $g'(x)=e^x-a(x\geqslant 0)$,且 $g'(x)(x\geqslant 0)$ 是增函数,所以当 $g'(0)=1-a\geqslant 0$ 即 $a\leqslant 1$ 时满足题设.

当 $a>1$ 时,得 $g'(x)$ 的零点为 $\ln a$,且当 $x\in(0,\ln a)$ 时,$g'(x)<0$,即 $g(x)$ 在 $(0,\ln a)$ 上是减函数,得 $g(x)<g(0)=0(0<x<\ln a)$,即此时不满足题意.

所以所求 a 的取值范围是 $(-\infty,1]$.

题34 (2010年高考全国新课标卷理科第21题)设函数 $f(x)=e^x-1-$

$x - ax^2$.

(1)若 $a=0$,求 $f(x)$ 的单调区间;

(2)若当 $x \geqslant 0$ 时 $f(x) \geqslant 0$,求 a 的取值范围.

解 (1)当 $a=0$ 时,$f(x) = e^x - x - 1$,$f'(x) = e^x - 1$,$f'(x) < 0 \Leftrightarrow x < 0$,进而可得 $f(x)$ 在 $(-\infty, 0)$,$(0, +\infty)$ 上分别是减函数、增函数.

(2)可得 $f'(x) = e^x - 2ax - 1(x \geqslant 0)$,$f''(x) = e^x - 2a(x \geqslant 0)$.

当 $a \leqslant \dfrac{1}{2}$ 时,$f''(x) = e^x - 2a \geqslant 1 - 2a \geqslant 0(x \geqslant 0)$,$f'(x)(x \geqslant 0)$ 是增函数,所以 $f'(x) \geqslant f'(0) = 0(x \geqslant 0)$,$f(x)(x \geqslant 0)$ 是增函数,又得 $f(x) \geqslant f(0) = 0(x \geqslant 0)$,此时满足题意.

当 $a > \dfrac{1}{2}$ 且 $0 < x < \ln 2a$ 时,可得 $f''(x) < 0$,$f'(x)$ 是减函数,所以 $f'(x) < f'(0) = 0(0 < x < \ln 2a)$,$f(x)$ 是减函数;所以 $f(x) < f(0) = 0(0 < x < \ln 2a)$ 是减函数,得此时不满足题意.

综上所述,可得所求 a 的取值范围是 $\left(-\infty, \dfrac{1}{2}\right]$.

注 第(2)问的参考答案是这样的(但没有上述解法——"先充分后必要"来得自然、来得简捷):

可得 $f'(x) = e^x - 1 - 2ax(x \geqslant 0)$.

由(1)的结论,可得 $e^x - 1 > x(x > 0)$,所以 $f'(x) > (1-2a)x(x > 0)$.

①当 $1-2a \geqslant 0$ 即 $a \leqslant \dfrac{1}{2}$ 时,$f'(x) \geqslant 0(x > 0)$,$f(x)(x \geqslant 0)$ 是增函数,所以 $f(x) \geqslant f(0) = 0(x \geqslant 0)$,得此时满足题意.

②当 $1-2a < 0$ 即 $a > \dfrac{1}{2}$ 时,由(1)的结论,可得 $e^{-x} - 1 > -x(x > 0)$,所以 $f'(x) = e^x - 1 + 2a(-x) < e^x - 1 + 2a(e^{-x} - 1) = e^{-x}(e^x - 1)(e^x - 2a)(x > 0)$

当 $e^x < 2a$ 即 $0 < x < \ln 2a$ 时,$f'(x) < 0(x > 0)$,$f(x)(x \geqslant 0)$ 是减函数,所以 $f(x) < f(0) = 0(0 < x < \ln 2a)$,得此时不满足题意.

综上所述,可得所求 a 的取值范围是 $\left(-\infty, \dfrac{1}{2}\right]$.

题35 (2013年高考辽宁卷文科第21题)(1)证明:当 $x \in [0,1]$ 时,$\dfrac{\sqrt{2}}{2}x \leqslant \sin x \leqslant x$;

(2)若不等式 $ax + x^2 + \dfrac{x^3}{2} + 2(x+2)\cos x \leqslant 4$ 对 $x \in [0,1]$ 恒成立,求实数

a 的取值范围.

解 (1)(过程略)用导数易证.

(2)当 $x \in [0,1]$ 时,由(1)的结论 $\frac{\sqrt{2}}{2}x \leq \sin x$,可得 $\cos x = 1 - 2\sin^2 \frac{x}{2} \leq$ $1 - 2\left(\frac{\sqrt{2}}{4}x\right)^2 = 1 - \frac{1}{4}x^2$,所以

$$ax + x^2 + \frac{x^3}{2} + 2(x+2)\cos x - 4 \leq ax + x^2 + \frac{x^3}{2} + 2(x+2)\left(1 - \frac{1}{4}x^2\right) - 4$$
$$= (a+2)x$$

所以可得当 $a \leq -2$ 时满足题设.

当 $x \in (0,1]$ 时,由(1)的结论可得 $\sin x < x$,可得 $\cos x = 1 - 2\sin^2 \frac{x}{2} > 1 - 2\left(\frac{x}{2}\right)^2 = 1 - \frac{1}{2}x^2$,所以当 $a > -2$ 时,可得

$$ax + x^2 + \frac{x^3}{2} + 2(x+2)\cos x - 4 > ax + x^2 + \frac{x^3}{2} + 2(x+2)\left(1 - \frac{1}{2}x^2\right) - 4$$
$$= (a+2)x - x^2 - \frac{x^3}{2} \geq (a+2)x - \frac{3}{2}x^2 = -\frac{3}{2}x\left[x - \frac{2}{3}(a+2)\right]$$

所以当 $0 < x \leq \min\left\{\frac{2}{3}(a+2), 1\right\}$ 时,$ax + x^2 + \frac{x^3}{2} + 2(x+2)\cos x > 4$,说明当 $a > -2$ 时不满足题设.

综上所述,可得所求答案是 $(-\infty, -2]$.

题36 (1)①当 $x > 0$ 时,求证:$x + 1 < e^x < xe^x + 1$;

②(2010年高考全国新课标卷文科第21(2)题)设函数 $f(x) = x(e^x - 1) - ax^2$,若当 $x \geq 0$ 时,都有 $f(x) \geq 0$,求 a 的取值范围.

(2)①当 $x \geq 0$ 时,求证:$\frac{1}{2}x^2 \leq e^x - x - 1 \leq \frac{1}{2}x^2 e^x$;

②(2010年高考全国新课标卷理科第21(2)题)若当 $x \geq 0$ 时,$e^x - 1 - x - ax^2 \geq 0$,求 a 的取值范围.

(3)(2013年辽宁卷理科第21题)已知函数 $f(x) = (1+x)e^{-2x}, g(x) = ax + \frac{x^3}{2} + 1 + 2x\cos x$. 当 $x \in [0,1]$ 时:

①求证:$1 - x \leq f(x) \leq \frac{1}{1+x}$;

②若 $f(x) \geq g(x)$ 恒成立,求实数 a 的取值范围.

(4)已知函数$f(x)=(1-x)\mathrm{e}^{2x}$,$g(x)=x^2-ax-2x\sin x+1$.当$x\in[-1,0]$时:

①求证:$1+x\leqslant f(x)\leqslant\dfrac{1}{1-x}$;

②若$f(x)\geqslant g(x)$恒成立,求实数a的取值范围.

解 (1)①(过程略)用导数可证.

②由①的结论$x+1<\mathrm{e}^x(x>0)$可得,当$a\leqslant 1$时$ax+1<\mathrm{e}^x(x>0)$.

当$a>1$时,$\ln a>0$,所以$\exists x_0\in(0,\ln a)$,使得$\mathrm{e}^{x_0}<\mathrm{e}^{\ln a}=a$,$x_0\mathrm{e}^{x_0}+1<ax_0+1$.再由①的结论$\mathrm{e}^x<x\mathrm{e}^x+1(x>0)$可得,$\mathrm{e}^{x_0}<ax_0+1$,说明此时不满足题设.

综上所述,可得所求答案是$(-\infty,1]$.

(2)①(过程略)用导数可证.

②由①的结论$\dfrac{1}{2}x^2\leqslant \mathrm{e}^x-x-1(x\geqslant 0)$可得,当$a\leqslant\dfrac{1}{2}$时$\mathrm{e}^x-1-x-ax^2\geqslant 0$ $(x\geqslant 0)$.

当$a>\dfrac{1}{2}$时,$\ln 2a>0$,所以$\exists x_0\in(0,\ln 2a)$,使得$\mathrm{e}^{x_0}<\mathrm{e}^{\ln 2a}=2a$,$\dfrac{1}{2}\mathrm{e}^{x_0}<a$,$\dfrac{1}{2}x_0^2\mathrm{e}^{x_0}<ax_0^2$.再由①的结论$\mathrm{e}^x-x-1\leqslant\dfrac{1}{2}x^2\mathrm{e}^x(x\geqslant 0)$可得,$\mathrm{e}^{x_0}-x_0-1<ax_0^2$,$\mathrm{e}^{x_0}-x_0-1-ax_0^2<0$,说明此时不满足题设.

综上所述,可得所求答案是$\left(-\infty,\dfrac{1}{2}\right]$.

(3)①可得$1-x\leqslant f(x)\Leftrightarrow(1+x)\mathrm{e}^{-x}-(1-x)\mathrm{e}^x\geqslant 0$,接下来,用导数可证得$1-x\leqslant f(x)$.

还可得$f(x)\leqslant\dfrac{1}{1+x}\Leftrightarrow \mathrm{e}^x\geqslant x+1>0$,接下来,用导数易证得$f(x)\leqslant\dfrac{1}{1+x}$.

②由①的结论$1-x\leqslant f(x)(0\leqslant x\leqslant 1)$可知,当$g(x)\leqslant 1-x(0<x\leqslant 1)$,即$g(x)\leqslant 1-x(0<x\leqslant 1)$,也即$-\dfrac{x^2}{2}-2\cos x-1\geqslant a(0<x\leqslant 1)$恒成立时,题设$f(x)\geqslant g(x)$恒成立.

设$u(x)=-\dfrac{x^2}{2}-2\cos x-1(0\leqslant x\leqslant 1)$,可得

$$u'(x)=2\sin x-x(0\leqslant x\leqslant 1)$$

$$u''(x)=2\cos x-1\geqslant 2\cos 1-1>2\cos\dfrac{\pi}{3}-1=0(0\leqslant x\leqslant 1)$$

得 $u'(x)$ 是增函数，$u'(x) \geq u'(0) = 0 (0 \leq x \leq 1)$，$u(x)$ 也是增函数，所以 $u(x) \geq u(0) = -3(0 \leq x \leq 1)$.

因而，$-\dfrac{x^2}{2} - 2\cos x - 1 \geq a (0 < x \leq 1)$ 恒成立，即 $a \leq -3$. 说明当 $a \leq -3$ 时，满足题设.

还可得 $g(x) \leq \dfrac{1}{1+x} (0 \leq x \leq 1)$，即 $g(x) \leq \dfrac{1}{1+x} (0 < x \leq 1)$，也即 $u(x) - \dfrac{1}{1+x} + 1 \geq a (0 < x \leq 1)$.

设 $v(x) = u(x) - \dfrac{1}{1+x} + 1 (0 \leq x \leq 1)$，可得 $v'(x) = u'(x) + \dfrac{1}{(1+x)^2} > 0 (0 \leq x \leq 1)$（因为 $u'(x) \geq 0 (0 \leq x \leq 1)$），所以 $v(x)$ 是增函数，$v(x) \geq v(0) = -3 (0 \leq x \leq 1)$.

由此可得，$g(x) \leq \dfrac{1}{1+x} (0 \leq x \leq 1)$ 恒成立，即 $a \leq -3$.

由此可知，当 $a > -3$ 时，$\exists x_0 \in [0,1]$，使得 $g(x_0) > \dfrac{1}{1+x_0}$. 再由①的结论 $f(x) \leq \dfrac{1}{1+x} (0 \leq x \leq 1)$ 可知，当 $a > -3$ 时，$\exists x_0 \in [0,1]$，使得 $g(x_0) > f(x_0)$，即当 $a > -3$ 时，不满足题设.

综上所述，可得所求答案是 $(-\infty, -3]$.

(4)①可得 $1 + x \leq f(x) \Leftrightarrow (1+x)\mathrm{e}^{-x} - (1-x)\mathrm{e}^x \geq 0$，接下来，用导数可证得 $1 + x \leq f(x)$.

还可得 $f(x) \leq \dfrac{1}{1-x} \Leftrightarrow \dfrac{1}{\mathrm{e}^{-x}} \leq \dfrac{1}{1-x} \Leftrightarrow \mathrm{e}^{-x} \geq 1 - x > 0$，接下来，由常用不等式 $\mathrm{e}^x \geq x + 1 (x \in \mathbf{R})$ 可知，欲证结论 $f(x) \leq \dfrac{1}{1-x}$ 成立.

②由①的结论 $1 + x \leq f(x) (-1 \leq x \leq 0)$ 可知，当 $g(x) \leq 1 + x (-1 \leq x \leq 0)$，即 $g(x) \leq 1 + x (-1 \leq x < 0)$，也即 $x - 2\sin x - 1 \geq a (-1 \leq x < 0)$ 恒成立时，题设 $f(x) \geq g(x)$ 恒成立.

设 $u(x) = x - 2\sin x - 1 (-1 \leq x \leq 0)$，可得

$$u'(x) = 1 - 2\cos(-x) \leq 1 - 2\cos 1 < 1 - 2\cos\dfrac{\pi}{3} = 0 (-1 \leq x \leq 0)$$

得 $u(x)$ 是减函数，$u(x) > u(0) = -1 (-1 \leq x \leq 0)$.

因而，$x - 2\sin x - 1 \geq a (-1 \leq x < 0)$ 恒成立，即 $a \leq -1$. 由此说明当 $a \leq -1$

时,满足题设.

还可得 $g(x) \leqslant \frac{1}{1-x}(-1 \leqslant x \leqslant 0)$,即 $g(x) \leqslant \frac{1}{1-x}(-1 \leqslant x < 0)$,也即 $u(x) + \frac{1}{x-1} + 1 \geqslant a(-1 \leqslant x < 0)$.

设 $v(x) = u(x) + \frac{1}{x-1} + 1(-1 \leqslant x \leqslant 0)$,可得 $v'(x) = u'(x) - \frac{1}{(x+1)^2} < 0$ $(-1 \leqslant x \leqslant 0)$(因为 $u'(x) < 0(-1 \leqslant x \leqslant 0)$),所以 $v(x)$ 是减函数,$v(x) \geqslant v(0) = -1(-1 \leqslant x \leqslant 0)$.

由此可得,$g(x) \leqslant \frac{1}{1-x}(-1 \leqslant x \leqslant 0)$ 恒成立,即 $a \leqslant -1$.

由此可知,当 $a > -1$ 时,$\exists x_0 \in [-1, 0]$,使得 $g(x_0) > \frac{1}{1-x_0}$. 再由①的结论 $f(x) \leqslant \frac{1}{1-x}(-1 \leqslant x \leqslant 0)$ 可知,当 $a > -1$ 时,$\exists x_0 \in [-1, 0]$,使得 $g(x_0) > f(x_0)$,即当 $a > -1$ 时,不满足题设.

综上所述,可得所求答案是 $(-\infty, -1]$.

题 37 设函数 $f(x) = e^x + \sin x - 1 - 2x - ax^2$,若当 $x \geqslant 0$ 时,$f(x) \geqslant 0$ 恒成立,求 a 的取值范围.

解法 1 题设即 $f(x) \geqslant f(0)(x \geqslant 0)$ 恒成立.

所以当 $f(x)(x \geqslant 0)$ 是增函数,即 $f'(x) \geqslant 0(x \geqslant 0)$ 恒成立时满足题设.

可得 $f'(x) = e^x + \cos x - 2 - 2ax$.

因为 $f'(0) = 0$,所以 $f'(x) \geqslant f'(0)(x \geqslant 0)$ 时满足题设.

所以当 $f'(x)(x \geqslant 0)$ 是增函数,即 $f''(x) \geqslant 0(x \geqslant 0)$ 恒成立时满足题设.

可得 $f''(x) = e^x - \sin x - 2a$.

可求得 $f'''(x) = e^x - \cos x \geqslant 0(x \geqslant 0)$,所以 $f''(x)(x \geqslant 0)$ 是增函数,得 $f''(x)_{\min} = 1 - 2a(x \geqslant 0)$,所以当 $a \leqslant \frac{1}{2}$ 时 $f''(x) \geqslant 0(x \geqslant 0)$ 恒成立,即 $f'(x)(x \geqslant 0)$ 是增函数,得此时满足题设.

当 $a > \frac{1}{2}$ 时,由 $f''(0) = 1 - 2a < 0, f''(2a) \geqslant e^{2a} - 1 - 2a \geqslant 0$(因为用导数可证 $e^t - t - 1 \geqslant 0(t \in \mathbf{R})$),所以存在 $x_0 > 0$ 使得 $f''(x_0) = 0$,且 $f'(x) < f'(0) = 0$ $(0 < x < x_0)$,即 $f(x)(0 < x < x_0)$ 是减函数,再得 $f(x) < f(0) = 0(0 < x < x_0)$,即此时不满足题意.

所以所求 a 的取值范围是 $\left(-\infty, \dfrac{1}{2}\right]$.

解法 2 同解法 1,可得:当 $a \leqslant \dfrac{1}{2}$ 时满足题设.

当 $a > \dfrac{1}{2}$ 时,在题 34(即 2010 年高考全国新课标卷理科第 21 题)中已证得 $e^x < 1 + x + ax^2 (0 < x < \ln 2a)$,又用导数可证 $\sin x < x (x > 0)$,所以
$$e^x + \sin x < 1 + 2x + ax^2 (0 < x < \ln 2a)$$
$$f(x) < 0 (0 < x < \ln 2a)$$

即此时不满足题意.

所以所求 a 的取值范围是 $\left(-\infty, \dfrac{1}{2}\right]$.

§4 题谈用必要条件解题

等价转化思想是一种重要的数学思想,在解题中的作用往往体现在化复杂为简单、化陌生为熟悉,并且通过等价转化的结果是不需要检验的.

但在数学解题中,有很多情形不易、不宜,甚至是不可能进行等价转化的(比如,解超越方程、解超越不等式、由递推式求数列通项公式等),这时只有"退而求其次",可以考虑用"不等价转化"的方法来解题:常见的方法有"先必要后充分"和"先充分后必要".

下面阐述必要条件这种解题方法.

题 1 (2016 年高考上海卷文科第 17 题)设 $a \in \mathbf{R}, b \in [0, 2\pi)$. 若对任意实数 x 都有 $\sin\left(3x - \dfrac{\pi}{3}\right) = \sin(ax + b)$,则满足条件的有序实数对 (a, b) 的对数为   (   )

A. 1   B. 2   C. 3   D. 4

解法 1 B. 易知 $a \neq 0$. 由两个相等函数 $\sin(ax + b)$,$\sin\left(3x - \dfrac{\pi}{3}\right)$ 的最小正周期相等,可得 $\dfrac{2\pi}{|a|} = \dfrac{2\pi}{3}$,所以 $a = \pm 3$.

进而可得 $(a, b) = \left(3, \dfrac{5\pi}{3}\right)$,或 $(a, b) = \left(-3, \dfrac{4\pi}{3}\right)$.

解法 2 B. 同解法 1,可先得 $a = \pm 3$.

再由 $b \in [0, 2\pi)$ 可知,当 a 确定后,b 是唯一确定的. 所以所求答案为2.

题2 (2016年高考上海卷理科第13题) 设 $a, b \in \mathbf{R}, c \in [0, 2\pi)$. 若对任意实数 x 都有 $2\sin\left(3x - \dfrac{\pi}{3}\right) = a\sin(bx + c)$,则满足条件的有序实数组 (a, b, c) 的组数为_____.

解法1 4. 易知 $ab \neq 0$. 由两个相等函数 $a\sin(bx+c), 2\sin\left(3x - \dfrac{\pi}{3}\right)$ 的最大值、最小正周期均相等,可得 $|a| = 2, \dfrac{2\pi}{|b|} = \dfrac{2\pi}{3}$,所以 $a = \pm 2, b = \pm 3$.

若 $a = 2$,则当 $b = 3$ 时,$c = \dfrac{5\pi}{3}$;当 $b = -3$ 时,$c = \dfrac{4\pi}{3}$.

若 $a = -2$,则当 $b = 3$ 时,$c = \dfrac{2\pi}{3}$;当 $b = -3$ 时,$c = \dfrac{\pi}{3}$.

所以满足条件的有序实数组 (a, b, c) 的组数为4.

解法2 4. 同解法1可得 $a = \pm 2, b = \pm 3$. 再由 $c \in [0, 2\pi)$ 可知,当 a, b 确定后,c 是唯一确定的.

又由分步乘法计数原理,得所求答案为 $2 \cdot 2 = 4$.

注 题1和题2这两道高考题的解法就是先运用必要条件,解法清楚明白,说理透彻.

题3 (2016年高考全国卷文科第12题) 若函数 $f(x) = x - \dfrac{1}{3}\sin 2x + a\sin x$ 在 $(-\infty, +\infty)$ 上单调递增,则 a 的取值范围是 ( )

A. $[-1, 1]$ B. $\left[-1, \dfrac{1}{3}\right]$ C. $\left[-\dfrac{1}{3}, \dfrac{1}{3}\right]$ D. $\left[-1, -\dfrac{1}{3}\right]$

解法1 C. 题设即 $f'(x) = 1 - \dfrac{2}{3}\cos 2x + a\cos x \geq 0$ 对 $x \in \mathbf{R}$ 恒成立,即 $1 - \dfrac{2}{3}(2\cos^2 x - 1) + a\cos x \geq 0$,也即 $a\cos x - \dfrac{4}{3}\cos^2 x + \dfrac{5}{3} \geq 0$ 对 $x \in \mathbf{R}$ 恒成立.

设 $\cos x = t$,得 $-\dfrac{4}{3}t^2 + at + \dfrac{5}{3} \geq 0$ 对 $t \in [-1, 1]$ 恒成立.

又设函数 $g(t) = -\dfrac{4}{3}t^2 + at + \dfrac{5}{3} (-1 \leq t \leq 1)$,其图像是开口向下的抛物线的一部分,所以 $g(t)_{\min} = \min\{g(-1), g(1)\}$,所以题意即 $\begin{cases} g(-1) = \dfrac{1}{3} - a \geq 0 \\ g(1) = \dfrac{1}{3} + a \geq 0 \end{cases}$,解得 $-\dfrac{1}{3} \leq a \leq \dfrac{1}{3}$.

得所求 a 的取值范围是 $\left[-\dfrac{1}{3},\dfrac{1}{3}\right]$.

解法 2　C. 由解法 1 得，题意即 $-\dfrac{4}{3}t^2+at+\dfrac{5}{3}\geqslant 0$ 对 $t\in[-1,1]$ 恒成立.

①当 $t=0$ 时，不等式恒成立.

②当 $0<t\leqslant 1$ 时，即 $a\geqslant \dfrac{1}{3}\left(4t-\dfrac{5}{t}\right)$ 恒成立. 由 $y=\dfrac{1}{3}\left(4t-\dfrac{5}{t}\right)$ 在 $0<t\leqslant 1$ 上单调递增，所以 $\dfrac{1}{3}\left(4t-\dfrac{5}{t}\right)\leqslant \dfrac{1}{3}(4-5)=-\dfrac{1}{3}$，得 $a\geqslant -\dfrac{1}{3}$.

③当 $-1\leqslant t<0$ 时，即 $a\leqslant \dfrac{1}{3}\left(4t-\dfrac{5}{t}\right)$ 恒成立. 由 $y=\dfrac{1}{3}\left(4t-\dfrac{5}{t}\right)$ 在 $-1\leqslant t<0$ 上单调递增，所以 $\dfrac{1}{3}\left(4t-\dfrac{5}{t}\right)\geqslant \dfrac{1}{3}(-4+5)=\dfrac{1}{3}$，得 $a\leqslant \dfrac{1}{3}$.

综上所述，$-\dfrac{1}{3}\leqslant a\leqslant \dfrac{1}{3}$，得所求 a 的取值范围是 $\left[-\dfrac{1}{3},\dfrac{1}{3}\right]$.

解法 3　C. 题设即 $f'(x)=1-\dfrac{2}{3}\cos 2x+a\cos x\geqslant 0$ 对 $x\in \mathbf{R}$ 恒成立，取 $\cos x=1$，得 $a\geqslant -\dfrac{1}{3}$. 由此可排除选项 A, B, D，所以选 C.

解法 4　C. 题设即 $f'(x)=1-\dfrac{2}{3}\cos 2x+a\cos x\geqslant 0$ 对 $x\in \mathbf{R}$ 恒成立.

当 $a=-1$ 时，$f'(0)=-\dfrac{2}{3}<0$. 说明 $a=-1$ 不满足题意.

由此可排除选项 A, B, D，所以选 C.

注　解法 3, 4 均是用必要条件解题，很简捷!

题 4　(2008 年高考浙江卷理科第 8 题) 若 $\cos\alpha+2\sin\alpha=-\sqrt{5}$，则 $\tan\alpha=$　　　　(　　)

A. $\dfrac{1}{2}$　　　　B. 2　　　　C. $-\dfrac{1}{2}$　　　　D. -2

解　B. 设 $f(x)=\cos x+2\sin x$，由题意得，当 $x=\alpha$ 时 $f(x)$ 取最小值.

因为定义域为 $\mathbf{R}$ 的函数的最值也是极值，所以 $f'(\alpha)=-\sin\alpha+2\cos\alpha=0$，$\tan\alpha=2$.

题 5　(2016 年高考浙江卷理科第 13 题) 设数列 $\{a_n\}$ 的前 n 项和为 S_n. 若 $S_2=4$，$a_{n+1}=2S_n+1$，$n\in\mathbf{N}^*$，则 $a_1=$ _____，$S_5=$ _____.

解　1, 121. 由 $S_2=a_1+a_2=4$，$a_2=2a_1+1$，可解得 $a_1=1$，$a_2=3$.

再由 $a_{n+1}=2S_n+1, a_n=2S_{n-1}+1(n\geq 2)$，两式相减得 $a_{n+1}-a_n=2a_n$，$a_{n+1}=3a_n(a\geq 2)$.

又因为 $a_2=3a_1$，所以 $a_{n+1}=3a_n, a_n=3^{n-1}(n\in \mathbf{N}^*)$.

还可验证 $a_n=3^{n-1}(n\in\mathbf{N}^*)$ 满足所有的题设，所以数列 $\{a_n\}$ 的通项公式是 $a_n=3^{n-1}(n\in\mathbf{N}^*)$.

进而可得 $S_5=\dfrac{1-3^5}{1-3}=121$.

题 6 （2012年卓越联盟自主招生数学试题第6题）设函数 $f(x)=\sin(\omega x+\varphi)$，其中 $\omega>0, \varphi\in\mathbf{R}$，若存在常数 $T(T<0)$，使得 $\forall x\in\mathbf{R}$ 都有 $f(x+T)=Tf(x)$，则 ω 的最小值为_____.

解 π. 由题设可得函数 $f(x)=f(x+T)$ 与 $g(x)=Tf(x)$ 的值域相同，即 $[-1,1]=[T,-T]$，所以 $T=-1$.

得 $f(x-1)=-f(x), f(x-2)=f(x)$，$2$ 为函数 $f(x)$ 的一个周期，所以 $\dfrac{2\pi}{\omega}\leq 2, \omega\geq \pi$.

当 $\omega=\pi, T=-1$ 时满足题意. 所以 ω 的最小值为 π.

注 由该解法，还可把本题中的题设"$f(x+T)=Tf(x)$"减弱为"$f(x+T)-Tf(x)$ 的值为常数"，且得到的答案不变. 解法如下：

对"$f(x+T)-Tf(x)=$ 常数"两边求导后，可得 $f'(x+T)=Tf'(x)$.

再由 $f'(x)=\omega\cos(\omega x+\varphi)(\omega>0)$，可得 $\cos[\omega(x+T)+\varphi]=T\cos(\omega x+\varphi)$.

所以函数 $g(x)=\cos[\omega(x+T)+\varphi]$ 与 $h(x)=T\cos(\omega x+\varphi)$ 的值域相同，即 $[-1,1]=[T,-T]$，得 $T=-1$.

得 $f(x-1)+f(x)=$ 常数，再得 $f(x-2)=f(x)$，2 为函数 $f(x)$ 的一个周期，所以 $\dfrac{2\pi}{\omega}\leq 2, \omega\geq \pi$.

当 $\omega=\pi, T=-1$ 时满足题意，所以 ω 的最小值为 π.

题 7 （2008年上海财经大学自主招生数学试题）若函数 $y=ax^2-2(a-3)x+a-2$ 中，a 为负整数，则使函数至少有一个整数零点的所有 a 的值之和为_____.

解法1 -14. 一元二次方程 $ax^2-2(a-3)x+a-2=0$ 的判别式 $\Delta=4(9-4a)$ 为完全平方数，所以可设 $9-4a=(2k+1)^2(k\geq 2, k\in\mathbf{N})$，得 $a=2-k-k^2$.

由求根公式,可得

$$x = \frac{a-3 \pm \sqrt{9-4a}}{a} = \frac{-1-k-k^2 \pm (2k+1)}{2-k-k^2}$$

得

$$x_1 = \frac{k}{k+2}, x_2 = 1 + \frac{2}{k-1}$$

因为 $x_1 \notin \mathbf{Z}$,所以 $x_2 \in \mathbf{Z}$,可得 $k=2$ 或 3,再得 $a=-4$ 或 -10,进而可答案.

解法2 -14. 一元二次方程 $ax^2 - 2(a-3)x + a - 2 = 0$,即 $-a = \frac{6x-2}{(x-1)^2}$.

由 $a, x \notin \mathbf{Z}$,可得 $(x-1)^2 \mid 6(x-1) + 4$,$(x-1) \mid 6(x-1) + 4$,$x-1 \mid 4$,$x-1 = \pm 1, \pm 2, \pm 4$.

再由 $(x-1)^2 \mid 6(x-1) + 4$,可得 $x-1 = \pm 1, \pm 2$.

再经过验证,可得 $x=2$ 或 3,$a=-10$ 或 -4,进而可得答案.

题 8 (2006 年武汉大学自主招生数学试题)已知不等式 $-9 < \frac{3x^2 + px + 6}{x^2 - x + 1} \leqslant 6$ 对任意实数 x 恒成立,则 $p =$ _____.

解 -6. 可得题设即

$$\begin{cases} 12x^2 + (p-9)x + 15 > 0 & ① \\ 3x^2 - (p+6)x \geqslant 0 & ② \end{cases}$$

恒成立. 由②恒成立,可得 $p = -6$;又当 $p = -6$ 时,①恒成立. 所以所求答案是 -6.

题 9 (2016 年高考全国卷Ⅰ文科第 17 题)已知 $\{a_n\}$ 是公差为 3 的等差数列,数列 $\{b_n\}$ 满足 $b_1 = 1, b_2 = \frac{1}{3}, a_n b_{n+1} + b_{n+1} = n b_n$.

(1)求 $\{a_n\}$ 的通项公式;

(2)求 $\{b_n\}$ 的前 n 项和.

解 (1)在 $a_n b_{n+1} + b_{n+1} = n b_n$ 中选 $n=1$,得 $a_1 b_2 + b_2 = b_1$,即 $\frac{1}{3} a_1 + \frac{1}{3} = 1$,$a_1 = 2$.

又因为 $\{a_n\}$ 是公差为 3 的等差数列,所以 $a_n = 2 + 3(n-1) = 3n - 1$.

又 $a_n b_{n+1} + b_{n+1} = n b_n$,所以 $b_{n+1} = \frac{1}{3} b_n$,进而可求得 $b_n = \left(\frac{1}{3}\right)^{n-1}$ $(n \in \mathbf{N}^*)$.

还可验证 $a_n = 3n - 1, b_n = \left(\frac{1}{3}\right)^{n-1}$ $(n \in \mathbf{N}^*)$,满足所有的题设.

所以所求数列 $\{a_n\}$ 的通项公式是 $a_n = 3n - 1$.

(2)在(1)的解答中已得 $b_n = \left(\dfrac{1}{3}\right)^{n-1}$.

所以数列 $\{b_n\}$ 的前 n 项和 $S_n = \dfrac{1 - \dfrac{1}{3^n}}{1 - \dfrac{1}{3}} = \dfrac{3}{2} - \dfrac{1}{2 \cdot 3^{n-1}}$.

题10 (2016年高考山东卷理科第18题暨文科第19题)已知数列 $\{a_n\}$ 的前 n 项和 $S_n = 3n^2 + 8n$,$\{b_n\}$ 是等差数列,且 $a_n = b_n + b_{n+1}$.

(1)求数列 $\{b_n\}$ 的通项公式;

(2)令 $c_n = \dfrac{(a_n + 1)^{n+1}}{(b_n + 2)^n}$. 求数列 c_n 的前 n 项和 T_n.

解 (1)由题意知,当 $n \geqslant 2$ 时,$a_n = S_n - S_{n-1} = 6n + 5$.

又因为 $a_1 = S_1 = 11$,所以 $a_n = 6n + 5(n \in \mathbf{N}^*)$.

设等差数列 $\{b_n\}$ 的公差为 d.

可得 $\begin{cases} a_1 = b_1 + b_2 \\ a_2 = b_2 + b_3 \end{cases}$,即 $\begin{cases} 11 = 2b_1 + d \\ 17 = 2b_1 + 3d \end{cases}$,解得 $\begin{cases} b_1 = 4 \\ d = 3 \end{cases}$,所以 $b_n = 3n + 1$.

还可验证 $b_n = 3n + 1(n \in \mathbf{N}^*)$ 满足 $a_n = b_n + b_{n+1}(n \in \mathbf{N}^*)$,所以所求数列 $\{b_n\}$ 的通项公式是 $b_n = 3n + 1$.

(2)由(1)的解答,可得 $c_n = \dfrac{(6n + 6)^{n+1}}{(3n + 3)^n} = 3(n + 1) \cdot 2^{n+1}$.

又由 $T_n = c_1 + c_2 + \cdots + c_n$,得
$$T_n = 3 \times [2 \times 2^2 + 3 \times 2^3 + \cdots + (n+1) \times 2^{n+1}]$$
$$2T_n = 3 \times [2 \times 2^3 + 3 \times 2^4 + \cdots + (n+1) \times 2^{n+2}]$$

把它们相减,得
$$-T_n = 3 \times [2 \times 2^2 + 2^3 + 2^4 + \cdots + 2^{n+1} - (n+1) \times 2^{n+2}]$$
$$= 3 \times \left[4 + \dfrac{4 \times (1 - 2^n)}{1 - 2} - (n+1) \times 2^{n+2}\right] = -3n \cdot 2^{n+2}$$

所以 $T_n = 3n \cdot 2^{n+2}$.

注 解答题 3,5,9,10 这四道高考题时均运用了"特殊与一般思想".

§5 例谈构造对偶式解题

根据题中某式 A 的结构特征,构造 A 的对偶式 B,在利用 A 与 B 之间的运算(主要是加、减、乘)求得 A,B 的两种关系式,从而使问题获得解决,这种方法就叫作构造对偶式解题.

常见的对偶式有 $a+b$ 与 $a-b$,ab 与 $\dfrac{a}{b}$,$\sin x$ 与 $\cos x$,$\tan x$ 与 $\cot x$,$\dfrac{a^n}{a+b}$ 与 $\dfrac{a^n}{a-b}$,等等.

1. 求三角函数值

题 1 求 $\sin 10°\sin 30°\sin 50°\sin 70°$ 的值.

解 设 $A=\sin 10°\sin 30°\sin 50°\sin 70°$,构造 A 的对偶式 $B=\cos 10°\cos 30°\cdot\cos 50°\cos 70°$,可得

$$16AB = \sin 20°\sin 60°\sin 100°\sin 140°$$
$$= \cos 70°\cos 30°\cos 10°\cos 50°$$
$$= B\ (B>0)$$

$$A=\sin 10°\sin 30°\sin 50°\sin 70°=\frac{1}{16}$$

题 2 求 $\cos 7°+\cos 47°+\cos 87°+\cos 127°+\cdots+\cos 327°$ 的值.

解 设

$$A=\cos 7°+\cos 47°+\cos 87°+\cos 127°+\cdots+\cos 327°$$
$$B=\sin 7°+\sin 47°+\sin 87°+\sin 127°+\cdots+\sin 327°$$

可得

$A\sin 40°+B\cos 40°=\sin 47°+\sin 87°+\sin 127°+\cdots+\sin 327°+\sin 367°=B$

$B\cos 40°-A\sin 40°=-\sin 33°+\sin 47°+\sin 87°+\cdots+\sin 287°=B$

所以

$$A\sin 40°+B\cos 40°=B\cos 40°-A\sin 40°$$
$$A=\cos 7°+\cos 47°+\cos 87°+\cos 127°+\cdots+\cos 327°=0$$

题 3 化简:$(1)\sin^2\left(\dfrac{\pi}{4}-x\right)+\cos^2\left(\dfrac{\pi}{4}-y\right)+2\sin\left(\dfrac{\pi}{4}-x\right)\cos\left(\dfrac{\pi}{4}-y\right)\cdot\sin(x-y)$;

(2) $\dfrac{\sin 1° + \sin 2° + \sin 3° + \cdots + \sin 44°}{\cos 1° + \cos 2° + \cos 3° + \cdots + \cos 44°}$;

(3) $\cos^2\alpha + \cos^2\beta - 2\cos\alpha\cos\beta\cos(\alpha+\beta)$.

解 (1) 设

$$A = \sin^2\left(\dfrac{\pi}{4}-x\right) + \cos^2\left(\dfrac{\pi}{4}-y\right) + 2\sin\left(\dfrac{\pi}{4}-x\right)\cos\left(\dfrac{\pi}{4}-y\right)\sin(x-y)$$

$$B = \cos^2\left(\dfrac{\pi}{4}-x\right) + \sin^2\left(\dfrac{\pi}{4}-y\right) - 2\cos\left(\dfrac{\pi}{4}-x\right)\sin\left(\dfrac{\pi}{4}-y\right)\sin(x-y)$$

可得

$$A + B = 2 + 2\sin(y-x)\sin(x-y) = 2\cos^2(x-y)$$

$$A - B = -\sin 2x + \sin 2y + 2\sin(x-y)\cos(x+y) = 0$$

所以

$$A = \sin^2\left(\dfrac{\pi}{4}-x\right) + \cos^2\left(\dfrac{\pi}{4}-y\right) + 2\sin\left(\dfrac{\pi}{4}-x\right)\cos\left(\dfrac{\pi}{4}-y\right)\sin(x-y)$$

$$= \cos^2(x-y)$$

(2) 设

$$A = \sin 1° + \sin 2° + \sin 3° + \cdots + \sin 44°$$

$$B = \cos 1° + \cos 2° + \cos 3° + \cdots + \cos 44°$$

可得

$$A + B = (\sin 1° + \cos 1°) + (\sin 2° + \cos 2°) + \cdots + (\sin 44° + \cos 44°)$$

$$= \sqrt{2}(\sin 46° + \sin 47° + \sin 48° + \cdots + \sin 89°)$$

$$= \sqrt{2}(\cos 44° + \cos 43° + \cos 42° + \cdots + \cos 1°)$$

$$= \sqrt{2}B$$

$$A = (\sqrt{2}-1)B$$

$$\dfrac{A}{B} = \dfrac{\sin 1° + \sin 2° + \sin 3° + \cdots + \sin 44°}{\cos 1° + \cos 2° + \cos 3° + \cdots + \cos 44°} = \sqrt{2}-1$$

(3) 设

$$A = \cos^2\alpha + \cos^2\beta - 2\cos\alpha\cos\beta\cos(\alpha+\beta)$$

$$B = \sin^2\alpha + \sin^2\beta + 2\sin\alpha\sin\beta\cos(\alpha+\beta)$$

可得

$$A + B = 2 - 2\cos^2(\alpha+\beta) = 2\sin^2(\alpha+\beta)$$

$$A - B = \cos 2\alpha + \cos 2\beta - 2\cos(\alpha+\beta)\cos(\alpha-\beta) = 0$$

所以

$$A = B = \sin^2(\alpha+\beta)$$
$$\cos^2\alpha + \cos^2\beta - 2\cos\alpha\cos\beta\cos(\alpha+\beta) = \sin^2(\alpha+\beta)$$

题 4 在 $\triangle ABC$ 中,求证: $\cos^2 A + \cos^2 B + \cos^2 C + 2\cos A\cos B\cos C = 1$.

解 设
$$M = \cos^2 A + \cos^2 B + \cos^2 C + 2\cos A\cos B\cos C$$
$$N = \sin^2 A + \sin^2 B + \sin^2 C + 2\sin A\sin B\cos C$$

可得
$$M + N = 3 + 2\cos C\cos(A-B) = 3 - 2\cos(A+B)\cos(A-B)$$
$$= 3 - \cos 2A - \cos 2B$$
$$M - N = \cos 2A + \cos 2B + \cos 2C + 2\cos C\cos(A+B)$$
$$= \cos 2A + \cos 2B + (2\cos^2 C - 1) - 2\cos^2 C$$
$$= \cos 2A + \cos 2B - 1$$

把得到的两个等式相加后,可得
$$M = \cos^2 A + \cos^2 B + \cos^2 C + 2\cos A\cos B\cos C = 1$$

题 5 求函数 $f(x) = 2\sin^4 x + 3\sin^2 x\cos^2 x + 5\cos^4 x$ 的最大值.

解 设
$$A = 2\sin^4 x + 3\sin^2 x\cos^2 x + 5\cos^4 x$$
$$B = 2\cos^4 x + 3\cos^2 x\sin^2 x + 5\sin^4 x$$

可得
$$A + B = 7(\sin^4 x + \cos^4 x) + 6\sin^2 x\cos^2 x$$
$$= 7(\sin^2 x + \cos^2 x)^2 - 8\sin^2 x\cos^2 x$$
$$= 7 - 2\sin^2 2x = 5 + 2\cos^2 2x$$
$$A - B = 3(\cos^4 x - \sin^4 x) = 3\cos 2x$$

把得到的两个等式相加后,可得
$$2A = 2\cos^2 2x + 3\cos 2x + 5 \leqslant 2 \cdot 1^2 + 3 \cdot 1 + 5 = 10$$
$$A = f(x) \leqslant 5$$

又因为 $f(0) = 5$,所以 $f(x)_{\max} = 5$.

题 6 在 $\triangle ABC$ 中,求证
$$\frac{1}{1 - \sin A + \sin B} + \frac{1}{1 - \sin B + \sin C} + \frac{1}{1 - \sin C + \sin A} \geqslant 3$$

解 设
$$M = \frac{1}{1 - \sin A + \sin B} + \frac{1}{1 - \sin B + \sin C} + \frac{1}{1 - \sin C + \sin A}$$

$$N = (1 - \sin A + \sin B) + (1 - \sin B + \sin C) + (1 - \sin C + \sin A)$$

由均值不等式,可得 $M + N \geqslant 2 + 2 + 2 = 6$.

又因为 $N = 3$,所以 $M \geqslant 3$,即欲证结论成立.

题 7 解方程 $\cos^2 x + \cos^2 2x + \cos^2 3x = 1 \left(0 \leqslant x \leqslant \dfrac{\pi}{2}\right)$.

解 设
$$M = \cos^2 x + \cos^2 2x + \cos^2 3x$$
$$N = \sin^2 x + \sin^2 2x + \sin^2 3x$$

可得
$$M + N = 3$$
$$\begin{aligned}M - N &= (\cos 2x + \cos 4x) + \cos 6x \\ &= 2\cos 3x \cos x + 2\cos^2 3x - 1 \\ &= 2\cos 3x (\cos x + \cos 3x) - 1 \\ &= 4\cos x \cos 2x \cos 3x - 1\end{aligned}$$

把得到的两个等式相加后,可得
$$2M = 4\cos x \cos 2x \cos 3x + 2$$

所以
$$M = 1 \Leftrightarrow \cos x \cos 2x \cos 3x = 0 \Leftrightarrow x = \dfrac{\pi}{6}, \dfrac{\pi}{4}, \dfrac{\pi}{2}$$

得原方程的解集是 $\left\{\dfrac{\pi}{6}, \dfrac{\pi}{4}, \dfrac{\pi}{2}\right\}$.

题 8 计算:(1) $\sin^2 20° + \cos^2 80° + \sqrt{3}\sin 20°\cos 80°$;

(2) $\sin 10°\sin 50°\sin 70°$.

解 (1) 设 $A = \sin^2 20° + \cos^2 80° + \sqrt{3}\sin 20°\cos 80°$.

构造 A 的对偶式 $B = \cos^2 20° + \sin^2 80° - \sqrt{3}\cos 20°\sin 80°$,得
$$\begin{cases} A + B = 2 - \sqrt{3}\sin 60° = \dfrac{1}{2} \\ A - B = \cos 160° - \cos 40° + \sqrt{3}\sin 100° = 0 \end{cases}$$

所以 $A = B = \dfrac{1}{4}$.

即原式 $= \dfrac{1}{4}$.

(2) 设 $x = \sin 10°\sin 50°\sin 70°$,构造 x 的对偶式 $y = \cos 10°\cos 50°\cos 70°$,得

$$xy = \sin 10°\cos 10°\sin 50°\cos 50°\sin 70°\cos 70°$$
$$= \frac{1}{8}\sin 20°\sin 100°\sin 140°$$
$$= \frac{1}{8}\cos 10°\cos 50°\cos 70° = \frac{1}{8}y$$

又因为 $y \neq 0$，所以 $x = \frac{1}{8}$.

题 9 （2016 年北京大学博雅计划自主招生数学试题第 7 题）$\cos\frac{\pi}{11} \cdot \cos\frac{2\pi}{11} \cdot \cdots \cdot \cos\frac{10\pi}{11}$ 的值为 （　　）

A. $-\frac{1}{16}$ 　　B. $-\frac{1}{32}$ 　　C. $-\frac{1}{64}$ 　　D. 前三个答案都不对

解法 1　D. 设

$$x = \cos\frac{\pi}{11}\cos\frac{2\pi}{11}\cos\frac{3\pi}{11}\cos\frac{4\pi}{11}\cos\frac{5\pi}{11}$$

$$y = \sin\frac{\pi}{11}\sin\frac{2\pi}{11}\sin\frac{3\pi}{11}\sin\frac{4\pi}{11}\sin\frac{5\pi}{11}$$

可得

$$32xy = \sin\frac{2\pi}{11}\sin\frac{4\pi}{11}\sin\frac{6\pi}{11}\sin\frac{8\pi}{11}\sin\frac{10\pi}{11}$$

$$= \sin\frac{2\pi}{11}\sin\frac{4\pi}{11}\sin\frac{5\pi}{11}\sin\frac{3\pi}{11}\sin\frac{\pi}{11} = y (y \neq 0)$$

$$x = \cos\frac{\pi}{11}\cos\frac{2\pi}{11}\cos\frac{3\pi}{11}\cos\frac{4\pi}{11}\cos\frac{5\pi}{11} = \frac{1}{32}$$

所以

$$\cos\frac{\pi}{11} \cdot \cos\frac{2\pi}{11} \cdot \cdots \cdot \cos\frac{10\pi}{11} = -\left(\cos\frac{\pi}{11}\cos\frac{2\pi}{11}\cos\frac{3\pi}{11}\cos\frac{4\pi}{11}\cos\frac{5\pi}{11}\right)^2$$

$$= -\frac{1}{1\,024}$$

解法 2　D.

$$\cos\frac{\pi}{11} \cdot \cos\frac{2\pi}{11} \cdot \cdots \cdot \cos\frac{10\pi}{11} = -\left(\cos\frac{\pi}{11}\cos\frac{2\pi}{11}\cos\frac{3\pi}{11}\cos\frac{4\pi}{11}\cos\frac{5\pi}{11}\right)^2$$

$$= -\left(\cos\frac{\pi}{11}\cos\frac{2\pi}{11}\cos\frac{4\pi}{11}\cos\frac{8\pi}{11}\cos\frac{16\pi}{11}\right)^2$$

$$= -\left(\frac{2^5 \sin\frac{\pi}{11} \cos\frac{\pi}{11} \cos\frac{2\pi}{11} \cos\frac{4\pi}{11} \cos\frac{8\pi}{11} \cos\frac{16\pi}{11}}{2^5 \sin\frac{\pi}{11}}\right)^2$$

$$= -\left(\frac{\sin\frac{32\pi}{11}}{2^5 \sin\frac{\pi}{11}}\right)^2 = -\frac{1}{1\,024}.$$

题 10 (1) 求 $\cos\frac{2}{5}\pi + \cos\frac{4}{5}\pi$ 的值；

(2) 求 $\sin^2 20° + \cos^2 50° + \sin 20° \cos 50°$ 的值.

解 (1) 设 $A = \cos\frac{2}{5}\pi + \cos\frac{4}{5}\pi$，$B = \cos\frac{2}{5}\pi - \cos\frac{4}{5}\pi$，得

$$2AB = 2\left(\cos^2\frac{2}{5}\pi - \cos^2\frac{4}{5}\pi\right) = \cos\frac{4}{5}\pi - \cos\frac{8}{5}\pi = -B.$$

又因为 $B \ne 0$，所以 $A = \cos\frac{2}{5}\pi + \cos\frac{4}{5}\pi = -\frac{1}{2}$.

(2) 设

$$A = \sin^2 20° + \cos^2 50° + \sin 20° \cos 50°$$
$$B = \cos^2 20° + \sin^2 50° + \cos 20° \sin 50°$$

得

$$A + B = 2 + \sin 70°$$

$$A - B = -\cos 40° + \cos 100° + \sin(-30°) = -\frac{1}{2} - \sin 70°$$

从而可得，$A = \sin^2 20° + \cos^2 50° + \sin 20° \cos 50° = \frac{3}{4}$.

题 11 (普通高中课程标准实验教科书《数学·A 版·必修 4》(人民教育出版社，2007 年第 2 版)第 147 页复习参考题 B 组第 4 题) 已知 $\cos\left(\frac{\pi}{4} + x\right) = \frac{3}{5}$，$\frac{17\pi}{12} < x < \frac{7\pi}{4}$，求 $\frac{\sin 2x + 2\sin^2 x}{1 - \tan x}$.

解法 1 由 $\cos\left(\frac{\pi}{4} + x\right) = \frac{3}{5}$，$\frac{5\pi}{3} < \frac{\pi}{4} + x < 2\pi$，得 $\sin\left(\frac{\pi}{4} + x\right) = -\frac{4}{5}$，所以

$$\begin{cases} \cos x - \sin x = \frac{3}{5}\sqrt{2} \\ \cos x + \sin x = -\frac{4}{5}\sqrt{2} \end{cases}$$

$$\begin{cases} \sin x = -\dfrac{7}{10}\sqrt{2} \\ \cos x = -\dfrac{\sqrt{2}}{10} \end{cases}$$

所以
$$\frac{\sin 2x + 2\sin^2 x}{1 - \tan x} = -\frac{28}{75}$$

解法2 由 $\cos\left(\dfrac{\pi}{4} + x\right) = \dfrac{3}{5}$,得 $\cos x - \sin x = \dfrac{3}{5}\sqrt{2}$.

设 $\cos x + \sin x = m$,把这两式相加、相减可得

$$2\cos x = m + \frac{3}{5}\sqrt{2}, 2\sin x = m - \frac{3}{5}\sqrt{2}$$

再把它们平方相加,可得 $m = \pm\dfrac{4}{5}\sqrt{2}$. 又由 $\dfrac{17\pi}{12} < x < \dfrac{7\pi}{4}$ 得 $\sin x < 0$,所以 $m < \dfrac{3}{5}\sqrt{2}$,得 $m = -\dfrac{4}{5}\sqrt{2}$,所以 $\sin x = -\dfrac{7}{10}\sqrt{2}$, $\cos x = -\dfrac{\sqrt{2}}{10}$, $\dfrac{\sin 2x + 2\sin^2 x}{1 - \tan x} = -\dfrac{28}{75}$.

稍复杂的三角函数求值问题,往往要多次使用三角函数的恒等变形公式,甚至是积化和差、和差化积公式,而使用构造对偶式求解,却很简捷.

题12 求证:$\cos^2\alpha + \cos^2\beta - 2\cos\alpha\cos\beta\cos(\alpha+\beta) = \sin^2(\alpha+\beta)$.

证明 设 $M = \cos^2\alpha + \cos^2\beta - 2\cos\alpha\cos\beta\cos(\alpha+\beta)$,构造其对偶式

$$N = \sin^2\alpha + \sin^2\beta + 2\sin\alpha\sin\beta\cos(\alpha+\beta)$$

可得

$$M + N = 2 - 2\cos^2(\alpha+\beta) = 2\sin^2(\alpha+\beta)$$

$$M - N = \cos 2\alpha + \cos 2\beta - 2\cos(\alpha+\beta)\cos(\alpha-\beta)$$
$$= 2\cos(\alpha+\beta)\cos(\alpha-\beta) - 2\cos(\alpha+\beta)\cos(\alpha-\beta) = 0$$

所以 $M = N = \sin^2(\alpha+\beta)$,得欲证结论成立.

题13 求证:$\sin 3\alpha\sin^3\alpha + \cos 3\alpha\cos^3\alpha = \cos^3 2\alpha$.

证明 设

$$A = \sin 3\alpha\sin\alpha\sin^2\alpha + \cos 3\alpha\cos\alpha\cos^2\alpha$$
$$B = \cos 3\alpha\cos\alpha\sin^2\alpha + \sin 3\alpha\sin\alpha\cos^2\alpha$$

可得

$$A + B = \cos 2\alpha, A - B = \cos 4\alpha\cos 2\alpha$$

把它们相加,得
$$2A = \cos 2\alpha(1+\cos 4\alpha) = 2\cos^3 2\alpha$$
$$A = \cos^3 2\alpha$$

得欲证结论成立.

2. 求函数值域或最值

题 14 求函数 $f(x) = x + \dfrac{4}{x}(1 \leqslant x \leqslant 3)$ 的值域.

解 构造函数 $f(x)$ 的对偶函数 $g(x) = x - \dfrac{4}{x}(1 \leqslant x \leqslant 3)$,得增函数 $g(x)$ 的值域是 $\left[-3, \dfrac{5}{3}\right]$.

又因为 $f^2(x) = g^2(x) + 16$, $f(x) > 0$,从而可得 $f(x)$ 的值域是 $[4,5]$.

题 15 求函数 $y = \sqrt{x} + \dfrac{1}{\sqrt{x}} - \sqrt{x + \dfrac{1}{x} + 1}$ 的最大值.

解 设 $z = \sqrt{x} + \dfrac{1}{\sqrt{x}} + \sqrt{x + \dfrac{1}{x} + 1}$.

两次使用均值不等式,可得 $z \geqslant 2 + \sqrt{3}$(当且仅当 $x = 1$ 时取等号).

又因为 $yz = 1$,得 $y \leqslant \dfrac{1}{2+\sqrt{3}} = 2 - \sqrt{3}$,所以当且仅当 $x = 1$ 时,$y_{\max} = 2 - \sqrt{3}$.

题 16 (1)函数 $f(x) = 2\sqrt{x-1} + 3\sqrt{2-x}(1 \leqslant x \leqslant 2)$ 的值域是_____;

(2)(2013年江西省高中数学联赛)函数 $f(x) = \sqrt{3x-6} + \sqrt{3-x}$ 的值域是_____;

(3)(2010年希望杯数学邀请赛高一试题)函数 $f(x) = \sqrt{\dfrac{4x+3}{x+1}} + \sqrt{\dfrac{5x+6}{x+1}}$ 的定义域为_____,值域为_____.

解 (1)$[2, \sqrt{13}]$. 构造函数 $f(x)$ 的对偶函数 $g(x) = 3\sqrt{x-1} - 2\sqrt{2-x}$ $(1 \leqslant x \leqslant 2)$,得增函数 $g(x)$ 的值域是 $[-2,3]$,$g^2(x)$ 的值域是 $[0,9]$.

又因为 $f^2(x) + g^2(x) = 13$,$f(x) > 0$,从而可得 $f(x)$ 的值域是 $[2, \sqrt{13}]$.

(2)$[1,2]$. 构造函数 $f(x) = \sqrt{3} \cdot \sqrt{x-2} + \sqrt{3-x}(2 \leqslant x \leqslant 3)$ 的对偶函数 $g(x) = \sqrt{3} \cdot \sqrt{3-x} - 2\sqrt{x-2}(2 \leqslant x \leqslant 3)$,得减函数 $g(x)$ 的值域是 $[-1,\sqrt{3}]$,$g^2(x)$ 的值域是 $[0,3]$.

又因为 $f^2(x) + g^2(x) = 4$,$f(x) > 0$,从而可得 $f(x)$ 的值域是 $[1,2]$.

(3) $\left(-\infty, -\dfrac{6}{5}\right] \cup \left[-\dfrac{3}{4}, +\infty\right)$, $[3, 3\sqrt{2}]$. 下面解答第二个空.

可得 $f(x) = \sqrt{5 + \dfrac{1}{x+1}} - \sqrt{4 - \dfrac{1}{x+1}} \left(x \in \left(-\infty, -\dfrac{6}{5}\right] \cup \left[-\dfrac{3}{4}, +\infty\right)\right)$.

可设 $t = \dfrac{1}{x+1}(t \in [-5, 0) \cup (0, 4])$,得

$$f(x) = F(t) = \sqrt{5+t} + \sqrt{4-t}(t \in [-5, 0) \cup (0, 4])(有 F(t) > 0)$$

构造函数 $F(t)$ 的对偶函数 $G(t) = \sqrt{5+t} - \sqrt{4-t}(t \in [-5, 0) \cup (0, 4])$,得增函数 $G(t)$ 的值域是 $[-3, \sqrt{5}-2) \cup (\sqrt{5}-2, 3]$,$G^2(t)$ 的值域是 $[0, 9]$.

又因为 $F^2(t) + G^2(t) = 18$,$F(t) > 0$,从而可得 $F(t)$ 即 $f(x)$ 的值域是 $[3, 3\sqrt{2}]$.

注 运用此法可求出函数 $f(x) = \sqrt{ax+b} + \sqrt{cx+d}(ac < 0)$ 的值域.

题 17 (2006年全国高考卷Ⅱ理科数学第12题)函数 $f(x) = \sum\limits_{n=1}^{19} |x-n|$ 的最小值为 ( )

A. 190　　　　B. 171　　　　C. 90　　　　D. 45

解 C. 由 $f(x) = |x-1| + |x-2| + \cdots + |x-19|$,得
$$f(x) = |x-19| + |x-18| + \cdots + |x-1|$$
所以
$$2f(x) = (|x-1| + |x-19|) + (|x-2| + |x-18|) + \cdots + (|x-19| + |x-1|)$$

再由绝对值不等式,可得当且仅当 $x = 10$ 时,$f(x)$ 取到最小值,且最小值是 90.

题 18 若实数 x, y 满足 $x^2 - 3xy + y^2 = 2$,则 $x^2 + y^2$ 的取值范围是 _____.

解 $\left[\dfrac{4}{5}, +\infty\right)$. 设 $x = u+v, y = u-v$,得 $5v^2 - u^2 = 2$,所以 $v^2 = \dfrac{u^2 + 2}{5} \geqslant \dfrac{2}{5}$.

$x^2 + y^2 = 4(3v^2 - 1) \geqslant \dfrac{4}{5}$,所以 $x^2 + y^2$ 的取值范围是 $\left[\dfrac{4}{5}, +\infty\right)$.

用构造对偶式求解函数问题,可达到简捷巧妙的效果,可以避免换元、求导等复杂的计算.

3. 解方程及求代数式的值

题 19 解方程 $\sqrt{2 + \sqrt{2+x}} = x$.

解 设 $\sqrt{2+x} = y$,得
$$\begin{cases} \sqrt{2+x} = y \\ \sqrt{2+y} = x \end{cases}$$
平方相减后可求得原方程的解为 $x = 2$.

题20 解方程 $\sqrt{x - \dfrac{1}{x}} + \sqrt{1 - \dfrac{1}{x}} = x$.

解 设 $a = \sqrt{x - \dfrac{1}{x}}, b = \sqrt{1 - \dfrac{1}{x}}$,得 $a + b = x$.

因为 $x \neq 0$,所以 $a - b = \dfrac{a^2 - b^2}{a + b} = \dfrac{x-1}{x} = 1 - \dfrac{1}{x}$.

得 $2a = x + \left(1 - \dfrac{1}{x}\right) = a^2 + 1$,解得 $a = 1, x = \dfrac{1 \pm \sqrt{5}}{2}$.

因为 $x \geq 0$,所以原方程的解是 $x = \dfrac{1 + \sqrt{5}}{2}$.

解无理方程,常规的方法是乘方后化成有理方程再求解(还需检验),而构造对偶式却可简捷求解.

题21 (2011年希望杯数学邀请赛高二试题)方程 $\sqrt{x^2 - 2\sqrt{5}x + 9} + \sqrt{x^2 + 2\sqrt{5}x + 9} = 10$ 的解是 $x = $ _____.

解 $\pm 2\sqrt{5}$. 构造等式 $\sqrt{x^2 - 2\sqrt{5}x + 9} + \sqrt{x^2 + 2\sqrt{5}x + 9} = 10$ 的对偶等式
$$\sqrt{x^2 - 2\sqrt{5}x + 9} - \sqrt{x^2 + 2\sqrt{5}x + 9} = m$$
解这两个等式组成的"方程组",得
$$2\sqrt{x^2 - 2\sqrt{5}x + 9} = 10 + m, 2\sqrt{x^2 + 2\sqrt{5}x + 9} = 10 - m$$
分别把它们平方相加、相减后,可得
$$4x^2 + 36 = 100 + m^2, m = -\dfrac{\sqrt{5}}{2}x$$
再解得 $x = \pm 2\sqrt{5}$.

注 也可用此题的简捷解法推导出椭圆的标准方程;还可用椭圆的相关知识解决此题.

题22 (2018年美国数学竞赛(AMC10A)第10题)若实数 x 满足 $\sqrt{49 - x^2} - \sqrt{25 - x^2} = 3$,则 $\sqrt{49 - x^2} + \sqrt{25 - x^2}$ 的值是多少 (   )
A. 8   B. $\sqrt{33} + 3$ C. 9   D. $2\sqrt{10} + 4$ E. 12

解法 1 A. 设 $\sqrt{25-x^2}=t(t\geqslant 0)$，可得 $\sqrt{49-x^2}=\sqrt{t^2+24}$.

由题设 $\sqrt{49-x^2}-\sqrt{25-x^2}=3$，可得 $\sqrt{49-x^2}=t+3$，所以
$$\sqrt{t^2+24}=t+3\,(t\geqslant 0)$$
$$t^2+24=(t+3)^2\,(t\geqslant 0)$$
$$t=\frac{5}{2}$$

再由 $\sqrt{25-x^2}=t$, $\sqrt{49-x^2}=t+3$，可得
$$\sqrt{49-x^2}+\sqrt{25-x^2}=(t+3)+t=2t+3=8$$

解法 2 A. 由
$$\left(\sqrt{49-x^2}+\sqrt{25-x^2}\right)\left(\sqrt{49-x^2}-\sqrt{25-x^2}\right)=24$$

及题设 $\sqrt{49-x^2}-\sqrt{25-x^2}=3$，可得 $\sqrt{49-x^2}+\sqrt{25-x^2}=8$.

4. 二项展开式系数问题

题 23 求 $(\sqrt{x}+2)^{2n+1}$ 的展开式中 x 的整数次幂项的系数之和.

解 设 $A=(\sqrt{x}+2)^{2n+1}$，$B=(\sqrt{x}-2)^{2n+1}$，$f(x)=A+B=(\sqrt{x}+2)^{2n+1}+(\sqrt{x}-2)^{2n+1}$.

由二项式定理可得所求答案为 $\dfrac{f(1)}{2}=\dfrac{3^{2n+1}-1}{2}$.

题 24 若 $m\in\mathbf{N}^*$，求证：大于 $(\sqrt{3}+1)^{2m}$ 的最小整数可被 2^{m+1} 整除.

证明 设 $I=(\sqrt{3}+1)^{2m}+(\sqrt{3}-1)^{2m}$，得
$$I=(4+2\sqrt{3})^m+(4-2\sqrt{3})^m=2^m[(2+\sqrt{3})^m+(2-\sqrt{3})^m]$$

由二项式定理展开后，可得 $2^{m+1}\mid I$.

又 $0<(\sqrt{3}-1)^{2m}<1$，所以欲证成立.

构造二项展开式的对偶式，可以简捷地求解相应的问题.

5. 证明不等式

题 25 （第 32 届乌克兰数学奥林匹克试题）已知 $a>b>c$，求证
$$\frac{a^2}{a-b}+\frac{b^2}{b-c}>a+2b+c$$

证明 设 $A=\dfrac{a^2}{a-b}+\dfrac{b^2}{b-c}$，构造其对偶式 $B=\dfrac{b^2}{b-a}+\dfrac{c^2}{c-b}$（由 $a>b>c$，可得 $B<0$），可得 $A+B=a+2b+c$.

再由 $B<0$，可得 $A>a+2b+c$，即欲证结论成立.

题 26 (第 42 届(2001 年)IMO 第 2 题)对所有正数 a,b,c,求证

$$\frac{a}{\sqrt{a^2+8bc}}+\frac{b}{\sqrt{b^2+8ac}}+\frac{c}{\sqrt{c^2+8ab}}\geq 1$$

证明 设 $A=\dfrac{a}{\sqrt{a^2+8bc}}+\dfrac{b}{\sqrt{b^2+8ac}}+\dfrac{c}{\sqrt{c^2+8ab}}$,构造其对偶式

$$B=\frac{\sqrt{a^2+8bc}}{9a}+\frac{\sqrt{b^2+8ac}}{9b}+\frac{\sqrt{c^2+8ab}}{9c}$$

由均值不等式,可得

$$\frac{a}{\sqrt{a^2+8bc}}+\frac{\sqrt{a^2+8bc}}{9a}\geq \frac{2}{3}$$

$$\frac{b}{\sqrt{b^2+8ac}}+\frac{\sqrt{b^2+8ac}}{9b}\geq \frac{2}{3}$$

$$\frac{c}{\sqrt{c^2+8ab}}+\frac{\sqrt{c^2+8ab}}{9c}\geq \frac{2}{3}$$

把它们相加后,可得 $A+B\geq 2$.

设 $\max\{9a\sqrt{a^2+8bc},9b\sqrt{b^2+8ac},9c\sqrt{c^2+8ab}\}=\lambda$,可得

$$A-B=\frac{8(a^2-bc)}{9a\sqrt{a^2+8bc}}+\frac{8(b^2-ac)}{9b\sqrt{b^2+8ac}}+\frac{8(c^2-ab)}{9c\sqrt{c^2+8ab}}$$

$$\geq \frac{8(a+b+c-ab-bc-ca)}{\lambda}$$

$$=\frac{4[(a-b)^2+(b-c)^2+(c-a)^2]}{\lambda}\geq 0$$

所以 $A\geq B$. 再由 $A+B\geq 2$,可得 $A\geq 1$,即欲证结论成立.

题 27 设 $x,y,z\in(0,1)$,求证:$\dfrac{1}{1-x+y}+\dfrac{1}{1-y+z}+\dfrac{1}{1-z+x}\geq 3$.

证明 令

$$A=\frac{1}{1-x+y}+\frac{1}{1-y+z}+\frac{1}{1-z+x}$$

$$B=(1-x+y)+(1-y+z)+(1-z+x)$$

由均值不等式,可得 $A+B\geq 6$,又 $B=3$,所以 $A\geq 3$,即所证结论成立.

题 28 设 $x_1,x_2,\cdots,x_n\in \mathbf{R}_+,\sum\limits_{i=1}^{n}x_i=1$,求证

$$\frac{x_1^2}{x_1+x_2}+\frac{x_2^2}{x_2+x_3}+\cdots+\frac{x_{n-1}^2}{x_{n-1}+x_n}+\frac{x_n^2}{x_n+x_1}\geq \frac{1}{2}$$

证明 设
$$A = \frac{x_1^2}{x_1+x_2} + \frac{x_2^2}{x_2+x_3} + \cdots + \frac{x_{n-1}^2}{x_{n-1}+x_n} + \frac{x_n^2}{x_n+x_1}$$

构造 A 的对偶式
$$B = \frac{x_2^2}{x_1+x_2} + \frac{x_3^2}{x_2+x_3} + \cdots + \frac{x_n^2}{x_{n-1}+x_n} + \frac{x_1^2}{x_n+x_1}$$

由均值不等式,得
$$A+B = \frac{x_1^2+x_2^2}{x_1+x_2} + \frac{x_2^2+x_3^2}{x_2+x_3} + \cdots + \frac{x_{n-1}^2+x_n^2}{x_{n-1}+x_n} + \frac{x_n^2+x_1^2}{x_n+x_1}$$
$$\geqslant \frac{1}{2}(x_1+x_2) + \frac{1}{2}(x_2+x_3) + \cdots + \frac{1}{2}(x_{n-1}+x_n) + \frac{1}{2}(x_n+x_1) = 1$$
$$A-B = \frac{x_1^2-x_2^2}{x_1+x_2} + \frac{x_2^2-x_3^2}{x_2+x_3} + \cdots + \frac{x_{n-1}^2-x_n^2}{x_{n-1}+x_n} + \frac{x_n^2-x_1^2}{x_n+x_1}$$
$$\geqslant (x_1-x_2) + (x_2-x_3) + \cdots + (x_{n-1}-x_n) + (x_n-x_1) = 0$$

可得 $A \geqslant \dfrac{1}{2}$,即所证结论成立.

题 29 已知 $a,b,c,d \in \mathbf{R}, a^2+b^2+c^2+d^2 \leqslant 1$,求证
$$(a+b)^4 + (a+c)^4 + (a+d)^4 + (b+c)^4 + (b+d)^4 + (c+d)^4 \leqslant 6$$

证明 设
$$A = (a+b)^4 + (a+c)^4 + (a+d)^4 + (b+c)^4 + (b+d)^4 + (c+d)^4$$
$$B = (a-b)^4 + (a-c)^4 + (a-d)^4 + (b-c)^4 + (b-d)^4 + (c-d)^4$$

所以
$$A+B = 6(a^4+b^4+c^4+d^4+2a^2b^2+2a^2c^2+2a^2d^2+2b^2c^2+2b^2d^2+2c^2d^2)$$
$$= 6(a^2+b^2+c^2+d^2)^2 \leqslant 6$$

又因为 $B \geqslant 0$,所以 $A \leqslant 6$,得欲证结论成立.

题 30 (2007 高考福建卷理科第 22(Ⅲ)题)已知函数 $f(x) = e^x - kx, x \in \mathbf{R}$,设函数 $F(x) = f(x) + f(-x)$,求证:$F(1)F(2)\cdots F(n) > (e^{n+1}+2)^{\frac{n}{2}} (n \in \mathbf{N}^*)$.

证明 由 $F(x) = f(x) + f(-x) = e^x + e^{-x}$,得
$$F(x_1)F(x_2) = e^{x_1+x_2} + e^{-(x_1+x_2)} + e^{x_1-x_2} + e^{-x_1+x_2} > e^{x_1+x_2} + 2$$

所以
$$F(1)F(n) > e^{n+1}+2, F(2)F(n-1) > e^{n+1}+2, \cdots, F(n)F(1) > e^{n+1}+2$$

把它们相乘,即得所证结论成立.

题31 求证:$\frac{1}{2} \cdot \frac{3}{4} \cdot \frac{5}{6} \cdot \cdots \cdot \frac{2n-1}{2n} < \frac{1}{\sqrt{2n+1}}$.

证明 设 $A = \frac{1}{2} \cdot \frac{3}{4} \cdot \frac{5}{6} \cdot \cdots \cdot \frac{2n-1}{2n}, B = \frac{2}{3} \cdot \frac{4}{5} \cdot \frac{6}{7} \cdot \cdots \cdot \frac{2n}{2n+1}$.

由 $0 < A < B$,得 $A^2 < AB = \frac{1}{2n+1}$,所以

$$A = \frac{1}{2} \cdot \frac{3}{4} \cdot \frac{5}{6} \cdot \cdots \cdot \frac{2n-1}{2n} < \frac{1}{\sqrt{2n+1}}$$

2009 年高考山东卷理科第 20 题第(2)问、2009 年高考广东卷理科压轴题第(2)问的左边、2008 年高考福建卷理科压轴题最后一问、2007 年高考重庆卷理科第 21 题第(2)问、1998 年高考全国卷文、理科压轴题第(2)问、1985 年高考上海理科卷第 8 题这七道高考题就是分别要证明(本文中的 $n \in \mathbf{N}^*$)

$$\frac{3}{2} \cdot \frac{5}{4} \cdot \cdots \cdot \frac{2n+1}{2n} > \sqrt{n+1} \qquad ①$$

$$\frac{1 \cdot 3 \cdot 5 \cdot \cdots \cdot (2n-1)}{2 \cdot 4 \cdot 6 \cdot \cdots \cdot (2n)} < \frac{1}{\sqrt{2n+1}} \qquad ②$$

$$\frac{3}{2} \cdot \frac{6}{5} \cdot \cdots \cdot \frac{3n}{3n-1} > \sqrt[3]{\frac{3n+2}{2}} \qquad ③$$

$$\frac{2}{1} \cdot \frac{4}{3} \cdot \cdots \cdot \frac{2n}{2n-1} > \sqrt{2n+1} \qquad ④$$

$$\frac{2}{1} \cdot \frac{5}{4} \cdot \cdots \cdot \frac{3n-1}{3n-2} > \sqrt[3]{3n+1} \qquad ⑤$$

$$\frac{4}{3} \cdot \frac{6}{5} \cdot \cdots \cdot \frac{2n}{2n-1} > \frac{\sqrt{2n+1}}{2} \qquad ⑥$$

下面用构造对偶式的方法给出不等式①~⑥的简捷证明(因为②④⑥等价,所以只证①②③⑤):

①的证明:设 $A = \frac{3}{2} \cdot \frac{5}{4} \cdot \cdots \cdot \frac{2n+1}{2n}, B = \frac{4}{3} \cdot \frac{6}{5} \cdot \cdots \cdot \frac{2n+2}{2n+1}$,得

$$AB = \frac{3}{2} \cdot \frac{4}{3} \cdot \frac{5}{4} \cdot \frac{6}{5} \cdot \cdots \cdot \frac{2n+1}{2n} \cdot \frac{2n+2}{2n+1} = \frac{2n+2}{2} = n+1$$

因为 $A > B > 0$,所以 $A^2 > AB = n+1, A > \sqrt{n+1}$,得欲证结论成立.

注 (1)由该证明还可得 $B^2 < AB = n+1, B < \sqrt{n+1}$.

(2)设 $A = \frac{3}{2} \cdot \frac{5}{4} \cdot \cdots \cdot \frac{2n+1}{2n}, C = \frac{2}{1} \cdot \frac{4}{3} \cdot \cdots \cdot \frac{2n}{2n-1}$,得 $AC = 2n+1$. 由 $0 < A < C$,得 $A < \sqrt{2n+1} < C$,所以欲证结论成立.

(3)对于不等式①②③⑤,读者均可像(1)(2)这样研究.

②的证明:设 $A = \dfrac{1 \cdot 3 \cdot 5 \cdot \cdots \cdot (2n-1)}{2 \cdot 4 \cdot 6 \cdot \cdots \cdot (2n)}$,$B = \dfrac{2 \cdot 4 \cdot 6 \cdot \cdots \cdot (2n)}{3 \cdot 5 \cdot 7 \cdot \cdots \cdot (2n+1)}$,得 $AB = \dfrac{1}{2n+1}$. 由 $0 < A < B$,得 $A < \dfrac{1}{\sqrt{2n+1}}$,所以欲证结论成立.

③的证明:设 $A = \dfrac{3}{2} \cdot \dfrac{6}{5} \cdot \cdots \cdot \dfrac{3n}{3n-1}$,$B = \dfrac{4}{3} \cdot \dfrac{7}{6} \cdot \cdots \cdot \dfrac{3n+1}{3n}$,$C = \dfrac{5}{4} \cdot \dfrac{8}{7} \cdot \cdots \cdot \dfrac{3n+2}{3n+1}$,得 $ABC = \dfrac{3n+2}{2}$. 由 $A > B > C > 0$,得 $A > \sqrt[3]{\dfrac{3n+2}{2}}$,所以欲证结论成立.

⑤的证明:设 $A = \dfrac{2}{1} \cdot \dfrac{5}{4} \cdot \cdots \cdot \dfrac{3n-1}{3n-2}$,$B = \dfrac{3}{2} \cdot \dfrac{6}{5} \cdot \cdots \cdot \dfrac{3n}{3n-1}$,$C = \dfrac{4}{3} \cdot \dfrac{7}{6} \cdot \cdots \cdot \dfrac{3n+1}{3n}$,得 $ABC = 3n+1$. 由 $A > B > C > 0$,得 $A > \sqrt[3]{3n+1}$,所以欲证结论成立.

众所周知,不等式的证法变化无穷,深不可测,而构造对偶式也是一种可以掌握的技巧.

题32 (2012年全国高中数学联赛湖南赛区预赛试题第16题)设$\{a_n\}$是正项递增的等差数列,证明:

(1)对任意的 $k, l \in \mathbf{N}^*$,当 $l > k \geq 2$ 时,不等式 $\dfrac{a_{l+1}}{a_{k+1}} < \dfrac{a_l}{a_k} < \dfrac{a_{l-1}}{a_{k-1}}$ 成立;

(2)对任意的 $k \in \mathbf{N}^*$,当 $k \geq 2$ 时,不等式 $\sqrt[k]{\dfrac{a_{2013k+1}}{a_{k+1}}} < \prod\limits_{n=1}^{2012} \dfrac{a_{nk+2}}{a_{nk+1}} < \sqrt[k]{\dfrac{a_{2012k+2}}{a_2}}$ 成立.

证明 (1)由数列$\{a_n\}$的公差 $d > 0$,$a_l > a_k > 0$ 及"糖水不等式",可得

$$\frac{a_{l+1}}{a_{k+1}} = \frac{a_l + d}{a_k + d} < \frac{a_l}{a_k} < \frac{a_l - d}{a_k - d} = \frac{a_{l-1}}{a_{k-1}}.$$

所以欲证结论成立.

(2)由(1)的结论及题设,可得

$$\frac{a_{2012k+2}}{a_{2012k+1}} < \frac{a_{2012k+1}}{a_{2012k}} < \frac{a_{2012k}}{a_{2012k-1}}.$$

构造对偶式

$$A_1 = \frac{a_{k+2}}{a_{k+1}} \cdot \frac{a_{2k+2}}{a_{2k+1}} \cdot \frac{a_{3k+2}}{a_{3k+1}} \cdot \cdots \cdot \frac{a_{2012k+2}}{a_{2012k+1}},$$

$$A_2 = \frac{a_{k+3}}{a_{k+2}} \cdot \frac{a_{2k+3}}{a_{2k+2}} \cdot \frac{a_{3k+3}}{a_{3k+2}} \cdot \cdots \cdot \frac{a_{2012k+3}}{a_{2012k+2}}$$

$$A_3 = \frac{a_{k+4}}{a_{k+3}} \cdot \frac{a_{2k+4}}{a_{2k+3}} \cdot \frac{a_{3k+4}}{a_{3k+3}} \cdot \cdots \cdot \frac{a_{2012k+4}}{a_{2012k+3}}$$

$$\vdots$$

$$A_k = \frac{a_{2k+1}}{a_{2k}} \cdot \frac{a_{3k+1}}{a_{3k}} \cdot \frac{a_{4k+1}}{a_{4k}} \cdot \cdots \cdot \frac{a_{2013k+1}}{a_{2013k}}$$

可得 $A_1 > A_2 > A_3 > \cdots > A_k > 0$，所以 $A_1^k > A_1 A_2 A_3 \cdots A_k$，$A_1 > \sqrt[k]{A_1 A_2 A_3 \cdots A_k}$，即

$$\sqrt[k]{\frac{a_{2013k+1}}{a_{k+1}}} < \frac{a_{k+2}}{a_{k+1}} \cdot \frac{a_{2k+2}}{a_{2k+1}} \cdot \frac{a_{3k+2}}{a_{3k+1}} \cdot \cdots \cdot \frac{a_{2012k+2}}{a_{2012k+1}} = \prod_{n=1}^{2012} \frac{a_{nk+2}}{a_{nk+1}}$$

再构造对偶式

$$B_1 = \frac{a_{k+2}}{a_{k+1}} \cdot \frac{a_{2k+2}}{a_{2k+1}} \cdot \frac{a_{3k+2}}{a_{3k+1}} \cdot \cdots \cdot \frac{a_{2012k+2}}{a_{2012k+1}}$$

$$B_2 = \frac{a_{k+1}}{a_k} \cdot \frac{a_{2k+1}}{a_{2k}} \cdot \frac{a_{3k+1}}{a_{3k}} \cdot \cdots \cdot \frac{a_{2012k+1}}{a_{2012k}}$$

$$B_3 = \frac{a_k}{a_{k-1}} \cdot \frac{a_{2k}}{a_{2k-1}} \cdot \frac{a_{3k}}{a_{3k-1}} \cdot \cdots \cdot \frac{a_{2012k}}{a_{2012k-1}}$$

$$\vdots$$

$$B_k = \frac{a_3}{a_2} \cdot \frac{a_{k+3}}{a_{k+2}} \cdot \frac{a_{2k+3}}{a_{2k+2}} \cdot \cdots \cdot \frac{a_{2011k+3}}{a_{2011k+2}}$$

可得 $0 < B_1 < B_2 < B_3 < \cdots < B_k$，所以 $B_1^k < B_1 B_2 B_3 \cdots B_k$，$B_1 < \sqrt[k]{B_1 B_2 B_3 \cdots B_k}$，即

$$\prod_{n=1}^{2012} \frac{a_{nk+2}}{a_{nk+1}} = \frac{a_{k+2}}{a_{k+1}} \cdot \frac{a_{2k+2}}{a_{2k+1}} \cdot \frac{a_{3k+2}}{a_{3k+1}} \cdot \cdots \cdot \frac{a_{2012k+2}}{a_{2012k+1}} < \sqrt[k]{\frac{a_{2012k+2}}{a_2}}$$

所以

$$\sqrt[k]{\frac{a_{2013k+1}}{a_{k+1}}} < \prod_{n=1}^{2012} \frac{a_{nk+2}}{a_{nk+1}} < \sqrt[k]{\frac{a_{2012k+2}}{a_2}}$$

题 33 求数列 $\left\{\dfrac{2^{n-1}}{1+x^{2^{n-1}}}\right\}(x \neq 1)$ 的前 100 项和.

解 设

$$A = \frac{1}{1+x} + \frac{2}{1+x^2} + \frac{2^2}{1+x^{2^2}} + \cdots + \frac{2^{99}}{1+x^{2^{99}}}$$

$$B = \frac{1}{1-x} + \frac{2}{1-x^2} + \frac{2^2}{1-x^{2^2}} + \cdots + \frac{2^{99}}{1-x^{2^{99}}}$$

可得

$$A + B = \frac{2}{1-x^2} + \frac{2^2}{1-x^{2^2}} + \cdots + \frac{2^{100}}{1-x^{2^{100}}} = B - \frac{1}{1-x} + \frac{2^{100}}{1-x^{2^{100}}}$$

$$A = \frac{2^{100}}{1-x^{2^{100}}} - \frac{1}{1-x}$$

此即为所求答案.

§6 例谈用升维法解题

题1 设两个三角形的三边长分别为 $\sqrt{a^2+b^2}$, $\sqrt{b^2+c^2}$, $\sqrt{c^2+a^2}$ 和 $\sqrt{p^2+q^2}$, $\sqrt{q^2+r^2}$, $\sqrt{r^2+p^2}$, 若 $a^2b^2 + b^2c^2 + c^2a^2 = p^2q^2 + q^2r^2 + r^2p^2$, 比较这两个三角形面积的大小.

解 在立体几何中可证得结论:若 OA,OB,OC 两两互相垂直,则 $S^2_{\triangle OAB} + S^2_{\triangle OBC} + S^2_{\triangle OCA} = S^2_{\triangle ABC}$.

由此可得两个三角形的面积相等.

题2 求证:正三角形内切圆上任一点到该三角形三个顶点距离的平方和是定值.

解 如图1所示,可设正 $\triangle ABC$ 是正三棱锥 $O-ABC$ ($OA = OB = OC = 1$, OA,OB,OC 两两互相垂直)的底面,建立空间直角坐标系 $O-xyz$, 得 $A(1,0,0)$, $B(0,1,0)$, $C(0,0,1)$.

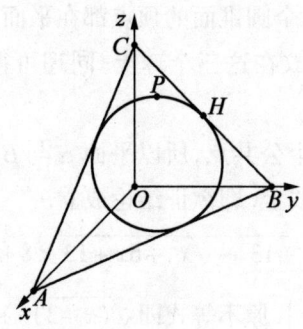

图1

设点 P 是内切圆上任一点,该内切圆与边 BC 切于点 H.

可得正 $\triangle ABC$ 的内切圆是球面 $x^2+y^2+z^2=\dfrac{1}{2}$(因为 $OP=OH=\dfrac{BC}{2}=\dfrac{\sqrt{2}}{2}$)与平面 $x+y+z=1$ 的交线,所以

$$PA^2+PB^2+PC^2$$
$$=[(x-1)^2+y^2+z^2]+[x^2+(y-1)^2+z^2]+[x^2+y^2+(z-1)^2]$$
$$=3(x^2+y^2+z^2)-2(x+y+z)+3=\dfrac{5}{2}$$

得欲证结论成立.

题 3 如图 2 所示,在同一平面上的三个圆两两外离且半径两两不等,则每两个圆的外公切线都相交于一点,求证:这三个交点共线.

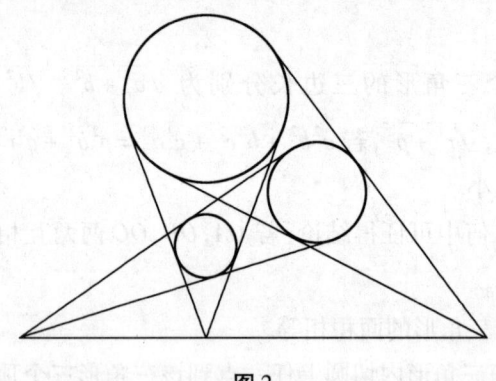

图 2

证明 如图 2 所示,把这三个圆看作是放在平面 α 上的三个球的正投影,而这三个球中每两个球可确定一个圆锥面,每两个圆的两条外公切线就成了圆锥面的两条母线的正投影,外公切线的交点就是圆锥面的顶点.由于这个圆锥面躺在平面 α 上,所以这三个圆锥面的顶点都在平面 α 内.

另取一个平面 β,把它放在这三个球上.同理可得这三个圆锥面的顶点都在平面 β 内.

因为平面 α 与 β 有三个公共点,所以平面 α 与 β 相交,得这三个圆锥面的顶点都在平面 α 与 β 的交线上.即欲证结论成立.

题 4 不等式 $\sqrt{x^2-6x+13}+\sqrt{x^2+6x+13}<8$ 的解集是_____.

解 $\left(-\dfrac{4}{7}\sqrt{21},\dfrac{4}{7}\sqrt{21}\right)$.原不等式即 $\sqrt{(x+3)^2+2^2}+\sqrt{(x-3)^2+2^2}<8$.

由椭圆的定义可得,曲线 $\sqrt{(x+3)^2+y^2}+\sqrt{(x-3)^2+y^2}=8$ 即椭圆 $\frac{x^2}{16}+\frac{y^2}{7}=1$,所以二元不等式 $\sqrt{(x+3)^2+y^2}+\sqrt{(x-3)^2+y^2}<8$ 的解集即椭圆 $\frac{x^2}{16}+\frac{y^2}{7}=1$ 内的点集.

在此结论中,令 $y=2$ 后,便可得答案.

题 5 设 $x,y\in \mathbf{R}_+$,且 $x+2y=3$,求 $\frac{1}{x^3}+\frac{2}{y^3}$ 的最小值.

解 我们先解决下面的问题:

设 $a,b,c\in \mathbf{R}_+$,且 $a+b+c=3$,求 $\frac{1}{a^3}+\frac{1}{b^3}+\frac{1}{c^3}$ 的最小值.

由三元均值不等式,可得

$$\frac{1}{a^3}+1+1\geqslant \frac{3}{a}, \frac{1}{b^3}+1+1\geqslant \frac{3}{b}, \frac{1}{c^3}+1+1\geqslant \frac{3}{c}$$

所以

$$\frac{1}{a^3}+\frac{1}{b^3}+\frac{1}{c^3}+6\geqslant 3\left(\frac{1}{a}+\frac{1}{b}+\frac{1}{c}\right)=(a+b+c)\left(\frac{1}{a}+\frac{1}{b}+\frac{1}{c}\right)\geqslant 9$$

进而可得,当且仅当 $a=b=c=1$ 时,$\left(\frac{1}{a^3}+\frac{1}{b^3}+\frac{1}{c^3}\right)_{\min}=3$.

在得到的这个结论中,令 $a=x,b=c=y$ 后,可得原题的答案是 3.

§7 用"算两次"来解题

列方程解应用题,全日制普通高级中学教科书(必修)《数学·第二册(下A)》及《数学·第二册(下B)》(人民教育出版社,2006 年)中对欧拉公式 $V+F-E=2$ 的证法,都是"算两次".

本节将举例说明如何用"算两次"的方法来解题.

1. 用"算两次"解决平面几何问题

题 1 如图 1 所示,已知圆 O_1 与圆 O_2 外切,它们的半径分别为 r_1,r_2;这两圆的外公切线 EF 切圆 O_1 于 E,切圆 O_2 于 F;圆 O 与圆 O_1、圆 O_2 及直线 EF 均相切.求证:圆 O 的半径 r 满足 $\frac{1}{\sqrt{r}}=\frac{1}{\sqrt{r_1}}+\frac{1}{\sqrt{r_2}}$.

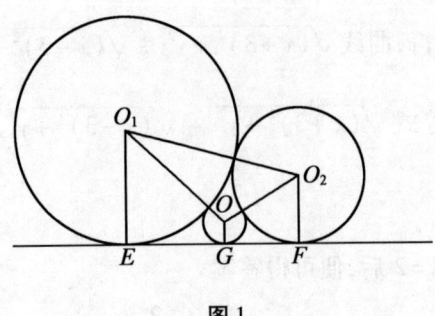

图 1

证明 在图 1 中,设圆 O 与直线 EF 相切于点 G.
由题设,可得 $O_1O_2 = r_1 + r_2, O_1O = r_1 + r, OO_2 = r + r_2$.
在图 2 中,过点 O_2 作直线 $O_2E' /\!/ FE$,交 O_1E 于点 E'.

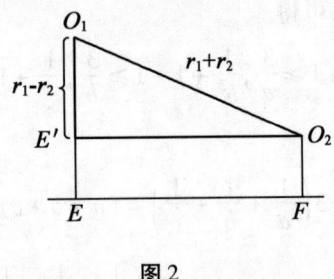

图 2

可得
$$O_1E' = r_1 - r_2$$
$$EF = O_2E' = \sqrt{(r_1+r_2)^2 - (r_1-r_2)^2} = 2\sqrt{r_1 r_2} \qquad ①$$

下面再用另一种方法计算 EF
$$EF = EG + GF \qquad ②$$

同①可得
$$EG = 2\sqrt{r_1 r},\ GF = 2\sqrt{r r_2} \qquad ③$$

把①③代入②,得
$$2\sqrt{r_1 r_2} = 2\sqrt{r_1 r} + 2\sqrt{r r_2}$$
$$\frac{1}{\sqrt{r}} = \frac{1}{\sqrt{r_1}} + \frac{1}{\sqrt{r_2}}$$

题 2 已知直线 l 过 $\triangle ABC$ 的重心 G,与边 AB, AC 分别相交于点 B_1, C_1,且 $\dfrac{AB_1}{AB} = \lambda, \dfrac{AC_1}{AC} = \mu$,求证:$\dfrac{1}{\lambda} + \dfrac{1}{\mu} = 3$.

证明 如图 3 所示,延长 AG 交 BC 于点 D,得点 D 是 BC 的中点.

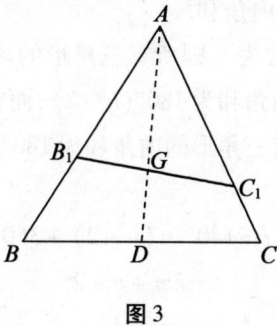

图 3

可得

$$\frac{S_{\triangle AB_1C_1}}{S_{\triangle ABC}} = \frac{AB_1 \cdot AC_1}{AB \cdot AC} = \lambda\mu \qquad ①$$

还可得

$$\frac{S_{\triangle AB_1G}}{S_{\triangle ABC}} = \frac{S_{\triangle AB_1G}}{2S_{\triangle ABD}} = \frac{AB_1 \cdot AG}{2AB \cdot AD} = \frac{\lambda}{3}$$

$$\frac{S_{\triangle AC_1G}}{S_{\triangle ABC}} = \frac{\mu}{3}$$

$$\frac{S_{\triangle AB_1C_1}}{S_{\triangle ABC}} = \frac{S_{\triangle AB_1G}}{S_{\triangle ABC}} + \frac{S_{\triangle AC_1G}}{S_{\triangle ABC}} = \frac{\lambda}{3} + \frac{\mu}{3} = \frac{\lambda+\mu}{3}$$

再由①,得

$$\lambda\mu = \frac{\lambda+\mu}{3}$$

$$\frac{1}{\lambda} + \frac{1}{\mu} = 3$$

题 3 在凸 n 边形内任取 m 个点,以任意的方式作一些线段,联结这些点及该多边形的顶点,使得每两条线段的内部没有公共点,并且该多边形被分成若干个三角形. 这样的过程称为三角剖分,比如图 4 就是一种三角剖分.

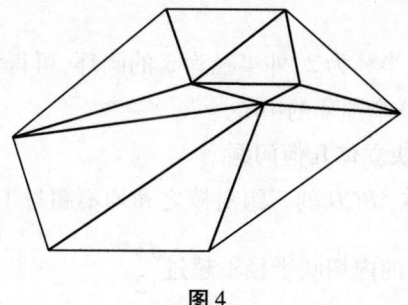

图 4

请问一共有多少个(内部不含已知点的)三角形?

解 考虑所有三角形的内角和.

一方面,若三角形的个数为 t,则所有三角形的内角和为 $180°\cdot t$.

另一方面,凸 n 边形的内角和为 $180°(n-2)$,而在已取的 m 个点处,各角的和组成 $360°$ 的周角,所以所有三角形的内角和为 $180°(n-2)+360°\cdot m$.

所以
$$180°\cdot t = 180°\cdot(n-2)+360°\cdot m$$
$$t = 2m+n-2$$

即所求答案为 $2m+n-2$.

题4 已知点 D,E,F 分别在 $\triangle ABC$ 的边 BC,CA,AB 上,求证:$S_{\triangle AEF}$,$S_{\triangle BFD}$,$S_{\triangle CDE}$ 中至少有一个不大于 $\frac{1}{4}S_{\triangle ABC}$.

证明 设 $\frac{BD}{BC}=\lambda, \frac{CE}{CA}=\mu, \frac{AF}{AB}=\nu$,可得

$$\frac{S_{\triangle AEF}}{S_{\triangle ABC}}=\nu(1-\mu), \frac{S_{\triangle BFD}}{S_{\triangle ABC}}=\lambda(1-\nu), \frac{S_{\triangle CDE}}{S_{\triangle ABC}}=\mu(1-\lambda)$$

$$\frac{S_{\triangle AEF}}{S_{\triangle ABC}}\cdot\frac{S_{\triangle BFD}}{S_{\triangle ABC}}\cdot\frac{S_{\triangle CDE}}{S_{\triangle ABC}}=\lambda(1-\lambda)\cdot\mu(1-\mu)\cdot\nu(1-\nu)\leq\left(\frac{1}{4}\right)^3$$

所以欲证结论成立.

题5 在半径为 16 的圆中有 650 个红点,求证:存在一个内半径为 2、外半径为 3 的圆环,其中至少含有 10 个红点.

证明 以每个红点为圆心,作内半径为 2、外半径为 3 的圆环,这些圆环的面积之和为 $650\pi(3^2-2^2)$.

这些圆环均在以已知圆为圆心、半径为 $16+3=19$ 的圆内或圆上,该圆的面积为 $19^2\pi$.

因为 $\frac{650\pi(3^2-2^2)}{19^2\pi}>9$,所以在这个半径为 19 的圆内,一个点 A 至少被 10 个圆环所覆盖.

以点 A 为中心,内半径为 2、外半径为 3 的圆环,可得该圆环内至少含有 10 个红点,它们是上述 10 个圆环的中心.

2. 用"算两次"解决立体几何问题

题6 已知四面体 $ABCD$ 的三组对棱之和均不超过 1,求证:该四面体的四个面中,至少有一个面的内切圆半径不超过 $\frac{\sqrt{3}}{12}$.

证明 设一个三角形的三边长分别是 a,b,c,半周长、内切圆半径分别是 s,r.

由海伦公式,可得该三角形的面积为
$$rs = \sqrt{s(s-a)(s-b)(s-c)}$$

$$r = \frac{1}{\sqrt{s}} \cdot \sqrt{(s-a)(s-b)(s-c)} \leq \frac{1}{\sqrt{s}} \cdot \sqrt{\left(\frac{s-a+s-b+s-c}{3}\right)^3} = \frac{s}{3\sqrt{3}}$$

得
$$s \geq 3\sqrt{3}\, r \qquad\qquad\qquad ①$$

设四面体 $ABCD$ 的四个面的内切圆半径分别是 r_1,r_2,r_3,r_4,半周长分别是 s_1,s_2,s_3,s_4,得
$$2(s_1+s_2+s_3+s_4) = 2(AB+CD+BC+AD+CA+BD) \leq 2 \cdot 3$$
$$s_1+s_2+s_3+s_4 \leq 3$$

再由式①,得
$$r_1+r_2+r_3+r_4 \leq \frac{1}{\sqrt{3}}$$

所以 r_1,r_2,r_3,r_4 中至少有一个不超过 $\dfrac{1}{4\sqrt{3}} = \dfrac{\sqrt{3}}{12}$.

题7 把一个正方体的每个顶点均表示为 1 或 -1,每个面上标一个数,但该数是这个面的 4 个顶点处的数的积. 请问 8 个顶点和 6 个面上的 14 个数之和能否为 0?

解 考虑这 14 个数之积 S.

将每个面所标的数写成该面 4 个顶点处的数的积. 这样,在 S 中,每个顶点处所标的数将作为因数出现 4 次(因为过每个顶点有 3 个面),所以 $S = 1^8 = 1$.

因为 14 个数的积 S 为 1,所以这 14 个数(为 1 或 -1)中 -1 的个数为偶数.

得 -1 的个数不为 7,所以这 14 个数之和不能为 0.

3. 用"算两次"解决不等式问题

题8 已知 $a,b \in (0,1)$,求证
$$\sqrt{a^2+b^2} + \sqrt{a^2+(1-b)^2} + \sqrt{(1-a)^2+b^2} + \sqrt{(1-a)^2+(1-b)^2} \geq 2\sqrt{2}$$

证明 由图 5(四边形 $ABCD$ 是正方形)可证

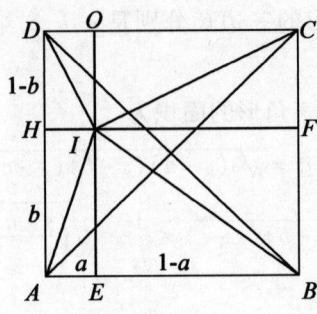

图 5

$$\sqrt{a^2+b^2}+\sqrt{a^2+(1-b)^2}+\sqrt{(1-a)^2+b^2}+\sqrt{(1-a)^2+(1-b)^2}$$
$$=AI+CI+BI+DI\geqslant AC+BD=2\sqrt{2}$$

题 9 已知 $0<x<y<z<\dfrac{\pi}{2}$,求证

$$\frac{\pi}{2}+2\sin x\cos y+2\sin y\cos z>\sin 2x+\sin 2y+\sin 2z$$

证法 1

$\sin 2x+\sin 2y+\sin 2z-2\sin x\cos y-2\sin y\cos z$

$=\dfrac{1}{2}(\sin 2x+\sin 2y)+\dfrac{1}{2}(\sin 2y+\sin 2z)+\dfrac{1}{2}(\sin 2z+\sin 2x)-$

$\quad 2\sin x\cos y-2\sin y\cos z$

$<\sin(x+y)\cos(x-y)+\sin(y+z)\cos(y-z)+\sin(z+x)\cos(z-x)-$

$\quad 2\sin x\cos y\cos(x-y)-2\sin y\cos z\cos(y-z)$

$=\sin(y-x)\cos(x-y)+\sin(z-y)\cos(y-z)+\sin(z+x)\cos(z-x)$

$=\sin(z-x)\cos(2y-x-z)+\sin(z+x)\cos(z-x)$

$\leqslant \sin(z-x)+\cos(z-x)$

$\leqslant \sqrt{2}$

由此可得欲证结论成立.

证法 2 如图 6 所示,在平面直角坐标系 XOY 中,以坐标原点 O 为圆心、1 为半径作半圆(该半圆与 Y 轴的左侧无公共点).

设 $D(1,0)$,作 $\angle DOA=x$,$\angle DOB=y$,$\angle DOC=z$,且点 A,B,C 均在半圆上,并且均在第一象限.

再作 Y 轴的平行线 AA',BB',CC' 分别交半圆于点 A',B',C',过点 A,A',B,B',C,C' 作 X 轴的平行线后可得矩形 $AA'A_2A_1$,$BB'B_2B_1$,$CC'C_2C_1$.

可得 $A(\cos x, \sin x), B(\cos y, \sin y), C(\cos z, \sin z)$，所以

$$S_{\text{矩形}AA'A_2A_1} = 2\sin x(\cos x - \cos y) = \sin 2x - 2\sin x\cos y$$

$$S_{\text{矩形}BB'B_2B_1} = 2\sin y(\cos y - \cos z) = \sin 2y - 2\sin y\cos z$$

$$S_{\text{矩形}CC'C_2C_1} = 2\sin z\cos z = \sin 2z$$

$$S_{\text{半圆}} = \frac{\pi}{2}$$

再由 $S_{\text{矩形}AA'A_2A_1} + S_{\text{矩形}BB'B_2B_1} + S_{\text{矩形}CC'C_2C_1} < S_{\text{半圆}}$，可得欲证结论成立.

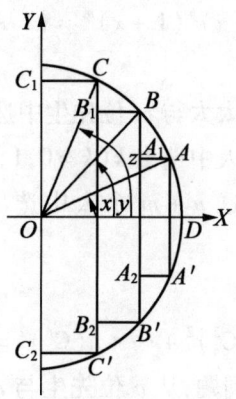

图 6

4. 用"算两次"解决排列组合问题

题 10 求证：$C_{2n}^n < 4^n (n \in \mathbf{N}^*)$.

证明 因为 $2n$ 元集合 $\{a_1, a_2, \cdots, a_{2n}\}$ 的子集共 2^{2n} 即 4^n 个，而其中的 n 元子集是 C_{2n}^n 个，所以欲证结论成立.

题 11 求证：任意 $r(r \in \mathbf{N}^*)$ 个连续正整数之积能被 $r!$ 整除.

证明 因为当正整数 $n \geq r$ 时，$C_n^r = \dfrac{n(n-1)(n-2)\cdots(n-r+1)}{r!}$ 是正整数，所以欲证结论成立.

题 12 求证：若 $m, n \in \mathbf{N}^*, m \leq n$，则 $\sum\limits_{k=0}^{n-m} C_n^{m+k} C_{m+k}^m = 2^{n-m} C_n^m$.

证明 考虑从 n 个人中选出 m 名正式代表及若干名列席代表的选法（列席代表不限人数，可以为 0）.

一方面，选定正式代表，有 C_n^m 种选法；然后从 $n-m$ 个人中选出若干名列席代表，有 2^{n-m} 种选法，所以共有 $2^{n-m} C_n^m$ 种选法.

另一方面,可以先选出 $m+k(k=0,1,2,\cdots,n-m)$ 个人;然后再从中选出 m 名正式代表,其余的 k 个人为列席代表. 对每个 k,这样的选法有 $C_n^{m+k}C_{m+k}^m$ 种,所以共有 $\sum_{k=0}^{n-m} C_n^{m+k}C_{m+k}^m$ 种选法.

所以欲证结论成立.

题 13 证明范德蒙(Vandermonde)恒等式

$$C_n^0 C_m^r + C_n^1 C_m^{r-1} + C_n^2 C_m^{r-2} + \cdots + C_n^r C_m^0 = C_{n+m}^r (m,n,r \in \mathbf{N})$$

证法 1 考察恒等式 $(1+x)^n(1+x)^m = (1+x)^{n+m}$ 两边展开式中 x^r 的系数,可得欲证结论成立.

证法 2 一方面,从 n 位太太与 m 位先生中选出 r 个人有 C_{n+m}^r 种选法.

另一方面,从这 $n+m$ 个人中选出 $k(k=0,1,2,\cdots,r)$ 位太太与 $r-k$ 位先生有 $C_n^k C_m^{r-k}$ 种选法,所以从这 $n+m$ 个人中选出 r 个人有 $C_n^0 C_m^r + C_n^1 C_m^{r-1} + C_n^2 C_m^{r-2} + \cdots + C_n^r C_m^0$ 种选法.

所以欲证结论成立.

题 14 求证:$(C_n^1)^2 + 2(C_n^2)^2 + \cdots + n(C_n^n)^2 = nC_{2n-1}^{n-1}$.

证明 我们先考虑如下问题:从 n 位先生与 n 位太太中选出 n 个人,要求这 n 个人中有一个是太太且这位太太担任主席,有多少种选法?

一方面,先选一位太太担任主席有 n 种选法,再从其余的 $2n-1$ 个人中选出 $n-1$ 个人有 C_{2n-1}^{n-1} 种选法,所以以上问题的答案是 nC_{2n-1}^{n-1}.

另一方面,对于 $k=1,2,\cdots,n$,从 n 位太太中选出 k 个人,再从这 k 个人选出一位任主席,得 kC_n^k 种选法;从 n 位先生中选出 $n-k$ 个人有 $C_n^{n-k} = C_n^k$ 种选法,所以以上问题的答案是 $(C_n^1)^2 + 2(C_n^2)^2 + \cdots + n(C_n^n)^2$.

所以欲证结论成立.

题 15 将 $1,2,\cdots,10$ 这 10 个数依任意顺序排成一圈,求证:

(1)其中必有三个相邻的数,它们的和不小于 18;

(2)请举出(1)中关于 18 的实例.

解 (1)除 1 以外的 9 个数在圆周上形成 3 组,每组 3 个数在圆周上相邻.

因为这 9 个数之和为 $2+3+4+\cdots+10 = 54$,所以其中必有一组的 3 个数之和不小于 $54 \div 3$ 即 18.

得结论(1)成立.

(2)一个实例如图 7 所示:

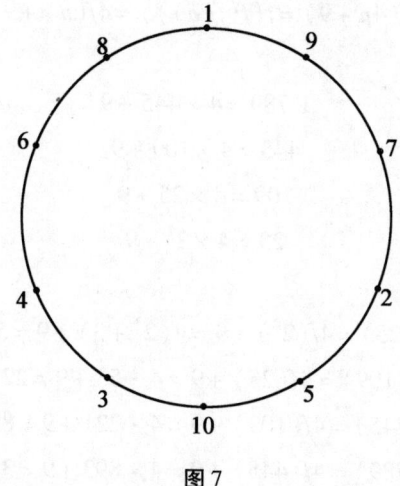

图 7

题 16 把已知的 6 个点中的每两个点之间联结一条线段,再把每条线段染成红色或蓝色.求证:一定有两个以这些点为顶点的三角形,每个三角形的边同色(当然,这两个三角形可以有一条公共边).

证明 我们把三边同色的三角形叫作同色三角形,角的两边同色的角叫作同色角.

设题中的图形中有 x 个同色三角形,得三边不全同色的三角形的个数是 $C_6^3 - x = 20 - x$.

设题中的图形中有 S 个同色.

一方面,每个同色三角形中有 3 个同色角,每个三边不全同色的三角形中的同色角只有 1 个,所以

$$S = 3x + (20 - x) = 2x + 20 \qquad ①$$

另一方面,若从一个顶点引出 r 条红色的边,则以这个顶点为顶点的同色角的个数是 $C_r^2 + C_{5-r}^2 \geq C_3^2 + C_2^2 = 4$,所以

$$S \geq 6 \cdot 4 = 24$$

再由式①,得 $x \geq 2$,即欲证结论成立.

5. 用"算两次"解决函数问题

题 17 已知函数 $f(x)$ 的定义域是 $\mathbf{N}^*$,且满足:

(ⅰ) $\forall n \in \mathbf{N}^*, f(f(n)) = 4n + 9$;

(ⅱ) $\forall k \in \mathbf{N}, f(2^k) = 2^{k+1} + 3$.

求 $f(1\,789)$.

解 由(ⅰ),可得

$$f(4n+9) = f(f(f(n))) = 4f(n)+9 \quad ①$$

由
$$1\,789 = 4 \times 445 + 9$$
$$445 = 4 \times 109 + 9$$
$$109 = 4 \times 25 + 9$$
$$25 = 4 \times 2^2 + 9$$

及①(ⅱ),得
$$f(25) = 4f(2^2) + 9 = 4(2^3+3) + 9 = 53$$
$$f(109) = 4f(25) + 9 = 4 \cdot 53 + 9 = 221$$
$$f(445) = 4f(109) + 9 = 4 \cdot 221 + 9 = 893$$
$$f(1\,789) = 4f(445) + 9 = 4 \cdot 893 + 9 = 3\,581$$

题 18 已知定义在 $[0,1]$ 上的函数 $f(x)$ 满足:

(ⅰ) $f(0) = 0, f(1) = 1$;

(ⅱ) $\forall x, y \in [0,1], x \leqslant y$, 有 $f\left(\dfrac{x+y}{2}\right) = (1-a)f(x) + af(y)$, 其中 $0 < a < 1$.

求 $f\left(\dfrac{1}{7}\right)$.

解 由(ⅱ),可得

$$f\left(\frac{1}{2}\right) = (1-a)f(0) + af(1) = a \quad ①$$

$$f\left(\frac{1}{4}\right) = af\left(\frac{1}{2}\right) = a^2$$

$$f\left(\frac{3}{4}\right) = af\left(\frac{\frac{1}{2}+1}{2}\right) = (1-a)f\left(\frac{1}{2}\right) + af(1) = 2a - a^2$$

由此还可得

$$f\left(\frac{1}{2}\right) = f\left(\frac{\frac{1}{4}+\frac{3}{4}}{2}\right) = \cdots = (1-a)a^2 + a(2a - a^2)$$

再由①,可得

$$a = (1-a)a^2 + a(2a - a^2)$$

$$a(a-1)\left(a - \frac{1}{2}\right) = 0 \quad (0 < a < 1)$$

$$a = \frac{1}{2}$$

又由(ⅱ),得
$$f\left(\frac{x+y}{2}\right)=\frac{1}{2}(f(x)+f(y))$$

令 $y=0$,得 $f\left(\frac{x}{2}\right)=\frac{1}{2}f(x)$,所以

$$f\left(\frac{2}{7}\right)=2f\left(\frac{1}{7}\right), f\left(\frac{4}{7}\right)=2f\left(\frac{2}{7}\right)=4f\left(\frac{1}{7}\right)$$

另一方面,有

$$f\left(\frac{4}{7}\right)=f\left(\frac{\frac{1}{7}+1}{2}\right)=\frac{1}{2}\left(f\left(\frac{1}{7}\right)+1\right)$$

所以 $4f\left(\frac{1}{7}\right)=\frac{1}{2}\left(f\left(\frac{1}{7}\right)+1\right)$,解得 $f\left(\frac{1}{7}\right)=\frac{1}{7}$.

题 19 已知函数 $f:\mathbf{N}^*\to\mathbf{N}^*$ 满足:

(ⅰ)严格递增;

(ⅱ)$\forall m,n\in\mathbf{N}^*, f(mn)=f(m)f(n)$;

(ⅲ)$f(2)=4$.

求 $f(1\,991)$.

解 在(ⅱ)中令 $m=1$ 后可得 $f(1)=1$.

由 $f(1)=1$ 及(ⅲ)知,可设对于不超过正整数 $n(n\geqslant 2)$ 的正整数 x,均有 $f(x)=x^2$.

若 $n+1$ 为合数,设 $n+1=ab$,正整数 $a,b\in(1,n+1)$,得

$$f(n+1)=f(ab)=f(a)f(b)=a^2b^2=(n+1)^2$$

若 $n+1$ 为质数,得 $n+2$ 为合数,可设 $n+2=a'b'$,正整数 $a',b'\in\left[2,\frac{n+2}{2}\right]$.由 $n\geqslant 2$,可得 $\frac{n+2}{2}\leqslant n$,所以正整数 $a',b'\in[2,n]$,得

$$f(n+2)=f(a'b')=f(a')f(b')=a'^2b'^2=(n+2)^2$$

一方面,由(ⅱ)得

$$f^2(n+1)=f((n+1)^2)>f(n(n+2))=f(n)f(n+2)=n^2(n+2)^2$$
$$f(n+1)>n(n+2)$$
$$f(n+1)\geqslant n(n+2)+1$$
$$f(n+1)\geqslant (n+1)^2 \qquad ①$$

另一方面,对于这样确定的正整数 $k>(n+1)^4$,均存在唯一的正整数 $h\in(k\log_n(n+1),k\log_n(n+1)+1)$(因为 $k\log_n(n+1)$ 是无理数),得 $n^{h-1}<(n+$

$1)^k < n^h$,所以:

由(i),得 $f((n+1)^k) < f(n^h)$.

由(ii),可得 $\forall n_1, n_2, \cdots, n_j \in \mathbf{N}^*, f(n_1 n_2 \cdots n_j) = f(n_1)f(n_2)\cdots f(n_j)$. 由此,可得

$$f(n^h) = (f(n))^h = (n^2)^h = n^{2h}$$

由 $n^{h-1} < (n+1)^k$,可得 $n^h < n(n+1)^k < (n+1)^{k+1}$, $n^{2h} < (n+1)^{2k+2}$;再由 $k > (n+1)^4$,得 $n^{2h} < (n+1)^{2k+2} < k(n+1)^{2k-2}$.

由二项式定理,可得

$$k(n+1)^{2k-2} = C_k^1 [(n+1)^2]^{k-1} < [(n+1)^2 + 1]^k$$

所以

$$(f(n+1))^k = f((n+1)^k) < [(n+1)^2 + 1]^k$$
$$f(n+1) < (n+1)^2 + 1$$
$$f(n+1) \leqslant (n+1)^2$$

再由式①,得 $f(n+1) = (n+1)^2$ ($n+1$ 是质数).

无论 $n+1$ 是合数或质数,均有 $f(n+1) = (n+1)^2$.

所以由数学归纳法知,$\forall n \in \mathbf{N}^*, f(n) = n^2$.

因此,$f(1\,991) = 1\,991^2 = 3\,964\,081$.

题20 设 a 是已知的正整数,求函数 $f:\mathbf{N}^* \to \mathbf{R}$,使其满足 $\forall x, y \in \mathbf{N}, xy > a$,均有 $f(x+y) = f(xy - a)$.

解 设 $t \in \mathbf{N}^*$,得

$$\begin{aligned}
f(t) &= f(1(t+a) - a) \\
&= f(1 + (t+a)) \\
&= f((a+1) + t) \\
&= f((a+1)t - a) \\
&= f(((t-1)a + t - 1) + 1) \\
&= f(((t-1)a + t - 1) - a) \\
&= f(((t-2)a + t - 2) + 1) \\
&= \cdots \\
&= f(1 \cdot a + 2) \\
&= f((a+1) + 1) \\
&= f((a+1) - a) \\
&= f(1)
\end{aligned}$$

即所求函数 $f(n)$ ($n \in \mathbf{N}^*$) 是常数函数.

题21 已知 $\mathbf{R}$ 上定义的运算 $\circ$ 满足:

(i) $\forall a \in \mathbf{R}, 0 \circ a = a$;

(ii) $\forall a, b, c \in \mathbf{R}, (a \circ b) \circ c = c \circ (ab) + (a \circ c) + (b \circ c) - 2c$.

求 $(6 \circ 4) \circ 1\,989$.

解 在(ii)中令 $a = 0$,并利用(i),得
$$(b \circ c) = (0 \circ b) \circ c = c \circ 0 + c + (b \circ c) - 2c$$
$$c \circ 0 = c \qquad\qquad ①$$

(请注意:运算 $\circ$ 并不一定满足交换律,所以不能立即由(i)得上式成立.)

再在(ii)中令 $c = 0$,并利用①,得
$$a \circ b = (a \circ b) \circ 0 = ab + a + b$$

所以
$$(6 \circ 4) \circ 1\,989 = 34 \circ 1\,989 = 69\,649$$

题22 已知 $\mathbf{R}$ 上定义的运算 $\circ$ 满足:

(i) $\forall x, y \in \mathbf{R}, (x + y)(x \circ y) = x^2 \circ y^2$;

(ii) $\forall x, y, z \in \mathbf{R}, x \circ y = (x + z) \circ (y + z)$;

(iii) $1 \circ 0 = 1$.

求 $1\,991 \circ 1\,912$.

解 在(ii)中令 $x = y + 1, z = -y$ 后,由(iii)可得 $(y+1) \circ y = 1$.
在(ii)中令 $x = (y+1)^2, z = -y^2$ 后,由(iii)可得 $(y+1)^2 \circ y^2 = (2y+1) \circ 0$.
再在(i)中令 $x = y + 1$ 后,可得 $2y + 1 = (2y+1) \circ 0$,即 $\forall x \in \mathbf{R}, x \circ 0 = x$.
又在(ii)中令 $z = -y$,得 $\forall x, y \in \mathbf{R}, x \circ y = (x-y) \circ 0 = x - y$.
所以 $1\,991 \circ 1\,912 = 1\,991 - 1\,912 = 79$.

题23 已知 $\mathbf{R}$ 上定义的运算 $\circ$ 满足:

(i) $\forall x \in \mathbf{R}, x \circ 0 = 1$;

(ii) $\forall x, y, z \in \mathbf{R}, (x \circ y) \circ z = (z \circ xy) + z$.

求 $31 \circ 32$.

解 在(ii)中令 $y = 0$ 并利用(i),得
$$1 \circ z = 1 + z \qquad\qquad ①$$

一方面,由①,可得
$$(1 \circ y) \circ 1 = (1 + y) \circ 1$$

另一方面,由(ii)及①,可得
$$(1 \circ y) \circ 1 = (1 \circ y) + 1 = (1 + y) + 1$$

所以 $(1+y) \circ 1 = (1+y) + 1$,即

$$x \circ 1 = x + 1 \qquad ②$$

一方面,由②,可得
$$(x \circ y) \circ 1 = (x \circ y) + 1$$

另一方面,由(ⅱ)及①,得
$$(x \circ y) \circ 1 = (1 \circ xy) + 1 = (1 + xy) + 1 = xy + 2$$

所以
$$x \circ y = xy + 1$$

由此,得
$$31 \circ 32 = 31 \cdot 32 + 1 = 993$$

题 24 把同时满足下面两个条件的集合 S 称为"好"集合:

(ⅰ) $0, 1 \in S$;

(ⅱ) 若 $x, y \in S$,则 $x - y, \dfrac{1}{x} \in S$(对于后者还应满足 $x \neq 0$).

求证:若 $a, b \in S$,则:

(1) $a + b \in S$;

(2) $ab \in S$.

证明 (1) 由(ⅰ),(ⅱ)可得 $0 - b \in S$.

再由 $a + b = a - (0 - b)$ 及(ⅱ)可得 $a + b \in S$.

(2) 当 a, b 中有 0 或 1 时,易知 $ab \in S$.

当 a, b 中没有 0 也没有 1 时,可得 $a - 1, \dfrac{1}{a-1}, \dfrac{1}{a(a-1)} \left(= \dfrac{1}{a-1} - \dfrac{1}{a} \right)$, $a^2 - a\,(= a(a-1)), a^2\,(= a^2 - a + a) \in S$.

所以由 $a, b \in S$,得 $(a+b)^2, a^2, b^2 \in S$.

所以 $2ab\,(= (a+b)^2 - a^2 - b^2) \in S, \dfrac{1}{2ab} \in S, \dfrac{1}{ab}\left(= \dfrac{1}{2ab} + \dfrac{1}{2ab} \right) \in S, ab \in S$.

6. 用"算两次"解决其他问题

题 25 求证:不存在一个 11 项的数列,使得该数列连续 5 项的和均为负数且连续 7 项的和均为正数.

证明 假设数列 $a_1, a_2, \cdots, a_{11}$ 满足连续 5 项的和均为负数且连续 7 项的和均为正数.

作出如下 5×7 的数表:

$$\begin{array}{cccccc} a_1 & a_2 & a_3 & a_4 & a_5 & a_6 & a_7 \\ a_2 & a_3 & a_4 & a_5 & a_6 & a_7 & a_8 \\ a_3 & a_4 & a_5 & a_6 & a_7 & a_8 & a_9 \\ a_4 & a_5 & a_6 & a_7 & a_8 & a_9 & a_{10} \\ a_5 & a_6 & a_7 & a_8 & a_9 & a_{10} & a_{11} \end{array}$$

一方面,该数表各行的和为正数,所以总和为正数.

另一方面,该数表各行的和为负数,所以总和为负数.

矛盾!所以欲证结论成立.

题 27 A,B,C,D,E 五个人参加一次考试,这次考试是 7 道判断题,把正确的打"√",错误的打"×";每道题答对的得 1 分,答错的扣 1 分,不答得 0 分. 五个人的答案如表 1 所示. 若 A,B,C,D 各得 2 分,则 E 得多少分?7 道题的正确答案分别是怎样的?

表 1

人 题	A	B	C	D	E
1	√	√		×	√
2	√	×	√	×	√
3	×	√	×		
4	√	√	×	√	
5	×				
6	√	×	×		×
7	√			×	√

解 暂时去掉上表的最后一列.

这时将每一行中的√与×抵消,得出后七行的行和分别为√;×;××;√√;0;×;√.√与×共 8 个. 由于 A,B,C,D,E 各得 2 分,共得 8 分,所以这些符号都是正确答案(各得 1 分),得 1,2,3,4,6,7 的正确答案分别是√,×,×,√,×,√.

再由 A 的答题情况及得分可得第 5 题的答案为√,还可得 E 得 4 分.

题 27 求证:在任意 5 个无理数中,总可以选出 3 个数,使得这 3 个数中的每两个数之和均是无理数.

证明 将这 5 个数用 5 个点来表示,若两个数之和为有理数,就在这两个点之间连一条线.

问题就化为一个图.

从图论的观点来看,就是要证明有 3 个点,两两不相邻(没有线相连),即存在一个由 3 个点组成的"内固集".

若图中有 3 个点 x,y,z,两两有线相连,则 $x+y,y+z,z+x \in \mathbf{Q}$,所以 $x,y,z \in \mathbf{Q}$,但这与题设矛盾!所以图中无三角形. 同理,图中也无五边形(即顺次联结 5 个点,这 5 条边组成的圈).

若有一个点 x 引出的线的条数不小于 3,设 x 与 y,z,u 相连,则 y,z,u 彼此均不相连(否则会产生以 x 为一个顶点的三角形),这 3 个点即为所求.

若每个点至多引出两条线,设点 x 至多与一个点 v 相连,则由于点 y,z,u 不能构成三角形,所以必有两个点,比如 y,z 不相连,得 x,y,z 即为所求.

于是,图中的每个点恰好引出两条线. 由一笔画的理论易知这个图是一个由 5 条边组成的圈. 这与上面所说的矛盾!因而这种情况不会发生.

所以欲证结论成立.

题 28 设一条直线上有 k 个已知点,以其中每一对已知点的连线为直径作圆,并将每个圆染上 n 种颜色中的某一种(k 个已知点不染). 求证:若每两个外切的圆染的颜色均不相同,则 $k \leq 2^n$.

证明 假设 $k > 2^n$,下面证明必有两个外切的圆染的颜色相同.

2^n 启发我们考虑 n 种颜色的集合的全部子集.

对于已知点 A,设集合 M_A 为过点 A 并且在点 A 左侧的那些圆所染颜色的集合.

由 $k > 2^n$ 知,必有两个集合 M_A, M_B 相同. 可不妨设点 B 在点 A 的右侧. 以 AB 为直径的圆在点 B 的左侧,它所染的颜色属于 M_B,因而也属于 M_A.

而在点 A 左侧有一个过点 A 的圆染上了同样的颜色,且这两个圆互相外切.

所以欲证结论成立.

§8 用构造法解题举例

寻找摸得着、看得见的结果的解题方法就是构造法,比如用反证法证明素数的个数无限的方法就是构造法(因为用这种证法可以构造出无限个素数). 因此,构造法是解题的最高境界.

本节将举例说明如何用构造法解题.

1. 构图求解平面几何、立体几何问题

解决平面几何证明问题时往往需要作辅助线,有时需要把正四面体放置在正方体中,这些常用的解题方法都是构造法.

题1 已知点 P 在 $\triangle ABC$ 内,求证:$AB + AC > PB + PC$.

证明 如图1所示,延长 BP 交边 AC 于 D,可得
$$AB + AD > BD = BP + PD$$
$$PD + DC > PC$$

把这两个不等式相加后,可得欲证结论成立.

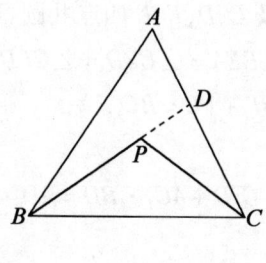

图1

题2 在 $\triangle ABC$ 中,D 是边 AB 的中点,点 E,F 分别在边 AC,BC 上,求证:$S_{\triangle DEF} \leqslant S_{\triangle ADE} + S_{\triangle BDF}$.

证明 如图2所示,作 $\square ACBC_1$,延长 ED 交 BC_1 于 E_1,可得 $\triangle ADE \cong \triangle BDE_1$,所以
$$S_{\triangle DEF} = S_{\triangle DE_1F} \leqslant S_{四边形BFDE_1} = S_{\triangle BDE_1} + S_{\triangle BDF} = S_{\triangle ADE} + S_{\triangle BDF}$$

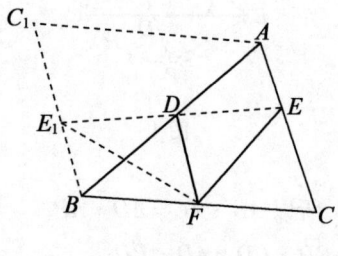

图2

题3 已知 AD 是半圆 $\overset{\frown}{ABCD}$ 所在圆的直径,AC,BD 交于点 E,$EF \perp AD$ 于 F,求证:$AC \cdot BD + AB \cdot CD = AD(BF + FC)$.

证明 如图3所示,作半圆 $\overset{\frown}{ABCD}$ 所在的圆,再作 $CC_1 \perp AD$ 交圆于另一点 C_1;联结 AC_1,FC_1,DC_1,得

$$CF = C_1F, AC = AC_1, CD = C_1D$$

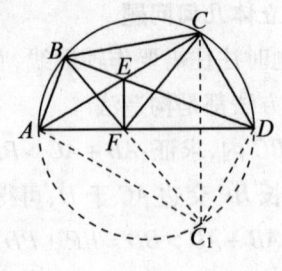

图3

由 A, B, E, F 四点共圆及 C, D, F, E 四点共圆,可得
$$\angle BFA = \angle BEA = \angle CED = \angle CFD = \angle C_1FD$$
所以 B, F, C_1 三点共线,得 $BF + FC = BC_1$.

由托勒密定理,得
$$AB \cdot C_1D + AC_1 \cdot BD = AD \cdot BC_1$$
所以
$$AC \cdot BD + AB \cdot CD = AD(BF + FC)$$

题4 已知 AD 是 $\triangle ABC$ 的角平分线,求证:$AD^2 = AB \cdot AC - BD \cdot CD$.

证明 如图4所示,作 $\triangle ABC$ 的外接圆,延长 AD 交外接圆于 P,联结 BP.

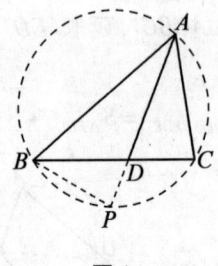

图4

可得 $\triangle ABP \backsim \triangle ADC$,所以 $AB \cdot AC = AD \cdot AP$.

又由相交弦定理,得 $BD \cdot CD = AD \cdot PD$.

把得到的两个等式相减后,可得欲证结论成立.

题5 已知圆内接四边形 $ABCD$ 的对角线交于点 M,求证:$\dfrac{AB \cdot AD}{BC \cdot CD} = \dfrac{AM}{CM}$.

证明 如图5所示,作 $\angle AME = \angle ABC$(点 E 在边 AB 上),联结 CE.

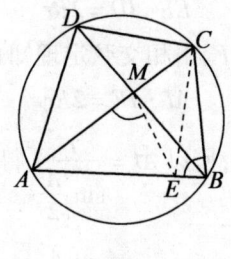

图 5

可得 $\triangle ABC \backsim \triangle AME$,所以

$$\frac{AB}{BC} = \frac{AM}{ME} \qquad ①$$

由 $\angle AME = \angle ABC$ 知,B,C,M,E 四点共圆,所以

$$\angle ACE = \angle ABD = \angle ACD$$

又

$$\angle ADC = 180° - \angle ABC = 180° - \angle AME = \angle EMC$$

所以 $\triangle ADC \backsim \triangle EMC$,得

$$\frac{AD}{CD} = \frac{EM}{CM} \qquad ②$$

由①×②后,即得欲证结论成立.

题 6 (三角形的欧拉公式)求证:设 $\triangle ABC$ 的外心、内心分别为点 O,I,其外接圆、内切圆的半径分别为 R,r. 若 $OI = d$,则 $d^2 = R^2 - 2Rr$.

证法 1 当点 O,I 重合时,$\triangle ABC$ 是正三角形,可得 $R = 2r, d = 0$,所以欲证结论成立.

当点 O,I 不重合时,如图 6 所示,设直线 OI 交外接圆于 D,E 两点,得 $EI = R + d, DI = R - d$.

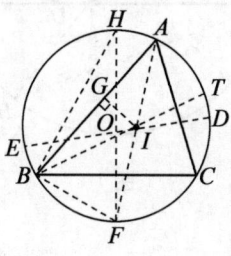

图 6

所以本题即证

$$EI \cdot ID = 2Rr \qquad ①$$

设射线 AI 交外接圆于点 F,由相交弦定理知式①等价于

$$AI \cdot IF = 2Rr \qquad ②$$

作 $IG \perp AB$ 于 G,得 $IG = r$,所以 $AI = \dfrac{r}{\sin\dfrac{A}{2}}$,得式②等价于

$$IF = 2R\sin\dfrac{A}{2} \qquad ③$$

作直径 FOH,联结 BH, BF,得 $BH \perp BF$,所以

$$\angle H = \angle BAF = \dfrac{1}{2}\angle A$$

$$BF = HF\sin\dfrac{A}{2} = 2R\sin\dfrac{A}{2}$$

再由式③知,只需证明 $BF = IF$,即证 $\angle IBF = \angle BIF$,则

$$\angle IBF = \angle IBC + \angle CBF = \dfrac{1}{2}\angle B + \dfrac{1}{2}\angle A = \angle ABI + \angle IAB = \angle BIF$$

所以欲证结论成立.

证法 2 当点 O, I 重合时,$\triangle ABC$ 是正三角形,可得 $R = 2r, d = 0$,所以欲证结论成立.

当点 O, I 不重合时,如图 7 所示,设边 BC 与圆 I 切于点 D,联结 ID;又设直线 OI 交圆 O 于两点 E, F,得 $EI = R + d, FI = R - d$.

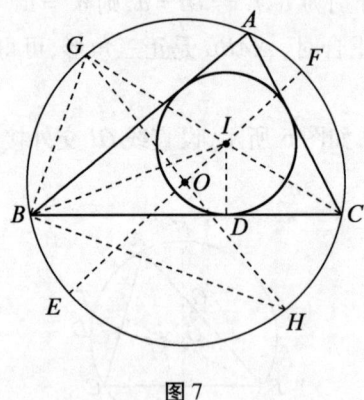

图 7

所以本题即证

$$EI \cdot IF = 2Rr \qquad ④$$

设射线 CI 交圆 O 于点 G,由相交弦定理知式④等价于
$$GI \cdot IC = 2Rr \qquad ⑤$$
设 GO 交圆 O 于点 H,联结 BG, BH. 由 $\angle BCG = \angle H$,可得 Rt$\triangle IDC \backsim$ Rt$\triangle GBH$,所以 $IC \cdot GB = GH \cdot ID = 2Rr$.

由式⑤知,只需证明 $GI = GB$,即证 $\angle GBI = \angle GIB$,则
$$\angle GBI = \angle GBA + \angle ABI = \frac{1}{2}\angle C + \frac{1}{2}\angle B = \angle ICB + \angle IBC = \angle GIB$$
所以欲证结论成立.

题 7 在四面体 A_1ABD 中,A_1A, AB, AD 两两互相垂直,$A_1A = a, AB = b, AD = c$.

(1)求证:点 A,$\triangle A_1BD$ 的重心 M,四面体 A_1ABD 的外接球的球心 O 这三点共线;

(2)求四面体 A_1ABD 的外接球半径.

解 (1)如图 8 所示,可将四面体 A_1ABD 放置于长方体 $ABCD - A_1B_1C_1D_1$ 中,可得四面体 A_1ABD 的外接球就是该长方体的外接球,且球心 O 是体对角线 AC_1 的中点.

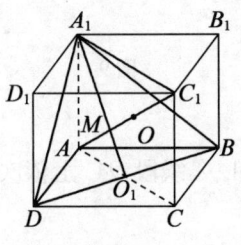

图 8

设 AC, BD 交于点 O_1,可证 A_1O_1, AC_1 的交点就是 $\triangle A_1BD$ 的重心 M(因为在矩形 ACC_1A_1 中可得 $\dfrac{A_1M}{MO_1} = \dfrac{A_1C_1}{AO_1} = 2$).

所以 A, M, O 三点共线 AC_1.

(2)四面体 A_1ABD 的外接球半径为 $\dfrac{AC_1}{2} = \dfrac{1}{2}\sqrt{a^2 + b^2 + c^2}$.

2. 构图解决不等式问题

证明某些不等式时,可以构造出该不等式左、右两边代数式表示的几何意义(图形),进而获证,这就是用构造法证明不等式.我们见到的、创造的不少让

人赏心悦目的"无字证明"就是这方面的典型范例.

题 8 （闵可夫斯基不等式）求证：$\sqrt{a_1^2 + b_1^2} + \sqrt{a_2^2 + b_2^2} + \cdots + \sqrt{a_n^2 + b_n^2} \geq \sqrt{(a_1 + a_2 + \cdots + a_n)^2 + (b_1 + b_2 + \cdots + b_n)^2}$ $(a_1, a_2, \cdots, a_n, b_1, b_2, \cdots, b_n \in \mathbf{R}_+)$，当且仅当 $\dfrac{a_1}{b_1} = \dfrac{a_2}{b_2} = \cdots = \dfrac{a_n}{b_n}$ 时取等号.

证明 由图 9 可证

$$\sqrt{a_1^2 + b_1^2} + \sqrt{a_2^2 + b_2^2} + \cdots + \sqrt{a_n^2 + b_n^2}$$
$$= OA_1 + A_1A_2 + \cdots + A_{n-1}A_n \geq OA_n$$
$$= \sqrt{(a_1 + a_2 + \cdots + a_n)^2 + (b_1 + b_2 + \cdots + b_n)^2}$$

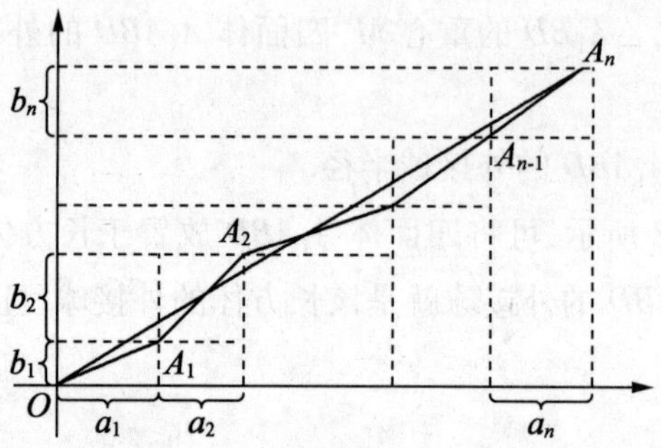

图 9

当且仅当点 $O, A_1, A_2, \cdots, A_n$ 是线段 OA_n 上依次向右的诸点，即 $\dfrac{a_1}{b_1} = \dfrac{a_2}{b_2} = \cdots = \dfrac{a_n}{b_n}$ 时取等号.

题 9 求 $z = (a-b)^2 + \left(\sqrt{2-a^2} - \dfrac{9}{b}\right)^2$ 的最小值.

解 设 $A(a, \sqrt{2-a^2}), B\left(b, \dfrac{9}{b}\right)$，得 $z = |AB|^2$.

点 A 是圆 $x^2 + y^2 = 2$ 上的动点，点 B 是双曲线 $xy = 9$ 上的动点（可证圆与双曲线无公共点，两者均关于直线 $y = x$ 对称）.

如图 10 所示，设圆、双曲线与直线 $y = x$ 在第一象限的交点分别是 $C(1,1), D(3,3)$，再由圆与双曲线的凹凸性可得，$z_{\min} = |CD|^2 = 8$.

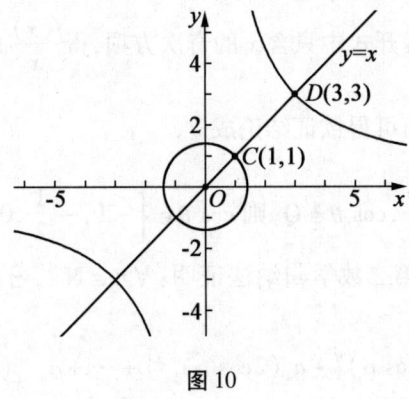

图 10

3. 构造函数或方程

先构造出一元二次方程,再用一元二次方程有实数根的充要条件(判别式的值非负)来解决不等式问题;先构造多项式函数,再用多项式恒等的结论解决相应的问题.这些方法,也都是用构造法来解题.

题 10 若实数 a,b,c 满足 $\begin{cases} a^2-a-bc+1=0 \\ 2a^2-2bc-b-c+2=0 \end{cases}$,求 a 的最小值.

解 可得 $\begin{cases} bc=a^2-a+1 \\ b+c=2a \end{cases}$,所以 b,c 是关于 x 的一元二次方程 $x^2-2ax+a^2-a+1=0$ 的两个实数根,所以

$$\Delta=(-2a)^2-4(a^2-a+1)\geqslant 0$$
$$a\geqslant 1$$

进而可得,当且仅当 $b=c=1$ 时,$a_{\min}=1$.

题 11 设 a,b,c 两两不相等,求证

$$\frac{bc}{(a-b)(a-c)}+\frac{ca}{(b-c)(b-a)}+\frac{ab}{(c-a)(c-b)}=1$$

证明 设

$$f(x)=\frac{(x-b)(x-c)}{(a-b)(a-c)}+\frac{(x-c)(x-a)}{(b-c)(b-a)}+\frac{(x-a)(x-b)}{(c-a)(c-b)}-1$$

可得 $f(a)=f(b)=f(c)=0$.

而多项式函数 $f(x)$ 的次数不会超过 2,所以 $f(x)=0$,得欲证结论成立.

题 12 求证: $\dfrac{(1+\sqrt{1\,990})^{2\,000}-(1-\sqrt{1\,990})^{2\,000}}{\sqrt{1\,990}}\in \mathbf{N}^*$.

证明 设 $f(x)=(1+x)^{2\,000}-(1-x)^{2\,000}$,可得 $f(x)$ 是整系数多项式且是

奇函数,所以 $f(x)$ 的展开式中只含 x 的奇次方项,得 $\dfrac{f(x)}{x}$ 只含 x 的偶次方项,所以 $\dfrac{f(\sqrt{1990})}{\sqrt{1990}} \in \mathbf{Z}$,进而可得欲证结论成立.

题 13 求证:若 $\dfrac{\theta}{\pi}, \cos\theta \in \mathbf{Q}$,则 $\cos\theta \in \left\{-1, -\dfrac{1}{2}, 0, \dfrac{1}{2}, 1\right\}$.

证明 先对 n 用第二数学归纳法证明:$\forall n \in \mathbf{N}^*, \exists a_1, \cdots, a_{n-1}, a_n \in \mathbf{N}^*$,使得
$$2\cos n\alpha = (2\cos\alpha)^n + a_1(2\cos\alpha)^{n-1} + \cdots + a_{n-1}(2\cos\alpha) + a_n$$
当 $n=1,2$ 时均成立
$$2\cos 1\alpha = (2\cos\alpha)^1$$
$$2\cos 2\alpha = (2\cos\alpha)^2 - 2$$
假设 $n=k, k+1$ 时均成立,再由
$$\cos(k+2)\alpha = (2\cos\alpha)\cos(k+1)\alpha - \cos k\alpha$$
可得 $n=k+2$ 时也成立.
所以欲先证的这个结论成立.

可不妨设 $\dfrac{\theta}{\pi} = \dfrac{q}{p}(p \in \mathbf{N}^*, q \in \mathbf{N})$,得
$$2\cos p\theta = 2\cos q\pi = 2(-1)^q$$
所以 $x = 2\cos\theta$ 是关于 x 的首一整系数 p 次方程
$$x^p + b_1 x^{p-1} + \cdots + b_{p-1}x + b_n - 2(-1)^q = 0$$
的有理根即整数根.

又 $2\cos\theta \in [-2,2]$,所以 $\cos\theta \in \left\{-1, -\dfrac{1}{2}, 0, \dfrac{1}{2}, 1\right\}$.

4. 构造答案或反例

要证明某个问题有解,最清楚的证明莫过于给出其一组解;要判断出某个命题是假命题,最清楚的判断莫过于构造出一个反例. 这些也都属于应用构造法解题.

题 14 (1)求证:正有理数均可表示成若干个(至少两个)正有理数的平方和;

(2)设 a,b 是已知的整数,求证:不定方程 $x^2 + y^2 = 2(a^2 + b^2)$ 有整数解;

(3)求证:不定方程 $x^3 + y^3 = z^2 (x < y)$ 有无穷组正整数解;

(4)设已知的整数 $n \geq 2$,求证:方程 $x_1 + x_2 + \cdots + x_n = x_1 x_2 \cdots x_n$ 有正整数解.

(5)求证:不定方程 $x!\cdot y!=z!$ $(x<y<z)$ 有无数组正整数解.

(6)求证:不定方程 $\dfrac{1}{w}+\dfrac{1}{z}=\dfrac{1}{x}+\dfrac{1}{y}$ $(w<x<y<z)$ 有无数组正整数解.

(7)求证:方程 $\sqrt{\sqrt{x_1}-\sqrt{x_1-1}}+\sqrt{\sqrt{x_2}-\sqrt{x_2-1}}+\cdots+\sqrt{\sqrt{x_8}-\sqrt{x_8-1}}=2$ 有正整数解.

(8)给定正整数 n,求证:方程组 $\begin{cases} x_1^2+x_2^2+\cdots+x_n^2=y^3 \\ x_1^3+x_2^3+\cdots+x_n^3=z^2 \end{cases}$ 有正整数解.

证明 (1)可设正有理数是 $\dfrac{q}{p}$ $(p,q\in \mathbf{N}^*,p\geq 2)$,得

$$\dfrac{q}{p}=\dfrac{pq}{p^2}=\underbrace{\left(\dfrac{1}{p}\right)^2+\left(\dfrac{1}{p}\right)^2+\cdots+\left(\dfrac{1}{p}\right)^2}_{pq\text{个}}$$

(2)由恒等式 $(a+b)^2+(a-b)^2=2(a^2+b^2)$ 立知.

(3)由恒等式 $(n^2)^3+(2n^2)^3=(3n^3)^2$ $(n\in \mathbf{N}^*)$ 立知.

(4)可验证其有正整数解 $x_1=n,x_2=2,x_3=\cdots=x_n=1$.

(5)由恒等式 $n!\cdot (n!-1)!=(n!)!$ $(n\in \mathbf{N}^*)$ 可知.($(x,y,z)=(6,7,10)$ 也是该方程的一组解,但不能用上述方法得到)

(6)由下面的恒等式立得

$$\dfrac{1}{2n}+\dfrac{1}{2n(2n+1)}=\dfrac{1}{2n+1}+\dfrac{1}{n(2n+1)}\ (n\in \mathbf{N}^*)$$

(7)当 $x_i=(2i+1)^2$ $(i=1,2,\cdots,8)$ 时,可得

$$\sqrt{\sqrt{x_i}-\sqrt{x_i-1}}=\sqrt{2i+1-2\sqrt{i(i+1)}}=\sqrt{i+1}-\sqrt{i}$$

所以

$$\sqrt{\sqrt{x_1}-\sqrt{x_1-1}}+\sqrt{\sqrt{x_2}-\sqrt{x_2-1}}+\cdots+\sqrt{\sqrt{x_8}-\sqrt{x_8-1}}=\sqrt{9}-\sqrt{1}=2$$

所以原方程有正整数解 $x_i=(2i+1)^2$ $(i=1,2,\cdots,8)$.

(8)该方程组有正整数解 $x_1=x_2=\cdots=x_n=y=n,z=n^2$.

题15 (1)求证:$\forall n\in \mathbf{N}^*$,存在无数个 $k\in \mathbf{N}^*$,使得 n^4+k 是合数.

(2)求证:有无数个正整数 n,使得 $n|2^n+1$.

(3)若一个大于 1 的正整数的标准分解式中每个素数的幂次均大于 1,则称这个正整数为好数.求证:存在无穷多个正整数 a,使得 $a,a+1$ 均是好数.

(4)形如 $\overline{a_1a_2\cdots a_na_1a_2\cdots a_n}$ $(a_1,a_2,\cdots,a_n\in\{0,1,2,\cdots,9\},a_1\neq 0)$ 的数叫作二重数.求证:存在无穷个二重数是完全平方数.

证明 (1)由恒等式

$$n^4+4a^4=(n^2+2a^2)^2-(2an)^2=[(n+a)^2+a^2][(n-a)^2+a^2]$$

可知:$\forall n\in \mathbf{N}^*$,当 $k=4a^4(a\geq 2,a\in \mathbf{N})$时,$n^4+k$ 是合数.

即欲证结论成立.

(2)下面用数学归纳法证明 $3^m\mid 2^{3^m}+1(m\in \mathbf{N}^*)$.

$m=1$ 时成立:$3\mid 2^3+1$.

假设 $m=k$ 时成立,可设 $2^{3^k}=3^k a-1(a\in \mathbf{N}^*)$,得

$$\begin{aligned}2^{3^{k+1}}+1&=(2^{3^k})^3+1^3=(3^k a-1)^3+1^3\\&=3^k a[(3^k a-1)^2-(3^k a-1)+1]\\&=3^{k+1}a(3^{2k-1}a^2-3^k a+1)(a\in \mathbf{N}^*)\end{aligned}$$

所以 $3^{k+1}\mid 2^{3^{k+1}}+1$,即 $m=k+1$ 时也成立.

得欲证结论成立.

(3)设数列 $\{a_n\}$ 由 $a_1=8,a_{n+1}=4a_n(a_n+1)$ 确定,可用数学归纳法证明 $a_n,a_n+1(n\in \mathbf{N}^*)$ 均是好数.

$n=1$ 时成立:$a_1=8=2^3,a_1+1=9=3^2$.

假设 $n=k$ 时成立:a_k,a_k+1 均是好数.

得 $a_{k+1}=4a_k(a_k+1)$ 是好数,且 $a_{k+1}+1=4a_k(a_k+1)+1=(2a_k+1)^2$ 也是好数,即 $n=k+1$ 时也成立.

所以欲证结论成立.

(4)二重数均可表示成 $l(10^n+1)(n\in l(10^n+1)(n\in \mathbf{N}^*,l$ 是 n 位数))的形式.

当 $l=10^n+1$ 时,$l(10^n+1)$ 是完全平方数,但 l 是 $n+1$ 位数,所以需把 l 缩小.

易知 $2^2,3^2,4^2,5^2,6^2$ 均不是 10^n+1 的约数,所以可选

$$l=\frac{10^n+1}{7^2}\cdot 6^2(7^2\mid 10^n+1)$$

即可(因为可证此时 l 是 n 位数,且 $l(10^n+1)=\left(6\cdot\frac{10^n+1}{7}\right)^2$ 是完全平方数).

因为 $10^3+1=7\cdot 143$,所以由二项式定理可得 $7^2\mid[(10^3+1)-1]^7+1$ 即 $7^2\mid 10^{21}+1$,所以

$$7^2\mid 10^{21(2k-1)}+1(k\in \mathbf{N}^*)$$

得二重数 $\left[6\cdot\dfrac{10^{21(2k-1)}+1}{7}\right]^2(k\in \mathbf{N}^*)$ 均是完全平方数.证毕!

(同理可证:二重数 $\left[10\cdot\dfrac{10^{11(2k-1)}+1}{11}\right]^2(k\in \mathbf{N}^*)$ 均是完全平方数.)

题 16 求证:每个整数都可以表示成五个整数的立方和.

证法 1 由以下恒等式立得

$$6n = (n+1)^3 + (n-1)^3 + (-n)^3 + (-n)^3 + 0^3 \ (n \in \mathbf{Z})$$

$$6n+1 = (n+1)^3 + (n-1)^3 + (-n)^3 + (-n)^3 + 1^3 \ (n \in \mathbf{Z})$$

$$6n+2 = 6(n-1) + 2^3 = n^3 + (n-2)^3 + (1-n)^3 + (1-n)^3 + 2^3 \ (n \in \mathbf{Z})$$

$$6n+3 = 6(n-4) + 3^3$$
$$= (n-3)^3 + (n-5)^3 + (4-n)^3 + (4-n)^3 + 3^3 \ (n \in \mathbf{Z})$$

$$6n+4 = 6(n+2) + (-2)^3$$
$$= (n+3)^3 + (n+1)^3 + (-n-2)^3 + (-n-2)^3 + (-2)^3 \ (n \in \mathbf{Z})$$

$$6n+5 = 6(n+1) + (-1)^3$$
$$= (n+2)^3 + n^3 + (-n-1)^3 + (-n-1)^3 + (-1)^3 \ (n \in \mathbf{Z})$$

证法 2 因为 $2 \cdot 3 \mid (n-1)n(n+1) \ (n \in \mathbf{Z})$,所以 $\dfrac{n-n^3}{6} \in \mathbf{Z}$.

再由以下两个恒等式立得欲证结论成立.

$$n = 6 \cdot \frac{n-n^3}{6} + n^3 \ (n \in \mathbf{Z})$$

$$6k = (k+1)^3 + (k-1)^3 + (-k)^3 + (-k)^3 \ (k \in \mathbf{Z})$$

题 17 (1)求证:存在一个由两两不同的正整数组成的无穷数列,使得数列中的每两项之和都不是完全平方数;

(2)给定正奇数 $n \geqslant 3$,求证:存在项数为 n 的公差不为 0 且各项(都是正整数)之积为完全平方数的等差数列.

(3)求证:存在各项都是正整数的无穷递增数列 $\{a_n\}$,使得 $a_1^2 + a_2^2 + \cdots + a_m^2 \ (m \in \mathbf{N}^*)$ 均是完全平方数.

(4)求证:数列 $\{[n\sqrt{2}]\}$ 中有无穷多项是完全平方数(这里 $[x]$ 表示实数 x 的整数部分);

(5)请作出集合 $A = \{1, 2, \cdots, 13\}$ 的 13 个子集,使得每个子集均含 4 个元素,每两个子集恰有一个公共元素,且集合 A 的元素恰在其中 4 个子集中出现.

证明 (1)易证数列 $\{4n+1\}$ 满足题意.

下面再证数列 $\{4^n + 1\}$ 也满足题意.

否则,存在 $i, j \in \mathbf{N}^*$,使得 $4^i + 4^{i+j} = (2^i)^2(4^j + 1)$ 是完全平方数.

由 $((2^i)^2, 4^j+1) = (4^i, 4^j+1) = 1$ 知 $4^j + 1$ 是完全平方数. 但

$$(2^j)^2 < 4^j + 1 < (2^j+1)^2$$

所以 4^j+1 不是完全平方数.

产生矛盾！所以欲证结论成立.

(2)数列 $1\cdot n!,2\cdot n!,3\cdot n!,\cdots,n\cdot n!$ 就满足题设:其积 $(n!)^{n+1}$ 为完全平方数(因为 n 是奇数).

(3)选 $a_1=3$.

假设 $a_1^2+a_2^2+\cdots+a_n^2=(2k+1)^2(k\in \mathbf{N}^*)$(所以 $a_n\leqslant 2k+1$),取 $a_{n+1}=2k^2+2k$(所以 $a_n<a_{n+1}$),可得

$$a_1^2+a_2^2+\cdots+a_{n+1}^2=(2k+1)^2+(2k^2+2k)^2=(2k^2+2k+1)^2$$

所以这样构造出的数列 $\{a_n\}$(其前四项分别是 3,4,12,14 280)满足题意.

(4)佩尔方程 $x^2-2y^2=-1$ 有无穷多组正整数解 $(x,y)=(x_n,y_n)$(且 $\{x_n y_n\}$ 是递增数列),得

$$2y_n^2=x_n^2+1$$
$$(\sqrt{2}x_n y_n)^2=x_n^4+x_n^2$$
$$x_n^2<\sqrt{2}x_n y_n=\sqrt{x_n^2+1}$$

等等…

$$[\sqrt{2}x_n y_n]=x_n^2$$

所以欲证结论成立.

(5)所求的一个答案为:$\{1,2,3,4\},\{1,5,6,7\},\{1,8,9,10\},\{1,11,12,13\},\{2,5,8,11\},\{2,6,9,12\},\{2,7,10,13\},\{3,5,9,13\},\{3,6,10,11\},\{3,7,8,12\},\{4,5,10,12\},\{4,6,8,13\},\{4,7,9,11\}$.

题 18 (1)已知 P 是平面上的一个定点,求证:存在一个凸四边形,使得定点 P 在这个四边形外,且点 P 到该四边形各顶点的距离均相等.

(2)已知 $a,b,c,d\in \mathbf{R}_+$,求证:存在一个三角形的三边长分别是 $\sqrt{b^2+c^2}$,$\sqrt{a^2+b^2+d^2+2ab}$,$\sqrt{a^2+c^2+d^2+2cd}$(并求出该三角形的面积).

(3)给定平面上的 $\triangle ABC$ 及直线 l,求证:存在一条与 l 平行的直线平分该三角形的面积.

(4)求证:存在无穷多个各边长均为正整数的直角三角形,且其中的任意两个都不相似;

(5)求证:对于任意的正整数 $n(n\geqslant 3)$,平面上存在 n 个点,使得任意两个点之间的距离是无理数,而任意三个点是某个面积为有理数的三角形的三个顶点.

(6)求证:任意四面体的三组对棱长之积均可作为某个三角形的三边长.

(7)设某锐角三角形的三边长分别为 a,b,c,求证:存在一个三组对棱长分别为 a,b,c 的四面体,并求出该四面体的体积.

解 (1)由图 11 可证(定点 P 是半圆所在圆的圆心):

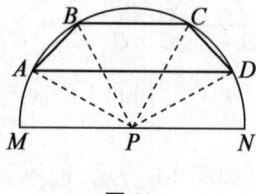

图 11

(2)在图 12 中的矩形 $ABCD$ 中可证得 $\triangle CEF$ 满足题设(由减法还可求得该三角形的面积是 $\frac{1}{2}(ac+bc+bd)$).

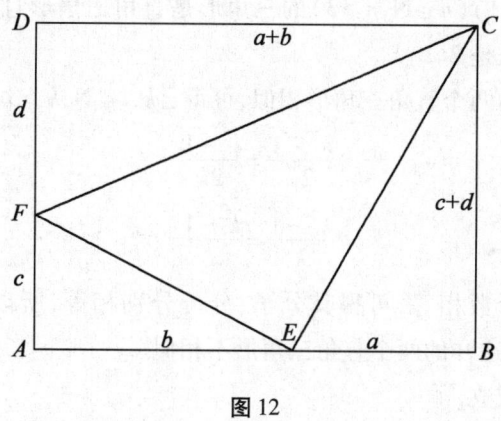

图 12

(3)如图 13 所示,假设符合条件的直线与边 BA,BC 分别交于点 D,E,得

$$S_{\triangle BDE} = \frac{1}{2} S_{\triangle BAC}$$

$$BD \cdot BE = \frac{1}{2} AB \cdot BC \qquad ①$$

在图 13 中,过点 A 作 $AG // l$ 交 BC 于 G,得

$$\frac{BD}{BA} = \frac{BE}{BG}$$

$$AB \cdot BE = BD \cdot BG \qquad ②$$

①×②后,可得 $BE = \sqrt{\frac{1}{2} BG \cdot BC}$.

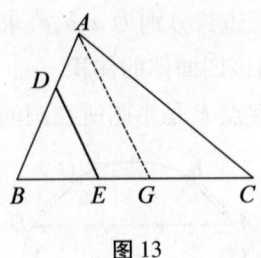

图 13

所以本题的一种作法是：如图 13 所示，过点 A 作 $AG \parallel l$ 交 BC 于 G，在边 BC 上截取 $BE = \sqrt{\dfrac{1}{2}BG \cdot BC}$，再过点 E 作 $ED \parallel l$ 交 AB 于 D，则直线 DE 即为所求.

(4) 由恒等式 $(n^2-1)^2 + (2n)^2 = (n^2+1)^2$ $(n \in \mathbf{N}, n \geqslant 3)$ 知，三边长分别是 $(n^2-1, 2n, n^2+1)$ $(n \in \mathbf{N}, n \geqslant 3)$ 的三角形是直角三角形且其斜边长是 n^2+1，最短的直角边长是 $2n$.

假设有这样的两个直角三角形相似，可得 $\exists k, l \in \mathbf{N}, k \geqslant 3, l \geqslant 3, k \neq l$，使得

$$\frac{k^2-1}{2k} = \frac{l^2-1}{2l}$$

$$\frac{k^2-1}{k} = \frac{l^2-1}{l}$$

这两个既约分数相等，可得其分子、分母分别相等，所以 $k = l$，这与题设 $k \neq l$ 矛盾！所以"这样的两个直角三角形不相似".

得欲证结论成立.

(由恒等式 $(2n^2+2n)^2 + (2n+1)^2 = (2n^2+2n+1)^2$ $(n \in \mathbf{N}^*)$ 也可获证.)

(5) 可在抛物线 $y = x^2$ 上选 n 个点 $P_k(k, k^2)$ $(k = 1, 2, \cdots, n)$，显然其中的任意三个点是某个面积为有理数的三角形的三个顶点（可把该三角形放在最小的矩形（该矩形的边与坐标轴平行或垂直）内，用减法可得该三角形的面积是有理数）.

还可证任意两点 P_i, P_j $(1 \leqslant i < j \leqslant k)$ 之间的距离是无理数

$$|P_i P_j| = \sqrt{(i-j)^2 + (i^2-j^2)^2} = (j-i)\sqrt{(i+j)^2+1}$$

因为 $i+j < \sqrt{(i+j)^2+1} < i+j+1$，所以可得 $|P_i P_j|$ 是无理数.

(6) 如图 14 所示，对于给定的四面体 $ABCD$，在射线 AB, AC, AD 上分别取点 B', C', D'，使得

$$AB' = AC \cdot AD$$

③

$$AC' = AB \cdot AD$$ ④
$$AD' = AB \cdot AC$$

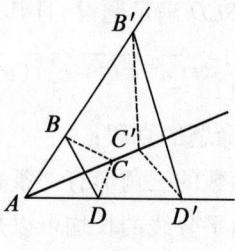

图 14

显然 $\triangle B'C'D'$ 存在,下面证明该三角形满足题设.

由③④,得 $\dfrac{AB'}{AC'} = \dfrac{AC}{AB}$,进而可得 $\triangle ABC \backsim \triangle AC'B'$,所以

$$\dfrac{BC}{C'B'} = \dfrac{AB}{AC'}$$ ⑤

再由⑤,得

$$B'C' = \dfrac{BC}{AB} \cdot AC' = \dfrac{BC}{AB} \cdot AB \cdot AD = BC \cdot AD$$

同理,可得

$$C'D' = CD \cdot AB, \quad B'D' = BD \cdot DC$$

即 $\triangle B'C'D'$ 满足题设. 证毕!

(7) 由题设可得 $\sqrt{a^2+b^2-c^2}$,$\sqrt{a^2+c^2-b^2}$,$\sqrt{b^2+c^2-a^2}$ 均是正数,所以可构造出长、宽、高分别是

$$x = \sqrt{\dfrac{a^2+b^2-c^2}{2}}, \quad y = \sqrt{\dfrac{a^2+c^2-b^2}{2}}, \quad z = \sqrt{\dfrac{b^2+c^2-a^2}{2}}$$

的长方体,如图 15 所示.

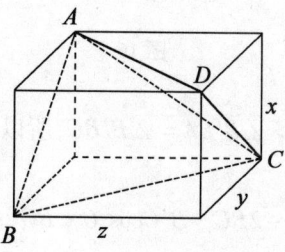

图 15

可得 $AB^2 = CD^2 = x^2 + y^2 = a^2$,所以 $AB = CD = a$.

同理,有 $BC = AD = b, AC = BD = c$.

所以图 15 中的四面体 $ABCD$ 满足题设,且其体积为

$$xyz - 4 \cdot \frac{1}{6}xyz = \frac{1}{3}xyz = \frac{1}{12}\sqrt{(a^2+b^2-c^2)(a^2+c^2-b^2)(b^2+c^2-a^2)}$$

题 19 请判断下面两个命题的真假:

(1)各边长及面积均是整数的三角形有一条高为整数;

(2)任意三角形的三条角平分线的长均可以是某个三角形的三边长.

解 (1)是假命题. 三边长分别为 $13, 40, 45$ 的三角形就是一个反例,由海伦公式可求得其面积是 252,但其三条高 $19\frac{5}{13}, 6\frac{3}{10}, 5\frac{3}{5}$ 均不是整数.

(2)是假命题. 可以构造反例如下:

如图 16 所示,在 $\triangle ABC$ 中,$AB = AC, BC = 1, AA', BB', CC'$ 是 $\triangle ABC$ 的角平分线.

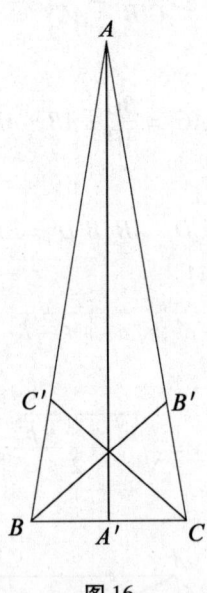

图 16

在 $\triangle B'BC$ 中,$\angle BB'C > \angle B'BA = \angle B'BC$,所以 $B'C < BC = 1$.

由余弦定理,得

$$BB'^2 = BC^2 + B'C^2 - 2BC \cdot B'C\cos C < BC^2 + B'C^2 < 1^2 + 1^2 = 2$$

$$BB' = CC' < \sqrt{2}$$

可选 $AA' \geq 2\sqrt{2} > BB' + CC'$,即此时 $\triangle ABC$ 的三条角平分线 AA', BB', CC'

的长不能是任意一个三角形的三边长.

题20 在首项及公差均是正整数的等差数列 $\{a_n\}$ 中:

(1)求证:若 $\{a_n\}$ 中有一项是完全平方数,则必有无穷项是完全平方数;

(2) $\{a_n\}$ 的项中一定有完全平方数吗?

解 (1)设等差数列 $\{a_n\}$ 的公差是正整数 $d, a_l = m^2 (m \in \mathbf{N}^*)$,则 $\forall k \in \mathbf{N}^*$,有 $a_{l+2km+k^2d}$ 均是完全平方数,即

$$a_{l+2km+k^2d} = a_l + (2km + k^2 d)d = (m + kd)^2$$

所以欲证结论成立.

(2)不一定. $\{n^2\}$ 的各项均是完全平方数; $\{3n-1\}, \{4n+2\}$ 的各项均不是完全平方数.

题21 有一个各项都是实数的 m 项数列,满足任何连续 7 项之和都是负数,任何连续 11 项之和都是正数,求 m 的取值范围.

解 一方面,可得

$$a_1 + 2a_2 + \cdots + 6a_6 + 7a_7 + 7a_8 + 7a_9 + 7a_{10} + 7a_{11} + 6a_{12} + \cdots + 2a_{16} + a_{17}$$
$$= (a_1 + a_2 + \cdots + a_7) + (a_2 + a_3 + \cdots + a_8) + \cdots + (a_{11} + a_{12} + \cdots + a_{17}) < 0$$

另一方面,可得

$$a_1 + 2a_2 + \cdots + 6a_6 + 7a_7 + 7a_8 + 7a_9 + 7a_{10} + 7a_{11} + 6a_{12} + \cdots + 2a_{16} + a_{17}$$
$$= (a_1 + a_2 + \cdots + a_{11}) + (a_2 + a_3 + \cdots + a_{12}) + \cdots + (a_7 + a_8 + \cdots + a_{17}) > 0$$

前后矛盾!所以 $m \neq 17$,进而可得当 $m \geq 17$ 时均不满足题意,所以 $m \leq 16$. 显然 $m \geq 11$.

又下面的 16 项数列满足题意

$$5, 5, -13, 5, 5, 5, -13, 5, 5, -13, 5, 5, 5, -13, 5, 5$$

所以 m 的最大值是 16. 由此数列还可验证:所求 m 的取值范围是 $\{11, 12, 13, 14, 15, 16\}$.

5. 构造操作方法

要说明一件事能办到,可以构造出解法步骤.

题22 有 27 枚外形一样的硬币,已知其中只有一枚假币(假币较轻).求证:用天平称量三次可找出这枚假币.

证明 第一次称量:先把这 27 枚硬币分成 3 组,每组 9 枚;再把其中的两组放入天平两端后,可知假币在哪一组中(若天平平衡,则假币在另一组中;否则,假币在天平两端中轻的一组中).

第二次称量:先把含有假币的这一组的 9 枚硬币分成 3 组,每组 3 枚;再把

其中的两组放入天平两端后,可知假币在哪一组中.

第三次称量:把含有假币的这一组的 3 枚硬币任选两枚放入天平两端后,便可知假币是哪一枚.

6. 构造数字

有时需要对图形赋数后运用数的运算性质来求解问题,这也是一种构造法解题.

题 23 桌上有 m 只茶杯,杯口全部朝上,每次的操作是将其中的 $n(n\leqslant m)$ 只茶杯同时翻转,翻动过的茶杯允许再翻,求证:

(1)当 m 为奇数,n 为偶数时,无论操作多少次,都不可能使杯口都朝下;

(2)当 n 为奇数时,经过有限次操作能使杯口都朝下;

(3)当 m,n 都为偶数时,经过有限次操作能使杯口都朝下.

证明 (1)首先,我们将问题数字化,将杯口朝上的茶杯记为 $+1$,杯口朝下的茶杯记为 -1,这样,每次操作后的状态对应着 m 个由 $+1$ 及 -1 组成的数字.

进一步,我们考察经过 k 次操作后 m 个 $+1$ 的乘积 $f_k(k\geqslant 0)$.

由于 f_{k+1} 等于将 f_k 中的 n 个 ± 1 同时改变符号而得到的值,所以设这 n 个数中有 s 个 $+1$,t 个 $-1(s+t=n)$,则 $f_{k+1}=(-1)^s(-1)^t f_k=(-1)^n f_k=f_k$(因 n 为偶数),从而对所有的 $k\geqslant 0$,恒有 $f_k=1$.

在操作前,杯口都朝上,即 $f_0=1$,从而对所有的 $k\geqslant 0$,均有 $f_k=1$. 而杯口都朝下时,代表茶杯状态的 m 个数都是 -1,它们的积是 $(-1)^m=-1$(因为 m 为奇数),所以无论操作多少次,都不可能使杯口均朝下.

(2)当 n 为奇数时,将茶杯编上号码 $1,2,\cdots,m$,并列出数列

$$1,2,\cdots,m,1,2,\cdots,m,1,2,\cdots,m \qquad ①$$

它是由数列 $1,2,\cdots,m$ 重复 n 次而得到的,共有 mn 个数.

依从左到右的顺序,将①中的每 n 个归入一组(共有 m 组),每次操作使编号在同一组中的 n 个茶杯同时翻转,m 次操作后恰好将①中的 m 组全部翻完. 由于每个号码在①中出现 n 次,所以每只茶杯被翻了 n 次,因为 n 是奇数,所以每只茶杯被翻转成杯口朝下.

(3)如果 m,n 都是偶数,可以设 $m<2n$(如果 $m\geqslant 2n$,可以先作若干次操作,使杯口朝上的茶杯少于 $2n$ 只). 由于 m,n 都是偶数,所以 $m-n=2k(k\geqslant 0)$.

第一次操作将 n 只茶杯翻成杯口朝下,剩下 $2k$ 只杯口朝上,然后在 n 只杯

口朝下的茶杯中取 $n-k$ 只,将它们与 k 只杯口朝上的茶杯同时翻转.经过这次操作,剩下 $(n-k)+k=n$ 只茶杯的杯口朝上.再作一次操作使它们全部变成杯口朝下.

注 2011年上海交通大学自主招生的一道面试题"4 个杯子口朝上,每次翻3个,有没有可能全部朝下?"是本题第(2)问的特例.

§9 一样的情境,不一样的解答

1. 在函数中的例子

题1 (1)若定义在区间 $(1,2)$ 上的函数 $f(x)=\dfrac{e^x}{2x^2+a}$ 不单调,求实数 a 的取值范围;

(2)若函数 $f(x)=\dfrac{e^x}{2x^2+a}$ 在区间 $(1,2)$ 上不单调,求实数 a 的取值范围.

解 得 $f'(x)=\dfrac{e^x}{(2x^2+a)^2}(2x^2-4x+a)$.

(1)若定义在区间 $(1,2)$ 上的函数 $f(x)=\dfrac{e^x}{2x^2+a}$ 单调,得当 $x\in(1,2)$ 时,"$f'(x)\geqslant 0$ 恒成立或 $f'(x)\leqslant 0$ 恒成立",即"$a\geqslant 4x-2x^2$ 恒成立或 $a\leqslant 4x-2x^2$ 恒成立",得 $a\geqslant 2$ 或 $a\leqslant 0$.所以所求实数 a 的取值范围是 $(0,2)$.

(2)应分两种情形:区间 $(1,2)$ 不是函数 $f(x)$ 的定义域,此时可得 $(2\cdot 1^2+a)(2\cdot 2^2+a)<0$;区间 $(1,2)$ 是函数 $f(x)$ 的定义域.可得所求实数 a 的取值范围是 $(-8,-2)\cup(0,2)$.

请读者注意:一样的情境,不一样的解答!这是形同质异的问题.我们再来举出这样的例子.

题2 (1)若当 $x\in[1,2]$ 时,不等式 $|2x-a|<x+1$ 恒成立,求实数 a 的取值范围;

(2)若当 $x\in[0,2]$ 时,不等式 $|2x-a|>x-1$ 恒成立,求实数 a 的取值范围.

解 (1)可得

$$|2x-a|<x+1 \Leftrightarrow -x-1<2x-a<x+1 \Leftrightarrow x-1<a<3x+1$$

所以题意即:当 $x\in[1,2]$ 时,$(x-1)_{\max}<a<(3x+1)_{\min}$,即 $1<a<4$,所以所求

实数 a 的取值范围是 $(1,4)$.

(2)错解:可得
$$|2x-a|>x-1 \Leftrightarrow (2x-a>x-1 \text{ 或 } 2x-a<1-x) \Leftrightarrow (a<x+1 \text{ 或 } a>3x-1)$$
所以题意即,当 $x \in [0,2]$ 时,$a<(x+1)_{\min}$ 或 $a>(3x-1)_{\max}$,即 $a<1$ 或 $a>5$,所以所求实数 a 的取值范围是 $(-\infty,1) \cup (5,+\infty)$.

对第(2)小题解法的分析:可得 $|2x-1.4|>x-1 \Leftrightarrow x \in \mathbf{R}$. 所以 $a=1.4$ 也满足题意,说明以上解答错误. 错在哪里呢?"当 $x \in [0,2]$ 时,$a<x+1$ 或 $a>3x-1$ 恒成立"与"当 $x \in [0,2]$ 时 $a<x+1$ 恒成立,或当 $x \in [0,2]$ 时 $a>3x-1$ 恒成立"并不等价.

(2)的正解1:题意即"已知 $\forall x \in [1,2]$,$|a-2x|>x-1$,求实数 a 的取值范围".

设命题 $p: \forall x \in [1,2]$,$|a-2x|>x-1$,得 $\neg p: \exists x \in [0,2]$,$|a-2x| \leqslant x-1$,即
$$\neg p: \exists x \in [1,2], 1-x \leqslant a-2x \leqslant x-1$$
$$\neg p: \exists x \in [1,2], \frac{a+1}{3} \leqslant x \leqslant a-1$$

由 $\frac{a+1}{3} \leqslant a-1 \Leftrightarrow a \geqslant 2$,可得 $\neg p$ 的题设即"当 $a \geqslant 2$ 时,$\left[\frac{a+1}{3}, a-1\right] \cap [1,2] \neq \varnothing$".

而当 $a \geqslant 2$ 时 $a-1 \geqslant 1$,由此可得 $\left[\frac{a+1}{3}, a-1\right] \cap [1,2] \neq \varnothing \Leftrightarrow$
$$\begin{cases} \frac{a+1}{3} \leqslant 2 \\ a \geqslant 2 \end{cases} \Leftrightarrow 2 \leqslant a \leqslant 5,$$
得 $\neg p$ 的题设即 $2 \leqslant a \leqslant 5$.

求补集后,得所求实数 a 的取值范围是 $(-\infty,2) \cup (5,+\infty)$.

(2)的正解2:设命题 $p: \forall x \in [0,2]$,$|a-2x|>x-1$,得 $\neg p: \exists x \in [0,2]$,$|a-2x| \leqslant x-1$,即
$$\neg p: \exists x \in [0,2], 1-x \leqslant a-2x \leqslant x-1$$
$$\neg p: \exists x \in [0,2], \frac{a+1}{3} \leqslant x \leqslant a-1$$

由 $\frac{a+1}{3} \leqslant a-1 \Leftrightarrow a \geqslant 2$,可得 $\neg p$ 的题设即"当 $a \geqslant 2$ 时,$\left[\frac{a+1}{3}, a-1\right] \cap [0,2] \neq \varnothing$".

而当 $a \geqslant 2$ 时，$a-1>0$，由此可得 $\left[\dfrac{a+1}{3}, a-1\right] \cap [1,2] \neq \varnothing \Leftrightarrow$

$\begin{cases}\dfrac{a+1}{3} \leqslant 2 \\ a \geqslant 2\end{cases} \Leftrightarrow 2 \leqslant a \leqslant 5$，得 ¬$p$ 的题设即 $2 \leqslant a \leqslant 5$.

求补集后，得所求实数 a 的取值范围是 $(-\infty, 2) \cup (5, +\infty)$.

题 3 （由 2012 年高考浙江卷理科第 17 题改编）(1) 设 $a \in \mathbf{R}$，若 $x>0$ 时均有 $[(a-1)x-1](x^2-ax-1) \geqslant 0$，求 a 的取值范围；

(2) 设 $a \in \mathbf{R}$，若 $x \leqslant 1$ 时均有 $[(a-1)x-1](x^2-ax-1) \geqslant 0$，求 a 的取值范围；

(3) 设 $a \in \mathbf{R}$，若 $x \leqslant -2$ 时均有 $[(a-1)x-1](x^2-ax-1) \geqslant 0$，求 a 的取值范围.

解 (1) 我们突发奇想：由题设"$x>0$ 时均有 $[(a-1)x-1](x^2-ax-1) \geqslant 0$ 即 $-(ax-x-1)(ax-x^2+1) \geqslant 0$"能否得到等式呢？这样就必然会想到令 $-x-1=-x^2+1(x>0)$，得 $x=2$. 所以令 $x=2$，得 $-(2a-3)^2 \geqslant 0$，即 $a=\dfrac{3}{2}$.

还可验证"当 $a=\dfrac{3}{2}$ 时，$[(a-1)x-1](x^2-ax-1) \geqslant 0(x>0)$ 恒成立"：因为 $\left(\dfrac{x}{2}-1\right)^2(2x+1) \geqslant 0(x>0)$ 恒成立.

所以所求 a 的取值范围是 $\left\{\dfrac{3}{2}\right\}$.

(2) 同 (1) 的解法可得所求 a 的取值范围是 $\{0\}$.

(3) 以上解法在这里会失效，但可这样求解：

当 $x \to -\infty$ 时，$x^2-ax-1 \to +\infty$，所以由题设得：当 $x \to -\infty$ 时，$(a-1)x-1 \geqslant 0$，所以 $a<1$.

设 $x_1=\dfrac{a-\sqrt{a^2+4}}{2}, x_2=\dfrac{a+\sqrt{a^2+4}}{2}$，有 $\dfrac{1}{a-1}<0, x_1<0<x_2, x^2-ax-1=(x-x_1)(x-x_2)$，题设即"$x \leqslant -2$ 时均有 $\left(x-\dfrac{1}{a-1}\right)(x-x_1)(x-x_2) \leqslant 0$".

当 $\dfrac{1}{a-1}=x_1$ 即 $a=0$ 时，题设恒成立；当 $\dfrac{1}{a-1}<x_1$ 时，得题设即 $-2 \leqslant \dfrac{1}{a-1}<x_1$，得 $0<a \leqslant \dfrac{1}{2}$；当 $\dfrac{1}{a-1}>x_1$ 时，得题设即 $\dfrac{1}{a-1}>x_1 \geqslant -2$，得 $a<0$.

所以所求 a 的取值范围是 $\left(-\infty, \dfrac{1}{2}\right]$.

题 4 (1)(2009 年南京大学数学基地班自主招生数学试题第一题第 4 题)已知 $x\in\mathbf{R}, f(x)=\sqrt{x^2+x+1}-\sqrt{x^2-x+1}$,则 $f(x)$ 的值域为_____;

(2)(2017 年中国科学技术大学自主招生数学试题)函数 $f(x)=\sqrt{2x^2-2x+1}-\sqrt{2x^2+2x+5}$ 的值域是_____.

解 (1) $(-1,1)$. 如图 1 所示,可得 $|f(x)|=\left|\sqrt{\left(x+\frac{1}{2}\right)^2+\left(0-\frac{\sqrt{3}}{2}\right)^2}-\sqrt{\left(x-\frac{1}{2}\right)^2+\left(0-\frac{\sqrt{3}}{2}\right)^2}\right|$ 表示平面直角坐标系 xOy 中点 $P(x,0)$ 与 $A\left(-\frac{1}{2},\frac{\sqrt{3}}{2}\right)$, $B\left(\frac{1}{2},\frac{\sqrt{3}}{2}\right)$ 两点距离之差的绝对值.

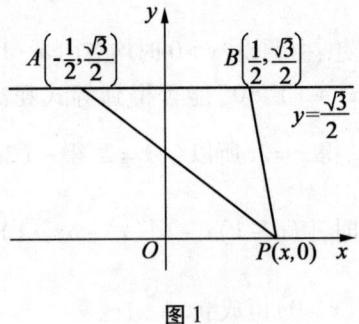

图 1

由"三角形两边之差小于第三边"及 $|AB|=1$,可得 $|f(x)|<1, -1<f(x)<1$.

又因为

$$|f(x)|=\left|\sqrt{x^2+x+1}-\sqrt{x^2-x+1}\right|=\frac{2|x|}{\sqrt{x^2+x+1}+\sqrt{x^2-x+1}}$$

$$=\frac{2}{\sqrt{1+\frac{1}{x}+\frac{1}{x^2}}+\sqrt{1-\frac{1}{x}+\frac{1}{x^2}}}$$

$$\lim_{x\to\infty}|f(x)|=\frac{2}{1+1}=1$$

所以 $f(x)$ 的值域为 $(-1,1)$.

(2) $[-2,\sqrt{2})$. 我们也来尝试着用以上方法——数形结合来求解. 可得

$$\frac{f(x)}{\sqrt{2}}=\sqrt{\left(x-\frac{1}{2}\right)^2+\left(0-\frac{1}{2}\right)^2}-\sqrt{\left[x-\left(-\frac{1}{2}\right)\right]^2+\left(0-\frac{3}{2}\right)^2}$$

在平面直角坐标系 xOy 中,右端表示点 $P(x,0)$ 与 $A\left(\dfrac{1}{2},\dfrac{1}{2}\right)$,$B\left(-\dfrac{1}{2},\dfrac{3}{2}\right)$ 两点的距离之差.

由"三角形两边之差小于第三边"及 $|AB|=\sqrt{2}$,可得当且仅当点 P 是射线 BA 与 x 轴的交点即 $x=1$ 时,$f(x)_{\min}=-2$.

但接下来,由此方法却难以求出 $f(x)$ 的上界.

实际上,用另外的一种通性通法——导数可以求出函数 $f(x)$ 的值域. 解题过程如下:

可得 $f'(x)=\dfrac{2x-1}{\sqrt{2x^2-2x+1}}-\dfrac{2x+1}{\sqrt{2x^2+2x+5}}$. 进而可得 $f'(x)=0 \Leftrightarrow x=1$(舍去 $x=\dfrac{1}{4}$),从而可得 $f(x)$ 在 $(-\infty,1]$,$[1,+\infty)$ 上分别是减函数、增函数,所以

$$f(x)_{\min}=f(1)=-2$$

$$\lim_{x\to-\infty}f(x)=4\lim_{x\to-\infty}\dfrac{-x-1}{\sqrt{2x^2-2x+1}+\sqrt{2x^2+2x+5}}$$

$$=4\lim_{x\to-\infty}\dfrac{1+\dfrac{1}{x}}{\sqrt{2-\dfrac{2}{x}+\dfrac{1}{x^2}}+\sqrt{2+\dfrac{2}{x}+\dfrac{5}{x^2}}}=\sqrt{2}$$

$$\lim_{x\to+\infty}f(x)=-4\lim_{x\to+\infty}\dfrac{x+1}{\sqrt{2x^2-2x+1}+\sqrt{2x^2+2x+5}}$$

$$=-4\lim_{x\to-\infty}\dfrac{1+\dfrac{1}{x}}{\sqrt{2-\dfrac{2}{x}+\dfrac{1}{x^2}}+\sqrt{2+\dfrac{2}{x}+\dfrac{5}{x^2}}}=-\sqrt{2}$$

所以函数 $f(x)$ 的值域是 $[-2,\sqrt{2})$.

题 5 (1) 若函数 $f(x)=\dfrac{3}{4}x^2-3x+4$ 的定义域和值域都是 $[a,b]$,求 a,b 的值;

(2) 若关于 x 的不等式组 $a\leqslant \dfrac{3}{4}x^2-3x+4\leqslant b$ 的解集为 $[a,b]$,求 a,b 的值.

解 (1) 函数 $f(x)$ 的图像的对称轴是 $x=2$.

① 当 $b\leqslant 2$ 时,$f(x)$ 在 $[a,b]$ 上单调递减,所以题设即 $\begin{cases}f(a)=b\\f(b)=a\end{cases}$,可解得 $a=b=\dfrac{4}{3}$. 这与 $[a,b]$ 应满足 $a<b$ 矛盾! 所以此时不满足题设.

②当 $a<2<b$ 时,可得题设即 $\begin{cases}a=f(2)=1\\b=f(b)\end{cases}$ 或 $f(a)$.

若 $b=f(a)$,可得 $b=f(1)=\dfrac{7}{4}<2$,得 $a<b\leqslant 2$,由①的情形知此时不满足题设,所以 $\begin{cases}a=1\\b=f(b)\end{cases}$,进而可求得 $a=1,b=4$.

③当 $a\geqslant 2$ 时,$f(x)$ 在 $[a,b]$ 上单调递增,所以题设即 $\begin{cases}f(a)=a\\f(b)=b\end{cases}$,可解得 $a=\dfrac{4}{3},b=4$. 这与 $a\geqslant 2$ 矛盾! 所以此时不满足题设.

综上所述,可得所求的答案是 $a=1,b=4$.

(2)题设即关于 x 的不等式组 $\begin{cases}\dfrac{3}{4}x^2-3x+4\geqslant a\\\dfrac{3}{4}x^2-3x+4\leqslant b\end{cases}$ 的解集为 $[a,b]$.

若关于 x 的不等式 $\dfrac{3}{4}x^2-3x+4\geqslant a$ 的解集不是 $\mathbf{R}$,得图 2 的情形,因而关于 x 的不等式组 $\begin{cases}\dfrac{3}{4}x^2-3x+4\geqslant a\\\dfrac{3}{4}x^2-3x+4\leqslant b\end{cases}$ 的解集为 $[a,c]\cup[d,b]$,不满足题设.

所以可得题设即"关于 x 的不等式 $\dfrac{3}{4}x^2-3x+4\geqslant a$ 的解集是 $\mathbf{R}$,关于 x 的方程 $\dfrac{3}{4}x^2-3x+4=b$ 的两个根是 a,b"(参见图 3),进而可得所求的答案是 $a=0,b=4$.

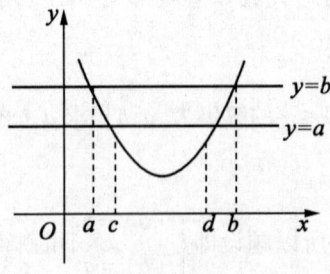

图 2

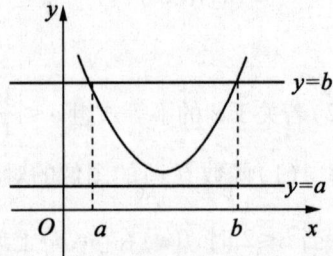

图 3

2. 在极限中的例子

题6 （1）（2005年高考福建理15）若常数 b 满足 $|b|>1$，则 $\lim\limits_{n\to\infty}\dfrac{1+b+b^2+\cdots+b^{n-1}}{b^n}=$ _____；

（2）（2006年高考辽宁理14）$\lim\limits_{n\to\infty}\dfrac{\left(\dfrac{4}{5}-\dfrac{6}{7}\right)+\left(\dfrac{4}{5^2}-\dfrac{6}{7^2}\right)+\cdots+\left(\dfrac{4}{5^n}-\dfrac{6}{7^n}\right)}{\left(\dfrac{5}{6}-\dfrac{4}{5}\right)+\left(\dfrac{5}{6^2}-\dfrac{4}{5^2}\right)+\cdots+\left(\dfrac{5}{6^n}-\dfrac{4}{5^n}\right)}=$

_____.

解 （1）$\dfrac{1}{b-1}$. 由无穷递缩等比数列各项和的公式，得

$$原式 = \lim_{n\to\infty}\left[\left(\dfrac{1}{b}\right)^n+\left(\dfrac{1}{b}\right)^{n-1}+\cdots+\dfrac{1}{b}\right]=\dfrac{1}{b}+\left(\dfrac{1}{b}\right)^2+\left(\dfrac{1}{b}\right)^3+\cdots$$

$$=\dfrac{\dfrac{1}{b}}{1-\dfrac{1}{b}}=\dfrac{1}{b-1}$$

（2）-1. 也试着用无穷递缩等比数列各项和的公式来求解

$$原式 = \dfrac{\left(\dfrac{4}{5}+\dfrac{4}{5^2}+\dfrac{4}{5^3}+\cdots\right)-\left(\dfrac{6}{7}+\dfrac{6}{7^2}+\dfrac{6}{7^3}+\cdots\right)}{\left(\dfrac{5}{6}+\dfrac{5}{6^2}+\dfrac{5}{6^3}+\cdots\right)-\left(\dfrac{4}{5}+\dfrac{4}{5^2}+\dfrac{4}{5^3}+\cdots\right)}=\dfrac{\dfrac{\frac{4}{5}}{1-\frac{1}{5}}-\dfrac{\frac{6}{7}}{1-\frac{1}{7}}}{\dfrac{\frac{5}{6}}{1-\frac{1}{6}}-\dfrac{\frac{4}{5}}{1-\frac{1}{5}}}=\dfrac{1-1}{1-1}$$

$$=\dfrac{0}{0}=?$$

这样求不出答案，必须老老实实用等比数列的前 n 项和公式来求解，即

$$原式=\lim_{n\to\infty}\dfrac{\left(\dfrac{4}{5}+\dfrac{4}{5^2}+\cdots+\dfrac{4}{5^n}\right)-\left(\dfrac{6}{7}+\dfrac{6}{7^2}+\cdots+\dfrac{6}{7^n}\right)}{\left(\dfrac{5}{6}+\dfrac{5}{6^2}+\cdots+\dfrac{5}{6^n}\right)-\left(\dfrac{4}{5}+\dfrac{4}{5^2}+\cdots+\dfrac{4}{5^n}\right)}$$

$$=\lim_{n\to\infty}\dfrac{\left[1-\left(\dfrac{1}{5}\right)^n\right]-\left[1-\left(\dfrac{1}{7}\right)^n\right]}{\left[1-\left(\dfrac{1}{6}\right)^n\right]-\left[1-\left(\dfrac{1}{5}\right)^n\right]}$$

$$= \lim_{n \to \infty} \frac{\left(\frac{1}{7}\right)^n - \left(\frac{1}{5}\right)^n}{\left(\frac{1}{5}\right)^n - \left(\frac{1}{6}\right)^n} = \lim_{n \to \infty} \frac{\left(\frac{5}{7}\right)^n - 1}{1 - \left(\frac{5}{6}\right)^n} = -1$$

3. 在平面向量中的例子

题 7 在 $\triangle ABC$ 中, 设 $\overrightarrow{AB} = \boldsymbol{a}, \overrightarrow{CA} = \boldsymbol{b}, \overrightarrow{AB} = \boldsymbol{c}$, 已知 $(\boldsymbol{c} \cdot \boldsymbol{b}):(\boldsymbol{b} \cdot \boldsymbol{a}):(\boldsymbol{a} \cdot \boldsymbol{c}) = 1:2:3$, 求 $|\boldsymbol{a}|:|\boldsymbol{b}|:|\boldsymbol{c}|$.

解法 1 设 $|\boldsymbol{a}| = a, |\boldsymbol{b}| = b, |\boldsymbol{c}| = c$.

可设 $-2\boldsymbol{c} \cdot \boldsymbol{b} = 2|\boldsymbol{c}| \cdot |\boldsymbol{b}| \cos A = b^2 + c^2 - a^2 = 2k (k \neq 0)$, $-2\boldsymbol{b} \cdot \boldsymbol{a} = 2|\boldsymbol{b}| \cdot |\boldsymbol{a}| \cos C = a^2 + b^2 - c^2 = 4k$, $-2\boldsymbol{a} \cdot \boldsymbol{c} = 2|\boldsymbol{a}| \cdot |\boldsymbol{c}| \cos B = a^2 + c^2 - b^2 = 6k$, 得 $a^2 = 5k, b^2 = 3k, c^2 = 4k (k \neq 0)$, 所以 $|\boldsymbol{a}|:|\boldsymbol{b}|:|\boldsymbol{c}| = \sqrt{5}:\sqrt{3}:2$.

解法 2 可设 $\boldsymbol{c} \cdot \boldsymbol{b} = k (k \neq 0), \boldsymbol{b} \cdot \boldsymbol{a} = 2k, \boldsymbol{a} \cdot \boldsymbol{c} = 3k$, 得 $\boldsymbol{c} \cdot \boldsymbol{b} = -|\boldsymbol{c}| \cdot |\boldsymbol{b}| \cdot \cos C, |\boldsymbol{b}|^2 + |\boldsymbol{c}|^2 - |\boldsymbol{a}|^2 = 2|\boldsymbol{c}| \cdot |\boldsymbol{b}| \cos C$, 所以 $|\boldsymbol{b}|^2 + |\boldsymbol{c}|^2 - |\boldsymbol{a}|^2 = -2k$. 同理, 有 $|\boldsymbol{a}|^2 + |\boldsymbol{b}|^2 - |\boldsymbol{c}|^2 = -4k, |\boldsymbol{a}|^2 + |\boldsymbol{c}|^2 - |\boldsymbol{b}|^2 = -6k$. 解方程组, 可得 $|\boldsymbol{a}|^2 = -5k, |\boldsymbol{b}|^2 = -3k, |\boldsymbol{c}|^2 = -4k$, 所以 $|\boldsymbol{a}|:|\boldsymbol{b}|:|\boldsymbol{c}| = \sqrt{5}:\sqrt{3}:2$.

4. 在立体几何中的例子

题 8 (1) 如图 4 所示, 有一个盛满水的三棱锥形容器, 不久发现三条侧棱上各有一个小洞, 分别为 D, E, F, 且知 $\dfrac{SD}{DA} = \dfrac{SE}{EB} = \dfrac{CF}{FS} = 2$. 若用这个容器盛水, 最多可盛原来水的几分之几?

(2) 如图 5 所示, 正方体容器 AC_1 中盛满水. 若三个小孔 E, F, G 分别位于 A_1B_1, BB_1, B_1C 的中点处, 则正方体 (正方体可任意放置) 中的水最多会剩下原体积的 ( )

A. $\dfrac{7}{8}$ B. $\dfrac{11}{12}$ C. $\dfrac{5}{6}$ D. $\dfrac{23}{24}$

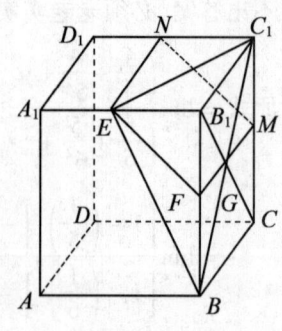

图 4   图 5

解 （1）当平面 DEF 处于水平位置时容器盛水最多.

设 F,C 到平面 SAB 的距离分别为 h_1,h_2，则

$$\frac{V_{三棱锥F-SDE}}{V_{三棱锥C-SAB}} = \frac{\frac{1}{3}S_{\triangle SDE}\cdot h_1}{\frac{1}{3}S_{\triangle SAB}\cdot h_2} = \frac{\frac{1}{2}SD\cdot SE\cdot \sin\angle DSE\cdot h_1}{\frac{1}{2}SA\cdot SB\cdot \sin\angle DSE\cdot h_2}$$

$$= \frac{SD}{SA}\cdot\frac{SE}{SB}\cdot\frac{h_1}{h_2} = \frac{2}{3}\cdot\frac{2}{3}\cdot\frac{1}{3} = \frac{4}{27}$$

所以最多可盛原来水的 $1-\frac{4}{27}=\frac{23}{27}$.

（2）"解法 1"：A. 如图 5 所示，设平面 EFG 与平面 CDD_1C_1 交于 MN. 由（1）的解答知，对于三棱锥容器 B_1-A_1BC 中的水而言，剩下水的最大体积是截面 EFG 以下几何体的体积，类比可得：正方体中的水最多会剩下的体积就是平面 $EFMN$ 以下几何体的体积，容易算出三棱柱 B_1EF-C_1MN 的体积为 $\frac{1}{8}V_{正方体ABCD-A_1B_1C_1D_1}$，所以选 A.

解法 2：B. 注意到 $V_{三棱锥B_1-BEC_1}=\frac{1}{12}V_{正方体ABCD-A_1B_1C_1D_1}$，所以可让水面在平面 $EBGC_1$ 处，此时剩下的水是原体积的 $\frac{11}{12}$，由此可排除 A,C.

由图 5 可知，当水面过 FG 时，当且仅当水面是面 $EFGMN$ 时，剩下水的体积最多（因为要使点 E 不在水面下方）；当水面过 EF 时，也有同样结论.

当水面过 EG 时，如图 6 所示，设水面为 $EHG-PQ$，因为点 F 不在水面下方，所以可不妨设正方体的棱长为 $2,B_1H=x(1\leqslant x\leqslant 2)$，得 $B_1E=1,C_1P=2-x$（用 $\triangle B_1GH\cong\triangle CGP$），$C_1Q=\frac{2-x}{x}$（用 $\triangle B_1EH\backsim\triangle C_1QP$），所以

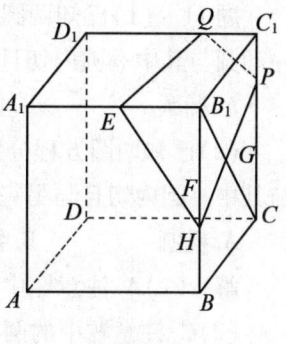

图 6

$$V_{台体B_1EH-C_1QP} = \frac{1}{3}\left[x+\sqrt{x\cdot\frac{(2-x)^2}{x}}+\frac{(2-x)^2}{x}\right]$$

$$= \frac{1}{3}\left(x+\frac{4}{x}-2\right)(1\leqslant x\leqslant 2)$$

所以当且仅当 $x=2$，即点 H,B 重合时 $V_{台体B_1EH-C_1QP}$ 取最小值，所以选 B.

由此可得，解法 1 错误，解法 2 正确.

题 9 在底面半径与高均是 1 的圆柱体的轴截面两个相对顶点处逗留着一只可爱的蜘蛛和一只讨厌的苍蝇.

(1)饥饿的蜘蛛沿着圆柱体侧面爬到苍蝇处,爬过的最短路程是多少?

(2)饥饿的蜘蛛沿着圆柱体表面爬到苍蝇处,爬过的最短路程是多少?

解 (1) $\sqrt{\pi^2+1}$;(2)3.

(2)这道题目前还难以求解,但一定不是(1)的答案 $\sqrt{\pi^2+1}$,因为从蜘蛛到苍蝇的一条折线(包括圆柱的一条母线和底面直径)长是 3,$3<\sqrt{\pi^2+1}$.

5. 在平面解析几何中的例子

题 10 (1)求焦距为 4,且长轴长为 6 的椭圆的标准方程;

(2)求焦距为 4,且过点 $\left(\dfrac{3}{4}\sqrt{2},\dfrac{1}{4}\sqrt{70}\right)$ 的椭圆的标准方程.

解 (1) $\dfrac{x^2}{9}+\dfrac{y^2}{5}=1$ 和 $\dfrac{x^2}{5}+\dfrac{y^2}{9}=1$.

(2) $\dfrac{x^2}{9}+\dfrac{y^2}{5}=1$ 和 $\dfrac{x^2}{3}+\dfrac{y^2}{7}=1$.

注 虽然同为求椭圆的标准方程,也都有两解,但解法及结果也是有区别的.第(1)小题的两个结果可由 x,y 互换得到,第(2)小题的两个结果是由待定系数法分别计算得到的.

题 11 (1)已知两圆方程分别为 $(x-2)^2+(y-1)^2=4$,$(x+1)^2+y^2=9$,一动圆与其中一圆内切且与另一圆外切,则该动圆圆心的轨迹为 (   )

A. 椭圆 　　　B. 抛物线 　　　C. 双曲线 　　　D. 直线

(2)已知两圆方程分别为 $(x-2)^2+(y-1)^2=4$,$(x+1)^2+y^2=1$,一动圆与其中一圆内切且与另一圆外切,则该动圆圆心的轨迹为 (   )

A. 椭圆 　　　B. 抛物线 　　　C. 双曲线 　　　D. 直线

解 (1)A.注意题中的两圆是相交的.

(2)C.注意题中的两圆是外离的.

注 可证得以下一般性的结论:

若动圆与两已知圆之一内切且与另一圆外切,则动圆圆心的轨迹方程分别是:

(1)当两已知圆外离时,轨迹是双曲线;

(2)当两已知圆外切时,轨迹是直线(但要去掉该直线与两已知圆的三个公共点);

(3)当两已知圆相交、内切或内含(但不是同心圆)时,轨迹是椭圆;

(4)当两已知圆是同心圆时,轨迹是圆.

题 12 已知 F_1 是椭圆 $\dfrac{x^2}{9}+\dfrac{y^2}{5}=1$ 的左焦点,P 是该椭圆上的动点,点 $A(1,1)$.

(1)求 $\dfrac{3}{2}|PF_1|+|PA|$ 的最小值;

(2)求 $|PF_1|+|PA|$ 的最小值.

解 (1)由 $e=\dfrac{2}{3}$ 并联想到椭圆的第二定义,可将 $\dfrac{3}{2}|PF_1|$ 转化为点 P 到左准线的距离,所以当 PA 垂直于左准线时,$\dfrac{3}{2}|PF_1|+|PA|$ 最小,且最小值是 $\dfrac{11}{2}$.

(2)用(1)的方法却做不出来,应当这样做:

联想到椭圆的第一定义(设 F_2 是该椭圆的右焦点),得
$$|PF_1|+|PA|=|PA|+6-|PF_2|$$
而 $||PA|-|PF_2||\leqslant |AF_2|=\sqrt{2}$,所以 $|PF_1|+|PA|$ 的最小值是 $6-\sqrt{2}$.

注 (1)由(1)的转化方法并结合图形立知,当且仅当点 P 是椭圆的右顶点时 $\dfrac{3}{2}|PF_1|+|PA|$ 取到最大值,从而得 $\dfrac{3}{2}|PF_1|+|PA|$ 的取值范围是 $\left[\dfrac{11}{2},\dfrac{15}{2}+\sqrt{5}\right]$.

(2)$|PF_1|+|PA|$ 的取值范围是 $[6-\sqrt{2},6+\sqrt{2}]$.

题 13 设 P 是椭圆 $\dfrac{x^2}{4}+\dfrac{y^2}{3}=1$ 上的点,F_1,F_2 是该椭圆的两个焦点.

(1)求 $|PF_1|\cdot|PF_2|$ 的最大值;

(2)求 $|PF_1|\cdot|PF_2|$ 的最小值.

解 (1)由椭圆的第一定义,得 $|PF_1|+|PF_2|=4$,所以当且仅当 $|PF_1|=|PF_2|=2$ 时,$|PF_1|\cdot|PF_2|$ 取到最大值 4.

(2)由(1)的方法继续下去难以解决,但可这样做
$$|PF_1|\cdot|PF_2|=|PF_1|(4-|PF_1|)=4-(|PF_1|-2)^2$$
又 $|PF_1|\in[1,3]$,所以当且仅当 $|PF_1|=1$ 或 3 时,$|PF_1|\cdot|PF_2|$ 取到最小值 3.

注 求最值时若均值不等式不能助效应想到求函数的最值.

题 14 （1）双曲线 $\dfrac{y^2}{64} - \dfrac{x^2}{16} = 1$ 上一点 P 到它的一个焦点的距离等于 17，那么点 P 到它的另一个焦点的距离等于_____；

（2）双曲线 $\dfrac{y^2}{64} - \dfrac{x^2}{16} = 1$ 上一点 P 到它的一个焦点的距离等于 $16\dfrac{1}{2}$，那么点 P 到它的另一个焦点的距离等于_____．

解 （1）1 或 33．设双曲线 $\dfrac{y^2}{64} - \dfrac{x^2}{16} = 1$ 的两个焦点分别为 F_1, F_2，由双曲线的定义，得 $|PF_1| - |PF_2| = \pm 16$．可不妨设 $|PF_1| = 17$，得 $|PF_2| = 1$ 或 33．

（2）同理可得答案 "$\dfrac{1}{2}$ 或 $32\dfrac{1}{2}$"．

注 以上解答并不严谨，第（2）问的答案还是错误的：在第（2）问中，若答案 "$\dfrac{1}{2}$" 能成立，则由 $|PF_1| - |PF_2| = \pm 16$，得 $\left(|PF_1| = 16\dfrac{1}{2}, |PF_2| = \dfrac{1}{2}\right)$ 或 $\left(|PF_1| = \dfrac{1}{2}, |PF_2| = 16\dfrac{1}{2}\right)$，所以 $|PF_1| + |PF_2| = 17$．又因为 $|F_1 F_2| = 8\sqrt{5} > 17$，所以 $|PF_1| + |PF_2| < |F_1 F_2|$，而这是不可能的！即答案 "$\dfrac{1}{2}$" 不能成立．

这说明我们在解答此类问题时，要注意双曲线上任一点到其一个焦点的距离的取值范围．可以证明下面的结论成立：

双曲线 $\dfrac{x^2}{a^2} - \dfrac{y^2}{b^2} = 1 (a > 0, b > 0, c = \sqrt{a^2 + b^2})$ 左支上任一点 P 到左焦点 F 的距离 $|PF|$ 的取值范围是 $[c - a, +\infty)$，右支上任一点 Q 到左焦点 F 的距离 $|QF|$ 的取值范围是 $[c + a, +\infty)$．

2003 年高考上海卷文科、理科第 12 题与题 14 如出一辙，这道高考题及其答案分别是：

问题：F_1, F_2 是双曲线 $\dfrac{x^2}{16} - \dfrac{y^2}{20} = 1$ 的焦点，点 P 在双曲线上．若点 P 到焦点 F_1 的距离等于 9，求点 P 到焦点 F_2 的距离．某学生的解答如下：双曲线的实轴长为 8，由 $||PF_1| - |PF_2|| = 8$，即 $|9 - |PF_2|| = 8$，得 $|PF_2| = 1$ 或 17．

该学生的解答是否正确？若正确，请将他的解题依据填在下面的空格内；若不正确，请将正确的结果填在下面的空格内．_____．

答案：$|PF_2| = 17$．

题 15 （1）到点 $F(2, -2)$ 与直线 $l: y = x - 3$ 距离相等的点的轨迹是_____；

(2)到点$F(1,-2)$与直线$l:y=x-3$距离相等的点的轨迹是_____.

解 (1)因为点F不在直线l上,所以所求点的轨迹是以F为焦点、l为准线的抛物线.

(2)因为点F在直线l上,所以所求点的轨迹是直线l的过点F的垂线,即直线$x+y+1=0$.

题16 (1)若动点P到定点$F(1,0)$的距离比它到直线$x=-2$的距离小1,则点P的轨迹方程是_____;

(2)若动点P到定点$F(1,0)$的距离比它到y轴的距离大1,则点P的轨迹方程是_____.

解 (1)$y^2=4x$. 设点$P(x,y)$.

若$x\leqslant -2$,通过画图可知不满足题意.

若$x>-2$,题设即动点P到定点$F(1,0)$的距离与它到直线$x=-1$的距离相等,得点P的轨迹是以F为焦点、直线$x=-1$为准线的抛物线在直线$x=-2$右边的部分,其方程是$y^2=4x$.

综上所述,可得所求轨迹方程是$y^2=4x$.

(2)$y^2=4x$及$y=0(x<0)$. 设点$P(x,y)$.

若$x<0$,可得题设即动点P到定点$F(1,0)$与它到直线$x=-1$的距离相等,可得其轨迹是直线$x=1$的过点F的垂线在y轴左侧的部分,其方程是$y=0$($x<0$).

若$x\geqslant 0$,可得题设即动点P到定点$F(1,0)$与它到直线$x=1$的距离相等,可得其轨迹是以F为焦点、直线$x=-1$为准线的抛物线不在y轴左侧的部分,其方程是$y^2=4x$.

综上所述,可得所求轨迹方程是$y^2=4x$及$y=0(x<0)$.

文献[1],[2],[3]也是"一样的情境,不一样的解答"的例子.

参考文献

[1] 甘志国.形似质异的函数题[J].中学数学教学,2008(3):47-48.

[2] 甘志国.初等数学研究(Ⅱ)上[M].哈尔滨:哈尔滨工业大学出版社,2009.

[3] 甘志国.一样的情境,不一样的解答[J]. 数理天地(高中),2013(3):2-3.

§10 重点大学自主招生面试题中的数学知识

重点大学自主招生考试一般包括笔试和面试两个部分. 如果说笔试让重点大学间接认识了考生,那么面试则是二者的直接碰撞,能否擦出火花直接决定了自主招生考试的最终结果. 因此,面试是重点大学自主招生中十分重要的环节. 研究自主招生考试的面试题有助于理清自主招生面试的命题规律与趋势,帮助考生明确面试准备的方向,有利于引导中学教育改革向纵深挺进.

本节旨在对近几年自主招生考试面试题中与数学知识相关的题目从多角度展开分析.

1. 追本溯源

在英国哲学家托马斯·霍布斯(Thomas Hobbes,1588—1679)眼中,数学俨然是"上帝迄今愿意赐予人类的唯一科学". 他有一次偶然翻阅欧几里得的《几何原本》,看到了毕达哥拉斯定理(即勾股定理)后立即惊呼:"上帝啊! 这是不可能的." 于是他就从后往前仔细地研读了每个命题的证明,直到公理和公设,最终被其证明过程的清晰、严谨所折服. 自主招生考试面试题中也有不少题目考查的就是基本的公式定理,例如:

面试题 1-1 (2011 年复旦大学)有理数和无理数定义的区别是什么?3 的平方根为什么是无理数?

面试题 1-2 (2011 年南京大学)三维是什么?$\frac{2}{3}$ 维是什么?

面试题 1-3 (2009 年兰州大学)什么是勾股定理? 勾股定理也叫什么?

面试题 1-4 (2009 年兰州大学)你是怎么理解数学中的极限的?

面试题 1-5 (2008 年兰州大学)在讨论函数性质时应从哪些方面进行?

面试题 1-6 (2006 年清华大学)公理和定理有什么不同?

面试题 1-7 (2006 年清华大学)为什么三角形的面积是底乘以高除以 2?

追本溯源问题主要考查数学知识的基本原理,包括基本概念、定理、性质,等等,要求考生具有扎实的数学功底,能够把握数学知识的本质,理清知识脉络. 比如解答面试题 1-7 可以从两个角度考虑:

首先,探索三角形的面积公式从直观上可以以长方形的面积公式为切入点. 中学数学中要对平面图形的面积进行严格的定义是很困难的,面积的严格定义是测度论研究的内容:面积是某集合类上定义的集合函数,它满足非负性、有限可加性、运动不变性,以及满足边长为 1 的正方形的面积为 1,即:

定义 设 Ω 表示平面上所有多边形组成的集合,$\mathbf{R} \cup \{0\}$ 表示全体非负实数组成的集合,若从 Ω 到 $\mathbf{R} \cup \{0\}$ 的映射 $f:\Omega \to \mathbf{R} \cup \{0\}$ 满足条件:

(1)对于 Ω 中的任意两个全等图形 G 与 G',有 $f(G) = f(G')$;

(2)若 $G_1 \in \Omega, G_2 \in \Omega, G_1 \cup G_2 \in \Omega, G_1 \cap G_2 = \varnothing$,则 $f(G_1 \cup G_2) = f(G_1) + f(G_2)$;

(3)对于 Ω 中边长为 1 的正方形 E,有 $f(E) = 1$.

则称 Ω 中的任一图形 G 在映射 f 下的象 $f(G)$ 叫作图形 G 的面积.

由此定义可得出长方形的面积公式是长乘以宽.进而利用图形的裁剪拼接可推导出平行四边形的面积公式,即底乘以高.而任意两个全等的三角形都可以拼接成一个平行四边形,所以三角形的面积是底乘以高除以 2.

另外,三角形的面积公式还可由定积分推得.

追本溯源问题的考查还要求考生对数学知识涉猎广泛."知识面"是考查学习能力的一个重要指标,在学习中要注意多总结、多思考,提高自学能力、拓宽知识面.如面试题 1-2,空间的维数本应是一维、二维、三维等整数维的,怎么会有分数维呢?

维数是几何对象的一个重要特征量,它是几何对象中一个点的位置所需的独立坐标的数目.普通几何学研究的对象一般都具有整数的维数.比如,零维的点、一维的线、二维的面、三维的立体等.在 20 世纪 70 年代末 80 年代初,产生了新兴的分形几何学,空间的维数不再只能是整数,分数维数同样可以存在.这类维数是物理学家在研究混沌吸引子等理论时需要引入的重要概念.为了定量地描述客观事物的"非规则"程度,1919 年,数学家从测度的角度引入了维数的概念,将维数从整数扩展到分数,从而突破了一般拓扑集维数为整数的界限.

在实际应用中,分数维有多种定义和相应的计算方法,其中比较容易理解的是相似性维数:如果某图形是由把原图形缩小到 $\dfrac{1}{\lambda}$ 的相似的 k 个图形所组成,则 $k = \lambda^D$,D 即维数,且 $D = \log_\lambda k = \dfrac{\ln k}{\ln \lambda}$,这样定义的维数包括规整的对象(线、面、体)的整数维.

例如,我们分别画一条线段、一个正方形和一个正方体,它们的长(边长、棱长)都是 1,将它们二等分,原图中的线段缩短为原来的 $\dfrac{1}{2}$,原图也被分为若干个相似的图形,其中线段、正方形和正方体分别被分为 $2^i(i=1,2,3)$ 个相似的子图形,那么线段的维数 $D=\log_2 2=1$,正方形的维数 $D=\log_2 4=2$,正方体的维数 $D=\log_2 8=3$. 又如,海绵的维数 $D=\log_2 3=\dfrac{\lg 3}{\lg 2}$ 就是分数维的.

2. 纸上论"知"

自主招生考试首先通过笔试检测考生的解题能力,但面试题中也不乏通过具体的题目近距离地了解考生的解题思路. 较之笔试中严谨的思维过程,面试中虽然也考查学科中理论知识的应用,但追求的是检测考生思考问题的敏锐性及信息的选择性,逻辑推理方面则较少涉及. 正所谓"数学的精髓是使复杂的问题变得简单,而非把简单的问题变成复杂".

例如:

面试题 2 – 1 (2011 年复旦大学)请快速地说出 7 的平方,7 的三次方,7 的四次方,7 的五次方的结果分别是什么?

面试题 2 – 2 (2011 年山东大学)把一个正方体涂成红色,然后分成 125 块(先把每条棱 5 等分),有多少块两面都是红色的?

面试题 2 – 3 (2011 年复旦大学)今天是星期三,140 年前的今天是星期几?

面试题 2 – 4 (2009 年复旦大学)圆锥面上任意两点有没有"最短距离"? 如果有,最短距离是什么? 在圆柱面上呢?

面试题 2 – 5 (2008 年北京大学)1 个细菌在 1 min 后分裂为 2 个,2 min 后分裂为 4 个,那么依次分裂 n min 后,细菌的个数应当是多少?

面试题 2 – 6 (2007 年清华大学)一个人在平面上步行的速度为 4 km/h,上山的速度为 6 km/h,下山的速度为 3 km/h. 请问,他步行 5 h 走了多少 km? 如果把步行速度改为 x,上山速度改为 y,下山速度改为 z,该如何计算?

这类试题考生相对比较熟悉,其来源主要有两个方面:一是对考生平时的练习题做适当的变形,如面试题 2 – 5、2 – 6;二是数学竞赛题的延伸与拓展,如面试题 2 – 3.

面试题 2 – 5 源于教材,是一道关于指数函数的基础题目.

而面试题 2 – 6 更类似于开放题,其条件和结论都是开放的. 该题中只是给出了这个人在平地、上山、下山的步行速度(以每小时计算),但它步行 5h 的具体情况是未知的,因此需要分类讨论其可能的各种情况. 考生在解决本题时可能会考虑到倘若这个人在不同的地段上走的时间是用分钟为单位的,那么这 5 h 内他行走的路程将会更加复杂. 因此,面试题 2 – 6 也是检测考生对于信息的选择、处理能力,更是内在的对考生的数学建模能力的考查.而在最后的问题中,当三种类型的速度也成为未知量时,所体现的数学建模的韵味就更加浓厚了.

面试题2-3要求解决相关星期几的问题,其实质是初等数论中的"同余类"问题.同余理论一直是数学竞赛中考查的重要内容,尤其热衷于对于日期的推测.比如,2011年12月10日是星期六,那么明年的今天是星期几?注意到2012年是闰年,366被7除所得的余数是2,所以答案是星期一.

3. 实"境"演练

"数学精妙何处寻?纷纭世界有模型."数学与生活是密不可分的.近几年的自主招生面试题越来越侧重从实际生活中寻找模型,检测考生是否具备用数学的思维方式解决问题、认识世界的能力.正如俄国数学家罗巴切夫斯基(Никола́й Ива́нович Лобаче́вский,1792—1856)所说的:"任何一门数学分支,不管它如何抽象,总有一天在现实世界的现象中找到应用."

例如:

面试题3-1 (2011年复旦大学)假设广场上有一个巨大的球体建筑物,如何测出它的体积和表面积?

面试题3-2 (2011年复旦大学)有两个不规则的容器,其中一个装有7 mL水,另一个装有5 mL水.旁边还有足够的水供你使用,如何量出6 mL水?

面试题3-3 (2010年西北工业大学)污水井的盖子为什么做成圆形的?

面试题3-4 (2010年厦门大学)杯子和下水道的盖子为何多为圆形?

面试题3-5 (2010年复旦大学)如何统计上海公交车数量?

面试题3-6 (2008年兰州大学)坐标系有什么实用价值?

面试题3-7 (2008年兰州大学)三角函数有什么应用?

面试题3-8 (2006年复旦大学)说明生活中的三角形物体.

这类试题的考查,并不是想从考生那儿寻求"标准"答案,而是希望通过此类试题考查考生能否找到好的解题方案,能否创造性地思考问题,是否具有较强的可塑性.如面试题3-3、3-4的表达虽有些差异,但实质相同,它也是微软公司的一道面试题.理查德·范蔓在微软公司面试时就曾经被问道:"下水道的井盖为什么是圆的?"对此类题目的回答,并无固定答案,只要言之有理即可.可不妨从圆的特点为切入点,从安全(稳定性)的角度展开加以分析:

(1)圆的直径相等.只要将井盖外沿所在的圆的直径稍大于井口的直径,无论井盖如何放置都不会掉进井里.而在同样的材料条件下,正方形等图形则由于它的边长与对角线不等长,移动时就可能会使井盖调入井里,所以将井盖做成圆形是最安全的.另外,无论将井盖如何放置于井口,在井下操作的工人都是安全的.

(2)一样数量的材料做出的井盖为圆形时的面积最大.因此,做成圆形的也最经济.

4. 包罗万象

英国数学家巴罗(Isaac Barrow,1630—1677)说过:"数学是科学不可动摇的基石,是促进人类事业进步的丰富源泉."而美籍华裔数学家陈省身(1911—2004)也曾题诗一首:"物理几何是一家,一同携手到天涯;黑洞单极穷奥妙,纤维联络织锦霞;进化方程孤立异,曲率对偶瞬息空;筹算竟得千秋用,尽在拈花一笑中."数学虽是强调逻辑思维的学科,但它在现代社会中也充分展现出"自由"的本色,随处可见.面试题中不乏关于对"数学"学科发展的认识的考题.不仅考查考生对数学的认识,突出对学科的理解和掌握,同时也关注考生对"数学"的学习兴趣.

例如:

面试题4-1 (2011年复旦大学)数学、物理、化学,你更喜欢哪门科学?

面试题4-2 (2009年兰州大学)数学在你平时的学习中起什么作用?请举例说明.

面试题4-3 (2008年兰州大学)数学与其他科学有什么关系?

面试题4-4 (2008年湖南大学)数学跟经济有什么关系?

面试题4-5 (2008年北京大学)古代文人不学数学,现代文人要学数学,为什么?谈谈你的看法.

面试题4-6 (2006年清华大学)你最喜欢的一个数学公式是什么?为什么?

面试题4-7 (2006年复旦大学)请谈一下数学以后的发展方向.

这类题型的解答因人而异,所以也相当开放.考生只要根据自身的实际情况,针对对数学的认识如实回答即可.如面试题4-6,十几年的寒窗苦读,考生在头脑中积聚的欧拉公式:$e^{i\pi}+1=0$.一个公式奇妙地将"五朵金花"(0,1都来自算术,i来自代数,π来自几何,e来自分析)同时绽放其中,各部分之间和谐而有序,美得深刻.它是自然界的神奇和人类聪明智慧的综合产物,是数学中的一大杰作.透过这五朵金花,你可以窥视五彩缤纷、雄伟神奇的数学世界.

此外,这类考题可能会与考生报考的具体专业相关.因此在报考前,考生必须对自己所报考的学校和专业有一定的了解,把握所报考专业的专业性科目,了解公共科目及相关内容.并且要对高中时期的数学知识进行深度的剖析,把握专业性科目同高中知识的承接,为后续学习做好准备.

5. 妙趣横生

2002年世界数学家大会在中国北京召开,参加中国少年数学论坛活动的陈省身老先生在会见孩子们时,曾用那支颤抖的笔和孩童般稚趣的语言为孩子们题词"数学好玩".可见,数学是充满趣味的.它以其稚趣的形式"娱人",以其丰富的内容"引人",以其无穷的奥秘"迷人",以其潜在的功能"育人".在自主招生面试题中,对于数学知识、能力在趣味性中的应用也不乏其数.

例如:

面试题5-1 (2011年上海交通大学)4个杯子口朝上,每次翻3个,有没有可能全部朝下?

面试题5-2 (2010年清华大学)一根火柴在不能折断的前提下,如何摆成一个三角形?

面试题5-3 (2009年复旦大学)如何移动一根火柴,使得$62-63=1$这个等式成立?

面试题5-4 (2006年复旦大学)3,4,5,6算24点.

数学本身的应用十分广泛,因此趣味性的问题在生活中往往可以找到雏形或者就是生活中常见的游戏,如面试题5-4的24点问题."24点"的起源已无从考究,但它具有独特的数学魅力和丰富的内涵(因而早已风靡全球).简单的4个正整数,通过加、减、乘、除四则运算之后得到值24,这不仅是对数学思维能力的训练,也要求考生灵活运用四则运算,而不再作为单纯的计算工具.本题的一个答案是:$(3+5-4)\times 6=24$.

在面试题5-2、5-3中提到了火柴.面试题5-3是火柴移动问题,它一直是趣味数学或脑筋急转弯的常客.本题蕴含着许多数学的基本特征,其中主要是对"数感"的考查.首先是对于数的形式的认识,"2""3"的火柴图形在只能移动一根火柴的条件下只能变成"3""2"或"5",但这对于解决问题依然是束手无策;其次是对于数的关系的认识,"62"与"63"是相邻的两个正整数,相距"1".由此可以发现,$62-63=-1$或$62=63-1$;最后是对于数学符号的认识,等式中涉及减号"-"与等号"=",从图形上看二者恰好相差"-".所以,只要原等式中等号上的一根火柴移到原减号上面,等式当然成立.而面试题5-2更确切地说是物理中的光学问题.若为三角形,则图形必须存在3条两两相交的线段,而题设中的火柴是不能折断的,因此确实存在的火柴仅能构成三角形的一边,其余两边只能通过媒介制造出火柴的"影子".进而由火柴与火柴的"影子"构成三角形.而"影子"的产生自然而然地需要从物理光学知识中去寻找发现,因为光线下的图形是可能发生折射、反射等情况的.对于面试题5-1,用列举法

可以发现,4 个杯子口全部朝下的情况是可能发生的(对杯子进行编号①②③
④):

	开口朝上的杯子	开口朝上的杯子个数	开口朝下的杯子	开口朝下的杯子个数
原始状态	①②③④	4		0
第 1 次翻动	①	1	②③④	3
第 2 次翻动	②③	2	①④	2
第 3 次翻动	①②④	3	③	1
第 4 次翻动		0	①②③④	4

事实上,当 n 为偶数时,n 个杯子口朝上,每次翻 $n-1$ 个,则 n 个杯子口朝下的情况是可能发生的. 本题的本质就是整数的同余问题.

参考文献

[1] 张小熙,庄静云,陈清华. 自主招生考试面试题中与数学相关知识的考查分析与备考建议[J]. 数学通讯,2012(7 下):45-49.

[2] 余炯沛. 多边形面积的公理化定义[J]. 数学通报,1990(5):32-36.

[3] 高安秀树. 分数维[M]. 北京:地震出版社,1989.

§11 重点大学自主招生面试题(数学部分)精选

题 1 (2012 年浙江大学)如何向小学生解释"椭圆"这个形状?

解 斜着切开一根圆柱形的火腿肠,得到的截面就是椭圆!

题 2 (2012 年复旦大学)费马大定理是什么?你最喜欢的数学家是谁?

解 费马大定理是:当 n 是大于 2 的正整数时,方程 $x^n + y^n = z^n$ 没有正整数解.

皮埃尔·德·费马(Pierre de Fermat,1601—1665),是法国律师,用业余时间钻研数学,在数论、微积分、解析几何、几何光学等领域做出了卓越贡献,而被誉为"业余数学之王".

1637 年,费马在丢番图(Diophante,246—330)的《算术》一书的空白处写下了"不可能把任一个次数大于 2 的方幂表示成两个同方幂的和"的推断,后被称为费马大定理.但此结论在后来的三百多年里一直无人能证明,所以也把它称为"费马最后定理".

费马在生前很少发表文章,他的许多重要成果都写在书页的空白处和致友人的书信中.后人整理出版了他的文集——《数学杂文集》.

1994 年 9 月 19 日,英国数学家安德鲁·怀尔斯(Andrew Wiles,出生于 1953 年)给出了费马大定理的证明,发表在 1995 年 5 月的《数学年刊》上,怀尔斯因此获得了 1996 年的沃尔夫奖和 1998 年的菲尔兹奖.

关于"你最喜欢的数学家",要看个人观点.由以上阐述,费马、丢番图、怀尔斯都是答案之一,当然还应阐述你喜欢的理由,如这位数学家的成就、品行,等等.下面再给出一些答案,供你参考:

(1)身残志坚的小约翰·福布斯·纳什(John Forbes Nash Jr,出生于 1928 年).著名的美国数学家,他在"N 人对策的均衡"一文中证明了 N 人对策解的存在性,后人称这一理论为"纳什均衡点",它影响了 20 世纪的欧洲经济,并使纳什获得诺贝尔经济学奖.他曾不幸患精神分裂症,但身残志坚,在数学上也获得了巨大的成就.

在数学发展到 20 世纪时,纳什还能提出原创性的理论,这也使我们不会恐惧数学的未来不会留下我们的名字,至少机会还是有的!

(2)"数学家之英雄"莱昂哈德·欧拉(Leonhard Euler,1707—1783).著名的瑞士数学家及自然科学家,他是历史上最多产的数学家,平均每年写出八百多页的论文,一生发表了 831 篇(部)论文(著作),数学的各个分支中几乎都有欧拉的名字,并且他还是很多分支的奠基人.1735 年,欧拉右眼失明;1766 年,又转成双目失明,但他以惊人的毅力,用口述由别人记录的方式工作了近 17 年(期间还解决了很多的世界难题),直到去世.所以欧拉被誉为"数学家之英雄".1909 年,瑞士自然科学会开始出版欧拉全集,使他卷帙浩繁的著作得以流芳百世,至今已出版七十卷.我是一名高中生,并且爱好数学,在多次考试、发表小论文等方面也取得了一些小成绩.我最敬佩的数学家就是欧拉.

(3)不擅长数学考试的数学大师埃尔米特(Charles Hermite,1822—1901).19 世纪最伟大的代数几何学家,但是他大学入学考试重考了五次,而每次失败的原因都是因为数学考不好.他的大学读到几乎毕不了业的程度,每次考不好的原因还是因为数学那一科.他大学毕业后考不上任何研究所,而且考不好的科目还是数学.数学是他一生的至爱,但数学考试是他一生的噩梦.不过这无法改变他的伟大:课本上的"共轭矩阵"是他首先提出来的;人类一千多年来解不出"五次方程式的通解"是他于 1858 年利用椭圆函数最先解出来的;自然对数的底数 e 是超越数的证明是他于 1873 年第一个得到的. 这位法国数学家仅仅毕业于巴黎综合工科学校,但曾任法兰西学院、巴黎高等师范学校、巴黎大学教授,在函数论、高等代数、微分方程等方面都有重要发现,在现代数学各分支中以他的姓氏命名的概念有很多,如"埃尔米特二次型""埃尔米特算子",等等. 美国加州理工学院数学教授贝尔在对历史上的数学伟人进行回顾时,这样描述埃尔米特:"在历史上的数学家越是天才,越是好讥诮,讲话越多嘲讽. 只有一个人例外,那就是埃尔米特,他拥有真正完美的人格."

(4) 隐士数学家格里戈里·佩雷尔曼(Григорий Яковлевич Перельман,出生于 1966 年). 因证明了七大千年数学难题之一的庞加莱猜想,而被美国《科学》杂志列为 2006 年度十大科技进展之榜首,国际数学界称佩雷尔曼是数学奇才. 但他拒绝领取百万大奖,并且拒绝所有的奖项和荣誉,甚至不在期刊上发表文章. 佩雷尔曼潜心学问、淡泊名利的品德,不但让数学界的同行佩服,而且在国际上也赢得了很高的声誉. 也正因为他心无旁骛、专心钻研,才在证明困扰人类百余年的庞加莱猜想过程中做出了奠基性的贡献. 这的确是位值得钦佩的数学家,他让人们看到了一个活生生的真正意义上的纯粹数学家.

(5) "最年轻的数学家"——埃瓦里斯特·伽罗华(Évariste Galois,1811—1832). 对于一般的多项式方程,次数不高于 4 时,数学家都找到了根式解,但次数高于 4 时一直难以解决,所以人们猜测没有一般的求根公式. 但年轻的数学家伽罗华解决了这个问题,但他在生前没有得到应有的荣誉.

1829 年,伽罗华把关于解方程的两篇文章送法国科学院,这些文章被托付给柯西,结果被遗失了. 1830 年 1 月,他交给科学院另外一篇仔细写成的研究文章,被送到了傅里叶(Fourier,1768—1830)那里,不久傅里叶去世,文章也被遗失. 在泊松(Poisson,1781—1840)的提议下,他又于 1831 年写了一篇"关于用根式解方程的可解性条件"的文章,又被泊松作为难以理解而退回,并劝他写一份较为详尽的阐述. 对事业必胜的信念激励着年轻的伽罗华. 虽然他的论文一再被丢失,得不到应有的支持,但他并没有灰心,他坚持他的科研成果,不仅一次又一次地想办法传播出去,还进一步向更广的领域探索. 他一劳永逸地给一个折磨了数学家达几个世纪之久的谜,找出了真正的解答. 这个谜就是在什么条件下方程是可根式解的. 一些著名数学家说,伽罗华的英年早逝使数学的发展被推迟了几十年,他被公认为数学史上两个最具浪漫主义色彩的人物之一(另一位是欧拉).

(6) "女扮男装"的数学家索菲·热尔曼(Sophie German,1776—1831). 她 13 岁时在《数学的历史》里看到阿基米德(Archimedes,公元前 287—前 212)由于正在全神贯注地研究沙盘上的数学问题,而疏忽了回答一个罗马士兵的问话,结果被长矛戳死,便得出结论:如果一个人会如此痴迷于一个导致他死亡的数学问题,那么数学必定是世界上最迷人的学科了.于是她开始接触数学,研究一些大数学家的著作,……在当时的法国,女性在学术上受到严重歧视,是没有地位的.因此,她父母发现她喜欢数学后,就开始阻挠她学习数学.但她坚定无比,克服一切困难来学数学,等父母入睡后点灯在被窝里看书,……父母最终动了恻隐之心,同意她继续学习.1794 年,巴黎综合工科学校成立了,热尔曼渴望进入大学学习,但是该校只招收男生,……由于她的杰出贡献,高斯(Gauss,1777—1855)还说服了哥廷根大学授予热尔曼名誉博士学位.可惜的是,在决定给她颁发证书后不久,热尔曼已因癌症去世.她终身未婚,一直靠父亲的资助进行研究和生活.

另外,有史记载的第一位女数学家希帕蒂娅(Hypatia,370—415)、第一位女数学教授玛丽娅·阿涅西(G·Maria Agnesie,1718—1799)、第一位女博士、第一位女科学院士索菲娅·科瓦列夫斯卡娅(1850—1891)、历史上最伟大的女数学家埃米·诺特(Emmy Noether,1882—1935)、科学巨匠——艾萨克·牛顿(Isaac Newton,1643—1727)、人类历史上的最后一位通才——弗里德·威廉·莱布尼茨(Gottfried Wilhelm Leibniz,1646—1716)、数学史上最伟大的奇才——布莱士·帕斯卡(Blaise Pascal,1623—1662)、自学成才的世界数学大师华罗庚(1910—1985)、移动了群山的陈景润(1933—1996)及其巨大成就、高尚品德都是这道面试题的好答案.

题 3 (2011 年复旦大学)有两个不规则的容器,其中一个装有 7 mL 水,另一个装有 5 mL 水,旁边还有足够的水供你使用,如何量出 6 mL 水?

解 可用下面的六个步骤来完成:

(1)7 mL 水杯清空,把 5 mL 水倒入;

(2)5 mL 水杯装满水,倒入 7 ml 的容器,倒满,余 3 mL 水;

(3)7 mL 水杯清空,将 3 ml 水倒入 7 mL 水杯中;

(4)5 mL 水杯装满水,倒入生有 3 mL 水的 7 mL 水杯中,倒满 7 mL 水杯,余 1 mL 水;

(5)清空 7 mL 水杯,将 1 mL 水倒入 7 mL 水杯;

(6)装满 5 mL 水杯,倒入有 1 mL 水的 7 mL 水杯,即得 6 mL 水.

初看此步骤很复杂,但只要掌握原则"欲得水量 – 小水杯水量 = 你要找的水量",重复此过程,便可找到方法.

题 4 (2011 年复旦大学)假设广场上有一个巨大的球体建筑物,如何测出它的体积和表面积?

解法 1 在正午时分测量球体在地面上的最大投影便得到直径长 d，再用公式 $V=\dfrac{1}{6}\pi d^3$，$S=\pi d^2$ 可得球的体积和表面积．

解法 2 (1) 找一根长 1 m 的直尺，如图 1 所示，立于球边，测量出投影长度 a，得投影角度 α 满足 $\tan\alpha=\dfrac{1}{a}$．

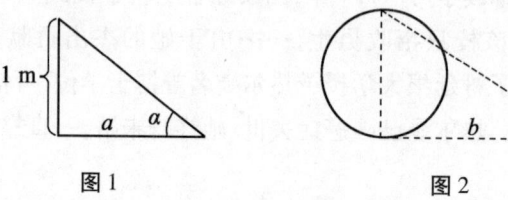

图 1　　　　　　　　图 2

(2) 当 $\alpha<45°$ 时，如图 2 所示，测量出球的投影长度 b，得
$$\tan\alpha=\dfrac{2R}{b}=\dfrac{1}{a},2R=\dfrac{b}{a}$$

(当 $\alpha>45°$ 时，球的最顶端的投影会落在上半球上，所以应选 $\alpha<45°$ 方可计算．)

(3) 由球的半径 R 及公式 $V=\dfrac{4}{3}\pi R^3$，$S=4\pi R^2$ 可得球的体积和表面积．

题 5 (2011 年复旦大学) 有理数和无理数的定义和区别是什么?

解 整数和分数统称为有理数;无限不循环小数叫作无理数．

可把有理数的定义符号化:若数 $a\in\mathbf{Q}$，则 $\exists\,n\in\mathbf{N}^*,m\in\mathbf{Z},(m,n)=1$，使 $a=\dfrac{m}{n}$．

无理数是无限不循环小数,不能写成有理数,那么它是如何构造出来的呢? 例如 $\sqrt{2}$ 是无理数(可用反证法证明),它的构造方法是单位正方形的对角线长．

拓展 古希腊毕达哥拉斯学派的学者们一致认为，任何数都是分数或整数（即有理数）．但学派成员希帕索斯却发现单位正方形的对角线长无法用分数表示（即它与边长不可公度）．他的发现不仅没能得到学派的褒奖，哪怕认可，反而招来杀身之祸（据传，他被抛入大海而葬身鱼腹）．众所周知，π 与 $\sqrt{2}$ 均是无理数，而 π 却不是代数数（即不是整系数多项式方程的根），而是超越数．

题 6 (2011 年南京大学) 三维是什么？$\frac{2}{3}$ 维是什么？

解 数学上称点为 0 维,线为 1 维,面为 2 维,体为 3 维.

1967 年,美籍立陶宛裔数学家曼德布罗特(B. B. Mandelbrot)引用美国气象学家理查森(Richardson)在测量英国海岸线长时,对"英国海岸线到底有多长"进行思考时发现了一个怪异的现象:这个长度不确定.

测量时若不断提高其标尺精度(如尽量多设置测量点,相邻两点间的长度用联结它们的线段代替)时,所得海岸线长会随之不断增加(且随测量点的增加也无限增加).

重复此过程得到的结论是:海岸线长是一个无穷大量.

1975 年,曼德布罗特在《分形图:形状、机遇和维数》中,提出分数维数的概念(分形),试想(依传统思维):当图形中线段(边或棱)增加一倍时,线段的长度、正方形的面积、正方体的体积分别扩大到原来的 2^i($i=1,2,3$)倍,那么这里的指数 i($i=1,2,3$)恰好代表图形的维数.曼德布罗特仿此令 l 为图形在独立方向(长度或标度)上扩大的份数(倍数),N 为图形在独立方向上扩大后其测度扩大的倍数(或得到 $N=l^D$ 个原来的图形),则图形的维数(称相似维数)$D=\frac{\ln N}{\ln l}$.这样,经计算英国海岸线的维数为 1.25,避免了 1 维尺度长度为无穷大,2 维尺度长度为 0 的尴尬.

那么,$\frac{2}{3}$ 维又是什么图形呢？依上面理论,它应是 0 维尺度长度为无穷大,1 维尺度长度为 0.那么,它应是比点长、比线段短的图形.在数学上有这样的图形吗？我们来看实变函数中的一个著名集合康托(Cantor,1845—1918)集:将闭区间 $[0,1]$ 三等分,去掉中间的开区间 $\left(\frac{1}{3},\frac{2}{3}\right)$,剩下两个闭区间 $\left[0,\frac{1}{3}\right]$,$\left[\frac{2}{3},1\right]$.又把这两个闭区间各三等分,去掉中间的两个开区间 $\left(\frac{1}{9},\frac{2}{9}\right)$,$\left(\frac{7}{9},\frac{8}{9}\right)$.一般地,当进行到第 n 次时,一共去掉 2^{n-1} 个开区间,剩下 2^n 个长度均是 3^{-n} 的互相隔离的闭区间,而在第 $n+1$ 次时,再将这 2^n 个闭区间各三等分,并去掉中间的一个开区间,如此下去,就从 $[0,1]$ 中去掉了可数个互不相交(而且没有公共端点)的开区间,剩下的这个集合称作康托集.它的维数是 $\frac{\lg 2}{\lg 3}$,是分数维集合.

题 7 (2010 年清华大学) 一根火柴在不能折断的前提下,如何摆成一个三角形?

解 构成三角形需要三条边,一根火柴只能构成一条边,另两条边如何由"它"生成? 只能由"它"的像生成,成像的方法有很多:可以是两面镜子,也可以是到一张对折纸上的影子. 由此可解决这类问题.

题 8 (2010 年湖南大学) 谈谈数学跟经济的关系?

解 数学跟经济最知名的热点是小约翰·福布斯·纳什在"N 人对策的均衡"一文中证明了 N 人对策解的存在性,后人称这一理论为"纳什均衡点",它影响了 20 世纪的欧洲经济,并使纳什获得诺贝尔经济学奖. 经济的发展也促进了对数学的研究,比如,18 世纪保险事业的大进展就促进了数学家对概率论的深入研究.

题 9 (2009 年复旦大学) 今天是星期三,140 年前的今天是星期几?

解 初看是一道解同余组的竞赛题,但同余组的运算量很大:要对 140 年有多少天进行计算,再对 7 取余数. 但作为面试题,这显然不可能. 可这样快速求解:

因为"今年"是 2009 年,所以应考虑 2000 年是闰年,但 1900 年不是闰年,不用再考虑以前的整百年是否是闰年了. 不考虑整百年的闰年情形,为四年一闰,每四年的天数是一样的,$140 \div 4 = 35$,所以可把 140 年分成 35 个一样的天数,所以 140 年是 35 的整数倍,当然也是 7 的整数倍,得 140 年前的今天还是星期三. 但 1900 年不是闰年,所以答案应当是"星期四".

题 10 (2009 年兰州大学) 你是怎么理解数学中的极限的?

解 极限理论是初等数学的终结和高等数学的开端,但它的思想普遍存在于初等数学中. 例如,阿基米德以"穷竭法"计算圆周率. 以内接于圆的正 n 边形割圆,当 $n \to \infty$ 时,圆内接正 n 边形的周长与圆的周长相等. 在高等数学中,它孕育了微积分的思想,直接参与了定积分概念的表述

$$\int_a^b f(x) \mathrm{d}x = \lim_{n \to \infty} \sum_{i=1}^n \frac{b-a}{n} f(\xi_i)$$

在几何上,这个表述意味着以无限多个可测量图形逼近不规则图形,以测量不规则图形.

题 11 (2009 年兰州大学) 什么是勾股定理? 勾股定理也叫什么定理?

勾股定理即直角三角形两直角边长度的平方和等于斜边长度的平方.

中国古代称两直角边分别为"勾"和"股",斜边为"弦",所以把这个定理叫作勾股定理,也叫"商高定理". 西方称为毕达哥拉斯定理,因为普遍认为这个

定理是由毕达哥拉斯学派第一个证明的.该学派发现此定理后,还杀掉一百头牛来庆贺,所以这个定理也叫百牛定理.

该定理是余弦定理的一个特例.由此定理可得,腰长为1的等腰直角三角形的底边长为$\sqrt{2}$,它是人们发现的第一个无理数.

题 12 (2009 年兰州大学)在讨论函数性质时,应从哪些方面进行?

解 首先要弄清什么是函数?函数是两个集合之间建立的一种满足条件的关系,这个满足条件的关系称为法则.选定一个集合,令法则作用于这个集合中的一个元素,若作用后只能得到另一个集合中的唯一元素,则这个法则称为选定集合上定义的函数,选定的集合称为定义域,法则作用于定义域的所有元素后得出的集合称为值域.

这样抽象意义下的函数关系的性质还有很多,如何选择这些性质去讨论呢?那要看你的目的是什么?高中的学习是为大学深造做准备的,大学数学起初学习的就是《分析学》,在《分析学》里高中阶段接触的微积分是大学要继续深入学习的内容,因此可从学习微积分所需要的函数性质来回答这个问题:

在微分的定义中需要讨论函数的连续性,在函数的连续性中又需要讨论函数的极限性质.函数的极限可从唯一性、局部有界性等方面进行讨论,因为函数的定义中暗含了函数本身的唯一性,所以考生要对函数的有界性给予关注.

微分中值定理是微分中的一个有代表性的定理.它对函数的极值、凹凸性、拐点都做出了很好的判断,而这些性质的研究是以函数的单调性、奇偶性、周期性为基础的,所以单调性、奇偶性、周期性也是要讨论的范围.

题 13 (2008 年北京大学)圆锥面上的任意两点有没有最短距离?如果有,最短距离是什么?在圆柱面上呢?

解 先看圆锥面的情形.可沿圆锥的一条母线(该母线不在已知的两点之间)剪开把圆锥面展成平面,在该平面上两点之间的距离(即线段的长度)就是所求答案.

同理,可解答出圆柱面的情形.

题 14 (2008 年兰州大学)坐标系有什么实用价值?

解 在现实生活中,任何一个空间物体(比如,飞机、楼房的三维模拟图形等)都需要用坐标系来确定该物体上每一个点的位置.

题 15 (2008 年兰州大学)数学与其他学科有什么关系?

解 对理工科来说,数学是研究、学习理科各分科的基础和工具.但我们对数学的学习往往超前于它在各学科中的应用.例如,数学的启蒙在小学,物理、化学的启蒙在初中高年级,物理、化学启蒙用到的数学知识是小学时就已经学过的,到了高中,数学中复杂的函数、立体几何、圆锥曲线等知识在物理、化学中已很少看到应用.但初中的数学知识,例如方程、三角函数等却依然用在物理、化学等学科中.因此,数学看似是无用武之地的一门抽象科学,但事实上,对数学的应用过程远远落后于对数学的学习过程,因此它的效用有时会被人们忽略,但若失去数学基础,其他理科的学习就举步维艰!

对文科来说,数学与写作本质上是相通的.数学几何定理的证明模式是:定理—证明.写作的模式是:提出观点,用论据证明.只是形式不一样:数学是用之前的定理,写作是用具有说服力的事实,本质上均是逻辑推理.

因此,数学对于理工科是基础、是工具,与文科是相辅相成的关系.

题16 (2008年兰州大学)三角函数有什么应用?

解 提到三角函数,就不能不提到一个人,让·巴普蒂斯·约瑟夫·傅里叶,法国著名数学家.1807年,他在向法国提交的一篇论文中给出了结论"由随意绘出的图形、定义在闭区间上的任意函数,可被分解为正弦函数和余弦函数的和",即任何函数都可表示成

$$\frac{a_0}{2} + \sum_{n=1}^{\infty}(a_n\cos nx + b_n\sin nx)$$

两百多年过去了,虽然这个论断过于狂妄,但已经证明,能如此表示的函数确实很广泛,并且这个级数称作傅里叶级数,该级数是由三角函数构成的,它在声学、光学、电动力学、热力学等许多领域中,都很有价值,并且在谐波分析、梁和桥的问题以及微分方程的求解中,都起着重要作用.

题17 (2006年清华大学)为什么三角形的面积是底乘以高除以2?

解 从几何上讲,任何两个全等的三角形都可以拼成一个平行四边形,所以该平行四边形面积的一半就是其中一个三角形的面积.

从积分学的角度来讲,可以把任何一个三角形看成一个分段函数的图像与x轴围成的区域的面积.可不妨设这个分段函数为(对于其余的情形,可用同样的方法获证)

$$f(x) = \begin{cases} \lambda_1 x + \mu_1 & (a \leq x \leq b) \\ \lambda_2 x + \mu_2 & (b \leq x \leq c) \end{cases}$$

且满足$f(a) = \lambda_1 a + \mu_1 = f(c) = \lambda_2 c + \mu_2 = 0, \lambda_1 b + \mu_1 = \lambda_2 b + \mu_2, f(x) \geq 0$恒成立.

由此,得

$$S = \int_a^b (\lambda_1 x + \mu_1) dx + \int_b^c (\lambda_2 x + \mu_2) dx = \cdots$$
$$= \frac{b-a}{2}(\lambda_1 b + \mu_1 + \lambda_1 a + \mu_1) + \frac{c-b}{2}(\lambda_2 c + \mu_2 + \lambda_2 b + \mu_2)$$
$$= \frac{c-a}{2}f(b)$$

因此欲证结论成立.

题 18 (2006 年清华大学) 公理和定理有什么不同?

解 公理形式是古代希腊数学最伟大的成就之一. 为了在一个演绎体系中建立一个陈述, 必须证明这个陈述是前面建立的某些陈述的一个必然的逻辑结论, 而那些陈述又必须由更早建立的一些陈述来建立, ……. 因为这个链条不能无限往前推, 开始总要接受有限个不用证明的陈述, 否则就要犯循环论证的错误, 即从陈述 A 推出陈述 B, 又从陈述 B 推出陈述 A. 这是毫无意义的. 这些最初假定的陈述就称为该学科的公理. 而该学科的其他陈述应该逻辑地蕴含于它们之中. 简言之, 最初假定的尽量少的不用证明的陈述即为该学科的公理.

定理是公理体系建立之后, 那些可用公理逻辑证明的陈述. 因此, 对于该学科来说, 公理可以逻辑证明定理, 但公理自身不能被逻辑证明. 而定理可被公理逻辑证明, 或可用公理逻辑证明后的定理逻辑证明.

欧几里得(Euclid, 公元前 330—公元前 275)著的《几何原本》是以公理形式完成的最初著作, 也是现代数学形式的原型.

最后, 再给出应变面试题的三个步骤, 供读者参考:

(1) 敢于质疑题目.

参加自主招生的院校中, 高端院校居多. 而高端院校需要招收到有开拓性、创造性、超越性的人才. 一个人云亦云、按部就班、头脑很难有突破的考生是不会受到高端院校的青睐的. 要具有创造力和突破精神, 首先要敢于质疑. 所以, 回答面试题时, 第一步就是先要质疑一下所给的题目, 这道题目有没有问题? 有怎样的问题?

(2) 展示自己的知识和才华.

质疑绝不是瞎猜, 而是要有理有据的质疑. 答题时也要有理有据, 著名定理、理论是支撑你质疑、答题的关键. 所以在答题时, 要充分展示自己的知识和才华, 证明你的回答是正确的.

(3)送一份惊喜给考官.

面试的时间短暂且考生很多,要脱颖而出,就要给考官留下深刻印象,送"意外惊喜"给考官.怎么送?把你的独到见解送给考官即可,向考官证明你的大脑不是"复读机",而是会思考的"永动机".

题19 (2008年北京大学)古代文人不学数学,现代文人要学数学,为什么?谈谈你的看法.

解 (1)质疑题目.古代文人不学数学吗?在唐代科举制度中有一门考试科目叫明算,考的就是数学知识.直到公元1314年的明朝科举考试,才改为以朱熹集注的《四书》为主,考八股文,不考数学.所以在此之前的古代文人是学数学的.

(2)证明质疑、展示自己的才华.《周礼》中记载了"教民六艺"——礼、乐、射、御、书、数,其中的"数"又称"九数",指的就是数学.

《前汉书·食货志》中有"八岁入小学,学六甲、五方、书记之事"的记载,其中的"书记"就是指"九数".由此可见,数学作为一种教育内容,在我国由来已久.

在中国的历史上,隋朝的最高学府——国子寺中已设有算学博士与算助教专门从事数学教育.

这都说明中国古代的民间初等教育中有数学.到兴科举的隋唐,明算也是考试的科目之一,《孙子算经》《五曹算经》《九章算术》《海岛算经》《张邱建算经》《夏侯阳算经》《周髀算经》《五经算术》《缀术》《缉古算经》这十部缉古算经都是当时的教材.这都说明了中国古代的高等教育是学数学的.

(3)回答出自己的精辟见解.我国古代的科学技术一直是世界领先,然而到了明末,明朝政府要向欧洲购买火器(大炮)以抗击使用冷兵器的清兵,这说明我国当时的兵工制造水平,已经低于世界先进水平,科技的发展已经落后了,这也证明了数学的废弃对科技的整体发展影响巨大.从明初的数学衰落,明末科技落后弊端的暴露来看,数学对整个科学发展的影响是深远且至关重要的.所以,从宏观发展来讲,中国人都要学习数学知识.从个人的发展来讲:著名哲学家格奥尔格·威廉·弗里德里希·黑格尔(Georg Wilhelm Friedrich Hegel,1770—1831)说过,一个深广的心灵总是把兴趣的领域推广到无数事物上去.我个人认为数学无疑是这无数事物中最真实的一个.

§12 重点大学自主招生面试技巧

在自主招生中,越过笔试的"高山",迎面而来的就是面试的"险峰". 俗话说"不怕山高,就怕腿软". 要想在面试中取得高分,就要"胸中有墨,从容自信". 面试是重点大学自主招生工作中十分重要的环节,对考生最终能否进入相关学校起着决定作用. 因此,考生必须对面试做充分的、立体的准备.

1. 注重积累,融会贯通

面试是一个互动的测试,题目是无法预测的. 它与笔试不同,依靠应试来复习,拼命做题,死记公式也是行不通的,主要还是看考生平时的积累. 首先,要掌握基础知识、基本技能,实现真正的融会贯通;其次要有科学的态度,追根到底的精神;再次,要关心身边的科学现象,多思多想,扩展知识面.

面试主要还是看学生平时的积累. 不过,总体来说,还是有几个指导原则可以把握:

首先,学生平时要注意自己的个人谈吐、举止,别人讲话的时候不要轻易打断,回答问题时,要用简洁而富有逻辑的语言把握事物的本质,把问题回答清楚. 所以,在此也提醒各位考生,回答问题一定要简明扼要. 同时,考生面试时,也不要太在意自己回答问题的先后次序,因为先回答发挥的空间更大,后回答也有好处,有充裕的时间准备,语言的逻辑性更强,思考的空间也更大.

第二,面试题大多具有开放性,一般不会出以标准答案为结果的题目,会尽量给学生比较大的发挥空间. 如果某一道题目第一位学生回答完毕后,剩下的同学都发现很难再回答了,那这道题就不是一个好问题.

面试题一般由参加面试的老师自行设计,题目的内容和形式实在是五花八门不胜枚举. 而且题目大多都是开放式的,没有标准答案. 考生只要能够经过独立思考自圆其说,有逻辑性,考虑全面深刻,就可以拿到很高的分数. 所以老师们也善意地提醒学生千万不要被题目所吓倒.

面试的目的不在于找到答案,而在于寻找答案的过程. 譬如"你最厌恶的历史人物是谁"这样的问题,任何答案都不是错误的. 除了考查学生的基础历史知识,比如该人物的事迹和生活年代之外,更重要的是由厌恶的理由来考查学生的道德评价标准是否健康,看待历史人物是否客观全面,进一步考查其性格中有没有过多的偏执. "你如何看待街头流浪乞讨者?"类似这样的问题则把考查的侧重点放在同情心和思考深度上. 一方面,考查考生对社会的关心程度和责任感,另一方面,测试其理解分析社会现象的能力.对于这一现象形成的原因,如果仅仅停留在指责乞讨者个人的懒惰上,至少说明该考生缺乏透视社会现象的能力,不是特别适合进行人文社会科学的深入研究;而如果考生能够结合现实,看到社会转型期重大社会矛盾没有得到充分解决和调整,则很好地表现了分析能力.

有些题目的设计也会将考生置于道德困境的两难选择当中,面对不同价值观的冲突,甚至法律与道德的对抗,借此来考查他们在复杂环境中做出判断的能力.这样的考查意图是隐藏得比较深的,考生往往难以在短时间内体会到.

面试题目的随机性和开放性杜绝了死记硬背的可能,而出题者的立意高度也使得考生难以准确把握题目的考查用意.面试老师的建议是考生不必浪费时间在准备题目和猜测出题者用意上,而是在平时注意培养自己的反应能力,关注社会和学科热点问题.面试的目的在于选拔人才,老师也充分了解中学生的学术水平,不会以一些超出其知识范围的偏题怪题来为难考生.

第三,面试题很多都涉及社会热点问题,还有一些学校里经常碰到的问题,这些问题往往都发生在学生的身边.因此,在紧张的学习中,学生不能完全"两耳不闻窗外事",读报、看新闻还是很有必要的.但如果专门去猜面试题,或临时抱佛脚,没有任何意义.因此,建议考生不要花太多的精力去猜题,还是要脚踏实地,按照自己的计划学习,但可以多花一些时间看报纸,听新闻.

2. "培养"创新,提升能力

面试的标准与其他考试不同,其中的问题,多数都保留有较大的自由发挥空间.考生回答的对与错固然重要,但并不起决定作用.面试过程中自然而然地体现了考生思维的发展及思想的深度,专家会依据经验分析考生的可塑性.因此,独到的见解、创新的思维备受专家的青睐.这也要求考生在平时的学习中要注重能力的培养,包括观察能力、表达能力、想象能力和创新能力等.

考生还要有自己的想法,平时要注重积累.

大学的自主招生是大势所趋.在自主招生中,重点大学所青睐的学生要基础好,善于举一反三、融会贯通,还要有自己的想法.

3. 把握细节,平和心态

注意"细节决定成败".在面试前,准备要充分,包括对面试的学校和专业的了解等;面试时,举止要得体,要有礼貌,态度和眼神要在自信中流露出谦逊.

注意"心态决定状态".自主招生考试增加了考生被录取的机会,因此对自主招生考试不要过于轻视也不要太过重视.应保持平和的心态,冷静的思考,严谨、全面地回答问题是整个面试的关键.

下面概括出参加面试的"九要"与"九不要",供即将参加重点大学自主招生的同学参考.

第一,要给主考老师以"充分准备、十分重视"的印象.

考生事先重视并且准备充分也不一定会在现场给主考老师留下好印象.因为,你可能临阵胆怯而不能正常发挥;你也可能为了给人留下胸有成竹的印象而过分放松,反而显得漫不经心;结果你辛辛苦苦而给对方印象不佳.考生一是注意仪表的干净整洁;二是事先模拟情境来锻炼在正式场合镇定自若的仪态和表情;三是通过演讲、对话的方式练习语言表达的流畅和清晰.当然,支撑点是你有丰富的知识、独到的见地.

第二,要声音洪亮口齿清晰,不要声轻如蚊含混不清.

第三,要自信不要自负.

自信的表现是目光和主考老师保持交流,是表达态度的沉稳和表达内容的明确,是立场观点的鲜明和看待问题的辩证法.自负却是目中无人的态度和看待问题的绝对.

第四,要谦虚不要自卑.谦虚是一种态度,是说话留有余地,是从进入考场起就自始至终目中有人.具体表现为走进考场落座前征得老师的同意,落座后坐姿端正,不翘腿、不抖腿、挺直腰背.说话态度鲜明而不绝对,老师说话时认真倾听而不插嘴.自卑则是目光不敢和老师对视、交流,说话断断续续,态度不明.一旦老师反问便不加辩说而收回观点.

第五,说话要简洁不要夸夸其谈.

一般说来,除非主考老师要你详细阐说,否则回答以简洁明了为好.

第六,所欣赏的事物、表达的思想要有品位而不能低俗.

如果老师问到你欣赏什么作品,你的回答没有一部是名家名篇,恐怕就有品位不高的嫌疑了;如果老师问你为什么要报考这所大学,你的回答只是谋取一份好的职业,恐怕就会显得境界太低了;如果老师问你喜爱什么音乐作品,你的回答全部是流行歌曲可能就有些低俗了.

第七,态度要诚实而不要不懂装懂.

你毕竟只是高三学生,不可能什么都懂,什么都能侃侃而谈.所以,当老师的问题是你知识的空白时,"知之为知之,不知为不知"才是明智之举.千万不要不懂装懂、胡说乱侃.

第八,要敢于发挥个性不要过分拘泥.

在遵守基本要求的前提下,展现个性和才华是取胜的法宝.自主招生是选拔人才,要在如林的强手中脱颖而出,只有共性而没有个性是不行的.比如,你阳光外向,说话不妨直截了当干脆利落,你内敛沉稳,也可保持不紧不慢的态度(但还是不能失去自信).在有把握的前提下,甚至可以和主考老师就某一问题讨论商榷,坚持自己认为正确并理由充分的观点,从而充分展现自己的才华和长处.

第九,要有礼貌不要张狂.

有不少学生在面试环节中,看见面试官,招呼也不打,在细节上非常不注意,缺乏礼貌,影响到老师对学生的综合评价.面试不光看学生的知识面,而是对整个综合素养的考量,包括对问题有没有自己的见解、口语表达的是否流畅和是否有针对性.

所以,考生要时刻注意自己的礼貌、态度和眼神,要在自信中表现出谦虚.眼神看着主考官而不是不断游移.另外,回答问题要表现出自己独特的见解.在展示知识面的同时,还要展示出自己独特的见解和认识问题的高雅品位.

有位考生成绩不错,对一般的问题都能顺利地回答出来.在面试过程中,评委又提出了这么一个问题:"对于小泉参拜靖国神社的现象,你怎么看?"这位考生一副无所谓的样子,轻描淡写地说:"只不过是一个事实,两国各自有表述."对于这样大是大非的问题,他态度那么马虎,怎么能让人信服?评委们很容易得到这样的印象:这位同学缺乏爱国精神,至少是缺少对时事的关注.显然,他在面试中得不到好成绩,只能败走麦城.

还有一位同学,狂妄得不得了,轮到他发言的时候,便大谈特谈什么书都看过,什么东西都知道.现场的评委都是文学、化学、计算机等各个领域的专家,这么吹嘘自己,不怕风大闪了舌头么?评委要杀他的威风是很容易的,随即问他一个化学方面的专业问题,他即刻目瞪口呆了.后来的结果大家也能想象得出来,他名落孙山.

有位来自南方的女生,从资料里可以看到,她的父亲早年去世,她和妈妈在一起生活,家里很穷.可是在面试过程中,这位同学乐观开朗,谈吐得体,全然看不出生活的困顿所留下的痕迹.她的阳光表现打动了在场的每位评委,赢得了一致的好评,顺利入围.这个例子可以说明什么呢?哪怕处在一种很坏的处境里,你也可以努力去做,积极地面对一切,保持一种良好的状态.事在人为,后天的努力可以在很大程度上弥补先天的不足,甚至创造奇迹.

4. 面试过程解谜

面试在复旦大学自主招生的整个过程中是相当重要但又是最为神秘的一环.除了个别同学事后的零星回忆之外,未参加者再也无从得知面试的内容.国家教育部曾做出特别规定,大专院校自主招生必须经过面试这一环节(在2013

年上海交通大学自主招生中,就有部分考生是免笔试但必须面试),然而校方始终以沉默来应对广大学生家长的好奇.有记者透露了来自复旦大学自主招生面试的若干细节,这里呈现出来与大家分享,希望可以帮助各位考生更好地备战冲刺重点大学.

面试过程是由五位老师来考查同一名考生的"车轮战",这是因为自主招生的本意在于招收素质全面的创造性人才,防止学科的局限阻碍了考生潜能的发挥.而每位老师会通过3~4道题目的问答来了解考生的知识积累、道德水准、思考力、决断力等各方面的素质.

复旦的宗旨并不是选拔最聪明的人才,"我们需要的不是'希特勒'."校方要求各位老师在面试过程中把重点放在考查学生的创造性思维、社会责任感、实践动手能力等方面,而不是局限于对某一学科的深入研究.当然如果有些考生在某一领域术业有专攻,成就真实突出,也会得到肯定.考生有偏好的学科不是坏事,关键是不要影响到知识的全面性.如果能就个人特别喜爱的学科生发出有价值的独到见解,也同样是创造性思维的体现.

以面试内容的广泛程度而言,可以说是无从复习.面试成功与否取决于考生平时的积累,知识的广度不是短时间里可以迅速提高的,功夫要下在平时.另外,复旦对学生的思想道德素质也十分关注,在面试中作为相当重要的一个考查内容,这在笔试中是无法体现的,而这种素质的提高也不是任何课程和补习班中可以速成的.总之,做学问先要学做人.

这里再强调一点:面试不等于演讲比赛.

面试的最大特点就在于即时性,老师通常只会给学生一两分钟的思考时间.考生必须在最短的时间内用最清楚有效的语言表达自己的看法.但是,校方也特别强调面试不是表达能力竞赛,请考生和家长不要担心面试以口才论英雄.即使学生因为紧张而影响表达,老师也会尽量引导和舒缓其情绪,而不会因此影响面试的进行和最终的考评.

校方对面试老师的要求非常严格———不以貌取人,不以家庭社会背景取人,不以彼此的观点不同来评价学生,不以考生的表达障碍影响对其观点的判断.

在面试过程中老师们最看重的不是流畅的表达,而是真实自然的表达.面试不能过于表现自己甚至吹嘘将会成为无可挽回的致命伤.诚信在面试中至关重要,面试过程中曾经出现过个别考生为表现自己谎称发表过学术论文并亲自参与某细胞新品种的试验,却在该专业老师的追问下露出马脚.老师们更加看重的是考生的在学术方面的能力和潜力,而非既有成就.

参加面试的老师有着多年的执教经验,非常熟悉考生心态和临场表现,考生们不必担心老师们无法看到自己的真实水平.表达能力欠佳的考生也可以放心,参与面试的老师也并非都是以口才见长的,真正具备优秀个人素质的考生是不会被埋没的.

5. 对面试要做好准备,但无须刻意准备

自主招生的面试是重点大学了解学生的真实水准和真实能力的重要渠道,但学生没必要刻意准备,因为准备往往也是无效的,将自己的素质能力充分展现出来,让学校了解就足够了.其实这也好比用人单位的面试,学生可以用很多的技巧来包装自己,而评委会将外壳一一剥开,还以原型.因此,学生在面试中,坚持自己一贯自信的表现是最重要的,刻意准备有时候反而会弄巧成拙.

另外,自主招生面试考的是综合素质,评委看重的是考生的情商,而不是智商.谈吐、仪态这些非常重要.考官会问考生一些综合知识、时事方面的问题,关注考生的人文素质.有些书呆子眼睛不敢看评委老师,这肯定得不了高分.得高分的同学一定是知识面广、思路清晰,回答有条理.

自主招生考试的笔试内容范围,大致不会超出考生高中阶段所学各门课程,但是考试方式比较灵活,和高考试题相比,难度更大,更需要考生有比较扎实的学习功底和灵活的解题思路.但面试题更加灵活多样,个别重点大学已不再对考生笔试,直接根据考生申请材料确定进入面试的合格考生名单.面试主要考查学生的语言表述能力、反应能力、逻辑推理能力、兴趣爱好及知识面拓展情况等.

一般而言,面试题无标准答案,所以考生回答得对与错并不是考查的重点,主要考查的是考生的综合素质,如思想品德、思维方式、逻辑能力、对社会的观察与思考能力、学习研究潜力、社会组织能力,以及专长特长等方面,对这些方面的评判标准本来也是多元化的,专家组会根据实际情况来判断学生的综合能力及可塑性.所以,考生中规中矩的答案一般只得中档分;考生答得不一定正确,但能表现出自己独立思考、独到眼光的,往往会得高分.

面试时间一般不会太长,短则10分钟,长则半小时.每位专家老师手头均有参加面试考生的背景材料(主要是考生申报的有关材料),会根据考生所报内容展开提问.需要注意的是:不要紧张,从容应对,事先应对自己申报的材料了如指掌,知己知彼,百战不殆;其次,老师肯定会就考生的兴趣、获奖情况以及相关学科知识的储备,尤其是特长方面的情况进行提问,等等.考生应事先对与自己的特长和兴趣相关的知识进行一定的储备,平时要多关注社会的重大问题,多读课外书及对某些文学作品的评价,等等;再次,专家老师还可能会考查考生对申报院校的了解程度,考生不妨事先上网大致了解一下自己所报的院校情况.

总之,对自主招生的面试,应平时多积累,包括课内外知识、社会生活、社会阅历等;不要专门去准备这一考试,平心静气地与老师面对面交流,掌握主动权,争取能引导专家的提问.

最后,再推荐网络给出的部分自主招生面试题,读者可以了解、浏览它们:

2013年的北京林业大学自主招生面试形式为三对一单独面试(三位考官对一位考生),由考生随机抽签决定考试顺序,每人两道面试题,时间不超过10分钟(据考生反映,每道面试题都紧贴社会热点),部分面试题见网址http://blog.sina.com.cn/s/blog_b4828c110101kl0d.html;2013年的北京交通大学、中国海洋大学、云南大学、清华大学("领军计划"部分)、南京农业大学自主招生部分面试题也见上述网址;2013年,2012年北京大学自主招生面试题分别见网址http://sx.zxxk.com/Article/252059.html;http://blog.sina.com.cn/s/blog_605ccdaf01013wy2.html;2010年,2009年,2007年,2006年清华大学自主招生面试题见网址http://www.docin.com/p-682225502.html;2005~2011年浙江大学自主招生部分面试题见网址http://blog.sina.com.cn/s/blog_6626bbf20101a867.html;2010,2011年中国人民大学自主招生部分面试题见网址http://blog.sina.com.cn/s/blog_6626bbf20101a868.html.网址http://blog.sina.com.cn/s/blog_b4828c110101kl0f.html给出的自主招生面试题8类题型详细解读,读者也可阅读参考.

真题再现

§1 2018年北京大学自主招生数学试题(部分)

本试卷共包含20道单项选择题,每道题答对得5分,答错扣1分,不答得0分.

2. 抛物线 $x^2 = py$ 与直线 $x+ay+1=0$ 交于 A,B 两点,其中点 A 的坐标为 $(2,1)$,设抛物线的焦点为 F,则 $|FA|+|FB|$ 等于 ( )

A. $\dfrac{1}{3}$ B. $\dfrac{17}{6}$ C. $\dfrac{28}{9}$ D. $\dfrac{31}{9}$

4. 某校派出5名老师去海口市三所中学进行教学交流活动,每所中学至少派一名老师,则不同的分配方案有 ( )

A. 80种   B. 90种   C. 120种   D. 150种

8. 如图1所示,将若干个点摆成三角形图案,每条边(包括两个端点)有 $n(n>1, n\in \mathbf{N}^*)$ 个点,相应的图案中总的点数记为 a_n,则 $\dfrac{9}{a_2 a_3}+\dfrac{9}{a_3 a_4}+\dfrac{9}{a_4 a_5}+\cdots+\dfrac{9}{a_{2013} a_{2014}}$ 等于 ( )

A. $\dfrac{2\,011}{2\,012}$ B. $\dfrac{2\,012}{2\,013}$ C. $\dfrac{2\,013}{2\,014}$ D. $\dfrac{2\,014}{2\,013}$

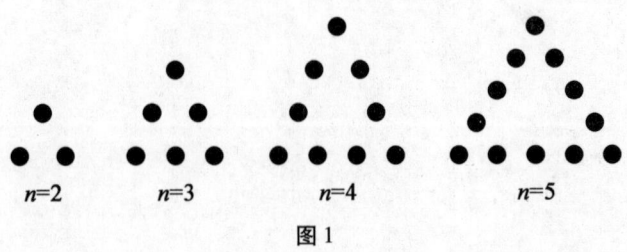

图1

11. 已知 $F_1(-c,0)$, $F_2(c,0)$ 为椭圆 $\dfrac{x^2}{a^2}+\dfrac{y^2}{b^2}=1$ 的两个焦点, P 为该椭圆上的一点且 $\dfrac{1}{2}|PF_1|\cdot|PF_2|=c^2$, 则该椭圆离心率的取值范围是 ( )

A. $\left[\dfrac{\sqrt{3}}{3},1\right)$ B. $\left[\dfrac{1}{3},\dfrac{1}{2}\right]$ C. $\left[\dfrac{\sqrt{3}}{3},\dfrac{\sqrt{2}}{2}\right]$ D. $\left(0,\dfrac{\sqrt{2}}{2}\right]$

16. 正方形 $AP_1P_2P_3$ 的边长为 4, 点 B,C 分别是边 P_1P_2,P_2P_3 的中点, 沿 AB,BC,CA 折成一个三棱锥 $P-ABC$(使点 P_1,P_2,P_3 重合于点 P), 则三棱锥 $P-ABC$ 的外接球表面积为 ( )

A. 24π B. 12π C. 8π D. 4π

17. 某动点在平面直角坐标系第一象限的整点上运动(含 x,y 正半轴上的整点), 其运动规律为 $(m,n)\to(m+1,n+1)$ 或 $(m,n)\to(m+1,n-1)$. 若该动点从原点出发, 经过 6 步运动到点 $(6,2)$, 则不同的运动轨迹的种数是 ( )

A. 15   B. 14   C. 9   D. 10

§2 2018 年清华大学自主招生数学试题(部分)

本试卷数学部分共有 40 道单项选择题.

1. 已知定义在 **R** 上的函数 $f(x)=\begin{cases}2^x+a & (x\leq 0)\\ \ln(x+a) & (x>0)\end{cases}$. 若方程 $f(x)=\dfrac{1}{2}$ 有两个不相等的实根, 则 a 的取值范围是 ( )

A. $\left[-\dfrac{1}{2},\dfrac{1}{2}\right)$ B. $\left[0,\dfrac{1}{2}\right)$ C. $[0,1)$ D. $\left(-\dfrac{1}{2},0\right]$

4. 已知抛物线 $C:y^2=8x$ 的焦点为 F, 准线为 l, P 是 l 上一点, Q 是直线 PF 与 C 的一个交点. 若 $\overrightarrow{FP}=3\overrightarrow{FQ}$, 则 $|QF|$ 可以为 ( )

A. $\dfrac{8}{3}$ B. $\dfrac{5}{2}$ C. 3   D. 2

7. 我们把焦点相同, 且离心率互为倒数的椭圆和双曲线称为一对"相关曲线". 已知 F_1,F_2 是一对"相关曲线"的焦点, P 是它们在第一象限的交点, 当 $\angle F_1PF_2=30°$ 时, 这一对"相关曲线"中椭圆的离心率是 ( )

A. $7-4\sqrt{3}$ B. $2-\sqrt{3}$ C. $\sqrt{3}-1$ D. $4-2\sqrt{3}$

11. 如图 1 所示, 为测一棵树的高度, 在地面上选取 A,B 两点, 从 A,B 两点

测得树尖的仰角分别30°,45°,且 A,B 两点之间的距离为 60 m,则树的高度为

( )

A.$(15+3\sqrt{3})$ m B.$(30+15\sqrt{3})$ m

C.$(30+30\sqrt{3})$ m D.$(15+30\sqrt{3})$ m

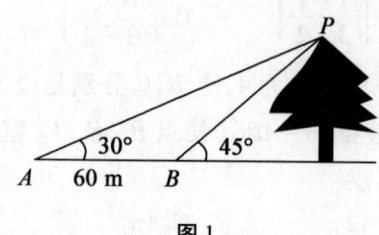

图 1

14. 在复平面内,复数 $z=\dfrac{2\mathrm{i}}{1+\mathrm{i}}$($\mathrm{i}$ 为虚数单位)的共轭复数对应的点位于

( )

A. 第一象限 B. 第二象限 C. 第三象限 D. 第四象限

15. 设 $X\sim N(\mu_1,\sigma_1^2)$,$Y\sim N(\mu_2,\sigma_2^2)$,若这两个正态分布的密度曲线如图 2 所示,则下列结论中正确的是

( )

A. $P(Y\geqslant\mu_2)\geqslant P(Y\geqslant\mu_1)$

B. $P(X\leqslant\sigma_2)\geqslant P(X\leqslant\sigma_1)$

C. 对于任意的正数 t,$P(X\leqslant t)\geqslant P(Y\leqslant t)$

D. 对于任意的正数 t,$P(X\geqslant t)\geqslant P(Y\geqslant t)$

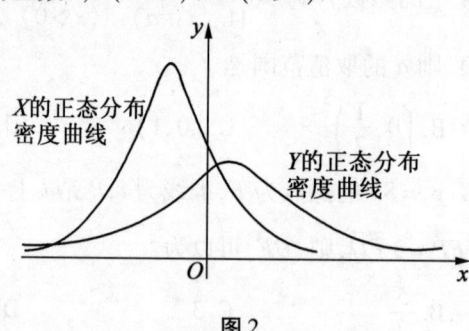

图 2

20. 如图 3 所示,有一个水平放置的透明无盖的正方体容器,容器高 8 cm,将一个球放在容器口,再向容器内注水,当球面恰好接触水面时测得水深为 6 cm. 如果不计容器的厚度,则球的体积为

( )

A. $\dfrac{500\pi}{3}$ cm^3 B. $\dfrac{866\pi}{3}$ cm^3 C. $\dfrac{1\,372\pi}{3}$ cm^3 D. $\dfrac{2\,048\pi}{3}$ cm^3

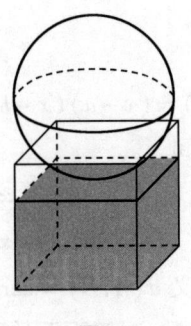

图3

21.若 x,y,z 为正数，则 $\dfrac{xy+yz}{x^2+y^2+z^2}$ 的最大值为 （　　）

A.1　　　　B.2　　　　C.$\dfrac{\sqrt{2}}{2}$　　　　D.$\sqrt{2}$

29.已知 e_1,e_2 均为平面上的单位向量且它们的夹角为 $\dfrac{\pi}{3}$. 平面区域 D 由所有满足 $\overrightarrow{OP}=\lambda e_1+\mu e_2$ 的点 P 组成，其中 $\begin{cases}\lambda+\mu\leq 1\\ \lambda\geq 0\\ \mu\geq 0\end{cases}$ ，那么平面区域 D 的面积为

（　　）

A.$\dfrac{1}{2}$　　　　B.$\sqrt{3}$　　　　C.$\dfrac{\sqrt{3}}{2}$　　　　D.$\dfrac{\sqrt{3}}{4}$

31.若 α 是第二象限角，且 $\sin\left(\dfrac{\pi}{2}+\alpha\right)=-\dfrac{\sqrt{5}}{5}$ ，则 $\dfrac{\sin\alpha+\cos^3\alpha}{\cos\left(\alpha-\dfrac{\pi}{4}\right)}=$ （　　）

A.$-\dfrac{11}{15}\sqrt{2}$　　　　B.$-\dfrac{9}{5}\sqrt{2}$　　　　C.$\dfrac{9}{5}\sqrt{2}$　　　　D.$\dfrac{11}{15}\sqrt{2}$

33.为了得到函数 $y=\sin\left(2x-\dfrac{\pi}{3}\right)$ 的图像，只需把函数 $y=\sin 2x$ 的图像上的所有点 （　　）

A.向左平移 $\dfrac{\pi}{3}$ 个单位长度

B.向右平移 $\dfrac{\pi}{3}$ 个单位长度

C.向左平移 $\dfrac{\pi}{6}$ 个单位长度

D. 向右平移 $\frac{\pi}{6}$ 个单位长度

36. 若 $a<b<c$，则函数 $f(x)=(x-a)(x-b)+(x-b)(x-c)+(x-c)\cdot(x-a)$ 的两个零点分别位于区间 ( )

A. (a,b) 和 (b,c) 内
B. $(-\infty,a)$ 和 (a,b) 内
C. (b,c) 和 $(c,+\infty)$ 内
D. $(-\infty,a)$ 和 $(c,+\infty)$ 内

37. 设 A,B 均是有限集，定义 $d(A,B)=\operatorname{card}(A\cup B)-\operatorname{card}(A\cap B)$，其中 $\operatorname{card}(X)$ 表示集合 X 中的元素个数. 对于下面的两个命题：

①对于任意的有限集 A,B，"$A\neq B$" 是 "$d(A,B)>0$" 的充要条件；

②对于任意的有限集 A,B,C，有 $d(A,C)\leq d(A,B)+d(B,C)$ 成立.

下面的选项正确的是 ( )

A. 命题①,②都是真命题
B. 命题①,②都是假命题
C. 命题①是真命题,②是假命题
D. 命题①是假命题,②是真命题

39. 若 $f(x)=x^5+2x^3+3x^2+x+1$，则应用秦九韶算法计算 $f(3)$ 的值时需要作乘法运算的次数是 ( )

A. 9   B. 8   C. 5   D. 4

§3 2018 年中国科学技术大学自主招生数学试题

2018 年中国科学技术大学自主招生考试笔试已于 2018 年 6 月 10 日上午 8:30~11:30（考生需提前半小时入场）进行，笔者由多位参加此次的考生回忆出试题，并钻研出其详解，供读者参考.

一、填空题（每小题 6 分，共 48 分）

1. $(\sqrt{3}i-1)^{2018}=$ _____.

2. 若 $\sin 2\alpha=\dfrac{3}{5}$，则 $\dfrac{\tan(\alpha+15°)}{\tan(\alpha-15°)}=$ _____.

3. 若 $x>-\dfrac{1}{2}$，则函数 $f(x)=x^2+x+\dfrac{4}{2x+1}$ 的最小值为 _____.

4. 若 $S=\{1,2,3,4,5\}$，则满足 $f(f(x))=x$ 的映射 $f:S\to S$ 的个数是 _____.

5. 若 α 为复数,i 为虚数单位,关于 x 的方程 $x^2 + \alpha x + i = 0$ 有实根,则 $|\alpha|$ 的取值范围是_____.

6. 若定义域是 $(0, +\infty)$ 的函数 $f(x)$ 是单射,且 $\forall x > 0, xf(x) > 1, f(xf(x) - 1) = 2$,则 $f(2) = $ _____.

7. 在四面体 $ABCD$ 中,$\triangle ABC$ 是斜边长 $AB = 2$ 的等腰直角三角形,$\triangle ABD$ 是以 AD 为斜边的等腰直角三角形. 若 $CD = \sqrt{6}$,点 P, Q 分别在线段 AB, CD 上,则 PQ 的最小值为_____.

8. 若动点 P 在圆 $(x-2)^2 + (y-1)^2 = 1$ 上运动,向量 $\overrightarrow{PO}$(O 是坐标原点)绕点 P 逆时针方向旋转 $90°$ 得到 $\overrightarrow{PQ}$,则动点 Q 的轨迹方程为_____.

二、解答题(第 9 小题满分 16 分,第 10、11 小题满分 18 分)

9. 已知过点 $(-1, 0)$ 的直线 l 与抛物线 $y = x^2$ 交于两点 A, B,$\triangle AOB$(O 是坐标原点)的面积是 3,求直线 l 的方程.

10. 求所有的实系数二次多项式 $f(x) = x^2 + ax + b$,使得 $f(x) | f(x^2)$.

11. 已知 $a_1 = 1, a_{n+1} = \left(1 + \dfrac{1}{n}\right)^3 (n + a_n)(n \in \mathbf{N}^*)$,求证:

(1) $a_n = n^3 \left(1 + \displaystyle\sum_{k=1}^{n-1} \dfrac{1}{k^2}\right)(n \geq 2, n \in \mathbf{N}^*)$;

(2) $\displaystyle\prod_{k=1}^{n}\left(1 + \dfrac{k}{a_k}\right) < 3 (n \in \mathbf{N}^*)$.

§4 2018 年复旦大学自主招生考试数学试题

1. 求函数 $f(x) = \dfrac{16^x + 4^{1-x} + 4 \cdot 2^x + 1}{4^x + 2^{1-x}}(x \in \mathbf{R})$ 的最小值.

2. 已知 $f(x) = 4^x + 2^{x+1} - 8, A = \{x \in (-6, 6) | f(x) > 0\}$,求区间 A 的长度.

3. 求能放入一个半径为 r 的球的圆锥的体积的最小值.

4. 在极坐标系中,曲线 $C: \rho^2 - 6\rho\cos\theta - 8\rho\sin\theta + 16 = 0$ 上一点与曲线 $D: \rho^2 - 2\rho\cos\theta - 4\rho\sin\theta + 4 = 0$ 上一点的距离的最大值是多少?

5. 在 $\triangle ABC$ 中,点 D 在边 BC 上,$AB = c, AC = b, AD = h, BD = x, CD = y$,则 $x^2 + y^2 + 2h^2 = b^2 + c^2$ 是 AD 为 $\triangle ABC$ 的一条中线的什么条件?

6. 求最小的正整数 k,使得 $4725k$ 为完全平方数.

7. 1900 年,数学家_____在巴黎召开的第二届国际数学家大会上提出了 23 个未解决的数学问题.

8. 记正方体六个面的中心分别为点 A,B,C,D,E,F. 先在这 6 个点中任取两点连成一条线段,再在这 6 个点中任取两点连成一条线段,求这两条线段平行的概率.

9. 已知直线 $l_1:mx+y-1=0, l_2:x-my+2+m=0$ 分别过定点 A,B,若这两条直线交于点 P,求 $|PA|+|PB|$ 的取值范围.

10. 在单位正方体 $ABCD-EFGH$ 中,M,N 分别是棱 CG,AE 的中点,动点 P 在侧面 $BFGC$ 上且满足 EP // 平面 BMN,求线段 EP 的长度的取值范围.

11. 在 $\triangle ABC$ 中,已知三个顶点 A,B,C 的坐标分别是 $(3,2),(4,3),(6,7)$,求 $\triangle ABC$ 的面积.

12. 在 $\triangle ABC$ 中,已知 $\overrightarrow{AD}=2\overrightarrow{DB}, \overrightarrow{BE}=2\overrightarrow{EC}$,直线 CD 与 AE 交于点 P. 若 $\overrightarrow{AP}=m\overrightarrow{AB}+n\overrightarrow{AC}$,求 m,n 的值.

13. 对于函数 $f_n(x)=\dfrac{\sin nx}{\sin x}(n\in \mathbf{N}^*)$,下列说法中正确的序号是_____:

① $f_n(x)(n\in \mathbf{N}^*)$ 均是周期函数;

② $f_n(x)(n\in \mathbf{N}^*)$ 均有对称轴;

③ $f_n(x)(n\in \mathbf{N}^*)$ 的图像均有对称中心 $\left(\dfrac{\pi}{2},0\right)$;

④ $|f_n(x)|\leqslant n(n\in \mathbf{N}^*)$.

14. 若函数 $f(x)$ 满足 $f\left(\dfrac{1}{x}\right)+\dfrac{1}{x}f(-x)=2x(x\neq 1)$,求 $f(2)$.

15. 已知两点 $A(0,1),B(1,-1)$,直线 $ax+by=1$ 与线段 AB 有公共点,求 a^2+b^2 的最小值.

16. 已知方程 $\log_{3x}3+\log_{27}3x=-\dfrac{4}{3}$ 的两个根分别为 a 和 b,求 $a+b$ 的值.

§5 2018 年浙江大学自主招生数学试题(部分)

一、填空题

1. 若集合 $A=\{2,0,1,3\}, B=\{x\mid -x\in A, 2-x^2\notin A\}$,则集合 B 中所有元素的和为_____.

6. 从 1,2,3,…,20 中任取 5 个两两不同的数,其中至少有两个数是连续正整数的概率是_____.

7. 若实数 x,y 满足 $x-4\sqrt{y}=2\sqrt{x-y}$,则 x 的取值范围是_____.

二、解答题

9. 如图 1 所示,△ABC 是等边三角形,点 D 在边 BC 的延长线上,且 $BC=2CD$, $AD=\sqrt{7}$.

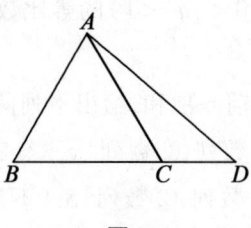

图 1

(1) 求 $\dfrac{\sin\angle CAD}{\sin D}$ 的值;

(2) 求 CD 的长.

10. 已知 $f(x)=x^3-9x$, $g(x)=3x^2+a$.

(1) 若曲线 $y=f(x)$ 与曲线 $y=g(x)$ 在它们的某个公共点处有公共切线,求实数 a 的值;

(2) 若存在实数 b 使不等式 $f(x)<g(x)$ 的解集为 $(-\infty,b)$,求实数 a 的取值范围;

(3) 若方程 $f(x)=g(x)$ 有三个不同的实数解 x_1,x_2,x_3,且它们可以构成等差数列,求实数 a 的值(只需写出结果).

11. 已知数列 $\{a_n\}$ 是等差数列,且 $a_2=-1$;数列 $\{b_n\}$ 满足 $b_n-b_{n-1}=a_n$ $(n=2,3,4,\cdots)$,且 $b_1=b_3=1$.

(1) 求 a_1 的值;

(2) 求数列 $\{b_n\}$ 的通项公式.

13. 将一枚质地均匀的骰子先后抛掷 2 次,观察向上的点数.

(1) 求点数之和是 6 的概率;

(2) 求两数之积不是 4 的倍数的概率.

§6 2018年武汉大学自主招生数学试题

1. 对于数列 $\{u_n\}$,若存在常数 $M>0$,$\forall n\in \mathbf{N}^*$,恒有 $|u_{n+1}-u_n|+|u_n-u_{n-1}|+\cdots+|u_2-u_1|\leq M$,则称数列 $\{u_n\}$ 为 B-数列.

(1) 首项为1,公比为 $q(0<|q|<1)$ 的等比数列是否为 B-数列?并说明理由;

(2) 设 S_n 是数列 $\{x_n\}$ 的前 n 项和,给出下列两组论断:

A 组:①数列 $\{x_n\}$ 是 B-数列,②数列 $\{x_n\}$ 不是 B-数列;

B 组:①数列 $\{S_n\}$ 是 B-数列,②数列 $\{S_n\}$ 不是 B-数列.

请以其中一组的一个论断为条件,另一组中的一个论断为结论组成一个命题,并判断所给命题的真假,并证明你的结论;

(3) 若数列 $\{a_n\}$,$\{b_n\}$ 都是 B-数列,证明:数列 $\{a_nb_n\}$ 也是 B-数列.

2 如图1所示,在平面直角坐标系 xOy 中,已知 F_1,F_2 分别是椭圆 $E:\dfrac{x^2}{a^2}+\dfrac{y^2}{b^2}=1(a>b>0)$ 的左、右焦点,A,B 分别是椭圆 E 的左、右顶点,$D(1,0)$ 为线段 OF_2 的中点,且 $\overrightarrow{AF_2}+5\overrightarrow{BF_2}=0$.

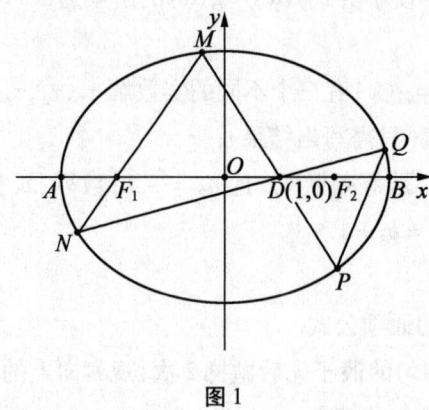

图1

(1) 求椭圆 E 的方程;

(2) 若 M 为椭圆 E 上异于点 A,B 的动点,联结 MF_1 并延长交椭圆 E 于点 N,联结 MD,ND 并分别延长交椭圆 E 于点 P,Q,联结 PQ.设直线 MN,PQ 的斜

率均存在且分别为 k_1,k_2,试问是否存在常数 λ,使得 $k_1+\lambda k_2=0$ 恒成立? 若存在,求出 λ 的值;若不存在,请说明理由.

3.已知函数 $f(x)=\ln x-ax+\dfrac{a}{x}$,其中 a 为常数.

(1)若函数 $f(x)$ 的图像在 $x=1$ 处的切线经过点 $(3,4)$,求 a 的值;

(2)若 $0<a<1$,求证:$f\left(\dfrac{a^2}{2}\right)>0$;

(3)当函数 $f(x)$ 存在三个两两互异的零点时,求 a 的取值范围.

4.已知非负实数 x,y,z 满足 $xy+yz+zx=1$,求证:$\dfrac{1}{x+y}+\dfrac{1}{y+z}+\dfrac{1}{z+x}\geq\dfrac{5}{2}$.

5.设 $f(x)$ 是定义在区间 $(1,+\infty)$ 上的函数,其导函数为 $f'(x)$.如果存在实数 a 和函数 $h(x)$,其中 $h(x)$ 对任意的 $x\in(1,+\infty)$ 都有 $h(x)>0$,使得 $f'(x)=(x^2-ax+1)h(x)$,则称函数 $f(x)$ 具有性质 $P(a)$.

(1)设函数 $f(x)=\ln x+\dfrac{b+2}{x+1}(x>1)$,其中 b 为常数.

①求证:函数 $f(x)$ 具有性质 $P(a)$;

②求函数 $f(x)$ 的单调区间.

(2)已知函数 $g(x)$ 具有性质 $P(2)$,给定 $x_1,x_2\in(1,+\infty),x_1<x_2$,设 m 为实数,$\alpha=mx_1+(1-m)x_2,\beta=(1-m)x_1+mx_2$,且 $\alpha>1,\beta>1$. 若 $|g(\alpha)-g(\beta)|<|g(x_1)-g(x_2)|$,求 m 的取值范围.

§7 2018 年上海交通大学自主招生数学试题

1.已知点 $P(\sqrt{5},0)$,曲线 $y=\sqrt{\dfrac{x^2}{2}-1}$ $(2\leq x\leq\sqrt{5})$ 上存在 n 个点 A_1,$A_2,\cdots,A_n$,使得 $|PA_1|,|PA_2|,\cdots,|PA_n|$ 组成公差 $d\in\left(\dfrac{1}{5},\dfrac{1}{\sqrt{5}}\right)$ 的等差数列,求 n 的最大值.

2.已知 $\triangle ABC$ 的三边长分别为 a,b,c,$\triangle ABC$ 的面积为 $\dfrac{1}{4}$,外接圆半径 $R=1$,试比较 $\sqrt{a}+\sqrt{b}+\sqrt{c}$ 与 $\dfrac{1}{a}+\dfrac{1}{b}+\dfrac{1}{c}$ 的大小.

3. 给定正整数 n 和正常数 a, 对于满足条件 $a_1^2 + a_{n+1}^2 \leq a$ 的所有等差数列 $a_1, a_2, a_3, \cdots$, 求 $\sum_{i=n+1}^{2n+1} a_i$ 的最大值.

4. 设 $(\sqrt{5}+\sqrt{3})^6$ 的小数部分为 t, 求 $(\sqrt{5}+\sqrt{3})^6(1-t)$ 的值.

5. 已知 $a_1 = \frac{3}{2}, a_{n+1} = a_n^2 - a_n + 1(n \in \mathbf{N}^*)$, 求 $\frac{1}{a_1} + \frac{1}{a_2} + \frac{1}{a_3} + \cdots + \frac{1}{a_{2017}}$ 的整数部分.

6. 设 X 为全集, 集合 $A \subset X, s \in X$, 定义 $f_A^s = \begin{cases} 1 & (s \in A) \\ 0 & (s \notin A) \end{cases}$, 对于全集 X 的两个真子集 A, B, 下列说法错误的是 (   )

A. 若 $B \subset A$, 则 $f_B^s \leq f_A^s$

B. 若 $B \cap A \neq \varnothing$, 则 $f_{B \cap A}^s \leq f_B^s + f_A^s$

C. 若 $B \cap A = \varnothing$, 则 $f_{B \cup A}^s = f_B^s + f_A^s$

D. $f_{B \cup A}^s = f_B^s + f_A^s$

7. 在四面体中, 不同长度的棱长条数最少是 _____.

8. 已知平面上的一条抛物线把该平面分成两部分(不把该条抛物线作为一部分, 下同), 平面上的两条抛物线最多把该平面分成 7 个部分(图 1). 请问, 平面上的 4 条抛物线最多把该平面分成几部分?

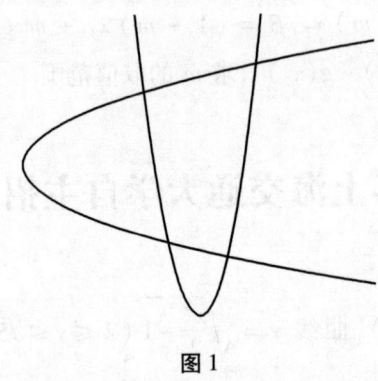

图 1

9. 已知 $g(a, b) = (a + 5 - 3|\cos b|)^2 + (a - 2|\sin b|)^2$, 求 $g(a, b)$ 的最小值.

10. 若数列 $\{a_n\}$ 由 $a_1 = 33, a_{n+1} - a_n = 2n(n \in \mathbf{N}^*)$ 确定, 则当 $n =$ _____ 时, $\frac{a_n}{n}$ 取到最小值.

11. 已知动点 A 在椭圆 $\frac{x^2}{25} + \frac{y^2}{16} = 1$ 上, 动点 B 在圆 $(x-6)^2 + y^2 = 1$ 上, 求

$|AB|$ 的最大值.

12. 若 $100! = 12^n M (n, M \in \mathbf{N}^*)$, 则当 n 取最大值时, M 能否被 2 整除? 能否被 3 整除?

13. 已知光线从点 $A(1,1)$ 出发, 经过 y 轴反射到圆 $(x-5)^2 + (y-7)^2 = 1$ 上的一点 P, 若光线从点 A 到点 P 经过的路程为 R, 求 R 的最小值.

14. 将正整数列 $1,2,3,\cdots$ 中的完全平方数和完全立方数都去掉, 将剩下的数按照从小到大排列, 第 500 个数是多少?

§8 2017 年北京大学自主招生数学试题

本试卷共包含 20 道单项选择题, 每道题答对得 5 分, 答错扣 1 分, 不答得 0 分.

1. 若实数 a, b 满足 $(a^2+4)(b^2+1) = 5(2ab-1)$, 则 $b\left(a + \dfrac{1}{a}\right)$ 的值为 ( )

A. 1.5 B. 2.5

C. 3.5 D. 前三个答案都不对

2. 函数 $f(x) = |x^2-2| - \dfrac{1}{2}|x| + |x-1|$ 在 $[-1,2]$ 上的最大值与最小值的差所在的区间是 ( )

A. $(2,3)$ B. $(3,4)$

C. $(4,5)$ D. 前三个答案都不对

3. 不等式组 $\begin{cases} y \geq 2|x|-1 \\ y \leq -3|x|+5 \end{cases}$ 所表示的平面区域的面积为 ( )

A. 6 B. $\dfrac{33}{5}$

C. $\dfrac{36}{5}$ D. 前三个答案都不对

4. $\left(1+\cos\dfrac{\pi}{5}\right)\left(1+\cos\dfrac{3\pi}{5}\right)$ 的值为 ( )

A. $1+\dfrac{1}{\sqrt{5}}$ B. $1+\dfrac{1}{4}$

C. $1+\dfrac{1}{\sqrt{3}}$ D. 前三个答案都不对

5. 在圆周上逆时针摆放了 4 个点 A,B,C,D，若 $BA=1,BC=2,BD=3$，$\angle ABD = \angle DBC$，则该圆的直径为 ( )

   A. $2\sqrt{5}$　　　　　　　　B. $2\sqrt{6}$

   C. $2\sqrt{7}$　　　　　　　　D. 前三个答案都不对

6. 若三角形三条中线的长度分别为 9,12,15，则该三角形的面积为（　）

   A. 64　　　　　　　　　　B. 72

   C. 90　　　　　　　　　　D. 前三个答案都不对

7. 若 x 为实数，使得 $2,x,x^2$ 互不相同，且其中有一个数恰为另一个数的 2 倍，则这样的实数 x 的个数为 ( )

   A. 3　　　　　　　　　　B. 4

   C. 5　　　　　　　　　　D. 前三个答案都不对

8. 若整数 a,m,n 满足 $\sqrt{a^2-4\sqrt{5}} = \sqrt{m}-\sqrt{n}$，则这样的整数组 (a,m,n) 的组数为 ( )

   A. 0　　　　　　　　　　B. 1

   C. 2　　　　　　　　　　D. 前三个答案都不对

9. 若 $S = \dfrac{1}{\log_{\frac{1}{2}}\pi} + \dfrac{1}{\log_{\frac{1}{3}}\pi} + \dfrac{1}{\log_{\frac{1}{5}}\pi} + \dfrac{1}{\log_{\frac{1}{7}}\pi}$，则不超过 S 且与 S 最接近的整数为 ( )

   A. -5　　　　　　　　　B. 4

   C. 5　　　　　　　　　　D. 前三个答案都不对

10. 若复数 z 满足 $z + \dfrac{2}{z}$ 是实数，则 $|z+\mathrm{i}|$ 的最小值等于 ( )

    A. $\dfrac{\sqrt{3}}{3}$　　　　　　　　B. $\dfrac{\sqrt{2}}{2}$

    C. 1　　　　　　　　　　D. 前三个答案都不对

11. 已知正方形 $ABCD$ 的边长为 1，若 P_1,P_2,P_3,P_4 是正方形内部的 4 个点，使得 $\triangle ABP_1$，$\triangle BCP_2$，$\triangle CDP_3$ 和 $\triangle DAP_4$ 都是正三角形，则四边形 $P_1P_2P_3P_4$ 的面积等于 ( )

    A. $2-\sqrt{3}$　　　　　　　B. $\dfrac{\sqrt{6}-\sqrt{2}}{4}$

    C. $\dfrac{1+\sqrt{3}}{8}$　　　　　　　D. 前三个答案都不对

12. 已知某个三角形的两条高的长度分别为 10 和 20,则它的第三条高的长度的取值范围是 ( )

A. $\left(\dfrac{10}{3},5\right)$ B. $\left(5,\dfrac{20}{3}\right)$

C. $\left(\dfrac{20}{3},20\right)$ D. 前三个答案都不对

13. 已知正方形 ABCD 与点 P 在同一平面内,该正方形的边长为 1. 若 $|PA|^2+|PB|^2=|PC|^2$,则 $|PD|$ 的最大值为 ( )

A. $2+\sqrt{2}$ B. $2\sqrt{2}$

C. $1+\sqrt{2}$ D. 前三个答案都不对

14. 方程 $\log_4(2^x+3^x)=\log_3(4^x-2^x)$ 的实根个数为 ( )

A. 0   B. 1

C. 2   D. 前三个答案都不对

15. 使得 $x+\dfrac{2}{x}$ 和 $x^2+\dfrac{2}{x^2}$ 都是整数的正实数 x 的个数为 ( )

A. 1   B. 2

C. 无穷多   D. 前三个答案都不对

16. 满足 $f(f(x))=f^4(x)$ 的实系数多项式 $f(x)$ 的个数为 ( )

A. 2   B. 4

C. 无穷多   D. 前三个答案都不对

17. 使得 p^3+7p^2 为完全平方数的不大于 100 的素数 p 的个数为 ( )

A. 0   B. 1

C. 2   D. 前三个答案都不对

18. 函数 $f(x)=x(x+1)(x+2)(x+3)$ 的最小值为 ( )

A. -1 B. -1.5

C. -2 D. 前三个答案都不对

19. 若动圆与两圆 $x^2+y^2=1$ 和 $x^2+y^2-6x+7=0$ 都外切,则动圆的圆心的轨迹是 ( )

A. 双曲线   B. 双曲线的一支

C. 抛物线   D. 前三个答案都不对

20. 在 $\triangle ABC$ 中,若 $\sin A=\dfrac{4}{5}$,$\cos B=\dfrac{4}{13}$,则该三角形是 ( )

A. 锐角三角形 B. 钝角三角形
C. 无法确定 D. 前三个答案都不对

§9 2017年北京大学博雅人才计划笔试（理科数学）试题

本试卷共包含20道单项选择题，每道题答对得5分，答错扣1分，不答得0分.

1. 正整数 $9 + 95 + 995 + \cdots + \underbrace{99\cdots95}_{2016\text{个}9}$ 的十进制表示中数字1的个数为 ( )

   A. 2 012 B. 2 013
   C. 2 014 D. 前三个答案都不对

2. 将等差数列 $1, 5, 9, 13, \cdots, 2\,017$ 排成一个大数 $15913\cdots2017$，则该数值被9除的余数为 ( )

   A. 4 B. 1
   C. 7 D. 前三个答案都不对

3. 一个三位数等于它的各位数字的阶乘之和，则此三位数的各位数字之和为 ( )

   A. 9 B. 10
   C. 11 D. 前三个答案都不对

4. 单位圆的内接五边形的所有边及对角线长度的平方和的最大值为 ( )

   A. 15 B. 20
   C. 25 D. 前三个答案都不对

5. $(1 + \cos\dfrac{\pi}{7})(1 + \cos\dfrac{3\pi}{7})(1 + \cos\dfrac{5\pi}{7})$ 的值为 ( )

   A. $\dfrac{9}{8}$ B. $\dfrac{7}{8}$
   C. $\dfrac{3}{4}$ D. 前三个答案都不对

6. 若 $f(x) = \dfrac{1 + \sqrt{3}x}{\sqrt{3} - x}$，定义 $f_1(x) = f(x)$，$f_{k+1}(x) = f(f_k(x))$，$k \geqslant 1$，则

$f_{2017}(2017)=$ （　　）

A. $\dfrac{2017+\sqrt{3}}{2017-\sqrt{3}}$　　　　B. 2017

C. $\dfrac{1+2017\sqrt{3}}{2017+\sqrt{3}}$　　　　D. 前三个答案都不对

7. 已知正整数 n 满足 $n\neq 2017$，且 n^n 与 2017^{2017} 有相同的个位数字，则 $|2017-n|$ 的最小值为 （　　）

A. 4　　　　B. 6

C. 8　　　　D. 前三个答案都不对

8. 一个盒子装有红、白、蓝、绿四种颜色的玻璃球，每种颜色的玻璃球至少一个. 从中随机拿出 4 个玻璃球，这 4 个球都是红色的概率为 p_1，恰好有三个红色和一个白色的概率为 p_2，恰好有两个红色、一个白色、一个蓝色的概率为 p_3，四种颜色各一个的概率为 p_4，若恰好有 $p_1=p_2=p_3=p_4$，则这个盒子里玻璃球个数的最小值等于 （　　）

A. 17　　　　B. 19

C. 21　　　　D. 前三个答案都不对

9. 若 a,b,c 和 $\left(a-\dfrac{1}{b}\right)\left(b-\dfrac{1}{c}\right)\left(c-\dfrac{1}{a}\right)$ 均为正整数，则 $2a+3b+5c$ 的最大值和最小值之差为 （　　）

A. 9　　　　B. 15

C. 22　　　　D. 前三个答案都不对

10. 有多少种方式可以将正整数集合 $\mathbf{N}^*$ 分成两个互不相交的子集的并，使得每个子集都不包含公差不为 0 的无穷等差数列？ （　　）

A. 0　　　　B. 1

C. 无穷种　　　　D. 前三个答案都不对

11. 已知 O 是凸四边形 $ABCD$ 对角线 AC 和 BD 的交点，$\triangle AOB$，$\triangle BOC$，$\triangle COD$，$\triangle DOA$ 的周长相等. 若 $\triangle AOB$，$\triangle BOC$，$\triangle COD$ 的内切圆半径分别为 3，4，6，则 $\triangle DOA$ 的内切圆半径为 （　　）

A. $\dfrac{9}{2}$　　　　B. 5

C. $\dfrac{11}{2}$　　　　D. 前三个答案都不对

12. 一群学生参加学科夏令营,每名同学至少参加数学、物理、化学中的一门学科考试. 已知有100名学生参加了数学考试,50名学生参加了物理考试,48名学生参加了化学考试. 若学生总数是参加至少两门考试的学生的2倍,也是参加三门考试学生的3倍,则学生总数为 ( )

A. 108 B. 120
C. 125 D. 前三个答案都不对

13. 有多少个平面距离正四面体四个顶点的距离都相等 ( )

A. 4 B. 6
C. 8 D. 前三个答案都不对

14. 有多少种互不相似的 $\triangle ABC$ 满足 $\sin A = \cos B = \tan C$? ( )

A. 0 B. 1
C. 2 D. 前三个答案都不对

15. 若存在正整数 a,b,c 满足 $a+b+c=407, 10^n \mid abc$,则 n 的最大值为 ( )

A. 5 B. 6
C. 7 D. 前三个答案都不对

16. 若整数 a,b,c 满足 $a+b+c=1, s=(a+bc)(b+ac)(c+ab)>100$,则 s 的最小值属于下面哪个区间? ( )

A. $(100,110]$ B. $(110,120]$
C. $(120,130]$ D. 前三个答案都不对

17. 满足 $p+q=218$ 且关于 x 的方程 $x^2+px+q=0$ 有整数根的有序整数对 (p,q) 的对数为 ( )

A. 0 B. 2
C. 4 D. 前三个答案都不对

18. 若 $\dfrac{\tan^2 x + \tan^2 y}{1+\tan^2 x + \tan^2 y} = \sin^2 x + \sin^2 y$,则 $\sin x \sin y$ 的最大值为 ( )

A. 0 B. $\dfrac{1}{4}$
C. $\dfrac{\sqrt{2}}{2}$ D. 前三个答案都不对

19. 令 $a = \sin 14° + \cos 14°, b = \sin 16° + \cos 16°, c = \dfrac{1}{2}(a^2+b^2)$,则 a,b,c 的大小顺序为 ( )

A. $a < c < b$ B. $c < a < b$
C. $a < b < c$ D. 前三个答案都不对

20. 若某三角形的三边长为三个连续正整数,且该三角形有一个角是另一个角的2倍,则这个三角形的三边长分别为 (　　)

A. 4,5,6   B. 5,6,7
C. 6,7,8   D. 前三个答案都不对

§10　2017年北京大学514优特数学测试

本试卷共包含20道单项选择题,每道题5分,满分100分. 考试时间为60分钟.

1. 若数列 $\{a_n\}$ 满足 $a_1 = \dfrac{2}{3}, a_{n+1} = \dfrac{a_n}{2(2n+1)a_n + 1}$,则数列 $\{a_n\}$ 的前2 017项和 $S_{2017} =$ (　　)

A. $\dfrac{2\,016}{2\,017}$ B. $\dfrac{2\,017}{2\,018}$ C. $\dfrac{4\,034}{4\,035}$ D. $\dfrac{4\,033}{4\,034}$

2. 若 x_1 是方程 $xe^x = e^2$ 的解,x_2 是方程 $x\ln x = e^2$ 的解,则 $x_1 x_2 =$ (　　)

A. 1   B. e   C. e^2 D. e^4

3. $9\tan 10° + 2\tan 20° + 4\tan 40° - \tan 80° =$ (　　)

A. 0   B. $\dfrac{\sqrt{3}}{3}$ C. 1   D. $\sqrt{3}$

4. 若关于 x 的方程 $ax^2 + bx + c = 0\,(ac \neq 0)$ 有实数解,且 $(a-b)^2 + (b-c)^2 + (a-c)^2 \geq rc^2$,则实数 r 的最大值是 (　　)

A. 1   B. $\dfrac{9}{8}$ C. $\dfrac{9}{16}$ D. 2

5. 设函数 $f(x) = x^2 + ax + b$,对于任意的 $a, b \in \mathbf{R}$,总存在 $x_0 \in [0,4]$ 使得 $|f(x_0)| \geq m$ 成立,则实数 m 的取值范围是 (　　)

A. $\left(-\infty, \dfrac{1}{2}\right]$ B. $(-\infty, 1]$ C. $(-\infty, 2]$ D. $(-\infty, 4]$

6. 已知数列 $\{a_n\}$ 的通项公式是 $a_n = 2^n$,数列 $\{b_n\}$ 的通项公式是 $b_n = 5n - 2$,那么集合 $\{a_1, a_2, a_3, \cdots, a_{2017}\} \cap \{b_1, b_2, b_3, \cdots, b_{2017}\}$ 的元素个数为 (　　)

A. 3   B. 4   C. 5   D. 6

7. 过原点的直线 l 与双曲线 $xy=-2\sqrt{2}$ 交于两点 P,Q,其中点 P 在第二象限,现将上下两个半平面沿 x 轴折成直二面角,则 $|PQ|$ 的最小值是 ( )

A. $2\sqrt{2}$　　　　B. 4　　　　C. $3\sqrt{2}$　　　　D. $4\sqrt{2}$

8. 数列 $\{a_n\}$ 满足 $a_1=1, a_{n+1}=a_n+\dfrac{1}{a_n}$,若 $a_{2017}\in(k,k+1)$,其中 $k\in\mathbf{N}^*$,则 k 的值是 ( )

A. 63　　　　B. 64　　　　C. 65　　　　D. 66

9. 若 $a_i\in\mathbf{R}(i=1,2,3,4,5)$,$(a_1-a_2)^2+(a_2-a_3)^2+(a_3-a_4)^2+(a_4-a_5)^2=1$,则 $a_1-2a_2-a_3+2a_5$ 的最大值是 ( )

A. $2\sqrt{2}$　　　　B. $2\sqrt{5}$　　　　C. $\sqrt{5}$　　　　D. $\sqrt{10}$

10. 设在 $\mathbf{R}$ 上的可导函数 $f(x)$ 满足 $f(x)-f(-x)=\dfrac{1}{3}x^3$,并且在 $(-\infty,0)$ 上 $f'(x)<\dfrac{1}{2}x^2$,实数 a 满足 $f(6-a)-f(a)\geqslant -\dfrac{1}{3}a^3+3a^2-18a+36$,则实数 a 的取值范围是 ( )

A. $(-\infty,3]$　　B. $[3,+\infty)$　　C. $[4,+\infty)$　　D. $(-\infty,4]$

11. 桌面上有三个半径为 $2\,017$ 的球两两相切,在其上方空隙里放一个小球,使其顶点(最高点)与 3 个球的顶点在同一个平面内,则该球的半径是 ( )

A. $\dfrac{2\,017}{6}$　　B. $\dfrac{2\,017}{4}$　　C. $\dfrac{2\,017}{3}$　　D. $\dfrac{2\,017}{2}$

12. 60 支足球队两两比赛,且一定有胜负,每队赢的概率为 50%,设没有两队赢相同场数的概率为 $\dfrac{q}{p}$,其中 p,q 互质,则 2^n 可整除 p 的最大 n 值是( )

A. $1\,768$　　B. $1\,746$　　C. $1\,714$　　D. $1\,702$

13. 设椭圆 $C_1:\dfrac{x^2}{a^2}+\dfrac{y^2}{b^2}=1(a>b>0)$ 的左右焦点分别为 F_1,F_2,离心率为 $\dfrac{3}{4}$,双曲线 $C_2:\dfrac{x^2}{c^2}-\dfrac{y^2}{d^2}=1(c>d>0)$ 的一条渐近线与椭圆 C_1 的一个交点是 P. 若 $PF_1\perp PF_2$,则双曲线 C_2 的离心率是 ( )

A. $\sqrt{2}$　　B. $\dfrac{9}{8}\sqrt{2}$　　C. $\dfrac{9}{4}\sqrt{2}$　　D. $\dfrac{3}{2}\sqrt{2}$

14. 设函数 $f(x)=x^2-\ln x$,$g(x)=x-1$,直线 $x=m$ 分别交曲线 $y=f(x)$ 和 $y=g(x)$ 于 P,Q 两点,则 $|PQ|$ 的最小值是 ( )

A. 1　　　　B. 2　　　　C. 3　　　　D. 4

15. 方程组 $\begin{cases} x^{y^3-4y^2-11y+30} = 1 \\ x+y = 2 \end{cases}$ 的各互异实数解的个数是 ( )

A. 3　　　　B. 4　　　　C. 5　　　　D. 6

16. 设实数 $0 < k_1 < k_2$，并且 $k_1 k_2 = 4$，双曲线 C_1, C_2 的渐近线分别是 $y = \pm \dfrac{k_1}{4}(x-2)+2$ 和 $y = \pm k_2(x-2)+2$，且 C_1, C_2 都过原点，则双曲线 C_1, C_2 离心率的比值是 ( )

A. $\sqrt{\dfrac{16+k_1^2}{16+16k_2^2}}$　　B. $\sqrt{\dfrac{16+k_1^2}{16+k_2^2}}$　　C. 1　　D. 2

17. 两圆均过点 $(3,4)$，且其半径之积为 80，两圆均以 x 轴为公切线，并且另一公切线过原点，则其斜率为 ( )

A. $\pm\dfrac{8}{11}\sqrt{5}$　　B. $-\dfrac{8}{11}\sqrt{5}$　　C. $\pm\dfrac{8}{15}\sqrt{3}$　　D. $-\dfrac{8}{15}\sqrt{3}$

18. 在 $\triangle ABC$ 中，$\cos A + \sqrt{2}\cos B + \sqrt{2}\cos C$ 的最大值是 ( )

A. $\sqrt{2}+\dfrac{1}{2}$　　B. $2\sqrt{2}-1$　　C. 2　　D. $2\sqrt{2}$

19. 两个相同的正四面体，四个面上分别标有 $1,2,3,4$，某人每次同时投掷两个正四面体，规定每次两底面数字之和为所得数字，共投掷 3 次，则 3 次所得数字之积能被 10 整除的概率是 ( )

A. $\dfrac{1}{2}$　　B. $\dfrac{3}{8}$　　C. $\dfrac{11}{32}$　　D. $\dfrac{15}{32}$

20. 在已知的圆锥中，M 是顶点，O 是底面圆心，A 在底面圆周上，B 在底面圆内，$|MA|=6$，$|MO|=2\sqrt{3}$，$AO \perp OB$，$OH \perp MB$ 于 H，C 为 MA 的中点. 当四面体 $OCHM$ 的体积最大时，$|HB|=$ ( )

A. $\dfrac{\sqrt{66}}{11}$　　B. $\dfrac{\sqrt{66}}{22}$　　C. $\sqrt{6}$　　D. $\dfrac{\sqrt{6}}{2}$

§11　2017 年北京大学优秀中学生夏令营数学试题

1. 求函数 $y = \sqrt{x-6} + \sqrt{31-x}$ 的最大值.

2. 已知正数 $a_1, a_2, \cdots, a_{2017}$ 满足 $a_1 + a_2 + \cdots + a_{2017} = 2\,017$，求 $\dfrac{1}{a_1+a_2} +$

$\dfrac{1}{a_2+a_3}+\cdots+\dfrac{1}{a_{2016}+a_{2017}}+\dfrac{1}{a_{2017}+a_1}$ 的最小值.

3. 在 $\triangle ABC$ 中,求证: $\cos A+\cos B+\cos C>1$.

4. 求实数 a,使得关于 x 的方程 $ax^2-2x+2a^2-4=0$ 的解均为整数.

5. 在数列 $\left\{\dfrac{1}{n}\right\}$ 中,是否存在 2 017 个数,使其成等差数列.

6. 已知 ω 为关于 x 的整系数方程 $x^2+ax+b=0$ 的无理根,求证:存在 $c_0>0$,使得对于任意互质的正整数 p,q,均满足 $\left|\omega-\dfrac{p}{q}\right|\geqslant\dfrac{c_0}{q^2}$.

7. 已知正数 a,b,c 满足 $abc=\dfrac{1}{2}$,求证:$\dfrac{ab^2}{a^3+1}+\dfrac{bc^2}{b^3+1}+\dfrac{ca^2}{c^3+1}\geqslant 1$.

§12 2017 年清华大学领军计划数学试题

所有试题均为不定项选择题.

1. 把一根绳子放在数轴的区间 $[0,4]$ 上,若其线密度为 $\rho(x)=\sqrt{4x-x^2}$,则该绳子的质量是 (　　)

A. π　　　　B. 2π　　　　C. 3π　　　　D. 4π

2. 已知 $\omega=\cos\dfrac{2\pi}{5}+\mathrm{i}\sin\dfrac{2\pi}{5}$,$f(x)=x^2+x+2$,则 $f(\omega)f(\omega^2)f(\omega^3)f(\omega^4)$ 的值是 (　　)

A. 0　　　　　　　　　　B. 1
C. 11　　　　　　　　　 D. 以上答案都不对

3. 已知关于 x 的方程 $2^{|x-1|}+a\cos(x-1)=0$ 有唯一解,则 (　　)

A. a 的值唯一　　　　　B. a 的值不唯一
C. 不存在符合题意的 a　　D. 以上答案都不对

4. 若 $a_1,a_2,a_3,a_4\in\{1,2,3,4\}$,$N(a_1,a_2,a_3,a_4)$ 为 a_1,a_2,a_3,a_4 中不同数字的种类,如 $N(1,1,2,3)=3$,$N(1,2,2,1)=2$,则所有的 a_1,a_2,a_3,a_4 的排列 (共 $4^4=256$ 个)所得的 $N(a_1,a_2,a_3,a_4)$ 的平均值为 (　　)

A. $\dfrac{87}{32}$　　　B. $\dfrac{11}{4}$　　　C. $\dfrac{177}{64}$　　　D. $\dfrac{175}{64}$

5. 在 $\triangle ABC$ 中,$\sin A+\sin B\sin C$ 的最大值为 (　　)

A. $\dfrac{3}{2}$　　　B. $\dfrac{1+\sqrt{5}}{2}$　　　C. $\dfrac{3+2\sqrt{3}}{4}$　　　D. 不存在

6. 赵、钱、孙、李四位同学均做一道选项为 A,B,C,D 的选择题,他们的对话如下:

赵:我选 A.

钱:我选 B,C,D 之一.

孙:我选 C.

李:我选 D.

已知这四位同学都只选了一个选项,且各不相同.若其中只有一个人说谎,则说谎的同学可能是 ( )

A. 赵   B. 钱   C. 孙   D. 李

7. 若 $z,w \in \mathbf{C}, |z+w|=1, |z^2+w^2|=4$,则 $|zw|$ ( )

A. 有最大值 $\dfrac{11}{4}$ B. 有最大值 $\dfrac{5}{2}$

C. 有最小值 $\dfrac{5}{4}$ D. 有最小值 $\dfrac{3}{2}$

8. 在四面体 $PABC$ 中,若 $\triangle ABC$ 是边长为 3 的正三角形,且 $PA=3, PB=4, PC=5$,则该四面体的体积为 ( )

A. 3   B. $2\sqrt{3}$ C. $\sqrt{11}$ D. $\sqrt{10}$

9. 若函数 $f(x)=e^x(x-1)^2(x-2)$,则 $f(x)$ ( )

A. 有 2 个极大值   B. 有 2 个极小值

C. 1 是极大值点   D. 1 是极小值点

10. 如图 1 所示,已知椭圆 $E:\dfrac{x^2}{4}+y^2=1$ 与直线 $l_1: y=\dfrac{1}{2}x$ 交于 A,B 两点,与直线 $l_2: y=-\dfrac{1}{2}x$ 交于 C,D 两点,椭圆 E 上的点 P(点 P 与点 A,B,C,D 均不重合)使得直线 AP, BP 分别与直线 l_2 交于点 M,N,则 ( )

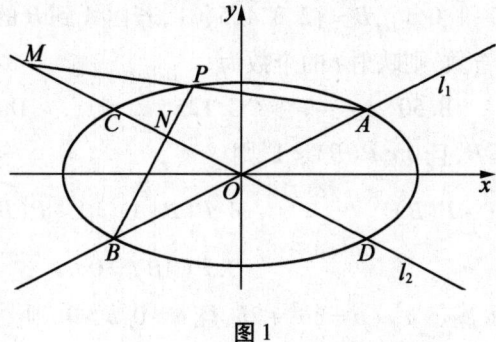

图 1

A. 在椭圆 E 上存在 2 个不同的点 Q,使得 $|OQ|^2 = |OM| \cdot |ON|$

B. 在椭圆 E 上存在 4 个不同的点 Q,使得 $|OQ|^2 = |OM| \cdot |ON|$

C. 在椭圆 E 上存在 2 个不同的点 Q,使得 $\triangle NOQ \backsim \triangle QOM$

D. 在椭圆 E 上存在 4 个不同的点 Q,使得 $\triangle NOQ \backsim \triangle QOM$

11. 不定方程 $x + 2y + 3z = 100$ 的非负整数解的组数为 ( )

A. 883　　　　B. 884　　　　C. 885　　　　D. 886

12. 若 $V = \{(x,y,z) | x + 2y + 3z \leq 1, x, y, z \geq 0\}$,则 V 的体积是 ( )

A. $\dfrac{1}{36}$　　B. $\dfrac{1}{18}$　　C. $\dfrac{1}{12}$　　D. $\dfrac{1}{6}$

13. 已知 $f(x) = e^{2x} + e^x - ax$,若对于任意的实数 $x \geq 0$,均有 $f(x) \geq 2$,则实数 a 的取值范围是 ( )

A. $(-\infty, 2]$　　B. $(-\infty, 2)$　　C. $(-\infty, 3]$　　D. $(-\infty, 3)$

14. 若 P 为圆 O 内一点,A, B 为圆 O 上的动点,且满足 $\angle APB = 90°$,则线段 AB 的中点 M 的轨迹为 ( )

A. 圆　　　　B. 椭圆　　　　C. 双曲线的一支　　D. 线段

15. 若过椭圆 $\dfrac{x^2}{4} + y^2 = 1$ 的右准线上的一点 P 作该椭圆的两条切线,切点分别为 A, B,该椭圆的左焦点为 F,则 ( )

A. $|AB|$ 的最小值为 1　　　　B. $|AB|$ 的最小值为 $\sqrt{3}$

C. $\triangle FAB$ 的周长为定值　　D. $\triangle FAB$ 的面积为定值

16. 若 $x_1, x_2, x_3, x_4, x_5, x_6 \in \{1, 2, 3, 4, 5, 6\}$,且 $x_1, x_2, x_3, x_4, x_5, x_6$ 两两互不相等,则满足方程 $x_1 - 5x_2 + 10x_3 - 10x_4 + 5x_5 - x_6 = 0$ 的解 $(x_1, x_2, x_3, x_4, x_5, x_6)$ 的个数为 ( )

A. 2　　　　B. 4　　　　C. 6　　　　D. 7

17. 已知 $A = \{-1, 0, 1\}$,$B = \{2, 3, 4, 5, 6\}$,若由 A 到 B 的映射 $f: x \to y$ 满足 $x + f(x) + xf(x)$ 为奇数,则映射 f 的个数为 ( )

A. 18　　　　B. 50　　　　C. 125　　　　D. 243

18. 若事件 $A \subseteq B$,且 $0 < P(B) < 1$,则 ( )

A. $P(A|B) = 1 - P(B)$　　　　B. $P(\overline{B}|\overline{A}) = 1 - P(B)$

C. $P(A\overline{B}) = 0$　　　　D. $P(\overline{AB}) = 0$

19. 若实数 a, b 满足 $a^2 + a = 3b^2 + 2b$,且 $a > 0, b > 0$,则 ( )

A. $b < a$　　B. $a < b$　　C. $a < 2b$　　D. $b < 2a$

20. 若 $x_1, x_2, x_3, \cdots, x_{2017}$ 均为正数,且 $\frac{1}{1+x_1} + \frac{1}{1+x_2} + \frac{1}{1+x_3} + \cdots + \frac{1}{1+x_{2017}} = 1$,则 ( )

A. 在 $x_1, x_2, x_3, \cdots, x_{2017}$ 中最多有一个数小于 1

B. 在 $x_1, x_2, x_3, \cdots, x_{2017}$ 中最多有两个数小于 2

C. $\max\{x_1, x_2, x_3, \cdots, x_{2017}\} \geq 2017$

D. $\max\{x_1, x_2, x_3, \cdots, x_{2017}\} \geq 2016$

21. 若数列 $\{x_n\}, \{y_n\}, \{z_n\}$ 满足 $\begin{cases} x_{n+1} = \frac{1}{2}(y_n + z_n - x_n) \\ y_{n+1} = \frac{1}{2}(x_n + z_n - y_n) \\ z_{n+1} = \frac{1}{2}(x_n + y_n - z_n) \end{cases}$,则 ( )

A. $\{x_n + y_n + z_n\}$ 为等比数列

B. 若 $\exists m > 1, x_m = y_m = z_m$,则 $x_1 = y_1 = z_1$

C. 若 $x_1 = -\frac{1}{2}, x_2 = \frac{5}{4}$,则 $x_n = (-1)^n + \frac{1}{2^n}$

D. 以上选项均不正确

22. 某同学投篮球,记 r_n 为前 n 次投球的命中率. 若 $r_1 = 0, r_{100} = 0.85$,则一定有 ( )

A. $\exists n, r_n = 0.5$ B. $\exists n, r_n = 0.6$ C. $\exists n, r_n = 0.7$ D. $\exists n, r_n = 0.8$

23. 若对于任意满足 $|x| \leq 1$ 的实数 x,均有 $|x^2 + ax + b| \leq \frac{1}{2}$ 成立,则

( )

A. 实数 a 有唯一取值   B. 实数 a 的取值不唯一

C. 实数 b 有唯一取值   D. 实数 b 的取值不唯一

§13 2017 年清华大学标准学术能力测试数学试题

全卷共 25 道选择题,均为不定项选择,选对得 4 分,错选得 0 分,漏选得 2 分. 考试日期为 2017 年 4 月 29 日.

1. 若 $a_1, a_2, \cdots, a_9$ 是数字 1 到 9 的一个排列,则 $a_1 a_2 a_3 + a_4 a_5 a_6 + a_7 a_8 a_9$ 的最小值为 ( )

A. 213　　　　B. 214　　　　C. 215　　　　D. 216

2. 设 $(x^2-x+1)^{1008}=a_0+a_1x+a_2x^2+\cdots+a_{2016}x^{2016}$，则 $a_0+2a_1+3a_2+\cdots+2017a_{2016}=$ （　　）

A. 1 008　　　B. 1 009　　　C. 2 016　　　D. 2 017

3. 若集合 $S=\{1,2,\cdots,25\}$，$A\subseteq S$ 且 A 的所有子集中元素之和两两不等，则下列选项中正确的有 （　　）

A. $|A|_{\max}=6$

B. $|A|_{\max}=7$

C. 若 $A=\{a_1,a_2,a_3,a_4,a_5\}$，则 $\sum\limits_{i=1}^{5}\dfrac{1}{a_i}<\dfrac{3}{2}$

D. 若 $A=\{a_1,a_2,a_3,a_4,a_5\}$，则 $\sum\limits_{i=1}^{5}\dfrac{1}{a_i}<2$

4. 如图1所示，已知椭圆 $\dfrac{x^2}{4}+\dfrac{y^2}{3}=1$ 的左、右焦点分别为 F_1,F_2．过点 F_2 作一条直线交该椭圆交于 A,B 两点，则 $\triangle F_1AB$ 的内切圆面积可能是 （　　）

A. 1　　　　　B. 2　　　　　C. 3　　　　　D. 4

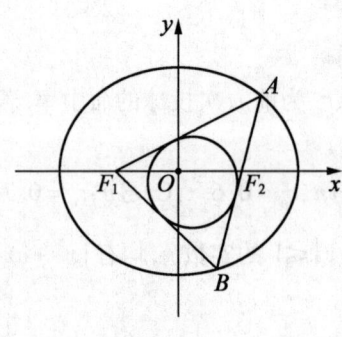

图1

5. 已知等差数列 $\{a_n\},\{b_n\}$ 满足 $a_1b_1=135,a_2b_2=304,a_3b_3=529$，则下列各数中是数列 $\{a_nb_n\}$ 的项的有 （　　）

A. 810　　　　B. 1 147　　　C. 1 540　　　D. 3 672

6. 过点 $P(1,0)$ 作曲线 $y=x+\dfrac{t}{x}$ 的两条切线，切点分别为 M,N，设 $g(t)=|MN|$，则下列说法中正确的有 （　　）

A. 当 $t=\dfrac{1}{4}$ 时，$PM\perp PN$

B. $g(t)$ 在定义域内单调递增

C. 当 $t = \dfrac{1}{2}$ 时,点 M,N 和点 $(0,1)$ 共线

D. $g(1) = 6$

7. 已知数列 $\{x_n\}$ 满足 $x_1 = a, x_2 = b, x_{n+1} = x_n + x_{n-1}(n \geqslant 2; n, a, b \in \mathbf{N}^*)$. 若 2 008 为数列 $\{x_n\}$ 的项,则 $a+b$ 的值可能为 ( )

   A. 8   B. 9   C. 10   D. 11

8. 投掷一枚均匀的骰子 6 次,若存在 k 使得 1 到 k 次的点数之和为 6 的概率是 p,则 $p \in$ ( )

   A. $(0, 0.25)$ B. $(0.25, 0.5)$ C. $(0.5, 0.75)$ D. $(0.75, 1)$

9. 已知 $\triangle ABC$ 的内心为点 O,且 $AB = 2, AC = 3, BC = 4$. 若 $\overrightarrow{AO} = \lambda \overrightarrow{AB} + \mu \overrightarrow{BC}$,则 $3\lambda + 6\mu =$ ( )

   A. 1   B. 2   C. 3   D. 4

10. 甲、乙、丙、丁四人做互相传球的游戏,若第一次由甲传给三人中的一人,第二次由拿到球的人再传给其他三人中的一人,这样的传球共进行了 4 次,则第四次传球传回甲的概率是 ( )

   A. $\dfrac{7}{27}$ B. $\dfrac{5}{27}$ C. $\dfrac{7}{8}$ D. $\dfrac{21}{64}$

11. 已知椭圆 $C: \dfrac{x^2}{a^2} + \dfrac{y^2}{b^2} = 1 (a > b > 0)$ 的离心率的取值范围为 $\left[\dfrac{1}{\sqrt{3}}, \dfrac{1}{\sqrt{2}}\right]$,直线 $y = -x + 1$ 与椭圆 C 交于 M, N 两点. 若 $OM \perp ON$(其中 O 是坐标原点),则椭圆 C 的长轴长的取值范围是 ( )

   A. $[\sqrt{5}, \sqrt{6}]$ B. $[\sqrt{6}, \sqrt{7}]$ C. $[\sqrt{7}, \sqrt{8}]$ D. $[\sqrt{8}, \sqrt{9}]$

12. 在 $Rt\triangle ABC$ 中,分别以直角边 AB,斜边 BC 为其中一边向该三角形一侧作正方形 $ABDE$ 和 $BCFG$,则向量 $\overrightarrow{GA}, \overrightarrow{DC}$ 夹角的大小为 ( )

   A. 45°   B. 60°   C. 90°   D. 120°

13. 若正方体 $ABCD - A_1B_1C_1D_1$ 的棱长为 1,底面 $ABCD$ 的中心为点 O,棱 A_1D_1, CC_1 的中点分别为 M, N,则三棱锥 $O - MB_1N$ 的体积为 ( )

   A. $\dfrac{7}{24}$ B. $\dfrac{7}{48}$ C. $\dfrac{5}{24}$ D. $\dfrac{5}{48}$

14. 若 $a, b, c \in \mathbf{R}_+$,则 $\dfrac{a}{b+3c} + \dfrac{b}{8c+4a} + \dfrac{9c}{3a+2b}$ 的最小值为 ( )

   A. $\dfrac{47}{48}$ B. 1   C. $\dfrac{35}{36}$ D. $\dfrac{3}{4}$

15. 在 △ABC 中，∠A = 60°，∠B = 45°，∠A 的角平分线长为 2，CH⊥AB 于 H，则下列结论中正确的是 ( )

   A. $CH = \sqrt{3}$ B. $AB = \sqrt{3}+1$ C. $BC = \sqrt{6}$ D. $S_{\triangle ABC} = 3$

16. 若 $x \in \left(0, \dfrac{\pi}{2}\right)$，则下列方程中有解的是 ( )

   A. $\cos(\cos x) = \sin(\sin x)$ B. $\sin(\cos x) = \cos(\sin x)$
   C. $\tan(\tan x) = \sin(\sin x)$ D. $\tan(\sin x) = \sin(\tan x)$

17. 若 $0 < x < 1$，则下列结论中正确的是 ( )

   A. $\dfrac{\sin x}{x} < \left(\dfrac{\sin x}{x}\right)^2 < \dfrac{\sin x^2}{x^2}$
   B. $\left(\dfrac{\sin x}{x}\right)^2 < \dfrac{\sin x}{x} < \dfrac{\sin x^2}{x^2}$
   C. $\left(\dfrac{\sin x}{x}\right)^2 < \dfrac{\sin x^2}{x^2} < \dfrac{\sin x}{x}$
   D. $\dfrac{\sin x^2}{x^2} < \left(\dfrac{\sin x}{x}\right)^2 < \dfrac{\sin x}{x}$

18. 已知 $z_1 = \sin\alpha + 2\mathrm{i}$，$z_2 = 1 + \mathrm{i}\cos\alpha$，则 $\dfrac{13 - |z_1 + \mathrm{i}z_2|^2}{|z_1 - \mathrm{i}z_2|}$ 的最小值是 ( )

   A. $\dfrac{1}{2}$ B. 2   C. $\dfrac{4}{3}$ D. $\dfrac{3}{2}$

19. 在空间中过点 A 作平面 π 的垂线，垂足为 B，记 $B = f_\pi(A)$．设 α, β 是两个不同的平面．对空间中的任意一点 P，$Q_1 = f_\beta[f_\alpha(P)]$，$Q_2 = f_\alpha[f_\beta(P)]$，恒有 $PQ_1 = PQ_2$，则 ( )

   A. $\alpha \perp \beta$ B. $\alpha // \beta$
   C. α 与 β 的(锐)二面角为 45°   D. α 与 β 的(锐)二面角为 60°

20. 已知数列 $\{a_n\}$，其中 $a_1 = a$，$a_2 = b$，$a_{n+2} = a_n - \dfrac{7}{a_{n+1}}$，则 ( )

   A. $\{a_n\}$ 可能递增   B. $\{a_n\}$ 可能递减
   C. $\{a_n\}$ 可能为有限项   D. $\{a_n\}$ 可能为无限项

21. 某校共 2 017 名学生，其中每名学生至少要选 A，B 中的一门课，也有些学生选了两门课．已知选修 A 的人数占全校人数介于 70% 到 75% 之间，选 B 的人数占 40% 到 45% 之间，则下列正确的是 ( )

   A. 同时选 A，B 的可能有 200 人   B. 同时选 A，B 的可能有 300 人
   C. 同时选 A，B 的可能有 400 人   D. 同时选 A，B 的可能有 500 人

22. 已知 D，E 是 Rt△ABC 斜边 BC 上的三等分点，设 $AD = a$，$AE = b$，则实数 (a, b) 可以是 ( )

   A. $(1, 1)$ B. $(1, 2)$ C. $(2, 3)$ D. $(3, 4)$

23. 已知函数 $f(x) = x^2 + 2x$，若存在实数 t，当 $x \in [1, m]$ 时，有 $f(x+t) \leqslant 3x$

恒成立,则实数 m 可以等于 ( )

A. 3　　　　B. 6　　　　C. 9　　　　D. 12

24. 设 $x,y \in \mathbf{R}$, 函数 $f(x,y) = x^2 + 6y^2 - 2xy - 14x - 6y + 72$ 的值域为 M, 则
( )

A. $1 \in M$　　B. $2 \in M$　　C. $3 \in M$　　D. $4 \in M$

25. 若 N 的三个子集 A,B,C 满足 $|A \cap B| = |B \cap C| = |C \cap A| = 1$, 且 $A \cap B \cap C = \varnothing$, 则称 (A,B,C) 为 N 的"有序子集列". 现有 $N = \{1,2,3,4,5,6\}$, 则 N 的有序子集列个数是 ( )

A. 540　　　B. 1 280　　　C. 3 240　　　D. 7 680

§14　2017 年清华大学能力测试(数学部分试题)

2017 年清华大学能力测试已于 2017 年 1 月 14 日举行, 试题包括数学与物理两部分, 每部分考试时间均为 90 分钟, 学生均在电脑上作答.

数学试题是 40 道选择题(均为不定项选择题), 且这 40 道题的顺序对于考生不是固定的(由电脑随机分配给每位考生).

笔者通过优秀考生的回忆, 在第一时间整理出了数学试题中的 36 道: 按照先易后难的顺序成文, 对所有题目均给出了详细解答.

1. 甲、乙、丙、丁四个人背后各有 1 个号码(它们是 1,2,3,4 的某一个排列), 赵同学说: 甲是 2 号, 乙是 3 号; 钱同学说: 丙是 2 号, 乙是 4 号; 孙同学说: 丁是 2 号, 丙是 3 号; 李同学说: 丁是 1 号, 乙是 3 号. 若他们每人都说对了一半, 则丙的号码是 ( )

A. 1　　　　B. 2　　　　C. 3　　　　D. 4

2. 若 a,b,c,A,B,C 是非零实数, 则"$ax^2 + bx + c \geq 0$ 与 $Ax^2 + Bx + C \geq 0$ 的解集相同"是"$\dfrac{a}{A} = \dfrac{b}{B} = \dfrac{c}{C}$"的 ( )

A. 充分非必要条件　　　　B. 必要非充分条件
C. 充要条件　　　　　　　D. 既不充分也不必要条件

3. 若一个人投篮的命中率为 $\dfrac{2}{3}$, 连续投篮直到投进 2 个球时停止, 则他投篮次数为 4 的概率是 ( )

A. $\dfrac{4}{27}$　　B. $\dfrac{8}{27}$　　C. $\dfrac{8}{81}$　　D. $\dfrac{16}{81}$

4. 若 $0 < P(A) < 1, 0 < P(B) < 1$，且 $P(A|B) = 1$，则 (　　)

A. $P(\bar{A}|\bar{B}) = 0$　　　　　　B. $P(\bar{B}|\bar{A}) = 1$

C. $P(A \cup B) = P(A)$　　　　　　D. $P(\bar{B}|A) = 1$

5. 在空间直角坐标系 $O-xyz$ 中，满足 $0 \leq x \leq y \leq z \leq 1$ 的点 (x, y, z) 围成的体积是 (　　)

A. $\dfrac{1}{3}$　　　B. $\dfrac{1}{6}$　　　C. $\dfrac{1}{12}$　　　D. $\dfrac{1}{2}$

6. 若两个半径为 1 的球的球心之间的距离为 d，包含两个球的最小的球的体积为 V，则 $\lim\limits_{d \to +\infty} \dfrac{V}{d^3} =$ (　　)

A. $\dfrac{4\pi}{3}$　　　B. $\dfrac{\pi}{6}$　　　C. $\dfrac{\pi}{12}$　　　D. $\dfrac{2\pi}{3}$

7. 如图 1 所示，过圆 O 外一点 C 作圆 O 的两条切线，切点分别为 M, N，过点 C 作圆 O 的割线交圆 O 于 B, A 两点，若弦 AB 上的点 Q 满足 $\angle AMQ = \angle CNB$，则下列结论正确的是 (　　)

　A. △AMQ 与 △MBC 相似　　　　B. △AQM 与 △NBM 相似

　C. △AMN 与 △BQM 相似　　　　D. △AMN 与 △BNQ 相似

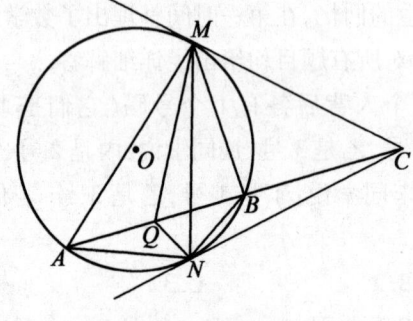

图 1

8. 若正方形 $ABCD$ 所在的平面内有一点 O，使得 △OAB，△OBC，△OCD，△ODA 均为等腰三角形，则点 O 的不同位置有 (　　)

A. 1 个　　　B. 5 个　　　C. 9 个　　　D. 13 个

9. 若半径为 3 的圆 O 的一条弦 AB 的长为 4，P 为圆 O 上的任意一点，则 $\overrightarrow{AB} \cdot \overrightarrow{BP}$ 的最大值为 (　　)

A. $\dfrac{3}{2}$　　　B. 1　　　C. 2　　　D. 4

10. 若函数 $f(x) = \sin x \cdot \sin 2x$，则 ( )

A. 曲线 $y = f(x)$ 有对称轴

B. 曲线 $y = f(x)$ 有对称中心

C. 方程 $f(x) = a$ 在 $(0, 2\pi)$ 上的解为偶数个

D. 方程 $f(x) = \dfrac{7}{9}$ 有解

11. 在 $\triangle ABC$ 中，若 $\sin^2 A = \sin^2 B + \sin B \sin C$，则 ( )

A. $A < \dfrac{\pi}{3}$ B. $B < \dfrac{\pi}{3}$ C. $A > \dfrac{\pi}{3}$ D. $B > \dfrac{\pi}{3}$

12. 若 $\triangle ABC$ 的三个内角 A, B, C 所对的边分别为 a, b, c，且满足 $\begin{cases} b\cos C + (a+c)(b\sin C - 1) = 0 \\ a + c = \sqrt{3} \end{cases}$，则 $\triangle ABC$ ( )

A. 面积的最大值为 $\dfrac{3}{16}\sqrt{3}$ B. 周长的最大值为 $\dfrac{3}{2}\sqrt{3}$

C. $B = \dfrac{\pi}{3}$ D. $B = \dfrac{\pi}{4}$

13. 若实数 x, y 满足 $\begin{cases}(x-1)(y^2+6) = x(y^2+1) \\ (y-1)(x^2+6) = y(x^2+1)\end{cases}$，则 ( )

A. $\left(x - \dfrac{5}{2}\right)^2 + \left(y - \dfrac{5}{2}\right)^2 = \dfrac{1}{2}$ B. $x = y$

C. 该方程组有 4 组解 (x, y) D. 该方程组有 3 组解 (x, y)

14. 已知 $f(x)$ 是 $(0, +\infty)$ 上连续的有界函数，若 $g(x)$ 在 $(0, +\infty)$ 上有 $g(x) = \max_{0 < n \leq x} f(n)$，则在以下结论中正确的有 ( )

A. $g(x)$ 是有界函数 B. $g(x)$ 是连续函数

C. $g(x)$ 是单调递增函数 D. $g(x)$ 不是单调递减函数

15. 已知 $a > 0, b > 0$，$\{x_n\}$ 是正项递减数列，且 $x_n = ax_{n+1} + bx_{n+2}$，则 ( )

A. $a > 1$ B. $b > 1$ C. $a + b > 1$ D. $a + b < 1$

16. 若二元函数 $f(x, y)$ 满足 $f(m+1, n+1) = f(m, n) + f(m+1, n) + n$，$f(m, 1) = 1, f(1, n) = n$，其中 $m, n \in \mathbf{N}^*$，则 ( )

A. 使 $f(2, n) \geq 100$ 的 n 的最小值是 11

B. 使 $f(2, n) \geq 100$ 的 n 的最小值为 13

C. 使 $f(3, n) \geq 2\,016$ 的 n 的最小值是 19

D. 使 $f(3, n) \geq 2\,016$ 的 n 的最小值是 20

17. 若函数 $f(x)=\begin{cases} x, x\geqslant a \\ 4x^3-3x, x<a \end{cases}$,则 ( )

A. 若 $f(x)$ 有两个极值点,则 $a=0$ 或 $\frac{1}{2}<a<1$

B. 若 $f(x)$ 有极小值点,则 $a>\frac{1}{2}$

C. 若 $f(x)$ 有极大值点,则 $a>-\frac{1}{2}$

D. 使 $f(x)$ 连续的 a 有 3 个取值

18. 若实数 x,y 满足 $5x^2-y^2-4xy=5$,则 $2x^2+y^2$ 的最小值是 ( )

A. $\frac{5}{3}$ B. $\frac{5}{6}$ C. $\frac{5}{9}$ D. 2

19. 函数 $f(x)=\left[\frac{2}{x}\right]-2\left[\frac{1}{x}\right]$ 的值域为 ( )

A. $\{1\}$ B. $\{0,1\}$ C. $\{0,1,2\}$ D. $\{1,2\}$

20. 若 $\forall x\in \mathbf{R}, a\cos x+b\cos 3x\leqslant 1$,则下列说法正确的是 ( )

A. $|a-2b|\leqslant 2$ B. $|a+b|\leqslant 1$

C. $|a-b|\leqslant \sqrt{2}$ D. $|2a+b|\leqslant \frac{4}{7}\sqrt{14}$

21. 已知 $Q(x)=a_{2017}x^{2017}+a_{2016}x^{2016}+\cdots+a_1x+a_0, \forall x\in \mathbf{R}_+, Q(x)>0$. 若 $a_i\in\{-1,1\}(i=0,1,2,\cdots,2017)$,则 $a_0,a_1,a_2,\cdots,a_{2017}$ 中取值为 -1 的个数最多为 ( )

A. 1 006   B. 1 007   C. 1 008   D. 1 009

22. 若方程 $kx=\sin x(k>0)$ 在区间 $(-3\pi,3\pi)$ 内有 5 个实数解 x_1,x_2,x_3,x_4,x_5 且 $x_1<x_2<x_3<x_4<x_5$,则 ( )

A. $x_5=\tan x_5$ B. $\frac{29\pi}{12}<x_5<\frac{5\pi}{2}$

C. x_2,x_4,x_5 成等差数列   D. $x_1+x_2+x_3+x_4+x_5=0$

23. 若函数 $f(x)=\frac{\sin^3 x+2\cos^3 x}{2\sin^2 x+\cos^2 x}$,若 $n\in \mathbf{N}^*$,则 $\int_0^{2n\pi}f(x)\mathrm{d}x$ 的值 ( )

A. 与 n 有关   B. 等于 0   C. 等于 1   D. 等于 2

24. 已知椭圆 $\frac{x^2}{a^2}+\frac{y^2}{b^2}=1(a>b>0)$,直线 $l_1: y=-\frac{1}{2}x$,直线 $l_2: y=\frac{1}{2}x$,P 为已知椭圆上的任意一点,过点 P 作 $PM//l_1$ 且与直线 l_2 交于点 M,作 $PN//l_2$ 且与直线 l_1 交于点 N. 若 $|PM|^2+|PN|^2$ 为定值,则 ( )

A. $ab=2$　　　B. $ab=3$　　　C. $\dfrac{a}{b}=2$　　　D. $\dfrac{a}{b}=3$

25. 椭圆 $\dfrac{x^2}{4}+\dfrac{y^2}{9}=1$ 与过原点且互相垂直的两条直线的四个交点为顶点的菱形面积可以是　　　　　　　　　　　　　　　　　　　　　　　　　　　　（　　）

A. 16　　　B. 12　　　C. 10　　　D. 18

26. 已知集合 $A=\{1,2,3,4,5,6,7,8,9,10\}$，若从中取出三个元素构成集合 A 的子集，且所取得的三个数互不相邻，则这样的子集个数为　　　　　　（　　）

A. 56　　　B. 64　　　C. 72　　　D. 80

27. 若 $a_1,a_2,a_3,a_4,a_5,a_6,a_7,a_8$ 是 $1,2,3,4,5,6,7,8$ 的一个排列，则满足 $a_1+a_3+a_5+a_7=a_2+a_4+a_6+a_8$ 的排列的个数为　　　　　　　　　（　　）

A. 4 608　　　B. 4 708　　　C. 4 808　　　D. 5 008

28. 若正整数 m,n 满足 $m\mid 2\,016,n\mid 2\,016,mn\nmid 2\,016$，则有序实数对 (m,n) 的对数为　　　　　　　　　　　　　　　　　　　　　　　　　　　　　　（　　）

A. 916　　　B. 917　　　C. 918　　　D. 919

29. 若所有元素均为非负实数的集合 A 满足 $\forall a_i,a_j\in A,a_i\geq a_j$，均有 $a_i+a_j\in A$ 或 $a_i-a_j\in A$，且 A 中的任意三个元素的任意一个排列都不构成等差数列，则集合 A 中的元素个数可能为　　　　　　　　　　　　　　　　　（　　）

A. 3　　　B. 4　　　C. 5　　　D. 6

30. 若从圆周的十等分点 $A_1,A_2,\cdots,A_{10}$ 中取出四个点，则这四个点可以是某个梯形的四个顶点的取法种数为　　　　　　　　　　　　　　　　　（　　）

A. 60　　　B. 40　　　C. 30　　　D. 10

31. 若复数 x,y 满足 $x+y=x^4+y^4=1$，则 xy 的不同取值有_____种.
　　　　　　　　　　　　　　　　　　　　　　　　　　　　　　　　　　（　　）

A. 0　　　B. 1　　　C. 2　　　D. 3

32. 若复数 z 的实部与虚部均为正整数，则　　　　　　　　　　　　（　　）

A. $\mathrm{Re}(z^2-z)$ 能被 2 整除　　　B. $\mathrm{Re}(z^3-z)$ 能被 3 整除

C. $\mathrm{Re}(z^4-z)$ 能被 4 整除　　　D. $\mathrm{Re}(z^5-z)$ 能被 5 整除

33. 若关于 z 的方程 $z^{2\,017}-1=0$ 的所有复数解为 $z_i(i=1,2,\cdots,2\,017)$，则
$\displaystyle\sum_{i=1}^{2\,017}\dfrac{1}{2-z_i}$　　　　　　　　　　　　　　　　　　　　　　　　　　　　　（　　）

A. 是比 $\dfrac{2\,017}{2}$ 大的实数　　　B. 是比 $\dfrac{2\,017}{2}$ 小的实数

C. 是有理数　　　　　　　　　D. 不是有理数

34. 若复数 z_1, z_2 的实部和虚部均为正整数,则 $\dfrac{|z_1+z_2|}{\sqrt{|z_1 \cdot z_2|}}$ （　　）

A. 有最大值2　　B. 无最大值　　C. 有最小值 $\sqrt{2}$　　D. 无最小值

35. 已知5个人中每两个人之间比赛一场(每场比赛都不会出现平局),若第 i 个人胜 x_i 场负 $y_i(i=1,2,3,4,5)$ 场,则 （　　）

A. $x_1+x_2+x_3+x_4+x_5$ 为定值　　　B. $y_1+y_2+y_3+y_4+y_5$ 为定值

C. $x_1^2+x_2^2+x_3^2+x_4^2+x_5^2$ 为定值　　D. $y_1^2+y_2^2+y_3^2+y_4^2+y_5^2$ 为定值

36. 若存在满足下列三个条件的集合 A,B,C,则称偶数 n 为"萌数":

(1) 集合 A,B,C 均为集合 $M=\{1,2,3,\cdots,n\}$ 的非空子集, $A\cap B=B\cap C=C\cap A=\varnothing$,且 $A\cup B\cup C=M$;

(2) 集合 A 中的所有元素均为奇数,集合 B 中的所有元素均为偶数,集合 M 中的所有3的倍数都在集合 C 中;

(3) 集合 A,B,C 中所有元素的和均相等.

则下列说法中正确的是 （　　）

A. 8 是"萌数"　　B. 60 是"萌数"　　C. 68 是"萌数"　　D. 80 是"萌数"

§15　2017年中国科学技术大学自主招生数学试题(部分)

笔者注:本试卷共8道填空题,3道解答题. 下面的内容是根据多名考生回忆的内容,还缺少两道填空题(第7,8题)和1道解答题(第11题).

一、填空题(每小题6分,共48分)

1. 方程 $\dfrac{x}{100}=\sin x$ 有_____个解.

2. 函数 $f(x)=\sqrt{2x^2-2x+1}-\sqrt{2x^2+2x+5}$ 的值域是_____.

3. 已知集合 $A=\{1,2,3,4,5\}$,映射 $f:A\to A$,且 f 既是单射又是满射, $f(x)+f(f(x))=6$ 恒成立,请问 $f(1)=$_____.

4. 已知复数 z 满足 $z+\dfrac{1}{z}\in[1,2]$,则复数 z 的实部的最小值为_____.

5. 在正方体的12条棱中,取四条两两不相交的棱,有_____种取法.

6. 若整数 x,y 满足 $|x|+|y|\leqslant n(n\in\mathbf{N})$,则满足此条件的 (x,y) 有

_____组.

7. 略.

8. 略.

二、解答题(第 9 小题满分 16 分,第 10 小题满分 18 分)

9. 椭圆 $C: \dfrac{x^2}{4} + y^2 = 1$,双曲线 $T: xy = 4$.

(1) 求 C 上一点 $\left(\dfrac{4}{\sqrt{5}}, \dfrac{1}{\sqrt{5}}\right)$ 处的切线方程;

(2) 若点 P 在 C 上,点 Q 在 T 上,求证:$|PQ| > \dfrac{6}{5}$.

10. 已知 $0 < a_i < b_i < 1$,对 $i \in [1, 2017]$ 且 $i \in \mathbf{N}$ 恒成立,并且 $\sum\limits_{i=1}^{2017}(b_i - a_i) > 2016$,求证:存在实数 x,使 $a_i < x < b_i$,对 $i \in [1, 2017]$ 且 $i \in \mathbf{N}$ 恒成立.

11. 略.

§16 2016 年北京大学自主招生数学试题

本试卷共包含 20 道单项选择题,每道题答对得 5 分,答错扣 1 分,不答得 0 分.

1. 函数 $f(x) = \log_{\frac{1}{2}}(-x^2 + x + 2)$ 的单调递增区间为 ( )

A. $\left(-1, \dfrac{1}{2}\right)$ B. $\left(\dfrac{1}{2}, 2\right)$

C. $\left(\dfrac{1}{2}, +\infty\right)$ D. 前三个答案都不对

2. 点 P 位于 $\triangle ABC$ 所在的平面内,使得 $\triangle PAB$,$\triangle PBC$,$\triangle PCA$ 的面积相等,则点 P 有 ( )

A. 1 个 B. 3 个

C. 5 个 D. 前三个答案都不对

3. 圆内接四边形 $ABCD$ 中,$AB = 136$,$BC = 80$,$CD = 150$,$DA = 102$,则它的外接圆直径为 ( )

A. 170 B. 180

C. $8\sqrt{105}$ D. 前三个答案都不对

4. 正方体的八个顶点中任取 3 个构成三角形,则三角形是等腰三角形的概

率是 ( )

A. $\frac{1}{2}$ B. $\frac{4}{7}$

C. $\frac{3}{8}$ D. 前三个答案都不对

5. 已知 $f(x)=3x^2-x+4$, $g(x)$ 为整系数多项式, $f(g(x))=3x^4+18x^3+50x^2+69x+a$ (a 为常数), 则 $g(x)$ 各项系数之和为 ( )

A. 8   B. 4

C. 2   D. 前三个答案都不对

6. 已知 $\dfrac{\sin x}{\sqrt{1-\cos^2 x}}-\dfrac{\cos x}{\sqrt{1-\sin^2 x}}=2(0<x\leqslant 2\pi)$, 则 x 的取值范围是

( )

A. $\left(0,\dfrac{\pi}{2}\right)$ B. $\left(\dfrac{\pi}{2},\pi\right)$

C. $\left(\pi,\dfrac{3\pi}{2}\right)$ D. 前三个答案都不对

7. 实系数方程 $x^4+ax^3+bx^2+cx+d=0$ 的根都不是实数, 其中两个根的和为 $2+\mathrm{i}$, 另两个根的积为 $5+6\mathrm{i}$, 则 b 等于 ( )

A. 11   B. 13

C. 15   D. 前三个答案都不对

8. 54 张扑克牌, 将第 1 张扔掉, 第 2 张放到最后; 第 3 张扔掉, 第 4 张放到最后, 依次下去, 最后手上只剩下一张牌, 则这张牌在原来的牌中是从上面开始向下数的第_____张. ( )

A. 30   B. 32

C. 44   D. 前三个答案都不对

9. $(2+1)(2^2+1)\cdots(2^{2016}+1)$ 的个位数字为 ( )

A. 1   B. 3

C. 5   D. 前三个答案都不对

10. 设 S 为有限集合, $A_1,A_2,\cdots,A_{2016}$ 为 S 的子集且对每个 i, 都有 $|A_i|>\dfrac{1}{5}|S|$, 则一定有 S 中某个元素在至少_____个 A_i 中出现? ( )

A. 403   B. 404

C. 2 016   D. 前三个答案都不对

11. 四个半径为 1 的球两两相切, 则它们外切正四面体的棱长为 ( )

A. $2(1+\sqrt{3})$ B. $2(1+\sqrt{6})$
C. $2(2+\sqrt{3})$ D. 前三个答案都不对

12. 空间点集 A_n 定义如下: $A_n = \{(x,y,z) \in \mathbf{R}^3 \mid |3x|^n + |8y|^n + |z|^n \leq 1\}$, $A = \bigcup_{n=1}^{\infty} A_n$, 则由 A 中点 P 组成的图形的体积等于 ( )

A. $\dfrac{1}{4}$ B. $\dfrac{1}{2}$
C. 1   D. 前三个答案都不对

13. 满足等式 $2\,002\left[n\sqrt{1\,001^2+1}\right] = n\left[2\,002\sqrt{1\,001^2+1}\right]$ 的正整数 n 的个数为 ( )

A. 0   B. 1 001
C. 2 002   D. 前三个答案都不对

14. 已知对任意 $x_1, x_2, \cdots, x_{2\,016}$, 方程 $\sum_{i=1}^{2\,016}|x-x_i| = 2\,016a$ 在 $[0,4]$ 上至少有一个根, 则 a 等于 ( )

A. 1   B. 2
C. 3   D. 前三个答案都不对

15. 已知关于 x 的方程 $x^2+ax+1=b$ 有两个不同的非 0 整数根, 则 a^2+b^2 有可能等于 ( )

A. 一个素数   B. 2 的非负整数次幂
C. 3 的非负整数次幂   D. 前三个答案都不对

16. 令 a_n 表示距离 $\sqrt{n}$ 最近的正整数, 其中 $n \in \mathbf{N}^*$, 若 $\dfrac{1}{a_1} + \dfrac{1}{a_2} + \cdots + \dfrac{1}{a_n} = 2\,016$, 则正整数 n 的值为 ( )

A. 1 015 056   B. 1 017 072
C. 1 019 090   D. 前三个答案都不对

17. 已知对于实数 a, 存在实数 b,c 满足 $a^3-b^3-c^3=3abc, a^2=2(b+c)$, 则这样的实数 a 的个数为 ( )

A. 1   B. 3
C. 无穷个   D. 前三个答案都不对

18. $\triangle ABC$ 的三个顶点分别对应复数 z_1, z_2, z_3, 已知 $\dfrac{z_2-z_1}{z_3-z_1} = 1+2i$, 则 $\triangle ABC$ 的面积与其最长边的长的平方的比等于 ( )

A. $\dfrac{1}{5}$　　　　　　　　　　　B. $\dfrac{1}{6}$

C. $\dfrac{1}{12}$　　　　　　　　　　　D. 前三个答案都不对

19. 将 $1,2,\cdots,100$ 这 100 个数分成 3 组,满足第一组中各数之和是 102 的倍数,第二组中各数之和是 203 的倍数,第三组中各数之和是 304 的倍数,则满足上述要求的分组方法数为　　　　　　　　　　　　　　　　　　(　　)

A. 1　　　　　　　　　　　B. 3

C. 6　　　　　　　　　　　D. 前三个答案都不对

20. 已知实数 x,y,z 满足 $x+y+z=2\,016$,$\dfrac{1}{x}+\dfrac{1}{y}+\dfrac{1}{z}=\dfrac{1}{2\,016}$,则 $(x-2\,016)(y-2\,016)(z-2\,016)=$　　　　　　　　　　　　　　　　(　　)

A. 0　　　　　　　　　　　B. 1

C. 不能确定　　　　　　　　D. 前三个答案都不对

§17　2016 年北京大学博雅计划自主招生数学试题

选择题共 20 小题. 在每小题的四个选项中,只有一项符合题目要求,请把正确选项的代号填在表格中,选对得 5 分,选错扣 1 分,不选得 0 分.

1. 直线 $y=-x+2$ 与曲线 $y=-e^{x+a}$ 相切,则 a 的值为　　　　(　　)

A. -3　　　　　　　　　　B. -2

C. -1　　　　　　　　　　D. 前三个答案都不对

2. 已知 $\triangle ABC$ 的三边长分别为 a,b,c,则下面四个结论中正确的个数为

(　　)

(1) 以 $\sqrt{a},\sqrt{b},\sqrt{c}$ 为边长的三角形一定存在

(2) 以 a^2,b^2,c^2 为边长的三角形一定存在

(3) 以 $\dfrac{a+b}{2},\dfrac{b+c}{2},\dfrac{c+a}{2}$ 为边长的三角形一定存在

(4) 以 $|a-b|+1,|b-c|+1,|c-a|+1$ 为边长的三角形一定存在

A. 2　　　　　　　　　　　B. 3

C. 4　　　　　　　　　　　D. 前三个答案都不对

3. 设 AB,CD 是圆 O 的两条互相垂直的直径,弦 DF 交 AB 于点 E,$DE=24$,

$EF = 18$,则 OE 等于 ( )

A. $4\sqrt{6}$ B. $5\sqrt{3}$

C. $6\sqrt{2}$ D. 前三个答案都不对

4. 函数
$$f(x) = \begin{cases} \dfrac{1}{p} & \left(x = \dfrac{q}{p}(p \in \mathbf{N}^*, q \in \mathbf{Z}, (p,q)=1)\right) \\ 0 & (x \in \complement_{\mathbf{R}}\mathbf{Q}) \end{cases}$$

则满足 $x \in (0,1)$ 且 $f(x) > \dfrac{1}{7}$ 的 x 的个数为 ( )

A. 12   B. 13

C. 14   D. 前三个答案都不对

5. 若方程 $x^2 - 3x - 1 = 0$ 的根也是方程 $x^4 + ax^2 + bx + c = 0$ 的根,则 $a + b - 2c$ 的值为 ( )

A. -13 B. -9

C. -5 D. 前三个答案都不对

6. 已知 $k \neq 1$,则等比数列 $a + \log_2 k, a + \log_4 k, a + \log_8 k$ 的公比为 ( )

A. $\dfrac{1}{2}$ B. $\dfrac{1}{3}$

C. $\dfrac{1}{4}$ D. 前三个答案都不对

7. $\cos\dfrac{\pi}{11}\cos\dfrac{2\pi}{11}\cdots\cos\dfrac{10\pi}{11}$ 的值为 ( )

A. $-\dfrac{1}{16}$ B. $-\dfrac{1}{32}$

C. $-\dfrac{1}{64}$ D. 前三个答案都不对

8. 设 a, b, c 为实数,$a, c \neq 0$,方程 $ax^2 + bx + c = 0$ 的两个虚数根 x_1, x_2 满足 $\dfrac{x_1^2}{x_2}$ 为实数,则 $\displaystyle\sum_{k=0}^{2015}\left(\dfrac{x_1}{x_2}\right)^k$ 等于 ( )

A. 1   B. 0

C. $\sqrt{3}\mathrm{i}$ D. 前三个答案都不对

9. 将 12 个不同物体分成 3 堆,每堆 4 个,则不同的分法种类为 ( )

A. 34 650   B. 5 940

C. 495   D. 前三个答案都不对

10. 设 A 是以 BC 为直径的圆上的一点,D,E 是线段 BC 上的点,F 是 CB 延长线上的点,已知 $BF=4,BD=2,BE=5,\angle BAD=\angle ACD,\angle BAF=\angle CAE$,则 BC 的长为 ( )

   A. 11 B. 12
   C. 13 D. 前三个答案都不对

11. 两个圆内切于 K,大圆的弦 AB 与小圆切于 L,已知 $AK:BK=2:5,AL=10$,则 BL 的长为 ( )

   A. 24 B. 25
   C. 26 D. 前三个答案都不对

12. $f(x)$ 是定义在实数集 $\mathbf{R}$ 上的函数,满足 $\forall x\in\mathbf{R},2f(x)+f(x^2-1)=1$,则 $f(-\sqrt{2})$ 等于 ( )

   A. 0 B. $\dfrac{1}{2}$
   C. $\dfrac{1}{3}$ D. 前三个答案都不对

13. 从一个正九边形的 9 个顶点中选 3 个使得它们是一个等腰三角形的三个顶点的方法是 ( )

   A. 30 B. 36
   C. 42 D. 前三个答案都不对

14. 已知正整数 a,b,c,d 满足 $ab=cd$,则 $a+b+c+d$ 有可能等于 ( )

   A. 101 B. 301
   C. 401 D. 前三个答案都不对

15. 三个不同的实数 x,y,z 满足 $x^3-3x^2=y^3-3y^2=z^3-3z^2$,则 $x+y+z$ 等于 ( )

   A. -1 B. 0
   C. 1 D. 前三个答案都不对

16. 若实数 a,b,c 满足 $a+b+c=1$,则 $\sqrt{4a+1}+\sqrt{4b+1}+\sqrt{4c+1}$ 的最大值与最小值的乘积属于区间 ( )

   A. $[10,11)$ B. $[11,12)$
   C. $[12,13)$ D. 前三个答案都不对

17. 在圆内接四边形 $ABCD$ 中,$BD=6,\angle ABD=\angle CBD=30°$,则四边形 $ABCD$ 的面积等于 ( )

   A. $8\sqrt{3}$ B. $9\sqrt{3}$

C. $12\sqrt{3}$　　　　　　　　　　D. 前三个答案都不对

18. $1!+2!+\cdots+2\,016!$ 除以 100 所得的余数为　　　　　　　　　　(　　)

A. 3　　　　　　　　　　B. 13

C. 27　　　　　　　　　　D. 前三个答案都不对

19. 方程组 $\begin{cases} x+y^2=z^3 \\ x^2+y^3=z^4 \\ x^3+y^4=z^5 \end{cases}$ 的实数解组数为　　　　　　　　　　(　　)

A. 5　　　　　　　　　　B. 6

C. 7　　　　　　　　　　D. 前三个答案都不对

20. 方程 $\left(\dfrac{x^3+x}{3}\right)^3+\dfrac{x^3+x}{3}=3x$ 的所有实根的平方和等于　　(　　)

A. 0　　　　　　　　　　B. 2

C. 4　　　　　　　　　　D. 前三个答案都不对

§18　2016 年清华大学领军计划数学试题

注：全卷中的选择题，均为不定项选择（但第 20～31 题没有回忆出选项），选对得 4 分，错选得 0 分，漏选得 2 分.

1. 若函数 $f(x)=(x^2+a)\mathrm{e}^x$ 有最小值，则函数 $g(x)=x^2+2x+a$ 的零点个数为　　　　　　　　　　　　　　　　　　　　　　　　　　　　(　　)

A. 0　　　　B. 1　　　　C. 2　　　　D. 与 a 的值有关

2. 已知 $\triangle ABC$ 的三个角 A,B,C 所对的边分别为 a,b,c. 在下列条件中，能使得 $\triangle ABC$ 的形状唯一确定的有　　　　　　　　　　　　　　(　　)

A. $a=1,b=2,c\in\mathbf{Z}$

B. $A=150°, a\sin A+c\sin C+\sqrt{2}\sin A\sin C=b\sin B$

C. $C=60°, \cos A\sin B\cos C+\cos(B+C)\cos B\sin C=0$

D. $a=\sqrt{3}, b=1, A=60°$

3. 已知函数 $f(x)=x^2-1, g(x)=\ln x$，下列说法正确的是　　　　(　　)

A. 曲线 $y=f(x)$ 与 $y=g(x)$ 在点 $(1,0)$ 处有公切线

B. 对于曲线 $y=f(x)$ 的任意一条切线均可与曲线 $y=g(x)$ 的某条切线平行

C. 曲线 $y=f(x)$ 与 $y=g(x)$ 有且只有一个公共点

D. 曲线 $y=f(x)$ 与 $y=g(x)$ 有且只有两个公共点

4. 若过抛物线 $y^2=4x$ 的焦点 F 作直线交于 A,B 两点,M 为线段 AB 的中点,则下列说法正确的是 （　　）

    A. 以线段 AB 为直径的圆与直线 $x=-\dfrac{3}{2}$ 一定相离

    B. $|AB|$ 的最小值为 4

    C. $|AB|$ 的最小值为 2

    D. 以线段 BM 为直径的圆与 y 轴一定相切

5. 若椭圆 $C:\dfrac{x^2}{a^2}+\dfrac{y^2}{b^2}=1(a>b>0)$ 的左、右焦点分别为 F_1,F_2，P 为椭圆 C 上的任意一点,则下列说法中正确的是 （　　）

    A. 若 $a=\sqrt{2}b$，则满足 $\angle F_1PF_2=90°$ 的点 P 的个数是 2

    B. 若 $a>\sqrt{2}b$，则满足 $\angle F_1PF_2=90°$ 的点 P 的个数是 4

    C. $\triangle F_1PF_2$ 的周长小于 $4a$

    D. $\triangle F_1PF_2$ 的面积不大于 $\dfrac{a^2}{2}$

6. 甲、乙、丙、丁四个人参加比赛,有且只有两个人获奖,比赛结果揭晓之前,四个人做了如下猜测:

甲:两名获奖者在乙、丙、丁中;

乙:我没有获奖,丙获奖了;

丙:甲、丁中有且只有一人获奖;

丁:乙说的对.

若这四人中有且只有两人的猜测是对的,那么两名获奖者是 （　　）

    A. 甲   B. 乙   C. 丙   D. 丁

7. 若 AB 为圆 O 的一条弦(非直径),$OC\perp AB$ 于点 C，P 为圆 O 上任意一点,直线 PA 与直线 OC 相交于点 M,直线 PB 与直线 OC 相交于点 N,则下列说法正确的是 （　　）

    A. O,M,B,P 四点共圆   B. A,M,B,N 四点共圆

    C. A,O,P,N 四点共圆   D. 前三个选项都不对

8. $\sin A+\sin B+\sin C>\cos A+\cos B+\cos C$ 是 $\triangle ABC$ 为锐角三角形的 （　　）

    A. 充分不必要条件   B. 必要不充分条件

    C. 充分必要条件   D. 既不充分也不必要条件

9. 方程 $\dfrac{1}{x}+\dfrac{1}{y}+\dfrac{1}{z}=\dfrac{1}{2}(x\leq y\leq z)$ 正整数解的组数是 （　　）

A. 8　　　　B. 10　　　　C. 11　　　　D. 12

10. 已知集合 $A=\{a_1,a_2,\cdots,a_n\}$，任取 $1\leq i<j<k\leq n$，若三个条件 $a_i+a_j\in A, a_j+a_k\in A, a_k+a_i\in A$ 中至少有一个成立，则 n 的最大值为 （　　）

A. 6　　　　B. 7　　　　C. 8　　　　D. 9

11. 若 $\alpha=1°,\beta=61°,\gamma=121°$，则下面各式中成立的有 （　　）

A. $\tan\alpha\tan\beta+\tan\beta\tan\gamma+\tan\alpha\tan\gamma=3$

B. $\tan\alpha\tan\beta+\tan\beta\tan\gamma+\tan\alpha\tan\gamma=-3$

C. $\dfrac{\tan\alpha+\tan\beta+\tan\gamma}{\tan\alpha\tan\beta\tan\gamma}=3$

D. $\dfrac{\tan\alpha+\tan\beta+\tan\gamma}{\tan\alpha\tan\beta\tan\gamma}=-3$

12. 若实数 a,b,c 满足 $a+b+c=1$，则 $\sqrt{4a+1}+\sqrt{4b+1}+\sqrt{4c+1}$ 的最大值与最小值的乘积属于区间 （　　）

A. $(11,12)$　　B. $(12,13)$　　C. $(13,14)$　　D. $(14,15)$

13. 若实数 x,y,z 满足 $x+y+z=1, x^2+y^2+z^2=1$，则下列说法正确的是 （　　）

A. xyz 的最大值为 0

B. xyz 的最小值为 $-\dfrac{4}{27}$

C. z 的最大值为 $\dfrac{2}{3}$

D. z 的最小值为 $-\dfrac{1}{3}$

14. 若数列 $\{a_n\}$ 满足 $a_1=1, a_2=2, a_{n+2}=6a_{n+1}-a_n(n\in\mathbf{N}^*)$，则下列说法正确的是 （　　）

A. $a_{n+1}^2-a_{n+2}a_n$ 为定值

B. $a_n\equiv 1(\bmod\ 9)$ 或 $a_n\equiv 2(\bmod\ 9)$

C. $4a_{n+1}a_n-7$ 为完全平方数

D. $8a_{n+1}a_n-7$ 为完全平方数

15. 若复数 z 满足 $\left|\dfrac{1}{z}+z\right|=1$，则 $|z|$ 的值可为 （　　）

A. $\dfrac{1}{2}$　　B. $-\dfrac{1}{2}$　　C. $\dfrac{\sqrt{5}-1}{2}$　　D. $\dfrac{\sqrt{5}+1}{2}$

16. 若从正 2 016 边形的顶点中任取若干个，把它们顺次联结成多边形，则其中的正多边形的个数为 （　　）

A. 6 552　　B. 4 536　　C. 3 528　　D. 201

17. 已知椭圆 $\dfrac{x^2}{a^2}+\dfrac{y^2}{b}=1(a>b>0)$ 与直线 $l_1:y=\dfrac{1}{2}x$, $l_2:y=-\dfrac{1}{2}x$, 过椭圆上一点 P 作 l_1,l_2 的平行线, 分别交 l_2,l_1 于点 M,N. 若 $|MN|$ 为定值, 则 $\sqrt{\dfrac{a}{b}}$ 的值为 ( )

  A. $\sqrt{2}$ B. $\sqrt{3}$ C. 2   D. $\sqrt{5}$

18. 不定方程 $x^2+615=2^y$ 正整数解的组数为 ( )

  A. 0   B. 1   C. 2   D. 3

19. 因为实数的乘法满足交换律与结合律, 所以若干个实数相乘的时候, 可以有不同的次序, 例如, 三个实数 a,b,c 相乘的时候, 可以有 $(ab)c,(ba)c$, $b(ca)$, 等等不同的次序, 记 n 个实数相乘时不同的次序有 $I_n(n\geq 2)$ 种, 则 ( )

  A. $I_2=2$ B. $I_3=12$ C. $I_4=96$ D. $I_5=120$

20. 甲乙丙丁 4 个人进行网球淘汰赛, 规定首先甲乙一组, 丙丁一组进行比赛, 两组的胜者争夺冠军, 4 人互相比赛的胜率如表 1 所示. 表中的每个数字表示其所在行的选手击败其所在列的选手的概率, 例如, 甲击败乙的概率为 0.3, 乙击败丁的概率为 0.4, 那么甲获得冠军的概率为_____.

表 1

	甲	乙	丙	丁
甲		0.3	0.3	0.8
乙	0.7		0.6	0.4
丙	0.7	0.4		0.5
丁	0.2	0.6	0.5	

21. 在正三棱锥 $P-ABC$ 中, 底面是边长为 1 的正三角形. 若点 P 到平面 ABC 的距离为 x, 异面直线 AB 与 CP 的距离为 y, 则 $\lim\limits_{x\to +\infty} y=$ _____.

22. 若正方体 $ABCD-A_1B_1C_1D_1$ 的棱长为 1, 中心为 O, $\overrightarrow{BC}=2\overrightarrow{BF}$, $\overrightarrow{A_1A}=4\overrightarrow{A_1E}$, 则四面体 $OEBF$ 的体积为 _____.

23. $\int_0^{2\pi}(x-\pi)^{2n-1}(1+\sin^{2n}x)\,dx=$ _____ $(n\in \mathbf{N}^*)$.

24. 若实数 x,y,z 满足 $(x^2+y^2)^3=4x^2y^2$, 则 x^2+y^2 的最大值为 _____.

25. 若非负实数 x,y,z 满足 $\left(x+\dfrac{1}{2}\right)^2+(y+1)^2+\left(z+\dfrac{3}{2}\right)^2=\dfrac{27}{4}$，则 $x+y+z$ 的最大值与最小值分别是_____.

26. 设 O 是 $\triangle ABC$ 内一点，满足 $S_{\triangle OAB}:S_{\triangle OBC}:S_{\triangle OCA}=4:3:2$，$\overrightarrow{AO}=\lambda\overrightarrow{AB}+\mu\overrightarrow{AC}$，则 $\lambda+\mu=$_____.

27. 若 $z=\cos 120°+\mathrm{i}\sin 120°$，则 $z^3+\dfrac{z^2}{z^2+z+2}=$_____.

28. 若复数 $z\neq 0$，$\dfrac{z}{10}$ 与 $\dfrac{40}{z}$ 的实部和虚部均不小于 1，则在复平面内，z 所对应的向量 $\overrightarrow{OP}$ 的端点 P 运动所形成的图形的面积为_____.

29. 若 $\tan 4x=\dfrac{\sqrt{3}}{3}$，则 $\dfrac{\sin 4x}{\cos 8x\cos 4x}+\dfrac{\sin 2x}{\cos 4x\cos 2x}+\dfrac{\sin x}{\cos 2x\cos x}+\dfrac{\sin x}{\cos x}=$_____.

30. 将 16 个数，4 个 1，4 个 2，4 个 3，4 个 4 填入一个 4×4 的表格中，若要求每行每列都恰好有两个偶数，则共有_____种填法.

31. 已知 A 是集合 $\{1,2,3,\cdots,14\}$ 的一个子集，若从 A 中任取 3 个元素，从小到大排列之后都不能成等差数列，则 A 中的元素个数的最大值为_____.

§19　2016 年中国科学技术大学自主招生数学试题

一、填空题（每小题 6 分，共 48 分）

1. 3^{2016} 除以 100 的余数是_____.

2. 若复数 z_1,z_2 满足 $|z_1|=2$，$|z_2|=3$，$|z_1+z_2|=4$，则 $\dfrac{z_1}{z_2}=$_____.

3. 用 $S(A)$ 表示集合 A 的所有元素之和，且 $A\subseteq\{1,2,3,4,5,6,7,8\}$，$S(A)$ 能被 3 整除，但不能被 5 整除，则符合条件的非空集合 A 的个数是_____.

4. 已知 $\triangle ABC$ 中，$\sin A+2\sin B\cos C=0$，则 $\tan A$ 的最大值是_____.

5. 若对任意实数 x 都有 $|2x-a|+|3x-2a|\geq a^2$，则 a 的取值范围是_____.

6. 若 $a\in\left(\dfrac{\pi}{4},\dfrac{\pi}{2}\right)$，$b\in(0,1)$，$x=(\sin a)^{\log_b\sin a}$，$y=(\cos a)^{\log_b\cos a}$，则 x _____ y（填 $>$，$=$，或 $<$）.

7. 在梯形 $ABCD$ 中,$AB\parallel CD$,对角线 AC,BD 交于 P_1,过 P_1 作 AB 的平行线交 BC 于点 Q_1. AQ_1 交 BD 于 P_2,过 P_2 作 AB 的平行线交 BC 于点 Q_2,……. 若 $AB=a,CD=b$,则 $P_nQ_n=$_____(用 a,b,n 表示).

8. 在数列 $\{a_n\}$ 中,a_n 是与 $\sqrt{n}$ 最接近的整数,则 $\sum_{n=1}^{2016}\dfrac{1}{a_n}=$_____.

二、解答题(第 9 小题满分 16 分,第 10、11 小题满分 18 分)

9. 已知 $a,b,c>0,a+b+c=3$,求证:$\dfrac{a^2}{a+\sqrt{bc}}+\dfrac{b^2}{b+\sqrt{ca}}+\dfrac{c^2}{c+\sqrt{ab}}\geq \dfrac{3}{2}$.

10. 求所有函数 $f:\mathbf{N}^*\to \mathbf{N}^*$,使得对任意正整数 $x\neq y,0<|f(x)-f(y)|<2|x-y|$.

11. 求方程 $2^x-5^y\cdot 7^z=1$ 的所有非负整数解 (x,y,z).

§20 2015 年北京大学自主招生数学试题

一、选择题:共 5 个小题;在每小题的四个选项中,只有一项符合题目要求,把正确选项的代号填在括号中,选对得 10 分,选错扣 5 分,不选得 0 分.

1. 若整数 x,y,z 满足 $xy+yz+zx=1$,则 $(1+x^2)(1+y^2)(1+z^2)$ 可能取到的值为 ( )

   A. 16 900 B. 17 900
   C. 18 900 D. 前三个答案都不对

2. 从不超过 99 的正整数中选出 50 个不同的正整数,若这 50 个数中任两个的和都不等于 99,也不等于 100,则这 50 个数的和可能等于 ( )

   A. 3 524 B. 3 624
   C. 3 724 D. 前三个答案都不对

3. $\forall a\in \mathbf{R}$,把函数 $y=\cos^2 x-2a\cos x+1\left(0\leq x\leq \dfrac{\pi}{2}\right)$ 的最小值记为 $g(a)$. 当 a 取遍所有实数时,$g(a)$ 的最大值为 ( )

   A. 1 B. 2
   C. 3 D. 前三个答案都不对

4. 若 $10^{20}-2^{20}$ 是 $2^n(n\in\mathbf{N}^*)$ 的整数倍,则 n 的最大值为 ( )

   A. 21 B. 22
   C. 23 D. 前三个答案都不对

5. 在凸四边形 $ABCD$ 中,若 $BC=4$, $\angle ADC=60°$, $\angle BAD=90°$,四边形 $ABCD$ 的面积等于 $\dfrac{AB \cdot CD + BC \cdot AD}{2}$,则 CD 的长(精确到小数点后 1 位)为
( )

A. 6.9   B. 7.1

C. 7.3   D. 前三个答案都不对

二、填空题:共 5 个小题;请把每小题的正确答案填在横线上,每题 10 分.

6. 满足等式 $\left(1+\dfrac{1}{x}\right)^{x+1} = \left(1+\dfrac{1}{2\,015}\right)^{2\,015}$ 的整数 x 的个数是_____.

7. 若 $a,b,c,d \in [2,4]$,则 $\dfrac{(ab+cd)^2}{(a^2+d^2)(b^2+c^2)}$ 的最大值与最小值的和为_____.

8. 若 $\forall x \in [1,5]$,$|x^2+px+q| \leqslant 2$,则不超过 $\sqrt{p^2+q^2}$ 的最大整数是_____.

9. 设 $x=\dfrac{b^2+c^2-a^2}{2bc}$,$y=\dfrac{a^2+c^2-b^2}{2ac}$,$z=\dfrac{b^2+a^2-c^2}{2ba}$,且 $x+y+z=1$,则 $x^{2\,015}+y^{2\,015}+z^{2\,015}$ 的值为_____.

10. 把集合 X 的元素个数记为 $|X|$. 若 $A_i \subseteq \{1,2,3,\cdots,9\}$ $(i=1,2,3,\cdots,n)$,且 $|A_i|$ $(i=1,2,3,\cdots,n)$ 均为奇数,当 $1 \leqslant i \neq j \leqslant n$ 时,$|A_i \cap A_j|$ 均为偶数,则 n 的最大值为_____.

§21 2015 年北京大学博雅计划自主招生数学试题

一、选择题:共 5 个小题;在每小题的四个选项中,只有一项符合题目要求,把正确选项的代号填在括号中,选对得 10 分,选错扣 5 分,不选得 0 分.

1. 已知 n 为不超过 2 015 的正整数,且 $1^n+2^n+3^n+4^n$ 的个位数为 0,则满足条件的正整数 n 的个数为
( )

A. 1 511   B. 1 512

C. 1 513   D. 前三个答案都不对

2. 如图 1 所示,在内切圆半径为 1 的 $Rt\triangle ABC$ 中,$\angle C=90°$,$\angle B=30°$,内切圆与边 BC 切于点 D,则线段 AD 的长为
( )

A. $\sqrt{4+2\sqrt{3}}$ B. $\sqrt{3+3\sqrt{3}}$

C. $\sqrt{3}+4\sqrt{3}$ D. 前三个答案都不对

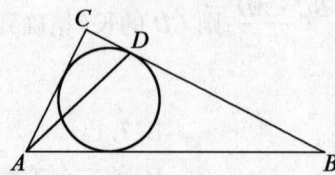

图1

3. 如图2所示,若正方形 $ABCD$ 内一点 P 满足 $AP:BP:CP=1:2:3$,则 $\angle APB$ 等于 ( )

A. $120°$ B. $135°$
C. $150°$ D. 前三个答案都不对

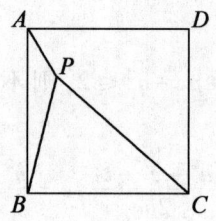

图2

4. 满足 $\dfrac{1}{x}+\dfrac{1}{y}=\dfrac{1}{2\,015}(x\leqslant y)$ 的正整数对 (x,y) 的对数为 ( )

A. 12   B. 15
C. 18   D. 前三个答案都不对

5. 已知 $a,b,c\in \mathbf{Z}$,且 $(a-b)(b-c)(c-a)=a+b+c$,则 $a+b+c$ 可能为 ( )

A. 126   B. 144
C. 162   D. 以上都不对

二、填空题:共5个小题;请把每小题的正确答案填在横线上,每题10分.

6. 设 α 为复数,$\bar{\alpha}$ 表示 α 的共轭复数. 已知 $|\alpha-\bar{\alpha}|=2\sqrt{3}$ 且 $\dfrac{\alpha}{\alpha^2}$ 为纯虚数,则 $|\alpha|$ 的值为_____.

7. 若椭圆 $\dfrac{x^2}{a^2}+\dfrac{y^2}{b^2}=1$ 的一条切线与 x 轴、y 轴分别交于点 A,B,则 $\triangle AOB$ 面积的最小值为_____.

8. 已知 $x^2-y^2+6x+4y+5=0$,则 x^2+y^2 的最小值是_____.

9. 已知点集 $M=\{(x,y)\mid \sqrt{1-x^2}\cdot\sqrt{1-y^2}\geqslant xy\}$,则在平面直角坐标系

xOy 中点集 M 表示的区域的面积为_____.

10. 现要登上 10 级台阶,若每次只能登 1 级或 2 级,则不同的登法共有_____种.

§22 2015 年北京大学优秀中学生体验营综合测试数学科目试题

2015 年北京大学优秀中学生体验营已于 8 月 24 日结束. 数学试题如下,文科生做 1～5 题,理科生做 3～7 题. 每题 20 分,满分 100 分.

1. 设 $\dfrac{x}{x^2-1}=\dfrac{1}{2}$,求 $\dfrac{x^2}{x^4+1}$ 的值.

2. 已知 D 为 $\triangle ABC$ 的边 BC 上一点,$BD:DC=1:2$,$AB:AD:AC=3:k:1$,求 k 的取值范围.

3. 已知正实数 a,b,c 满足 $a+b+c=1$,求 $\dfrac{abc}{(1-a)(1-b)(1-c)}$ 的最大值.

4. 构造一个整系数多项式函数 $f(x)$,使得 $f(\sin 10°)=0$.

5. 椭圆 $\dfrac{x^2}{a^2}+\dfrac{y^2}{b^2}=1(a>b>0)$ 上一点 P 到两焦点的夹角为 α,求 P 与两焦点围成的三角形的面积.

6. 已知 $n\in\mathbf{N}^*$,求证:$\dfrac{1}{1^2}+\dfrac{1}{2^2}+\dfrac{1}{3^2}+\cdots+\dfrac{1}{n^2}<\dfrac{5}{3}$.

7. 已知三角形的三边长分别为 a,b,c,且 $a^k+b^k=c^k$,求证:$k<0$ 或 $k>1$.

§23 2015 年清华大学领军计划数学测试题

选择题(请选出所有正确的选项).

1. 设复数 $z=\cos\dfrac{2}{3}\pi+i\sin\dfrac{2}{3}\pi$,则 $\dfrac{1}{1-z}+\dfrac{1}{1-z^2}=$ ( )

A. 0　　　　　　B. 1　　　　　　C. $\dfrac{1}{2}$　　　　　　D. $\dfrac{3}{2}$

2. 若数列 $\{a_n\}$ 为等差数列,$p,q,k,l\in\mathbf{N}^*$,则"$p+q>k+l$"是"$a_p+a_q>a_k+a_l$"的 ( )

A. 充分不必要条件　　　　　　B. 必要不充分条件
C. 充要条件　　　　　　　　　D. 既不充分也不必要条件

3. 已知 A,B 是抛物线 $C:y=x^2$ 上的两个动点，且均与坐标原点 O 不重合．若 $OA \perp OB$，则　　　　　　　　　　　　　　　　　　　（　　）

A. $|OA| \cdot |OB| \geq 2$　　　　　　B. $|OA| + |OB| \geq 2\sqrt{2}$
C. 直线 AB 过抛物线 C 的焦点　　D. 点 O 到直线 AB 的距离不大于 1

4. 设函数 $f(x)$ 的定义域为 $(-1,1)$，且满足：

① $\forall x \in (-1,0), f(x) > 0$；

② $\forall x,y \in (-1,1), f(x) + f(y) = f\left(\dfrac{x+y}{1+xy}\right)$，

则 $f(x)$ 为　　　　　　　　　　　　　　　　　　　　　　　　　（　　）

A. 奇函数　　　B. 偶函数　　　C. 减函数　　　D. 有界函数

5. 如图 1 所示，已知直线 $y = kx + m$ 与曲线 $y = f(x)$ 相切于两点，则 $F(x) = f(x) - kx$ 有　　　　　　　　　　　　　　　　　　　　　　　　　（　　）

A. 2 个极大值点　　　　　　　B. 3 个极大值点
C. 2 个极小值点　　　　　　　D. 3 个极小值点

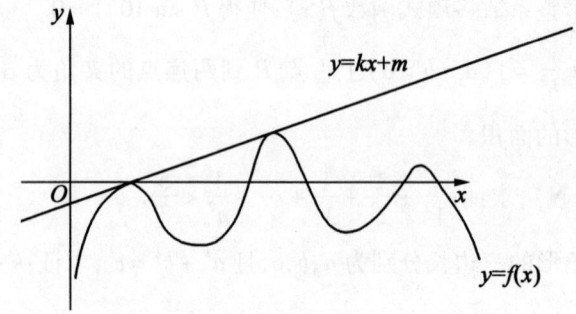

图 1

6. 设 $\triangle ABC$ 的三边长分别为 $BC = a, CA = b, AB = c$. 若 $c = 2, C = \dfrac{\pi}{3}$，且 $\sin C + \sin(B-A) - 2\sin 2A = 0$，则有　　　　　　　　　　　　　（　　）

A. $b = 2a$　　　　　　　　　　B. $\triangle ABC$ 的周长为 $2 + 2\sqrt{3}$
C. $\triangle ABC$ 的面积为 $\dfrac{2\sqrt{3}}{3}$　　D. $\triangle ABC$ 的外接圆半径为 $\dfrac{2\sqrt{3}}{3}$

7. 若函数 $f(x) = (x^2 - 3)e^x$，则　　　　　　　　　　　　　　　　（　　）

A. $f(x)$ 有极小值，但无最小值
B. $f(x)$ 有极大值，但无最大值

C. 若方程 $f(x)=b$ 恰有一个实根,则 $b>\dfrac{6}{e^3}$

D. 若方程 $f(x)=b$ 恰有三个不同的实根,则 $0<b<\dfrac{6}{e^3}$

8. 已知集合 $A=\{(x,y)\mid x^2+y^2=r^2\}$,$B=\{(x,y)\mid (x-a)^2+(y-b)^2=r^2\}$. 若 $A\cap B=\{(x_1,y_1),(x_2,y_2)\}$,则 (　　)

A. $0<a^2+b^2<2r^2$ 　　　　B. $a(x_1-x_2)+b(y_1-y_2)=0$

C. $x_1+x_2=a, y_1+y_2=b$ 　D. $a^2+b^2=2ax_1+2by_1$

9. 已知非负实数 x,y,z 满足 $4x^2+4y^2+z^2+2z=3$,则 $5x+4y+3z$ 的最小值为 (　　)

A. 1　　　　B. 2　　　　C. 3　　　　D. 4

10. 设数列 $\{a_n\}$ 的前 n 项和为 S_n. 若 $\forall n\in \mathbf{N}^*, \exists m\in \mathbf{N}^*$,使得 $S_n=a_m$,则 (　　)

A. $\{a_n\}$ 可能为等差数列

B. $\{a_n\}$ 可能为等比数列

C. $\{a_n\}$ 除首项外的任意一项均可写成 $\{a_n\}$ 的两项之差

D. $\forall n\in \mathbf{N}^*, \exists m\in \mathbf{N}^*$,使得 $a_n=S_m$

11. 在某次运动会上,有 6 名选手参加 100 m 赛跑,观众甲猜测:4 道或 5 道的选手得第一名;观众乙猜测:3 道的选手不可能得第一名;观众丙猜测:1,2,6 道选手中的一位获得第一名;观众丁猜测:4,5,6 道的选手都不可能获得第一名. 比赛后发现没有并列名次,且甲、乙、丙、丁中有且只有 1 人猜对比赛结果,此人是 (　　)

A. 甲　　　　B. 乙　　　　C. 丙　　　　D. 丁

12. 在长方体 $ABCD-A_1B_1C_1D_1$ 中,$AB=2,AD=AA_1=1$,则点 A 到平面 A_1BD 的距离为 (　　)

A. $\dfrac{1}{3}$　　　B. $\dfrac{2}{3}$　　　C. $\dfrac{\sqrt{2}}{2}$　　　D. $\dfrac{\sqrt{6}}{3}$

13. 设不等式组 $\begin{cases}|x|+|y|\leq 2\\ y+2\leq k(x+1)\end{cases}$ 所表示的区域为 D,其面积为 S,则(　　)

A. 若 $S=4$,则 k 的值唯一　　　B. 若 $S=\dfrac{1}{2}$,则 k 的值有 2 个

C. 若 D 为三角形,则 $0<k\leq \dfrac{2}{3}$　　D. 若 D 为五边形,则 $k>4$

14. 若△ABC的三边长分别是2,3,4,其外心为O,则$\vec{OA} \cdot \vec{AB} + \vec{OB} \cdot \vec{BC} + \vec{OC} \cdot \vec{CA} =$ ( )

  A. 0   B. -15   C. $-\dfrac{21}{2}$ D. $-\dfrac{29}{2}$

15. 若随机事件A与B相互独立,且$P(B) = 0.5, P(A\bar{B}) = 0.2$,则 ( )

  A. $P(A) = 0.4$ B. $P(B\bar{A}) = 0.3$ C. $P(AB) = 0.2$ D. $P(A+B) = 0.9$

16. 过△ABC的重心作直线将△ABC分成两部分,则这两部分的面积之比的 ( )

  A. 最小值为$\dfrac{3}{4}$ B. 最小值为$\dfrac{4}{5}$ C. 最大值为$\dfrac{4}{3}$ D. 最大值为$\dfrac{5}{4}$

17. 从正15边形的顶点中选出3个连成钝角三角形,则不同的选法有 ( )

  A. 105种   B. 225种   C. 315种   D. 420种

18. 若存在实数r,使得圆周$x^2 + y^2 = r^2$上恰好有n个整点,则n可以等于 ( )

  A. 4   B. 6   C. 8   D. 12

19. 若复数z满足$2|z| \leq |z-1|$,则 ( )

  A. $|z|$的最大值为1   B. $|z|$的最小值为$\dfrac{1}{3}$

  C. z的虚部的最大值为$\dfrac{2}{3}$ D. z的实部的最大值为$\dfrac{1}{3}$

20. 设m, n均是正数,$\boldsymbol{a} = (m\cos\alpha, m\sin\alpha)$, $\boldsymbol{b} = (n\cos\beta, n\sin\beta)$,其中$\alpha, \beta \in [0, 2\pi)$. 定义向量$\boldsymbol{a}^{\frac{1}{2}} = \left(\sqrt{m}\cos\dfrac{\alpha}{2}, \sqrt{m}\sin\dfrac{\alpha}{2}\right)$, $\boldsymbol{b}^{\frac{1}{2}} = \left(\sqrt{n}\cos\dfrac{\beta}{2}, \sqrt{n}\sin\dfrac{\beta}{2}\right)$,记$\theta = \alpha - \beta$,则 ( )

  A. $\boldsymbol{a}^{\frac{1}{2}} \cdot \boldsymbol{a}^{\frac{1}{2}} = \boldsymbol{a}$ B. $\boldsymbol{a}^{\frac{1}{2}} \cdot \boldsymbol{b}^{\frac{1}{2}} = \sqrt{mn}\cos\dfrac{\theta}{2}$

  C. $|\boldsymbol{a}^{\frac{1}{2}} - \boldsymbol{b}^{\frac{1}{2}}|^2 \geq 4\sqrt{mn}\sin^2\dfrac{\theta}{4}$ D. $|\boldsymbol{a}^{\frac{1}{2}} + \boldsymbol{b}^{\frac{1}{2}}|^2 \geq 4\sqrt{mn}\cos^2\dfrac{\theta}{4}$

21. 若数列$\{a_n\}$满足$a_1 = 6, a_{n+1} = \dfrac{n+3}{n}a_n$,则 ( )

  A. $\forall n \in \mathbf{N}^*, a_n < (n+1)^3$ B. $\forall n \in \mathbf{N}^*, a_n \neq 2\,015$

  C. $\exists n \in \mathbf{N}^*, a_n$为完全平方数   D. $\exists n \in \mathbf{N}^*, a_n$为完全立方数

22. 在极坐标系中,下列方程表示的图形是椭圆的有 ( )

A. $\rho = \dfrac{1}{\cos\theta + \sin\theta}$ B. $\rho = \dfrac{1}{2+\sin\theta}$

C. $\rho = \dfrac{1}{2-\cos\theta}$ D. $\rho = \dfrac{1}{1+2\sin\theta}$

23. 若 $f(x) = \dfrac{\sin\pi x}{x^2 - x + 1}$, 则 ( )

A. $f(x) \leqslant \dfrac{4}{3}$ B. $|f(x)| \leqslant 5|x|$

C. 曲线 $y = f(x)$ 是轴对称图形 D. 曲线 $y = f(x)$ 是中心对称图形

24. 已知 $\triangle ABC$ 的三边分别为 $BC = a, CA = b, AB = c$, 若 $\triangle ABC$ 为锐角三角形, 则 ( )

A. $\sin A > \cos B$ B. $\tan A > \cot B$

C. $a^2 + b^2 > c^2$ D. $a^3 + b^3 > c^3$

25. 设函数 $f(x)$ 的定义域是 $(-1,1)$, 若 $f(0) = f'(0) = 1$, 则 $\exists \delta \in (0,1)$, 使得 ( )

A. 当 $x \in (-\delta, \delta)$ 时, $f(x) > 0$ B. $f(x)$ 在 $(-\delta, \delta)$ 上单调递增

C. 当 $x \in (0, \delta)$ 时, $f(x) > 1$ D. 当 $x \in (-\delta, 0)$ 时, $f(x) > 1$

26. 在平面直角坐标系 xOy 中, 已知 $A(-1,0), B(1,0)$. 若对于 y 轴上的任意 n 个两两互异的点 $P_k (k = 1, 2, \cdots, n)$, 总存在两个不同的点 P_i, P_j, 使得 $|\sin\angle AP_iB - \sin\angle AP_jB| \leqslant \dfrac{1}{3}$, 则 n 的最小值为 ( )

A. 3 B. 4 C. 5 D. 6

27. 若非负实数 x, y 满足 $2x + y = 1$, 则 $x + \sqrt{x^2 + y^2}$ 的 ( )

A. 最小值为 $\dfrac{4}{5}$ B. 最小值为 $\dfrac{2}{5}$ C. 最大值为 1 D. 最大值为 $\dfrac{1+\sqrt{2}}{3}$

28. 对于 50 个黑球和 49 个白球的任意排列(从左到右排成一行), 则( )

A. 存在一个黑球, 它右侧的白球和黑球一样多

B. 存在一个白球, 它右侧的白球和黑球一样多

C. 存在一个黑球, 它右侧的白球比黑球少一个

D. 存在一个白球, 它右侧的白球比黑球少一个

29. 从 1,2,3,4,5 中挑出三个不同数字组成五位数, 其中有两个数字各用两次, 例如 12231, 则能得到的不同的五位数有 ( )

A. 300 个 B. 450 个 C. 900 个 D. 1 800 个

30. 若曲线 L 的方程为 $y^4 + (2x^2 + 2)y^2 + (x^4 - 2x^2) = 0$, 则 ( )

A. L 是轴对称图形   B. L 是中心对称图形

C. $L \subset \{(x,y) \mid x^2 + y^2 \leq 1\}$ D. $L \subset \left\{(x,y) \mid -\dfrac{1}{2} \leq y \leq \dfrac{1}{2}\right\}$

§24　2015年清华大学数学物理体验营数学试题

1. 已知函数 $f(x) = 4\sin^3 x \cos x - 2\sin x \cos x - \dfrac{1}{2}\cos 4x$.

(1) 求 $f(x)$ 的最小正周期及最大值；

(2) 求 $f(x)$ 的单调递增区间.

2. 设函数 $f(x) = (2x^2 - 4ax)\ln x + x^2$.

(1) 求函数 $f(x)$ 的单调区间；

(2) 若 $\forall x \in [1, +\infty), f(x) > 0$，求 a 的取值范围.

3. 袋中有若干枚均匀硬币，其中一部分是普通硬币，其余硬币的两面均为正面，已知普通硬币占总硬币数的比例为 $\theta(0 < \theta < 1)$. 从袋中任取一枚硬币，在不查看它属于哪种硬币的前提下，将其独立地掷两次.

(1) 以 X 表示掷出的正面数，求 X 的分布列；

(2) 将上述试验独立重复地进行 n 次，以 Y 表示这 n 次试验中不出现正面的次数，求 Y 的分布列.

4. 已知椭圆 $L: \dfrac{x^2}{a^2} + \dfrac{y^2}{b^2} = 1 (a > b > 0)$ 的离心率为 $\dfrac{\sqrt{2}}{2}$，F_1, F_2 分别为椭圆的左、右焦点，点 $\left(1, \dfrac{\sqrt{2}}{2}\right)$ 在椭圆上. 设 A 是椭圆上的一个动点，弦 AB, AC 分别过焦点 F_1, F_2，且 $\overrightarrow{AF_1} = \lambda_1 \overrightarrow{F_1 B}, \overrightarrow{AF_2} = \lambda_2 \overrightarrow{F_2 C}$.

(1) 求椭圆的方程；

(2) 求 $\lambda_1 + \lambda_2$ 的值；

(3) 求 $\triangle F_1 AC$ 的面积 S 的最大值.

5. 已知数列 $\{a_n\}$ 满足：$a_n > 0, a_n + a_n^2 + \cdots + a_n^n = \dfrac{1}{2}, n \in \mathbf{N}^*$. 求证：

(1) $a_n > a_{n+1}$；

(2) 对于任意给定的 $0 < \varepsilon < 1$，总存在正整数 m，当 $n > m$ 时，$0 < a_n - \dfrac{1}{3} < \varepsilon$.

6. 已知集合 $S_n = \{X \mid X = (x_1, x_2, \cdots, x_n), x_i \in \{0, 1\}, i = 1, 2, \cdots, n\} (n \geq$

2),对于 $A = (a_1, a_2, \cdots, a_n), B = (b_1, b_2, \cdots, b_n); A, B \in S_n$,定义 A, B 的差为 $A - B = (|a_1 - b_1|, |a_2 - b_2|, \cdots, |a_n - b_n|)$,定义 A, B 的距离为 $d(A, B) = \sum_{i=1}^{n} |a_i - b_i|$.

(1) $\forall A, B, C \in S_n$,求证:$d(A - C, B - C) = d(A, B)$,且 $d(A, B), d(B, C), d(C, A)$ 中至少有一个为偶数;

(2) 设 $P \subseteq S_n, P$ 中有 $m(m \geq 2)$ 个元素,记 P 中所有两元素间的距离的平均值为 $\bar{d}(P)$,求证:$\bar{d}(P) \leq \dfrac{mn}{2(m-1)}$;

(3) 若 M 满足:$M \subseteq S_3$ 且 M 中元素间的距离均为 2,试写出元素个数最多的所有集合 M.

§25 2015 年复旦大学自主招生数学试题

1. 已知 $f(x) = 2005\left(x - \dfrac{1}{2}\right)^3 + x$,求 $\sum_{k=1}^{2015} f\left(\dfrac{k}{2015}\right)$.

2. 已知正项数列 $\{a_n\}$ 满足 $(n+1)a_{n+1} = na_n + \dfrac{1}{a_n}$,求证:

(1) 当 $n \geq 2$ 时,$a_n \geq 1$;

(2) 数列 $\{a_n\}$ 收敛.

3. 如图 1 所示,已知椭圆 $C_1: \dfrac{x^2}{9} + \dfrac{y^2}{5} = 1$ 的右焦点为 F,点 $M(x_0, y_0)$ 在圆 $C_2: x^2 + y^2 = 5$ 上,其中 $x_0 > 0, y_0 > 0$;过点 M 引圆 C_2 的切线交椭圆于 P, Q 两点. 求证:$\triangle PFQ$ 的周长为定值.

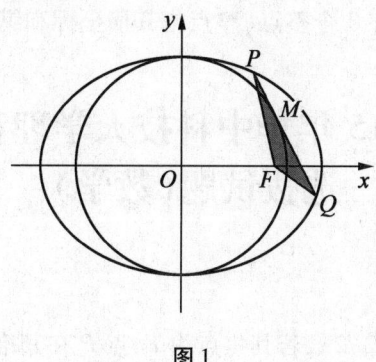

图 1

4. 如图 2 所示,把边长为 4 的正三角形的三个角(均为边长为 2 的正三角形)折上去,使其垂直于底面,变成一个球托;把半径为 $\frac{\sqrt{6}}{3}$ 的球放上去,求球心到底面的距离.

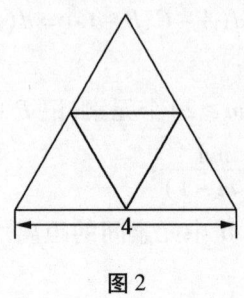

图 2

§26 2015 年上海交通大学自主招生数学试题(部分)

1. 甲、乙、丙三人玩传球游戏,第 1 次由甲将球传出,传了 4 次球后,球回到甲手里的方案数为_____.

2. 求证:数列 $\left\{\left(1+\frac{1}{n}\right)^{n+1}\right\}$ 是递减数列.

3. 已知 p 是奇质数,求证:可把 $\frac{2}{p}$ 唯一地分拆成两个不同的正整数的倒数之和.

4. 在平面直角坐标系内,若一个圆的圆心的横坐标和纵坐标均为无理数,求证:该圆上不可能存在 3 个整点(整点指其横坐标和纵坐标均为整数).

§27 2015 年华中科技大学理科实验班选拔试题(数学)

一、填空题

1. 对于抛物线 $y^2=2\sqrt{2}x$,若其焦点为 F,点 P 在其准线上,点 N 在 y 轴上,$\triangle NPF$ 是以 $\angle NPF=90°$ 的等腰直角三角形,则点 N 的纵坐标为_____.

2. $\dfrac{1}{\sqrt{1}+\sqrt{2}}+\dfrac{1}{\sqrt{2}+\sqrt{3}}+\cdots+\dfrac{1}{\sqrt{255}+\sqrt{256}}=$ _____.

3. 若 $\lim\limits_{n\to+\infty}\left(\sum\limits_{k=1}^{n}\dfrac{1}{k}-\ln n\right)$ 存在, 则 $\sum\limits_{k=0}^{+\infty}\dfrac{(-1)^{k+2}}{k+1}=$ _____.

4. 在单位正方形(含边界)中取 9 个点, 若其中必有 3 个点, 它们构成的三角形面积不超过 S, 则 S 的最小值为 _____.

5. 某人打靶打中 8 环、9 环、10 环的概率分别为 0.15, 0.25, 0.2, 现他开三枪, 不少于 28 环的概率是 _____.

二、解答题

6. 若对任意实数 x,y, 有 $f((x-y)^2)=f^2(x)-2xf(y)+y^2$, 求 $f(x)$.

7. 求所有的实数 a,b, 使得 $\left|\sqrt{1-x^2}-ax-b\right|\leq \dfrac{\sqrt{2}-1}{2}$ 成立, 其中 $x\in[0,1]$.

8. 若复数 z 满足 $|z|=1$, 求 $|z^3-z+2|^2$ 的最小值.

9. 已知关于 x 的三次方程 $x^3+ax^2+bx+c=0$ 有三个实数根.

(1)若三个实数根为 x_1,x_2,x_3, 且 $x_1\leq x_2\leq x_3$, a,b 为常数, 当 c 变化时, 求 x_3-x_1 的取值范围;

(2)若三个实数根分别为 a,b,c, 求 a,b,c 的值.

§28 2018年全国高中数学联合竞赛一试(A卷)

一、填空题: 本大题共 8 小题, 每小题 8 分, 共 64 分.

1. 设集合 $A=\{1,2,3,\cdots,99\}$, $B=\{2x\mid x\in A\}$, $C=\{x\mid 2x\in A\}$, 则 $B\cap C$ 的元素个数为 _____.

2. 设点 P 到平面 α 的距离为 $\sqrt{3}$, 点 Q 在平面 α 上, 使得直线 PQ 与 α 所成角不小于 $30°$ 且不大于 $60°$, 则这样的点 Q 所构成的区域的面积为 _____.

3. 将 1,2,3,4,5,6 随机排成一行, 记为 a,b,c,d,e,f, 则 $abc+def$ 是偶数的概率为 _____.

4. 在平面直角坐标系 xOy 中, 椭圆 $C:\dfrac{x^2}{a^2}+\dfrac{y^2}{b^2}=1(a>b>0)$ 的左、右焦点分别是 F_1,F_2, 椭圆 C 的弦 ST 与 UV 分别平行于 x 轴与 y 轴, 且相交于点 P. 已知线段 PU,PS,PV,PT 的长分别为 1,2,3,6, 则 $\triangle PF_1F_2$ 的面积为 _____.

5. 设 $f(x)$ 是定义在 $\mathbf{R}$ 上的以 2 为周期的偶函数,在区间 $[0,1]$ 上严格递减,且满足 $f(\pi)=1, f(2\pi)=2$,则不等式组 $\begin{cases} 1 \leq x \leq 2 \\ 1 \leq f(x) \leq 2 \end{cases}$ 的解集为_____.

6. 设复数 z 满足 $|z|=1$,使得关于 x 的方程 $zx^2 + 2\bar{z}x + 2 = 0$ 有实根,则这样的复数 z 的和为_____.

7. 设 O 为 $\triangle ABC$ 的外心,若 $\vec{AO} = \vec{AB} + 2\vec{AC}$,则 $\sin\angle BAC$ 的值为_____.

8. 设整数数列 $a_1, a_2, \cdots, a_{10}$ 满足 $a_{10} = 3a_1, a_2 + a_8 = 2a_5$,且 $a_{i+1} \in \{1+a_i, 2+a_i\}, i=1,2,\cdots,9$,则这样的数列的个数为_____.

二、解答题:本大题共 3 小题,满分 56 分.解答应写出文字说明、证明过程或演算步骤.

9.(本题满分 16 分)已知定义在 $\mathbf{R}_+$ 上的函数 $f(x)$ 为
$$f(x) = \begin{cases} |\log_3 x - 1|, & 0 < x \leq 9 \\ 4 - \sqrt{x}, & x > 9 \end{cases}$$
设 a, b, c 是三个互不相同的实数,满足 $f(a) = f(b) = f(c)$,求 abc 的取值范围.

10.(本题满分 20 分)已知实数列 $a_1, a_2, a_3, \cdots$ 满足:对任意正整数 n,有 $a_n(2S_n - a_n) = 1$,其中 S_n 表示数列的前 n 项和.证明:

(1) 对任意正整数 n,有 $a_n < 2\sqrt{n}$;

(2) 对任意正整数 n,有 $a_n a_{n+1} < 1$.

11.(本题满分 20 分)在平面直角坐标系 xOy 中,设 AB 是抛物线 $y^2 = 4x$ 的过点 $F(1,0)$ 的弦,$\triangle AOB$ 的外接圆交抛物线于点 P(不同于点 O, A, B).若 PF 平分 $\angle APB$,求 $|PF|$ 的所有可能值.

§29 2018 年全国高中数学联合竞赛一试(B 卷)

一、填空题:本大题共 8 小题,每小题 8 分,共 64 分.

1. 设集合 $A = \{2,0,1,8\}, B = \{2a \mid a \in A\}$,则 $A \cup B$ 的所有元素之和是_____.

2. 已知圆锥的顶点为 P,底面半径长为 2,高为 1.在圆锥底面上取一点 Q,使得直线 PQ 与底面所成的角不大于 $45°$,则满足条件的点 Q 所构成的区域的面积为_____.

3. 将 1,2,3,4,5,6 随机排成一行,记为 a,b,c,d,e,f,则 $abc+def$ 是奇数的概率为_____.

4. 在平面直角坐标系 xOy 中,直线 l 通过原点,$\boldsymbol{n}=(3,1)$ 是 l 的一个法向量.已知数列 $\{a_n\}$ 满足:对任意正整数 n,点 (a_{n+1},a_n) 均在 l 上.若 $a_2=6$,则 $a_1a_2a_3a_4a_5$ 的值为_____.

5. 设 α,β 满足 $\tan\left(\alpha+\dfrac{\pi}{3}\right)=-3$,$\tan\left(\beta-\dfrac{\pi}{6}\right)=5$,则 $\tan(\alpha-\beta)$ 的值为_____.

6. 设抛物线 $C:y^2=2x$ 的准线与 x 轴交于点 A,过点 $B(-1,0)$ 作一直线 l 与抛物线 C 相切于点 K,过点 A 作 l 的平行线,与抛物线 C 交于点 M,N,则 $\triangle KMN$ 的面积为_____.

7. 设 $f(x)$ 是定义在 $\mathbf{R}$ 上的以 2 为周期的偶函数,在区间 $[1,2]$ 上严格递减,且满足 $f(\pi)=1$,$f(2\pi)=0$,则不等式组 $\begin{cases}0\leqslant x\leqslant 1\\0\leqslant f(x)\leqslant 1\end{cases}$ 的解集为_____.

8. 已知复数 z_1,z_2,z_3 满足 $|z_1|=|z_2|=|z_3|=1$,$|z_1+z_2+z_3|=r$,其中 r 是给定的实数,则 $\dfrac{z_1}{z_2}+\dfrac{z_2}{z_3}+\dfrac{z_3}{z_1}$ 的实部是_____(用含有 r 的式子表示).

二、解答题:本大题共 3 小题,满分 56 分.解答应写出文字说明、证明过程或演算步骤.

9. (本题满分 16 分) 已知数列 $\{a_n\}$:$a_1=7$,$\dfrac{a_{n+1}}{a_n}=a_n+2$,$n=1,2,3,\cdots$.求满足 $a_n>4^{2018}$ 的最小正整数 n.

10. (本题满分 20 分) 已知定义在 $\mathbf{R}_+$ 上的函数 $f(x)$ 为
$$f(x)=\begin{cases}|\log_3 x-1|,&0<x\leqslant 9\\4-\sqrt{x},&x>9\end{cases}$$
设 a,b,c 是三个互不相同的实数,满足 $f(a)=f(b)=f(c)$,求 abc 的取值范围.

11. (本题满分 20 分) 如图 1 所示,在平面直角坐标系 xOy 中,A,B 与 C,D 分别是椭圆 $\Gamma:\dfrac{x^2}{a^2}+\dfrac{y^2}{b^2}=1(a>b>0)$ 的左、右顶点与上、下顶点.设 P,Q 是 Γ 上且位于第一象限的两点,满足 $OQ\parallel AP$,M 是线段 AP 的中点,射线 OM 与椭圆 Γ 交于点 R.

证明:线段 OQ, OR, BC 能构成一个直角三角形.

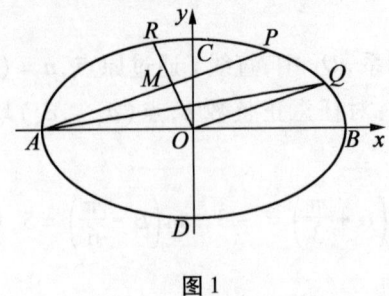

图1

§30 2017年全国高中数学联合竞赛一试(A卷)

一、填空题:本大题共 8 小题,每小题 8 分,共 64 分.

1. 设 $f(x)$ 是定义在 $\mathbf{R}$ 上的函数,对于任意实数 x 有 $f(x+3) \cdot f(x-4) = -1$. 又当 $0 \le x < 7$ 时,$f(x) = \log_2(9-x)$,则 $f(-100)$ 的值为_____.

2. 若实数 x, y 满足 $x^2 + 2\cos y = 1$,则 $x - \cos y$ 的取值范围是_____.

3. 在平面直角坐标系 xOy 中,椭圆 C 的方程为 $\dfrac{x^2}{9} + \dfrac{y^2}{10} = 1$,$F$ 为 C 上的焦点,A 为 C 的右顶点,P 是 C 上位于第一象限内的动点,则四边形 $OAPF$ 的面积的最大值为_____.

4. 若一个三位数中任意两个相邻数码的差均不超过 1,则称其为"平稳数",那么平稳数的个数是_____.

5. 正三棱锥 $P-ABC$ 中,$AB = 1$,$AP = 2$,过 AB 的平面 α 将其体积平分,则棱 PC 与平面 α 所成角的余弦值为_____.

6. 在平面直角坐标系 xOy 中,点集 $K = \{(x,y) \mid x, y = -1, 0, 1\}$,在 K 中随机取出三个点,则这三个点中存在两点之间的距离为 $\sqrt{5}$ 的概率为_____.

7. 在 $\triangle ABC$ 中,M 是边 BC 的中点,N 是线段 BM 的中点. 若 $\angle A = \dfrac{\pi}{3}$,$\triangle ABC$ 的面积为 $\sqrt{3}$,则 $\overrightarrow{AM} \cdot \overrightarrow{AN}$ 的最小值为_____.

8. 设两个严格递增的正整数数列 $\{a_n\}$,$\{b_n\}$ 满足:$a_{10} = b_{10} < 2017$,对任意正整数 n,有 $a_{n+2} = a_{n+1} + a_n$,$b_{n+1} = 2b_n$,则 $a_1 + b_1$ 的所有可能值为_____.

二、解答题：本大题共 3 小题，共 56 分. 解答应写出文字说明、证明过程或演算步骤.

9. （本题满分 16 分）设 k,m 为实数，不等式 $|x^2-kx-m|\leqslant 1$ 对所有 $x\in[a,b]$ 成立. 证明：$b-a\leqslant 2\sqrt{2}$.

10. （本题满分 20 分）设 x_1,x_2,x_3 是非负实数，满足 $x_1+x_2+x_3=1$，求
$$(x_1+3x_2+5x_3)\left(x_1+\frac{x_2}{3}+\frac{x_3}{5}\right)$$
的最小值和最大值.

11. （本题满分 20 分）设复数 z_1,z_2 满足 $\operatorname{Re}(z_1)>0$，$\operatorname{Re}(z_2)>0$，且 $\operatorname{Re}(z_1^2)=\operatorname{Re}(z_2^2)=2$（其中 $\operatorname{Re}(z)$ 表示复数 z 的实部）.

(1) 求 $\operatorname{Re}(z_1z_2)$ 的最小值；

(2) 求 $|z_1+2|+|\overline{z_2}+2|-|\overline{z_1}-z_2|$ 的最小值.

§31 2017 年全国高中数学联合竞赛一试（B 卷）

一、填空题：本大题共 8 小题，每小题 8 分，共 64 分.

1. 在等比数列 $\{a_n\}$ 中，$a_2=\sqrt{2}$，$a_3=\sqrt[3]{3}$，则 $\dfrac{a_1+a_{2011}}{a_7+a_{2017}}$ 的值为_____.

2. 设复数 z 满足 $z+9=10\bar{z}+22\mathrm{i}$，则 $|z|$ 的值为_____.

3. 设 $f(x)$ 是定义在 $\mathbf{R}$ 上的函数，若 $f(x)+x^2$ 是奇函数，$f(x)+2^x$ 是偶函数，则 $f(1)$ 的值为_____.

4. 在 $\triangle ABC$ 中，若 $\sin A=2\sin C$，且三条边 a,b,c 成等比数列，则 $\cos A$ 的值为_____.

5. 在正四面体 $ABCD$ 中，E,F 分别在棱 AB,AC 上，满足 $BE=3$，$EF=4$，且 EF 与平面 BCD 平行，则 $\triangle DEF$ 的面积为_____.

6. 在平面直角坐标系 xOy 中，点集 $K=\{(x,y)\mid x,y=-1,0,1\}$. 在 K 中随机取出三个点，则这三个点两两之间的距离均不超过 2 的概率为_____.

7. 设 a 为非零实数，在平面直角坐标系 xOy 中，二次曲线 $x^2+ay^2+a^2=0$ 的焦距为 4，则 a 的值为_____.

8. 若正整数 a,b,c 满足 $2017\geqslant 10a\geqslant 100b\geqslant 1000c$，则数组 (a,b,c) 的个数为_____.

二、解答题：本大题共3小题，共56分. 解答应写出文字说明、证明过程或演算步骤.

9. (本题满分16分)设不等式$|2^x - a| < |5 - 2^x|$对所有$x \in [1, 2]$成立，求实数a的取值范围.

10. (本题满分20分)设数列$\{a_n\}$是等差数列，数列$\{b_n\}$满足$b_n = a_{n+1}a_{n+2} - a_n^2, n = 1, 2, \cdots$.

(1)证明：数列$\{b_n\}$也是等差数列；

(2)设数列$\{a_n\}, \{b_n\}$的公差均是$d \neq 0$，并且存在正整数s, t，使得$a_s + b_t$是整数，求$|a_1|$的最小值.

11. (本题满分20分)在平面直角坐标系xOy中，曲线$C_1: y^2 = 4x$，曲线$C_2: (x-4)^2 + y^2 = 8$. 经过C_1上一点P作一条倾斜角为$45°$的直线l，与C_2交于两个不同的点Q, R，求$|PQ| \cdot |PR|$的取值范围.

§32 2016年全国高中数学联合竞赛一试（A卷）

一、填空题：本大题共8小题，每小题8分，共64分.

1. 设实数a满足$a < 9a^3 - 11a < |a|$，则a的取值范围是_____.

2. 设复数z, ω满足$|z| = 3, (z + \bar{\omega})(\bar{z} - \omega) = 7 + 4i$，其中$i$是虚数单位，$\bar{z}, \bar{\omega}$分别是$z, \omega$的共轭复数，则$(z + 2\bar{\omega})(\bar{z} - 2\omega)$的模为_____.

3. 正实数u, v, w均不等于1，若$\log_u vw + \log_v w = 5, \log_v u + \log_w v = 3$，则$\log_w u$的值为_____.

4. 袋子A中装有2张10元纸币和3张1元纸币，袋子B中装有4张5元纸币和3张1元纸币. 现随机从两个袋子中各取出两张纸币，则A中剩下的纸币面值之和大于B中剩下的纸币面值之和的概率为_____.

5. 设P为一圆锥的顶点，A, B, C是其底面圆周上的三点，满足$\angle ABC = 90°$，M为AP的中点. 若$AB = 1, AC = 2, AP = \sqrt{2}$，则二面角$M - BC - A$的大小为_____.

6. 设函数$f(x) = \sin^4 \dfrac{kx}{10} + \cos^4 \dfrac{kx}{10}$，其中$k$是一个正整数. 若对任意实数$a$，均有$\{f(x) | a < x < a + 1\} = \{f(x) | x \in \mathbb{R}\}$，则$k$的最小值为_____.

7. 双曲线C的方程为$x^2 - \dfrac{y^2}{3} = 1$，左、右焦点分别为F_1, F_2. 过点F_2作一条

直线与双曲线 C 的右半支(笔者注:这里的"右半支"应为"右支")交于点 P,Q,使得 $\angle F_1PQ = 90°$,则 $\triangle F_1PQ$ 的内切圆半径是_____.

8. 设 a_1, a_2, a_3, a_4 是 $1, 2, \cdots, 100$ 中的 4 个互不相同的数,满足
$$(a_1^2 + a_2^2 + a_3^2)(a_2^2 + a_3^2 + a_4^2) = (a_1a_2 + a_2a_3 + a_3a_4)^2$$
则这样的有序数组 (a_1, a_2, a_3, a_4) 的个数为_____.

二、解答题:本大题共 3 小题,共 56 分. 解答应写出文字说明、证明过程或演算步骤.

9. (本题满分 16 分)在 $\triangle ABC$ 中,已知 $\vec{AB} \cdot \vec{AC} + 2\vec{BA} \cdot \vec{BC} = 3\vec{CA} \cdot \vec{CB}$. 求 $\sin C$ 的最大值.

10. (本题满分 20 分)已知 $f(x)$ 是 $\mathbf{R}$ 上的奇函数, $f(1)=1$, 且对任意 $x<0$, 均有 $f\left(\dfrac{x}{x-1}\right) = xf(x)$. 求 $f(1)f\left(\dfrac{1}{100}\right) + f\left(\dfrac{1}{2}\right)f\left(\dfrac{1}{99}\right) + f\left(\dfrac{1}{3}\right)f\left(\dfrac{1}{98}\right) + \cdots + f\left(\dfrac{1}{50}\right) \cdot f\left(\dfrac{1}{51}\right)$ 的值.

11. (本题满分 20 分)如图 1 所示,在平面直角坐标系 xOy 中, F 是 x 轴正半轴上的一个动点. 以 F 为焦点、O 为顶点作抛物线 C. 设 P 是第一象限内 C 上的一点,Q 是 x 轴负半轴上一点,使得 PQ 为 C 的切线,且 $|PQ|=2$. 圆 C_1, C_2 均与直线 OP 相切于点 P, 且均与 x 轴相切. 求点 F 的坐标,使圆 C_1 与 C_2 的面积之和取到最小值.

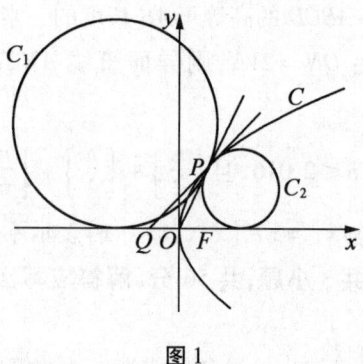

图 1

§33 2016年全国高中数学联合竞赛一试（B卷）

一、填空题：本大题共8小题，每小题8分，共64分.

1. 等比数列$\{a_n\}$的各项均为正数，且$a_1a_3+a_2a_6+2a_3^2=36$，则a_2+a_4的值为_____.

2. 设$A=\{a\mid -1\leqslant a\leqslant 2\}$，则平面点集$B=\{(x,y)\mid x,y\in A, x+y\geqslant 0\}$的面积为_____.

3. 已知复数z满足$z^2+2z=\bar{z}\neq z$（$\bar{z}$表示z的共轭复数），则z的所有可能值的积为_____.

4. 已知$f(x),g(x)$均为定义在$\mathbf{R}$上的函数，$f(x)$的图像关于直线$x=1$对称，$g(x)$的图像关于点$(1,-2)$中心对称，且$f(x)+g(x)=9^x+x^3+1$，则$f(2)g(2)$的值为_____.

5. 将红、黄、蓝3个球随机放入5个不同的盒子A,B,C,D,E中，恰有两个球放在同一个盒子的概率为_____.

6. 在平面直角坐标系xOy中，圆$C_1:x^2+y^2-a=0$关于直线l对称的圆为$C_2:x^2+y^2+2x-2ay+3=0$，则直线l的方程为_____.

7. 已知正四棱锥$V-ABCD$的高等于AB长度的一半，M是侧棱VB的中点，N是侧棱VD上的点，满足$DN=2VN$，则异面直线AM,BN所成角的余弦值为_____.

8. 设正整数n满足$n\leqslant 2\,016$，且$\left\{\dfrac{n}{2}\right\}+\left\{\dfrac{n}{4}\right\}+\left\{\dfrac{n}{6}\right\}+\left\{\dfrac{n}{12}\right\}=3$. 这样的$n$的个数为_____. 这里$\{x\}=x-[x]$，其中$[x]$表示不超过$x$的最大整数.

二、解答题：本大题共3小题，共56分. 解答应写出文字说明、证明过程或演算步骤.

9. （本题满分16分）已知$\{a_n\}$是各项均为正数的等比数列，且a_{50},a_{51}是方程
$$100\lg^2 x=\lg(100x)$$
的两个不同的解. 求$a_1a_2\cdots a_{100}$的值.

10. （本题满分20分）在$\triangle ABC$中，已知$\vec{AB}\cdot\vec{AC}+2\vec{BA}\cdot\vec{BC}=3\vec{CA}\cdot\vec{CB}$.

（1）将BC,CA,AB的长分别记为a,b,c，证明$a^2+2b^2=3c^2$；

（2）求$\cos C$的最小值.

11. (本题满分 20 分)在平面直角坐标系 xOy 中,双曲线 C 的方程为 $x^2 - y^2 = 1$. 求符合以下要求的所有大于 1 的实数 a: 过点 $(a, 0)$ 任意作两条互相垂直的直线 l_1 与 l_2, 若 l_1 与双曲线 C 交于 P, Q 两点, l_2 与 C 交于 R, S 两点, 则总有 $|PQ| = |RS|$ 成立.

§34 第 32 届(2016 年)中国数学奥林匹克试题

1. 已知数列 $\{u_n\}, \{v_n\}$ 满足: $u_0 = u_1 = 1, u_n = 2u_{n-1} - 3u_{n-2} \,(n \geq 2), v_0 = a, v_1 = b, v_2 = c, v_n = 2v_{n-1} - 3v_{n-2} + 27v_{n-3} \,(n \geq 3)$, 若存在正整数 N, 使得当 $n \geq N$ 时, $u_n | v_n$, 求证: $3a = 2b + c$.

2. 在锐角 $\triangle ABC$ 中, 外心为 O, 内心为 I, 过点 B, C 作外接圆的切线交于点 L, 内切圆切 BC 于点 D, $AY \perp BC$ 于点 Y, AO 交 BC 于点 X, PQ 为过点 I 的圆 O 的直径, 求证: P, Q, X, Y 四点共圆等价于 A, D, L 三点共线.

3. 将矩形 R 分为 2 016 个小矩形, 每个小矩形的顶点称为结点, 每个小矩形的边和矩形 R 的对应边平行. 若一条线段的两个端点均为结点, 且该线段上没有其他结点, 称之为基本线段, 求遍历所有划分方式时的基本线段数量的最小值和最大值.

4. 设整数 $n \geq 2$. 对于 $1, 2, \cdots, n$ 的任意两个排列 $\alpha = (a_1, a_2, \cdots, a_n)$ 和 $\beta = (b_1, b_2, \cdots, b_n)$, 若存在正整数 $k \leq n$, 使得

$$b_i = \begin{cases} a_{k+1-i} & (1 \leq i \leq k) \\ a_i & (k < i \leq n) \end{cases}$$

则称 α 和 β 互为翻转. 证明: 可以把 $1, 2, \cdots, n$ 的所有排列适当记为 $P_1, P_2, \cdots, P_m$, 使得对于每个 $i = 1, 2, \cdots, m$, P_i 与 P_{i+1} 互为翻转. 这里 $m = n!$, 且规定 $P_{m+1} = P_1$.

5. 用 D_n 表示正整数 n 的所有正约数构成的集合. 求所有正整数 n, 使得 D_n 可以写成两个不相交的子集 A 和 G 的并, 且满足: A 和 G 均含有至少三个元素, A 中元素可以排成一个等差数列, G 中元素可以排成一个等比数列.

6. 给定整数 $n \geq 2$, 以及正数 $a < b$. 设实数 $x_1, x_2, \cdots, x_n \in [a, b]$, 求

$$\dfrac{\dfrac{x_1^2}{x_2} + \dfrac{x_2^2}{x_3} + \cdots + \dfrac{x_{n-1}^2}{x_n} + \dfrac{x_n^2}{x_1}}{x_1 + x_2 + \cdots + x_{n-1} + x_n}$$

的最大值.

§35 第31届(2015年)中国数学奥林匹克试题

1. 设正整数 $a_1,a_2,\cdots,a_{31},b_1,b_2,\cdots,b_{31}$ 满足:

(1) $a_1<a_2<\cdots<a_{31}\leqslant 2\,015$, $b_1<b_2<\cdots<b_{31}\leqslant 2\,015$;

(2) $a_1+a_2+\cdots+a_{31}=b_1+b_2+\cdots+b_{31}$.

求 $S=|a_1-b_1|+|a_2-b_2|+\cdots+|a_{31}-b_{31}|$ 的最大值.

2. 如图1所示, 在凸四边形 $ABCD$ 中, K,L,M,N 分别是边 AB,BC,CD,DA 上的点, 满足

$$\frac{AK}{KB}=\frac{DA}{BC},\ \frac{BL}{LC}=\frac{AB}{CD},\ \frac{CM}{MD}=\frac{BC}{DA},\ \frac{DN}{NA}=\frac{CD}{AB}$$

延长 AB,DC 交于点 E, 延长 AD,BC 交于点 F. 设 $\triangle AEF$ 的内切圆在边 AE,AF 上的切点分别为 S,T; $\triangle CEF$ 的内切圆在边 CE,CF 上的切点分别为 U,V.

证明: 若 K,L,M,N 四点共圆, 则 S,T,V,U 四点共圆.

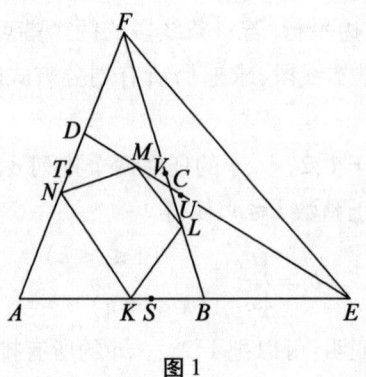

图1

(请将解答用图作于答题纸上.)

3. 设 p 是奇素数, $a_1,a_2,\cdots,a_p$ 是整数. 证明以下两个命题等价:

(1) 存在一个次数不超过 $\frac{p-1}{2}$ 的整系数多项式 $f(x)$, 使得对每个不超过 p 的正整数 i, 都有 $f(i)\equiv a_i\pmod{p}$.

(2) 对每个不超过 $\frac{p-1}{2}$ 的正整数 d, 都有

$$\sum_{i=1}^{p}(a_{i+d}-a_i)^2\equiv 0\pmod{p}$$

这里下标按模 p 理解,即 $a_{p+n}=a_n$.

4. 设整数 $n\geq 3$,不超过 n 的素数共有 k 个. 设 A 是集合 $\{2,3,\cdots,n\}$ 的子集, A 的元素个数小于 k, 且 A 中任意一个数不是另一个数的倍数. 证明:存在集合 $\{2,3,\cdots,n\}$ 的 k 元子集 B,使得 B 中任意一个数也不是另一个数的倍数,且 B 包含 A.

5. 在平面中,对任意给定的凸四边形 $ABCD$,证明:存在正方形 $A'B'C'D'$(其顶点可以按顺时针或逆时针标记),使得 $A'\neq A, B'\neq B, C'\neq C, D'\neq D$,且直线 AA', BB', CC', DD' 经过同一个点.

6. 一项赛事共有 100 位选手参加,对于任意两位选手 x, y,他们之间恰比赛一次且分出胜负,以 $x\to y$ 表示 x 战胜 y. 如果对任意两位选手 x, y,均能找到某个选手序列 $u_1, u_2, \cdots, u_k (k\geq 2)$,使得 $x=u_1\to u_2\to\cdots\to u_k=y$,那么称该赛事结果是"友好"的.

(1) 证明:对任意一个友好的赛事结果,存在正整数 m 满足如下条件:

对任意两位选手 x, y,均能找到某个长度为 m 的选手序列 $z_1, z_2, \cdots, z_m$(这里 $z_1, z_2, \cdots, z_m$ 可以有重复),使得 $x=z_1\to z_2\to\cdots\to z_m=y$.

(2) 对任意一个友好的赛事结果 T,将符合 (1) 中条件的最小正整数 m 记为 $m(T)$. 求 $m(T)$ 的最小值.

§36 2015 年湖南省高中数学竞赛试卷(A 卷)

一、选择题(本大题共 6 个小题,每小题 5 分,满分 30 分. 每小题提供的四个选项中,只有一项是符合题目要求的.)

1. 将某选手的 9 个得分去掉 1 个最高分,去掉 1 个最低分,7 个剩余分数的平均分为 91,现场作的 9 个分数的茎叶图有一个数据模糊,无法辨认,在图 1 中以 x 表示,则 7 个剩余分数的方差为 ( )

A. $\dfrac{116}{9}$ B. $\dfrac{36}{7}$ C. 36   D. $\dfrac{6\sqrt{7}}{7}$

$$\begin{array}{c|c}8 & 7\ 7 \\ 9 & 4\ 0\ 1\ 0\ x\ 9\ 1\end{array}$$

图 1

2. 半径为 R 的球内装有 4 个有相同半径为 r 的小球,则小球半径 r 可能的最大值是 ( )

A. $\dfrac{\sqrt{3}}{2+\sqrt{3}}R$ B. $\dfrac{\sqrt{6}}{3+\sqrt{6}}R$ C. $\dfrac{1}{1+\sqrt{3}}R$ D. $\dfrac{\sqrt{5}}{2+\sqrt{5}}R$

3. 已知数列 $\{a_n\}$ 和 $\{b_n\}$ 对任意 $n\in \mathbf{N}^*$ 都有 $a_n>b_n$，当 $n\to +\infty$ 时，数列 $\{a_n\}$ 和 $\{b_n\}$ 的极限分别是 A 和 B，则 ( )

A. $A>B$ B. $A\geq B$

C. $A\neq B$ D. A 和 B 的大小关系不确定

4. 对所有满足 $1\leq n\leq m\leq 5$ 的 m,n，极坐标方程 $\rho=\dfrac{1}{1-C_m^n\cos\theta}$ 表示的不同双曲线的条数为 ( )

A. 6   B. 9   C. 12   D. 15

5. 使关于 x 的不等式 $\sqrt{x-3}+\sqrt{6-x}\geq k$ 有解的实数 k 的最大值是 ( )

A. $\sqrt{6}-\sqrt{3}$ B. $\sqrt{3}$ C. $\sqrt{6}+\sqrt{3}$ D. $\sqrt{6}$

6. 设 $M=\{a\mid a=x^2-y^2, x,y\in \mathbf{Z}\}$，则对任意的整数 n，形如 $4n,4n+1,4n+2,4n+3$ 的数中，不是 M 中的元素的数为 ( )

A. $4n$ B. $4n+1$ C. $4n+2$ D. $4n+3$

二、填空题(本大题共 6 个小题，每小题 8 分，满分 48 分，请将正确的答案填在横线上.)

7. 已知三边为连续自然数的三角形的最大角是最小角的两倍，则该三角形的周长为_____.

8. 对任一实数序列 $A=(a_1,a_2,a_3,\cdots)$，定义 ΔA 为序列 $A=(a_2-a_1,a_3-a_2,a_4-a_3,\cdots)$，它的第 n 项是 $a_{n+1}-a_n$。假定序列 $\Delta(\Delta A)$ 的所有项都是 1，且 $a_{19}=a_{92}=0$，则 a_1 的值为_____.

9. 满足使 $I=\left(\dfrac{1}{2}+\dfrac{1}{2\sqrt{3}}\mathrm{i}\right)^n$ 为纯虚数的最小正整数 n _____.

10. 将 $1,2,3,\cdots,9$ 这 9 个数字填在如图 2 所示的 9 个空格中，要求每一行从左到右、每一列从上到下分别依次增大，当 3,4 固定在图中的位置时，填写空格的方法数为_____.

3	4	

图2

11. 记集合 $T=\{0,1,2,3,4,5,6\}$，$M=\left\{\dfrac{a_1}{7}+\dfrac{a_2}{7^2}+\dfrac{a_3}{7^3}+\dfrac{a_4}{7^4}\mid a_i\in T,i=1,2,3,4\right\}$，将 M 中的元素按从大到小的顺序排列，则第 2 015 个数是_____.

12. 设直线系 $M:x\cos\theta+(y-2)\sin\theta=1(0\leqslant\theta\leqslant 2\pi)$，对于下列四个命题：

①M 中的所有直线均经过一个定点；

②存在定点 P 不在 M 中的任一条直线上；

③对于任意整数 $n(n\geqslant 3)$，存在 n 边形，其所有边均在 M 的直线上；

④M 中的直线所能围成的三角形面积都相等.

其中真命题的代号是_____（写出所有真命题的代号）.

三、解答题（本大题共 4 个小题，满分 72 分. 解答需要有完整的推理过程或演算步骤. ）

13. （本小题满分 16 分）如图 3 所示，AB 为 $\mathrm{Rt}\triangle ABC$ 的斜边，I 为其内心. 若 $\triangle IAB$ 的外接圆半径为 R，$\mathrm{Rt}\triangle ABC$ 的内切圆半径为 r，求证：$R\geqslant(2+\sqrt{2})r$.

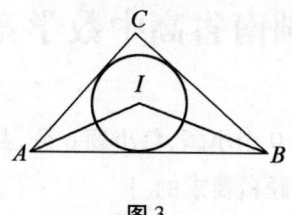

图 3

14. （本小题满分 16 分）如图 4 所示，A,B 为椭圆 $\dfrac{x^2}{a^2}+\dfrac{y^2}{b^2}=1(a>b>0)$ 和双曲线 $\dfrac{x^2}{a^2}-\dfrac{y^2}{b^2}=1(a>b>0)$ 的公共顶点. P,Q 分别为双曲线和椭圆上不同于 A,B 的动点，且满足 $\overrightarrow{AP}+\overrightarrow{BP}=\lambda(\overrightarrow{AQ}+\overrightarrow{BQ})(\lambda\in\mathbf{R},|\lambda|>1)$，求证：

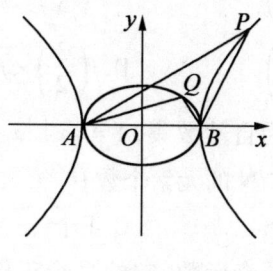

图 4

（1）O,P,Q 三点在同一直线上（笔者注：点 O 为坐标原点）；

(2)若直线 AP,BP,AQ,BQ 的斜率分别是 k_1,k_2,k_3,k_4,则 $k_1+k_2+k_3+k_4$ 是定值.

15.(本小题满分 20 分)已知整数数列 $\{a_n\},\{b_n\}$ 满足:$a_{n+1}=a_n+1$, $b_{n+1}=\frac{1}{2}a_n+b_n$. 对于正整数 n,定义函数 $f_n(x)=x^2+a_nx+b_n$. 证明:若存在某个 $f_k(x)$ 有两个整数零点,则必有无穷多个 $f_n(x)$ 有两个整数零点.

16.(本小题满分 20 分)已知 $a>0$,$f(x)=\ln x-a(x-1)$,$g(x)=e^x$.

(1)经过原点分别作曲线 $y=f(x)$ 和 $y=g(x)$ 的切线 l_1 和 l_2. 已知两切线的斜率互为倒数,求证:$\frac{e-1}{e}<a<\frac{e^2-1}{e}$;

(2)设 $h(x)=f(x+1)+g(x)$,当 $x\geq 0$ 时,$h(x)\geq 1$ 恒成立,试求实数 a 的取值范围.

§37 2015 年湖南省高中数学竞赛试卷(B 卷)

一、选择题(本大题共 10 个小题,每小题 6 分,共 60 分,在每小题给出的四个选项中,只有一项是符合题目要求的.)

1. 已知有理数 a,b 满足 $a^2+1=-2a,b+|b|=2$,则 $a^{2014}\cdot b^{2015}$ 的值是 (　　)

A. 1　　　　B. -1　　　　C. 0　　　　D. 以上都不对

2. 设函数 $f(x)$ 定义在实数集上,它的图像关于直线 $x=1$ 对称,且当 $x\geq 1$ 时,$f(x)=3^x-1$,则有 (　　)

A. $f\left(\frac{1}{3}\right)<f\left(\frac{3}{2}\right)<f\left(\frac{2}{3}\right)$　　　　B. $f\left(\frac{2}{3}\right)<f\left(\frac{3}{2}\right)<f\left(\frac{1}{3}\right)$

C. $f\left(\frac{2}{3}\right)<f\left(\frac{1}{3}\right)<f\left(\frac{3}{2}\right)$　　　　D. $f\left(\frac{3}{2}\right)<f\left(\frac{2}{3}\right)<f\left(\frac{1}{3}\right)$

3. 已知全集 $U=\mathbf{R}$,$\mathbf{N}$ 为自然数集,$A=\{x\mid|x-3|\geq 2\}$,$B=\{x\mid x^2-6x-7>0\}$,那么集合 $(A\cap\complement_UB)\cap\mathbf{N}$ 的元素个数有 (　　)

A. 6 个　　　B. 5 个　　　C. 4 个　　　D. 无穷多个

4. $f(x)$ 是定义在 $\mathbf{R}$ 上的奇函数,它的最小正周期为 2,则 $f(1)+f(2)+f(3)+\cdots+f(2\,014)+f(2\,015)$ 等于 (　　)

A. 1 或 0　　B. 1 或 -1　　C. 0　　　　D. 1

5. 已知 $a*b = \dfrac{ab}{a-b}$,则 $\dfrac{1}{1*2} - \dfrac{1}{2*3} - \dfrac{1}{3*4} - \cdots - \dfrac{1}{2\,014*2\,015}$ 的值为
( )

A. $-\dfrac{1}{2\,015}$ B. $\dfrac{1}{2\,015}$ C. $\dfrac{2\,016}{2\,015}$ D. 以上都不是

6. 若 x,y,z 满足 $3x+7y+z=1$ 和 $4x+10y+z=2\,016$,则分式 $\dfrac{2\,015x+2\,015y+2\,015z}{x+3y}$ 的值为
( )

A. $-4\,028$ B. $-4\,029$ C. $-4\,030$ D. $-4\,031$

7. 若定义域为 $\mathbf{R}$ 的函数 $y=f(x)$ 满足 $f(x-1)=f(2-x)$,则这个函数图像的对称轴是
( )

A. $x=0$ B. $x=\dfrac{1}{2}$ C. $x=1$ D. $x=2$

8. 已知函数 $f(x)=\begin{cases}-1 & (x<0)\\ 0 & (x=0)\\ x-1 & (x>0)\end{cases}$,定义 $f^{(2)}(x)=f(f(x)),f^{(n)}(x)=f(f^{(n-1)}(x))(n\geq 2,n\in\mathbf{N})$,且 $f^{(1)}(x)=f(x)$,那么关于 n 的方程 $f^{(n)}(2\,015)=0$ 的最小正整数解为
( )

A. 2 012 B. 2 013 C. 2 014 D. 2 015

9. 如图 1 所示,在棱长为 1 的正方体 $ABCD-A_1B_1C_1D_1$ 中,E 为棱 DD_1 上一点,F 为棱 B_1C_1 上一点,则四面体 AA_1EF 的体积是
( )

A. $\dfrac{1}{2}$ B. $\dfrac{1}{3}$ C. $\dfrac{1}{6}$ D. $\dfrac{1}{9}$

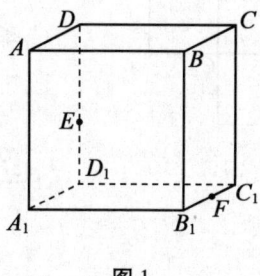

图 1

10. 已知 $k=\dfrac{1}{\dfrac{1}{2\,006}+\dfrac{1}{2\,007}+\dfrac{1}{2\,008}+\cdots+\dfrac{1}{2\,018}}$,则 k 的整数部分是( )

A. 152 B. 153 C. 154 D. 以上都不对

二、填空题(本大题共 4 个小题,每小题 6 分,共 24 分,请将正确的答案填在横线上.)

11. 若 $|a-1|+\sqrt{2b+1}=0$,则 $a^{2015}-b^4=$ _____.

12. 要使三个连续正奇数之和不小于 70,那么这三个正奇数中的最小正奇数的最小值应为 _____.

13. 若关于 x 的方程 $x|x-a|=a$ 有唯一实根,则实数 a 的取值范围是 _____.

14. 若函数 $f(x)=\begin{cases}\log_a(2x),x>\dfrac{1}{2}\\-x^2+\dfrac{1}{2}ax-1,x\leqslant\dfrac{1}{2}\end{cases}$ 是 **R** 上的增函数,则 a 的取值范围为 _____.

三、解答题(本大题共 5 个小题,共 66 分,要求解答有必要的过程.)

15. (本小题满分 12 分)已知函数 $f(x)=2x-1$,$g(x)=\begin{cases}x^2 & (x\geqslant 0)\\-1 & (x<0)\end{cases}$,求 $f[g(x)]$ 和 $g[f(x)]$ 的解析式.

16. (本小题满分 14 分)图 2 是一正方体的表面展开图,MN 和 PB 是两条面对角线.

(1)请在图 3 的正方体中将 MN 和 PB 画出来;

(2)求证:MN // 平面 PBD;

(3)求证:$AQ\perp$ 平面 PBD.

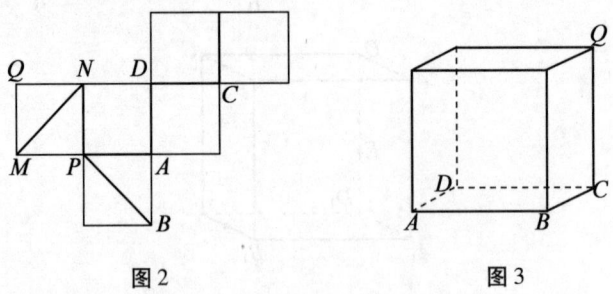

图 2　　　　　图 3

17. (本小题满分 12 分)已知关于 x 的二次方程 $x^2+2mx+2m+1=0$.

(1)若该方程有两根,其一根在区间 $(-1,0)$ 内,另一根在区间 $(1,2)$ 内,求 m 的范围;

(2)若该方程的两根均在区间 $(0,1)$ 内,求 m 的范围.

18. (本小题满分 14 分)在四边形 $ABCD$ 中,$\angle A + \angle C = 90°$. 求证
$$(AB \cdot CD)^2 + (AD \cdot BC)^2 = (AC \cdot BD)^2$$

19. (本小题满分 14 分)图 4 所示的是奥运五环标志,其中分别填入 1~9 这九个不同的数字. 若每个环内数字之和都相等,求这个数字之和的最大值与最小值.

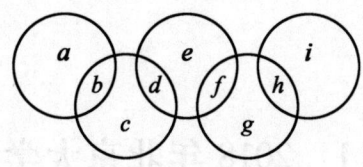

图 4

真题答案

§1 2018年北京大学自主招生数学试题(部分)参考答案

2. C. 由抛物线 $x^2 = py$ 与直线 $x + ay + 1 = 0$ 都经过点 $A(2, 1)$,可求得抛物线与直线的方程分别为 $x^2 = 4y, x - 3y + 1 = 0$.

把它们联立消去 x 后,可得 $9y^2 - 10y + 1 = 0$,所以 $y_A + y_B = \dfrac{10}{9}$.

再由抛物线的定义,可得 $|FA| + |FB| = y_A + y_B + \dfrac{p}{2} = \dfrac{10}{9} + 2 = \dfrac{28}{9}$.

4. D. 先把 5 名老师分成 3 组(有 $1+1+3, 1+2+2$ 两类),再把这三组分到三所中学去(每所中学一组),进而可得所求答案是 $\left(C_5^3 + \dfrac{C_5^1 C_4^2 C_2^2}{A_2^2}\right) A_3^3 = 150$.

8. B. 可得 $a_n = 3n - 3(n \geq 2, n \in \mathbf{N}^*)$,所以

$$\dfrac{9}{a_n a_{n+1}} = \dfrac{1}{n(n-1)} = \dfrac{1}{n-1} - \dfrac{1}{n} (n \geq 2, n \in \mathbf{N}^*)$$

$$\dfrac{9}{a_2 a_3} + \dfrac{9}{a_3 a_4} + \dfrac{9}{a_4 a_5} + \cdots + \dfrac{9}{a_{2\,013} a_{2\,014}}$$

$$= \left(\dfrac{1}{1} - \dfrac{1}{2}\right) + \left(\dfrac{1}{2} - \dfrac{1}{3}\right) + \left(\dfrac{1}{3} - \dfrac{1}{4}\right) + \cdots + \left(\dfrac{1}{2\,012} - \dfrac{1}{2\,013}\right)$$

$$= \dfrac{1}{1} - \dfrac{1}{2\,013} = \dfrac{2\,012}{2\,013}$$

11. D. 由 $|PF_1|+|PF_2|=2a$,可得 $|PF_1|\cdot|PF_2|$ 的取值范围是 $(0,a^2]$,再由题设可得 $2c^2\in(0,a^2]$,进而可求得答案.

16. A. 在图 1 的三棱锥 $P-ABC$ 中,$PA=4,PB=PC=2,PA,PB,PC$ 两两互相垂直,因而三棱锥 $P-ABC$ 的外接球直径即以 PA,PB,PC 分别为长、宽、高的长方体的体对角线长 $\sqrt{4^2+2^2+2^2}=\sqrt{24}$,所以三棱锥 $P-ABC$ 的外接球表面积为 $\pi(\sqrt{24})^2=24\pi$.

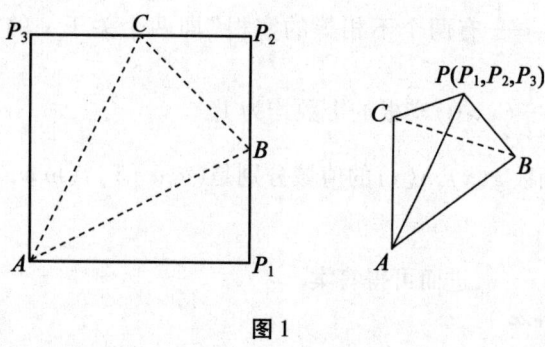

图 1

17. C. 由题设可知,在平面直角坐标系中,点的运动规律是每次向右运动一个单位再向上或向下运动一个单位,但运动后点的位置始终在第一象限(含 x,y 正半轴),进而可得题设即"点 $(0,0)$ 开始运动,每次向上或向下运动一个单位,但运动后点的位置始终在 y 轴的非负半轴上,经过 6 步运动到点 $(0,2)$ 有多少种不同的方法".

设向上运动了 x 步,则向下运动了 $6-x$ 步,可得 $x\cdot 1+(6-x)\cdot(-1)=2$,解得 $x=4$.

说明 6 步运动(分别记作 1,2,3,4,5,6)中恰有两步向下运动,可得向下运动的两步分别是 12,13,14,15,16,23,24,25,26,34,35,36,45,46,56 共 $C_6^2=15$ 种情形.

第一步向下运动,点 $(0,0)$ 运动一步后就到点 $(0,-1)$ 了,不满足题设;若两步分别是 23,则点 $(0,0)$ 运动三步后就到点 $(0,-1)$ 了,也不满足题设;可验证其余的情形均满足题设.

进而可得所求答案.

§2 2018年清华大学自主招生数学试题(部分)
参考答案

1.A. 因为 $g(x) = 2^x + a(x \leq 0)$, $h(x) = \ln(x+a)(x>0)$ 均是增函数,所以题设"方程 $f(x) = \dfrac{1}{2}$ 有两个不相等的实根"即两个关于 x 的方程 $g(x) = \dfrac{1}{2}$ $(x \leq 0)$, $h(x) = \dfrac{1}{2}(x>0)$ 实根的个数均为 1.

可求得增函数 $g(x), h(x)$ 的值域分别是 $(a, a+1], (\ln a, +\infty)$,所以题设即 $\begin{cases} \dfrac{1}{2} \in (a, a+1] \\ \dfrac{1}{2} \in (\ln a, +\infty) \end{cases}$,进而可得答案.

4.A. 由题设可作出本题的图形如图 1 所示,再作 $QH \perp l$ 于 H.

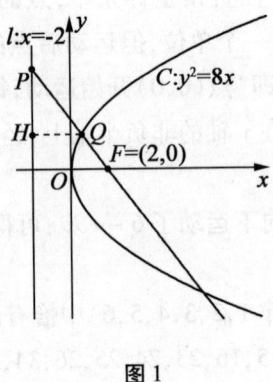

图 1

由 $|FP| = 3|FQ|$,可得 $|QP| = 2|FQ| = 2|HQ|$, $\angle PFO = \angle PQH = 60°$,所以

$$\cos 60° = \frac{2|OF|}{|PF|} = \frac{4}{|PF|}, |PF| = 8$$

$$|QF| = \frac{|PF|}{3} = \frac{8}{3}$$

7.B. 可不妨设一对"相关曲线"的两个焦点坐标分别是 $F_1(-1, 0), F_2(1, 0)$,一对"相关曲线"中的椭圆和双曲线的长半轴、实半轴长分别是 $a(a>1)$,

$a'(0 < a' < 1)$,可得椭圆和双曲线的离心率分别是 $\frac{1}{a}, \frac{1}{a'}$.

由题设,可得 $\frac{1}{a} \cdot \frac{1}{a'} = 1, a' = \frac{1}{a}$.

还可得 $\begin{cases} |PF_1| + |PF_2| = 2a \\ |PF_1| - |PF_2| = 2a' \end{cases}$,所以 $|PF_1| = a + a', |PF_2| = a - a'$.

在 $\triangle F_1 PF_2$ 中,由余弦定理,可得

$$|PF_1|^2 + |PF_2|^2 - 2|PF_1| \cdot |PF_2| \cos 30° = |F_1 F_2|^2$$

$$(a+a')^2 + (a-a')^2 - \sqrt{3}(a+a')(a-a') = 2^2$$

$$(2-\sqrt{3})a^2 + (2+\sqrt{3})a'^2 = 4$$

$$(2-\sqrt{3})a^2 + (2+\sqrt{3})\left(\frac{1}{a}\right)^2 = 4 (a > 1)$$

$$a = 2 + \sqrt{3}$$

所以题中椭圆的离心率是 $\frac{1}{a} = \frac{1}{2+\sqrt{3}} = 2 - \sqrt{3}$.

注 若把题设中的"P 是它们在第一象限的交点"改为"P 是它们的一个交点",则答案一样.

11. C. 设树尖在底面上的射影是点 H,可得点 H 在射线 AB 上.

在 Rt$\triangle PBH$ 中,可设 $PH = BH = h$;在 Rt$\triangle PAH$ 中,可得 $\sqrt{3}h = AH = AB + BH = 60 + h$,解得 $h = 30 + 30\sqrt{3}$,进而可得答案.

14. D. 由 $2 = (1+i)(1-i)$,可得 $z = i(1-i) = 1 + i, \bar{z} = 1 - i$,进而可得答案.

15. C. 由题设可得 $\mu_1 < 0 < \mu_2, 0 < \sigma_1 < \sigma_2$.

由 $\mu_1 < \mu_2$,可得 $P(Y \geqslant \mu_2) < P(Y \geqslant \mu_1)$,因而选项 A 错误;由 $\sigma_1 < \sigma_2$,可得 $P(X \leqslant \sigma_2) < P(X \leqslant \sigma_1)$,因而选项 B 错误.

结合原题的图 1,可以验证选项 C 正确.

当 $t = \mu_2$ 时,易得 $t, P(X \geqslant t) < \frac{1}{2} = P(Y \geqslant t)$,因而选项 D 错误.

20. A. 设球的半径为 R,可得球的截面圆半径是 4,且球心到该截面的距离是 $R - 2$,所以 $R^2 = (R-2)^2 + 4^2$,解得 $R = 5$,从而球的体积 $V = \frac{4}{3}\pi R^3 = \frac{500\pi}{3} (\text{cm}^3)$.

注 本题就是2013年高考新课标全国卷Ⅰ理科数学第6题.

21. C. 当 λ,μ 是正数时,由均值不等式可得

$$\lambda x^2 + \frac{1}{\lambda}y^2 \geq 2xy(当且仅当 \lambda x = y 时取等号)$$

$$\mu y^2 + \frac{1}{\mu}z^2 \geq 2yz(当且仅当 \mu y = z 时取等号)$$

把它们相加,得

$$\lambda x^2 + \left(\frac{1}{\lambda}+\mu\right)y^2 + \frac{1}{\mu}z^2 \geq 2(xy+yz)(当且仅当 x:y:z = 1:\lambda:\lambda\mu 时取等号)$$

令 $\lambda = \left(\frac{1}{\lambda}+\mu\right) = \frac{1}{\mu}$,可解得 $\lambda = \sqrt{2}, \mu = \frac{1}{\sqrt{2}}$,进而可得

$$\sqrt{2}(x^2+y^2+z^2) \geq 2(xy+yz)(当且仅当 x:y:z = 1:\sqrt{2}:1 时取等号)$$

$$\left(\frac{xy+yz}{x^2+y^2+z^2}\right)_{\max} = \frac{\sqrt{2}}{2}$$

29. D. 可把两个平面向量平移到相同的起点点 O,以点 O 为坐标原点、e_1 的方向为 x 轴的正方向建立平面直角坐标系 xOy,还可不妨设 e_2 的终点在第一象限,再由题设可得 $e_1 = (1,0), e_2 = \left(\frac{1}{2},\frac{\sqrt{3}}{2}\right)$.

再设 $P(x,y)$,由题设 $\overrightarrow{OP} = \lambda e_1 + \mu e_2$ 可得

$$(x,y) = (\lambda,0) + \left(\frac{1}{2}\mu,\frac{\sqrt{3}}{2}\mu\right)$$

进而可求得 $\lambda = x - \frac{1}{\sqrt{3}}y, \mu = \frac{2}{\sqrt{3}}y$.

再由 $\begin{cases} \lambda+\mu \leq 1 \\ \lambda \geq 0 \\ \mu \geq 0 \end{cases}$,可得 $\begin{cases} x + \frac{1}{\sqrt{3}}y \leq 1 \\ 0 \leq y \leq \sqrt{3}x \end{cases}$.

从而可得 $D = \left\{(x,y) \,\middle|\, \begin{matrix} x + \frac{1}{\sqrt{3}}y \leq 1 \\ 0 \leq y \leq \sqrt{3}x \end{matrix}\right\}$,再由线性规划知识可求得答案.

31. C. 由题设,可得 $\cos\alpha = -\frac{1}{\sqrt{5}}, \sin\alpha = \frac{2}{\sqrt{5}}$,所以 $\sin\alpha = -2\cos\alpha, \sin^2\alpha = 4\cos^2\alpha$.

进而可得

$$\frac{\sin\alpha+\cos^3\alpha}{\cos\left(\alpha-\frac{\pi}{4}\right)}=\sqrt{2}\cdot\frac{\sin\alpha(\sin^2\alpha+\cos^2\alpha)+\cos^3\alpha}{(\sin\alpha+\cos\alpha)(\sin^2\alpha+\cos^2\alpha)}$$

$$=\sqrt{2}\cdot\frac{-2\cos\alpha(4\cos^2\alpha+\cos^2\alpha)+\cos^3\alpha}{(-2\cos\alpha+\cos\alpha)(4\cos^2\alpha+\cos^2\alpha)}$$

$$=\sqrt{2}\cdot\frac{-9\cos^3\alpha}{-5\cos^3\alpha}=\frac{9}{5}\sqrt{2}$$

33. D. 由 $y=\sin\left(2x-\frac{\pi}{3}\right)=\sin 2\left(x-\frac{\pi}{6}\right)$ 可得答案.

36. A. 由题设，可得

$$f(-\infty)=+\infty,f(a)=(a-b)(a-c)>0,f(b)=(b-c)(b-a)<0$$
$$f(c)=(c-a)(c-b)>0,f(+\infty)=+\infty$$

再由零点存在定理(即堪根定理)，可得答案.

注 本题也是 2013 年高考重庆卷理科数学第 6 题.

37. A. 欲证命题①是真命题，只需证明：若 A,B 均是有限集，则 $A=B\Leftrightarrow d(A,B)=0$.

$\Rightarrow$ 由 $A=B$，可得 $A\cup B=A\cap B$，所以 $d(A,B)=\operatorname{card}(A\cup B)-\operatorname{card}(A\cap B)=0$.

$\Leftarrow$ 由 $d(A,B)=\operatorname{card}(A\cup B)-\operatorname{card}(A\cap B)=0$ 及 $A\cup B\supseteq A\cap B$，可得 $A\cup B=A\cap B$，$A=B$.

命题②是真命题，证明如下：可得

$$d(A,C)=\operatorname{card}(A)+\operatorname{card}(C)-2\operatorname{card}(A\cap C)$$
$$d(A,B)=\operatorname{card}(A)+\operatorname{card}(B)-2\operatorname{card}(A\cap B)$$
$$d(B,C)=\operatorname{card}(B)+\operatorname{card}(C)-2\operatorname{card}(B\cap C)$$

从而可得欲证结论等价于

$$\operatorname{card}(A\cap B)+\operatorname{card}(B\cap C)\leqslant\operatorname{card}(B)+\operatorname{card}(A\cap C)$$

当 $A\cap C=\varnothing$ 时，可得

$$\operatorname{card}(A\cap B)+\operatorname{card}(B\cap C)=\operatorname{card}((A\cup C)\cap B)\leqslant\operatorname{card}(B)$$
$$=\operatorname{card}(B)+\operatorname{card}(A\cap C)$$

当 $A\cap C\neq\varnothing$ 时，可得

$$\operatorname{card}(A\cap B)+\operatorname{card}(B\cap C)\leqslant\operatorname{card}((A\cup C)\cap B)+\operatorname{card}(A\cap C)$$
$$\leqslant\operatorname{card}(B)+\operatorname{card}(A\cap C)$$

综上所述，可得欲证结论成立.

39. D. 由秦九韶算法，可得

$$f(x) = x\{x[x(x^2+2)+3]+1\}+1$$
$$f(3) = 3\{3[3(3^2+2)+3]+1\}+1$$

进而可得答案.

§3 2018 年中国科学技术大学自主招生数学试题参考答案

1. $-2^{2017}(1+\sqrt{3}\mathrm{i})$. 由 $\sqrt{3}\mathrm{i}-1 = 2\left(\cos\dfrac{2\pi}{3}+\mathrm{i}\sin\dfrac{2\pi}{3}\right)$ 及棣莫佛公式,可得 $(\sqrt{3}\mathrm{i}-1)^3 = 2^3(\cos 2\pi+\mathrm{i}\sin 2\pi) = 2^3$,所以

$$(\sqrt{3}\mathrm{i}-1)^{2018} = \frac{[(\sqrt{3}\mathrm{i}-1)^3]^{673}}{\sqrt{3}\mathrm{i}-1} = \frac{(2^3)^{673}(\cos 0+\mathrm{i}\sin 0)}{2\left(\cos\dfrac{2\pi}{3}+\mathrm{i}\sin\dfrac{2\pi}{3}\right)}$$

$$= 2^{2018}\left[\cos\left(-\frac{2\pi}{3}\right)+\mathrm{i}\sin\left(-\frac{2\pi}{3}\right)\right] = 2^{2018}\left(-\frac{1}{2}-\frac{\sqrt{3}}{2}\mathrm{i}\right)$$

$$= -2^{2017}(1+\sqrt{3}\mathrm{i})$$

2. 11. 可得

$$\frac{\tan(\alpha+15°)}{\tan(\alpha-15°)} = \frac{2\sin(\alpha+15°)\cos(\alpha-15°)}{2\sin(\alpha-15°)\cos(\alpha+15°)} = \frac{\sin 2\alpha+\sin 30°}{\sin 2\alpha-\sin 30°}$$

$$= \frac{\dfrac{3}{5}+\dfrac{1}{2}}{\dfrac{3}{5}-\dfrac{1}{2}} = 11$$

3. $\dfrac{11}{4}$. 由题设及三元均值不等式,可得

$$f(x) = \left(x+\frac{1}{2}\right)^2 + \frac{1}{x+\dfrac{1}{2}} + \frac{1}{x+\dfrac{1}{2}} - \frac{1}{4} \geqslant 3 - \frac{1}{4} = \frac{11}{4}$$

进而可得当且仅当 $\left(x+\dfrac{1}{2}\right)^2 = \dfrac{1}{x+\dfrac{1}{2}}$,即 $x=\dfrac{1}{2}$ 时, $f(x)_{\min}=\dfrac{11}{4}$.

4. 26. 由 $f(f(x))=x$ 可得:若 $f(x)=y$,则 $f(y)=x$.

可得这里的 y 不一定等于 x,所以可按照满足 $f(x)=x$ 的 x 的个数来进行分类讨论:

(1)若$f(x)\neq x$恒成立,则$f(1)=2,3,4$或5.

可不妨设$f(1)=2$,则$f(2)=1$.若$f(3)=1$,可得$f(1)=3$,与$f(1)=2$矛盾!所以$f(3)\neq 1$,同理可得$f(3)\neq 2$.由$f(x)\neq x$恒成立,可得$f(3)\neq 3$,所以$f(3)=4$或5.

若$f(3)=4$,则$f(4)=3$,进而可得$f(5)=5$,这不可能!

若$f(3)=5$,则$f(5)=3$,进而可得$f(4)=4$,这不可能!

所以此时的情形不存在.

(2)若有且只有一个x使得$f(x)=x$,则这个x有$1,2,3,4,5$共5种可能,比如$f(1)=1$.

可得$f(2)\neq 1$(否则$f(1)=2$),进而可得$f(2)=3,4,5$.

比如$f(2)=3$,得$f(3)=2$.

还得$f(4)=5$(因为可得$f(4)\neq 1,2,3,4$:若$f(4)=1$,则$f(1)=4$,与$f(1)=1$矛盾!……),再得$f(5)=4$.

……进而可得此时有$5\cdot 3=15$(种)情形.

(3)若有且只有两个x使得$f(x)=x$,比如$f(1)=1,f(2)=2$,得$f(3)\neq 3$,所以$f(3)=4$或5.

不妨设$f(3)=4$,得$f(4)=3$.进而可得$f(5)\neq 1,2,3,4,5$,这不可能!

所以此时的情形不存在.

(4)若有且只有三个x使得$f(x)=x$,则共有$C_5^2=10$种可能,比如$f(1)=1,f(2)=2,f(3)=3$.

进而可得$f(4)=5,f(5)=4$.

……可得此时有10种情形.

(5)若有且只有四个x使得$f(x)=x$,比如$f(1)=1,f(2)=2,f(3)=3,f(4)=4$.接下来,可得$f(5)=5$,而这与"有且只有四个$x$使得$f(x)=x$"矛盾!

所以此时的情形不存在.

(6)若$f(x)=x(x=1,2,3,4,5)$恒成立,则满足题设.得此时有1种情形.

综上所述,可得所求答案是$15+10+1=26$.

5.$[\sqrt{2},+\infty)$.设$\alpha=a+bi(a,b\in\mathbf{R})$,可得
$$x^2+\alpha x+i=x(x+a)+(bx+1)i=0$$
$$x(x+a)=bx+1=0$$
$$ab=1$$

所以$|\alpha|=\sqrt{a^2+b^2}\geq\sqrt{2ab}=\sqrt{2}$(当且仅当$a=b=\pm 1$时,$|\alpha|_{\min}=\sqrt{2}$),所以

$|\alpha|$ 的取值范围是 $[\sqrt{2}, +\infty)$.

6.1. 设 $xf(x) - 1 = t(x > 0)$, 可得 $f(x) = \dfrac{t+1}{x}, f(t) = 2$.

还可得 $f(tf(t) - 1) = 2, f(2t - 1) = 2$.

再由 $f(x)$ 是单射, 可得 $t = 2t - 1, t = 1$, 所以 $f(x) = \dfrac{2}{x}, f(2) = 1$.

7. $\dfrac{2}{5}\sqrt{5}$. 由题设知, 可如图 1 所示建立空间直角坐标系 $C - xyz$, 可得 $A(0,0,\sqrt{2}), B(\sqrt{2},0,0)$, 还可设 $D(x,y,z)(y > 0)$.

由 $\begin{cases} AD = \sqrt{x^2 + y^2 + (z - \sqrt{2})^2} = 2\sqrt{2} \\ BD = \sqrt{(x - \sqrt{2})^2 + y^2 + z^2} = 2 \\ CD = \sqrt{x^2 + y^2 + z^2} = \sqrt{6} \end{cases}$, 可求得 $D(\sqrt{2}, 2, 0)$.

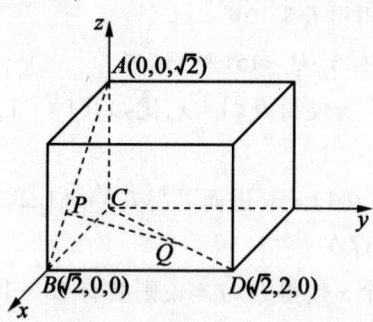

图 1

可设 $\overrightarrow{AP} = \dfrac{\lambda}{\sqrt{2}}\overrightarrow{AB} = \dfrac{\lambda}{\sqrt{2}}(\sqrt{2}, 0, -\sqrt{2}) = (\lambda, 0, -\lambda)(0 \leqslant \lambda \leqslant \sqrt{2})$, 得 $P(\lambda, 0, \sqrt{2} - \lambda)$; 可设 $\overrightarrow{CQ} = \dfrac{\mu}{\sqrt{2}}\overrightarrow{CD} = \dfrac{\mu}{\sqrt{2}}(\sqrt{2}, 2, 0) = (\mu, \sqrt{2}\mu, 0)(0 \leqslant \mu \leqslant \sqrt{2})$, 得 $Q(\mu, \sqrt{2}\mu, 0)$, 所以

$$PQ^2 = (\lambda - \mu)^2 + (0 - \sqrt{2}\mu)^2 + (\sqrt{2} - \lambda - 0)^2$$
$$= 2\lambda^2 - 2(\mu + \sqrt{2})\lambda + 3\mu^2 + 2$$
$$= 2\left(\lambda - \dfrac{\mu + \sqrt{2}}{2}\right)^2 + \dfrac{5}{2}\left(\mu - \dfrac{\sqrt{2}}{5}\right)^2 + \dfrac{4}{5}$$

进而可得当且仅当 $\lambda = \dfrac{3}{5}\sqrt{2}, \mu = \dfrac{\sqrt{2}}{5}$ 时, $PQ_{\min} = \dfrac{2}{5}\sqrt{5}$.

第3章 真题答案

注 由空间距离的万能公式可以求出异面直线 AB,CD 的距离,但本题中的点 P,Q 分别在线段 AB,CD 上,所以应用上面的方法求解.

8. $(x-3)^2 + (y+1)^2 = 2$. 可设 $P(2+\cos\theta, 1+\sin\theta)$,得 $\overrightarrow{PO} = (-2-\cos\theta, -1-\sin\theta)$.

由结论"向量 (a,b) 沿逆时针方向旋转 $90°$ 后得到的向量对应的复数是 $(a+bi)\cdot i = -b+ai$",可得 $\overrightarrow{PQ} = (1+\sin\theta, -2-\cos\theta)$,进而可得 $Q(3+\sin\theta+\cos\theta, -1+\sin\theta-\cos\theta)$,进而可求得答案.

9. 可设直线 $l: y = k(x+1)$,联立 $\begin{cases} y = k(x+1) \\ y = x^2 \end{cases}$,可得 $x^2 - kx - k = 0$.

由 $\Delta = k^2 + 4k > 0$,可得 $k < -4$ 或 $k > 0$.

设 $A(x_1, y_1), B(x_2, y_2)$,可得 $x_1 + x_2 = k, x_1 x_2 = -k$.

可得 $|AB| = \sqrt{k^2+1}|x_1 - x_2| = \sqrt{k^2+1} \cdot \dfrac{\sqrt{\Delta}}{1} = \sqrt{k^2+1} \cdot \sqrt{k^2+4k}$,坐标原点 O 到直线 AB 的距离 $d = \dfrac{|k|}{\sqrt{k^2+1}}$,所以

$$S_{\triangle AOB} = \frac{1}{2}|AB| \cdot d = \frac{1}{2}\sqrt{k^4 + 4k^3} = 3$$

$$k^4 + 4k^3 - 36 = 0 \qquad ①$$

设

$$m = \sqrt[3]{12\sqrt{21} - 36} - \sqrt[3]{12\sqrt{21} + 36} = -1.8298\cdots \qquad ②$$

可得 $2m + 4 > 0$,且

$$m^3 + 36m + 72 = 0$$

$$(2m+4)k^2 + 4mk + m^2 + 36 = \left(\sqrt{2m+4}\,k + \frac{2m}{\sqrt{2m+4}}\right)^2$$

进而可得方程①,即

$$k^4 + 4k^3 + (2m+4)k^2 + 4mk + m^2 = (2m+4)k^2 + 4mk + m^2 + 36$$

$$(k^2 + 2k + m)^2 = \left(\sqrt{2m+4}\,k + \frac{2m}{\sqrt{2m+4}}\right)^2$$

$$k^2 + 2k + m = \sqrt{2m+4}\,k + \frac{2m}{\sqrt{2m+4}}$$

或

$$k^2 + 2k + m + \sqrt{2m+4}\,k + \frac{2m}{\sqrt{2m+4}} = 0$$

$$k^2 + (2 - \sqrt{2m+4})k + m - \frac{2m}{\sqrt{2m+4}} = 0$$

或

$$k^2 + (2 + \sqrt{2m+4})k + m + \frac{2m}{\sqrt{2m+4}} = 0$$

$$k_1 = \sqrt{\frac{m}{2}+1} + \sqrt{2 - \frac{m}{2} - \frac{4}{\sqrt{m+2}}} - 1 = -0.186\ 1\cdots$$

$$k_2 = \sqrt{\frac{m}{2}+1} - \sqrt{2 - \frac{m}{2} - \frac{4}{\sqrt{m+2}}} - 1 = -1.230\ 4\cdots$$

$$k_3 = -\sqrt{\frac{m}{2}+1} + \sqrt{2 - \frac{m}{2} + 2\sqrt{\frac{2}{m+2}}} - 1 = 1.834\ 1\cdots \quad ③$$

$$k_4 = -\sqrt{\frac{m}{2}+1} - \sqrt{2 - \frac{m}{2} + 2\sqrt{\frac{2}{m+2}}} - 1 = -4.417\ 5\cdots \quad ④$$

再由 $k < -4$ 或 $k > 0$,可得所求直线 l 的方程是 $y = k_3(x+1)$ 或 $y = k_4(x+1)$,其中 k_3, k_4, m 的值见②③④.

注 解答此题需要用到实系数一元三次方程及四次方程的求根公式,可见甘志国著《初等数学研究(Ⅱ)上》(哈尔滨工业大学出版社,2009)第 295~301 页,也可见文末所附文章"实系数一元三次方程的求根公式".

10. 可得
$$f(x^2) = x^4 + ax^2 + b$$
$$= (x^2 - ax + a^2 + a - b) \cdot f(x) - a(a^2 + a - 2b)x - b(a^2 + a - b - 1)$$

所以
$$f(x) | f(x^2) \Leftrightarrow -a(a^2 + a - 2b)x - b(a^2 + a - b - 1) \equiv 0$$
$$\Leftrightarrow a(a^2 + a - 2b) = b(a^2 + a - b - 1) = 0$$

(1)若 $a = 0$,可得 $b = -1$ 或 0.

(2)若 $b = 0$,可得 $a = -1$ 或 0.

(3)若 $ab \neq 0$,可得 $a^2 + a = 2b = 2a^2 + 2a - 2$,即 $a = -2$ 或 $1, b = 1$.

综上所述,可得 $f(x) = x^2, x^2 - 1, x^2 - x, x^2 + x + 1$,或 $x^2 - 2x + 1$.

11.(1)由题设,可得 $\dfrac{a_{n+1}}{(n+1)^3} - \dfrac{a_n}{n^3} = \dfrac{1}{n^2}(n \in \mathbf{N}^*)$,再由 $a_1 = 1$ 及累加法可得

$$\frac{a_n}{n^3} = \frac{a_1}{1^3} + \left(\frac{a_2}{2^3} - \frac{a_1}{1^3}\right) + \left(\frac{a_3}{3^3} - \frac{a_2}{2^3}\right) + \cdots + \left[\frac{a_n}{n^3} - \frac{a_{n-1}}{(n-1)^3}\right]$$

$$= 1 + \frac{1}{1^2} + \frac{1}{2^2} + \cdots + \frac{1}{(n-1)^2}(n \geqslant 2, n \in \mathbf{N}^*)$$

进而可得欲证结论成立.

(2) 由题设及数学归纳法可证得 $a_n > 0 (n \in \mathbf{N}^*)$, 还可得

$$\frac{n^3 a_{n+1}}{(n+1)^3} = n + a_n (n \in \mathbf{N}^*)$$

$$\frac{n^3 a_{n+1}}{(n+1)^3 a_n} = \frac{n}{a_n} + 1 (n \in \mathbf{N}^*)$$

$$1 + \frac{n}{a_n} = \frac{\frac{a_{n+1}}{(n+1)^3}}{\frac{a_n}{n^3}} (n \in \mathbf{N}^*)$$

所以

$$\prod_{k=1}^{n}\left(1 + \frac{k}{a_k}\right) = \frac{\frac{a_2}{2^3}}{\frac{a_1}{1^3}} \cdot \frac{\frac{a_3}{3^3}}{\frac{a_2}{2^3}} \cdot \frac{\frac{a_4}{4^3}}{\frac{a_3}{3^3}} \cdot \cdots \cdot \frac{\frac{a_{n+1}}{(n+1)^3}}{\frac{a_n}{n^3}} = \frac{a_{n+1}}{(n+1)^3} (n \in \mathbf{N}^*)$$

再由(1)的结论, 可得

$$\prod_{k=1}^{n}\left(1 + \frac{k}{a_k}\right) = \frac{a_{n+1}}{(n+1)^3} = 1 + \frac{1}{1^2} + \frac{1}{2^2} + \cdots + \frac{1}{n^2}(n \in \mathbf{N}^*)$$

当 $i \geqslant 2, i \in \mathbf{N}^*$ 时, 可得 $\frac{1}{i^2} < \frac{1}{(i-1)i} = \frac{1}{i-1} - \frac{1}{i}$, 所以

$$\prod_{k=1}^{n}\left(1 + \frac{k}{a_k}\right) < 1 + \frac{1}{1^2} + \left(\frac{1}{1} - \frac{1}{2}\right) + \left(\frac{1}{2} - \frac{1}{3}\right) + \cdots + \left(\frac{1}{n-1} - \frac{1}{n}\right)$$

$$= 3 - \frac{1}{n} < 3 (n \geqslant 2, n \in \mathbf{N}^*)$$

当 $n = 1$ 时, $\prod_{k=1}^{n}\left(1 + \frac{k}{a_k}\right) = 1 + \frac{1}{1^2} = 2 < 3.$

综上所述, 可得 $\prod_{k=1}^{n}\left(1 + \frac{k}{a_k}\right) < 3 (n \in \mathbf{N}^*).$

注 由结论 $\frac{1}{1^2} + \frac{1}{2^2} + \frac{1}{3^2} + \cdots + \frac{1}{n^2} + \cdots = \frac{\pi^2}{6}$, 可把第(2)问的结论加强为

(2) $\prod_{k=1}^{n}\left(1 + \frac{k}{a_k}\right) < 1 + \frac{\pi^2}{6}(n \in \mathbf{N}^*).$

§4　2018年复旦大学自主招生考试数学试题参考答案

1. 可得

$$f(x) = \frac{(2^x)^4 + \left(\frac{2}{2^x}\right)^2 + 4 \cdot 2^x + 1}{(2^x)^2 + \frac{2}{2^x}} = \frac{\left[(2^x)^2 + \frac{2}{2^x}\right]^2 + 1}{(2^x)^2 + \frac{2}{2^x}}$$

$$= \left[(2^x)^2 + \frac{2}{2^x}\right] + \frac{1}{(2^x)^2 + \frac{2}{2^x}} (x \in \mathbf{R})$$

设 $t = (2^x)^2 + \frac{2}{2^x} (x \in \mathbf{R})$，可得

$$t = (2^x)^2 + \frac{1}{2^x} + \frac{1}{2^x} \geq 3 (x \in \mathbf{R}) (当且仅当 x = 0 时 t = 3)$$

得 $f(x) = t + \frac{1}{t} (t \geq 3)$. 可得函数 $g(t) = t + \frac{1}{t} (t \geq 1)$ 是增函数，所以当且仅当 $t = 3$ 即 $x = 0$ 时，$f(x)_{\min} = \frac{10}{3}$.

2. 可得 $f(x) = (2^x + 4)(2^x - 2)$，所以 $A = \{x \mid 2^x > 2, x \in (-6, 6)\} = (1, 6)$，得区间 A 的长度为 $6 - 1 = 5$.

3. 如图 1 所示，设题中体积最小的圆锥底面圆心是 O_1，底面半径 $O_1B = R$，可得半径为 r 的球 O 与圆锥的母线 AB 相切于点 D，球心 O 在圆锥的高 AO_1 上，设 $AO = m$.

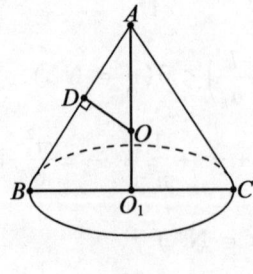

图 1

由 Rt△AOD∽Rt△ABO₁,可得 $\dfrac{AD}{OD}=\dfrac{AO_1}{BO_1}$.

再由 $OD=OO_1=r$,可得 $\dfrac{\sqrt{m^2-r^2}}{r}=\dfrac{m+r}{R}$,$R^2=\dfrac{r^2(m+r)}{m-r}$,所以圆锥的体积

$$V=\dfrac{\pi}{3}R^2(m+r)=\dfrac{\pi r^2}{3}\cdot\dfrac{(m+r)^2}{m-r}=\dfrac{\pi r^2}{3}\left(m-r+\dfrac{4r^2}{m-r}+4r\right)$$

$$\geq\dfrac{\pi r^2}{3}(4r+4r)=\dfrac{8}{3}\pi r^3(m>r)(均值不等式)$$

进而可得当且仅当 $m-r=\dfrac{4r^2}{m-r}$ 即 $m=3r$ 时,$V_{\min}=\dfrac{8}{3}\pi r^3$,即所求答案是 $\dfrac{8}{3}\pi r^3$.

4. 在平面直角坐标系 xOy 中,可得:

曲线 $C:x^2+y^2-6x-8y+16=0$,即 $C:(x-3)^2+(y-4)^2=3^2$,其圆心是 $O_1(3,4)$,半径是 $r_1=3$;曲线 $D:x^2+y^2-2x-4y+4=0$,即 $C:(x-1)^2+(y-2)^2=1^2$,其圆心是 $O_2(1,2)$,半径是 $r_2=1$.

由 $|O_1O_2|=\sqrt{(3-1)^2+(4-2)^2}=2\sqrt{2}$,$r_1+r_2=4$,$r_1-r_2=2$,可得 $r_1-r_2<|O_1O_2|<r_1+r_2$,所以所求答案是 $r_1+|O_1O_2|+r_2=4+2\sqrt{2}$.

5. (1) 如图 2 所示,若 AD 为 $\triangle ABC$ 的一条中线,可得 $x=y$. 延长 AD 至 E,使得 $AD=DE$,可得 $\square ABEC$.

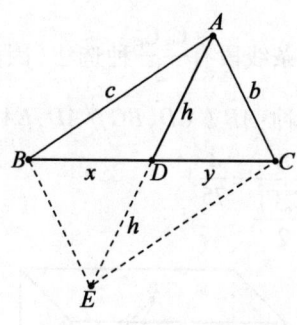

图 2

由结论"平行四边形各边的平方和等于其两条对角线的平方和"(由余弦定理可证),可得

$$2(b^2+c^2)=(2x)^2+(2h)^2$$
$$b^2+c^2=2x^2+2h^2=x^2+y^2+2h^2$$

$$x^2+y^2+2h^2=b^2+c^2$$

(2)由图2及余弦定理,可得

$$\cos\angle ADB=\frac{x^2+h^2-c^2}{2xh},\cos\angle ADC=\frac{y^2+h^2-b^2}{2yh}$$

再由 $\angle ADB+\angle ADC=\pi$,可得

$$\frac{x^2+h^2-c^2}{2xh}+\frac{y^2+h^2-b^2}{2yh}=0$$

$$\frac{x^2+h^2-c^2}{x}=\frac{b^2-y^2-h^2}{y}$$

再由 $x^2+y^2+2h^2=b^2+c^2$,可得

$$x^2+h^2-c^2=b^2-y^2-h^2$$

① 当 $x^2+h^2-c^2=b^2-y^2-h^2=0$ 时,可得 $x=y \Leftrightarrow b=c$.

② 当 $x^2+h^2-c^2=b^2-y^2-h^2\neq 0$ 时,可得 $x=y$.

综上所述,可得:

当 $x^2+h^2\neq c^2$ 即 AD 与 BC 不垂直时, $x^2+y^2+2h^2=b^2+c^2$ 是 AD 为 $\triangle ABC$ 的一条中线的充要条件. 当 $x^2+h^2=c^2$ 即 $AD\perp BC$ 时,若 $b=c$,则 $x^2+y^2+2h^2=b^2+c^2$ 是 AD 为 $\triangle ABC$ 的一条中线的充要条件;若 $b\neq c$,则 $x^2+y^2+2h^2=b^2+c^2$ 是 AD 为 $\triangle ABC$ 的一条中线的必要不充分条件.

6. 因为 $4\,725=15^2\cdot 3\cdot 7$(3,7 都是素数),所以所求的最小的正整数 $k=3\cdot 7=21$.

7. 大卫·希尔伯特.

8. 如图3所示,选出两条线段有 $\dfrac{C_6^2 C_6^2}{2}$ 种选法(因为 a,b 与 b,a 是同一种选法),其中平行的情形有6种: $AB/\!/CD$, $BC/\!/AD$, $EA/\!/CF$, $EB/\!/FD$, $EC/\!/AF$, $ED/\!/BF$,所以所求答案是 $\dfrac{6}{\dfrac{C_6^2 C_6^2}{2}}=\dfrac{4}{75}$.

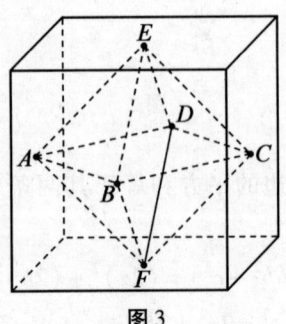

图3

9. **解法 1** 可得 $A(0,1), B(-2,1)$. 由 $m \cdot 1 + 1 \cdot (-m) = 0$, 可得 $l_1 \perp l_2$, 所以点 P 的轨迹是以线段 AB 为直径的圆 $(x+1)^2 + (y-1)^2 = 1$, 因而可设 $P(-1+\cos\alpha, 1+\sin\alpha)$, 得

$$(|PA| + |PB|)^2$$
$$= \left[\sqrt{(-1+\cos\alpha)^2 + (\sin\alpha)^2} + \sqrt{(1+\cos\alpha)^2 + (\sin\alpha)^2}\right]^2$$
$$= (\sqrt{2-2\cos\alpha} + \sqrt{2+2\cos\alpha})^2$$
$$= 4\left(\left|\sin\frac{\alpha}{2}\right| + \left|\cos\frac{\alpha}{2}\right|\right)^2$$
$$= 4(1 + |\sin\alpha|)$$

进而可得 $(|PA| + |PB|)^2$ 的取值范围是 $[4,8]$, $|PA| + |PB|$ 的取值范围是 $[2, 2\sqrt{2}]$.

解法 2 可得 $A(0,1), B(-2,1)$. 由 $m \cdot 1 + 1 \cdot (-m) = 0$, 可得 $l_1 \perp l_2$, 所以点 P 的轨迹是以线段 AB 为直径的圆.

可得 $|PA|^2 + |PB|^2 = |AB|^2 = 4$, 所以可设 $|PA| = 2\cos\theta, |PB| = 2\sin\theta$ $\left(0 \leqslant \theta \leqslant \frac{\pi}{2}\right)$, 再得

$$|PA| + |PB| = 2(\cos\theta + \sin\theta) = 2\sqrt{2}\sin\left(\theta + \frac{\pi}{4}\right) \left(0 \leqslant \theta \leqslant \frac{\pi}{2}\right)$$

进而可得 $|PA| + |PB|$ 的取值范围是 $[2, 2\sqrt{2}]$.

注 本题与 2014 年高考四川卷文科第 9 题如出一辙, 这道高考题是:

设 $m \in \mathbf{R}$, 过定点 A 的动直线 $x + my = 0$ 和过定点 B 的动直线 $mx - y - m + 3 = 0$ 交于点 $P(x,y)$, 则 $|PA| + |PB|$ 的取值范围是 (   )

A. $[\sqrt{5}, 2\sqrt{5}]$ B. $[\sqrt{10}, 2\sqrt{5}]$ C. $[\sqrt{10}, 4\sqrt{5}]$ D. $[2\sqrt{5}, 4\sqrt{5}]$

10. 如图 4 所示, 设棱 BF 的中点是 K, 可得平面 KGE // 平面 BMN. 而过点 E 与平面 BMN 平行的平面是唯一存在的, 所以动点 $P \in$ 平面 KGE.

又因为动点 P 在侧面 $BFGC$ 上, 所以动点 P 的轨迹是线段 KG.

如图 5 所示, 在 $\triangle KGE$ 中, 可得 $KG = KE = \frac{\sqrt{5}}{2}, EG = \sqrt{2}$. 所以由余弦定理的推论, 可求得 $\cos\angle EKG = \frac{1}{5}$, 再得 $\angle EKG$ 是锐角且 $\sin\angle EKG = \frac{2}{5}\sqrt{6}$.

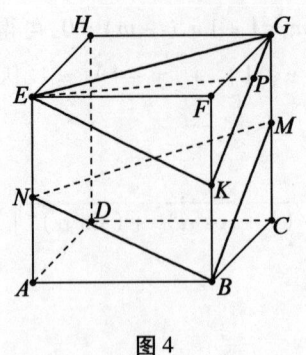
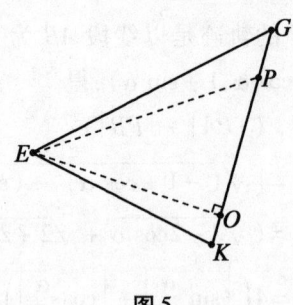

图4　　　　　　　　图5

如图5所示,作 $EO \perp KG$ 于 O,可得 $EO = EK\sin\angle EKG = \frac{\sqrt{5}}{2} \cdot \frac{2}{\sqrt{5}}\sqrt{6} = \frac{\sqrt{30}}{5}$,

进而可得 $EP_{\min} = EO = \frac{\sqrt{30}}{5}$, $EP_{\max} = \max\{EK, EG\} = \max\left\{\frac{\sqrt{5}}{2}, \sqrt{2}\right\} = \sqrt{2}$.

因而线段 EP 的长度的取值范围是 $\left[\frac{\sqrt{30}}{5}, \sqrt{2}\right]$.

11. 先给出下面的结论(实际上,该结论就是2010年高考辽宁卷理科第8题的结论):

结论　若 O, A, B 三点不共线,则:

(1) $S_{\triangle OAB} = \frac{1}{2}\sqrt{|\overrightarrow{OA}|^2 |\overrightarrow{OB}|^2 - (\overrightarrow{OA} \cdot \overrightarrow{OB})^2}$;

(2) 当 $\overrightarrow{OA} = (x_1, y_1), \overrightarrow{OB} = (x_2, y_2)$ 时,$S_{\triangle OAB} = \frac{1}{2}|x_1 y_2 - x_2 y_1|$.

证明　(1)　$S_{\triangle OAB} = \frac{1}{2}|\overrightarrow{OA}||\overrightarrow{OB}|\sqrt{1 - \cos^2\angle AOB}$

$= \frac{1}{2}\sqrt{|\overrightarrow{OA}|^2 |\overrightarrow{OB}|^2 - (\overrightarrow{OA} \cdot \overrightarrow{OB})^2}$

(2) 由(1),可得

$S_{\triangle OAB} = \frac{1}{2}\sqrt{(x_1^2 + y_1^2)(x_2^2 + y_2^2) - (x_1 x_2 + y_1 y_2)^2} = \frac{1}{2}|x_1 y_2 - x_2 y_1|$

下面再由结论(2)来解答本题.

可得 $\overrightarrow{AB} = (1,1), \overrightarrow{AC} = (3,5)$,从而可求得答案是1.

12. **解法1**　这里先介绍一个结论及其证明:

结论　如图6所示,若点 D 在 $\triangle ABC$ 的边 BC 上,$\lambda, \mu \in \mathbf{R}_+$,则

$$BD:DC = \lambda:\mu \Leftrightarrow \overrightarrow{AD} = \frac{\mu}{\lambda+\mu}\overrightarrow{AB} + \frac{\lambda}{\lambda+\mu}\overrightarrow{AC}$$

证明 ⇒ 如图 7 所示,过点 D 作 $DE/\!/AB$ 于 E,$DF/\!/AC$ 于 F,得 $\dfrac{AE}{AC}=\dfrac{DF}{AC}=\dfrac{BD}{BC}=\dfrac{\lambda}{\lambda+\mu}$,$\dfrac{AF}{AB}=\dfrac{DE}{AB}=\dfrac{CD}{CB}=\dfrac{\mu}{\lambda+\mu}$,再由平面向量基本定理可得

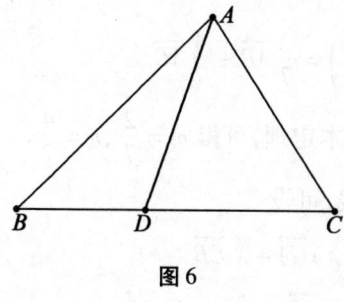

图 6

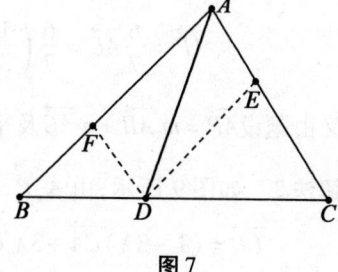

图 7

$$\overrightarrow{AD}=\overrightarrow{AF}+\overrightarrow{AE}=\dfrac{\mu}{\lambda+\mu}\overrightarrow{AB}+\dfrac{\lambda}{\lambda+\mu}\overrightarrow{AC}$$

⇐ 可见以下证明

$$\overrightarrow{AD}=\dfrac{\mu}{\lambda+\mu}\overrightarrow{AB}+\dfrac{\lambda}{\lambda+\mu}\overrightarrow{AC}\Leftrightarrow(\lambda+\mu)\overrightarrow{AD}=\mu\overrightarrow{AB}+\lambda\overrightarrow{AC}$$

$$\Leftrightarrow \mu(\overrightarrow{AD}-\overrightarrow{AB})=\lambda(\overrightarrow{AC}-\overrightarrow{AD})$$

$$\Leftrightarrow \mu\overrightarrow{BD}=\lambda\overrightarrow{DC}$$

再由 $\lambda,\mu\in\mathbf{R}_+$,可得 $BD:DC=\lambda:\mu$.

下面用以上结论来解答本题.

如图 8 所示,作 $DF/\!/BE$ 交 AP 于 F.

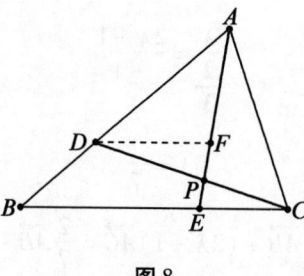

图 8

由 $\triangle ADF\backsim\triangle ABE$,可得 $\dfrac{2}{3}=\dfrac{AD}{AB}=\dfrac{AF}{AE}=\dfrac{DF}{BE}=\dfrac{DF}{2EC}$,所以

$$\dfrac{AF}{FP+PE}=2,\dfrac{FP}{PE}=\dfrac{DF}{EC}=\dfrac{4}{3}$$

$$AF:FP:PE=14:4:3$$

$$AP:PE=6$$

再由 $\overrightarrow{BE}=2\overrightarrow{EC}$ 及前面给出的结论,可得

$$\overrightarrow{AE}=\frac{1}{3}\overrightarrow{AB}+\frac{2}{3}\overrightarrow{AC}$$

$$\overrightarrow{AP}=\frac{6}{7}\overrightarrow{AE}=\frac{6}{7}\left(\frac{1}{3}\overrightarrow{AB}+\frac{2}{3}\overrightarrow{AC}\right)=\frac{2}{7}\overrightarrow{AB}+\frac{4}{7}\overrightarrow{AC}$$

又由题设 $\overrightarrow{AP}=m\overrightarrow{AB}+n\overrightarrow{AC}$ 及平面向量基本定理,可得 $m=\frac{2}{7},n=\frac{4}{7}$.

解法2 如图9所示,由 A,P,E 三点共线,可设

$$\overrightarrow{CP}=(1-3\lambda)\overrightarrow{CA}+3\lambda\overrightarrow{CE}=(1-3\lambda)\overrightarrow{CA}+\lambda\overrightarrow{CB}$$
$$=(3\lambda-1)\overrightarrow{AC}+\lambda(\overrightarrow{AB}-\overrightarrow{AC})=\lambda\overrightarrow{AB}+(2\lambda-1)\overrightarrow{AC}$$

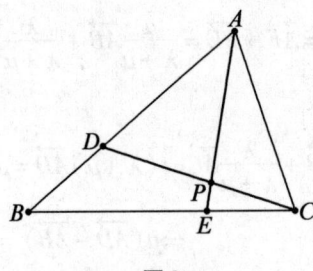

图9

再由 $\frac{2}{3}\overrightarrow{AB}=\overrightarrow{AD}=\overrightarrow{AC}+\overrightarrow{CD}$,可得 $\overrightarrow{CD}=\frac{2}{3}\overrightarrow{AB}-\overrightarrow{AC}$.

由 $\overrightarrow{CP}/\!/\overrightarrow{CD}$,可得

$$\frac{\lambda}{\frac{2}{3}}=\frac{2\lambda-1}{-1}$$

$$\lambda=\frac{2}{7}$$

$$\overrightarrow{CP}=\lambda\overrightarrow{AB}+(2\lambda-1)\overrightarrow{AC}=\frac{2}{7}\overrightarrow{AB}-\frac{3}{7}\overrightarrow{AC}$$

$$\overrightarrow{AP}=\overrightarrow{AC}+\overrightarrow{CP}=\frac{2}{7}\overrightarrow{AB}+\frac{4}{7}\overrightarrow{AC}$$

再由题设 $\overrightarrow{AP}=m\overrightarrow{AB}+n\overrightarrow{AC}$ 及平面向量基本定理,可得 $m=\frac{2}{7},n=\frac{4}{7}$.

13. ①②④. 可证 $f_n(x+2\pi)=f_n(x)(n\in\mathbf{N}^*)$,所以①正确.

可证 $f_n(x)(n\in\mathbf{N}^*)$ 是偶函数,所以②正确.

可以验证:当 n 为偶数时,③正确;当 n 为奇数时,③不正确.所以③不正确.

可用数学归纳法证得 $|\sin nx| \leqslant n|\sin x|(n \in \mathbf{N}^*)$,进而可得④正确.

注 本题也是 2016 年北京市东城区高三二模理科数学第 14 题.

14. 令 $x = \dfrac{1}{2}$,可得

$$f(2) + 2f\left(-\dfrac{1}{2}\right) = 1$$

再令 $x = -2$,可得

$$f\left(-\dfrac{1}{2}\right) - \dfrac{1}{2}f(2) = -4$$

$$f(2) - 2f\left(-\dfrac{1}{2}\right) = 8$$

进而可求得 $f(2) = \dfrac{9}{2}$.

注 建议把题中的"$(x \neq 1)$"去掉.

把题设等式中的"x"均替换成"$-\dfrac{1}{x}$"后,可得到函数方程组

$$\begin{cases} xf\left(\dfrac{1}{x}\right) + f(-x) = 2x^2 \ (x \neq 1) \\ xf\left(\dfrac{1}{x}\right) - f(-x) = \dfrac{2}{x} \ (x \neq -1) \end{cases}$$,进而可解得 $f(x) = x^2 + \dfrac{1}{x}(x \neq \pm 1)$.

15. 可得题设即点 A, B 在直线 $ax + by - 1 = 0$ 的异侧,由线性规划知识"同侧同号、异侧异号"可知,题设即 $(a \cdot 0 + b \cdot 1 - 1)[a \cdot 1 + b \cdot (-1) - 1] < 0$,$(b-1)(a-b-1) < 0$. 如图 10 所示,在平面直角坐标系 aOb 中其表示的区域是 $\angle BAC, \angle HAD$ 的内部及其边界(记作区域 Ω).

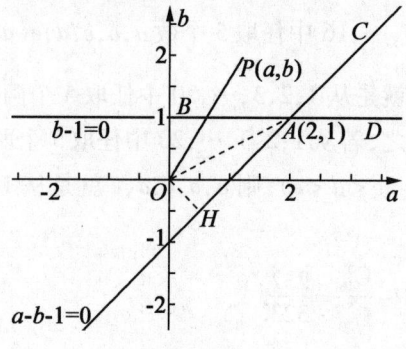

图 10

由 $a^2+b^2=[\sqrt{(a-0)^2+(b-0)^2}]^2$,可知 a^2+b^2 的几何意义是:坐标原点 O 到区域 Ω 上的点 $P(a,b)$ 的距离的平方.

由点 O 到直线 $a-b-1=0$ 的距离是 $|OH|=\dfrac{|0-0-1|}{\sqrt{1^2+1^2}}=\dfrac{1}{\sqrt{2}}$,点 O 到直线 $b-1=0$ 的距离是 $|OB|=1$ 及 $|OA|=\sqrt{2^2+1^2}=\sqrt{5}$,进而可得 a^2+b^2 的最小值是 $\left(\dfrac{1}{\sqrt{2}}\right)^2$ 即 $\dfrac{1}{2}$.

16. 题设中的方程,即
$$\log_{3x}3+\dfrac{1}{3}\log_3 3x=-\dfrac{4}{3}$$

设 $\log_3 3x=t$,可得
$$\dfrac{1}{t}+\dfrac{1}{3}t=-\dfrac{4}{3}$$
$$t=-1 \text{ 或 } t=-3$$
$$\log_3 3x=-1 \text{ 或 } \log_3 3x=-3$$
$$x=\dfrac{1}{9} \text{ 或 } x=\dfrac{1}{81}$$

所以 $a+b=\dfrac{1}{9}+\dfrac{1}{81}=\dfrac{10}{81}$.

§5 2018年浙江大学自主招生数学试题(部分)参考答案

1. -5. 先得 $B=\{-2,-3\}$.

6. $\dfrac{232}{323}$. 若从 $1,2,3,\cdots,16$ 中任取 5 个数 $a,b,c,d,e(a<b<c<d<e)$,则 $a,b+1,c+2,d+3,e+4$ 就是从 $1,2,3,\cdots,20$ 中任取 5 个两两不同的数且每两个都不是连续正整数;反之,若从 $1,2,3,\cdots,20$ 中任取 5 个两两不同的数 $a,b+1,c+2,d+3,e+4(a<b<c<d<e)$,则 a,b,c,d,e 就是从 $1,2,3,\cdots,16$ 中取的 5 个两两互异的数.

因此所求答案是 $1-\dfrac{C_{16}^5}{C_{20}^5}=\dfrac{232}{323}$.

7. $[0,20]$. 可设 $y=s^2(s\geqslant 0),x-y=t^2(t\geqslant 0)$,得 $x=s^2+t^2$.

进而可得 $x-4\sqrt{y}=2\sqrt{x-y}$,即
$$s^2+t^2-4s=2t(s\geqslant 0,t\geqslant 0)$$
$$(s-2)^2+(t-1)^2=(\sqrt{5})^2(s\geqslant 0,t\geqslant 0)$$

如图 1 所示,可得点 (s,t) 表示平面直角坐标系 sOt 中的圆 A(其圆心是 $A(2,1)$,半径是 $\sqrt{5}$)在第一象限的部分且包括其端点(记作曲线 C).

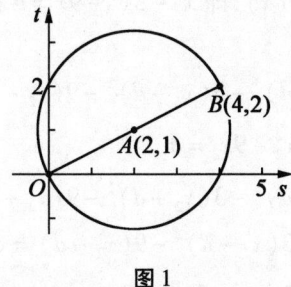

图 1

可得 $\sqrt{x}=\sqrt{s^2+t^2}$ 表示曲线 C 上的动点 $M(s,t)$ 与坐标原点 O 之间的距离 $|OM|$.

设线段 OAB 是圆 A 的一条直径,由直径是最长的弦,可得 $\sqrt{x}$ 即 $|OM|$ 的取值范围是 $[0,2\sqrt{5}]$,进而可得 x 的取值范围是 $[0,20]$.

9.(1)在 $\triangle ACD$ 中,由正弦定理可得 $\dfrac{\sin\angle CAD}{\sin D}=\dfrac{CD}{AC}$.

再由题设,可得 $\dfrac{\sin\angle CAD}{\sin D}=\dfrac{CD}{AC}=\dfrac{CD}{BC}=\dfrac{1}{2}$.

(2)设 $CD=x$,得 $AC=2x$.在 $\triangle ACD$ 中,由余弦定理可得
$$(\sqrt{7})^2=(2x)^2+x^2-2\cdot 2x\cdot x\cdot\cos(180°-60°)$$
$$x=1$$

即 CD 的长是 1.

10.(1)设曲线 $y=f(x)$ 与曲线 $y=g(x)$ 在它们的公共点 A(设其横坐标是 t)处有公共切线,可得 $f'(t)=g'(t)$,即 $3t^2-9=6t,t=-1$ 或 3.

还可得 $f(t)=g(t)$,进而可求得 $a=5$ 或 -27.

(2)可得题设即存在实数 b 使得 $x^3-3x^2-9x-a<0 \Leftrightarrow x<b$.

设 $h(x)=x^3-3x^2-9x-a$,可得 $h'(x)=3x^2-6x-9=3(x+1)(x-3)$,所以 $h(x)$ 在 $(-\infty,-1),(-1,3),(3,+\infty)$ 上分别是增函数、减函数、增函数,得 $h(x)_{极大值}=h(-1)=5-a,h(x)_{极小值}=h(3)$.

再由 $h(+\infty)=+\infty$,可知题设即 $h(x)_{极大值}=5-a<0$(当 $h(x)_{极大值}<0$

时,可得 $h(x)_{极小值} < 0$. 再由 $h(+\infty) = +\infty$,可得存在实数 b 使得 $h(b) = 0$. 再结合函数 $h(x)$ 的图像可得不等式 $f(x) < g(x)$ 的解集为 $(-\infty, b))$,也即 $a > 5$.

所以所求实数 a 的取值范围是 $(5, +\infty)$.

(3) 所求实数 a 的值是 -11. 解答过程如下:

可不妨设方程 $f(x) = g(x)$,即 $x^3 - 3x^2 - 9x = a$ 的三个实数解分别是 $x_2 - d, x_2, x_2 + d (d > 0)$,所以

$$\begin{cases} (x_2-d)^3 - 3(x_2-d)^2 - 9(x_2-d) = a \\ x_2^3 - 3x_2^2 - 9x_2 = a \\ (x_2+d)^3 - 3(x_2+d)^2 - 9(x_2+d) = a \end{cases} \quad ①$$

$$\begin{cases} (x_2-d)^3 - 3(x_2-d)^2 - 9(x_2-d) = x_2^3 - 3x_2^2 - 9x_2 \\ (x_2+d)^3 - 3(x_2+d)^2 - 9(x_2+d) = x_2^3 - 3x_2^2 - 9x_2 \end{cases}$$

$$\begin{cases} -3x_2^2 d + 3x_2 d^2 - d^3 + 6x_2 d - 3d^2 + 9d = 0 \\ 3x_2^2 d + 3x_2 d^2 + d^3 - 6x_2 d - 3d^2 - 9d = 0 \end{cases}$$

把这两个等式相加后,可得

$$6x_2 d^2 - 6d^2 = 0 (d > 0)$$
$$x_2 = 1$$

再由等式①,可得 $a = -11$.

当 $a = -11$ 时,可得方程 $f(x) = g(x)$,即 $x^3 - 3x^2 - 9x + 11 = 0$ 的三个实数解分别是 $1 - 2\sqrt{3}, 1, 1 + 2\sqrt{3}$,它们成等差数列.

综上所述,可得所求实数 a 的值是 -11.

11. (1) 设等差数列 $\{a_n\}$ 的公差为 d,再由题设,可得

$$0 = b_3 - b_1 = (b_3 - b_2) + (b_2 - b_1) = a_3 + a_2 = 2a_2 + d = 2 \cdot (-1) + d$$
$$d = 2$$
$$a_1 = a_2 - d = -1 - 2 = -3$$

(2) 由(1)的解答,可得等差数列 $\{a_n\}$ 的通项公式是

$$a_n = a_1 + (n-1)d = -3 + (n-1) \cdot 2 = 2n - 5$$

再由题设 $b_n - b_{n-1} = a_n (n = 2, 3, 4, \cdots)$,可得

$$b_n = b_1 + (b_2 - b_1) + (b_3 - b_2) + \cdots + (b_n - b_{n-1}) = b_1 + a_2 + a_3 + \cdots + a_n$$

$$= (a_1 + 4) + a_2 + a_3 + \cdots + a_n = \frac{n}{2}(a_1 + a_n) + 4$$

$$= \frac{n}{2}[-3 + (2n-5)] + 4 = n^2 - 4n + 4 (n = 2, 3, 4, \cdots)$$

再由 $b_1=1$,可得数列 $\{b_n\}$ 的通项公式是 $b_n=n^2-4n+4(n\in \mathbf{N}^*)$.

13. 将一枚质地均匀的骰子先后抛掷 2 次,设向上的点数分别是 $m,n(m,n\in\{1,2,3,4,5,6\})$,共有 $6^2=36$ 种情形:

(1)其中点数之和是 6 的情形有 5 种:$(m,n)=(1,5),(2,4),(3,3),(4,2),(5,1)$,所以所求答案是 $\dfrac{5}{36}$.

(2)其中点数之积是 4 的倍数的情形有 15 种:$(m,n)=(1,4),(3,4),(5,4);(2,2),(2,4),(2,6),(6,2),(6,4),(6,6);(4,1),(4,2),(4,3),(4,4),(4,5),(4,6)$;所以所求答案是 $1-\dfrac{15}{36}=\dfrac{7}{12}$.

§6 2018 年武汉大学自主招生数学试题参考答案

1. (1)首项为 1,公比为 $q(0<|q|<1)$ 的等比数列是 $B-$ 数列,理由如下

$$|u_{n+1}-u_n|+|u_n-u_{n-1}|+\cdots+|u_2-u_1|$$
$$=(1-q)(|u_n|+|u_{n-1}|+\cdots+|u_1|)$$
$$=(1-q)\cdot\dfrac{1-|q|^n}{1-|q|}\leqslant\dfrac{1-q}{1-|q|}\leqslant\dfrac{1-q}{1+q}$$

(2)①"A 组中的①$\Rightarrow B$ 组中的①"是假命题,反例:$x_n=1$.

②"A 组中的①$\Rightarrow B$ 组中的②"是假命题,理由如下:

由(1)的结论可知:当 $\{x_n\}$ 是首项为 1,公比为 $q(0<|q|<1)$ 的等比数列时,$\{x_n\}$ 是 $B-$ 数列.

此时,数列 $\{x_n\}$ 的前 n 项和 $S_n=\dfrac{1-q^n}{1-q}$,可得 $S_{i+1}-S_i=q^i(i\in\mathbf{N}^*)$,所以

$$|S_{n+1}-S_n|+|S_n-S_{n-1}|+\cdots+|S_2-S_1|=|q|^n+|q|^{n-1}+\cdots+|q|$$
$$=\dfrac{|q|(1-|q|^n)}{1-|q|}<\dfrac{|q|}{1-|q|}$$

得数列 $\{S_n\}$ 也是 $B-$ 数列.

③"A 组中的②$\Rightarrow B$ 组中的①"是假命题,反例:$x_n=n$.

④"A 组中的②$\Rightarrow B$ 组中的②"是真命题,只需证明"若 $\{S_n\}$ 是 $B-$ 数列,则 $\{x_n\}$ 也是 $B-$ 数列".

由 $\{S_n\}$ 是 $B-$数列,可得存在常数 $M>0$, $\forall n \in \mathbf{N}^*$, 恒有
$$|S_{n+1}-S_n| + |S_n - S_{n-1}| + \cdots + |S_2 - S_1| \leq M$$

即
$$|x_{n+1}| + |x_n| + \cdots + |x_2| \leq M$$

所以
$$|x_{n+1} - x_n| + |x_n - x_{n-1}| + \cdots + |x_2 - x_1|$$
$$\leq (|x_{n+1}| + |x_n|) + (|x_n| + |x_{n-1}|) + \cdots + (|x_2| + |x_1|)$$
$$= (|x_{n+1}| + |x_n| + \cdots + |x_2|) + (|x_n| + |x_{n-1}| + \cdots + |x_1|)$$
$$\leq 2(|x_{n+1}| + |x_n| + \cdots + |x_2|) + |x_1|$$
$$\leq 2M + |x_1|$$

⑤ "B 组中的①⇒A 组中的①" 是真命题:见⑥的证明.
⑥ "B 组中的①⇒A 组中的②" 是假命题,反例:$S_n = 0$.
⑦ "B 组中的②⇒A 组中的①" 是假命题,反例:$S_n = n^2$.
⑧ "B 组中的②⇒A 组中的②" 是假命题,反例:$S_n = n$.

(3) 可得
$$|a_{n+1}b_{n+1} - a_n b_n| = |(a_{n+1} - a_n)b_{n+1} + a_n(b_{n+1} - b_n)|$$
$$\leq |a_{n+1} - a_n| \cdot |b_{n+1}| + |a_n| \cdot |b_{n+1} - b_n| \quad ①$$

由 $\{a_n\}$ 是 $B-$数列,可得存在常数 $M_1 > 0$, $\forall n \in \mathbf{N}^*$, 恒有
$$|a_{n+1} - a_n| + |a_n - a_{n-1}| + \cdots + |a_2 - a_1| \leq M_1 \quad ②$$

因而
$$|a_{n+1} - a_1| = |(a_{n+1} - a_n) + (a_n - a_{n-1}) + \cdots + (a_2 - a_1)|$$
$$\leq |a_{n+1} - a_n| + |a_n - a_{n-1}| + \cdots + |a_2 - a_1| \leq M_1$$
$$|a_{n+1}| = |(a_{n+1} - a_1) + a_1| \leq |a_{n+1} - a_1| + |a_1| \leq M_1 + |a_1|$$
$$|a_n| \leq M_1 + |a_1| \quad ③$$

同理,由 $\{b_n\}$ 是 $B-$数列,可得存在常数 $M_2 > 0$, $\forall n \in \mathbf{N}^*$, 恒有
$$|b_{n+1} - b_n| + |b_n - b_{n-1}| + \cdots + |b_2 - b_1| \leq M_2 \quad ④$$
$$|b_n| \leq M_2 + |b_1| \quad ⑤$$

由式①③⑤,可得
$$|a_{n+1}b_{n+1} - a_n b_n| \leq (M_2 + |b_1|)|a_{n+1} - a_n| + (M_1 + |a_1|)|b_{n+1} - b_n| \quad (n \in \mathbf{N}^*)$$

所以
$$|a_{n+1}b_{n+1} - a_n b_n| + |a_n b_n - a_{n-1}b_{n-1}| + \cdots + |a_2 b_2 - a_1 b_1|$$
$$\leq (M_2 + |b_1|)(|a_{n+1} - a_n| + |a_n - a_{n-1}| + \cdots + |a_2 - a_1|) +$$
$$(M_1 + |a_1|)(|b_{n+1} - b_n| + |b_n - b_{n-1}| + \cdots + |b_2 - b_1|)$$

再由式②④,可得

$$|a_{n+1}b_{n+1} - a_n b_n| + |a_n b_n - a_{n-1}b_{n-1}| + \cdots + |a_2 b_2 - a_1 b_1|$$
$$\leq (M_2 + |b_1|)M_1 + (M_1 + |a_1|)M_2$$

因而 $\{a_n b_n\}$ 是 B - 数列.

2.(1)由题设 $D(1,0)$ 为线段 OF_2 的中点,可得 $F_2(2,0)$,所以 $\sqrt{a^2 - b^2} = 2$.

再由 $\overrightarrow{AF_2} + 5\overrightarrow{BF_2} = 0$,可得 $(2+a,0) + 5(2-a,0) = 0, a = 3$.

进而可求得椭圆 E 的方程是 $\dfrac{x^2}{9} + \dfrac{y^2}{5} = 1$.

(2)可设 $M(x_0, y_0)\left(y_0 \neq 0, \dfrac{x_0^2}{9} + \dfrac{y_0^2}{5} = 1\right)$. 再由直线 MF_1 的斜率 k_1 存在,可求得直线 MF_1 的方程为 $y = \dfrac{y_0}{x_0 + 2}(x+2)$.

联立 $\begin{cases} y = \dfrac{y_0}{x_0 + 2}(x+2) \\ \dfrac{x^2}{9} + \dfrac{y^2}{5} = 1 \end{cases}$ 后,可得

$$(5x_0^2 + 9y_0^2 + 20x_0 + 20)x^2 + 36y_0^2 x + 36y_0^2 - 45x_0^2 - 180x_0 - 180 = 0$$

可得 $5x_0^2 + 9y_0^2 = 45$,所以

$$(4x_0 + 13)x^2 + (36 - 4x_0^2)x - 13x_0^2 - 36x_0 = 0$$

可得 $x_0 \in (-3, 3)$,所以 $4x_0 + 13 > 0$,进而可求得 $N\left(-\dfrac{13x_0 + 36}{4x_0 + 13}, -\dfrac{5y_0}{4x_0 + 13}\right)$.

①当直线 ND 的斜率不存在时,可求得 $x_0 = -\dfrac{49}{17}$,再得 $N\left(1, \pm\dfrac{2}{3}\sqrt{10}\right)$.

a. 当点 N 的坐标是 $\left(1, \dfrac{2}{3}\sqrt{10}\right)$ 时,可求得 $Q\left(1, -\dfrac{2}{3}\sqrt{10}\right), M\left(-\dfrac{49}{17}, -\dfrac{10}{51}\sqrt{10}\right), P\left(\dfrac{199}{67}, \dfrac{20}{201}\sqrt{10}\right)$,再求得

$$k_1 = k_{MN} = \dfrac{2}{9}\sqrt{10}, k_2 = k_{PQ} = \dfrac{7}{18}\sqrt{10}$$

进而可得存在常数 λ,使得 $k_1 + \lambda k_2 = 0$ 恒成立,且 $\lambda = -\dfrac{4}{7}$.

b. 当点 N 的坐标是 $\left(1, -\dfrac{2}{3}\sqrt{10}\right)$ 时,可求得 $Q\left(1, \dfrac{2}{3}\sqrt{10}\right)$,$M\left(-\dfrac{49}{17},\right.$ $\left.\dfrac{10}{51}\sqrt{10}\right)$,$P\left(\dfrac{199}{67}, -\dfrac{20}{201}\sqrt{10}\right)$,再求得

$$k_1 = k_{MN} = -\dfrac{2}{9}\sqrt{10},\ k_2 = k_{PQ} = -\dfrac{7}{18}\sqrt{10}$$

进而可得存在常数 λ,使得 $k_1 + \lambda k_2 = 0$ 恒成立,且 $\lambda = -\dfrac{4}{7}$.

②当直线 ND 的斜率存在时,可求得直线 ND:$y = \dfrac{5y_0}{17x_0 + 49}(x - 1)$.

联立 $\begin{cases} y = \dfrac{5y_0}{17x_0+49}(x-1) \\ \dfrac{x^2}{9} + \dfrac{y^2}{5} = 1 \end{cases}$ 后,可得

$(132x_0^2 + 833x_0 + 1\,313)x^2 + (25x_0^2 - 225)x - 1\,313x_0^2 - 7\,497x_0 - 10\,692 = 0$

由 $x_0 \in (-3, 3)$,可得 $33x_0 + 101 > 0$,从而可求得 $Q\left(\dfrac{101x_0 + 297}{33x_0 + 101},\right.$ $\left.\dfrac{20y_0}{33x_0 + 101}\right)$.

a. 当直线 MD 的斜率不存在时,可求得 $x_0 = 1$,再得 $M\left(1, \pm\dfrac{2}{3}\sqrt{10}\right)$.

当点 M 的坐标是 $\left(1, \dfrac{2}{3}\sqrt{10}\right)$ 时,可求得 $P\left(1, -\dfrac{2}{3}\sqrt{10}\right)$,$N\left(-\dfrac{49}{17},\right.$ $\left.-\dfrac{10}{51}\sqrt{10}\right)$,$Q\left(\dfrac{199}{67}, \dfrac{20}{201}\sqrt{10}\right)$,再求得

$$k_1 = k_{MN} = \dfrac{2}{9}\sqrt{10},\ k_2 = k_{PQ} = \dfrac{7}{18}\sqrt{10}$$

进而可得存在常数 λ,使得 $k_1 + \lambda k_2 = 0$ 恒成立,且 $\lambda = -\dfrac{4}{7}$.

当点 M 的坐标是 $\left(1, -\dfrac{2}{3}\sqrt{10}\right)$ 时,可求得 $P\left(1, \dfrac{2}{3}\sqrt{10}\right)$,$N\left(-\dfrac{49}{17},\right.$ $\left.\dfrac{10}{51}\sqrt{10}\right)$,$Q\left(\dfrac{199}{67}, -\dfrac{20}{201}\sqrt{10}\right)$,再求得

$$k_1 = k_{MN} = -\dfrac{2}{9}\sqrt{10},\ k_2 = k_{PQ} = -\dfrac{7}{18}\sqrt{10}$$

进而可得存在常数 λ,使得 $k_1 + \lambda k_2 = 0$ 恒成立,且 $\lambda = -\dfrac{4}{7}$.

b. 当直线 MD 的斜率存在时,可求得直线 $MD: y = \dfrac{y_0}{x_0 - 1}(x - 1)$.

联立 $\begin{cases} y = \dfrac{y_0}{x_0 - 1}(x - 1) \\ \dfrac{x^2}{9} + \dfrac{y^2}{5} = 1 \end{cases}$ 后,可得

$$(x_0 - 5)x^2 + (9 - x_0^2)x + 5x_0^2 - 9x_0 = 0$$

进而可求得 $P\left(\dfrac{5x_0 - 9}{x_0 - 5}, \dfrac{4y_0}{x_0 - 5}\right)$.

从而可求得

$$k_1 = k_{MN} = \dfrac{y_0}{x_0 + 2}, k_2 = k_{PQ} = \dfrac{7y_0}{4(x_0 + 2)}$$

进而可得存在常数 λ,使得 $k_1 + \lambda k_2 = 0$ 恒成立,且 $\lambda = -\dfrac{4}{7}$.

综上所述,可得存在常数 λ,使得 $k_1 + \lambda k_2 = 0$ 恒成立,且 $\lambda = -\dfrac{4}{7}$.

3. (1) 可得 $f'(x) = \dfrac{1}{x} - a - \dfrac{a}{x^2}, f'(1) = 1 - 2a, f(1) = 0$,所以函数 $f(x)$ 的图像在 $x = 1$ 处的切线方程为

$$y - 0 = (1 - 2a)(x - 1)$$

再由它经过点 $(3, 4)$,可求得 $a = -\dfrac{1}{2}$.

(2) 可得 $f\left(\dfrac{a^2}{2}\right) = 2\ln a - \dfrac{a^3}{2} + \dfrac{2}{a} - \ln 2 \ (0 < a < 1)$.

设 $u(a) = f\left(\dfrac{a^2}{2}\right)(0 < a < 1)$,可得

$$u'(a) = \dfrac{2}{a} - \dfrac{3}{2}a^2 - \dfrac{2}{a^2} = \dfrac{2}{a^2}(a - 1) - \dfrac{3}{2}a^2 < 0 \ (0 < a < 1)$$

所以 $u(a)$ 是减函数,得 $u(a) > u(1) = \dfrac{3}{2} - \ln 2 > 0 \ (0 < a < 1)$,即 $f\left(\dfrac{a^2}{2}\right) > 0$.

(3) 因为 $f(1) = 0$,所以题设即关于 x 的方程

$$\ln x = a\left(x - \dfrac{1}{x}\right)(x > 0 \text{ 且 } x \neq 1)$$

即

$$\dfrac{x\ln x}{x^2 - 1} = a \ (x > 0 \text{ 且 } x \neq 1)$$

有两个互异的实根.

设 $g(x) = \dfrac{x\ln x}{x^2-1}(x>0$ 且 $x\neq 1)$,可得

$$g'(x) = \dfrac{x^2-1-(x^2+1)\ln x}{(x^2-1)^2}(x>0 \text{ 且 } x\neq 1)$$

设 $h(x) = x^2-1-(x^2+1)\ln x(x>0)$,可得

$$h'(x) = x - 2x\ln x - \dfrac{1}{x}(x>0)$$

$$h''(x) = \left(\dfrac{1}{x^2}-1\right) - 2\ln x(x>0)$$

当 $0<x<1$ 时,可得 $h''(x)>0$;当 $x>1$ 时,可得 $h''(x)<0$. 进而可得 $h'(x)_{\max} = h'(1) = 0$,因而 $h(x)$ 是减函数.

再由 $h(1) = 0$,可得 $g(x)$ 在 $(0,1)$,$(1,+\infty)$ 上分别是增函数、减函数.

由 $\lim\limits_{x\to +\infty}\dfrac{\ln x}{x} = 0$,可得 $\lim\limits_{t\to 0^+}\dfrac{\ln\frac{1}{t}}{\frac{1}{t}} = -\lim\limits_{t\to 0^+}(t\ln t) = 0$,$\lim\limits_{t\to 0^+}(t\ln t) = 0$,所以 $\lim\limits_{x\to 0^+}g(x) = 0$.

由洛必达法则,可得

$$\lim\limits_{x\to 1}g(x) = \lim\limits_{x\to 1}\dfrac{1+\ln x}{2x} = \dfrac{1}{2}$$

还可得 $\lim\limits_{x\to +\infty}g(x) = 0$.

进而作出函数 $g(x)$ 的图像后,可得所求 a 的取值范围是 $\left(0,\dfrac{1}{2}\right)$.

4. **证法 1** 记 $a = x+y+z$(可得 $a>0$). 由题设 $xy+yz+zx = 1$,可得

$$\dfrac{1}{x+y} + \dfrac{1}{y+z} + \dfrac{1}{z+x} = \dfrac{xy+yz+zx}{x+y} + \dfrac{xy+yz+zx}{y+z} + \dfrac{xy+yz+zx}{z+x}$$

$$= z + \dfrac{xy}{x+y} + x + \dfrac{yz}{y+z} + y + \dfrac{zx}{z+x}$$

$$\geqslant (x+y+z) + \left(\dfrac{xy}{x+y+z} + \dfrac{yz}{x+y+z} + \dfrac{zx}{x+y+z}\right) = a + \dfrac{1}{a}$$

由柯西不等式,可得

$$[z(x+y) + x(y+z) + y(z+x)]\left(\dfrac{z}{x+y} + \dfrac{x}{y+z} + \dfrac{y}{z+x}\right) \geqslant (x+y+z)^2$$

再由题设 $xy+yz+zx = 1$,可得

$$2\left(\frac{z}{x+y}+\frac{x}{y+z}+\frac{y}{z+x}\right) \geqslant (x+y+z)^2$$

$$\frac{z}{x+y}+\frac{x}{y+z}+\frac{y}{z+x}+3 \geqslant \frac{(x+y+z)^2}{2}+3$$

$$\frac{\frac{z}{x+y}+\frac{x}{y+z}+\frac{y}{z+x}+3}{x+y+z} \geqslant \frac{x+y+z}{2}+\frac{3}{x+y+z}$$

$$\frac{1}{x+y}+\frac{1}{y+z}+\frac{1}{z+x} \geqslant \frac{a}{2}+\frac{3}{a}$$

所以

$$4\left(\frac{1}{x+y}+\frac{1}{y+z}+\frac{1}{z+x}\right) \geqslant \left(a+\frac{1}{a}\right)+3\left(\frac{a}{2}+\frac{3}{a}\right)=5\left(\frac{a}{2}+\frac{2}{a}\right) \geqslant 10$$

$$\frac{1}{x+y}+\frac{1}{y+z}+\frac{1}{z+x} \geqslant \frac{5}{2}$$

证法 2 设 $f(x,y,z) = \frac{1}{x+y}+\frac{1}{y+z}+\frac{1}{z+x}$.

由对称性知,可不妨设 $x \geqslant y \geqslant z$,进而可得 $3z^2 \leqslant xy+yz+zx=1, 0 \leqslant z \leqslant \frac{1}{\sqrt{3}}$,且

$$f(x,y,z) = \frac{1}{x+y}+\frac{x+y+2z}{z^2+xy+yz+zx} = \frac{2z}{z^2+1}+\frac{x+y}{z^2+1}+\frac{1}{x+y}$$

由题设,可得

$$1 = (x+y)z + xy \leqslant (x+y)z + \frac{1}{4}(x+y)^2$$

$$(x+y)^2 + 4z(x+y) \geqslant 4$$

$$(x+y+2z)^2 \geqslant 4(z^2+1)$$

$$x+y \geqslant 2(\sqrt{z^2+1}-z)$$

可得 $g(t) = \frac{t}{z^2+1}+\frac{1}{t}$ $(t \geqslant \sqrt{z^2+1})$ 是增函数.

又由 $0 \leqslant z \leqslant \frac{1}{\sqrt{3}}$,可得 $3z^2 \leqslant 1$, $\sqrt{z^2+1} \geqslant 2z, 2(\sqrt{z^2+1}-z) \geqslant \sqrt{z^2+1}$,所以

$$f(x,y,z) = \frac{2z}{z^2+1}+\frac{x+y}{z^2+1}+\frac{1}{x+y} \geqslant \frac{2z}{z^2+1}+\frac{2(\sqrt{z^2+1}-z)}{z^2+1}+\frac{1}{2(\sqrt{z^2+1}-z)}$$

$$= \frac{2}{\sqrt{z^2+1}}+\frac{\sqrt{z^2+1}+z}{2} = 2\left(\frac{1}{\sqrt{z^2+1}}+\sqrt{z^2+1}\right)+\frac{z}{2}-\frac{3\sqrt{z^2+1}}{2}$$

$$\geqslant 4+\frac{z}{2}-\frac{3\sqrt{z^2+1}}{2} = \frac{5}{2}+\frac{3(1-\sqrt{z^2+1})}{2}+z$$

下证 $3(1-\sqrt{z^2+1})+z \geqslant 0$，即证
$$3+z \geqslant 3\sqrt{z^2+1}$$
$$9+6z+z^2 \geqslant 9z^2+9$$
$$z\left(z-\frac{3}{4}\right) \leqslant 0$$

而这由 $0 \leqslant z \leqslant \frac{1}{\sqrt{3}} < \frac{3}{4}$ 可得，所以
$$f(x,y,z) \geqslant \frac{5}{2}$$
即
$$\frac{1}{x+y}+\frac{1}{y+z}+\frac{1}{z+x} \geqslant \frac{5}{2}$$

证法 3 由对称性知，可不妨设 $x \geqslant y \geqslant z$，进而可得 $x>0, y>0, z \geqslant 0$.
即证
$$2[(y+z)(z+x)+(z+x)(x+y)+(x+y)(y+z)] \geqslant 5(x+y)(y+z)(z+x)$$
$$2(x^2+y^2+z^2+3xy+3yz+3zx) \geqslant 5[(x+y+z)(xy+yz+zx)-xyz]$$
设 $a=x+y+z, b=xy+yz+zx=1, c=xyz$（可得 $a \geqslant 0, c \geqslant 0$），可得即证
$$2(a^2+1) \geqslant 5(a-c)$$
$$5c+(a-2)(2a-1) \geqslant 0 \qquad ①$$

(1) 当 $a \geqslant 2$ 时，可得不等式①成立.

(2) 当 $a<2$ 时，由 Schur 不等式的变形（见熊斌发表于《数学通讯》2005 年第 15 期第 41 页的论文"Schur 不等式和 Hölder 不等式及其应用"）可得 $a^3-4ab+9c \geqslant 0$，即 $5c \geqslant \frac{5}{9}a(2+a)(2-a)$，所以
$$5c+(a-2)(2a-1) \geqslant \frac{5}{9}a(2+a)(2-a)+(2-a)(1-2a)$$
$$5c+(a-2)(2a-1) \geqslant \frac{5}{9}(2-a)\left[\left(a-\frac{4}{5}\right)^2+\frac{29}{25}\right]$$

进而可得不等式①成立.

综上所述，可得欲证结论成立.

注 （1）本题源于 2003 年中国国家集训队训练题.

（2）因为当 $x=y=1, z=0$ 时满足题设，且 $\frac{1}{x+y}+\frac{1}{y+z}+\frac{1}{z+x}=\frac{5}{2}$，所以在本题的题设下，可得 $\left(\frac{1}{x+y}+\frac{1}{y+z}+\frac{1}{z+x}\right)_{\min}=\frac{5}{2}$.

5.（1）可求得 $f'(x)=(x^2-bx+1)\cdot\dfrac{1}{x(x+1)^2}(x>1)$.

①进而可得函数 $f(x)$ 具有性质 $P(b)$，得欲证结论成立.

②设 $h(x)=x^2-bx+1(x>1)$，可得当 $x>1$ 时，$f'(x)$ 与 $h(x)$ 的符号相同.

a. 当 $\dfrac{b}{2}\leqslant 1$ 即 $b\leqslant 2$ 时，可得 $h(x)$ 是增函数，所以 $h(x)>h(1)=2-b\geqslant 0$ $(x>1)$，因而 $f(x)$ 在 $(1,+\infty)$ 上是增函数.

b. 当 $\dfrac{b}{2}>1$ 即 $b>2$ 时，可得 $h(x)<0\Leftrightarrow 1<x<\dfrac{b+\sqrt{b^2-4}}{2}$，因而 $f(x)$ 在 $\left(1,\dfrac{b+\sqrt{b^2-4}}{2}\right]$，$\left[\dfrac{b+\sqrt{b^2-4}}{2},+\infty\right)$ 上分别是减函数、增函数.

（2）由题设，可得
$$g'(x)=(x^2-2x+1)h(x)=(x-1)^2 h(x)(x>1)$$

由 $h(x)$ 对任意的 $x\in(1,+\infty)$ 都有 $h(x)>0$，可得 $g'(x)>0(x>1)$，$g(x)$ 是增函数.

由 $1<x_1<x_2$，可得 $g(x_1)<g(x_2)$.

①当 $0<m<1$ 时，可得 $\alpha,\beta\in(x_1,x_2)$，$g(\alpha),g(\beta)\in(g(x_1),g(x_2))$，所以 $|g(\alpha)-g(\beta)|<|g(x_1)-g(x_2)|$，因而 $0<m<1$ 满足题设.

②当 $m\leqslant 0$ 时，可得
$$\alpha=x_2-m(x_2-x_1)\geqslant x_2, g(\alpha)\geqslant g(x_2)$$
$$\beta=x_1-m(x_1-x_2)\leqslant x_1, g(\beta)\leqslant g(x_1)$$

所以
$$g(\alpha)-g(\beta)\geqslant g(x_2)-g(x_1)>0$$
$$|g(\alpha)-g(\beta)|\geqslant |g(x_1)-g(x_2)|$$

因而 $m\leqslant 0$ 不满足题设.

③当 $m\geqslant 1$ 时，可得
$$\alpha=mx_1+(1-m)x_2\leqslant x_1, g(\alpha)\leqslant g(x_1)$$
$$\beta=(1-m)x_1+mx_2\geqslant x_2, g(\beta)\geqslant g(x_2)$$

所以
$$g(\beta)-g(\alpha)\geqslant g(x_2)-g(x_1)>0$$
$$|g(\alpha)-g(\beta)|\geqslant |g(x_1)-g(x_2)|$$

因而 $m\geqslant 1$ 不满足题设.

综上所述，可得所求 m 的取值范围是 $(0,1)$.

§7 2018年上海交通大学自主招生数学试题参考答案

1. 可设 $A_n\left(x_n, \sqrt{\dfrac{x_n^2}{2}-1}\right)(2 \leqslant x_n \leqslant \sqrt{5})$，得

$$|PA_n|^2 = (x_n-\sqrt{5})^2 + \left(\sqrt{\dfrac{x_n^2}{2}-1}\right)^2 = \dfrac{3}{2}x_n^2 - 2\sqrt{5}x_n + 4$$

$$= \dfrac{3}{2}\left(x_n - \dfrac{2}{3}\sqrt{5}\right)^2 + \dfrac{2}{3}(2 \leqslant x_n \leqslant \sqrt{5})$$

由 $\dfrac{2}{3}\sqrt{5} < 2$，可得 $|PA_n|$ 的值随 x_n 的增加而增加，进而可得 $|PA_n| \in \left[\sqrt{10-4\sqrt{5}}, \dfrac{\sqrt{6}}{2}\right]$.

若题设成立，再由 $n \geqslant 3$，可得

$$\dfrac{2}{5} < 2d \leqslant d(n-1) = |PA_n| - |PA_1| \leqslant \dfrac{\sqrt{6}}{2} - \sqrt{10-4\sqrt{5}}$$

$$\sqrt{10-4\sqrt{5}} < \dfrac{\sqrt{6}}{2} - \dfrac{2}{5}$$

$$10 - 4\sqrt{5} < \dfrac{83}{50} - \dfrac{2}{5}\sqrt{6}$$

$$417 + 20\sqrt{6} < 200\sqrt{5}$$

$$400 + 20\sqrt{6} < 200\sqrt{5}$$

$$20 + \sqrt{6} < 10\sqrt{5}$$

$$22.4 < 20 + \sqrt{6} < 10\sqrt{5} < 22.4$$

这不可能！所以题设不成立，因而所求 n 的最大值不存在.

2. 可不妨设 $AB=c, BC=a, CA=b$，由正弦定理可得

$$\dfrac{1}{4} = S_{\triangle ABC} = \dfrac{1}{2}ab\sin C = \dfrac{1}{2}ab \cdot \dfrac{c}{2R} = \dfrac{abc}{4R} = \dfrac{abc}{4}$$

$$abc = 1$$

再由均值不等式，可得

$$\dfrac{1}{a} + \dfrac{1}{b} \geqslant 2\sqrt{\dfrac{1}{ab}} = 2\sqrt{c}$$

同理,可得
$$\frac{1}{b}+\frac{1}{c} \geq 2\sqrt{a}, \frac{1}{c}+\frac{1}{a} \geq 2\sqrt{b}$$

所以
$$2\left(\frac{1}{a}+\frac{1}{b}+\frac{1}{c}\right) \geq 2(\sqrt{a}+\sqrt{b}+\sqrt{c})$$

$$\sqrt{a}+\sqrt{b}+\sqrt{c} \leq \frac{1}{a}+\frac{1}{b}+\frac{1}{c} (当且仅当 a=b=c=1 时取等号)$$

但当 $a=b=c=1$ 时,$S_{\triangle ABC}=\frac{\sqrt{3}}{4} \neq \frac{1}{4}$,说明 $\sqrt{a}+\sqrt{b}+\sqrt{c}=\frac{1}{a}+\frac{1}{b}+\frac{1}{c}$ 不成立,因而 $\sqrt{a}+\sqrt{b}+\sqrt{c} < \frac{1}{a}+\frac{1}{b}+\frac{1}{c}$.

3. **解法 1** 记 $a_{n+1}=\alpha$,等差数列 $\{a_n\}$ 的公差为 d,$\sum_{i=n+1}^{2n+1} a_i = S$,由题设可得
$$S=(n+1)\alpha+\frac{1}{2}n(n+1)d$$

$$\frac{S}{n+1}=\alpha+\frac{n}{2}d$$

又由 $a_1^2+a_{n+1}^2 \leq a$,可得 $(\alpha-nd)^2+\alpha^2 \leq a$,所以
$$a \geq \frac{4}{10}(\alpha+\frac{n}{2}d)^2+\frac{1}{10}(4\alpha-3nd)^2 \geq \frac{4}{10}\left(\frac{S}{n+1}\right)^2$$

$$\sqrt{a} \geq \frac{2}{\sqrt{10}} \cdot \frac{|S|}{n+1}, |S| \leq \frac{\sqrt{10a}}{2}(n+1)$$

从而可得所求 S 的最大值是 $\frac{\sqrt{10a}}{2}(n+1)$.

解法 2 (三角换元法) 由 $a_1^2+a_{n+1}^2 \leq a$ 知,可设 $a_1=\sqrt{r}\cos\theta, a_{n+1}=\sqrt{r}\sin\theta$ $(0 \leq \theta < 2\pi, 0 \leq r \leq a)$.

再设等差数列 $\{a_n\}$ 的公差为 d,可得
$$nd=a_{n+1}-a_1=\sqrt{r}(\sin\theta-\cos\theta)$$
$$a_{n+1}+a_{2n+1}=2a_1+3nd=\sqrt{r}(3\sin\theta-\cos\theta)$$

所以
$$S=a_{n+1}+a_{n+2}+\cdots+a_{2n+1}=\frac{n+1}{2}(a_{n+1}+a_{2n+1})=\frac{n+1}{2}\sqrt{r}(3\sin\theta-\cos\theta)$$

$$S \leq \frac{\sqrt{10a}}{2}(n+1)$$

当且仅当 $r=a, 3\sin\theta - \cos\theta = \sqrt{10}$（即 $\sin\theta = \dfrac{3}{\sqrt{10}}, \cos\theta = -\dfrac{1}{\sqrt{10}}$），即当且仅当 $a_1 = -\sqrt{\dfrac{a}{10}}, a_{n+1} = 3\sqrt{\dfrac{a}{10}}$ 时，$S = \dfrac{\sqrt{10a}}{2}(n+1)$.

所以所求 S 的最大值是 $\dfrac{\sqrt{10a}}{2}(n+1)$.

解法 3 可得 $\displaystyle\sum_{i=n+1}^{2n+1} a_i = \dfrac{a_{n+1} + a_{2n+1}}{2}(n+1) = \dfrac{3a_{n+1} - a_1}{2}(n+1)$.

再由柯西不等式，可得
$$(3a_{n+1} - a_1)^2 \leq (3^2 + 1^2)(a_{n+1}^2 + a_1^2) \leq 10a$$

$3a_{n+1} - a_1 \leq \sqrt{10a}$（可得当且仅当 $a_1 = -\sqrt{\dfrac{a}{10}}, a_{n+1} = 3\sqrt{\dfrac{a}{10}}$ 时取等号）

所以 $\displaystyle\sum_{i=n+1}^{2n+1} a_i$ 的最大值为 $\dfrac{\sqrt{10a}}{2}(n+1)$.

注 该题与下面的两道题如出一辙：

(2007 年复旦大学千分考第 81 题) 给定正整数 n 和正常数 a，对于满足条件 $a_1^2 + a_{n+1}^2 \leq a$ 的所有等差数列 $a_1, a_2, a_3, \cdots$，和式 $\displaystyle\sum_{i=n+1}^{2n+1} a_i$ 的最大值为（　　）

A. $\dfrac{\sqrt{10a}}{2}(n+1)$ B. $\dfrac{\sqrt{10a}}{2}n$ C. $\dfrac{\sqrt{5a}}{2}(n+1)$ D. $\dfrac{\sqrt{5a}}{2}n$

(答案：A.)

(1999 年全国高中数学联赛第一试第 15 题) 给定正整数 n 和正数 M，对于满足条件 $a_1^2 + a_{n+1}^2 \leq M$ 的所有等差数列 $a_1, a_2, a_3, \cdots$，试求 $S = a_{n+1} + a_{n+2} + \cdots + a_{2n+1}$ 的最大值.（答案：$\dfrac{n+1}{2}\sqrt{10M}$.）

4. 可设 $a = (\sqrt{5} + \sqrt{3})^2, b = (\sqrt{5} - \sqrt{3})^2$，可得 $a+b = 16, ab = 4$，所以
$$(\sqrt{5}+\sqrt{3})^6 + (\sqrt{5}-\sqrt{3})^6 = a^3 + b^3 = (a+b)[(a+b)^2 - 3ab]$$
$$= 16(16^2 - 3\times 4) = 3\,904$$

再由 $(\sqrt{5}-\sqrt{3})^6 \in (0,1)$ 及 $(\sqrt{5}+\sqrt{3})^6$ 的小数部分为 t，可得
$$(\sqrt{5}+\sqrt{3})^6 = 3\,903 + t, (\sqrt{5}-\sqrt{3})^6 = 1 - t$$

所以
$$(\sqrt{5}+\sqrt{3})^6 (1-t) = (\sqrt{5}+\sqrt{3})^6 (\sqrt{5}-\sqrt{3})^6$$
$$= [(\sqrt{5}+\sqrt{3})(\sqrt{5}-\sqrt{3})]^6$$

$$= 2^6 = 64$$

5. 由题设,可得

$$a_{n+1} - a_n = (a_n - 1)^2 \geq 0 (n \in \mathbf{N}^*) \qquad ①$$

$$a_{n+1} \geq a_n (n \in \mathbf{N}^*)$$

再由 $a_1 = \dfrac{3}{2}$,可得 $a_n \geq \dfrac{3}{2}(n \in \mathbf{N}^*)$. 又由①,可得

$$a_{n+1} - a_n = (a_n - 1)^2 > 0 (n \in \mathbf{N}^*)$$

$$a_{n+1} > a_n (n \in \mathbf{N}^*)$$

即 $\{a_n\}$ 是递增数列.

还可得 $a_1 = \dfrac{3}{2}, a_2 = \dfrac{7}{4}, a_3 = \dfrac{37}{16} > 2$,所以 $a_n > 1 (n \in \mathbf{N}^*), a_{2018} > 2$.

由题设,可得

$$a_{i+1} - 1 = a_i(a_i - 1)(i \in \mathbf{N}^*)$$

$$\frac{1}{a_{i+1} - 1} = \frac{1}{a_i - 1} - \frac{1}{a_i}(i \in \mathbf{N}^*)$$

$$\frac{1}{a_i} = \frac{1}{a_i - 1} - \frac{1}{a_{i+1} - 1}(i \in \mathbf{N}^*)$$

所以再由累加法,可得

$$\frac{1}{a_1} + \frac{1}{a_2} + \frac{1}{a_3} + \cdots + \frac{1}{a_{2017}} = \frac{1}{a_1 - 1} - \frac{1}{a_{2018} - 1} = 2 - \frac{1}{a_{2018} - 1}$$

再由 $a_{2018} > 2$,可得 $1 < 2 - \dfrac{1}{a_{2018}} < 2$,所以所求答案是 1.

6. D. 选项 A 的说法正确. 由 $B \subset A$,可得下面的三种情况:当 $s \in B$ 时,可得 $s \in A$,所以 $f_B^s = 1 = f_A^s$;当 $s \in A$ 且 $s \notin B$ 时,可得 $f_B^s = 0, f_A^s = 1$;当 $s \notin A$ 时,可得 $s \notin B$,所以 $f_B^s = 0 = f_A^s$. 综上所述,可得选项 A 的说法正确.

选项 B 的说法正确. 当 $s \in B \cap A$ 时,可得 $f_{B \cap A}^s = f_B^s = f_A^s = 1$;当 $s \in B$ 但 $s \notin A$ 时,可得 $f_{B \cap A}^s = f_A^s = 0, f_B^s = 1$;当 $s \in A$ 但 $s \notin B$ 时,可得 $f_{B \cap A}^s = f_B^s = 0, f_A^s = 1$;当 $s \notin B \cup A$ 时,可得 $f_{B \cap A}^s = f_B^s = f_A^s = 0$. 综上所述,可得选项 B 的说法正确.

选项 C 的说法正确. 当 $s \in B$ 时,可得 $f_{B \cup A}^s = f_B^s = 1, f_A^s = 0$;当 $s \in A$ 时,可得 $f_{B \cup A}^s = f_A^s = 1, f_B^s = 0$;当 $s \notin A \cup B$ 时,可得 $f_{B \cup A}^s = f_B^s = f_A^s = 0$. 综上所述,可得选项 C 的说法正确.

选项 D 的说法错误:因为当 $B \cap A \neq \varnothing$ 且 $s \in B \cap A$ 时,可得 $f_{B \cup A}^s = f_A^s = f_B^s = 1$.

7. 2. 由题设中的"不同"知,答案是不小于 2 的某个正整数.

如图 1 所示,在四面体 $ABCD$ 中,$AB = AC = BC = DA = DB = 1$,可得 DC 的

取值范围是$(0,\sqrt{3})$.

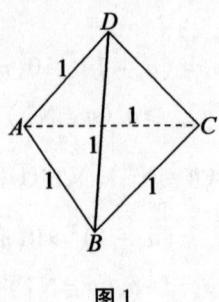

图1

所以当$DC\neq 1$时,可得在四面体$ABCD$中,不同长度的棱长条数是2.

综上所述,可得答案是2.

8. 设平面上的$n(n\in \mathbf{N}^*)$条抛物线最多把该平面分成a_n部分,可得$a_1=2$.

因为第$n+1$条抛物线与前n条抛物线中的每一条交点个数最多是4,所以第$n+1$条抛物线与前n条抛物线的交点个数最多是$4n$,这样一共得到$4n+1$条"曲线",每条"曲线"都可将原有的部分"一分为二",因而

$$a_{n+1}-a_n=4n+1, a_{n+1}=a_n+4n+1(n\in \mathbf{N}^*)$$

所以$a_1=2,a_2=7,a_3=16,a_4=29$.

注 下面用累加法求出a_n,即

$$a_n = a_1+(a_2-a_1)+(a_3-a_2)+(a_4-a_3)+\cdots+(a_n-a_{n-1})$$
$$= 2+[5+9+13+\cdots+(4n-3)] = 2+\frac{n-1}{2}[5+(4n-3)]$$
$$= 2n^2-n+1(n\in \mathbf{N}^*)$$

9. **解法1** 可得$\sqrt{g(a,b)}$的几何意义是两点$A(a+5,a),B(3|\cos b|,2|\sin b|)$间的距离$|AB|$.

如图2所示,还可得动点A的轨迹是直线$x-y-5=0$,动点B的轨迹是曲线$\dfrac{x^2}{9}+\dfrac{y^2}{4}=1(x\geq 0,y\geq 0)$(该曲线是椭圆$\dfrac{x^2}{9}+\dfrac{y^2}{4}=1$在第一象限的部分及其端点).

由数形结合思想,可得$\sqrt{g(a,b)}$的最小值即椭圆$\dfrac{x^2}{9}+\dfrac{y^2}{4}=1$的右顶点$T(3,0)$到直线$x-y-5=0$的距离$\dfrac{|3-0-5|}{\sqrt{1^2+(-1)^2}}=\sqrt{2}$,所以$g(a,b)$的最小值是2.

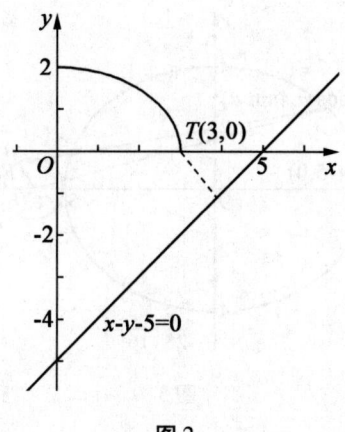

图 2

解法 2 可得 $\sqrt{g(a,b)}$ 的几何意义是两点 $A(a+5,a)$, $B(3|\cos b|, 2|\sin b|)$ 间的距离 $|AB|$.

还可得动点 A 的轨迹是直线 $x-y-5=0$, 动点 B 到该直线的距离是

$$d = \frac{|3|\cos b| - 2|\sin b| - 5|}{\sqrt{1^2+(-1)^2}} = \frac{5+2|\sin b|-3|\cos b|}{\sqrt{2}} \geqslant \frac{5+2\times 0 - 3\times 1}{\sqrt{2}} = \sqrt{2}$$

$d \geqslant \sqrt{2}$ (当且仅当 $b=k\pi(k\in \mathbf{Z})$ 时取等号)

$\sqrt{g(a,b)} \geqslant \sqrt{2}$ (当且仅当 $a=-1, b=k\pi(k\in \mathbf{Z})$ 时取等号)

进而可得 $g(a,b)$ 的最小值是 2.

10.6. 由累加法, 可求得 $a_n = n^2 - n + 33(n\in \mathbf{N}^*)$, 所以 $\dfrac{a_n}{n} = n + \dfrac{33}{n} - 1$.

可得函数 $f(x) = x + \dfrac{33}{x} - 1(x>0)$ 在 $(0, \sqrt{33})$, $(\sqrt{33}, +\infty)$ 上分别是减函数、增函数, $5 < \sqrt{33} < 6$, $f(5) = 10\dfrac{3}{5} > 10\dfrac{1}{2} = f(6)$, 所以当且仅当 $n=6$ 时, $\dfrac{a_n}{n}$ 取到最小值.

11. 如图 3 所示, 可设 $A(5\cos\alpha, 4\sin\alpha)$, 题设中圆的圆心是 $C(6,0)$, 可得

$$|CA|^2 = (5\cos\alpha - 6)^2 + (4\sin\alpha - 0)^2 = 9\cos^2\alpha - 60\cos\alpha + 52$$

$$= 9\left(\cos\alpha - \dfrac{10}{3}\right)^2 - 48$$

所以当且仅当 $\cos\alpha = -1$ 即点 A 是题设中椭圆的左端点 $D(-5,0)$ 时, $|CA|_{\max} = 11$.

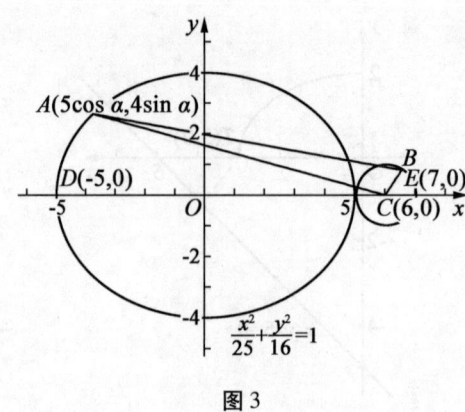

图 3

所以 $|AB| \leq |AC| + |CB| = |AC| + 1 \leq 12$,进而可得当且仅当点 A 与点 D 重合且点 B 与点 $E(7,0)$ 重合时,$|AB|_{\max} = 12$.

12. 用数论中的常用结论勒让德(Legendre, Adrien - Marie, 1752—1833)定理"若 $n \in \mathbf{N}^*$,则 $n!$ 的分解质因数的式子中质数 p 的指数是 $\sum\limits_{i=1}^{\infty}\left[\dfrac{n}{p^i}\right]$"(这里 $[x]$ 表示不超过 x 的最大整数;请注意,该式实质是有限项的和,因为当足够大时,均有 $\left[\dfrac{n}{p^i}\right] = 0$),可求出 $100!$ 分解质因数的结果中 $2,3$ 的指数分别是

$$50 + 25 + 12 + 6 + 3 + 1 = 97, 33 + 11 + 3 + 1 = 48$$

由题设可得 n 是满足 $100! = 12^n M(n, M \in \mathbf{N}^*)$ 的最大正整数,因而 $n = 48$,进而可得 M 能被 2 整除,不能被 3 整除.

13. 如图 4 所示,可得题设即求点 A 关于 y 轴的对称点 $A'(-1,1)$ 到圆上一点的距离的最小值.

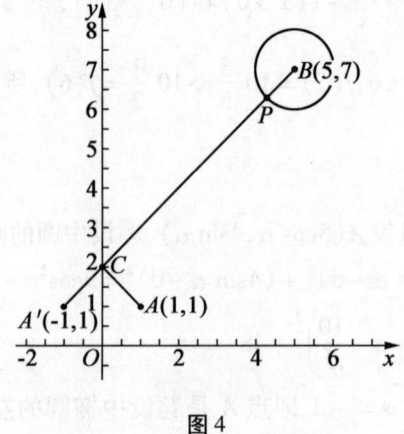

图 4

设题中的圆心为 $B(5,7)$，联结 $A'B$ 与该圆交于点 P，可得所求答案为
$$|A'P| = |A'B| - |BP| = 6\sqrt{2} - 1$$

14. 由 $22^2 = 484, 23^2 = 529$ 可知，在区间 $[1,500]$ 中的完全平方数是 22 个：$1^2, 2^2, 3^2, \cdots, 22^2$；由 $7^3 = 343, 8^3 = 512$ 可知，在区间 $[1,500]$ 中的完全立方数是 7 个：$1^3, 2^3, 3^3, \cdots, 7^3$；在区间 $[1,500]$ 中既是完全平方数又是完全立方数的是 2 个：$1^2 = 1^3 = 1^6, 8^2 = 4^3 = 2^6$.

这样，在区间 $[1,500]$ 中是完全平方数或完全立方数的是 $22 + 7 - 2 = 27$ 个.

又因为 $8^3 = 512, 9^3 = 729$，所以在区间 $[1,527]$ 中是完全平方数或完全立方数的是 $27 + 1 = 28$ 个.

进而可得在区间 $[1,528]$ 中是完全平方数或完全立方数的也是 28 个，所以所求答案是 528.

§8 2017 年北京大学自主招生数学试题参考答案

1. **解法 1** C. 由题设，可得
$$(a^2b^2 - 6ab + 9) + (a^2 - 4ab + 4b^2) = 0$$
$$(ab - 3)^2 + (a - 2b)^2 = 0$$
$$ab = 3 \text{ 且 } a = 2b$$
$$b\left(a + \frac{1}{a}\right) = ab + \frac{b}{a} = 3 + \frac{b}{2b} = 3.5$$

解法 2 C. 由题设，可得
$$(a^2 + 4)b^2 - 10a \cdot b + (a^2 + 9) = 0 \qquad ①$$
因为关于 b 的一元二次方程①有实数解，所以
$$\Delta = (-10a)^2 - 4(a^2 + 4)(a^2 + 9) = -4(a^2 - 6)^2 \geq 0$$
$$a^2 = 6$$
因为关于 b 的一元二次方程①有两个相等的实数解，由韦达定理可得
$$b = \frac{10a}{2(a^2 + 4)} = \frac{a}{2}$$
所以 $ab = \frac{a^2}{2} = 3$，从而

$$b\left(a+\frac{1}{a}\right)=ab+\frac{b}{a}=3+\frac{1}{2}=3.5$$

2. **解法** 1 B. 可得

$$f(x)=\begin{cases}(2-x^2)+\frac{1}{2}x+(1-x) & (-1\leqslant x\leqslant 0)\\(2-x^2)-\frac{1}{2}x+(1-x) & (0<x\leqslant 1)\\(2-x^2)-\frac{1}{2}x+(x-1) & (1<x\leqslant\sqrt{2})\\(x^2-2)-\frac{1}{2}x+(x-1) & (\sqrt{2}<x\leqslant 2)\end{cases}$$

$$=\begin{cases}-x^2-\frac{1}{2}x+3 & (-1\leqslant x\leqslant 0)\\-x^2-\frac{3}{2}x+3 & (0<x\leqslant 1)\\-x^2+\frac{1}{2}x+1 & (1<x\leqslant\sqrt{2})\\x^2+\frac{1}{2}x-3 & (\sqrt{2}<x\leqslant 2)\end{cases}$$

$$=\begin{cases}-\left(x+\frac{1}{4}\right)^2+\frac{49}{16} & (-1\leqslant x\leqslant 0)\\-\left(x+\frac{3}{4}\right)^2+\frac{57}{16} & (0<x\leqslant 1)\\-\left(x-\frac{1}{4}\right)^2+\frac{17}{16} & (1<x\leqslant\sqrt{2})\\\left(x+\frac{1}{4}\right)^2-\frac{49}{16} & (\sqrt{2}<x\leqslant 2)\end{cases}$$

当 $-1\leqslant x\leqslant 0, 0<x\leqslant 1, 1<x\leqslant\sqrt{2}, \sqrt{2}<x\leqslant 2$ 时,$f(x)$ 的取值范围分别是 $\left[\frac{5}{2},3\frac{1}{16}\right],\left[\frac{1}{2},3\right),\left[\frac{\sqrt{2}}{2}-1,\frac{1}{2}\right),\left(\frac{\sqrt{2}}{2}-1,2\right]$,进而可得 $f(x)$ 在 $[-1,2]$ 上的值域是 $\left[\frac{\sqrt{2}}{2}-1,3\frac{1}{16}\right]$,所以函数 $f(x)$ 在 $[-1,2]$ 上的最大值与最小值的差是 $3\frac{1}{16}-\left(\frac{\sqrt{2}}{2}-1\right)=4-\left(\frac{\sqrt{2}}{2}-\frac{1}{16}\right)$.

再由 $\frac{\sqrt{2}}{2}-\frac{1}{16}\in(0,1)$,可得答案.

解法 2 B. 由解法 1 可得

$$f(x) = \begin{cases} -\left(x+\dfrac{1}{4}\right)^2 + \dfrac{49}{16} & (-1 \leqslant x \leqslant 0) \\ -\left(x+\dfrac{3}{4}\right)^2 + \dfrac{57}{16} & (0 \leqslant x \leqslant 1) \\ -\left(x-\dfrac{1}{4}\right)^2 + \dfrac{17}{16} & (1 \leqslant x \leqslant \sqrt{2}) \\ \left(x+\dfrac{1}{4}\right)^2 - \dfrac{49}{16} & (\sqrt{2} \leqslant x \leqslant 2) \end{cases}$$

可知函数 $f(x)$ 在每一段的图像都是抛物线段,而抛物线段的最值只可能在端点处或对称轴处(对称轴与抛物线段有公共点时)取到.

而抛物线段的端点是 $-1, 0, 1, \sqrt{2}, 2$,对称轴是 $x = -\dfrac{1}{4}$,可求得

$$f(-1) = \dfrac{5}{2}, f(0) = 3, f(1) = \dfrac{1}{2}, f(\sqrt{2}) = \dfrac{\sqrt{2}}{2} - 1, f(2) = 2, f\left(-\dfrac{1}{4}\right) = 3\dfrac{1}{16}$$

这 6 个函数值中的最大值 $3\dfrac{1}{16}$、最小值 $\dfrac{\sqrt{2}}{2} - 1$ 就分别是函数 $f(x)$ 在 $[-1, 2]$ 上的最大值与最小值.

所以函数 $f(x)$ 在 $[-1, 2]$ 上的最大值与最小值的差是 $3\dfrac{1}{16} - \left(\dfrac{\sqrt{2}}{2} - 1\right) = 4 - \left(\dfrac{\sqrt{2}}{2} - \dfrac{1}{16}\right)$.

再由 $\dfrac{\sqrt{2}}{2} - \dfrac{1}{16} \in (0, 1)$,可得答案.

3. C. 可得题设中的平面区域即图 1 中的四边形 $ABCD$,其中 $A(0, -1)$,$B\left(\dfrac{6}{5}, \dfrac{7}{5}\right), C(0, 5), D\left(-\dfrac{6}{5}, \dfrac{7}{5}\right)$,进而可求得四边形 $ABCD$ 的面积为

$$\dfrac{1}{2}|AC| \cdot |BD| = \dfrac{1}{2}(5+1) \cdot \left(\dfrac{6}{5} + \dfrac{6}{5}\right) = \dfrac{36}{5}$$

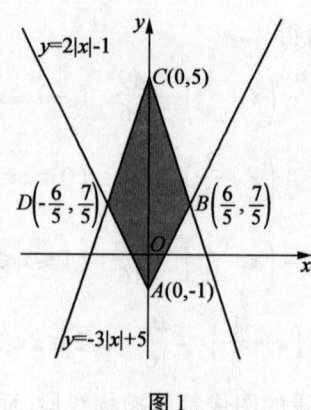

图 1

4. B. 可得

$$\left(1+\cos\frac{\pi}{5}\right)\left(1+\cos\frac{3\pi}{5}\right)=1+\left(\cos\frac{3\pi}{5}+\cos\frac{\pi}{5}\right)+\cos\frac{3\pi}{5}\cos\frac{\pi}{5}$$

$$=1+2\cos\frac{2\pi}{5}\cos\frac{\pi}{5}-\cos\frac{2\pi}{5}\cos\frac{\pi}{5}$$

$$=1+\cos\frac{\pi}{5}\cos\frac{2\pi}{5}$$

$$=1+\frac{4\sin\frac{\pi}{5}\cos\frac{\pi}{5}\cos\frac{2\pi}{5}}{4\sin\frac{\pi}{5}}$$

$$=1+\frac{\sin\frac{4\pi}{5}}{4\sin\frac{\pi}{5}}=1+\frac{1}{4}$$

5. 解法 1 D. 如图 2 所示,可设 $\angle ABD=\angle DBC=\theta(0<\theta<\pi)$.

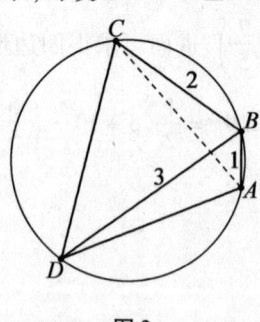

图 2

由 $\angle ABD=\angle DBC$,可得 $DA=DC$. 在 $\triangle ABD$, $\triangle BCD$ 中,由余弦定理可得

$$1^2 + 3^2 - 2 \cdot 1 \cdot 3\cos\theta = 2^2 + 3^2 - 2 \cdot 2 \cdot 3\cos\theta$$

$$\theta = \frac{\pi}{3}$$

联结 AC,在 $\triangle ABC$ 中,由余弦定理可求得 $AC = \sqrt{7}$.

在 $\triangle ABC$ 中,由正弦定理可求得 $\triangle ABC$ 的外接圆直径为

$$\frac{AC}{\sin\angle ABC} = \frac{\sqrt{7}}{\sin\frac{2\pi}{3}} = \frac{2}{3}\sqrt{21}$$

解法 2 D. 如图 2 所示,由托勒密定理 $AB \cdot CD + AD \cdot BC = AC \cdot BD$,可得 $CD + 2AD = 3AC$.

由 $\angle ABD = \angle DBC$,可得 $CD = AD$,所以 $CD = AD = AC$,得正 $\triangle ACD$,$\angle CBD = \angle CAD = \frac{\pi}{3}$.

再由题设,可得 $\angle ABD = \angle DBC = \frac{\pi}{3}$,$\angle ABC = \frac{2\pi}{3}$.

联结 AC,在 $\triangle ABC$ 中,由余弦定理可求得 $AC = \sqrt{7}$.

在 $\triangle ABC$ 中,由正弦定理可求得 $\triangle ABC$ 的外接圆直径为

$$\frac{AC}{\sin\angle ABC} = \frac{\sqrt{7}}{\sin\frac{2\pi}{3}} = \frac{2}{3}\sqrt{21}$$

6. B. 设 $\triangle ABC$ 的三边长分别为 $AB = c, BC = a, CA = b$,三条中线长分别为 $AD = 9, BE = 12, CF = 15$.

由余弦定理,可证得"平行四边形各边的平方和等于其两条对角线的平方和". 由此结论,可得

$$\begin{cases} 2(a^2 + b^2) = c^2 + (2 \cdot 15)^2 \\ 2(b^2 + c^2) = a^2 + (2 \cdot 9)^2 \\ 2(c^2 + a^2) = b^2 + (2 \cdot 12)^2 \end{cases}$$

把它们相加后,可得

$$3(a^2 + b^2 + c^2) = (2 \cdot 3)^2(5^2 + 3^2 + 4^2) = 2(2 \cdot 3 \cdot 5)^2$$
$$a^2 + b^2 + c^2 = 600$$

进而可求得 $a = 2\sqrt{73}, b = 4\sqrt{13}, c = 10$.

再由余弦定理,可得 $\cos A = \frac{1}{5\sqrt{13}}, \sin A = \frac{18}{5\sqrt{13}}$,所以 $\triangle ABC$ 的面积为

$$\frac{1}{2}bc\sin A = \frac{1}{2} \cdot 4\sqrt{13} \cdot 10 \cdot \frac{18}{5\sqrt{13}} = 72$$

7. B. 由题设知,包括下面的六种情形:

(1) $2 = 2 \cdot x$,得 $x = 1$,经检验知,它不满足题意.

(2) $x = 2 \cdot 2$,得 $x = 4$,经检验知,它满足题意.

(3) $2 = 2 \cdot x^2$,得 $x = \pm 1$,经检验知,仅有 $x = -1$ 满足题意.

(4) $x^2 = 2 \cdot 2$,得 $x = \pm 2$,经检验知,仅有 $x = -2$ 满足题意.

(5) $x = 2 \cdot x^2$,得 $x = 0$ 或 $\frac{1}{2}$,经检验知,仅有 $x = \frac{1}{2}$ 满足题意.

(6) $x^2 = 2 \cdot x$,得 $x = 0$ 或 2,经检验知,它们均不满足题意.

综上所述,可得 $x = -2, -1, \frac{1}{2}, 4$,进而可得答案.

8. C. 可得 $|a|, m, n \in \mathbf{N}^*, m > n$,且此时题中的等式等价于

$$(\sqrt{a^2 - 4\sqrt{5}})^2 = (\sqrt{m} - \sqrt{n})^2$$
$$a^2 - 4\sqrt{5} = m + n - 2\sqrt{mn} \qquad ①$$
$$m + n - a^2 + 4\sqrt{5} = 2\sqrt{mn}$$

进而可得

$$(m + n - a^2 + 4\sqrt{5})^2 = (2\sqrt{mn})^2$$
$$(m + n - a^2)^2 + 80 + 8(m + n - a^2)\sqrt{5} = 4mn$$
$$8(m + n - a^2)\sqrt{5} = 4mn - 80 - (m + n - a^2)^2 \qquad ②$$

所以 $8(m + n - a^2) = 0, a^2 = m + n$(否则式②左边是无理数,右边是整数,不可能).

再由式①或②,可得 $mn = 20 (m > n; m, n \in \mathbf{N}^*)$,所以 $20 = mn > n^2, n \leq 4$,因而 $n = 1, 2,$ 或 4.

进而可得 $(n, m) = (1, 20), (2, 10),$ 或 $(4, 5)$.

再由 $a^2 = m + n (|a| \in \mathbf{N}^*)$,可得 $(a, m, n) = (\pm 3, 5, 4)$,进而可得答案.

9. A. 可得

$$\pi^4 < \left[\left(\frac{7}{2}\right)^2\right]^2 = 12.25^2 < 13^2 = 169 < 210 < 3^5 < \pi^5$$
$$4 < \log_\pi 210 < 5$$
$$-5 < -\log_\pi 210 < -4$$

又因为

$$S = \log_\pi \frac{1}{2} + \log_\pi \frac{1}{3} + \log_\pi \frac{1}{5} + \log_\pi \frac{1}{7} = -\log_\pi 210$$

所以不超过 S 且与 S 最接近的整数为 $[S] = -5$.

10. D. 可设 $z = x + y\mathrm{i}(x, y \in \mathbf{R})$, 得

$$z + \frac{2}{z} = x\left(1 + \frac{2}{x^2 + y^2}\right) + y\left(1 - \frac{2}{x^2 + y^2}\right)\mathrm{i}$$

由 $z + \frac{2}{z}$ 是实数, 可得 $y = 0(x \neq 0)$ 或 $x^2 + y^2 = 2$.

当 $y = 0(x \neq 0)$ 时, 可得 $|z + \mathrm{i}|$, 即 $|z - (-\mathrm{i})|$ 表示复平面 xOy 上的点 $-\mathrm{i}$ 与 x 轴上非原点 O 的点 z 之间的距离. 再由"垂线段最短", 可得 $|z + \mathrm{i}| > 1$.

当 $x^2 + y^2 = 2$ 时, 可得 $|z + \mathrm{i}|$, 即 $|z - (-\mathrm{i})|$ 表示复平面 xOy 上圆 $x^2 + y^2 = 2$ 上的动点 (x, y) 到定点 $(0, -1)$ 之间的距离. 进而可得, 当且仅当动点 (x, y) 是 $(0, -\sqrt{2})$ 时, $|z + \mathrm{i}|_{\min} = \sqrt{2} - 1$.

又因为 $\sqrt{2} - 1 < 1$, 所以 $|z + \mathrm{i}|_{\min} = \sqrt{2} - 1$.

11. A. 如图 3 所示建立平面直角坐标系 xAy 后, 可求得 $P_1\left(\frac{1}{2}, \frac{\sqrt{3}}{2}\right)$, $P_2\left(1 - \frac{\sqrt{3}}{2}, \frac{1}{2}\right)$, $P_3\left(\frac{1}{2}, 1 - \frac{\sqrt{3}}{2}\right)$, $P_4\left(\frac{\sqrt{3}}{2}, \frac{1}{2}\right)$.

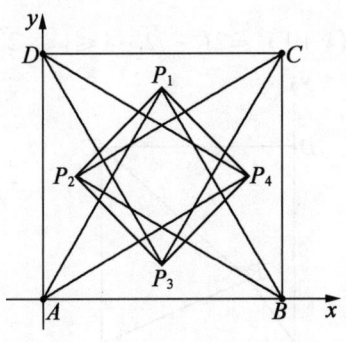

图 3

进而可得四边形 $P_1P_2P_3P_4$ 的对角线互相垂直平分且相等, 所以四边形 $P_1P_2P_3P_4$ 是正方形, 其面积为 $\frac{1}{2}|P_1P_3|^2 = \frac{1}{2}(\sqrt{3} - 1)^2 = 2 - \sqrt{3}$.

注　在以上解法中得到四边形 $P_1P_2P_3P_4$ 是正方形后, 由图 4 及正 $\triangle ABP_1$ 的高是 $\frac{\sqrt{3}}{2}$, 可得 $|P_1P_3| = 1 - 2\left(1 - \frac{\sqrt{3}}{2}\right) = \sqrt{3} - 1$, 所以四边形 $P_1P_2P_3P_4$ 的面积

为 $\frac{1}{2}|P_1P_3|^2 = \frac{1}{2}(\sqrt{3}-1)^2 = 2-\sqrt{3}$.

12. C. 设该三角形三边长分别为 a,b,c,这些边上的高分别为 $10,20,h(h>0)$,可得

$$2S_{\triangle ABC} = 10a = 20b = ch$$

$$a = 2b, c = \frac{20b}{h}$$

得该三角形三边长分别为 $2b, b, \frac{20b}{h}$,这样的三角形存在的充要条件是

$$\begin{cases} 2b+b > \frac{20b}{h} \\ b + \frac{20b}{h} > 2b, \text{即 } h \in \left(\frac{20}{3}, 20\right). \\ 2b + \frac{20b}{h} > b \end{cases}$$

13. A. 可如图 4 所示建立平面直角坐标系 xAy,可得 $A(0,0), B(1,0), C(1,1), D(0,1)$. 设 $P(x,y)$,由 $|PA|^2 + |PB|^2 = |PC|^2$,可得

$$(x^2+y^2) + [(x-1)^2+y^2] = (x-1)^2+(y-1)^2$$

$$x^2+y^2 = 1-2y$$

$$x^2+(y+1)^2 = 2(-\sqrt{2}-1 \leqslant y \leqslant \sqrt{2}-1)$$

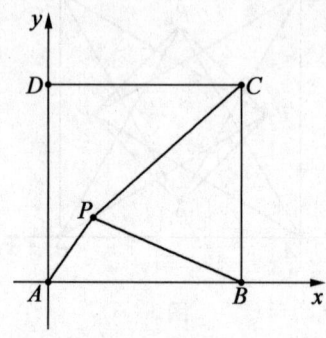

图 4

因而

$$|PD|^2 = x^2+(y-1)^2 = x^2+y^2+1-2y = 2(1-2y)$$

$$\leqslant 2[1-2(-\sqrt{2}-1)] = (2+\sqrt{2})^2$$

$$|PD| \leqslant 2+\sqrt{2}$$

进而可得,当且仅当点 P 的坐标是 $(0,-1-\sqrt{2})$ 时, $|PD|_{\max}=2+\sqrt{2}$.

注 得到点 $P(x,y)$ 的轨迹是圆 $x^2+(y+1)^2=2$ 后,可得圆外的点 $D(0,1)$ 到圆上的点 P 的距离的最大值是 $|PD|_{\max}=2+\sqrt{2}$.

14. B. 可设 $\log_4(2^x+3^x)=\log_3(4^x-2^x)=t$,得

$$\begin{cases}2^x+3^x=4^t\\4^x-2^x=3^t\end{cases}, \begin{cases}2^x=4^t-3^x\\2^x=4^x-3^t\end{cases},$$

所以

$$4^t-3^x=4^x-3^t$$
$$3^t+4^t=3^x+4^x$$

因为 $f(u)=3^u+4^u(u\in\mathbf{R})$ 是增函数,所以 $t=x$,得 $2^x+3^x=4^x,\left(\dfrac{1}{2}\right)^x+\left(\dfrac{3}{4}\right)^x-1=0$.

设 $g(x)=\left(\dfrac{1}{2}\right)^x+\left(\dfrac{3}{4}\right)^x-1$,可得它是减函数,且 $g(2)=-\dfrac{3}{16}<0<\dfrac{1}{4}=g(1)$,所以函数 $g(x)$ 有唯一的零点,进而可得答案.

15. A. 由

$$\left(x+\dfrac{2}{x}\right)^2=\left(x^2+\dfrac{2}{x^2}\right)+\dfrac{2}{x^2}+4$$

及 $x+\dfrac{2}{x}$ 和 $x^2+\dfrac{2}{x^2}$ 都是整数,可得 $\dfrac{2}{x^2}$ 是正整数,因而可设 $\dfrac{2}{x^2}=n,x^2=\dfrac{2}{n},x=\sqrt{\dfrac{2}{n}}(n\in\mathbf{N}^*)$.

由 $x^2+\dfrac{2}{x^2}=\dfrac{2}{n}+n$ 是整数,可得 $n=1$ 或 $2,x=\sqrt{2}$ 或 1.

再由 $x+\dfrac{2}{x}$ 是整数,可得 $x=1$. 进而可得答案.

16. **解法 1** D. 若 $f(x)$ 是实数常数,则可设 $f(x)=k(k\in\mathbf{R})$,由题设可得 $k=k^4,k=0$ 或 1,得 $f(x)=0$ 或 $f(x)=1$.

若 $f(x)$ 不是实数常数,则可设

$$f(x)=a_nx^n+\cdots+a_2x^2+a_1x+a_0(a_n,\cdots,a_2,a_1,a_0\in\mathbf{R};a_n\neq0,n\in\mathbf{N}^*)$$

再由题设,可得

$$a_n(a_nx^n+\cdots+a_2x^2+a_1x+a_0)^n+\cdots+a_1(a_nx^n+\cdots+a_2x^2+a_1x+a_0)+a_0$$
$$=(a_nx^n+\cdots+a_2x^2+a_1x+a_0)^4$$

比较该等式两边的首项，可得 $\begin{cases} a_n^{n+1} = a_n^4 \\ n^2 = 4n \end{cases}$，解得 $\begin{cases} a_n = 1 \\ n = 4 \end{cases}$.

因而可设 $f(x) = x^4 + bx^3 + cx^2 + dx + e (b, c, d, e \in \mathbf{R})$，再由题设，可得
$$(x^4 + bx^3 + cx^2 + dx + e)^4 + b(x^4 + bx^3 + cx^2 + dx + e)^3 +$$
$$c(x^4 + bx^3 + cx^2 + dx + e)^2 + d(x^4 + bx^3 + cx^2 + dx + e) + e$$
$$= (x^4 + bx^3 + cx^2 + dx + e)^4$$

即
$$b(x^4 + bx^3 + cx^2 + dx + e)^3 + c(x^4 + bx^3 + cx^2 + dx + e)^2 +$$
$$d(x^4 + bx^3 + cx^2 + dx + e) + e$$
$$= 0$$

比较该等式两边 x^{12} 的系数，可得 $b = 0$，所以
$$c(x^4 + bx^3 + cx^2 + dx + e)^2 + d(x^4 + bx^3 + cx^2 + dx + e) + e = 0$$
再比较该等式两边 x^8 的系数，可得 $c = 0$，所以
$$d(x^4 + bx^3 + cx^2 + dx + e) + e = 0$$
又比较该等式两边 x^4 的系数，可得 $d = 0$，所以 $e = 0$.

得 $f(x) = x^4$.

还可检验 $f(x) = x^4$ 满足题设.

从而可得满足题设的 $f(x)$ 有且仅有 3 个：$f(x) = 0$ 或 $f(x) = 1$ 或 $f(x) = x^4$.

解法 2 D. 若 $f(x)$ 是实数常数，在解法 1 中已得 $f(x) = 0$ 或 $f(x) = 1$. 若 $f(x)$ 不是实数常数，则可设 $f(x) = t$，由题设可得 $f(t) = t^4$，即 $f(x) = x^4$.

17. C. 由题设，可设 $p^2(p + 7) = a^2 (a \in \mathbf{N}^*)$，因而 $p | a$，可设 $a = pb (b \in \mathbf{N}^*)$，得 $p + 7 = b^2 (b \in \mathbf{N}^*)$.

由 p 是不大于 100 的素数，可得 $9 \leq b^2 \leq 104, 3 \leq b \leq 10$，因而
$$p + 7 = b^2 = 9, 16, 25, 36, 49, 64, 81 \text{ 或 } 100$$
$$p = 2, 9, 18, 29, 42, 57, 64 \text{ 或 } 93$$
再由 p 是素数，可得 $p = 2$ 或 29，进而可得答案.

18. A. 可得
$$f(x) = x(x+3)(x+1)(x+2)$$
$$= (x^2 + 3x)(x^2 + 3x + 2)$$
$$= (x^2 + 3x + 1)^2 - 1$$
设 $t = x^2 + 3x + 1 = \left(x + \dfrac{3}{2}\right)^2 - \dfrac{5}{4}$，得 $t \in \left[-\dfrac{5}{4}, +\infty\right)$，进而可得答案.

19. B. 可得圆 $x^2+y^2=1$ 的圆心是 $O(0,0)$，半径是 1；圆 $x^2+y^2-6x+7=0$ 的圆心是 $A(3,0)$，半径是 $\sqrt{2}$.

设动圆的圆心为 $M(x,y)$，半径是 r. 再由题设"……都外切"，可得
$$|MO|=r+1, |MA|=r+\sqrt{2}$$
因而
$$|MA|-|MO|=\sqrt{2}-1<3=|OA|$$
所以动圆的圆心 M 的轨迹是以 O,A 为焦点，实轴长为 $\sqrt{2}-1$ 的双曲线的左支.

20. A. 由题设，可得 B 是锐角，所以
$$\sin B=\frac{3}{13}\sqrt{17}>\frac{4}{5}=\sin A$$
再由正弦定理，可得 $B>A$，进而可得 A 是锐角，所以 $\cos A=\frac{3}{5}$，所以
$$\cos C=-\cos(A+B)=\sin A\sin B-\cos A\cos B$$
$$=\frac{4}{5}\cdot\frac{3}{13}\sqrt{17}-\frac{3}{5}\cdot\frac{4}{13}$$
$$=\frac{12}{65}(\sqrt{17}-1)>0$$
得 C 是锐角，因而 $\triangle ABC$ 是锐角三角形.

§9　2017 年北京大学博雅人才计划笔试（理科数学）试题参考答案

1. C. 可得
$$9+95+995+\cdots+\underbrace{99\cdots95}_{2016个9}$$
$$=(10-1)+(10^2-5)+(10^3-5)+\cdots+(10^{2017}-5)$$
$$=(10+10^2+10^3+\cdots+10^{2017})-(5\cdot2017-4)$$
$$=\underbrace{111\cdots10}_{2017个1}-10\,081$$
$$=\underbrace{111\cdots101029}_{2013个1}$$

2. B. 可得等差数列 $1,5,9,13,\cdots,2\,017$ 共 505 项，因而

$$15913\cdots2017 \equiv 1+5+9+13+\cdots+2\,017 = \frac{505}{2}(1+2\,017) = 505 \cdot 1\,009$$
$$\equiv 1 \cdot 1 = 1 \pmod 9$$

3.B. 可设满足题设的三位数是 $\overline{abc}(a,b,c \in \{0,1,2,\cdots,9\}, a \neq 0)$，可得 $100a+10b+c = a!+b!+c!$.

可得
$$102 \leq 100a+10b+c = a!+b!+c!$$
$$\leq 3(\max\{a,b,c\})!$$
$$(\max\{a,b,c\})! \geq 34, \max\{a,b,c\} \geq 5$$

$(\max\{a,b,c\})! < a!+b!+c! = 100a+10b+c \leq 999, \max\{a,b,c\} \leq 6$

所以 $\max\{a,b,c\} = 5$ 或 6.

当 $\max\{a,b,c\} = 6$ 时：

(1) 若 $a=6$，可得
$$600+10b+c = 720+b!+c!$$
$$99 \geq 10b+c = 120+b!+c! \geq 122$$

这不可能！

(2) 若 $b=6$，可得
$$100a+60+c = a!+720+c!$$
$$100a+9 \geq 100a+c = a!+660+c! \geq 662$$
$$100a \geq 653$$
$$a \geq 6.53$$

这与 $\max\{a,b,c\}=6$ 矛盾！

(3) 若 $c=6$，可得
$$100a+10b+6 = a!+b!+720$$
$$100a+90 \geq 100a+10b = a!+b!+714 \geq 716$$
$$100a \geq 626$$
$$a \geq 6.26$$

这与 $\max\{a,b,c\}=6$ 矛盾！

所以 $\max\{a,b,c\}=6$ 不成立，得 $\max\{a,b,c\}=5$，则：

(1) 若 $a=5$，可得
$$500+10b+c = 120+b!+c!$$
$$380+10b+c = b!+c! \leq 5!+5! = 240$$

这不可能！

(2)若 $b=5$,可得
$$100a+50+c=a!+120+c!$$
$$100a \leq 100a+c=a!+70+c! \leq 5!+70+5!=310$$
$$a=1,2,\text{或}3$$

当 $a=1$ 时,可得
$$100+50+c=1+120+c!$$
$$4!=24<29+c=c!$$
$$c \geq 5$$
$$c=5$$

但 $(a,b,c)=(1,5,5)$ 并不满足题设:$155<1!+5!+5!$.

当 $a=2$ 时,可得
$$200+50+c=2+120+c!$$
$$5!=120<128+c=c!$$
$$c \geq 5$$
$$c=5$$

但 $(a,b,c)=(2,5,5)$ 并不满足题设:$255>2!+5!+5!$.

当 $a=3$ 时,可得
$$300+50+c=6+120+c!$$
$$224+c=c!>5!$$
$$c>5$$

这与 $\max\{a,b,c\}=5$ 矛盾!

(3)若 $c=5$,可得
$$100a+10b+5=a!+b!+120$$
$$10 \mid a!+b!+5$$

所以 $a!+b!$ 的个位数字是 5.

由 $a \in \{1,2,3,4,5\}$, $b \in \{0,1,2,3,4,5\}$,可得 a,b 中一个是 4,另一个是 0 或 1.

还可得
$$100a<100a+10b+5=a!+b!+120 \leq 360$$
$$a=1,2 \text{ 或 } 3$$

所以只可能是 $a=1, b=4, c=5$.

经检验知, $a=1, b=4, c=5$ 满足题设:$145=1!+4!+5!$.

因而满足题设的三位数是 145,其各位数字之和为 10.

注 在得到 $\max\{a,b,c\}=5$ 后,也可分 $a=1,2,3,4,5$ 五种情形讨论求解.

当 $a=1$ 时,可得 $\max\{1,b,c\}=5$,即 $b=5$ 或 $c=5$,进而可得 $a=1,b=4,c=5$.

当 $a=2$ 时,可得……

4. C. 设单位圆上的五个点所对应的复数分别是 $\omega_k=a_k+b_k\mathrm{i}(k=1,2,3,4,5)$,其中 $a_k,b_k\in\mathbf{R}$,且 $a_k^2+b_k^2=1$. 因而,单位圆的内接五边形的所有边及对角线长度的平方和为

$$\sum_{1\leqslant i<j\leqslant 5}|\omega_i-\omega_j|^2 = \sum_{1\leqslant i<j\leqslant 5}[(a_i-a_j)^2+(b_i-b_j)^2]$$

$$= \sum_{1\leqslant i<j\leqslant 5}[(a_i^2+b_i^2+a_j^2+b_j^2)-2(a_ia_j+b_ib_j)]$$

$$= \sum_{1\leqslant i<j\leqslant 5}[2-2(a_ia_j+b_ib_j)]$$

$$= 20-\sum_{1\leqslant i<j\leqslant 5}2a_ia_j-\sum_{1\leqslant i<j\leqslant 5}2b_ib_j$$

$$= 25-\left(\sum_{k=1}^{5}a_k^2+\sum_{1\leqslant i<j\leqslant 5}2a_ia_j\right)-\left(\sum_{k=1}^{5}b_k^2+2\sum_{1\leqslant i<j\leqslant 5}b_ib_j\right)$$

$$= 25-\left(\sum_{k=1}^{5}a_k\right)^2-\left(\sum_{k=1}^{5}b_k\right)^2$$

$$\leqslant 25\left(\text{当且仅当}\sum_{k=1}^{5}\omega_k=0\text{时取等号}\right)$$

所以所求最大值是 25.

注 同理可证:单位圆的内接 n 边形的所有边及对角线长度的平方和的最大值为 n^2.

5. B. 我们先用复数证明

$$\sin\frac{\pi}{n}\sin\frac{2\pi}{n}\sin\frac{3\pi}{n}\sin\frac{(n-1)\pi}{n}=\frac{n}{2^{n-1}}(n\in\mathbf{N},n\geqslant 2)$$

证明如下:

可设关于 x 的方程 $x^n=1(n\in\mathbf{N},n\geqslant 2)$ 的全部复根为 $1,\omega,\omega^2,\omega^3,\cdots,\omega^{n-1}$,其中 $\omega=\cos\frac{2\pi}{n}+\mathrm{i}\sin\frac{2\pi}{n}$,可得

$$(x-1)(x^{n-1}+\cdots+x^2+x+1)$$
$$\equiv x^n-1$$
$$\equiv (x-1)(x-\omega)(x-\omega^2)(x-\omega^3)\cdots(x-\omega^{n-1})$$
$$x^{n-1}+\cdots+x^2+x+1\equiv (x-\omega)(x-\omega^2)(x-\omega^3)\cdots(x-\omega^{n-1})$$

令 $x=1$,得

$$(1-\omega)(1-\omega^2)(1-\omega^3)\cdots(1-\omega^{n-1}) = n$$
$$|1-\omega| \cdot |1-\omega^2| \cdot |1-\omega^3| \cdot |1-\omega^{n-1}| = n$$

又因为
$$|1-\omega^k| = \left|1 - \cos\frac{2k\pi}{n} - i\sin\frac{2k\pi}{n}\right|$$
$$= \left|2\sin^2\frac{k\pi}{n} - i \cdot 2\sin\frac{k\pi}{n}\cos\frac{k\pi}{n}\right|$$
$$= 2\sin\frac{k\pi}{n}(k=1,2,3,\cdots,n-1)$$

所以可得欲证结论成立.

进而可得
$$\left(1+\cos\frac{\pi}{7}\right)\left(1+\cos\frac{3\pi}{7}\right)\left(1+\cos\frac{5\pi}{7}\right)$$
$$= 2\cos^2\frac{\pi}{14} \cdot 2\cos^2\frac{3\pi}{14} \cdot 2\cos^2\frac{5\pi}{14}$$
$$= 8\sin^2\frac{3\pi}{7}\sin^2\frac{2\pi}{7}\sin^2\frac{\pi}{7}$$
$$= 8\sin\frac{\pi}{7}\sin\frac{2\pi}{7}\sin\frac{3\pi}{7}\sin\frac{4\pi}{7}\sin\frac{5\pi}{7}\sin\frac{6\pi}{7}$$
$$= 8 \cdot \frac{7}{2^6} = \frac{7}{8}$$

6. 解法 1 D. 可得
$$f_1(x) = \frac{1+\sqrt{3}x}{\sqrt{3}-x}, f_2(x) = \frac{x+\sqrt{3}}{1-\sqrt{3}x}, f_3(x) = -\frac{1}{x}, f_4(x) = \frac{x-\sqrt{3}}{1+\sqrt{3}x}$$
$$f_5(x) = \frac{\sqrt{3}x-1}{x+\sqrt{3}}, f_6(x) = x, f_7(x) = f_1(x)$$

从而可得 $\{f_n(x)\}$ 是以 6 为周期的周期数列,因而
$$f_{2\,017}(2\,017) = f_1(2\,017) = f(2\,017) = \frac{1+2\,017\sqrt{3}}{\sqrt{3}-2\,017}$$

解法 2 D. 可设 $x = \tan\theta\left(-\frac{\pi}{2} < \theta < \frac{\pi}{3}\text{或}\frac{\pi}{3} < \theta < \frac{\pi}{2}\right)$,可得
$$f_1(x) = f(x) = f(\tan\theta) = \tan\left(\theta+\frac{\pi}{6}\right)$$
$$f_2(x) = f(f_1(x)) = f\left(\tan\left(\theta+\frac{\pi}{6}\right)\right) = \tan\left(\theta+\frac{\pi}{6}\cdot 2\right)$$
⋮

$$f_{2\,017}(x) = \tan\left(\theta + \frac{\pi}{6} \cdot 2\,017\right) = \tan\left(\theta + \frac{\pi}{6}\right) = f(x)$$

所以
$$f_{2\,017}(2\,017) = f(2\,017) = \frac{1 + 2\,017\sqrt{3}}{\sqrt{3} - 2\,017}$$

7. B. 可得数列$\{7^n$ 的个位数字$\}$即 $7,9,3,1,7,9,3,1,\cdots$,其周期为 4. 进而可得 $2\,017^{2\,017}$ 的个位数字是即 $7^{2\,016} \cdot 7$ 的个位数字,为 7.

再由题设可得 n^n 的个位数字是 7,因而 n 是正奇数且 $n \neq 2\,017$.

可得 $2\,015^{2\,015}, 2\,019^{2\,019}$ 的个位数字分别是 $5,9$;$2\,013^{2\,013}, 2\,021^{2\,021}$ 的个位数字分别是 $3,1$;$2\,011^{2\,011}, 2\,023^{2\,023}$ 的个位数字分别是 $1,7$,所以 $|2\,017 - n|$ 的最小值为 $|2\,017 - 2\,023| = 6$.

8. C. 设盒子中的红、白、蓝、绿球的个数分别是正整数 a, b, c, d. 由题设,可得
$$p_1 = \frac{C_a^4}{C_{a+b+c+d}^4}, p_2 = \frac{C_a^3 C_b^1}{C_{a+b+c+d}^4}, p_3 = \frac{C_a^2 C_b^1 C_c^1}{C_{a+b+c+d}^4}, p_4 = \frac{C_a^1 C_b^1 C_c^1 C_d^1}{C_{a+b+c+d}^4}$$

再由 $p_1 = p_2 = p_3 = p_4$,可得
$$C_a^4 = C_a^3 C_b^1 = C_a^2 C_b^1 C_c^1 = C_a^1 C_b^1 C_c^1 C_d^1$$
$$a = 4b + 3, a = 3c + 2, a = 2d + 1 \qquad ①$$
$$a + 1 = 4(b+1) = 3(c+1) = 2(d+1)$$

所以 $a + 1$ 是 $2,3,4$ 的公倍数,即是 12 的倍数.

由①还可得

$a + b + c + d$ 取最小值 $\Leftrightarrow a$ 取最小值 $\Leftrightarrow a + 1$ 取最小值 $\Leftrightarrow a + 1 = 12 \Leftrightarrow a = 11$
$\Leftrightarrow a = 11 \Leftrightarrow (a = 11, b = 2, c = 3, d = 5)$

所以这个盒子里玻璃球个数 $a + b + c + d$ 的最小值为 $11 + 2 + 3 + 5 = 21$.

9. A. 由
$$\left(a - \frac{1}{b}\right)\left(b - \frac{1}{c}\right)\left(c - \frac{1}{a}\right) = \frac{(abc)^2 - abc(a+b+c) + ab + bc + ca - 1}{abc}$$

是正整数,可得 $abc \mid ab + bc + ca - 1$.

设正整数 x, y, z 是正整数 a, b, c 的一个排列,且 $x \leq y \leq z$.

可得 $xyz \mid xy + yz + zx - 1$,所以 $xyz \leq xy + yz + zx - 1 \leq 3yz - 1 < 3yz, x \leq 3, x = 1$ 或 2.

若 $x = 1$,可得 $yz \mid y + yz + z - 1, yz \mid y + z - 1, yz \leq y + z - 1 < 2z, y = 1$. 由 $x = y = 1$,可得 $\left(a - \frac{1}{b}\right)\left(b - \frac{1}{c}\right)\left(c - \frac{1}{a}\right) = 0$,不是正整数,与题设矛盾! 所以 $x = 2$, $y \geq 2$.

可得 $2yz \mid 2y+yz+2z-1, yz \mid 2y+2z-1, yz \leqslant 2y+2z-1 < 4z, y=2$ 或 3.

若 $y=2$,可得 $x=y=2$,$\left(a-\dfrac{1}{b}\right)\left(b-\dfrac{1}{c}\right)\left(c-\dfrac{1}{a}\right)=0$,与题设矛盾！所以 $y=3$.

可得 $6z \mid 6+3z+2z-1, 6z \mid 5(z+1)$,进而可得 $6 \mid z+1, z \mid 5$.

由 $6 \mid z+1$,可得 $z \geqslant 5$,再由 $z \mid 5$,可得 $z \leqslant 5$,所以 $z=5$.

还可检验 $(x,y,z)=(2,3,5)$ 满足 $xyz \mid xy+yz+zx-1$,所以正整数 a,b,c 两两互异,且 $\{a,b,c\}=\{2,3,5\}$.

再由排序不等式"逆序和 $\leqslant$ 乱序和 $\leqslant$ 顺序和"可得:当且仅当 $(a,b,c)=(5,3,2)$ 时,$(2a+3b+5c)_{\min}=29$;当且仅当 $(a,b,c)=(2,3,5)$ 时,$(2a+3b+5c)_{\min}=38$.

所以 $2a+3b+5c$ 的最大值和最小值之差为 $38-29=9$.

注 本题与下面的 4 道题如出一辙:

(2013 年华约联盟自主招生数学试题第 6 题) 设 x,y,z 是三个两两不等且都大于 1 的正整数,若 xyz 整除 $(xy-1)(xz-1)(yz-1)$,求 x,y,z 的所有可能值.

解法 1 可得

$$\dfrac{(xy-1)(xz-1)(yz-1)}{xyz}=xyz-(x+y+z)+\dfrac{xy+yz+zx-1}{xyz}$$

为整数,所以可设 $txyz=xy+yz+zx-1 (t \in \mathbf{N}^*)$.

可得 $1 \leqslant t = \dfrac{1}{x}+\dfrac{1}{y}+\dfrac{1}{z}-\dfrac{1}{xyz} < \dfrac{1}{x}+\dfrac{1}{y}+\dfrac{1}{z} \leqslant \dfrac{1}{2}+\dfrac{1}{3}+\dfrac{1}{4}=\dfrac{13}{12}$,所以 $t=1$.

可不妨设 $1 < x < y < z$,得 $1 = \dfrac{1}{x}+\dfrac{1}{y}+\dfrac{1}{z}-\dfrac{1}{xyz} < \dfrac{3}{x}, x=2$.

再由 $txyz=xy+yz+zx-1$,可得 $y=2+\dfrac{3}{z-2}$,所以 $z-2$ 是 3 的正约数,得 $z-2=1$ 或 3,$\cdots$ 进而可得 $(x,y,z)=(2,3,5)$.

如果没有 $x<y<z$ 的限制,得所有的答案是 $(x,y,z)=(2,3,5),(2,5,3),(3,2,5),(3,5,2),(5,2,3),(5,3,2)$.

解法 2 当 x,y,z 中的偶数个数大于 1 时,可得 xyz 为偶数,$(xy-1)(xz-1)(yz-1)$ 为奇数,所以 xyz 不整除 $(xy-1)(xz-1)(yz-1)$.说明 x,y,z 中的偶数个数为 0 或 1.

在解法 1 中已得 $1 \leqslant t = \dfrac{1}{x}+\dfrac{1}{y}+\dfrac{1}{z}-\dfrac{1}{xyz} (t \in \mathbf{N}^*)$.

还可不妨设 $2 \leq x < y < z$. 若 $z \geq 6$, 得
$$1 \leq t = \frac{1}{x} + \frac{1}{y} + \frac{1}{z} - \frac{1}{xyz} < \frac{1}{2} + \frac{1}{3} + \frac{1}{6} = 1$$

矛盾! 所以 $2 \leq x < y < z \leq 5$. 再由 x, y, z 中的偶数个数为 0 或 1, 得 $(x, y, z) = (2, 3, 5)$ 或 $(3, 4, 5)$. 可验证得 $(x, y, z) = (2, 3, 5)$. 进而可得全部答案(共 6 组).

解法 3 在解法 1 中已得 $1 \leq t = \frac{1}{x} + \frac{1}{y} + \frac{1}{z} - \frac{1}{xyz}$ $(t \in \mathbf{N}^*)$.

还可不妨设 $2 \leq x < y < z$. 若 $x > 2$, 得
$$1 \leq t = \frac{1}{x} + \frac{1}{y} + \frac{1}{z} - \frac{1}{xyz} < \frac{1}{3} + \frac{1}{3} + \frac{1}{3} = 1$$

矛盾! 所以 $x = 2$.

若 $y > 3$, 得 $1 \leq t = \frac{1}{x} + \frac{1}{y} + \frac{1}{z} - \frac{1}{xyz} < \frac{1}{2} + \frac{1}{4} + \frac{1}{5} < 1$, 矛盾! 所以 $y = 3$.

由 $x = 2, y = 3$ 及在解法 1 的第一段中得到的 $xyz | xy + yz + zx - 1$, 得 $6z | 5z + 5, 6z \leq 5z + 5, z \leq 5$, 又 $z > y$, 得 $z = 4, 5$, 可得 $z = 5$. 所以 $(x, y, z) = (2, 3, 5)$. 进而可得全部答案(共 6 组).

解法 4 在解法 1 的第一段中已得 $txyz = xy + yz + zx - 1$ $(t \in \mathbf{N}^*)$.

可不妨设 $2 \leq x < y < z$, 得 $xyz \leq xy + yz + zx - 1 < 3yz$, 所以 $x = 2$.

得 $2yz | yz + 2y + 2z - 1, 2yz \leq yz + 2y + 2z - 1, yz \leq 2y + 2z - 1 < 4z, y < 4$, 又因为 $y > x = 2$, 所以 $y = 3$. 得 $6z | 5z + 5, 6z \leq 5z + 5, z \leq 5$, 又因为 $z > y$, 得 $z = 4, 5$, 可得 $z = 5$. 所以 $(x, y, z) = (2, 3, 5)$. 进而可得全部答案(共 6 组).

解法 5 由 $xyz | (xy - 1)(xz - 1)(yz - 1)$, 可得 $x | (xy - 1)(xz - 1)(yz - 1)$, 又 x 与 $xy - 1, xz - 1$ 均互质, 所以 $x | yz - 1$. 同理有 $y | xz - 1, z | xy - 1$, 所以 x, y, z 两两互质.

可不妨设 $2 \leq x < y < z$. 在解法 2 中已得 $2 \leq x < y < z \leq 5$.

再由 x, y, z 两两互质, 得 $(x, y, z) = (2, 3, 5)$, 还可验证它满足题设, 所以 $(x, y, z) = (2, 3, 5)$, 进而可得全部答案(共 6 组).

(2011 年福建省高一数学竞赛试题第 12 题)已知 a, b, c 为正整数, $c > b > a > 1$, $\left(a - \frac{1}{c}\right)\left(b - \frac{1}{a}\right)\left(c - \frac{1}{b}\right)$ 为整数, 则 $a + b + c = $ _____. (答案:10)

(2013 年华约联盟自主招生数学试题第 6 题的一般问题)设 x, y, z 是正整数且 $x \leq y \leq z$, 若 xyz 整除 $(xy - 1)(xz - 1)(yz - 1)$, 求 x, y, z 的所有可能值.

解 若 $x = 1$, 可得 $yz | y + z - 1$, 所以 $yz \leq y + z - 1 < 2z, y < 2, y = 1$. 此时得

$(x,y,z) = (1,1,n)(n \in \mathbf{N}^*)$.

当 $x \geq 2$ 时,得 $2 \leq x \leq y \leq z$。由 2013 年华约联盟自主招生数学试题第 6 题的诸解法,也可得本题的诸解法,下面只叙述一种.

由 2013 年华约联盟自主招生数学试题第 6 题的解法 5,可得 x,y,z 两两互质,得 $2 \leq x < y < z$.

若 $z \geq 6$,由 2013 年华约联盟自主招生数学试题第 6 题的解法 2,可得 $1 \leq t = \frac{1}{x} + \frac{1}{y} + \frac{1}{z} - \frac{1}{xyz} < \frac{1}{2} + \frac{1}{3} + \frac{1}{6} = 1(t \in \mathbf{N}^*)$,矛盾! 所以 $2 \leq x < y < z \leq 5$.

再由 x,y,z 两两互质,得 $(x,y,z) = (2,3,5)$,还可验证它满足题设. 所以 $(x,y,z) = (2,3,5)$.

得全部答案为 $(x,y,z) = (2,3,5)$ 或 $(1,1,n)(n \in \mathbf{N}^*)$.

(《美国数学月刊》数学问题第 11021 题,见冯贝叶编译的《500 个世界著名数学征解问题》(哈尔滨工业大学出版社,2009)第 175 页)求出同时满足 $z | xy - 2, x | yz - 2, y | zx - 2$ 的正整数 x,y,z.

解 可得 $\frac{(xy-2)(xz-2)(yz-2)}{xyz} = xyz - 2(x+y+z) + \frac{4(xy+yz+zx-2)}{xyz}$ 为整数,所以可设 $xyz | 4(xy+yz+zx-2)$,还可不妨设 $1 \leq x \leq y \leq z$.

若 $x = y = 1$,可得 $z = 1,2,4$,再由题设 $z | xy - 2, x | yz - 2, y | zx - 2$,得 $(x,y,z) = (1,1,1)$.

若 $1 = x < y \leq z$,得 $yz | 4(y+z-2), yz \leq 4(y+z-2) < 8z, 2 \leq y \leq 7$.

把 $y = 2,3,\cdots,7$ 代入 $yz | 4(y+z-1)$ 逐一验证后可得:$(x,y,z) = (1,2,n)$ $(n \geq 2, n \in \mathbf{N}), (1,3,4), (1,5,16), (1,6,10), (1,7,8)$.

再由题设 $z | xy - 2, x | yz - 2, y | zx - 2$,得答案 $(x,y,z) = (1,1,1), (1,2,2n)$ $(n \in \mathbf{N}^*)$.

若 $x = 2$,得 $yz | 4(y+z-1)$,也得 $2 \leq y \leq 7$.

通过逐一验证,可得 $(x,y,z) = (2,2,2), (2,3,4), (2,5,16), (2,6,10), (2,7,8)$,再由题设 $z | xy - 2, x | yz - 2, y | zx - 2$,得答案 $(x,y,z) = (2,2,2), (2,3,4), (2,6,10)$.

当 $3 \leq x \leq y \leq z$ 时,若 $x = y$,由 $x | yz - 2$,得 $x | 2$,与 $x \geq 3$ 矛盾! 若 $y = z$,由 $y | zx - 2$,得 $y | 2$,与 $y \geq 3$ 矛盾!

所以 $3 \leq x < y < z$.

由 $xyz | 4(xy+yz+zx-2)$,得 $xyz \leq 4(xy+yz+zx-2) < 12yz, x \leq 11$.

由 $z | xy - 2$ 知,可设 $xy - 2 = kz(k \in \mathbf{N}^*)$,有 $xy - 2 = kz < xz$,所以 $k \leq x - 1$.

由 $x^2y - 2(x+k) = k(xz-2)$, $y|xz-2$, 得 $y|2(x+k)$, 所以 $y \leq 2(x+k) \leq 4x-2$.

由 $3 \leq x \leq 11$, $x+1 \leq y \leq 4x-2$, $y+1 \leq z \leq xy-2$ 及整除性质并运用题设 $z|xy-2$, $x|yz-2$, $y|zx-2$, 可试验出此时的全部答案为 $(x,y,z) = (3,8,22)$, $(3,10,14)$, $(4,5,18)$, $(4,6,11)$, $(6,14,82)$, $(6,22,26)$.

所以, 本题满足 $x \leq y \leq z$ 的全部答案为 $(x,y,z) = (1,1,1)$, $(1,2,2n)(n \in \mathbf{N}^*)$, $(2,2,2)$, $(2,3,4)$, $(2,6,10)$, $(3,8,22)$, $(3,10,14)$, $(4,5,18)$, $(4,6,11)$, $(6,14,82)$, $(6,22,26)$.

笔者发现,《500 个世界著名数学征解问题》第 175~176 页给出的解答中漏掉了 $x=1,2$ 的情形. 用此法还可求解"求出同时满足 $z|xy-a$, $x|yz-b$, $y|zx-c$ (a,b,c 是已知的整数)的正整数 x,y,z"(这只是从理论上来说的, 实际上笔算很繁, 最好用计算机编程计算).

10. **解法1** C. 设集合 $A = \{n! + n | n \in \mathbf{N}^*\}$, $B = \complement_{\mathbf{N}^*} A$, 下面证明集合 A, B 满足题设.

先证集合 A 中不包含公差不为 0 的无穷等差数列, 实际上可以证明递增数列 $\{a_n\}$ ($a_n = n! + n$) 中的任意三项不能排成等差数列. 这是因为: 当 $k,l,m \in \mathbf{N}^*$, 且 $k < l < m$ 时, 可得

$$a_m + a_k - 2a_l > a_m - 2a_l \geq a_{l+1} - 2a_l = (l+1)! + l + 1 - 2(l!) - 2l$$
$$= (l-1)(l! - 1) \geq 0$$
$$a_m + a_k > 2a_l$$

再证集合 B 中不包含公差不为 0 的无穷等差数列.

$\forall a, b \notin A$, $a < b$, 有 $\dfrac{b!}{b-a} + 1 \in \mathbf{N}^*$, 可得 $a + (b-a)\left(\dfrac{b!}{b-a} + 1\right) = b! + b$, 即数列 $\{a + (b-a)n\}$ (该等差数列的前两项依次是 a,b) 的第 $\dfrac{b!}{b-a} + 1$ 项在集合 A 中, 因而不在集合 B 中.

说明以集合 B 中的任意两项作为前两项确定的无穷等差数列, 总有项在集合 A 中, 即不在集合 B 中, 因而集合 B 中不包含公差不为 0 的无穷等差数列.

把集合 A 中的前 $k (k \in \mathbf{N}^*)$ 个元素去掉后放入集合 B 中, 设得到的新集合分别是 A_k, B_k, 同理可以证明集合 A, B 均满足题设.

所以本题的答案是 C.

解法2 C. $\mathbf{N}^*$ 中形成的每一个无穷等差数列均可以用唯一地一对有序正

整数对(a,d)来表示,其中a,d分别是该等差数列的首项与公差;反之,每一对有序正整数对(a,d)也唯一地表示一个确定的无穷等差数列.其中的有序正整数对(a,d)排序如下

$(1,1),(1,2),(2,1),(1,3),(2,2),(3,1),(1,4),(2,3),(3,2),(4,1),\cdots$

将它们所对应的无穷等差数列依次记为$s_1,s_2,s_3,\cdots,s_k,\cdots$(它们表示了所有的各项都是正整数的递增无穷等差数列).

在s_1中任取一个数a_1,在s_2中任取一个数a_2(使$a_2 \geqslant 2a_1$),在s_3中任取一个数a_3(使$a_3 \geqslant 2a_2$),$\cdots\cdots$,在s_k中任取一个数a_k(使$a_k \geqslant 2a_{k-1}$),$\cdots\cdots$.

这样,就得到了各项都是正整数的数列$a_1,a_2,a_3,\cdots,a_k,\cdots$,设由这些数组成的集合为$A$.

记集合$B = \complement_{\mathbf{N}^*} A$,可以证明集合$A,B$满足题设.

首先,因为$\mathbf{N}^*$中的每一个无穷等差数列都至少有一项在集合A中,所以在集合B中不存在无穷等差数列(因为选取的方法是从每一个数列中抽出来一项,所以破坏了每一个无穷等差数列).

下面再证明在集合A中不存在三个数能排成等差数列.设$a_m,a_n,a_r \in A$($m,n,r \in \mathbf{N}^*,m<n<r$),可得$a_m < a_n < a_r$.由集合$A$中元素的取法,可得$a_r \geqslant 2a_{r-1} \geqslant 2a_n, a_m > 0$,所以$a_r + a_m > 2a_n$,因而$a_m,a_n,a_r$不成等差数列.

因为在以上证明过程中,集合A有无数种选法,进而可得集合A,B也有无数种选法,所以本题的答案是C.

11. A. 设$\triangle DOA$的内切圆半径为r,由题设、图1及结论"三角形的面积等于其半周长与其内切圆半径之积"可得

$$S_{\triangle AOB}:S_{\triangle BOC}:S_{\triangle COD}:S_{\triangle DOA} = 3:4:6:r$$

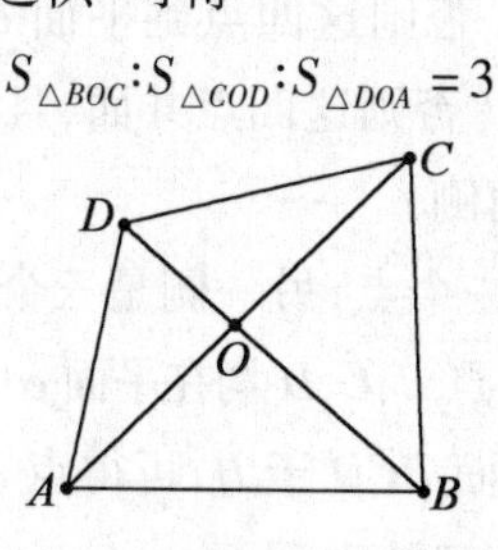

图1

还可得$S_{\triangle AOB}:S_{\triangle BOC} = OA:OC = S_{\triangle AOD}:S_{\triangle COD}$,所以$3:4 = r:6, r = \dfrac{9}{2}$.

12. A. 如图2所示,设只参加了数学、物理、化学一门学科考试的学生数分别是a,b,c,只参加了数学与物理、物理与化学、化学与数学两门学科考试的学

生数分别是 d,e,f,参加了数学、物理、化学三门学科考试的学生数是 g. 又设学生总数为 $a+b+c+d+e+f+g=x$,由题设,可得

$$\begin{cases} a+d+f+g=100 \\ b+d+e+g=50 \\ c+e+f+g=48 \\ d+e+f+g=\dfrac{x}{2} \\ g=\dfrac{x}{3} \\ a+b+c+d+e+f+g=x \end{cases}$$

进而可得 $x+\dfrac{x}{2}+\dfrac{x}{3}=100+50+48$,$x=108$,所以学生总数为 108.

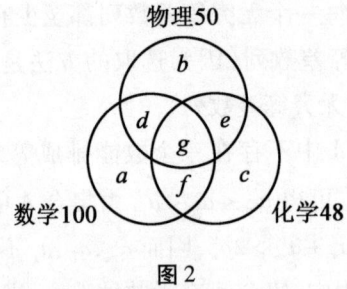

图 2

13. D. 记题设中的正四面体是正四面体 $ABCD$,其四个顶点到平面 α 的距离都相等.

显然四点 $A,B,C,D \notin \alpha$(否则这四点到平面 α 的距离都为 0,它们共面),也不可能都在平面 α 的同侧(否则这四点共面,且该平面与平面 α 平行),因而 A,B,C,D 四点在平面 α 的两侧.

(1)当平面 α 的一侧是一个点,另一侧是三个点时:

若点 A 在平面 α 的一侧,点 B,C,D 均在平面 α 的另一侧,可得平面 $BCD \parallel \alpha$.

如图 3 所示,作 $AH \perp$ 平面 BCD 于 H,可得点 A,B,C,D,H 到平面 α 的距离都相等,所以平面 α 是线段 AH 的中垂面.

同理,可得此种情形的平面 α 有四个,即正四面体 $ABCD$ 的四条高的中垂面.

(2)当平面 α 的两侧各两个点时:

若点 A,B 在平面 α 的一侧,点 C,D 在平面 α 的另一侧时,可得 $AB \parallel \alpha$,$CD \parallel \alpha$.

如图 4 所示,可设异面直线 AB,CD 的公垂线段是 MN,得点 A,B,M,C,D,N 到平面 α 的距离都相等,所以平面 α 是线段 MN 的中垂面.

同理,可得此种情形的平面 α 有三个,即正四面体 $ABCD$ 的三组对棱所在直线的公垂线段的中垂面.

所以满足题意的平面 α 的个数是 $4+3=7$.

注 本题是空间距离中的经典问题;作为排列组合知识,还涉及均匀分组和非均匀分组.

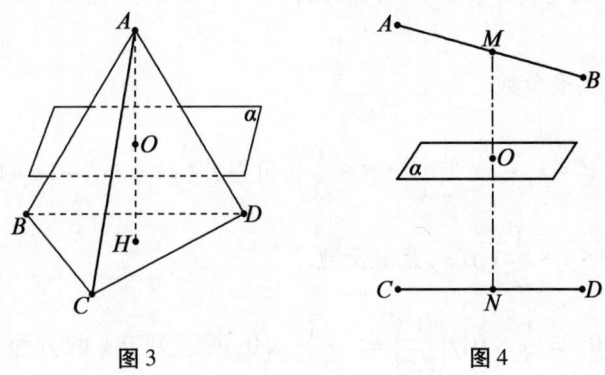

图 3 　　　　　　　　图 4

本题还与下面的这道高考题如出一辙:

(2005 年高考全国卷Ⅲ文科、理科第 11 题)不共面的四个定点到平面 α 的距离都相等,这样的平面 α 共有 （　　）

A.3 个　　　　B.4 个　　　　C.6 个　　　　D.7 个

(答案:D.)

14. B. 在 $\triangle ABC$ 中,可得 $\sin A > 0$. 再由 $\sin A = \cos B = \tan C$,可得 $\cos B = \tan C > 0$,所以 B,C 均是锐角.

若 A 是锐角,由 $\sin A = \cos B = \sin\left(\dfrac{\pi}{2} - B\right)$,可得 $A = \dfrac{\pi}{2} - B, A+B = \dfrac{\pi}{2}, C = \dfrac{\pi}{2}$,与 C 是锐角矛盾!

由 $\sin A = \cos B$,可得 A 不是直角,所以 A 是钝角.

由 $\cos B = \sin A = \sin\left(A - \dfrac{\pi}{2}\right)$,可得 $B = A - \dfrac{\pi}{2}, A = B + \dfrac{\pi}{2}, C = \dfrac{\pi}{2} - 2B$ $\left(0 < B < \dfrac{\pi}{4}\right)$.

再由 $\cos B = \tan C$,可得

$$\cos B = \tan\left(\frac{\pi}{2} - 2B\right) = \frac{\sin\left(\frac{\pi}{2} - 2B\right)}{\cos\left(\frac{\pi}{2} - 2B\right)} = \frac{\cos 2B}{\sin 2B} = \frac{1 - 2\sin^2 B}{2\sin B \cos B}$$

$$2\sin B(1 - \sin^2 B) = 1 - 2\sin^2 B$$

$$\sin^3 B - \sin^2 B - \sin B + \frac{1}{2} = 0 \left(0 < B < \frac{\pi}{4}\right)$$

设 $\sin B = x$,可得 $0 < x < \frac{1}{\sqrt{2}}$,题意即问关于 x 的方程 $x^3 - x^2 - x + \frac{1}{2} = 0$ $\left(0 < x < \frac{1}{\sqrt{2}}\right)$ 的实根个数.

设 $f(x) = x^3 - x^2 - x + \frac{1}{2} \left(0 < x < \frac{1}{\sqrt{2}}\right)$,可得 $f'(x) = 3x^2 - 2x - 1 = (x-1) \cdot (3x+1) < 0 \left(0 < x < \frac{1}{\sqrt{2}}\right)$,$f(x)$ 是减函数.

又因为 $f(0) = \frac{1}{2} > 0$,$f\left(\frac{1}{\sqrt{2}}\right) = -\frac{1}{2\sqrt{2}} < 0$,所以关于 x 的方程 $x^3 - x^2 - x + \frac{1}{2} = 0 \left(0 < x < \frac{1}{\sqrt{2}}\right)$ 的实根个数是 1,因而答案是 B.

15. B. 因为 $a + b + c = 407$,407 不是 5 的倍数,所以 a,b,c 中最多有两个(可不妨设为 a,b)是 5 的倍数.

可得 a,b 的分解质因数的式子中 5 的指数都不会超过 3(否则,$407 = a + b + c > 5^4 = 625$,这不可能),因此 abc 的分解质因数的式子中 5 的指数不会超过 $3 + 3 = 6$,因而 n 的最大值也不会超过 6.

又因为当 $(a,b,c) = (5^3, 2 \cdot 5^3, 2^5)$ 时,满足题设,且 $10^6 \mid abc$,所以所求 n 的最大值为 6.

16. D. 由题设,可得

$$a + bc = a(a + b + c) + bc = (a+b)(a+c) = (1-c)(1-b)$$
$$b + ac = b(a + b + c) + ac = (b+a)(b+c) = (1-c)(1-a)$$
$$c + ab = c(a + b + c) + ab = (c+a)(c+b) = (1-b)(1-a)$$

所以 $s = [(a-1)(b-1)(c-1)]^2 > 100$,$s \geq 121$,$|a-1| \cdot |b-1| \cdot |c-1| \geq 11$.

若 $|a-1| \cdot |b-1| \cdot |c-1| = 11$,可得 $a-1, b-1, c-1$ 都是奇数,所以 $(a-1) + (b-1) + (c-1) = -2$ 也是奇数,这显然不可能!所以 $|a-1| \cdot$

$|b-1| \cdot |c-1| \geq 12$.

当$(a,b,c) = (-3,0,4)$时满足题设,所以$(|a-1| \cdot |b-1| \cdot |c-1|)_{\min} = 12$, $s_{\min} = 12^2 = 144$.

17. C. 由一元二次方程的求根公式,可得方程$x^2 + px + q = 0$的判别式$p^2 - 4q$是完全平方数,因而可设$p^2 - 4q = k^2 (k \in \mathbf{N})$,再由$p + q = 218$,可得

$$p^2 - 4q = p^2 - 4(218 - p) = (p+2)^2 - 876 = k^2$$

$$(p+2)^2 - k^2 = 876 = 2^2 \cdot 3 \cdot 73 \qquad ①$$

$$(p+2+k)(p+2-k) = 2^2 \cdot 3 \cdot 73 \qquad ②$$

若$m, n \in \mathbf{Z}$,可得

$$(2m+1)^2 - (2n+1)^2 = 2(m+n+1) \cdot 2(m-n) = 4(m-n)(m+n+1)$$

因为$(m-n) + (m+n+1) = 2m+1$是奇数,所以$m-n$与$m+n+1$中一奇一偶,得$2 | (m-n)(m+n+1)$,因而$8 | (2m+1)^2 - (2n+1)^2$.

这就证得了结论"两个奇数的平方差是8的倍数".

由此结论及①可得$p+2+k, p+2-k$均是偶数. 再由②,可得
$$\frac{p+2+k}{2} \cdot \frac{p+2-k}{2} = 3 \cdot 73 \left(\frac{p+2+k}{2}, \frac{p+2-k}{2} \in \mathbf{Z}, \frac{p+2+k}{2} > \frac{p+2-k}{2} \right)$$

所以

$$\begin{cases} \dfrac{p+2+k}{2} = 3 \cdot 73 \\ \dfrac{p+2-k}{2} = 1 \end{cases}$$

或

$$\begin{cases} \dfrac{p+2+k}{2} = 73 \\ \dfrac{p+2-k}{2} = 3 \end{cases}$$

或

$$\begin{cases} \dfrac{p+2+k}{2} = -1 \\ \dfrac{p+2-k}{2} = -3 \cdot 73 \end{cases}$$

或

$$\begin{cases} \dfrac{p+2+k}{2} = -3 \\ \dfrac{p+2-k}{2} = -73 \end{cases}$$

可分别解得 $(p,k) = (218,218), (74,70), (-222,218), (-78,70)$，进而可得 $(p,q) = (218,0), (74,144), (-222,440), (-78,296)$.

由一元二次方程的求根公式，可得方程 $x^2 + px + q = 0$ 的根为 $x = \dfrac{-p \pm k}{2}$ ($p \in \mathbf{Z}, k \in \mathbf{N}$)，所以该方程有整数根的充要条件是两个整数 p, k 的奇偶性相同. 而上述四组 (p,k) 均满足 p, k 均是偶数，所以以上四组 (p,q) 均满足题意.

因而本题的答案是 C.

18. **解法 1** A. 可得 x, y 的取值范围均是 $\left\{\alpha \,\middle|\, \alpha \ne k\pi + \dfrac{\pi}{2}, k \in \mathbf{Z}\right\}$，所以 $\sin^2 x < 1, \sin^2 y < 1$.

由题设及公式 $\tan \alpha = \dfrac{\sin \alpha}{\cos \alpha}$，可得

$$\dfrac{\sin^2 x \cos^2 y + \cos^2 x \sin^2 y}{\cos^2 x \cos^2 y + \sin^2 x \cos^2 y + \cos^2 x \sin^2 y} = \sin^2 x + \sin^2 y$$

$$\dfrac{\sin^2 x (1 - \sin^2 y) + (1 - \sin^2 x) \sin^2 y}{(1 - \sin^2 x)(1 - \sin^2 y) + \sin^2 x (1 - \sin^2 y) + (1 - \sin^2 x) \sin^2 y} = \sin^2 x + \sin^2 y$$

$$\dfrac{\sin^2 x + \sin^2 y - 2\sin^2 x \sin^2 y}{1 - \sin^2 x \sin^2 y} = \sin^2 x + \sin^2 y$$

$$\sin^2 x + \sin^2 y - 2\sin^2 x \sin^2 y = (\sin^2 x + \sin^2 y)(1 - \sin^2 x \sin^2 y)$$

$$(\sin x \sin y)^2 (\sin^2 x + \sin^2 y - 2) = 0$$

由开头得到的 $\sin^2 x < 1, \sin^2 y < 1$，可得 $\sin x \sin y = 0$，因而 $\sin x \sin y$ 的最大值为 0.

解法 2 A. 可得 x, y 的取值范围均是 $\left\{\alpha \,\middle|\, \alpha \ne k\pi + \dfrac{\pi}{2}, k \in \mathbf{Z}\right\}$.

由题设及公式 $\tan \alpha = \dfrac{\sin \alpha}{\cos \alpha}$，可得

$$\sin^2 x + \sin^2 y = \dfrac{\tan^2 x}{1 + \tan^2 x + \tan^2 y} + \dfrac{\tan^2 y}{1 + \tan^2 x + \tan^2 y}$$

$$\leqslant \dfrac{\tan^2 x}{1 + \tan^2 x} + \dfrac{\tan^2 y}{1 + \tan^2 y}$$

$$= \sin^2 x + \sin^2 y$$

所以 $\begin{cases} \dfrac{\tan^2 x}{1 + \tan^2 x + \tan^2 y} = \dfrac{\tan^2 x}{1 + \tan^2 x} \\ \dfrac{\tan^2 y}{1 + \tan^2 x + \tan^2 y} = \dfrac{\tan^2 y}{1 + \tan^2 y} \end{cases}$，即 $\tan^2 x = 0$ 或 $\tan^2 y = 0$，也即 $\sin x \sin y = 0$，因

而 $\sin x\sin y$ 的最大值为 0.

19. C. 由公式 $\sin\alpha+\cos\alpha=\sqrt{2}\sin\left(\alpha+\dfrac{\pi}{4}\right)$,可得 $a=\sqrt{2}\sin 59°$,$b=\sqrt{2}\sin 61°$,$a<b$,所以

$$c=\sin^2 59°+\sin^2 61°=\dfrac{1-\cos 118°}{2}+\dfrac{1-\cos 122°}{2}=1-\dfrac{\cos 118°+\cos 122°}{2}$$

$$=1-\dfrac{2\cos 120°\cos 2°}{2}=1+\dfrac{1}{2}\cos 2°=1+\dfrac{1}{2}(1-2\sin^2 1°)=\dfrac{3}{2}-\sin^2 1°$$

$$b=\sqrt{2}\sin(1°+60°)=\dfrac{\sqrt{2}}{2}\sin 1°+\dfrac{\sqrt{6}}{2}\cos 1°$$

下证 $b<c$,即证

$$\dfrac{\sqrt{2}}{2}\sin 1°+\dfrac{\sqrt{6}}{2}\cos 1°<\dfrac{3}{2}-\sin^2 1°$$

$$\sqrt{6}\cos 1°+2\sin^2 1°+\sqrt{2}\sin 1°<3$$

再由 $\sqrt{6}\cos 1°<2.5\cos 1°<2.5$,$2\sin^2 1°<2\sin 1°$,$\sqrt{2}\sin 1°<1.5\sin 1°$ 可知,只需证明

$$\sin 1°<\dfrac{1}{7}$$

用导数可证得 $\sin x<x(x>0)$,所以

$$\sin 1°=\sin\dfrac{\pi}{180}<\dfrac{\pi}{180}<\dfrac{4}{180}=\dfrac{1}{45}<\dfrac{1}{7}$$

得欲证结论成立.

所以 $a<b<c$.

20. **解法 1** A. 设题设中的三角形是 $\triangle ABC$,其三边长分别为 $BC=n-1$,$CA=n$,$AB=n+1(n\in\mathbf{N},n\geqslant 3)$,可得 $0<A<B<C<\pi$.

因为 $\triangle ABC$ 有一个角是另一个角的 2 倍,所以可分下面三种情形讨论.

(1) $B=2A$. 由正弦定理,可得

$$\dfrac{n-1}{\sin A}=\dfrac{n}{\sin 2A}=\dfrac{n+1}{\sin 3A}$$

$$n-1=\dfrac{n}{2\cos A}=\dfrac{n+1}{3-4\sin^2 A}(n\in\mathbf{N},n\geqslant 3)$$

$$n=2(n\in\mathbf{N},n\geqslant 3)$$

可得此时无解.

(2) $C=2B$. 由正弦定理,可得

$$\frac{n-1}{\sin 3B} = \frac{n}{\sin B} = \frac{n+1}{\sin 2B} (n \in \mathbf{N}, n \geq 3)$$

可得此时无解.

(3) $C = 2A$. 由正弦定理,可得

$$\frac{n-1}{\sin A} = \frac{n}{\sin 3A} = \frac{n+1}{\sin 2A} (n \in \mathbf{N}, n \geq 3)$$

$$n = 5$$

即满足题意的三角形的三边长分别是 4,5,6.

解法 2 A. 设题设中的三角形是 $\triangle ABC$,其三边长分别为 $BC = n-1, CA = n, AB = n+1 (n \in \mathbf{N}, n \geq 3)$,可得 $0 < A < B < C < \pi$.

因为 $\triangle ABC$ 中有一个角是另一个角的 2 倍,所以可分下面三种情形讨论.

(1) $B = 2A$. 由正弦定理,可得

$$\frac{n-1}{\sin A} = \frac{n}{\sin 2A}, n-1 = \frac{n}{2\cos A}, \cos A = \frac{n}{2(n-1)}$$

再由余弦定理,可得

$$(n-1)^2 = n^2 + (n+1)^2 - 2n(n+1)\frac{n}{2(n-1)}$$

$$n = 2 (n \in \mathbf{N}, n \geq 3)$$

得此时无解.

(2) $C = 2B$. 由正弦定理,可得

$$\frac{n}{\sin B} = \frac{n+1}{\sin 2B}, n = \frac{n+1}{2\cos B}, \cos B = \frac{n+1}{2n}$$

再由余弦定理,可得

$$n^2 = (n-1)^2 + (n+1)^2 - 2(n-1)(n+1)\frac{n+1}{2n}$$

$$n^2 - n - 1 = 0 (n \in \mathbf{N}, n \geq 3)$$

得此时无解.

(3) $C = 2A$. 由正弦定理,可得

$$\frac{n-1}{\sin A} = \frac{n+1}{\sin 2A}, n-1 = \frac{n+1}{2\cos A}, \cos A = \frac{n+1}{2(n-1)}$$

再由余弦定理,可得

$$(n-1)^2 = n^2 + (n+1)^2 - 2n(n+1)\frac{n+1}{2(n-1)}$$

$$n^2 - n - 1 = 0 (n \in \mathbf{N}, n \geq 3)$$

$$n = 5$$

得满足题意的三角形的三边长分别是 4,5,6.

综上所述,可得答案是 A.

注 此题有三个原型:

(1)(普通高中课程标准实验教科书《数学 5·必修·A 版》(人民教育出版社,2007 年第 3 版)第一章复习参考题 B 组第 3 题)研究一下,是否存在一个三角形同时具有下面两条性质:

①三边是三个连续的自然数;

②最大角是最小角的 2 倍.

答案:存在唯一的满足题意的三角形,且此三角形的三边长分别是 4,5,6.

(2)(2005 年上海交通大学冬令营数学试题第二题第 2 题)三角形的三边长为连续整数.

①是否存在这样的三角形,其最大角是最小角的 2 倍;

②是否存在这样的三角形,其最大角是最小角的 3 倍.

答案:①存在唯一的满足题意的三角形,且此三角形的三边长分别是 4,5,6.

②不存在.

(3)(2015 年湖南省高中数学竞赛试卷(A 卷)第 7 题)已知三边为连续自然数的三角形的最大角是最小角的 2 倍,则该三角形的周长为_____.

答案:15.

关于这几道题的详细研究,可见:甘志国. 关于一类三角形三边长取法的唯一性问题[J]. 中学数学研究(广州),2016(6):34-35.

该文得到的结论是:

定理 若某个三角形的三边长是三个连续正整数且有两个内角有整数倍数关系,则该三角形的三边长分别是 4,5,6,且三个内角中的最大角是最小角的 2 倍.

§10　2017 年北京大学 514 优特数学测试参考答案

1. C. 易用数学归纳法证得 $a_n > 0 (n \in \mathbf{N}^*)$,所以可对已知的递推式两边取倒数,得

$$\frac{1}{a_{n+1}} - \frac{1}{a_n} = 2(2n+1)$$

因而

$$\frac{1}{a_n} = \frac{1}{a_1} + \left(\frac{1}{a_2} - \frac{1}{a_1}\right) + \left(\frac{1}{a_3} - \frac{1}{a_2}\right) + \cdots + \left(\frac{1}{a_n} - \frac{1}{a_{n-1}}\right)$$

$$= \frac{3}{2} + 2[3 + 5 + \cdots + (2n-1)]$$

$$= \frac{3}{2} + 2[1 + 3 + 5 + \cdots + (2n-1)] - 2$$

$$= \frac{(2n+1)(2n-1)}{2} (n \geq 2)$$

进而可得 $a_n = \frac{1}{2n-1} - \frac{1}{2n+1} (n \in \mathbf{N}^*)$,再由累加法可求得答案.

2. C. 可得 $\ln x_2 = \frac{e^2}{x_2}, e^{\frac{e^2}{x_2}} = x_2, \frac{e^2}{x_2} e^{\frac{e^2}{x_2}} = e^2 \left(\frac{e^2}{x_2} > 0\right); x_1 e^{x_1} = e^2 (x_1 > 0).$

再由 $y = xe^x (x > 0)$ 是增函数,可得 $\frac{e^2}{x_2} = x_1, x_1 x_2 = e^2.$

3. **解法 1** A. 在公式 $\cos 3\alpha = 4\cos^3 \alpha - 3\cos \alpha$ 中,令 $\alpha = 20°$,可得

$$8\cos^3 20° - 6\cos 20° - 1 = 0$$
$$(2\cos 20° - 1)(8\cos^3 20° - 3\cos 20° - 1) = 0$$
$$16\cos^4 20° - 8\cos^3 20° - 12\cos^2 20° + 4\cos 20° + 1 = 0$$
$$2(2\cos^2 20° - 1) + 4(2\cos^2 20° - 1)^2 - 4\cos 20°(2\cos^2 20° - 1) = 1$$
$$2\cos 40° + 4\cos^2 40° - 4\cos 20°\cos 40° = 1$$
$$2\cos 40° + 3\cos^2 40° - 4\cos 20°\cos 40° = \sin^2 40° \qquad ①$$

下面证明 $9\tan 10° + 2\tan 20° + 4\tan 40° - \tan 80° = 0$,即证

$$2\tan 20° + 4\tan 40° = \tan 80° - 9\tan 10°$$

可得

$$\tan 80° - 9\tan 10° = \frac{\cos 10°}{\sin 10°} - \frac{9\sin 10°}{\cos 10°} = \frac{2\cos^2 10° - 9 \cdot 2\sin^2 10°}{2\sin 10°\cos 10°}$$

$$= \frac{(1 + \cos 20°) - 9(1 - \cos 20°)}{\sin 20°} = \frac{10\cos 20° - 8}{\sin 20°}$$

所以即证

$$\tan 20° + 2\tan 40° = \frac{5\cos 20° - 4}{\sin 20°}$$

$$\frac{2\sin 40°}{\cos 40°} = \frac{5\cos 20° - 4}{\sin 20°} - \frac{\sin 20°}{\cos 20°}$$

而
$$\frac{5\cos 20° - 4}{\sin 20°} - \frac{\sin 20°}{\cos 20°} = 2 \cdot \frac{6\cos^2 20° - 4\cos 20° - 1}{\sin 40°}$$
$$= 2 \cdot \frac{2 + 3\cos 40° - 4\cos 20°}{\sin 40°}$$

所以即证
$$\frac{\sin 40°}{\cos 40°} = \frac{2 + 3\cos 40° - 4\cos 20°}{\sin 40°}$$

而这由式①可得,所以答案是 A.

解法 2 A. 由公式 $\cot \alpha - \tan \alpha = 2\cot 2\alpha$,可得
$$\tan 80° - \tan 10° - 2\tan 20° - 4\tan 40° - 8\tan 10°$$
$$= 2(\cot 20° - \tan 20°) - 4\tan 40° - 8\tan 10°$$
$$= 4(\cot 40° - \tan 40°) - 8\tan 10°$$
$$= 8\cot 80° - 8\tan 10° = 0$$

所以
$$9\tan 10° + 2\tan 20° + 4\tan 40° - \tan 80° = 0$$

4. B. 可设 $a - b = u, b - c = v$,得 $a = u + v + c, b = v + c$.

由题设,可得 $b^2 - 4ac \geq 0$,即 $3c^2 + 2(2u + v)c - v^2 \leq 0$,也即
$$(3c + 2u + v)^2 \leq 4(u^2 + uv + v^2)$$
$$|3c| - |2u + v| \leq |3c + 2u + v| \leq 2\sqrt{u^2 + uv + v^2}$$
$$|3c| \leq |2u + v| + 2\sqrt{u^2 + uv + v^2}$$

可证得 $|2u + v| \leq 2\sqrt{u^2 + uv + v^2}$(当且仅当 $v = 0$ 时取等号),所以
$$|3c| \leq |2u + v| + 2\sqrt{u^2 + uv + v^2} \leq 4\sqrt{u^2 + uv + v^2}$$
$$\frac{u^2 + uv + v^2}{(3c)^2} \geq \frac{1}{16}(当且仅当 v = 0, 4u + 3c = 0 时取等号)$$

由题设,还可得 $r \leq \left[\frac{18(u^2 + uv + v^2)}{(3c)^2}\right]_{\min} = \frac{9}{8}$,当 $b = c = 4a \neq 0$ 时可得 $r = \frac{9}{8}$.

所以 $r_{\max} = \frac{9}{8}$.

5. 解法 1 C. 所求 m 的最大值 $m_{\max}$ 即 $\forall a, b \in \mathbf{R}, |f(x)|$ 在 $[0, 4]$ 上的最大值.

当 $a=-4, b=2$ 时,可求得 $|f(x)|$ 在 $[0,4]$ 上的最大值是 2,所以 $m_{\max} \leqslant 2$. 下证 $m_{\max}=2$.

因为
$$|f(0)|+2|f(2)|+|f(4)|=|b|+2|2a+b+4|+|4a+b+16|$$
$$\geqslant |b-2(2a+b+4)+(4a+b+16)|=8$$

所以 $\max\{|f(0)|,|f(2)|,|f(4)|\} \geqslant \dfrac{8}{1+2+1}=2$,因而 $m_{\max}=2$.

进而可得答案是 C.

解法 2 C. 所求 m 的最大值 $m_{\max}$ 即 $\forall a,b \in \mathbf{R}$,$|f(x)|$ 在 $[0,4]$ 上的最大值.

抛物线 $f(x)=x^2+ax+b$ 的对称轴是 $x=-\dfrac{a}{2}$,所给区间 $[0,4]$ 的中点是 2,所以由抛物线的对称性知,只需考虑 $-\dfrac{a}{2} \geqslant 2$ 即 $a \leqslant -4$ 的情形.

当 $-8 \leqslant a \leqslant -4$ 即 $2 \leqslant -\dfrac{a}{2} \leqslant 4$ 时,可得
$$2|f(x)|_{\max} \geqslant |f(0)|+\left|f\left(-\dfrac{a}{2}\right)\right| \geqslant \left|f(0)-f\left(-\dfrac{a}{2}\right)\right|=\dfrac{a^2}{4} \geqslant 4$$
$$|f(x)|_{\max} \geqslant 2$$

还可得:当 $a=-4, b=2$ 时,$|f(x)|_{\max}=2$.

当 $a<-8$ 时,可得
$$2|f(x)|_{\max} \geqslant |f(0)|+|f(4)| \geqslant |f(4)-f(0)|=|4a+16|>16$$
$$|f(x)|_{\max}>8$$

综上所述,$\forall a,b \in \mathbf{R}$,$|f(x)|$ 在 $[0,4]$ 上的最大值是 2.

即 $m_{\max}=2$,进而可得答案是 C.

6. A. 若 $a_k=b_m$,则 $2^k \leqslant 5 \cdot 2017-2=10083$,$k \leqslant 13$,还可得
$$a_k=b_m \Leftrightarrow 2^k=5m-2 \Leftrightarrow 5 \mid 2^{k-1}+1$$

进而可得 $k=3,7,11$,所以选 A.

7. B. 如图 1 所示,作 $PH \perp x$ 轴于 H,可设 $P(-m,n),H(-m,0),Q(m,-n)$($m>0,n>0,mn=2\sqrt{2}$),可得 $PH \perp$ 坐标平面的下半平面,从而 $PH \perp HQ$,所以由均值不等式,可得
$$|PQ|^2=|PH|^2+|HQ|^2=n^2+(4m^2+n^2)=4m^2+2n^2=4m^2+2\left(\dfrac{2\sqrt{2}}{m}\right)^2 \geqslant 16$$

进而可得当且仅当点 P 的坐标是 $(-\sqrt{2},2)$ 时,$|PQ|_{\min}=4$.

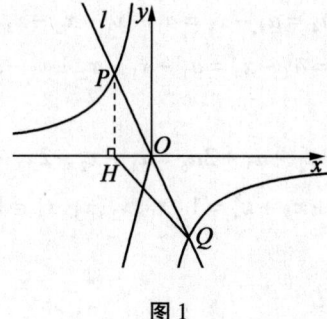

图 1

8. A. 由题设可得 $a_{i+1}^2 - a_i^2 = 2 + \dfrac{1}{a_i^2}$, 所以

$$\sum_{i=1}^{n-1}(a_{i+1}^2 - a_i^2) = 2(n-1) + \sum_{i=1}^{n-1}\dfrac{1}{a_i^2}(n \geqslant 2)$$

$$a_n^2 - 1 = 2(n-1) + \sum_{i=1}^{n-1}\dfrac{1}{a_i^2}(n \geqslant 2)$$

$$a_n^2 + 1 = 2n + \sum_{i=1}^{n-1}\dfrac{1}{a_i^2}(n \geqslant 2) \qquad ①$$

再由 $a_1 = 1$, 可得 $a_i^2 + 1 \geqslant 2i + 1, a_i^2 \geqslant 2i, \dfrac{1}{a_i^2} \leqslant \dfrac{1}{2i}(i \geqslant 2)$, 所以

$$\dfrac{1}{a_i^2} \leqslant \dfrac{1}{2\sqrt{i}} < \dfrac{1}{\sqrt{i} + \sqrt{i-1}} = \sqrt{i} - \sqrt{i-1}\ (i \geqslant 2)$$

所以

$$\sum_{i=2}^{2\,016}\dfrac{1}{a_i^2} \leqslant \sqrt{2\,016} - 1 < \sqrt{2\,025} - 1 = 44$$

在式①中令 $n = 2\,017$, 可得

$$a_{2\,017}^2 = 4\,034 + \sum_{i=2}^{2\,016}\dfrac{1}{a_i^2}$$

所以

$$63^2 = 3\,969 < a_{2\,017}^2 < 4\,096 = 64^2$$

$$a_{2\,017} \in (63, 63+1)$$

得 $k = 63$.

9. D. 设 $a_1 - a_2 = x_1, a_2 - a_3 = x_2, a_3 - a_4 = x_3, a_4 - a_5 = x_4$, 可得

$$a_2 = a_1 - x_1$$

$$a_3 = a_2 - x_2 = a_1 - x_1 - x_2$$

$$a_4 = a_3 - x_3 = a_1 - x_1 - x_2 - x_3$$
$$a_5 = a_4 - x_4 = a_1 - x_1 - x_2 - x_3 - x_4$$

因而
$$a_1 - 2a_2 - a_3 + 2a_5 = x_1 - x_2 - 2x_3 - 2x_4$$

所以本题即"已知 $x_1^2 + x_2^2 + x_3^2 + x_4^2 = 1$ ($x_1, x_2, x_3, x_4 \in \mathbf{R}$),求 $x_1 - x_2 - 2x_3 - 2x_4$ 的最大值".

由柯西不等式,可得
$$10 = [1^2 + (-1)^2 + (-2)^2 + (-2)^2](x_1^2 + x_2^2 + x_3^2 + x_4^2)$$
$$\geq (1x_1 - 1x_2 - 2x_3 - 2x_4)^2$$
$$x_1 - x_2 - 2x_3 - 2x_4 \leq \sqrt{10}$$

当且仅当 $\begin{cases} \dfrac{x_1}{1} = \dfrac{x_2}{-1} = \dfrac{x_3}{-2} = \dfrac{x_4}{-2} \\ x_1 - x_2 - 2x_3 - 2x_4 = \sqrt{10} \end{cases}$,即 $(x_1, x_2, x_3, x_4) = \left(\dfrac{1}{\sqrt{10}}, -\dfrac{1}{\sqrt{10}}, -\dfrac{2}{\sqrt{10}}, -\dfrac{2}{\sqrt{10}}\right)$ 时,$(x_1 - x_2 - 2x_3 - 2x_4)_{\max} = \sqrt{10}$.

也即当且仅当 $(a_2, a_3, a_4, a_5) = \left(a_1 - \dfrac{1}{\sqrt{10}}, a_1, a_1 + \dfrac{2}{\sqrt{10}}, a_1 + \dfrac{4}{\sqrt{10}}\right)$ 时,$(a_1 - 2a_2 - a_3 + 2a_5)_{\max} = \sqrt{10}$.

10. A. 设 $g(x) = f(x) - \dfrac{1}{6}x^3$,由 $f(x) - f(-x) = \dfrac{1}{3}x^3$ 可得 $g(x) = g(-x)$,即 $g(x)$ 是偶函数.

由 $f'(x) < \dfrac{1}{2}x^2 (x < 0)$,可得 $g'(x) < 0 (x < 0)$,$g(x)$ 在 $(-\infty, 0)$ 上是减函数.

再由 $f(x)$ 在 $\mathbf{R}$ 上可导,可得 $g(x)$ 在 $\mathbf{R}$ 上可导因而连续,所以 $g(x)$ 在 $[0, +\infty)$ 上是增函数.

进而可得
$$f(6-a) - f(a) \geq -\dfrac{1}{3}a^3 + 3a^2 - 18a + 36$$
$$\Leftrightarrow g(a) \leq g(6-a)$$
$$\Leftrightarrow g(|a|) \leq g(|6-a|)$$
$$\Leftrightarrow |a| \leq |6-a|$$
$$\Leftrightarrow a \leq 3$$

所以答案是 A.

11. C. 如图 2 所示,设桌面上三个球的球心分别是 O_1,O_2,O_3,小球的球心是 O,半径是 r,由这四个球两两外切,可得 $OO_1=OO_2=OO_3=r+2\,017$,$O_1O_2=O_2O_3=O_3O_1=2\,017\cdot2=4\,034$.

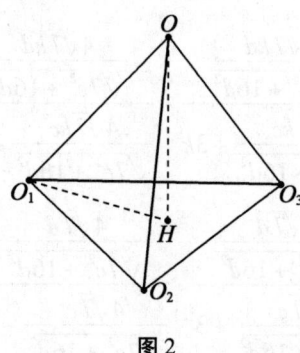

图 2

在正三棱锥 $O-O_1O_2O_3$ 中,设正 $\triangle O_1O_2O_3$ 的中心是 H,可得 $O_1H=\dfrac{4\,034}{\sqrt{3}}$.

再由 $\sqrt{OO_1^2-OH^2}=OH=2\,017-r$,可得

$$\sqrt{(r+2\,017)^2-\left(\dfrac{4\,034}{\sqrt{3}}\right)^2}=2\,017-r(0<r<2\,017)$$

两边平方后,可解得 $r=\dfrac{2\,017}{3}$.

12. C. 每两支足球队打一场比赛,共打 $C_{60}^2=1\,770$ 场,而每一场是两种结局,所以共有 $2^{1\,770}$ 种结局.

没有两队赢相同的场数,就是各队赢的场数分别是 $0,1,2,\cdots,59$,由此可知共有 $60!$ 种情形,所以概率 $\dfrac{q}{p}=\dfrac{60!}{2^{1\,770}}$.

可得 $60!$ 的分解质因数式子中 2 的指数是 $\left[\dfrac{60}{2}\right]+\left[\dfrac{60}{2^2}\right]+\left[\dfrac{60}{2^3}\right]+\cdots=30+15+7+3+1=56$,再由 p,q 互质,可得所求答案为 $1\,770-56=1\,714$.

13. 解法 1 B. 可设 $a=4k,b=\sqrt{7}k(k>0),F_1(-3k,0),F_2(3k,0)$,得椭圆 $C_1:\dfrac{x^2}{16k^2}+\dfrac{y^2}{7k^2}=1$.

可不妨设点 P 在第一象限,解方程组 $\begin{cases}\dfrac{x^2}{16k^2}+\dfrac{y^2}{7k^2}=1\\ y=\dfrac{d}{c}x(x>0)\end{cases}$,可求得

$$P\left(\frac{4\sqrt{7}kc}{\sqrt{7c^2+16d^2}}, \frac{4\sqrt{7}kd}{\sqrt{7c^2+16d^2}}\right)$$

还可得

$$k_{PF_1}k_{PF_2} = \frac{\dfrac{4\sqrt{7}kd}{\sqrt{7c^2+16d^2}}}{\dfrac{4\sqrt{7}kc}{\sqrt{7c^2+16d^2}}+3k} \cdot \frac{\dfrac{4\sqrt{7}kd}{\sqrt{7c^2+16d^2}}}{\dfrac{4\sqrt{7}kc}{\sqrt{7c^2+16d^2}}-3k}$$

$$= \frac{\dfrac{4\sqrt{7}d}{\sqrt{7c^2+16d^2}}}{\dfrac{4\sqrt{7}c}{\sqrt{7c^2+16d^2}}+3} \cdot \frac{\dfrac{4\sqrt{7}d}{\sqrt{7c^2+16d^2}}}{\dfrac{4\sqrt{7}c}{\sqrt{7c^2+16d^2}}-3}$$

$$= \frac{112d^2}{(4\sqrt{7}c+3\sqrt{7c^2+16d^2})(4\sqrt{7}c-3\sqrt{7c^2+16d^2})}$$

$$= \frac{112d^2}{49c^2-144d^2} = -1$$

$$\frac{d^2}{c^2} = \frac{49}{32}$$

所以双曲线 C_2 的离心率是 $\sqrt{1+\dfrac{d^2}{c^2}}$ 即 $\dfrac{9}{8}\sqrt{2}$.

解法 2 B. 可设 $a=4k, b=\sqrt{7}k(k>0), F_1(-3k,0), F_2(3k,0)$, 得椭圆 $C_1: \dfrac{x^2}{16k^2}+\dfrac{y^2}{7k^2}=1$.

由 $PF_1 \perp PF_2$, 可得点 P 在以 F_1F_2 为直径的圆周 $x^2+y^2=9k^2$ 上.

解方程组 $\begin{cases} \dfrac{x^2}{16k^2}+\dfrac{y^2}{7k^2}=1 \\ x^2+y^2=9k^2 \end{cases}$, 可求得 $P\left(\pm\dfrac{4}{3}\sqrt{2}k, \pm\dfrac{7}{3}k\right)$(其中正负号任意选取).

再由题设可得点 $\left(\dfrac{4}{3}\sqrt{2}k, \dfrac{7}{3}k\right)$ 在直线 $y=\dfrac{d}{c}x$ 上, 所以 $\dfrac{d}{c}=\dfrac{7}{4\sqrt{2}}$, 进而可求得双曲线 C_2 的离心率是 $\sqrt{1+\dfrac{d^2}{c^2}}$ 即 $\dfrac{9}{8}\sqrt{2}$.

14. A. 可得 $|PQ|=|m^2-\ln m-m+1|$. 设 $h(m)=m^2-\ln m-m+1$, 可得

$$h'(m)=\frac{2m+1}{m}(m-1)(m>0)$$

进而可得 $h(m)_{\min}=h(1)=1$,因而 $|PQ|$ 的最小值是 1.

15. A. 当 $x=1$ 时,$y=1$(因为 $x\neq y$,所以舍去);当 $x=-1$ 时,$y=3$.

其余的解满足 $y^3-4y^2-11y+30=0$,得 $y=-3,2,5$,进而可得解 $(x,y)=(5,-3),(0,2),(-3,5)$,但 $(x,y)=(0,2)$ 应舍去.

进而可得答案.

16. C. 可得双曲线 $C_1:\left(\dfrac{k_1}{4}\right)^2(x-2)^2-(y-2)^2=4\left(\dfrac{k_1}{4}\right)^2-4$,再由题设可得 $\dfrac{k_1}{4}=\dfrac{1}{k_2}(k_2>2)$,所以得双曲线 $C_1:\dfrac{(y-2)^2}{1^2}-\dfrac{(x-2)^2}{k_2^2}=4-\dfrac{4}{k_2^2}\left(4-\dfrac{4}{k_2^2}>0\right)$,可得其离心率为 $\sqrt{k_2^2+1}$.

还可得双曲线 $C_2:\dfrac{(x-2)^2}{\left(\dfrac{1}{k_2}\right)^2}-\dfrac{(y-2)^2}{1^2}=4k_2^2-4(4k_2^2-4>0)$,可得其离心率为 $\dfrac{\sqrt{\left(\dfrac{1}{k_2}\right)^2+1^2}}{\dfrac{1}{k_2}}=\sqrt{k_2^2+1}$.

所以双曲线 C_1,C_2 离心率的比值是 1.

17. B. 因为两圆有公共点 $(3,4)$,所以这两圆内切、外切或相交.

若两圆内切,则它们有唯一公切线,不满足题意.

若两圆外切,如图 3 所示,可设这两圆的圆心分别是 O_1,O_2,则坐标原点 O 及点 $(3,4),O_1,O_2$ 共线,且该直线的方程是 $y=\dfrac{4}{3}x$,由公式 $\tan 2\alpha=\dfrac{2\tan\alpha}{1-\tan^2\alpha}$ 还可求得另一条切线的方程是 $y=-\dfrac{24}{7}x$.

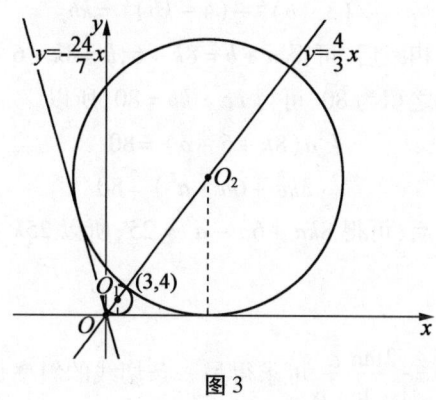

图 3

可设 $O_1(3a,4a),O_2(3b,4b)(0<a<b)$. 由两圆均与 x 轴相切,可得这两圆的半径分别是 $4a,4b$,再由题设可得 $4a \cdot 4b = 80, ab = 5$.

由两圆外切,可得圆心距等于半径之和,即
$$\sqrt{(3b-3a)^2 + (4b-4a)^2} = 4a + 4b$$
$$b = 9a$$

进而可求得圆 O_2 的方程是 $(x-9\sqrt{5})^2 + (y-12\sqrt{5})^2 = 720$,但它不过点 $(3,4)$,说明此种情形也不满足题意.

所以两圆相交且一个交点是 $(3,4)$. 如图 4 所示,可设这两圆的圆心分别是 O_1,O_2,则坐标原点 O 及圆心 O_1,O_2 共线,可设该直线的方程是 $y = kx$. 因为两圆上的点均不可能在 x 轴的下方,所以 $k > 0$.

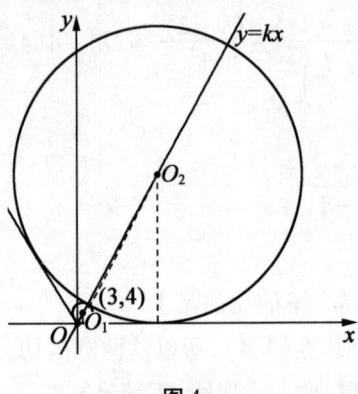

图 4

还可设 $O_1(a,ka),O_2(b,kb)(0<a<b)$. 由两圆均与 x 轴相切,可得这两个圆的半径分别为
$$\sqrt{(3-a)^2 + (4-ka)^2} = ka \qquad ①$$
$$\sqrt{(3-b)^2 + (4-kb)^2} = kb$$

把它们两边平方相减后,可得 $a+b = 8k+6, b = 8k+6-a$.

再由两圆的半径之积为 80,可得 $ka \cdot kb = 80$,所以
$$k^2 a(8k+6-a) = 80$$
$$k^2(8ka + 6a - a^2) = 80$$

把式①两边平方后,可得 $8ka + 6a - a^2 = 25$,所以 $25k^2 = 80(k > 0)$,得 $k = \dfrac{4}{\sqrt{5}}$.

再由公式 $\tan 2\alpha = \dfrac{2\tan\alpha}{1-\tan^2\alpha}$ 可求得另一条切线的斜率是 $-\dfrac{8}{11}\sqrt{5}$.

18. C. 可得

$$\cos A + \sqrt{2}\cos B + \sqrt{2}\cos C = \cos A + 2\sqrt{2}\cos\frac{B+C}{2}\cos\frac{B-C}{2}$$

$$\leqslant \cos A + 2\sqrt{2}\sin\frac{A}{2}$$

$$= 1 - 2\sin^2\frac{A}{2} + 2\sqrt{2}\sin\frac{A}{2}$$

$$= 2 - 2\left(\sin\frac{A}{2} - \frac{\sqrt{2}}{2}\right)^2 \leqslant 2$$

进而可得当且仅当$(A,B,C) = \left(\frac{\pi}{2}, \frac{\pi}{4}, \frac{\pi}{4}\right)$时,$(\cos A + \sqrt{2}\cos B + \sqrt{2}\cos C)_{\max} = 2$.

19. D. 设第一个、第二个正四面体的底面数字分别是x,y,可得两底面数字之和的情形如表1所示:

表1

x \ y	1	2	3	4
1	2	3	4	5
2	3	4	5	6
3	4	5	6	7
4	5	6	7	8

若$2|x+y$,则(x,y)共有8种情形;若$5|x+y$,则(x,y)共有4种情形. 且$2|x+y$与$5|x+y$不可能同时成立. 且$2|x+y$与$5|x+y$均不成立的情形共有4种.

"3次所得数字之积能被10整除"共包含下面三类情形:

(1) 有两个和能被2整除,另一个和能被5整除,共$C_3^1 \cdot 8^2 \cdot 4$种;

(2) 有两个和能被5整除,另一个和能被2整除,共$C_3^1 \cdot 4^2 \cdot 8$种;

(3) 有一个和能被2整除,另一个和能被5整除,第三个和既不能被2整除也不能被5整除,共$A_3^3 \cdot 8 \cdot 4 \cdot 4$种.

可得它们的和是$4^3 \cdot 30$.

又因为"共投掷3次"的情形是$(4 \cdot 4)^3$,所以所求概率是$\dfrac{4^3 \cdot 30}{(4 \cdot 4)^3} = \dfrac{15}{32}$.

20. C. 如图 5 所示,可设 $\angle MBO = \angle HOM = \theta \left(0 < \theta < \dfrac{\pi}{2}\right)$.

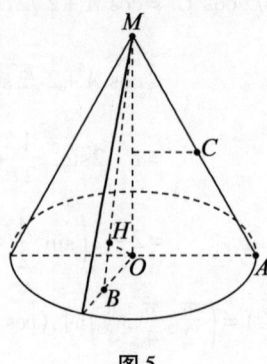

图 5

在 Rt$\triangle OHM$ 中,可得

$$S_{\triangle OHM} = \dfrac{1}{2}|OH| \cdot |HM| = \dfrac{1}{2} \cdot 2\sqrt{3}\cos\theta \cdot 2\sqrt{3}\sin\theta$$

$$= 3\sin 2\theta \leqslant 3(\text{当且仅当}\ \theta = \dfrac{\pi}{4}\text{时取等号})$$

还可得

$$V_{\text{四面体}OCHM} = V_{\text{三棱锥}C-OHM} = \dfrac{1}{3}S_{\triangle OHM} \cdot \dfrac{|OA|}{2} \leqslant \dfrac{1}{3} \cdot 3 \cdot \dfrac{2\sqrt{6}}{2} = \sqrt{6}$$

所以当四面体 OCHM 的体积最大时,$\theta = \dfrac{\pi}{4}$.

可得 $\angle MAO < \dfrac{\pi}{4} = \theta = \angle MBO$,因而当四面体 OCHM 的体积最大时,满足题设"点 B 在底面圆内". 所以所求 $|HB| = |OH| = 2\sqrt{3}\cos\dfrac{\pi}{4} = \sqrt{6}$.

§11　2017年北京大学优秀中学生夏令营数学试题参考答案

1. **解法 1**　可得 $y > 0$,且

$$y^2 = 25 + 2\sqrt{(x-6)(31-x)} \leqslant 25 + (x-6) + (31-x) = 50$$

当且仅当 $x - 6 = 31 - x$ 即 $x = \dfrac{25}{2}$ 时,$y_{\max} = 5\sqrt{2}$.

解法2 由柯西不等式,可得
$$y = 1 \cdot \sqrt{x-6} + 1 \cdot \sqrt{31-x} \leqslant \sqrt{2} \cdot \sqrt{(x-6)+(31-x)} = 5\sqrt{2}$$
当且仅当 $x-6 = 31-x$ 即 $x = \dfrac{25}{2}$ 时,$y_{\max} = 5\sqrt{2}$.

2.由柯西不等式的推论,可得
$$\dfrac{1}{a_1+a_2} + \dfrac{1}{a_2+a_3} + \cdots + \dfrac{1}{a_{2016}+a_{2017}} + \dfrac{1}{a_{2017}+a_1}$$
$$\geqslant \dfrac{2017^2}{(a_1+a_2)+(a_2+a_3)+(a_{2016}+a_{2017})+(a_{2017}+a_1)} = \dfrac{2017}{2}$$
进而可得当且仅当 $a_1 = a_2 = \cdots = a_{2017} = 1$ 时,$\left(\dfrac{1}{a_1+a_2} + \dfrac{1}{a_2+a_3} + \cdots + \dfrac{1}{a_{2016}+a_{2017}} + \dfrac{1}{a_{2017}+a_1}\right)_{\min} = \dfrac{2017}{2}$.

3.由和差化积、积化和差公式,可得
$$\cos A + \cos B + \cos C = 2\cos\dfrac{A+B}{2}\cos\dfrac{A-B}{2} - \cos(A+B)$$
$$= 2\cos\dfrac{A+B}{2}\cos\dfrac{A-B}{2} - 2\cos^2\dfrac{A+B}{2} + 1$$
$$= 2\cos\dfrac{A+B}{2}\left(\cos\dfrac{A-B}{2} - \cos\dfrac{A+B}{2}\right) + 1$$
$$= 2\cos\dfrac{A+B}{2} \cdot 2\sin\dfrac{A}{2}\sin\dfrac{B}{2} + 1$$
$$= 4\sin\dfrac{A}{2}\sin\dfrac{B}{2}\sin\dfrac{C}{2} + 1$$
可得 $\dfrac{A}{2},\dfrac{B}{2},\dfrac{C}{2} \in \left(0,\dfrac{\pi}{2}\right)$,所以 $\sin\dfrac{A}{2} > 0, \sin\dfrac{B}{2} > 0, \sin\dfrac{C}{2} > 0$,因而
$$\cos A + \cos B + \cos C = 4\sin\dfrac{A}{2}\sin\dfrac{B}{2}\sin\dfrac{C}{2} + 1 > 1$$

4.易知当 $a = 0$ 时满足题设.

当 $a \neq 0$ 时,可设关于 x 的方程 $ax^2 - 2x + 2a^2 - 4 = 0$ 的两个根分别为 x_1,x_2,得
$$x_1 + x_2 = \dfrac{2}{a}, x_1 x_2 = \dfrac{2a^2-4}{a} = 2a - 2 \cdot \dfrac{2}{a}$$

由题设,可得 $x_1 + x_2, x_1 x_2 \in \mathbf{Z}$,即 $\dfrac{2}{a}, 2a \in \mathbf{Z}$,得 $a = \pm\dfrac{1}{2}, \pm 1$,或 ± 2.

经检验,可得所求答案为 $a = 0$ 或 -2.

5. 存在. 比如下面的等差数列

$$\frac{1}{2\,017!}, \frac{2}{2\,017!}, \frac{3}{2\,017!}, \cdots, \frac{2\,017}{2\,017!}$$

即

$$\frac{1}{2\,017!}, \frac{1}{\frac{2\,017!}{2}}, \frac{1}{\frac{2\,017!}{3}}, \cdots, \frac{1}{\frac{2\,017!}{2\,017}}$$

6. 设 $d = a^2 - 4b$, 由题设可得 $d \in \mathbf{N}^*$, 且 $\omega = \frac{-a \pm \sqrt{d}}{2}$. 由

$$\left|\omega - \frac{p}{q}\right| \geq \frac{c_0}{q^2} \Leftrightarrow \left|\frac{-a \pm \sqrt{d}}{2} - \frac{p}{q}\right| \geq \frac{c_0}{q^2} \Leftrightarrow \left|\sqrt{d} \mp \frac{2p + aq}{q}\right| \geq \frac{c_0}{q^2}$$

可知, 只需证明:

若 $\sqrt{d}$ 是无理数, 则 $\forall p' \in \mathbf{Z}, q \in \mathbf{N}^*$, 均存在正数 c', 使得 $\left|\sqrt{d} - \frac{p'}{q}\right| \geq \frac{c'}{q^2}$, 即

$$q^2 \left|\sqrt{d} - \frac{p'}{q}\right| \geq c'.$$

由无理数 $\sqrt{d}$ 与有理数 $\frac{p'}{q}$ 不会相等, 可知 $\left|\sqrt{d} - \frac{p'}{q}\right| > 0$, $q^2 \left|\sqrt{d} - \frac{p'}{q}\right| > 0$, 所以 $\forall p' \in \mathbf{Z}, q \in \mathbf{N}^*$, 均存在正数 $c' = q^2 \left|\sqrt{d} - \frac{p'}{q}\right|$, 使得 $q^2 \left|\sqrt{d} - \frac{p'}{q}\right| \geq c'$.

得欲证结论成立.

7. 由题设, 可得

$$\frac{ab^2}{a^3+1} = \frac{ab^2}{a^3+2abc} = \frac{b^2}{a^2+2bc} \geq \frac{b^2}{a^2+b^2+c^2} \,(\text{当且仅当 } b=c \text{ 时取等号})$$

同理, 可得

$$\frac{bc^2}{b^3+1} \geq \frac{c^2}{a^2+b^2+c^2} \,(\text{当且仅当 } c=a \text{ 时取等号})$$

$$\frac{ca^2}{c^3+1} \geq \frac{a^2}{a^2+b^2+c^2} \,(\text{当且仅当 } a=b \text{ 时取等号})$$

把得到的三个不等式相加后, 可得欲证结论成立

$$\frac{ab^2}{a^3+1} + \frac{bc^2}{b^3+1} + \frac{ca^2}{c^3+1} \geq 1 \,(\text{当且仅当 } a=b=c=\frac{1}{\sqrt[3]{2}} \text{ 时取等号})$$

§12 2017年清华大学领军计划数学试题参考答案

1. B. 可得绳子的质量是 $\int_0^4 \rho(x)\mathrm{d}x = \int_0^4 \sqrt{4x-x^2}\mathrm{d}x$.

曲线 $y = \sqrt{4x-x^2}$ 即上半圆 $(x-2)^2 + y^2 = 2^2 (y \geq 0)$,如图1所示,进而可得所求答案是这个半圆与 x 轴围成的面积 $\frac{1}{2}\pi \cdot 2^2 = 2\pi$.

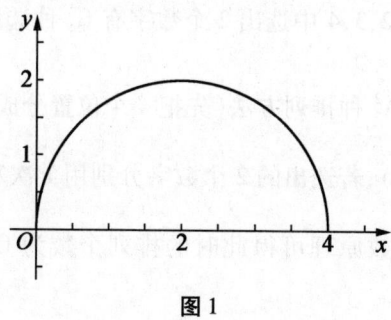

图1

2. C. 设方程 $f(x) = 0$ 的两个根分别为 α, β,可得 $f(x) = (\alpha - x)(\beta - x)$, $\alpha + \beta = -1, \alpha\beta = 2$,所以

$$\alpha^2 + \beta^2 = (\alpha+\beta)^2 - 2\alpha\beta = -3$$

$$\alpha^3 + \beta^3 = (\alpha+\beta)(\alpha^2+\beta^2-\alpha\beta) = -1 \cdot (-3-2) = 5$$

$$\alpha^5 + \beta^5 = (\alpha^2+\beta^2)(\alpha^3+\beta^3) - (\alpha\beta)^2(\alpha+\beta) = -3 \cdot 5 - 2^2 \cdot (-1) = -11$$

设 $g(x) = x^5 - 1$,由 $\omega^i = 1 (i = 0,1,2,3,4)$,可得 $g(x) = (x-1)(x-\omega) \cdot (x-\omega^2)(x-\omega^3)(x-\omega^4)$,所以

$$4f(\omega)f(\omega^2)f(\omega^3)f(\omega^4)$$
$$= f(1)f(\omega)f(\omega^2)f(\omega^3)f(\omega^4)$$
$$= (\alpha-1)(\beta-1)(\alpha-\omega)(\beta-\omega)(\alpha-\omega^2) \cdot$$
$$(\beta-\omega^2)(\alpha-\omega^3)(\beta-\omega^3)(\alpha-\omega^4)(\beta-\omega^4)$$
$$= g(\alpha)g(\beta) = (\alpha^5-1)(\beta^5-1)$$
$$= (\alpha\beta)^5 - (\alpha^5+\beta^5) + 1$$
$$= 2^5 - (-11) + 1 = 44$$
$$f(\omega)f(\omega^2)f(\omega^3)f(\omega^4) = 11$$

3. A. 设 $x-1=t(t\in \mathbf{R})$,可得题设即关于 t 的方程 $2^{|t|}+a\cos t=0$ 有唯一解.

因为函数 $f(t)=2^{|t|}+a\cos t(t\in \mathbf{R})$ 是偶函数,所以当关于 t 的方程 $2^{|t|}+a\cos t=0$ 有唯一解时,解只可能是 $t=0$,得 $a=-1$.

下面证明当 $a=-1$ 时,关于 t 的方程 $2^{|t|}+a\cos t=0$ 确实有唯一解,只需证明 $2^t-\cos t>0(t>0):2^t>1\geqslant \cos t(t>0)$.

4. D. 若 $N(a_1,a_2,a_3,a_4)=1$,则 a_1,a_2,a_3,a_4 的排列个数为 4.

若 $N(a_1,a_2,a_3,a_4)=2$,则 a_1,a_2,a_3,a_4 的排列个数为 $C_4^2\left(\dfrac{C_4^2 C_2^2}{A_2^2}\cdot A_2^2+2C_4^1\right)=84$:先从 1,2,3,4 中选出 2 个数字有 C_4^2 种选法.若选出的 2 个数字各用 2 次,可得 $\dfrac{C_4^2 C_2^2}{A_2^2}\cdot A_2^2$ 种排列方法(先把 4 个位置分成 2+2 的两组,再把这 2 个数字放到这 2 组去);若选出的 2 个数字分别用 1 次和 3 次,可得 $2C_4^1$ 种排列方法.由分步乘法计数原理可得此时的排列个数为 $C_4^2\left(\dfrac{C_4^2 C_2^2}{A_2^2}\cdot A_2^2+2C_4^1\right)=84$.

若 $N(a_1,a_2,a_3,a_4)=3$,则 a_1,a_2,a_3,a_4 的排列个数为 $C_4^1 C_4^2 A_3^2=144$:先从 1,2,3,4 中选出 1 个数字有 C_4^1 种选法;让这个数字使用 2 次,应放在 4 个位置中的某 2 个位置上,有 C_4^2 种放法;从剩余的 3 个数字中按一定顺序选出 2 个放在剩下的 2 个位置上,有 A_3^2 种放法.由分步乘法计数原理可得此时的排列个数为 $C_4^1 C_4^2 A_3^2=144$.

若 $N(a_1,a_2,a_3,a_4)=4$,则 a_1,a_2,a_3,a_4 的排列个数为 $A_4^4=24$.

因而所求的平均值为
$$\dfrac{4\cdot 1+84\cdot 2+144\cdot 3+24\cdot 4}{256}=\dfrac{175}{64}$$

5. B. 由题设及积化和差公式,可得
$$\sin A+\sin B\sin C=\sin A-\dfrac{1}{2}[\cos(B+C)-\cos(B-C)]$$
$$=\sin A+\dfrac{1}{2}[\cos A+\cos(B-C)]$$
$$\leqslant \sin A+\dfrac{1}{2}\cos A+\dfrac{1}{2}$$

$$\leqslant \sqrt{1+\left(\frac{1}{2}\right)^2}+\frac{1}{2}=\frac{1+\sqrt{5}}{2}$$

所以

$$\sin A+\sin B\sin C\leqslant\frac{1+\sqrt{5}}{2}$$

当且仅当 $\begin{cases}B=C=\dfrac{\pi-A}{2}\\ \sin A+\dfrac{1}{2}\cos A=\dfrac{\sqrt{5}}{2}\\ \sin^2 A+\cos^2 A=1\end{cases}$ ，即 $A=\arcsin\dfrac{\sqrt{5}}{2}$ ，$B=C=\dfrac{\pi-\arcsin\dfrac{\sqrt{5}}{2}}{2}$ 时，有

$$(\sin A+\sin B\sin C)_{\max}=\frac{1+\sqrt{5}}{2}$$

6. CD. (1)若是赵说谎,则可列出表1(其中"√"表示选该选项,"×"表示没选该选项,下同)：

表1

	A	B	C	D
赵	×			
钱	×			
孙			√	
李				√

得无同学选 A,与题设矛盾!

(2)若是钱说谎,则可列出表2：

表2

	A	B	C	D
赵	√			
钱	√			
孙				
李				

得赵、钱均选 A,与题设矛盾!

(3)若是孙说谎,则可列出表3:

表3

	A	B	C	D
赵	√			
钱	×		√	
孙		√	×	
李				√

得此时满足题设.

(4)若是李说谎,则可列出表4:

表4

	A	B	C	D
赵	√			
钱	×			√
孙			√	
李		√		×

得此时满足题设.

综上所述,可得答案.

7. BD. 由结论

$$|a+bi|^2 = a^2+b^2 = \sqrt{(a^2-b^2)^2+(2ab)^2} = |(a^2-b^2)+2abi|$$
$$= |(a+bi)^2| \, (a,b \in \mathbf{R})$$

可得

$$1 = |z+w|^2 = |(z+w)^2| = |z^2+w^2+2zw|$$

所以

$$\begin{cases} |z^2+w^2| - 2|zw| \le 1 \\ 2|zw| - |z^2+w^2| \le 1 \end{cases}$$

再由 $|z^2+w^2| = 4$,可得

$$\frac{3}{2} \le |zw| \le \frac{5}{2}$$

还可得:当 $(z,w) = \left(\dfrac{1+\sqrt{7}}{2}, \dfrac{1-\sqrt{7}}{2}\right)$ 时, $|zw| = \dfrac{3}{2}$;当 $(z,w) =$

$\left(\dfrac{3}{2}+\dfrac{1}{2}\mathrm{i}, -\dfrac{3}{2}+\dfrac{1}{2}\mathrm{i}\right)$时,$|zw|=\dfrac{5}{2}$.

所以 $|zw|_{\min}=\dfrac{3}{2}$,$|zw|_{\max}=\dfrac{5}{2}$.

8. **解法** 1　C. 可如图 2 所示建立空间直角坐标系 $O-xyz$（其中 O 是棱 AB 的中点）,可得 $A\left(-\dfrac{3}{2},0,0\right),B\left(\dfrac{3}{2},0,0\right),C\left(0,\dfrac{3}{2}\sqrt{3},0\right)$.

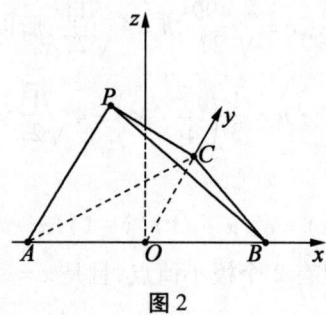

图 2

可设 $P(x,y,z)(z>0)$,由题设可得

$$\begin{cases} PA^2=\left(x+\dfrac{3}{2}\right)^2+y^2+z^2=3^2 \\ PB^2=\left(x-\dfrac{3}{2}\right)^2+y^2+z^2=4^2 \\ PC^2=x^2+\left(y-\dfrac{3}{2}\sqrt{3}\right)^2+z^2=5^2 \end{cases}$$

解得 $(x,y,z)=\left(-\dfrac{7}{6},-\dfrac{8}{3\sqrt{3}},4\sqrt{\dfrac{11}{27}}\right)$,所以四面体 $PABC$ 的体积为

$$\dfrac{1}{3}S_{\triangle ABC}\cdot z=\dfrac{1}{3}\left(\dfrac{\sqrt{3}}{4}\cdot 3^2\right)\cdot 4\sqrt{\dfrac{11}{27}}=\sqrt{11}$$

解法 2　C. 如图 3 所示,由勾股定理的逆定理,可得 $CB\perp PB$.

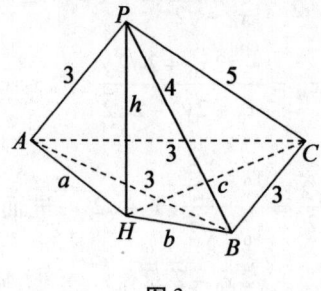

图 3

作 $PH \perp$ 平面 ABC 于 H, 可得 $CB \perp PH$, 进而可得 $CB \perp$ 平面 PBH, 因而 $CB \perp BH$, 可得 $\angle ABH = 30°$, 且 C, H 两点在直线 AB 的异侧.

设 $HA = a, HB = b, HC = c, HP = h$. 在 $\triangle ABH$ 中, 由余弦定理可得

$$a^2 = b^2 + 3^2 - 2 \cdot b \cdot 3 \cdot \cos 30° = b^2 - 3\sqrt{3}b + 9$$

再由勾股定理, 可得

$$a^2 + h^2 = 3^2, b^2 + h^2 = 4^2, c^2 + h^2 = 5^2$$

解得 $a = \sqrt{\dfrac{67}{27}}, b = \dfrac{16}{3\sqrt{3}}, c = \sqrt{\dfrac{499}{27}}, h = 4\sqrt{\dfrac{11}{27}}$, 所以四面体 $PABC$ 的体积为

$$\frac{1}{3} S_{\triangle ABC} \cdot h = \frac{1}{3} \left(\frac{\sqrt{3}}{4} \cdot 3^2 \right) \cdot 4\sqrt{\frac{11}{27}} = \sqrt{11}$$

9. BC. 可得

$$f'(x) = e^x(x+\sqrt{3})(x-1)(x-\sqrt{3})$$

从而可得 $f(x)$ 有且仅有 2 个极小值点, 且是 $x = -\sqrt{3}, \sqrt{3}$; 有且仅有 1 个极大值点, 且是 $x = 1$.

又因为两个极小值分别是 $f(-\sqrt{3}) = -\dfrac{11 + 6\sqrt{3}}{e^{\sqrt{3}}}, f(\sqrt{3}) = -e^{\sqrt{3}}(14 - 8\sqrt{3})$.

若 $f(-\sqrt{3}) = f(\sqrt{3})$, 可得 $2e^{\sqrt{3}} = 149 + 86\sqrt{3}$. 而 $2e^{\sqrt{3}} < 2 \cdot 3^2 = 18 < 149 + 86\sqrt{3}$, 所以 $f(-\sqrt{3}) = f(\sqrt{3})$ 不成立, 说明 $f(x)$ 确实是有 2 个不同的极小值和 1 个极大值(且极大值点是 1), 进而可得答案.

10. BC. 通过解方程组, 可求得 $A\left(\sqrt{2}, \dfrac{\sqrt{2}}{2}\right), B\left(-\sqrt{2}, -\dfrac{\sqrt{2}}{2}\right), C\left(-\sqrt{2}, \dfrac{\sqrt{2}}{2}\right), D\left(\sqrt{2}, -\dfrac{\sqrt{2}}{2}\right)$. 设 $P(x_0, y_0)$, 可得 $\dfrac{x_0^2}{4} + y_0^2 = 1$.

还可求得直线 $PA: y - \dfrac{\sqrt{2}}{2} = \dfrac{y_0 - \dfrac{\sqrt{2}}{2}}{x_0 - \sqrt{2}}(x - \sqrt{2})$, 进而可求得它与直线 $l_2: y = -\dfrac{1}{2}x$ 的交点 M 的横坐标 $x_M = \dfrac{-\sqrt{2}x_0 + 2\sqrt{2}y_0}{x_0 + 2y_0 - 2\sqrt{2}}$.

再求得直线 $PB: y + \dfrac{\sqrt{2}}{2} = \dfrac{y_0 + \dfrac{\sqrt{2}}{2}}{x_0 + \sqrt{2}}(x + \sqrt{2})$, 进而可求得它与直线 $l_2: y = -\dfrac{1}{2}x$ 的交点 N 的横坐标 $x_N = \dfrac{\sqrt{2}x_0 - 2\sqrt{2}y_0}{x_0 + 2y_0 + 2\sqrt{2}}$.

由弦长公式,可得

$$|OM| \cdot |ON| = \sqrt{1+\left(-\frac{1}{2}\right)^2}|x_M| \cdot \sqrt{1+\left(-\frac{1}{2}\right)^2}|x_N|$$

$$= \frac{5}{4}|x_M x_N| = \frac{5}{2}(用\frac{x_0^2}{4}+y_0^2=1)$$

又因为 $|OA|^2 = |OB|^2 = |OC|^2 = |OD|^2 = (\sqrt{2})^2 + \left(\frac{\sqrt{2}}{2}\right)^2 = \frac{5}{2}$,所以 $|OM| \cdot |ON| = |OA|^2 = |OB|^2 = |OC|^2 = |OD|^2$.

因而,在椭圆 E 上有且仅有 4 个不同的点 Q,使得 $|OQ|^2 = |OM| \cdot |ON|$(因为圆 $x^2+y^2=\left(\frac{5}{2}\right)^2$ 与椭圆 E 最多只有四个公共点).

得选项 A 错误,B 正确.

若在椭圆 E 上的点 Q,使得 $\triangle NOQ \sim \triangle QOM$,则 $\frac{|QO|}{|MO|} = \frac{|NO|}{|QO|}$, $|OQ|^2 = |OM| \cdot |ON|$,所以 $Q \in \{A,B,C,D\}$.

若 $Q \in \{C,D\}$,则 O,M,N,Q 四点共线,不存在 $\triangle NOQ$ 与 $\triangle QOM$,所以 $Q \in \{A,B\}$,进而可得在椭圆 E 上有且仅有 2 个不同的点 Q(即点 A,B),使得 $\triangle NOQ \sim \triangle QOM$.

得选项 C 正确,D 错误.

11. B. 先得 $3z \leqslant x+2y+3z=100, z \leqslant 33(x,y,z \in \mathbf{N})$.

(1)当 $z=2n+1(n=0,1,2,3,\cdots,16)$ 时,可得 $x+2y=97-6n$,再得
$$\begin{cases} y=0,1,2,3,\cdots,48-3n \\ x=97-6n-2y \end{cases}$$,此时得不定方程 $x+2y+3z=100$ 的非负整数解的组数为 $49-3n(n=0,1,2,3,\cdots,16)$.

此时,共得 $\sum_{n=0}^{16}(49-3n)$ 组解.

(2)当 $z=2n(n=0,1,2,3,\cdots,16)$ 时,可得 $x+2y=100-6n$,再得
$$\begin{cases} y=0,1,2,3,\cdots,50-3n \\ x=100-6n-2y \end{cases}$$,此时得不定方程 $x+2y+3z=100$ 的非负整数解的组数为 $51-3n(n=0,1,2,3,\cdots,16)$.

此时,共得 $\sum_{n=0}^{16}(51-3n)$ 组解.

综上所述,可得不定方程 $x+2y+3z=100$ 的非负整数解的组数为

$$\sum_{n=0}^{16}(49-3n)+\sum_{n=0}^{16}(51-3n)=\sum_{n=0}^{16}\left[(49-3n)+(51-3n)\right]$$
$$=\sum_{n=0}^{16}(100-6n)$$
$$=100\cdot 17-6(0+1+2+3+\cdots+16)$$
$$=1\ 700-6\cdot\frac{17(0+16)}{2}$$
$$=884$$

12. A. 在空间直角坐标系 $O-xyz$ 中,平面 $x+2y+3z=1$ 与三个坐标轴的交点分别是 $A(1,0,0),B\left(0,\frac{1}{2},0\right),C\left(0,0,\frac{1}{3}\right)$,因而所求答案是 $V_{三棱锥O-ABC}=\frac{1}{6}\cdot 1\cdot\frac{1}{2}\cdot\frac{1}{3}=\frac{1}{36}$.

13. C. 由 $f(x)=\mathrm{e}^{2x}+\mathrm{e}^{x}-ax(x\geqslant 0)$,可得 $f'(x)=2\mathrm{e}^{2x}+\mathrm{e}^{x}-a(x\geqslant 0)$. 当 $a\leqslant 3$ 时,可得 $f'(x)\geqslant 0(x\geqslant 0),f(x)$ 是增函数,所以 $f(x)\geqslant f(0)=2(x\geqslant 0)$,得 $a\leqslant 3$ 时满足题设.

当 $a>3$ 时,可得当 $x\in\left(0,\ln\frac{\sqrt{8a+1}-1}{4}\right)$ 时,$f(x)$ 是减函数,所以此时 $f(x)<f(0)=2$,说明当 $a>3$ 时不满足题设.

综上所述,可得所求实数 a 的取值范围是 $(-\infty,3]$.

14. A. 如图4所示,以射线 OP 的方向为 x 轴的正方向、圆心 O 为坐标原点、线段 OP 的长度为单位长建立平面直角坐标系 xOy,设圆 O 的半径为 $r(r>1)$.

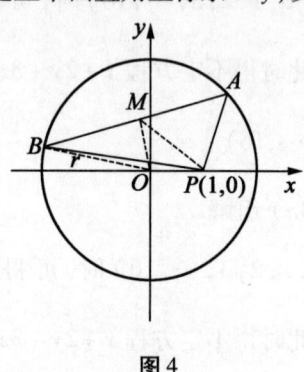

图 4

设 $M(x,y)$,联结 OB,OM,MP. 可得 $OM\perp AB,|BM|=|PM|$,所以
$$|OB|^2=|OM|^2+|BM|^2=|OM|^2+|PM|^2$$
$$r^2=(x^2+y^2)+\left[(x-1)^2+y^2\right]$$

$$\left(x-\frac{1}{2}\right)^2+y^2=\frac{2r^2-1}{4}$$

进而可得点 $M(x,y)$ 的轨迹是圆.

15. AC. 下面研究一般的情形. 如图 5 所示, 设椭圆的方程是 $\dfrac{x^2}{a^2}+\dfrac{y^2}{b^2}=1$ ($a>b>0,c=\sqrt{a^2-b^2}$), 其右准线是 $l:x=\dfrac{a^2}{c}$, 可设直线 l 上的点 $P\left(\dfrac{a^2}{c},t\right)$.

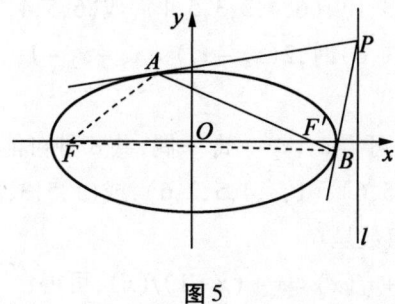

图 5

可得切点弦 AB 所在的直线方程是 $\dfrac{\frac{a^2}{c}x}{a^2}+\dfrac{ty}{b^2}=1$, 即 $\dfrac{x}{c}+\dfrac{ty}{b^2}=1$, 它过椭圆的右焦点 $F'(c,0)$, 进而可得 $\triangle FAB$ 的周长为定值 $4a$. 得选项 C 正确.

联立直线 AB 与椭圆的方程可得方程组 $\begin{cases}\dfrac{x}{c}+\dfrac{ty}{b^2}=1\\ \dfrac{x^2}{a^2}+\dfrac{y^2}{b^2}=1\end{cases}$, 再得

$$(a^2b^2+c^2t^2)y^2-2b^2c^2ty-b^6=0$$
$$\Delta=4a^2b^4(b^4+c^2t^2)$$

所以

$$S_{\triangle FAB}=\frac{1}{2}\cdot 2c|y_A-y_B|=c|y_A-y_B|=c\cdot\frac{\sqrt{\Delta}}{a^2b^2+c^2t^2}=\frac{2ab^2c\sqrt{b^4+c^2t^2}}{a^2b^2+c^2t^2}$$

当 $t=0$ 时, 可得 $S_{\triangle FAB}=\dfrac{2b^2c}{a}$; 当 $t=a$ 时, 可得 $S_{\triangle FAB}=\dfrac{2b^2c}{a^3}\sqrt{b^4+a^2c^2}$. 可用分析法证得 $\dfrac{2b^2c}{a}>\dfrac{2b^2c}{a^3}\sqrt{b^4+a^2c^2}$, 所以 $S_{\triangle FAB}$ 不是定值. 得选项 D 错误.

因为椭圆的通径 (即过焦点与椭圆的过焦点的对称轴垂直的直线被该椭圆截得的线段) 是最短的焦点弦, 所以 $|AB|$ 的最小值为 $\dfrac{2b^2}{a}$ (对于原题, 有 $\dfrac{2b^2}{a}=$

1),因而选项 A 正确,选项 B 错误.

16. C. 可得 $x_1 - x_6 = 5(x_2 - 2x_3 + 2x_4 - x_5)$,$5 | x_1 - x_6$,再得 $(x_1, x_6) = (6,1)$ 或 $(1,6)$.

(1)当 $(x_1, x_6) = (6,1)$ 时,$2(x_4 - x_3) = x_5 - x_2 + 1$,$\{x_2, x_3, x_4, x_5\} = \{2, 3, 4, 5\}$.

由 $x_5 - x_2$ 是奇数,可得 x_5, x_2 一奇一偶,共 8 种可能,进而可得 $(x_1, x_2, x_3, x_4, x_5, x_6) = (6,2,4,5,3,1),(6,4,2,3,5,1)$,或 $(6,5,4,3,2,1)$,共三组解.

(2)当 $(x_1, x_6) = (1,6)$ 时,$2(x_4 - x_3) = x_5 - x_2 - 1$,$\{x_2, x_3, x_4, x_5\} = \{2, 3, 4, 5\}$.

由 $x_5 - x_2$ 是奇数,可得 x_5, x_2 一奇一偶,共 8 种可能,进而可得 $(x_1, x_2, x_3, x_4, x_5, x_6) = (1,2,3,4,5,6),(1,3,4,5,2,6)$,或 $(1,5,3,2,4,6)$,共三组解.

所以原方程解的组数是 6.

17. B. 由 $x + f(x) + xf(x) = x + (x+1)f(x)$,可得:

(1)当 $x = -1$ 时,$x + (x+1)f(x) = -1$ 是奇数,所以 $f(-1) = 2,3,4,5,6$ 均满足题设,有 5 种可能.

(2)当 $x = 1$ 时,$x + (x+1)f(x) = 1 + 2f(1)$ 是奇数,所以 $f(1) = 2,3,4,5,6$ 均满足题设,有 5 种可能.

(3)当 $x = 0$ 时,$x + (x+1)f(x) = f(0)$ 是奇数,所以 $f(0) = 3,5$,有 2 种可能.

由分步计数原理,可得所求答案是 $5 \cdot 5 \cdot 2 = 50$.

18. C. 当 $A = B$ 时,由 $P(B) > 0$,可得 $P(A|B) = P(\bar{B}|\bar{A}) = 1 > 1 - P(B)$,说明选项 A,B 均不正确.

由 $A \subseteq B$,可得 $A\bar{B} = \varnothing$,所以 $P(A\bar{B}) = 0$,选项 C 正确.

当 $A = \varnothing$ 时,$\bar{A}B = B$.再由 $P(B) > 0$,可得 $P(\bar{A}B) = P(B) > 0$,选项 D 错误.

19. ACD. 由题设及 $f(x) = x^2 + x (x > 0)$ 是增函数,可得
$$a^2 + a = 3b^2 + b > b^2 + 2b, a > b, b < 2a$$
$$a^2 + a = 3b^2 + b < (2b)^2 + 2b, a < 2b$$

进而可得答案.

20. ABD. 若在 $x_1, x_2, x_3, \cdots, x_{2017}$ 中至少有两个数小于 1,则

$$1 = \frac{1}{1+x_1} + \frac{1}{1+x_2} + \frac{1}{1+x_3} + \cdots + \frac{1}{1+x_{2017}} > \frac{1}{1+1} + \frac{1}{1+1} = 1$$

这不可能!所以选项 A 正确.

若在 $x_1, x_2, x_3, \cdots, x_{2017}$ 中至少有三个数小于 2,则

$$1 = \frac{1}{1+x_1} + \frac{1}{1+x_2} + \frac{1}{1+x_3} + \cdots + \frac{1}{1+x_{2017}} > \frac{1}{1+2} + \frac{1}{1+2} + \frac{1}{1+2} = 1$$

这不可能!所以选项 B 正确.

因为 $x_1 = x_2 = x_3 = \cdots = x_{2017} = 2016$ 满足题设中的方程,所以选项 C 错误.

若 $\max\{x_1, x_2, x_3, \cdots, x_{2017}\} < 2016$,则

$$1 = \frac{1}{1+x_1} + \frac{1}{1+x_2} + \frac{1}{1+x_3} + \cdots + \frac{1}{1+x_{2017}} > \frac{1}{1+2016} \cdot 2017 = 1$$

这不可能!所以选项 D 正确.

21. BC. 因为 $x_n = y_n = z_n = 0 (n \in \mathbf{N}^*)$ 满足题设,所以选项 A 错误.

若 $\exists m > 1, x_m = y_m = z_m$(可设 $x_m = y_m = z_m = a$),则由题设可得

$$\begin{cases} y_{m-1} + z_{m-1} - x_{m-1} = 2a \\ x_{m-1} + z_{m-1} - y_{m-1} = 2a \\ x_{m-1} + y_{m-1} - z_{m-1} = 2a \end{cases}$$

从而可解得 $x_{m-1} = y_{m-1} = z_{m-1} = 2a$,进而可用数学归纳法证得 $x_{m-k} = y_{m-k} = z_{m-k} = 2^k a (k = 0, 1, 2, \cdots, m-1)$,所以 $x_1 = y_1 = z_1 = 2^{m-1} a$,得选项 B 正确.

由题设中的第一个等式,可得

$$y_n + z_n = x_n + 2x_{n+1} \qquad ①$$

$$y_1 + z_1 = x_1 + 2x_2 = -\frac{1}{2} + 2 \cdot \frac{5}{4} = 2$$

$$x_1 + y_1 + z_1 = -\frac{1}{2} + 2 = \frac{3}{2}$$

再由题设,可得

$$x_{n+1} + y_{n+1} + z_{n+1} = \frac{1}{2}(y_n + z_n - x_n) + \frac{1}{2}(x_n + z_n - y_n) + \frac{1}{2}(x_n + y_n - z_n)$$

$$= \frac{1}{2}(x_n + y_n + z_n)$$

$$x_n + y_n + z_n = (x_1 + y_1 + z_1)\left(\frac{1}{2}\right)^{n-1} = \frac{3}{2^n}$$

再由①,可得

$$x_n + x_{n+1} = \frac{3}{2^{n+1}}$$

$$x_{n+1} - \frac{1}{2^{n+1}} = -\left(x_n - \frac{1}{2^n}\right)$$

$$x_n - \frac{1}{2^n} = \left(x_1 - \frac{1}{2}\right)(-1)^{n-1} = (-1)^n$$

$$x_n = (-1)^n + \frac{1}{2^n}$$

得选项 C 正确.

进而可得选项 D 错误.

22. AD. 若该同学的前 100 次投篮中仅仅是第 $2,3,4,\cdots,86$ 次投中, 则满足题设 $r_1 = 0, r_{100} = 0.85$, 且 $r_2 = \frac{1}{2}, r_3 = \frac{2}{3}, r_4 = \frac{3}{4}, \cdots, r_{86} = \frac{85}{86}, r_{87} = \frac{85}{87}, r_{88} = \frac{85}{88}, \cdots, r_{100} = \frac{85}{100} = 0.85$, 因而

$$r_1 < 0.6, r_2 < 0.6, 0.6 < r_3 < 0.7, r_k > 0.7 (k = 4, 5, 6, \cdots, 100)$$

所以选项 B, C 均错误.

若不存在 n, 使得 $r_n = 0.5$, 由 $r_1 = 0, r_{100} = 0.85$, 可得 $\exists k, r_k < 0.5 < r_{k+1}$.

若 $k = 2m (m \in \mathbf{N}^*)$, 由 $r_k = r_{2m} < 0.5 = \frac{m}{2m}$, 可得 $r_{2m} \leqslant \frac{m-1}{2m}$, 再投一次球, 可得 $r_{k+1} = r_{2m+1} \leqslant \frac{(m-1)+1}{2m+1} = \frac{m}{2m+1} < \frac{1}{2} = 0.5$, 与 $0.5 < r_{k+1}$ 矛盾!

若 $k = 2m+1 (m \in \mathbf{N})$, 由 $r_k = r_{2m+1} < 0.5 = \frac{m+0.5}{2m+1}$, 可得 $r_{2m+1} \leqslant \frac{m}{2m+1}$, 再投一次球, 可得 $r_{k+1} = r_{2m+2} \leqslant \frac{m+1}{(2m+1)+1} = \frac{1}{2} = 0.5$, 也与 $0.5 < r_{k+1}$ 矛盾!

综上所述, 可得选项 A 正确.

若不存在 n, 使得 $r_n = 0.8$, 由 $r_1 = 0, r_{100} = 0.85$, 可得 $\exists k, r_k < 0.8 < r_{k+1}$.

若 $k = 5m (m \in \mathbf{N}^*)$, 由 $r_k = r_{5m} < 0.8 = \frac{4m}{5m}$, 可得 $r_{5m} \leqslant \frac{4m-1}{5m}$, 再投一次球, 可得 $r_{k+1} = r_{5m+1} \leqslant \frac{(4m-1)+1}{5m+1} = \frac{4m}{5m+1} < \frac{4}{5} = 0.8$, 与 $0.8 < r_{k+1}$ 矛盾!

若 $k = 5m+1 (m \in \mathbf{N})$, 由 $r_k = r_{5m+1} < 0.8 = \frac{4m+0.8}{5m+1}$, 可得 $r_{5m+1} \leqslant \frac{4m}{5m+1}$, 再投一次球, 可得 $r_{k+1} = r_{5m+1} \leqslant \frac{4m+1}{(5m+1)+1} = \frac{4m+1}{5m+2} < \frac{4}{5} = 0.8$, 与 $0.8 < r_{k+1}$ 矛盾!

若 $k = 5m+2 (m \in \mathbf{N})$, 由 $r_k = r_{5m+2} < 0.8 = \frac{4m+1.6}{5m+2}$, 可得 $r_{5m+1} \leqslant \frac{4m+1}{5m+2}$, 再

投一次球,可得 $r_{k+1} = r_{5m+2} \leqslant \frac{(4m+1)+1}{(5m+2)+1} = \frac{4m+2}{5m+3} < \frac{4}{5} = 0.8$,与 $0.8 < r_{k+1}$ 矛盾!

若 $k = 5m+3 (m \in \mathbf{N})$,由 $r_k = r_{5m+3} < 0.8 = \frac{4m+2.4}{5m+3}$,可得 $r_{5m+3} \leqslant \frac{4m+2}{5m+3}$,再

投一次球,可得 $r_{k+1} = r_{5m+1} \leqslant \frac{(4m+2)+1}{(5m+3)+1} = \frac{4m+3}{5m+4} < \frac{4}{5} = 0.8$,与 $0.8 < r_{k+1}$ 矛盾!

若 $k = 5m+4 (m \in \mathbf{N})$,由 $r_k = r_{5m+4} < 0.8 = \frac{4m+3.2}{5m+4}$,可得 $r_{5m+4} \leqslant \frac{4m+3}{5m+4}$,再

投一次球,可得 $r_{k+1} = r_{5m+4} \leqslant \frac{(4m+3)+1}{(5m+4)+1} = \frac{4}{5} = 0.8$,与 $0.8 < r_{k+1}$ 矛盾!

综上所述,可得选项 D 正确.

23. AC. 分别令 $x = -1, 1$ 后,可得 $-a+b \leqslant -\frac{1}{2}, a+b \leqslant -\frac{1}{2}$. 把它们相加

后,可得 $b \leqslant -\frac{1}{2}$.

又因为令 $x = 0$ 后,可得 $b \geqslant -\frac{1}{2}$. 所以 $b = -\frac{1}{2}$.

由 $b = -\frac{1}{2}$ 及前面得到的 "$-a+b \leqslant -\frac{1}{2}, a+b \leqslant -\frac{1}{2}$",可得 $a = 0$.

因而选项 A,C 均正确,B,C 均错误.

§13 2017 年清华大学标准学术能力测试数学试题参考答案

1. **解法 1** B. 由三元均值不等式,可得

$$a_1 a_2 a_3 + a_4 a_5 a_6 + a_7 a_8 a_9 \geqslant 3 \sqrt[3]{a_1 a_2 a_3 \cdot a_4 a_5 a_6 \cdot a_7 a_8 a_9}$$
$$= 3 \sqrt[3]{9!}$$
$$= 3 \sqrt[3]{6! \cdot 7 \cdot 8 \cdot 9}$$
$$= 3 \sqrt[3]{72^2 \cdot 70}$$

由 $\frac{2}{71} > \frac{1}{70}$,可得

$$\left(\frac{72}{71}\right)^2 = \left(1 + \frac{1}{71}\right)^2 = 1 + 2 \cdot \frac{1}{71} + \left(\frac{1}{71}\right)^2 > 1 + \frac{1}{70} = \frac{71}{70}$$

则
$$72^2 \cdot 70 > 71^3$$

所以
$$a_1 a_2 a_3 + a_4 a_5 a_6 + a_7 a_8 a_9 > 3 \cdot 71 = 213$$

再由 $1 \cdot 8 \cdot 9 + 2 \cdot 5 \cdot 7 + 3 \cdot 4 \cdot 6 = 72 + 70 + 72 = 214$,可得所求最小值为 214.

解法 2 B. 分别由恒等式 $|x+y| = \sqrt{|x-y|^2 + 4xy}$ 及 $4xy = (x+y)^2 - (x-y)^2$ 可得结论:

若 xy 是定值,则 $|x-y|$ 越小时,$|x+y|$ 越小;若 $x+y$ 是定值,则 $|x-y|$ 越小时,xy 越大.

由第二个结论,通过试验可得所求最小值为 $1 \cdot 8 \cdot 9 + 2 \cdot 5 \cdot 7 + 3 \cdot 4 \cdot 6 = 72 + 70 + 72 = 214$.

2. **解法 1** B. 由题设,可得
$$x(x^2 - x + 1)^{1008} = a_0 x + a_1 x^2 + a_2 x^3 + \cdots + a_{2016} x^{2017}$$

两边求导,得
$$(x^2 - x + 1)^{1008} + 1008 x(2x-1)(x^2 - x + 1)^{1007}$$
$$= a_0 + 2a_1 x + 3a_2 x^2 + \cdots + 2017 a_{2016} x^{2016}$$

令 $x = 1$ 后,可得所求答案.

解法 2 B. 在题设的等式中,令 $x = 1$ 后,可得
$$1 = a_0 + a_1 + a_2 + a_3 + \cdots + a_{2016} \qquad ①$$

把题设的等式两边求导,得
$$1008(2x-1)(x^2 - x + 1)^{1007} = a_1 + 2a_2 x + 3a_3 x^2 + \cdots + 2016 a_{2016} x^{2015}$$

令 $x = 1$ 后,可得
$$1008 = a_1 + 2a_2 + 3a_3 + \cdots + 2016 a_{2016} \qquad ②$$

由①+②,可得答案.

3. AD. 当 $A = \{25, 24, 23, 21, 18, 12\}$ 时,可得 A 的所有子集中元素之和(共 $C_6^1 + C_6^2 + C_6^3 + C_6^4 + C_6^5 + C_6^6 = 2^6 - 1 = 63$ 个)两两不等,所以 $|A|_{\max} \geq 6$.

当集合 A 中的元素个数是 7 时,可得集合 A 中 1,2,3,4,5 元素的子集的个数之和是 $C_7^1 + C_7^2 + C_7^3 + C_7^4 + C_7^5 = 2^7 - C_7^0 - C_7^6 - C_7^7 = 119$,且 A 的所有这些子集中元素之和的最小值不小于 1,最大值是 $21 + 22 + 23 + 24 + 25 = 115$,因而有 "元素之和相等" 的情形.

当集合 A 中的元素个数大于 7 时,也有 "元素之和相等" 的情形.

所以 $|A|_{max} < 7$.

因而 $|A|_{max} = 6$,所以选项 A 正确,选项 B 错误.

当 $A = \{1,2,4,8,16\}$ 时,满足"A 的所有子集中元素之和两两不等",但是 $1 + \frac{1}{2} + \frac{1}{4} + \frac{1}{8} + \frac{1}{16} = \frac{31}{16} > \frac{3}{2}$,所以选项 C 错误.

若 $A = \{a_1, a_2, a_3, a_4, a_5\}$,可不妨设 $1 \leqslant a_1 < a_2 < a_3 < a_4 < a_5$.

当 $a_1 = 1$ 时,若 $a_2 = 2$,可得 $a_3 \geqslant 4, a_4 \geqslant 7, a_5 \geqslant 10$,所以 $\sum_{i=1}^{5} \frac{1}{a_i} \leqslant 1 + \frac{1}{2} + \frac{1}{4} + \frac{1}{7} + \frac{1}{10} < 2$.

当 $a_1 = 1$ 时,若 $a_2 \geqslant 3$,可得 $a_3 \geqslant 5, a_4 \geqslant 7, a_5 \geqslant 9$,所以 $\sum_{i=1}^{5} \frac{1}{a_i} \leqslant 1 + \left(\frac{1}{3} + \frac{1}{9}\right) + \left(\frac{1}{5} + \frac{1}{7}\right) < 1 + \frac{1}{2} + \frac{1}{2} = 2$.

当 $a_1 \geqslant 2$ 时,可得 $\sum_{i=1}^{5} \frac{1}{a_i} \leqslant \frac{1}{2} + \frac{1}{3} + \frac{1}{4} + \frac{1}{5} + \frac{1}{6} < \frac{1}{2} + \frac{4}{3} = \frac{11}{6} < 2$.

综上所述,选项 D 正确.

4. **解法 1** A. 因为可得 $F_2(1,0)$,所以可设直线 $AB: x = my + 1$.

由 $\begin{cases} x = my + 1 \\ \frac{x^2}{4} + \frac{y^2}{3} = 1 \end{cases}$,可得 $(3m^2 + 4)y^2 + 6my - 9 = 0$.

设 $A(x_1, y_1), B(x_2, y_2)$,可得 $y_1 + y_2 = -\frac{6m}{3m^2 + 4}, y_1 y_2 = -\frac{9}{3m^2 + 4}$,所以

$$S_{\triangle F_1 AB} = \frac{1}{2}|F_1 F_2| \cdot |y_1 - y_2| = \sqrt{(y_1 + y_2)^2 - 4y_1 y_2} = 12\sqrt{\frac{m^2 + 1}{(3m^2 + 4)^2}}$$

$$= \frac{12}{\sqrt{9(m^2 + 1) + \frac{1}{m^2 + 1} + 6}} \leqslant 3$$

(当且仅当 $m = 0$,即直线 AB 的方程是 $x = 1$ 时取等号)

可得 $\triangle F_1 AB$ 的周长是 8. 设 $\triangle F_1 AB$ 的内切圆半径是 r,可得

$$S_{\triangle F_1 AB} = \frac{1}{2} \cdot 8 \cdot r = 4r \leqslant 3$$

故 $r \leqslant \frac{3}{4}$

进而可得 r 的取值范围是 $\left(0, \frac{3}{4}\right]$,$\triangle F_1 AB$ 的内切圆面积 πr^2 的取值范围

是 $(0, \frac{9}{16}\pi]$,从而可得答案.

解法 2 A. 如题图所示,可设 $\angle AF_2x = \theta(0 < \theta < \pi)$.

在 $\triangle AF_1F_2$ 中,由椭圆的定义及余弦定理" $|AF_1|^2 = |AF_2|^2 + |F_1F_2|^2 - 2|F_1F_2| \cdot |AF_2|\cos\angle AF_2F_1$ ",可得

$$(4 - |AF_2|)^2 = |AF_2|^2 + 2^2 + 2 \cdot 2 \cdot |AF_2|\cos\theta$$

则
$$|AF_2| = \frac{3}{2 + \cos\theta}$$

同理,在 $\triangle BF_1F_2$ 中,可求得

$$|BF_2| = \frac{3}{2 - \cos\theta}$$

所以

$$|AB| = |AF_2| + |BF_2| = \frac{3}{2 + \cos\theta} + \frac{3}{2 - \cos\theta} = \frac{12}{4 - \cos^2\theta} = \frac{12}{\sin^2\theta + 3}$$

故 $S_{\triangle F_1AB} = \frac{1}{2}|F_1F_2| \cdot |AB|\sin\theta = \frac{1}{2} \cdot 2 \cdot \frac{12}{\sin^2\theta + 3} \cdot \sin\theta = \frac{12\sin\theta}{\sin^2\theta + 3}$

可得 $\triangle F_1AB$ 的周长是 8. 设 $\triangle F_1AB$ 的内切圆半径是 r,可得

$$\frac{12\sin\theta}{\sin^2\theta + 3} = S_{\triangle F_1AB} = \frac{1}{2} \cdot 8 \cdot r = 4r$$

则
$$r = \frac{3\sin\theta}{\sin^2\theta + 3} = \frac{3}{\sin\theta + \frac{3}{\sin\theta}} (0 < \theta < \pi)$$

可得 $f(x) = x + \frac{3}{x} (0 < x \leq 1)$ 是减函数,进而可得 $\sin\theta + \frac{3}{\sin\theta} (0 < \theta < \pi)$ 的取值范围是 $[4, +\infty)$,再得 r 的取值范围是 $(0, \frac{3}{4}]$,所以 $\triangle F_1AB$ 的内切圆面积 πr^2 的取值范围是 $(0, \frac{9}{16}\pi]$,从而可得答案.

5. **解法 1** ABCD. 设等差数列 $\{a_n\}$,$\{b_n\}$ 的公差分别为 d, d',可得

$$\begin{cases} a_1b_1 = 135 \\ a_2b_2 = (a_1 + d)(b_1 + d') = 304 \\ a_3b_3 = (a_1 + 2d)(b_1 + 2d') = 529 \end{cases}$$

即

$$\begin{cases} a_1b_1 = 135 \\ dd' = 28 \\ a_1d' + b_1d = 141 \end{cases}$$

所以
$$a_n b_n = [a_1 + (n-1)d][b_1 + (n-1)d']$$
$$= dd'(n-1)^2 + (a_1 d' + b_1 d)(n-1) + a_1 b_1$$
$$= 28(n-1)^2 + 141(n-1) + 135$$
$$= 28n^2 + 85n + 22$$

若 $a_n b_n = 28n^2 + 85n + 22 = 810$,可得 $n = 4$,还可得 810 是数列 $\{a_n b_n\}$(其中 $a_n = 4n + 11, b_n = 7n + 2$,下同)的第 4 项.

若 $a_n b_n = 28n^2 + 85n + 22 = 1\,147$,可得 $n = 5$,还可得 1 147 是数列 $\{a_n b_n\}$ 的第 5 项.

若 $a_n b_n = 28n^2 + 85n + 22 = 1\,540$,可得 $n = 6$,还可得 1 540 是数列 $\{a_n b_n\}$ 的第 6 项.

若 $a_n b_n = 28n^2 + 85n + 22 = 3\,672$,可得 $n = 10$,还可得 3 672 是数列 $\{a_n b_n\}$ 的第 10 项.

解法 2 ABCD. 由 $\{a_n\}, \{b_n\}$ 均是等差数列知,可设
$$a_n b_n = x(n-2)^2 + y(n-2) + z\,(x, y, z \text{ 是常数}, n \in \mathbf{N}^*)$$
再由题设"$a_1 b_1 = 135, a_2 b_2 = 304, a_3 b_3 = 529$",可求得
$$a_n b_n = 28(n-2)^2 + 197(n-2) + 304\,(n \in \mathbf{N}^*)$$
所以 $a_4 b_4 = 810, a_5 b_5 = 1\,147, a_6 b_6 = 1\,540, a_7 b_7 = 1\,989, a_8 b_8 = 2\,494, a_9 b_9 = 3\,055, a_{10} b_{10} = 3\,672$,从而可得答案.

6. **解法 1** AC. 可设切线方程为 $y = k(x-1)$. 联立 $\begin{cases} y = k(x-1) \\ y = x + \dfrac{t}{x} \end{cases}$,可得

$$(1-k)x^2 + kx + t = 0 \qquad \qquad ①$$

由 $\Delta = 0$,可得
$$k^2 + 4tk - 4t = 0$$
则
$$k = -2t \pm 2\sqrt{t^2 + t}$$

由"……两条切线",可得 $t \in (-\infty, -1) \cup (0, +\infty)$.

还可得切点的横坐标即方程①的两个相等的实根,也即 $\dfrac{k}{2(k-1)}$,再由切点在切线 $y = k(x-1)$ 上,可得:

当 $k = -2t + 2\sqrt{t^2 + t}$ 时,切点为 $M\left(\dfrac{\sqrt{t^2+t} - t}{2\sqrt{t^2+t} - 2t - 1}, -2\sqrt{t^2+t}\right)$;

当 $k=-2t-2\sqrt{t^2+t}$ 时,切点为 $N\left(\dfrac{\sqrt{t^2+t}+t}{2\sqrt{t^2+t}+2t+1}, 2\sqrt{t^2+t}\right)$.

当 $t=\dfrac{1}{4}$ 时,可求得 $M\left(-\dfrac{\sqrt{5}+1}{4}, -\dfrac{\sqrt{5}}{2}\right), N\left(\dfrac{\sqrt{5}-1}{4}, \dfrac{\sqrt{5}}{2}\right)$. 再由 $P(1,0)$,可得

$$\vec{PM}\cdot\vec{PN}=\left(-\dfrac{\sqrt{5}+5}{4}, -\dfrac{\sqrt{5}}{2}\right)\cdot\left(\dfrac{\sqrt{5}-5}{4}, \dfrac{\sqrt{5}}{2}\right)=0$$

即 $PM\perp PN$,所以选项 A 正确.

当 $t=\dfrac{1}{2}$ 时,可求得 $M\left(-\dfrac{\sqrt{3}+1}{2}, -\sqrt{3}\right), N\left(\dfrac{\sqrt{3}-1}{2}, \sqrt{3}\right)$.

设 $Q(0,1)$,可得

$$\vec{QM}=\left(-\dfrac{\sqrt{3}+1}{2}, -(\sqrt{3}+1)\right)=-\dfrac{\sqrt{3}+1}{2}(1,2)$$

$$\vec{QN}=\left(\dfrac{\sqrt{3}-1}{2}, \sqrt{3}-1\right)=\dfrac{\sqrt{3}-1}{2}(1,2)$$

进而可得 $\vec{QM}$ 与 $\vec{QN}$ 共线,所以选项 C 正确.

还可求得

$$g(t)=|MN|=2\sqrt{5t^2+5t}, t\in(-\infty,-1)\cup(0,+\infty)$$

所以 $g(t)$ 在 $(-\infty,-1),(0,+\infty)$ 上分别是减函数和增函数,因而选项 B 错误.

可得 $g(1)=2\sqrt{10}>6$,所以选项 D 错误.

解法2 AC. 先介绍一个结论(见周顺钿发表于《中等数学》2009 年第 3 期第 5~11 页的文章《常见曲线的切点弦方程》中的定理):

若过二次曲线 $Ax^2+Bxy+Cy^2+Dx+Ey+F=0$ 外一点 $M(x_0,y_0)$ 作其两条切线 $MS,MT(S,T$ 均是切点),则直线 ST 的方程是

$$Ax_0x+B\cdot\dfrac{x_0y+y_0x}{2}+Cy_0y+D\cdot\dfrac{x+x_0}{2}+E\cdot\dfrac{y+y_0}{2}+F=0$$

题设中的曲线 $y=x+\dfrac{t}{x}$,即 $x^2-xy+t=0$,从而可得直线 MN 的方程是 $2x-y+2t=0$.

联立 $\begin{cases}2x-y+2t=0\\x^2-xy+t=0\end{cases}$,可得 $x^2+2tx-t=0$.

由 $\Delta=4t^2+4t>0$,可得 $t\in(-\infty,-1)\cup(0,+\infty)$.

设 $M(x_1,y_1),N(x_2,y_2)$,可得 $x_1+x_2=-2t,x_1x_2=-t$,所以由弦长公式,

可得

$$g(t) = |MN| = \sqrt{2^2+1}\,|x_1-x_2| = \sqrt{5}\cdot\sqrt{(x_1+x_2)^2-4x_1x_2}$$
$$= \sqrt{5}\cdot\sqrt{(-2t)^2-4\cdot(-t)}$$
$$= 2\sqrt{5t^2+5t}\quad(t\in(-\infty,-1)\cup(0,+\infty))$$

从而可得选项 B,D 均错误.

当 $t=\dfrac{1}{4}$ 时,可求得直线 $MN:y=2x+\dfrac{1}{2}$ 与曲线 $y=x+\dfrac{1}{4x}$ 的交点是 $M\left(-\dfrac{\sqrt{5}+1}{4},-\dfrac{\sqrt{5}}{2}\right),N\left(\dfrac{\sqrt{5}-1}{4},\dfrac{\sqrt{5}}{2}\right)$. 再由 $P(1,0)$,可得

$$\overrightarrow{PM}\cdot\overrightarrow{PN}=\left(-\dfrac{\sqrt{5}+5}{4},-\dfrac{\sqrt{5}}{2}\right)\cdot\left(\dfrac{\sqrt{5}-5}{4},\dfrac{\sqrt{5}}{2}\right)=0$$

即 $PM\perp PN$,所以选项 A 正确.

当 $t=\dfrac{1}{2}$ 时,可求得直线 $MN:y=2x+1$ 与曲线 $y=x+\dfrac{1}{2x}$ 的交点是 $M\left(-\dfrac{\sqrt{3}+1}{2},-\sqrt{3}\right),N\left(\dfrac{\sqrt{3}-1}{2},\sqrt{3}\right)$. 设 $Q(0,1)$,可得

$$\overrightarrow{QM}=\left(-\dfrac{\sqrt{3}+1}{2},-(\sqrt{3}+1)\right)=-\dfrac{\sqrt{3}+1}{2}(1,2)$$

$$\overrightarrow{QN}=\left(\dfrac{\sqrt{3}-1}{2},\sqrt{3}-1\right)=\dfrac{\sqrt{3}-1}{2}(1,2)$$

进而可得 $\overrightarrow{QM}$ 与 $\overrightarrow{QN}$ 共线,所以选项 C 正确.

7. AB. 我们知道,斐波那契数列 $\{F_n\}$ 由"$F_1=F_2=1, F_{n+2}=F_n+F_{n+1}(n\in\mathbf{N}^*)$"确定. 还可得数列 $\{F_n\}$ 的前 14 项依次见表 1

表 1

n	1	2	3	4	5	6	7	8	9	10	11	12	13	14
F_n	1	1	2	3	5	8	13	21	34	55	89	144	233	377

用数学归纳法可证得 $x_n=F_{n-2}a+F_{n-1}b(n\geq 2;n\in\mathbf{N}^*)$.

若 $a+b=8$,再由 $F_{n-2}a+F_{n-1}b=2\,008$,可得 $\dfrac{F_{n-1}-251}{251-F_{n-2}}=\dfrac{a}{b}>0, F_{n-2}<251<F_{n-1}$,再由表 1,可得 $F_{n-2}=F_{13}=233, F_{n-1}=F_{14}=377$,进而还可求得 $a=$

$7, b=1$,所以当 $a=7, b=1$ 时,$2\,008 = x_{15} = F_{13}a + F_{14}b = 233 \cdot 7 + 377 \cdot 1$. 因而选项 A 正确.

若 $a+b=9$,再由 $F_{n-2}a + F_{n-1}b = 2\,008$,可得 $\dfrac{F_{n-1} - 223\frac{1}{9}}{223\frac{1}{9} - F_{n-2}} = \dfrac{a}{b} > 0$,$F_{n-2} < 223\frac{1}{9} < F_{n-1}$,再由表 1,可得 $F_{n-2} = F_{12} = 144$,$F_{n-1} = F_{13} = 233$,进而还可求得 $a=1, b=8$,所以当 $a=1, b=8$ 时,$2\,008 = x_{14} = F_{12}a + F_{13}b = 144 \cdot 1 + 233 \cdot 8$. 因而选项 B 正确.

若 $a+b=10$,再由 $F_{n-2}a + F_{n-1}b = 2\,008$,可得 $\dfrac{F_{n-1} - 200\frac{4}{5}}{200\frac{4}{5} - F_{n-2}} = \dfrac{a}{b} > 0$,$F_{n-2} < 200\frac{4}{5} < F_{n-1}$,再由表 1,可得 $F_{n-2} = F_{12} = 144$,$F_{n-1} = F_{13} = 233$,进而还可求得 $a = 3\frac{55}{89}, b = 6\frac{34}{89}$,这与 $a, b \in \mathbf{N}^*$ 矛盾!因而选项 C 不正确.

若 $a+b=11$,再由 $F_{n-2}a + F_{n-1}b = 2\,008$,可得 $\dfrac{F_{n-1} - 182\frac{6}{11}}{182\frac{6}{11} - F_{n-2}} = \dfrac{a}{b} > 0$,$F_{n-2} < 182\frac{6}{11} < F_{n-1}$,再由表 1,可得 $F_{n-2} = F_{12} = 144$,$F_{n-1} = F_{13} = 233$,进而还可求得 $a = 6\frac{21}{89}, b = 4\frac{68}{89}$,这与 $a, b \in \mathbf{N}^*$ 矛盾!因而选项 D 不正确.

8. B. 当 $k=1$ 时,可得 $p = \dfrac{1}{6}$.

当 $k=2$ 时,由隔板法可知使得前 2 次的点数之和为 6 的情形有 C_5^1 种,因而 $p = \dfrac{C_5^1}{6^2}$.

当 $k=3$ 时,由隔板法可知使得前 3 次的点数之和为 6 的情形有 C_5^2 种,因而 $p = \dfrac{C_5^2}{6^3}$.

……进而可得题设中的

$$p = \dfrac{C_5^0}{6} + \dfrac{C_5^1}{6^2} + \dfrac{C_5^2}{6^3} + \dfrac{C_5^3}{6^4} + \dfrac{C_5^4}{6^5} + \dfrac{C_5^5}{6^6}$$

从而可得

$$p > \frac{1}{6} + \frac{5}{36} = \frac{11}{36} > \frac{9}{36} = 0.25$$

$$p = \frac{1}{6}\left(1 + \frac{1}{6}\right)^5 = \frac{7^5}{6^6}$$

$$\frac{1}{p} = \frac{6^6}{7^5} = \frac{36}{7}\left(1 - \frac{1}{7}\right)^4 > \frac{36}{7} \cdot \frac{3}{7} = \frac{108}{49} > 2$$

(由伯努利不等式可得 $\left(1 - \frac{1}{7}\right)^4 > \frac{3}{7}$)

$$p < 0.5$$

由数列 $\left\{\left(1 + \frac{1}{n}\right)^n\right\}$ 单调递增且有上界 e, 也可得 $7p = \left(1 + \frac{1}{6}\right)^6 < e < 3.5$, $p < \frac{1}{2}$.

所以 $p \in (0.25, 0.5)$.

9. 解法 1 C. 设边 BC 的中点是 H, 可如图 1 所示建立平面直角坐标系 xHy, 再由题设可得 $B(-2,0), C(2,0), A\left(-\frac{5}{8}, \frac{3}{8}\sqrt{15}\right)$.

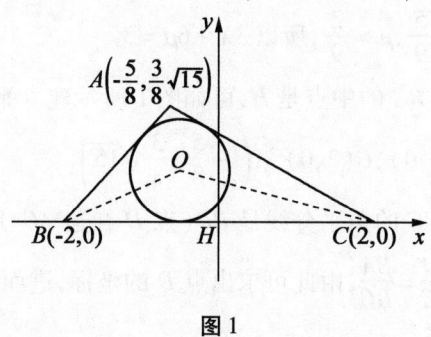

图 1

可求得向量 $\overrightarrow{BA} = \left(\frac{11}{8}, \frac{3}{8}\sqrt{15}\right)$ 方向上的单位向量是 $\frac{\overrightarrow{BA}}{|\overrightarrow{BA}|} = \left(\frac{11}{16}, \frac{3}{16}\sqrt{15}\right)$, 向量 $\overrightarrow{BC}$ 方向上的单位向量是 $(1,0)$. 再由

$$\left(\frac{11}{16}, \frac{3}{16}\sqrt{15}\right) + (1,0) = \left(\frac{27}{16}, \frac{3}{16}\sqrt{15}\right) = \frac{3}{16}\sqrt{3}(3\sqrt{3}, \sqrt{5})$$

所以 $\overrightarrow{BO} // (3\sqrt{3}, \sqrt{5})$, 直线 BO 的斜率是 $\frac{\sqrt{5}}{3\sqrt{3}}$, 进而可求得直线 BO 的方程是 $\sqrt{5}x - 3\sqrt{3}y + 2\sqrt{5} = 0$.

可求得向量 $\vec{CA} = \left(-\dfrac{21}{8}, \dfrac{3}{8}\sqrt{15}\right)$ 方向上的单位向量是 $\dfrac{\vec{CA}}{|\vec{CA}|} =$

$\left(-\dfrac{7}{8}, \dfrac{\sqrt{15}}{8}\right)$，向量 $\vec{CB}$ 方向上的单位向量是 $(-1,0)$. 再由

$$\left(-\dfrac{7}{8}, \dfrac{\sqrt{15}}{8}\right) + (-1,0) = \left(-\dfrac{15}{8}, \dfrac{\sqrt{15}}{8}\right) = -\dfrac{\sqrt{15}}{8}(\sqrt{15}, -1)$$

所以 $\vec{CO} /\!/ (\sqrt{15}, -1)$，直线 CO 的斜率是 $\dfrac{\sqrt{15}}{-1} = -\sqrt{15}$，进而可求得直线 CO 的方程是 $x + \sqrt{15}y - 2 = 0$.

解方程组 $\begin{cases} \sqrt{5}x - 3\sqrt{3}y + 2\sqrt{5} = 0 \\ x + \sqrt{15}y - 2 = 0 \end{cases}$，可求得 $\triangle ABC$ 的内心点 O 的坐标是 $\left(-\dfrac{1}{2}, \dfrac{\sqrt{15}}{6}\right)$.

从而可得 $\vec{AO} = \lambda \vec{AB} + \mu \vec{BC}$，即

$$\left(\dfrac{1}{8}, -\dfrac{5}{24}\sqrt{15}\right) = \lambda\left(-\dfrac{11}{8}, -\dfrac{3}{8}\sqrt{15}\right) + \mu(4,0)$$

进而可求得 $\lambda = \dfrac{5}{9}, \mu = \dfrac{2}{9}$，所以 $3\lambda + 6\mu = 3$.

解法 2 C. 设边 BC 的中点是 H，可如图 1 所示建立平面直角坐标系 xHy，再由题设可得 $B(-2,0), C(2,0), A\left(-\dfrac{5}{8}, \dfrac{3}{8}\sqrt{15}\right)$.

设 $\triangle ABC$ 中 $\angle ABC$ 的角平分线是 BD（点 D 在边 AC 上），由三角形的角平分线性质定理可得 $\dfrac{AD}{DC} = \dfrac{BA}{BC}$，由此可求出点 D 的坐标，进而可求得直线 BD 即直线 BO 的方程是 $\sqrt{5}x - 3\sqrt{3}y + 2\sqrt{5} = 0$.

同理，可求得直线 CO 的方程是 $x + \sqrt{15}y - 2 = 0$.

接下来，同解法 1 可求得答案.

解法 3 C. 先来介绍一个结论：

若 $\triangle ABC$ 的内心为点 I，且 $BC = a, CA = b, AB = c$，则 $a\vec{IA} + b\vec{IB} + c\vec{IC} = \mathbf{0}$.

证明如下：

如图 2 所示，设 $\dfrac{\vec{AB}}{c} = \vec{AD}, \dfrac{\vec{AC}}{b} = \vec{AF}$，可得 $|\vec{AD}| = |\vec{AF}| = 1$.

设 $\vec{AD} + \vec{AF} = \vec{AE}$，由平面向量加法的平行四边形法则可得菱形 $ADEF$.

设菱形 $ADEF$ 的中心是点 H,又可得 $|\overrightarrow{AE}| = 2|\overrightarrow{AH}| = 2\cos\dfrac{\angle BAC}{2}$.

可得 $\triangle ABC$ 的内心 I 在射线 AE 上,所以

$$\overrightarrow{AI} = \dfrac{|\overrightarrow{AI}|}{|\overrightarrow{AE}|}\overrightarrow{AE} = \dfrac{|\overrightarrow{AI}|}{2\cos\dfrac{\angle BAC}{2}}\left(\dfrac{\overrightarrow{AB}}{c} + \dfrac{\overrightarrow{AC}}{b}\right)$$

设 $\triangle ABC$ 的内切圆半径为 r,由图 3 可得 $|\overrightarrow{AI}| = \dfrac{r}{\sin\dfrac{\angle BAC}{2}}$,还可得

$$S_{\triangle ABC} = \dfrac{1}{2}r(a+b+c) = \dfrac{1}{2}bc\sin\angle BAC$$

$$r = \dfrac{bc\sin\angle BAC}{a+b+c}$$

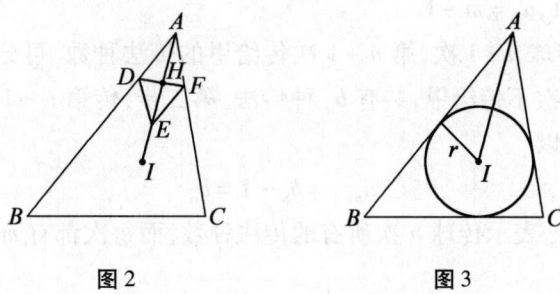

图 2   图 3

所以

$$|\overrightarrow{AI}| = \dfrac{\dfrac{bc\sin\angle BAC}{a+b+c}}{\sin\dfrac{\angle BAC}{2}} = \dfrac{2bc}{a+b+c}\cos\dfrac{\angle BAC}{2}$$

因而

$$\overrightarrow{AI} = \dfrac{bc}{a+b+c}\left(\dfrac{\overrightarrow{AB}}{c} + \dfrac{\overrightarrow{AC}}{b}\right)$$

$$(a+b+c)\overrightarrow{IA} + bc\left(\dfrac{\overrightarrow{IB}-\overrightarrow{IA}}{c} + \dfrac{\overrightarrow{IC}-\overrightarrow{IA}}{b}\right) = \mathbf{0}$$

$$a\overrightarrow{IA} + b\overrightarrow{IB} + c\overrightarrow{IC} = \mathbf{0}$$

下面用此结论来解答本题.

由题设 $\overrightarrow{AO} = \lambda\overrightarrow{AB} + \mu\overrightarrow{BC}$,可得

$$-\overrightarrow{OA} = \lambda(\overrightarrow{OB}-\overrightarrow{OA}) + \mu(\overrightarrow{OC}-\overrightarrow{OB})$$

$$(1-\lambda)\overrightarrow{OA} + (\lambda-\mu)\overrightarrow{OB} + \mu\overrightarrow{OC} = \mathbf{0}$$

又由题设"$\triangle ABC$ 的内心为点 O,且 $AB=2, AC=3, BC=4$"及上面证得的结论,可得

$$4\overrightarrow{OA} + 3\overrightarrow{OB} + 2\overrightarrow{OC} = \mathbf{0}$$

所以 $\dfrac{1-\lambda}{4} = \dfrac{\lambda-\mu}{3} = \dfrac{\mu}{2}$,即 $\lambda = \dfrac{5}{9}, \mu = \dfrac{2}{9}$,所以 $3\lambda + 6\mu = 3$.

10. A. 我们先解决该题的一般情形:

包含甲在内的 $m(m \geqslant 2)$ 个人练习传球,球首先从甲手中传出,每次传球都不能传给自己,第 $n(n \in \mathbf{N}^*)$ 次仍传给甲,共有多少种传法?第 n 次传球传给甲的概率是多少?

设第 n 次传给甲的传法有 a_n 种,第 n 次不传给甲的传法有 b_n 种,可得 $a_1 = 0, b_1 = m-1, a_2 = m-1$.

a_{n+1} 表示传球 $n+1$ 次,第 $n+1$ 次传给甲的传法种数.可分两步:第一步,传前 n 次,第 n 次不传给甲,共有 b_n 种传法;第二步,传第 $n+1$ 次,传给甲,只有 1 种传法,所以

$$a_{n+1} = b_n \cdot 1 = b_n$$

可得 $a_n + b_n$ 表示传球 n 次所有的传法种数,而每次都有 $m-1$ 种传法,所以

$$a_n + b_n = (m-1)^n$$
$$a_n + a_{n+1} = (m-1)^n$$

设 $c_n = \dfrac{a_n}{(m-1)^n} (n \in \mathbf{N}^*)$,可得

$$c_n(m-1)^n + c_{n+1}(m-1)^{n+1} = (m-1)^n$$

$$c_{n+1} = \dfrac{1}{1-m}c_n + \dfrac{1}{m-1}$$

$$c_{n+1} - \dfrac{1}{m} = \dfrac{1}{1-m}\left(c_n - \dfrac{1}{m}\right)$$

又由 $c_1 = \dfrac{a_1}{m-1} = 0, c_1 - \dfrac{1}{m} = -\dfrac{1}{m}$,可得

$$c_n - \dfrac{1}{m} = -\dfrac{1}{m}\left(\dfrac{1}{1-m}\right)^{n-1}$$

$$c_n = \dfrac{1}{m} - \dfrac{1}{m}\left(\dfrac{1}{1-m}\right)^{n-1} (n \in \mathbf{N}^*)$$

因而

$$a_n = c_n(m-1)^n = \frac{(m-1)^n}{m} + \frac{m-1}{m}(-1)^n \,(n \in \mathbf{N}^*)$$

实际上,$c_n = \dfrac{a_n}{(m-1)^n} = \dfrac{1}{m}\left[1-\left(\dfrac{1}{1-m}\right)^{n-1}\right](n \in \mathbf{N}^*)$ 的意义就是第 n 次传球传给甲的概率.

解答本题,只需令 $m=n=4$,可求得答案是 $c_4 = \dfrac{1}{4}\left[1-\left(\dfrac{1}{1-4}\right)^3\right]=\dfrac{7}{27}$.

11. **解法 1** A. 由椭圆 C 的离心率的取值范围为 $\left[\dfrac{1}{\sqrt{3}},\dfrac{1}{\sqrt{2}}\right]$,可得 $\dfrac{a^2-b^2}{a^2}$ 的取值范围为 $\left[\dfrac{1}{3},\dfrac{1}{2}\right]$,即 b 的取值范围为 $\left[\dfrac{a}{\sqrt{2}},\sqrt{\dfrac{2}{3}}a\right]$,也即 $\left(\dfrac{a}{b}\right)^2$ 的取值范围为 $\left[\dfrac{3}{2},2\right]$.

由 $\begin{cases} y=-x+1 \\ \dfrac{x^2}{a^2}+\dfrac{y^2}{b^2}=1 \end{cases}$,可得 $(a^2+b^2)x^2-2a^2x+a^2-a^2b^2=0$.

可得 $\Delta>0$ 恒成立,即 $a^2+b^2>1$ 恒成立.

再由 b 的取值范围为 $\left[\dfrac{a}{\sqrt{2}},\sqrt{\dfrac{2}{3}}a\right]$,可得 $\Delta>0$ 恒成立,即 $a^2+\left(\dfrac{a}{\sqrt{2}}\right)^2>1$,也即 $a>\sqrt{\dfrac{2}{3}}$.

可设 $M(x_1,1-x_1),N(x_2,1-x_2)$,得

$$x_1+x_2=\dfrac{2a^2}{a^2+b^2},\ x_1x_2=\dfrac{a^2-a^2b^2}{a^2+b^2}$$

又 $OM \perp ON$,所以

$$x_1x_2+(1-x_1)(1-x_2)=0$$
$$2x_1x_2+1=x_1+x_2$$
$$\dfrac{2a^2-2a^2b^2}{a^2+b^2}+1=\dfrac{2a^2}{a^2+b^2}$$
$$(2a)^2=2\left[\left(\dfrac{a}{b}\right)^2+1\right]$$

再由 $\left(\dfrac{a}{b}\right)^2$ 的取值范围为 $\left[\dfrac{3}{2},2\right]$,可得椭圆 C 的长轴长 $2a$ 的取值范围是 $[\sqrt{5},\sqrt{6}]$(它满足 $a>\sqrt{\dfrac{2}{3}}$),所以所求答案是 A.

解法2 A. 由题设"$OM \perp ON$"知,可设 $M(x_0, y_0)$, $N(-\lambda y_0, \lambda x_0)(\lambda \neq 0)$.

再由点 M, N 均在椭圆 $C: b^2 x^2 + a^2 y^2 = a^2 b^2$ 上,可得 $\begin{cases} b^2 x_0^2 + a^2 y_0^2 = a^2 b^2 \\ b^2 y_0^2 + a^2 x_0^2 = \dfrac{a^2 b^2}{\lambda^2} \end{cases}$,把得到的两个等式相加后,可得

$$|OM|^2 = x_0^2 + y_0^2 = \frac{a^2 b^2}{a^2 + b^2}\left(\frac{1}{\lambda^2} + 1\right)$$

$$|ON|^2 = \lambda^2 (x_0^2 + y_0^2) = \frac{a^2 b^2}{a^2 + b^2}(\lambda^2 + 1)$$

$$|MN|^2 = |OM|^2 + |ON|^2 = \frac{a^2 b^2}{a^2 + b^2} \cdot \frac{(\lambda^2 + 1)^2}{\lambda^2}$$

设原点 O 到直线 MN 的距离是 d,可得

$$d^2 = \frac{|OM|^2 \cdot |ON|^2}{|MN|^2} = \frac{a^2 b^2}{a^2 + b^2}$$

$$d = \frac{ab}{\sqrt{a^2 + b^2}}$$

因为原点 O 到直 $MN: x + y - 1 = 0$ 的距离 $d = \dfrac{1}{\sqrt{2}}$,进而可得 $(2a)^2 = 2\left[\left(\dfrac{a}{b}\right)^2 + 1\right]$.

同解法1可得 $\left(\dfrac{a}{b}\right)^2$ 的取值范围为 $\left[\dfrac{3}{2}, 2\right]$, $\Delta > 0$ 恒成立即 $a > \sqrt{\dfrac{2}{3}}$.

进而可得椭圆 C 的长轴长 $2a$ 的取值范围是 $[\sqrt{5}, \sqrt{6}]$(它满足 $a > \sqrt{\dfrac{2}{3}}$),所以所求答案是 A.

解法3 A. 可设 $\angle xOM = \theta$,由题设"$OM \perp ON$"可得 $\angle xON = \theta \pm \dfrac{\pi}{2}$.

再由三角函数定义,可得 $M(|OM|\cos\theta, |ON|\sin\theta)$;还可得 $N\left(|ON|\cos\left(\theta \pm \dfrac{\pi}{2}\right), |ON|\sin\left(\theta \pm \dfrac{\pi}{2}\right)\right)$,即 $N(\mp|ON|\sin\theta, \pm|ON|\cos\theta)$.

又由点 M, N 均在椭圆 C 上,可得 $\begin{cases} \dfrac{\cos^2\theta}{a^2} + \dfrac{\sin^2\theta}{b^2} = \dfrac{1}{|OM|^2} \\ \dfrac{\sin^2\theta}{a^2} + \dfrac{\cos^2\theta}{b^2} = \dfrac{1}{|ON|^2} \end{cases}$,把得到的两个等式相加后,可得

$$\frac{1}{|OM|^2}+\frac{1}{|ON|^2}=\frac{1}{a^2}+\frac{1}{b^2}$$

设 Rt△OMN 的斜边 MN 上的高是 d,由
$$(|OM|\cdot|ON|)^2=(d|MN|)^2=d^2(|OM|^2+|ON|^2)$$
可得
$$\frac{1}{|OM|^2}+\frac{1}{|ON|^2}=\frac{1}{d^2}$$

还可得 Rt△OMN 的斜边 MN 上的高即原点 O 到直线 $MN:x+y-1=0$ 的距离 $d=\frac{1}{\sqrt{2}}$,进而可得

$$\frac{1}{a^2}+\frac{1}{b^2}=\frac{1}{d^2}=\frac{1}{2}$$

$$(2a)^2=2\left[\left(\frac{a}{b}\right)^2+1\right]$$

同解法 1 可得 $\left(\frac{a}{b}\right)^2$ 的取值范围为 $\left[\frac{3}{2},2\right]$,$\Delta>0$ 恒成立即 $a>\sqrt{\frac{2}{3}}$.

进而可得椭圆 C 的长轴长 $2a$ 的取值范围是 $[\sqrt{5},\sqrt{6}]$(它满足 $a>\sqrt{\frac{2}{3}}$),所以所求答案是 A.

12. C. 可如图 4 所示建立平面直角坐标系 xAy,还可设 $C(1,0)$,$B(0,a)$,$D(a,a)$.

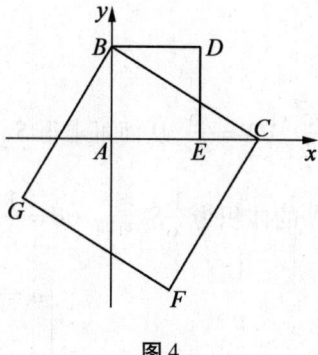

图 4

因为向量 $\overrightarrow{BC}=(1,-a)$ 对应的复数是 $1-ai$,所以把向量 $\overrightarrow{BC}$ 绕点 B 顺时针旋转 90° 得到的向量 $\overrightarrow{BG}$ 所对应的复数是 $(1-ai)(-i)=-a-i$,因而 $\overrightarrow{BG}=(-a,-1)$,进而可得点 G 的坐标是 $(-a,a-1)$.

所以 $\vec{GA}=(a,1-a),\vec{DC}=(1-a,-a)$,因而 $\vec{GA}\cdot\vec{DC}=0$,即向量 $\vec{GA},\vec{DC}$ 夹角的大小为 $90°$.

13. B. 可如图 5 所示建立空间直角坐标系 $D-xyz$,可得 $O\left(\dfrac{1}{2},\dfrac{1}{2},0\right)$, $B_1(1,1,1),M\left(\dfrac{1}{2},0,1\right),N\left(0,1,\dfrac{1}{2}\right)$.

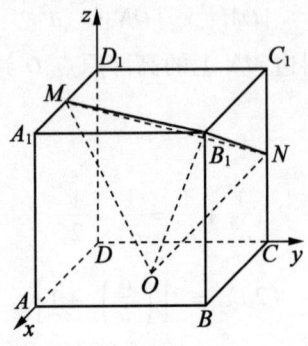

图 5

可得 $\vec{MB_1}=\left(\dfrac{1}{2},1,0\right),\vec{NB_1}=\left(1,0,\dfrac{1}{2}\right)$,进而可求得平面 B_1MN 的一个法向量为 $\boldsymbol{n}=(-2,1,4)$.

还可得 $\vec{OB_1}=\left(\dfrac{1}{2},\dfrac{1}{2},1\right)$,所以点 O 到平面 B_1MN 的距离 $d=\dfrac{|\vec{OB_1}\cdot\boldsymbol{n}|}{|\boldsymbol{n}|}=\dfrac{\sqrt{21}}{6}$.

可求得 $B_1M=B_1N=\dfrac{\sqrt{5}}{2},MN=\dfrac{\sqrt{6}}{2}$,从而可求得 $S_{\triangle B_1MN}=\dfrac{\sqrt{21}}{8}$.

所以三棱锥 $O-MB_1N$ 的体积为 $\dfrac{1}{3}S_{\triangle B_1MN}\cdot d=\dfrac{1}{3}\cdot\dfrac{\sqrt{21}}{8}\cdot\dfrac{\sqrt{21}}{6}=\dfrac{7}{48}$.

14. A. 可设 $\begin{cases}b+3c=x\\8c+4a=4y\\3a+2b=z\end{cases}(x,y,z\in\mathbf{R}_+)$,可得 $\begin{cases}a=\dfrac{-2x+3y+z}{6}\\b=\dfrac{2x-3y+z}{4}\\c=\dfrac{2x+3y-z}{12}\end{cases}$,所以

$$2\left(\dfrac{a}{b+3c}+\dfrac{b}{8c+4a}+\dfrac{9c}{3a+2b}\right)$$

$$= \frac{-2x+3y+z}{3x} + \frac{2x-3y+z}{8y} + \frac{6x+9y-3z}{2z}$$

$$= \left(\frac{x}{4y}+\frac{y}{x}\right) + \left(\frac{3x}{z}+\frac{z}{3x}\right) + \frac{1}{2}\left(\frac{9y}{z}+\frac{z}{4y}\right) - \frac{2}{3} - \frac{3}{8} - \frac{3}{2}$$

$$\geqslant 2\sqrt{\frac{x}{4y}\cdot\frac{y}{x}} + 2\sqrt{\frac{3x}{z}\cdot\frac{z}{3x}} + \sqrt{\frac{9y}{z}\cdot\frac{z}{4y}} - \frac{2}{3} - \frac{3}{8} - \frac{3}{2}$$

$$= 1 + 2 + \frac{3}{2} - \frac{2}{3} - \frac{3}{8} - \frac{3}{2} = \frac{47}{24}$$

进而可得：当且仅当 $x:y:z = 2:1:6$，即 $a:b:c = 10:21:1$ 时，

$\left(\dfrac{a}{b+3c} + \dfrac{b}{8c+4a} + \dfrac{9c}{3a+2b}\right)_{\min} = \dfrac{47}{48}$.

15. ABC. 如图6所示,设 △ABC 中 ∠A 的角平分线是 AD.

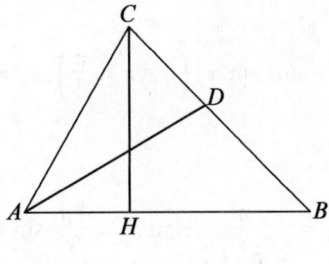

图6

在 △ABD 中,由正弦定理 $\dfrac{AB}{\sin\angle ADB} = \dfrac{AD}{\sin B}$,可得

$$\frac{AB}{\sin(30°+45°)} = \frac{2}{\sin 45°} = 2\sqrt{2} \qquad ①$$

$$AB = \sqrt{3}+1$$

在 △ABC 中,由正弦定理及等式①,可得

$$\frac{AC}{\sin 45°} = \frac{BC}{\sin 60°} = \frac{AB}{\sin(60°+45°)} = \frac{AB}{\sin(30°+45°)} = 2\sqrt{2}$$

$$AC = 2, BC = \sqrt{6}$$

所以

$$CH = AC\cdot\sin\angle BAC = 2\sin 60° = \sqrt{3}$$

$$S_{\triangle ABC} = \frac{1}{2}AB\cdot CH = \frac{1}{2}(\sqrt{3}+1)\cdot\sqrt{3} = \frac{3+\sqrt{3}}{2} \neq 3$$

进而可得答案.

16. C. 由题设可得

$$\sin x + \cos x = \sqrt{2}\sin\left(x + \frac{\pi}{4}\right) < \frac{\pi}{2} \qquad \text{①}$$

$$0 < \sin x < \frac{\pi}{2} - \cos x < \frac{\pi}{2} \left(0 < x < \frac{\pi}{2}\right)$$

$$\sin(\sin x) < \sin\left(\frac{\pi}{2} - \cos x\right) = \cos(\cos x) \left(0 < x < \frac{\pi}{2}\right)$$

所以选项 A 错误.

由①还可得

$$0 < \cos x < \frac{\pi}{2} - \sin x < \frac{\pi}{2} \left(0 < x < \frac{\pi}{2}\right)$$

$$\sin(\cos x) < \sin\left(\frac{\pi}{2} - \sin x\right) = \cos(\sin x) \left(0 < x < \frac{\pi}{2}\right)$$

所以选项 B 错误.

设 $f(x) = \tan(\tan x) - \sin(\sin x) \left(0 < x < \frac{\pi}{2}\right), x_1 = \arctan \pi, x_2 = \arctan \frac{4\pi}{3}$,

可得 $0 < x_1 < x_2 < \frac{\pi}{2}$,且

$$\tan x_1 = \pi, \sin x_1 = \frac{\pi}{\sqrt{\pi^2 + 1}}; \tan x_2 = \frac{4\pi}{3}, \sin x_2 = \frac{4\pi}{\sqrt{16\pi^2 + 9}}$$

所以

$$f(x_1) = \tan \pi - \sin \frac{\pi}{\sqrt{\pi^2 + 1}} = -\sin \frac{\pi}{\sqrt{\pi^2 + 1}} < 0$$

$$f(x_2) = \tan \frac{4\pi}{3} - \sin \frac{4\pi}{\sqrt{16\pi^2 + 9}} = \sqrt{3} - \sin \frac{4\pi}{\sqrt{16\pi^2 + 9}} > 0$$

再由 $f(x)$ 在 (x_1, x_2) 上连续,可得 $\exists x_0 \in (x_1, x_2), f(x_0) = 0$,所以选项 C 正确.

下面证明选项 D 错误.

设 $g(x) = \tan(\sin x) - \sin(\tan x) \left(0 < x < \frac{\pi}{2}\right)$,可得

$$g'(x) = \frac{\cos x}{\cos^2(\sin x)} - \frac{\cos(\tan x)}{\cos^2 x} = \frac{\cos^3 x - \cos(\tan x)\cos^2(\sin x)}{\cos^2(\sin x)\cos^2 x} \left(0 < x < \frac{\pi}{2}\right)$$

(1) 当 $0 < x < \arctan \frac{\pi}{2}$ 时,可得 $0 < x < \frac{\pi}{3}, 0 < \tan x < \frac{\pi}{2}$.

由三元均值不等式及琴生不等式,可得

$$\sqrt[3]{\cos(\tan x)\cos^2(\sin x)} \leq \frac{\cos(\tan x) + \cos(\sin x) + \cos(\sin x)}{3}$$

$$\leqslant \cos\frac{\tan x + 2\sin x}{3}$$

设 $h(x) = \tan x + 2\sin x - 3x\left(0 < x < \arctan\frac{\pi}{2}\right)$,由三元均值不等式可得

$$h'(x) = \frac{1}{\cos^2 x} + \cos x + \cos x - 3 > 0\left(0 < x < \arctan\frac{\pi}{2}\right)$$

所以 $h(x)$ 是增函数,因而 $h(x) > h(0) = 0, \dfrac{\tan x + 2\sin x}{3} > x\left(0 < x < \arctan\dfrac{\pi}{2}\right)$,所以

$$\sqrt[3]{\cos(\tan x)\cos^2(\sin x)} < \cos x$$
$$\cos^3 x - \cos(\tan x)\cos^2(\sin x) > 0$$
$$g'(x) > 0$$

所以 $g(x)$ 在 $\left(0, \arctan\dfrac{\pi}{2}\right)$ 上是增函数,因而 $g(x) > g(0) = 0$ $\left(0 < x < \arctan\dfrac{\pi}{2}\right)$.

(2) 当 $\arctan\dfrac{\pi}{2} \leqslant x < \dfrac{\pi}{2}$ 时,可得

$$\tan x \geqslant \frac{\pi}{2}, \frac{\sin^2 x}{1 - \sin^2 x} \geqslant \frac{\pi^2}{4}, \frac{1 - \sin^2 x}{\sin^2 x} \leqslant \frac{4}{\pi^2}$$

$$\frac{1}{\sin^2 x} \leqslant \frac{4 + \pi^2}{\pi^2}, \sin^2 x \geqslant \frac{\pi^2}{\pi^2 + 4} > \frac{\pi^2}{16}, 1 \geqslant \sin x > \frac{\pi}{4}$$

$$\tan(\sin x) > \tan\frac{\pi}{4} = 1 \geqslant \sin(\tan x)$$

$$g(x) > 0 \left(\arctan\frac{\pi}{2} \leqslant x < \frac{\pi}{2}\right)$$

综上所述,可得 $g(x) > 0, \tan(\sin x) > \sin(\tan x)$ $\left(0 < x < \dfrac{\pi}{2}\right)$,因而选项 D 错误.

17. **解法 1** B. 用导数可证得 $0 < \sin x < x < 1 (0 < x < 1)$,进而可得 $0 < \dfrac{\sin x}{x} < 1, \left(\dfrac{\sin x}{x}\right)^2 < \dfrac{\sin x}{x} (0 < x < 1)$.

设 $f(x) = \dfrac{\sin x}{x} (0 < x < 1)$,可得 $f'(x) = \dfrac{x\cos x - \sin x}{x^2} = \dfrac{x - \tan x}{\dfrac{x^2}{\cos x}} < 0 (0 < x < 1)$ (因为用导数可证得 $\tan x > x \left(0 < x < \dfrac{\pi}{2}\right)$),所以 $f(x)$ 是减函数. 再由 $0 <$

$x^2 < x < 1(0 < x < 1)$,可得 $f(x) < f(x^2)(0 < x < 1)$,即 $\dfrac{\sin x}{x} < \dfrac{\sin x^2}{x^2}(0 < x < 1)$.

用导数还可证 $y = \sin x(0 < x < 1)$ 是上凸函数.

解法2 B. 如图7所示,在曲线 $y = \sin x(0 < x < 1)$ 上存在左、右两点 $A(x^2, \sin x^2), B(x, \sin x)$,进而可得直线 OB 的斜率小于直线 OA 的斜率,即 $\dfrac{\sin x}{x} < \dfrac{\sin x^2}{x^2}(0 < x < 1)$.

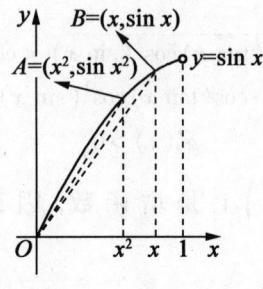

图7

进而可得选项 B 正确,选项 A,C,D 均错误.

18. B. 由题设,可得
$$|z_1 - \mathrm{i}z_2|^2 = |(\sin\alpha + \cos\alpha) + \mathrm{i}|^2 = 2 + \sin 2\alpha$$
$$|z_1 + \mathrm{i}z_2|^2 = |(\sin\alpha - \cos\alpha) + 3\mathrm{i}|^2 = 10 - \sin 2\alpha$$

所以
$$\dfrac{13 - |z_1 + \mathrm{i}z_2|^2}{|z_1 - \mathrm{i}z_2|} = \dfrac{3 + \sin 2\alpha}{\sqrt{2 + \sin 2\alpha}} = \sqrt{2 + \sin 2\alpha} + \dfrac{1}{\sqrt{2 + \sin 2\alpha}}$$

由 $\sin 2\alpha$ 的取值范围是 $[-1, 1]$,可得 $\sqrt{2 + \sin 2\alpha}$ 的取值范围是 $[1, \sqrt{3}]$,进而可得答案.

19. A. 如图8所示,当 $\alpha \perp \beta$ 且 $\alpha \cap \beta = b$ 时,设 $f_\alpha(P) = A$,可得 $PA \perp \alpha$, $Q_1 = f_\beta[f_\alpha(P)] = f_\beta(A)$,所以 $AQ_1 \perp \beta$.

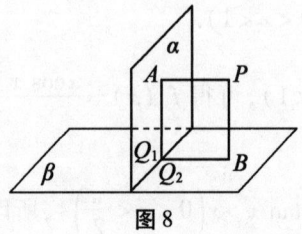

图8

同理,设 $f_\beta(P)=B$,可得 $PB\perp\beta$,$Q_2=f_\alpha[f_\beta(P)]=f_\alpha(B)$,所以 $BQ_2\perp\alpha$,得 $AQ_1/\!/PB$,$PA/\!/BQ_2$,所以 Q_1 和 Q_2 重合,恒有 $PQ_1=PQ_2$.

由此可排除选项 B,C,D,因而选 A.

注 本题与 2013 年高考浙江卷理科第 10 题如出一辙(只是选项的位置有变而已).

20. ABCD. 当 $a_1=-7$, $a_2=-1$ 时,可得 $a_3=0$,所以 $\{a_n\}$ 是项数为 3 的递增数列.

当 $a_1=7$, $a_2=1$ 时,可得 $a_3=0$,所以 $\{a_n\}$ 是项数为 3 的递减数列.

从而可得选项 A,B,C 均正确.

当 $a_1=7$, $a_2=\pi-1$ 时,由 $a_{n+2}=a_n-\dfrac{7}{a_{n+1}}$,可得

$$a_{n+1}a_{n+2}-a_n a_{n+1}=-7\,(n\in\mathbf{N}^*)$$

$$a_n a_{n+1}=a_1 a_2-7(n-1)=7(\pi-n)\neq 0\,(n\in\mathbf{N}^*)$$

$$a_n\neq 0\,(n\in\mathbf{N}^*)$$

所以此时 $\{a_n\}$ 是无穷数列,得选项 D 正确.

注 若无穷数列 $\{a_n\}$ 是递增数列,可得

$$a_{n+2}=a_n-\dfrac{7}{a_{n+1}}>a_{n+1}>a_n$$

$$-\dfrac{7}{a_{n+1}}>0$$

$$a_{n+1}<0$$

$$0>a_{n+1}>a_n$$

得无穷数列 $\{a_n\}$ 是递增数列且有上界.

若无穷数列 $\{a_n\}$ 是递减数列,可得

$$a_{n+2}=a_n-\dfrac{7}{a_{n+1}}<a_{n+1}<a_n$$

$$-\dfrac{7}{a_{n+1}}<0$$

$$a_{n+1}>0$$

$$0<a_{n+1}<a_n$$

得无穷数列 $\{a_n\}$ 是递减数列且有下界.

综上所述,可得 $\lim\limits_{n\to\infty}a_n$ 存在. 设 $\lim\limits_{n\to\infty}a_n=A$,在所给的递推式两边取极限后,可得

$$A = A - \frac{7}{A}$$

$$\frac{7}{A} = 0$$

而这不可能！所以无穷数列$\{a_n\}$不单调.

21. BC. 设选课A, B的人数分别是x, y, A, B两门课都选的人数是z.

由题设, 可得

$$\begin{cases} x + y - z = 2\,017 \\ 2\,017 \cdot 70\% \leqslant x \leqslant 2\,017 \cdot 75\% \\ 2\,017 \cdot 40\% \leqslant y \leqslant 2\,017 \cdot 45\% \end{cases}$$

即

$$\begin{cases} z = (x + y) - 2\,017 \\ 1\,412 \leqslant x \leqslant 1\,512 \\ 807 \leqslant y \leqslant 907 \end{cases}$$

把后两个等式相加, 得$2\,219 \leqslant x + y \leqslant 2\,419$, 进而可得$202 \leqslant z \leqslant 402$, 所以选项A, D均错误.

选$(x, y, z) = (1\,412, 905, 300), (1\,510, 907, 400)$均满足题设, 所以选项B, C均正确.

22. ACD. 可如图9所示建立平面直角坐标系xAy, 并设$B(3m, 0), C(0, 3n)$ ($m > 0, n > 0$), 进而可得$D(m, 2n), E(2m, n)$.

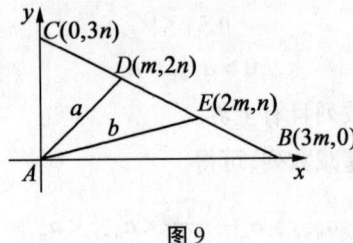

图9

由$AD = a, AE = b$, 可得$\begin{cases} m^2 + 4n^2 = a^2 \\ 4m^2 + n^2 = b^2 \end{cases}$, 解得$\begin{cases} m^2 = \dfrac{4b^2 - a^2}{15} \\ n^2 = \dfrac{4a^2 - b^2}{15} \end{cases}$.

再由$m^2 > 0, n^2 > 0$, 可求得$\dfrac{a}{b}$的取值范围是$\left(\dfrac{1}{2}, 2\right)$, 进而可得答案.

23. AB. 可得$f(x + t) \leqslant 3x$, 即$x^2 + (2t - 1)x + t^2 + 2t \leqslant 0$.

设 $g(x)=x^2+(2t-1)x+t^2+2t(1\leqslant x<m)$,可得题设即"存在实数 t,使得 $g(x)_{\max}\leqslant 0$",也即"存在实数 t,使得 $\begin{cases}g(1)=t^2+4t\leqslant 0\\ g(m)=t^2+2(m+1)t+m^2-m\leqslant 0\end{cases}$".

设 $h(t)=t^2+2(m+1)t+m^2-m$,可得题设即"$\exists t\in[-4,0],h(t)_{\min}\leqslant 0$".

可得抛物线 $h(t)$ 的对称轴是直线 $t=-m-1$. 由题设可得 $m>1$,所以 $-m-1<-2$,因而可分下面两种情况来讨论.

(1)当 $-m-1\leqslant-4$,即 $m\geqslant 3$ 时,可得
$$h(t)_{\min}=h(-4)=(m-1)(m-8)\leqslant 0$$
所以 $3\leqslant m\leqslant 8$.

(2)当 $-4<-m-1<-2$,即 $1<m<3$ 时,可得
$$h(t)_{\min}=h(-m-1)=-3m-1\leqslant 0$$
所以 $1<m<3$.

综上所述,可得满足题设的 m 的取值范围是 $(1,8]$,从而可得答案.

24. CD. 可得
$$f(x,y)=[x^2-2(y+7)x]+6y^2-6y+72$$
$$=(x-y-7)^2+5y^2-20y+23$$
$$=(x-y-7)^2+5(y-2)^2+3\geqslant 3$$

进而可得:当且仅当 $x-y-7=y-2=0$,即 $(x,y)=(9,2)$ 时,$f(x,y)_{\min}=3$.

当 $y=0,x\to+\infty$ 时,可得 $f(x,y)\to+\infty$. 再由函数 $f(x,y)$ 在定义域上连续,可得函数 $f(x,y)$ 的值域 $M=[3,+\infty)$,从而可得答案.

25. **解法1** D. 如图 10 所示,先从集合 N 的 6 个元素中按一定顺序选出 3 个分别放到 $A\cap B,B\cap C,C\cap A$ 中,有 $A_6^3=120$ 种方法;而剩下的 3 个元素每个都可任意放到图 10 中的①②③④中,可分下面四类:

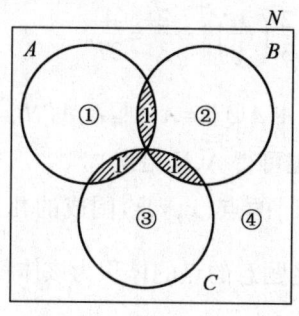

图 10

(1)①②③中共放 0 个即均放到④中,有 1 种放法.

(2)①②③中共放 1 个,有 $C_3^1 C_3^1 = 9$ 种放法.

(3)①②③中共放 2 个,有 $C_3^2(C_3^1 + A_3^2) = 27$ 种放法.

(4)①②③中共放 3 个,有 $3^3 = 27$ 种放法.

因而所求答案是 $120(1 + 9 + 27 + 27) = 7\ 680$.

解法 2 D. 如图 10 所示,先从集合 N 的 6 个元素中按一定顺序选出 3 个分别放到 $A \cap B, B \cap C, C \cap A$ 中,有 A_6^3 种方法;而剩下的 3 个元素每个都可任意放到图 11 中的①②③④中,均有 4 种放法,所以所求答案是 $A_6^3 \cdot 4^3 = 7\ 680$.

§14 2017 年清华大学能力测试(数学部分试题)参考答案

1. C. 若赵同学说的前半句错误后半句正确,可得乙是 3 号;再由钱同学的话可得丙是 2 号;又由孙同学的话可得丙是 3 号. 这与前面得到的"乙是 3 号"矛盾! 所以赵同学说的前半句正确后半句错误,得甲是 2 号.

再由钱同学的话可得乙是 4 号,又由孙同学的话可得丙是 3 号,由李同学说的话可得丁是 1 号.

总之,甲是 2 号,乙是 4 号,丙是 3 号,丁是 1 号.

2. D. 反例:$x^2 + x + 1 \geq 0$ 与 $x^2 + x + 2 \geq 0$ 的解集都是 **R**,但 $\frac{1}{1} = \frac{1}{1} \neq \frac{1}{2}$;$\frac{1}{-1} = \frac{1}{-1} = \frac{1}{1}$,但 $x^2 + x + 1 \geq 0$ 与 $-x^2 - x - 1 \geq 0$ 的解集分别是 **R** 与 $\varnothing$.

3. A. 所求概率为 $C_3^1 \cdot \frac{2}{3} \left(\frac{1}{3}\right)^2 \cdot \frac{2}{3} = \frac{4}{27}$.

4. BC. 由题设可得 $B \subseteq A, A \cup B = A, \overline{A} \subseteq \overline{B}, A \cap \overline{B} = \varnothing$,进而可得选项 C,B 正确,A,D 错误(当 $A = B$ 时也可得 A,D 错误).

5. B. 满足 $x, y, z \in [0, 1]$ 的点 (x, y, z) 围成的几何体即单位正方体的体积是 1,再由对称性,可得满足题意的点的体积为该体积的 $\frac{1}{6}$.

6. B. 当且仅当两个半径为 1 的球都与球 O 内切时,球 O 最小,可得此时球 O 的直径为 $d + 2$,于是

$$\lim_{d\to+\infty}\frac{V}{d^3}=\lim_{d\to+\infty}\frac{\frac{\pi}{6}(d+2)^3}{d^3}=\frac{\pi}{6}$$

得选项 B 正确,选项 A,C,D 均错误.

7. BCD. 由弦切角定理和圆周角定理及题设,可得 $\angle MAQ = \angle MNB$, $\angle AMQ = \angle CNB = \angle NMB$,所以 $\triangle AQM \backsim \triangle NBM$,选项 B 正确.

若选项 A 正确,因为在题图中的 $\triangle AMQ$ 与 $\triangle MBC$ 中,$\angle MQA$ 与 $\angle MBC$ 均是钝角;所以只可能是 $\triangle AQM \backsim \triangle CBM$ 或 $\triangle AQM \backsim \triangle MBC$.

若 $\triangle AQM \backsim \triangle CBM$,可得 $\angle QAM = \angle BCM, MA = MC$.当线段 MC 固定时,线段 MA 的长度是变化的,所以 $MA = MC$ 不能恒成立.

若 $\triangle AQM \backsim \triangle MBC$,再由选项 B 正确,可得 $\triangle NBM \backsim \triangle MBC$,所以 $\angle NMB = \angle MCB$.

如图 1 所示,当割线 $CBA \to$ 切线 CN 时,$\angle NMB \to 0°$,$\angle MCB \to \angle MCN$,而 $\angle MCN$ 的取值范围是 $(0°, 180°)$,所以 $\angle NMB = \angle MCB$ 不能恒成立.

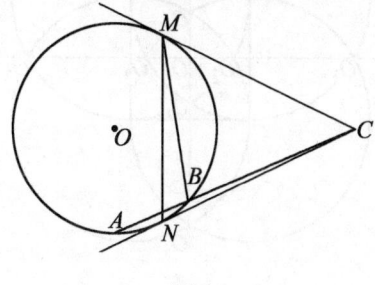

图 1

综上所述,可得选项 A 不正确.

还可得

$$\angle AMQ = \angle CNB = \angle NMB$$
$$\angle AMQ + \angle QMN = \angle NMB + \angle NMQ$$
$$\angle AMN = \angle QMB$$
$$\angle ANM = \angle QBM$$

所以 $\triangle AMN \backsim \triangle QMB$,选项 C 正确.

如图 2 所示,可设 $\angle AMQ = \angle CNB = \alpha$,$\angle MAB = \beta$.

可得 $\angle CNM = \angle CQM = \alpha + \beta$,所以 C, M, Q, N 四点共圆.由切线长定理,可得 $CN = CM$,所以 $\angle BQN = \angle CQM = \angle AMQ + \angle MAQ = \alpha + \beta = \angle MAN$.

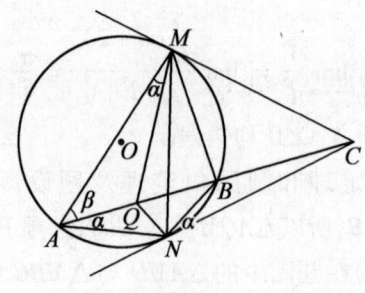

图2

又因为$\angle AMN = \angle QBN$,所以$\triangle AMN \backsim \triangle QBN$,得选项 D 正确.

8. C. 如图3所示,当点O是正方形$ABCD$的中心O_1时满足题设.

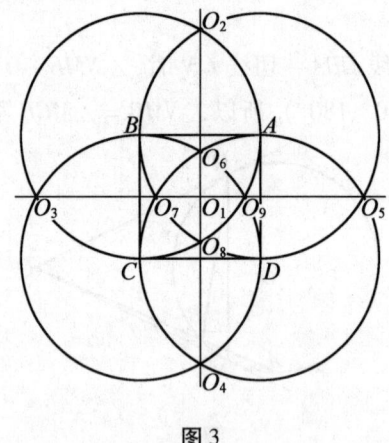

图3

当$AB = AO$时,可得以点A为圆心,以AB为半径所作的圆与正方形$ABCD$的一条对称轴$O_3O_1O_5$的交点O_7,O_5均可作为题设中的点O.

进而可得本题的答案是$2 \cdot 4 + 1 = 9$,即点O的不同位置只能是图3中所示的点$O_1,O_2,O_3,\cdots,O_9$.

9. D. 在平面直角坐标系xOy中,可不妨设圆O的方程为$x^2 + y^2 = 9$,$A(3,0),B\left(\dfrac{1}{3},\dfrac{4}{3}\sqrt{5}\right),P(3\cos\theta,3\sin\theta)(0 \leqslant \theta < 2\pi)$,得

$$\vec{AB} \cdot \vec{BP} = \left(-\dfrac{8}{3},\dfrac{4}{3}\sqrt{5}\right) \cdot \left(3\cos\theta - \dfrac{1}{3}, 3\sin\theta - \dfrac{4}{3}\sqrt{5}\right)$$

$$= 4\sqrt{5}\sin\theta - 8\cos\theta - 8$$

$$\leqslant \sqrt{(4\sqrt{5})^2 + (-8)^2} - 8 = 4$$

进而可得$\overrightarrow{AB} \cdot \overrightarrow{BP}$的最大值为4.

10. AB. 可得$f(x) = \sin x \cdot \sin 2x = 2\cos x(1 - \cos^2 x)$.

因为$f(x)$是偶函数,所以y轴是曲线$y = f(x)$的一条对称轴,得选项 A 正确.

还可验证$f(x) + f(\pi - x) = 0$,所以点$\left(\dfrac{\pi}{2}, 0\right)$是曲线$y = f(x)$的一个对称中心,得选项 B 正确.

当$a = 0$时,方程$f(x) = a$在$(0, 2\pi)$上的解为 3 个:$x = \dfrac{\pi}{2}, \pi, \dfrac{3\pi}{2}$,所以选项 C 不正确.

由三元均值不等式,可得
$$f^2(x) = 2 \cdot 2\cos^2 x(1 - \cos^2 x)(1 - \cos^2 x)$$
$$\leqslant 2\left[\dfrac{2\cos^2 x + (1 - \cos^2 x) + (1 - \cos^2 x)}{3}\right]^3$$
$$= \dfrac{16}{27}$$

进而可得,当且仅当$\cos x = \dfrac{1}{\sqrt{3}}$时,$f(x)_{\max} = \dfrac{4}{9}\sqrt{3}$,但$\dfrac{4}{9}\sqrt{3} < \dfrac{7}{9}$,所以方程$f(x) = \dfrac{7}{9}$无解,选项 D 错误.

11. **解法 1** B. 可得题设等价于
$$\sin B \sin C = \sin^2 A - \sin^2 B = \sin(A+B)\sin(A-B) = \sin(A-B)\sin C$$
$$\sin B = \sin(A - B)$$

又由$B \in (0, \pi), A - B \in (-\pi, \pi)$,可得$A - B, B \in (0, \pi)$,所以$A - B = B$或$(A - B) + B = \pi$,进而可得题设等价于$A = 2B$.

再由三角形内角和定理$A + B + C = \pi$,可得$\begin{cases} \dfrac{3}{2}A + C = \pi \\ 3B + C = \pi \end{cases}$,进而可求得$A, B$的取值范围分别是$\left(0, \dfrac{2\pi}{3}\right), \left(0, \dfrac{\pi}{3}\right)$,所以选项 A,C 不是恒成立的,选项 D 一定不成立,选项 B 一定成立.

解法 2 B. 由题设及正弦定理,可得$a^2 = b^2 + bc$. 再由余弦定理,可得
$$a^2 = a^2 + c^2 - 2ac\cos B + bc$$
$$b + c = 2a\cos B$$

再由正弦定理,可得
$$\sin B + \sin(A+B) = 2\sin A\cos B$$
$$\sin B + \cos A\sin B = \sin A\cos B$$
$$\sin B = \sin(A-B)$$

接下来同解法 1.

12. AC. 由题设,可得
$$b\cos C + \sqrt{3}b\sin C - (a+c) = 0$$

再由正弦定理,可得
$$\sin B\cos C + \sqrt{3}\sin B\sin C - \sin(B+C) - \sin C = 0$$
$$\sin C(\sqrt{3}\sin B - \cos B - 1) = 0$$
$$\sqrt{3}\sin B - \cos B = 1$$
$$\sin\left(B - \frac{\pi}{6}\right) = \frac{1}{2}\left(-\frac{\pi}{6} < B - \frac{\pi}{6} < \frac{5\pi}{6}\right)$$
$$B - \frac{\pi}{6} = \frac{\pi}{6}$$
$$B = \frac{\pi}{3}$$

得选项 C 正确,选项 D 错误.

由 $B = \frac{\pi}{3}, a+c = \sqrt{3}$,可得
$$S_{\triangle ABC} = \frac{1}{2}ac\sin\frac{\pi}{3} = \frac{\sqrt{3}}{4}ac \leqslant \frac{\sqrt{3}}{4}\left(\frac{a+c}{2}\right)^2 = \frac{\sqrt{3}}{4}\left(\frac{\sqrt{3}}{2}\right)^2 = \frac{3}{16}\sqrt{3}$$

当且仅当 $B = \frac{\pi}{3}, a = c = \frac{\sqrt{3}}{2}$ 时,$(S_{\triangle ABC})_{\max} = \frac{3}{16}\sqrt{3}$,得选项 A 正确.

由余弦定理,可得
$$b^2 = a^2 + c^2 - ac = (a+c)^2 - 3ac = 3 - 3ac$$
$$\geqslant 3 - 3\left(\frac{a+c}{2}\right)^2 = 3 - 3\left(\frac{\sqrt{3}}{2}\right)^2 = \frac{3}{4}$$
$$b \geqslant \frac{\sqrt{3}}{2}$$
$$a+b+c \geqslant \frac{3}{2}\sqrt{3}$$

当且仅当 $B = \frac{\pi}{3}, a = c = \frac{\sqrt{3}}{2}$ 时,$\triangle ABC$ 的周长取到最小值,且最小值是

$\frac{3}{2}\sqrt{3}$,又 $\triangle ABC$ 的周长不是常数,所以选项 B 错误.

13. AB. 原方程组即 $\begin{cases} x^2 = 5y - 6 \\ y^2 = 5x - 6 \end{cases}$,把得到的两个方程相加后可得选项 A 正确.

把得到的两个方程相减后可得 $x = y$ 或 $-y = x + 5$. 若 $-y = x + 5$,由 $y^2 = 5x - 6$,可得 $x^2 + 5x + 31 = 0$,而此方程无实数解,所以 $x = y$,得选项 B 正确(由直线 $x = y$, $-y = x + 5$ 分别与圆 $\left(x - \frac{5}{2}\right)^2 + \left(y - \frac{5}{2}\right)^2 = \frac{1}{2}$ 相交、相离也可得 $x = y$ 成立).

原方程组即 $\begin{cases} x^2 = 5y - 6 \\ x = y \end{cases}$,它有且只有两组实数解 $(x, y) = (2, 2), (3, 3)$. 得选项 C, D 均错误.

14. ABD. 先作出函数 $f(x)$ 的图像后,再由函数 $f(x)$ 的图像可作出函数 $g(x)$ 的图像,进而可得答案.(当 $f(x) = a$(a 是常数)时,可得 $g(x) = a$,所以选项 C 错误)

15. C. 由题设可得 $x_n = ax_{n+1} + bx_{n+2} < ax_n + bx_n, a + b > 1$,所以 C 正确,D 错误.

当 $a = b = 1, x_n > 0 (n \in \mathbf{N}^*)$ 时,可得 $x_n = x_{n+1} + x_{n+2} > x_{n+1}$,得 $\{x_n\}$ 是正项递减数列,所以选项 A, B 均错误.

16. AC. 可得
$f(2, n+1) = f(1, n) + f(2, n) + n = f(2, n) + 2n (n \in \mathbf{N}^*), f(2, 1) = 1$
再由累加法,可求得
$$f(2, n) = n^2 - n + 1 (n \in \mathbf{N}^*)$$
进而可得选项 A 正确,B 错误.

还可得
$f(3, n+1) = f(2, n) + f(3, n) + n = f(3, n) + n^2 + 1 (n \in \mathbf{N}^*), f(3, 1) = 1$
再由累加法,可求得
$$f(3, n) = \frac{1}{6}(n-1)n(2n-1) + n (n \in \mathbf{N}^*)$$

进而可得选项 C 正确,D 错误.

17. CD. 设 $y = 4x^3 - 3x (x \in \mathbf{R})$,可得 $y' = 12\left(x + \frac{1}{2}\right)\left(x - \frac{1}{2}\right) (x \in \mathbf{R})$,进而在同一坐标系中可作出函数 $y = x (x \in \mathbf{R})$ 和 $y = 4x^3 - 3x (x \in \mathbf{R})$ 的图像如图 4

所示：

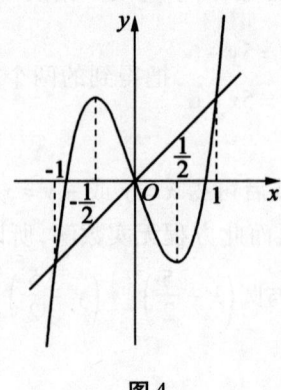

图 4

进而可得(请注意,函数在极值点处不一定连续)：

当 $a \leqslant -1$ 时, $f(x)$ 是增函数,没有极值；

当 $-1 < a \leqslant -\dfrac{1}{2}$ 时, $f(x)$ 的极值点唯一且是极小值点 $x = a$；

当 $-\dfrac{1}{2} < a \leqslant 0$ 时, $f(x)$ 的极大值点与极小值点均唯一且分别是 $x = -\dfrac{1}{2}$ 与 $x = a$；

当 $0 < a \leqslant \dfrac{1}{2}$ 时, $f(x)$ 的极值点唯一且是极大值点 $x = -\dfrac{1}{2}$；

当 $\dfrac{1}{2} < a \leqslant 1$ 时, $f(x)$ 的极大值点与极小值点均唯一且分别是 $x = -\dfrac{1}{2}$ 与 $x = \dfrac{1}{2}$；

当 $a > 1$ 时, $f(x)$ 的极大值点有且仅有两个,分别是 $x = -\dfrac{1}{2}$ 与 $x = a$,极小值点唯一且是 $x = \dfrac{1}{2}$.

所以：

若 $f(x)$ 有两个极值点,则 $-\dfrac{1}{2} < a \leqslant 0$ 或 $\dfrac{1}{2} < a \leqslant 1$,所以选项 A 错误.

若 $f(x)$ 有极小值点,则 $-1 < a \leqslant 0$ 或 $a > \dfrac{1}{2}$,所以选项 B 错误.

若 $f(x)$ 有极大值点,则 $a > -\dfrac{1}{2}$,所以选项 C 正确.

使 $f(x)$ 连续的 a 的取值是 $-1,0,1$, 所以选项 D 正确.

注 本题与 2016 年高考北京卷理科第 14 题很相似且解法也相同, 这道高考题及其解法是:

设函数 $f(x) = \begin{cases} x^3 - 3x, x \leq a, \\ -2x, x > a. \end{cases}$

①若 $a = 0$, 则 $f(x)$ 的最大值为 _____;

②若 $f(x)$ 无最大值, 则实数 a 的取值范围是 _____.

解 ①2; ②$(-\infty, -1)$. 由 $(x^3 - 3x)' = 3x^2 - 3 = 0$, 得 $x = \pm 1$, 进而可作出函数 $y = x^3 - 3x$ 和 $y = -2x$ 的图像, 如图 5 所示.

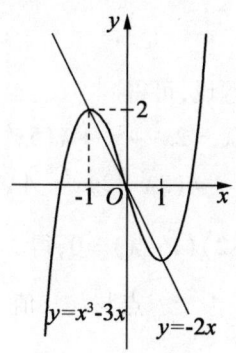

图 5

①当 $a = 0$ 时, 由图像可得 $f(x)$ 的最大值为 $f(-1) = 2$.

②由图像可知, 当 $a \geq -1$ 时, 函数 $f(x)$ 有最大值; 当 $a < -1$ 时, $y = -2x$ 在 $x > a$ 时无最大值, 且 $-2a > a^3 - 3a$, 所以 $a < -1$.

18. 解法 1 (三角换元法) A. 由题设, 可得 $\left(x - \dfrac{2}{5}y\right)^2 - \left(\dfrac{3}{5}y\right)^2 = 1$, 因而可

设 $\begin{cases} x - \dfrac{2}{5}y = \dfrac{1}{\cos\theta} \\ \dfrac{3}{5}y = \dfrac{\sin\theta}{\cos\theta} \end{cases}$ $(\cos\theta \neq 0)$, 即 $\begin{cases} x = \dfrac{3 + 2\sin\theta}{3\cos\theta} \\ y = \dfrac{5\sin\theta}{3\cos\theta} \end{cases}$ $(-1 < \sin\theta < 1)$, 所以

$$2x^2 + y^2 = \cdots = \dfrac{17 + 8\sin\theta - 11\cos^2\theta}{3\cos^2\theta} = \dfrac{8}{3} \cdot \dfrac{\sin\theta + \dfrac{17}{8}}{1 - \sin^2\theta} - \dfrac{11}{3}.$$

设 $\sin\theta + \dfrac{17}{8} = t$, 由 $\sin\theta \in (-1, 1)$, 可得 $t \in \left(\dfrac{9}{8}, \dfrac{25}{8}\right)$, 所以

$$2x^2+y^2=\cdots=\dfrac{\dfrac{8}{3}}{\dfrac{17}{4}-\left(t+\dfrac{225}{64t}\right)}-\dfrac{11}{3}$$

由对勾函数可得 $t+\dfrac{225}{64t}$ 的取值范围是 $\left[\dfrac{15}{4},\dfrac{17}{4}\right]$,所以 $2x^2+y^2$ 的取值范围是 $\left[\dfrac{5}{3},+\infty\right)$.

还可得,当且仅当 $t=\dfrac{15}{8}$,即 $(x,y)=\left(\pm\dfrac{2}{9}\sqrt{15},\mp\dfrac{\sqrt{15}}{9}\right)$ 时,$(2x^2+y^2)_{\min}=\dfrac{5}{3}$.

解法2 (配方法) A. 由题设,可得
$$\begin{aligned}2x^2+y^2+5\lambda &=2x^2+y^2+\lambda(5x^2-y^2-4xy)\\ &=(5\lambda+2)x^2-4\lambda xy+(1-\lambda)y^2\end{aligned}$$

令 $\Delta=(-4\lambda)^2-4(5\lambda+2)(1-\lambda)=0$,得 $\lambda=-\dfrac{1}{3}$ 或 $\dfrac{2}{3}$.

选 $\lambda=-\dfrac{1}{3}$,可得
$$2x^2+y^2-\dfrac{5}{3}=\dfrac{1}{3}(x+2y)^2\geqslant 0$$
$$2x^2+y^2\geqslant\dfrac{5}{3}$$

进而可得,当且仅当 $\begin{cases}x+2y=0\\5x^2-y^2-4xy=5\end{cases}$,即 $(x,y)=\left(\pm\dfrac{2}{9}\sqrt{15},\mp\dfrac{\sqrt{15}}{9}\right)$ 时,$(2x^2+y^2)_{\min}=\dfrac{5}{3}$.

解法3 A. 由题设,可得 $(5x+y)(x-y)=5$,因而可设 $\begin{cases}5x+y=t\\x-y=\dfrac{5}{t}\end{cases}$,即

$\begin{cases}x=\dfrac{1}{6}\left(t+\dfrac{5}{t}\right)\\y=\dfrac{1}{6}\left(t-\dfrac{25}{t}\right)\end{cases}$,所以由均值不等式,可得

$$2x^2+y^2=\dfrac{t^2}{12}+\dfrac{75}{4t^2}-\dfrac{5}{6}\geqslant 2\sqrt{\dfrac{t^2}{12}\cdot\dfrac{75}{4t^2}}-\dfrac{5}{6}=\dfrac{5}{3}$$

进而可得,当且仅当 $t = \pm\sqrt{15}$,即 $(x,y) = \left(\pm\dfrac{2}{9}\sqrt{15}, \mp\dfrac{\sqrt{15}}{9}\right)$ 时,

$(2x^2 + y^2)_{\min} = \dfrac{5}{3}$.

19. B. 本题即求函数 $g(x) = [2x] - 2[x]$ $(x \neq 0)$ 的值域. 因为函数 $g(x)$ 是周期为 1 的周期函数,所以只需考虑函数 $g(x)$ 在 $(0,1]$ 上的值域.

因为 $g(x) = \begin{cases} 0, 0 < x < \dfrac{1}{2} \text{ 或 } x = 1 \\ 1, \dfrac{1}{2} \leqslant x < 1 \end{cases}$,所以函数 $f(x)$ 的值域为 $\{0,1\}$.

20. ABCD. 令 $\cos x = -\dfrac{1}{2}$,可得 $a - 2b \geqslant -2$;再令 $\cos x = \dfrac{1}{2}$,可得 $a - 2b \leqslant 2$. 所以 $|a - 2b| \leqslant 2$,得选项 A 正确.

令 $\cos x = -1$,可得 $a + b \geqslant -1$;再令 $\cos x = 1$,可得 $a + b \leqslant 1$. 所以 $|a + b| \leqslant 1$,得选项 B 正确.

令 $\cos x = -\dfrac{1}{\sqrt{2}}$,可得 $a - b \geqslant -\sqrt{2}$;再令 $\cos x = \dfrac{1}{\sqrt{2}}$,可得 $a - b \leqslant \sqrt{2}$. 所以 $|a - b| \leqslant \sqrt{2}$,得选项 C 正确.

令 $\cos x = -\dfrac{\sqrt{14}}{4}$,可得 $2a + b \geqslant -\dfrac{4}{7}\sqrt{14}$;再令 $\cos x = \dfrac{\sqrt{14}}{4}$,可得 $2a + b \leqslant \dfrac{4}{7}\sqrt{14}$. 所以 $|2a + b| \leqslant \dfrac{4}{7}\sqrt{14}$,得选项 D 正确.

注 本题与 2009 年北京大学自主招生保送生测试数学试题第 4 题类似,这道题及其解答是:

已知对任意实数 x 均有 $a\cos x + b\cos 2x \geqslant -1$ 恒成立,求 $a + b$ 的最大值和最小值.

解 $a\cos x + b\cos 2x \geqslant -1$ $(x \in \mathbf{R})$ 恒成立,即 $2b\cos^2 x + a\cos x - b + 1 \geqslant 0$ $(x \in \mathbf{R})$ 恒成立.

令 $\cos x = -\dfrac{1}{2}$,得 $a + b \leqslant 2$.

又当 $a = \dfrac{4}{3}, b = \dfrac{2}{3}$ 时,$2b\cos^2 x + a\cos x - b + 1 = \dfrac{1}{3}(2\cos x + 1)^2 \geqslant 0$ $(x \in \mathbf{R})$ 恒成立,所以所求 $a + b$ 的最大值是 2.

$a\cos x + b\cos 2x \geqslant -1$ $(x \in \mathbf{R})$ 恒成立,即 $a\cos x + b(2\cos^2 x - 1) \geqslant -1$ $(x \in \mathbf{R})$ 恒成立.

令 $\cos x = 2\cos^2 x - 1 > 0$,得 $\cos x = 1$,且有 $a + b \geqslant -1$.

若能再证得 $a + b = -1$ 可成立(即存在 $b \in \mathbf{R}$ 使 $2b\cos^2 x - (b+1)\cos x - b + 1 \geqslant 0 (x \in \mathbf{R})$ 恒成立),则求得 $a + b$ 的最小值是 -1.

而这只需要关于 $\cos x$ 的二次三项式 $2b\cos^2 x - (b+1)\cos x - b + 1$ 满足
$$\begin{cases} 2b > 0 \\ \Delta = (b+1)^2 - 4 \cdot 2b \cdot (1-b) = (3b-1)^2 \leqslant 0 \end{cases}$$,即 $b = \dfrac{1}{3}, a = -1 - b = -\dfrac{4}{3}$.

即当 $a = -\dfrac{4}{3}, b = \dfrac{1}{3}$ 时,$a\cos x + b\cos 2x \geqslant -1 (x \in \mathbf{R})$ 恒成立(即 $\dfrac{2}{3}(\cos x - 1)^2 \geqslant 0$),所以 $a + b$ 的最小值是 -1.

因为 $a + b$ 的值是连续变化的,所以 $a + b$ 的取值范围是 $[-1, 2]$.

21. C. 令 $x = 1$,可得 $a_0 + a_1 + a_2 + \cdots + a_{2017} \geqslant 1$,再由 $a_i \in \{-1, 1\} (i = 0, 1, 2, \cdots, 2017)$ 可知,$a_0, a_1, a_2, \cdots, a_{2017}$ 中取值为 -1 的不超过 1008 个;还可以构造出取值为 -1 的 1008 个的例子:$Q(x) = x^{2017} - x^{2016} + x^{2015} - x^{2014} + \cdots + x^3 - x^2 + x + 1 (x > 0)$,因为
$$Q(x) = \dfrac{x^{2018} - 1}{x + 1} + 2 = \dfrac{x^{2018} + 2x + 1}{x + 1} > 0 (x > 0)$$

所以选 C.

22. ABD. 如图6所示,易知 $x_3 = 0$,直线 $y = kx$ 与曲线 $y = \sin x$ 在 $x = x_5$ 处相切,所以 $\begin{cases} kx_5 = \sin x_5 \\ k = (\sin x)'|_{x=x_5} = \cos x_5 \end{cases}$,可得 $x_5 = \tan x_5$,选项 A 正确.

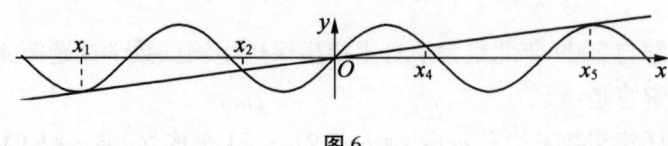

图6

可证得 $2\pi < x_5 < \dfrac{5\pi}{2}$. 方程 $kx = \sin x \left(2\pi < x < \dfrac{5\pi}{2}\right)$,即 $\tan x - x = 0 \left(2\pi < x < \dfrac{5\pi}{2}\right)$. 设 $f(x) = \tan x - x \left(2\pi < x < \dfrac{5\pi}{2}\right)$,可得
$$f\left(\dfrac{29\pi}{12}\right) = 2 + \sqrt{3} - \dfrac{29\pi}{12} < 2 + \sqrt{3} - 4 < 0$$
$$\lim_{x \to \left(\frac{5\pi}{2}\right)^-} f(x) = +\infty$$

所以 $\dfrac{29\pi}{12} < x_5 < \dfrac{5\pi}{2}$,选项 B 正确.

若 x_2, x_4, x_5 成等差数列,由 $x_2 + x_4 = 0$,可得 $x_5 = 3x_4$. 还可得
$$\begin{cases} kx_4 = \sin x_4 (x_4 > 0) \\ k \cdot 3x_4 = \sin 3x_4 = 3\sin x_4 - \sin^3 x_4 \end{cases}, \sin x_4 = 0.$$ 再由 $kx_4 = \sin x_4 (x_4 > 0)$,可得 $k = 0$,而这与题设不符,所以选项 C 错误.

易知 $x_1 + x_5 = 0, x_2 + x_4 = 0, x_3 = 0$,所以选项 D 正确.

23. B. 可以验证 $f(x + \pi) = -f(x), f(x + 2\pi) = f(x)$,所以
$$\int_0^{2\pi} f(x) \mathrm{d}x = \int_0^{\pi} f(x) \mathrm{d}x + \int_{\pi}^{2\pi} f(x) \mathrm{d}x$$
$$= \int_0^{\pi} f(x) \mathrm{d}x + \int_0^{\pi} f(t + \pi) \mathrm{d}(t + \pi)$$
$$= \int_0^{\pi} f(x) \mathrm{d}x - \int_0^{\pi} f(t) \mathrm{d}t = 0$$

从而,可得
$$\int_{2(i-1)\pi}^{2i\pi} f(x) \mathrm{d}x = \int_0^{2\pi} f(t + 2(i-1)\pi) \mathrm{d}(t + 2(i-1)\pi)$$
$$= \int_0^{2\pi} f(t) \mathrm{d}t = 0$$

所以
$$\int_0^{2n\pi} f(x) \mathrm{d}x = \sum_{i=1}^{n} \int_{2(i-1)\pi}^{2i\pi} f(x) \mathrm{d}x = 0$$

24. C. 可设 $M(2m, m), N(2n, -n)$,得直线 $PM: y = -\frac{1}{2}x + 2m, PN: y = \frac{1}{2}x - 2n$,进而可求得其交点为 $P(2(m+n), m-n)$.

所以 $|PM|^2 + |PN|^2 = (2n)^2 + (-n)^2 + (2m)^2 + m^2 = 5(m^2 + n^2)$ 为定值.

再由点 $P(2(m+n), m-n)$ 在椭圆 $\frac{x^2}{a^2} + \frac{y^2}{b^2} = 1$ 上,可得 $\frac{4(m+n)^2}{a^2} + \frac{(m-n)^2}{b^2} = 1$,即

$$\left(\frac{4}{a^2} + \frac{1}{b^2}\right)(m^2 + n^2) + \frac{2}{a^2 b^2}(4b^2 - a^2)mn = 1$$

在 $m^2 + n^2$ 为定值(当然点 $P(2(m+n), m-n)$ 在已知的椭圆上)时恒成立,所以 $4b^2 - a^2 = 0$,即 $\frac{a}{b} = 2$.

选项 C 正确,进而还可得选项 A, B, D 均错误.

25. B. 可设该菱形的四个顶点坐标依次是 $(r_1 \cos \theta, r_1 \sin \theta), (-r_2 \sin \theta,$

$r_2\cos\theta), (-r_1\cos\theta, -r_1\sin\theta), (r_2\sin\theta, -r_2\cos\theta)(r_1, r_2 \in [2,3])$,得

$$\frac{(r_1\cos\theta)^2}{4} + \frac{(r_1\sin\theta)^2}{9} = 1, \frac{(-r_2\sin\theta)^2}{4} + \frac{(r_2\cos\theta)^2}{9} = 1$$

$$\frac{\cos^2\theta}{4} + \frac{\sin^2\theta}{9} = \frac{1}{r_1^2}, \frac{\sin^2\theta}{4} + \frac{\cos^2\theta}{9} = \frac{1}{r_2^2}$$

把它们相加后,可得

$$\frac{1}{r_1^2} + \frac{1}{r_2^2} = \frac{1}{4} + \frac{1}{9} = \frac{13}{36}$$

$$\frac{1}{r_1^2} \cdot \frac{1}{r_2^2} = \frac{1}{r_1^2}\left(\frac{13}{36} - \frac{1}{r_1^2}\right) \left(\frac{1}{9} \leq \frac{1}{r_1^2} \leq \frac{1}{4}\right)$$

进而可求得 $\frac{1}{r_1^2} \cdot \frac{1}{r_2^2}$ 的取值范围是 $\left[\left(\frac{1}{6}\right)^2, \left(\frac{13}{72}\right)^2\right]$,再得该菱形面积 $2r_1r_2$ 的取值范围是 $\left[\frac{144}{13}, 12\right]$,所以选 B.

注 用同样的方法还可证得该题一般情形的结论成立.

设椭圆 $\Gamma: \frac{x^2}{a^2} + \frac{y^2}{b^2} = 1 (a>0, b>0, a\neq b)$ 的内接菱形是 Ω,则:

(1) Ω 的周长的取值范围是 $\left[\frac{8ab}{\sqrt{a^2+b^2}}, 4\sqrt{a^2+b^2}\right]$,当且仅当菱形 Ω 的四个顶点的坐标依次是 $\left(\frac{ab}{\sqrt{a^2+b^2}}, \frac{ab}{\sqrt{a^2+b^2}}\right)$, $\left(-\frac{ab}{\sqrt{a^2+b^2}}, \frac{ab}{\sqrt{a^2+b^2}}\right)$, $\left(-\frac{ab}{\sqrt{a^2+b^2}}, -\frac{ab}{\sqrt{a^2+b^2}}\right)$, $\left(\frac{ab}{\sqrt{a^2+b^2}}, -\frac{ab}{\sqrt{a^2+b^2}}\right)$ 时(此时 Ω 是正方形),Ω 的周长是 $\frac{8ab}{\sqrt{a^2+b^2}}$,当且仅当菱形 Ω 的四个顶点的坐标分别是椭圆的顶点时,Ω 的周长是 $4\sqrt{a^2+b^2}$;

(2) Ω 的面积的取值范围是 $\left[\frac{4a^2b^2}{a^2+b^2}, 2ab\right]$,当且仅当菱形 Ω 的四个顶点的坐标依次是 $\left(\frac{ab}{\sqrt{a^2+b^2}}, \frac{ab}{\sqrt{a^2+b^2}}\right)$, $\left(-\frac{ab}{\sqrt{a^2+b^2}}, \frac{ab}{\sqrt{a^2+b^2}}\right)$, $\left(-\frac{ab}{\sqrt{a^2+b^2}}, -\frac{ab}{\sqrt{a^2+b^2}}\right)$, $\left(\frac{ab}{\sqrt{a^2+b^2}}, -\frac{ab}{\sqrt{a^2+b^2}}\right)$ 时(此时 Ω 是正方形),Ω 的面积是 $\frac{4a^2b^2}{a^2+b^2}$,当且仅当菱形 Ω 的四个顶点的坐标分别是椭圆的顶点时,Ω 的面积是

$4\sqrt{a^2+b^2}$.

26. A. 若从集合 $\{1,2,3,4,5,6,7,8\}$ 中选出三个数 $a,b,c(a<b<c)$,则 a, $b+1,c+2$ 就是符合题意的一组数;反之,若从集合 A 中取出三个元素 $a,b+1$, $c+2(a<b<c)$,则 a,b,c 就是集合 $\{1,2,3,4,5,6,7,8\}$ 中的三个两两互异的元素.因此 $C_8^3 = 56$ 为所求.

27. A. 由 $1+2+3+4+5+6+7+8=36$,可得 $a_1+a_3+a_5+a_7 = a_2+a_4+a_6+a_8 = 18$.

把 1,2,3,4,5,6,7,8 分成两组(每组 4 个数),其中包含 1 的一组数必然为 $(1,2,7,8),(1,3,6,8),(1,4,5,8),(1,4,6,7)$ 中的某一组,因此排 a_1,a_3,a_5,a_7 有 $4A_4^4$ 种排法,接下来排 a_2,a_4,a_6,a_8 有 A_4^4 种排法;但排好的 a_1,a_3,a_5,a_7 与排好的 a_2,a_4,a_6,a_8 还可交换位置,所以所求答案是 $4A_4^4 \cdot A_4^4 \cdot 2 = 4\,608$.

28. C. 由 $2\,016 = 2^5 \cdot 3^2 \cdot 7$ 知,可设 $m = 2^{x_1} \cdot 3^{y_1} \cdot 7^{z_1}$, $n = 2^{x_2} \cdot 3^{y_2} \cdot 7^{z_2}$,其中 $x_1,x_2 \in \{0,1,2,3,4,5\}$, $y_1,y_2 \in \{0,1,2\}$, $z_1,z_2 \in \{0,1\}$.

由题意,可得 $x_1+x_2 \geq 6$,或 $y_1+y_2 \geq 3$,或 $z_1+z_2 \geq 2$.

考虑问题的反面,可得满足题意的有序实数对 (m,n) 的对数为 $[(5+1) \cdot (2+1)(1+1)]^2 - (6+5+4+3+2+1)(3+2+1)(2+1) = 918$.

29. B. 设 $A = \{a_1,a_2,\cdots,a_n\}(0 \leq a_1 < a_2 < \cdots < a_n)$,由题设"$A$ 中的任意三个元素"知 $n \geq 3$. 若 $a_1 > 0$,由题设可得 $a_n+a_n \in A$ 或 $a_n-a_n \in A$,进而可得 $2a_n \in A$,而这是不可能的!所以 $a_1 = 0$.

对于选项 A,可设 $A = \{0,a_1,a_2\}(0 < a_1 < a_2)$,得 $a_2 - a_1 = a_1$,于是 $0,a_1,a_2$ 成等差数列,不符合题意,因此选项 A 错误.

对于选项 B,取 $A = \{0,1,3,4\}$ 即可满足题意,因此选项 B 正确.

对于选项 C,设 $A = \{0,a_1,a_2,a_3,a_4\}(0 < a_1 < a_2 < a_3 < a_4)$,由 $0 < a_4 - a_3 < a_4 - a_2 < a_4 - a_1$,可得 $a_4 - a_3 = a_1$, $a_4 - a_2 = a_2$, $a_4 - a_1 = a_3$,所以 $0,a_2,a_4$ 成等差数列,不符合题意,因此选项 C 错误.

对于选项 D,设 $A = \{0,a_1,a_2,a_3,a_4,a_5\}(0 < a_1 < a_2 < a_3 < a_4 < a_5)$,由 $0 < a_5 - a_4 < a_5 - a_3 < a_5 - a_2 < a_5 - a_1$,可得 $a_5 - a_4 = a_1$, $a_5 - a_3 = a_2$, $a_5 - a_2 = a_3$, $a_5 - a_1 = a_4$,即 $a_1 + a_4 = a_2 + a_3 = a_5$.

若 $a_4 + a_3 \in A$,则 $a_4 + a_3 = a_5$,而 $a_1 + a_4 = a_5$, $a_1 = a_3$,这与 $a_1 < a_3$ 矛盾!所以 $a_4 - a_3 \in A$.

可得 $0 < a_4 - a_3 < a_4 < a_5$;若 $a_4 - a_3 = a_3$,得 $0,a_3,a_4$ 构成等差数列,不符合题意;若 $a_4 - a_3 = a_2$,又因为 $a_2 + a_3 = a_5$,所以 $a_4 = a_5$,这与 $a_4 < a_5$ 矛盾!若

$a_4 - a_3 = a_1$,又因为 $a_1 + a_4 = a_2 + a_3$,$a_4 - a_3 = a_2 - a_1$,所以 $a_2 - a_1 = a_1$,$a_2 = 2a_1$,于是 $0, a_1, a_2$ 成等差数列,不符合题意,因此选项 D 错误.

30. A. 如图 7 所示,在圆周上以 $A_1, A_2, \cdots, A_{10}$ 为端点的平行弦只有下面的两类共 10 组:

(1) ① $A_1A_2 \parallel A_{10}A_3 \parallel A_9A_4 \parallel A_8A_5 \parallel A_7A_6$;② $A_1A_4 \parallel A_2A_3 \parallel A_{10}A_5 \parallel A_9A_6 \parallel A_8A_7$;③ $A_1A_6 \parallel A_2A_5 \parallel A_3A_4 \parallel A_{10}A_7 \parallel A_9A_8$;④ $A_1A_8 \parallel A_2A_7 \parallel A_3A_6 \parallel A_4A_5 \parallel A_{10}A_9$;⑤ $A_1A_{10} \parallel A_2A_9 \parallel A_3A_8 \parallel A_4A_7 \parallel A_5A_6$.

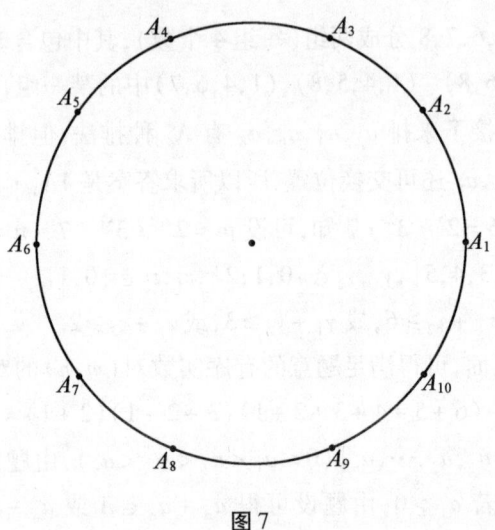

图 7

对于①,可得有一组对边平行的四边形有 $C_5^2 = 10$ 种情形,其中是平行四边形(当然圆内接平行四边形是矩形)的有 2 种情形(即矩形 $A_1A_2A_6A_7$,$A_{10}A_3A_5A_8$),此时可得梯形 $5(10-2) = 40$ 个.

(2) ⑥ $A_1A_3 \parallel A_{10}A_4 \parallel A_9A_5 \parallel A_8A_6$;⑦ $A_1A_5 \parallel A_2A_4 \parallel A_{10}A_6 \parallel A_9A_7$;⑧ $A_1A_7 \parallel A_2A_6 \parallel A_3A_5 \parallel A_{10}A_8$;⑨ $A_1A_9 \parallel A_2A_8 \parallel A_3A_7 \parallel A_4A_6$;⑩ $A_2A_{10} \parallel A_3A_9 \parallel A_4A_8 \parallel A_5A_7$.

对于⑥,可得有一组对边平行的四边形有 $C_4^2 = 6$ 种情形,其中是平行四边形的有 2 种情形(即矩形 $A_1A_3A_6A_8$,$A_{10}A_4A_5A_9$),此时可得梯形 $5(6-2) = 20$ 个.

综上所述,可得所求答案是 $40 + 20 = 60$,选 A.

31. C. 设 $xy = m$,得
$$1 = x^4 + y^4 = (x+y)^4 - 4xy(x^2+y^2) - 6x^2y^2$$
$$= (x+y)^4 - 4xy[(x+y)^2 - 2xy] - 6x^2y^2$$
$$= 1 - 4m(1-2m) - 6m^2 = 2m^2 - 4m + 1$$

于是 $m=0$ 或 2,即 $xy=0$ 或 2.

进而还可求得 $(x,y)=(0,1),(1,0),\left(\dfrac{1+\sqrt{7}\mathrm{i}}{2},\dfrac{1-\sqrt{7}\mathrm{i}}{2}\right)$,或 $\left(\dfrac{1-\sqrt{7}\mathrm{i}}{2},\dfrac{1+\sqrt{7}\mathrm{i}}{2}\right)$,所以 $xy=0$ 及 $xy=2$ 都能取到,所以选项 C 正确,A,B,D 均错误.

32. BD. 设 $z=a+b\mathrm{i}(a,b\in\mathbf{N}^*)$,可得
$$z^2=a^2-b^2+2ab\mathrm{i}$$
$$z^3=a^3-3ab^2+(3a^2b-b^3)\mathrm{i}$$
$$z^4=a^4-6a^2b^2+b^4+4(a^3b-ab^3)\mathrm{i}$$
$$z^5=a^5-10a^3b^2+5ab^4+(5a^4b-10a^2b^3+b^5)\mathrm{i}$$

因为 $\operatorname{Re}(z^2-z)=a^2-b^2-a=a(a-1)-b^2$,$2\mid a(a-1)$,所以当 b 为奇数时,$\operatorname{Re}(z^2-z)$ 也为奇数,得选项 A 不正确.

因为 $\operatorname{Re}(z^3-z)=(a^3-a)-3ab^2=(a-1)a(a+1)-3ab^2$,由费马小定理可得 $3\mid a^3-a$,所以 $3\mid\operatorname{Re}(z^3-z)$,得选项 B 正确.

因为 $\operatorname{Re}(z^4-z)=a^4-6a^2b^2+b^4-a$,当 $4\mid a$,b 为奇数时,$\operatorname{Re}(z^4-z)$ 为奇数,所以选项 C 不正确.

因为 $\operatorname{Re}(z^5-z)=(a^5-a)-10a^3b^2+5ab^4$,由费马小定理可得 $5\mid a^5-a$,所以 $5\mid\operatorname{Re}(z^5-z)$,得选项 D 正确.

33. AC. 可设 $x=\dfrac{1}{2-z}$,得 $z=2-\dfrac{1}{x}$,于是由 $z^{2017}-1=0$,可得 $(2x-1)^{2017}-x^{2017}=0$,即
$$(2^{2017}-1)x^{2017}-2017\cdot 2^{2016}x^{2016}+\cdots-1=0$$

由韦达定理,可得
$$x_1+x_2+\cdots+x_{2017}=\dfrac{2017\cdot 2^{2016}}{2^{2017}-1}>\dfrac{2017}{2}$$

$$\sum_{i=1}^{2017}\dfrac{1}{2-z_i}=\sum_{i=1}^{2017}x_i=\dfrac{2017\cdot 2^{2016}}{2^{2017}-1}>\dfrac{2017}{2}$$

所以选项 A,C 均正确,B,D 均错误.

34. BD. 在复平面上(O 是坐标原点),设 z_1,z_2,z_1+z_2 对应的点分别为 A,B,C,$\angle AOB=\theta$(由点 A,B 均在第一象限可知 $\cos\theta>0$),则

$$\dfrac{|z_1+z_2|}{\sqrt{|z_1\cdot z_2|}}=\sqrt{\dfrac{OC^2}{OA\cdot OB}}=\sqrt{\dfrac{OA^2+OB^2+2OA\cdot OB\cos\theta}{OA\cdot OB}}$$

$$=\sqrt{\frac{OA}{OB}+\frac{OB}{OA}+2\cos\theta}$$

由均值不等式可得 $\dfrac{|z_1+z_2|}{\sqrt{|z_1\cdot z_2|}}\geqslant\sqrt{2+2\cos\theta}>\sqrt{2}$. 令 $z_1=n+\mathrm{i},z_2=1+n\mathrm{i}$ ($n\in\mathbf{N}^*$),可得 $OA=OB=\sqrt{n^2+1}$,$\cos\theta=\dfrac{2n}{n^2+1}$,所以

$$\lim_{n\to+\infty}\frac{|z_1+z_2|}{\sqrt{|z_1\cdot z_2|}}=\lim_{n\to+\infty}\sqrt{2+\frac{4n}{n^2+1}}=\sqrt{2}$$

由此可知,选项 C 错误且选项 D 正确.

当 $z_1=1+\mathrm{i},z_2=n+n\mathrm{i}(n\in\mathbf{N}^*)$ 时,可得 $OA=\sqrt{2}$,$OB=\sqrt{2}n$,$\theta=0$,所以此时 $\dfrac{|z_1+z_2|}{\sqrt{|z_1\cdot z_2|}}=\sqrt{n}+\dfrac{1}{\sqrt{n}}$,由此可知,选项 A 错误,选项 B 正确.

35. AB. 因为 5 个人共比赛 $\mathrm{C}_5^2=10$ 场,所以 $\sum\limits_{i=1}^{5}x_i=\sum\limits_{i=1}^{5}y_i=10$,得选项 A,B 均正确.

记 5 个人分别是 1,2,3,4,5,可得:

当 1 胜 2,1 胜 3,1 胜 4,1 胜 5,2 胜 3,2 胜 4,2 胜 5,3 胜 4,3 胜 5,4 胜 5 时,$(x_1,x_2,x_3,x_4,x_5)=(4,3,2,1,0)$,$(y_1,y_2,y_3,y_4,y_5)=(0,1,2,3,4)$,$\sum\limits_{i=1}^{5}x_i^2=\sum\limits_{i=1}^{5}y_i^2=30$;

当 1 胜 2,1 胜 3,1 负 4,1 负 5,2 胜 3,2 胜 4,2 负 5,3 胜 4,3 胜 5,4 胜 5 时,$(x_1,x_2,x_3,x_4,x_5)=(y_1,y_2,y_3,y_4,y_5)=(2,2,2,2,2)$,$\sum\limits_{i=1}^{5}x_i^2=\sum\limits_{i=1}^{5}y_i^2=20$;

当 1 胜 2,1 胜 3,1 胜 4,1 胜 5,2 负 3,2 胜 4,2 胜 5,3 胜 4,3 负 5,4 胜 5 时,$(x_1,x_2,x_3,x_4,x_5)=(4,2,2,1,1)$,$(y_1,y_2,y_3,y_4,y_5)=(0,2,2,3,3)$,$\sum\limits_{i=1}^{5}x_i^2=\sum\limits_{i=1}^{5}y_i^2=26$.

得选项 C,D 均错误.

事实上,由 $x_i+y_i=4(i=1,2,3,4,5)$ 及 $\sum\limits_{i=1}^{5}x_i=\sum\limits_{i=1}^{5}y_i=10$,可得

$$\sum_{i=1}^{5}x_i^2=\sum_{i=1}^{5}(4-y_i)^2=\sum_{i=1}^{5}(16-8y_i+y_i^2)$$
$$=16\cdot 5-8\cdot 10+\sum_{i=1}^{5}y_i^2=\sum_{i=1}^{5}y_i^2$$

36. ACD. 下面用 S_X 表示非空集合 X 中所有元素的和.

可得 $S_M = \frac{1}{2}n(n+1)$, 由条件 (3) 可得 $3 \mid S_M$, 即 $6 \mid n(n+1)$.

由"萌数" n 为偶数(由(1)中的 A,B,C 均为非空集合,可得 $n \geq 3$),可得"萌数" n 只可能是 $6k, 6k+2(k \in \mathbf{N}^*), 6k+4(k \in \mathbf{N})$ 的形式,进而可得 n 只可能是 $6k, 6k+2(k \in \mathbf{N}^*)$ 的形式.

若 $n = 6k(k \in \mathbf{N}^*)$,由三个条件可得

$$S_C \geq 3(1+2+3+\cdots+2k) = 6k^2+3k > 6k^2+k = \frac{1}{3}S_M = S_C$$

矛盾! 所以 n 只可能是 $6k+2(k \in \mathbf{N}^*)$ 的形式(得选项 B 错误).

当 $n = 6k+2(k \in \mathbf{N}^*)$ 时,可得 $S_M = 18k^2+15k+3, S_A = S_B = S_C = \frac{1}{3}S_M = 6k^2+5k+1$.

设 $C' = \{3, 6, 9, \cdots, 6k\}, A' = \{2m-1 \mid m \in \mathbf{N}^*, 2m-1 \in M,$ 且 $2m-1 \notin C'\}, B' = \{2m \mid m \in \mathbf{N}^*, 2m \in M,$ 且 $2m \notin C'\}$. 由条件(1)(2)可得, $C' \subseteq C, A \subseteq A', B \subseteq B'$.

还可得

$$S_{C'} = 3(1+2+3+\cdots+2k) = 6k^2+3k$$

再由容斥原理,可得

$S_{A'} = [1+2+3+\cdots+(6k+2)] - 2[1+2+3+\cdots+(3k+1)] -$
$\quad 3(1+2+3+\cdots+2k) + 6(1+2+3+\cdots+k)$

$= \frac{1}{2}(6k+2)(6k+3) - 2 \cdot \frac{1}{2}(3k+1)(3k+2) -$

$\quad 3 \cdot \frac{1}{2} \cdot 2k(2k+1) + 6 \cdot \frac{1}{2}k(k+1)$

$= 6k^2+6k+1$

$S_{B'} = [1+2+3+\cdots+(6k+2)] - [1+3+5+\cdots+(6k+1)] -$
$\quad 3(1+2+3+\cdots+2k) + 3[1+3+5+\cdots+(2k-1)]$

$= \frac{1}{2}(6k+2)(6k+3) - (3k+1)^2 - 3 \cdot \frac{1}{2} \cdot 2k(2k+1) + 3k^2$

$= 6k^2+6k+2$

因为 $S_A = S_B = S_C = 6k^2+5k+1$,所以把集合 A' 中和为 k 的若干个元素取出来剩下的元素组成的集合就是 A,把集合 B' 中和为 $k+1$ 的若干个元素(因为集合 B' 中的元素均是正偶数,所以当 $n = 6k+2(k \in \mathbf{N}^*)$ 是"萌数"时, k 必定是正

奇数 $2t+1(t\in\mathbf{N})$,因而 n 只可能是 $12t+8(t\in\mathbf{N})$ 的形式)取出来剩下的元素组成的集合就是 B,把这两次取出来的元素都放入集合 C' 后得到的新集合就是 C.

当 $k=2t+1, n=12t+8(t\in\mathbf{N})$ 时,可得
$A'=\{1,5,7,11,13,17,19,23,29,31,\cdots,12t+1,12t+5,12t+7\}$
$B'=\{2,4,8,10,14,16,20,22,26,28,\cdots,12t+2,12t+4,12t+8\}$
$C'=\{3\cdot 1,3\cdot 2,3\cdot 3,\cdots,3\cdot(4t+2)\}$

(1) 当 $t=3l(l\in\mathbf{N})$ 时,$k=6l+1, n=12\cdot 3l+8(l\in\mathbf{N})$,可得
$A'=\{1,5,7,11,13,17,19,23,29,31,\cdots,36l+1,36l+5,36l+7\}$
$B'=\{2,4,8,10,14,16,20,22,26,28,\cdots,36l+2,36l+4,36l+8\}$
$C'=\{3\cdot 1,3\cdot 2,3\cdot 3,\cdots,3\cdot(12l+2)\}$

易知 $k=6l+1, k+1=6l+2$,可得 $k\in A', k+1\in B'$,所以选 $A=\complement_{A'}\{6l+1\}$,$B=\complement_{B'}\{6l+2\}$,$C=C'\cup\{6l+1,6l+2\}$ 后,可得集合 A,B,C 满足题设,所以 $12\cdot 3l+8(l\in\mathbf{N})$ 均是"萌数".

(2) 当 $t=3l+2(l\in\mathbf{N})$ 时,$k=6l+5, n=12(3l+2)+8(l\in\mathbf{N})$,可得
$A'=\{1,5,7,11,13,17,19,23,29,31,\cdots,36l+25,36l+29,36l+31\}$
$B'=\{2,4,8,10,14,16,20,22,26,28,\cdots,36l+26,36l+28,36l+32\}$
$C'=\{3\cdot 1,3\cdot 2,3\cdot 3,\cdots,3\cdot(12l+10)\}$

易知 $k=6l+5, k+1=2+(6l+4)$,可得 $k\in A'; 2,6l+4\in B'$,所以选 $A=\complement_{A'}\{6l+5\}, B=\complement_{B'}\{2,6l+4\}, C=C'\cup\{2,6l+4,6l+5\}$ 后,可得集合 A,B,C 满足题设,所以 $12(3l+2)+8(l\in\mathbf{N})$ 均是"萌数".

(3) 当 $t=1$ 时,$k=3, n=20$,可得 $A'=\{1,5,7,11,13,17,19\}$,而集合 A' 中不存在若干个元素的和为 k 即 3,所以当 $l=0$ 时,$12(3l+1)+8=20$ 不是"萌数".

当 $t=4$ 时,$k=9, n=56$,可得 $A'=\{1,5,7,11,13,17,\cdots,49,53,55\}$,而集合 A' 中不存在若干个元素的和为 k 即 9,所以当 $l=1$ 时,$12(3l+1)+8=56$ 不是"萌数".

当 $t=7$ 时,$k=15, n=92$,可得 $A'=\{1,5,7,11,13,17,\cdots,85,89,91\}$,而集合 A' 中不存在若干个元素的和为 k 即 15,所以当 $l=2$ 时,$12(3l+1)+8=92$ 不是"萌数".

当 $t=3l+1(l\in\mathbf{N},l\geqslant 3)$ 时,$k=6l+3, n=12(3l+1)+8(l\in\mathbf{N},l\geqslant 3)$,可得
$A'=\{1,5,7,11,13,17,19,23,29,31,\cdots,36l+13,36l+17,36l+19\}$
$B'=\{2,4,8,10,14,16,20,22,26,28,\cdots,36l+14,36l+16,36l+20\}$

$C' = \{3 \cdot 1, 3 \cdot 2, 3 \cdot 3, \cdots, 3 \cdot (12l+6)\}$

易知 $k = 1 + 7 + (6l-5)(6l-5 \geq 13)$, $k+1 = 6l+4$, 可得 $1, 7, 6l-5 \in A'$, $6l+4 \in B'$, 所以选 $A = \complement_{A'}\{1, 7, 6l-5\}$, $B = \complement_{B'}\{6l+4\}$, $C = C' \cup \{1, 7, 6l-5, 6l+4\}$ 后, 可得集合 A, B, C 满足题设, 所以 $12(3l+1) + 8 (l \in \mathbf{N}, l \geq 3)$ 均是 "萌数".

综上所述, 可得 $\{x \mid x$ 是偶数 "萌数" $\} = \{12t + 8 \mid t \in \mathbf{N}, t \neq 1, 4, 7\}$.

问题 对于本题, 当偶数 n 是 "萌数" 时, 求集合 A, B, C 的组数 MS_n.

由以上结论, 可得本题的答案. 且还可得:

选项 A 正确, 且 $MS_8 = 1$, 其中 $A = \{5, 7\}$, $B = \{4, 8\}$, $C = \{1, 2, 3, 6\}$.

选项 C 正确, 且 $MS_{68} = 2$, 其中
$A = \{1, 5, 7, 13, 17, 19, 23, 25, 29, 31, 35, 37, 41, 43, 47, 49, 53, 55, 59\}$
$B = \{2, 10, 14, 16, 20, 22, 26, 28, 32, 34, 38, 40, 44, 46, 50, 52, 56, 58\}$
$C = \{3, 4, 6, 8, 9, 11, 12, 15, 18, 21, 24, 27, 30, 33, 36, 39, 42, 45, 48,$
$51, 54, 57, 60\}$

或

$A = \{1, 5, 7, 13, 17, 19, 23, 25, 29, 31, 35, 37, 41, 43, 47, 49, 53, 55, 59\}$
$B = \{4, 8, 14, 16, 20, 22, 26, 28, 32, 34, 38, 40, 44, 46, 50, 52, 56, 58\}$
$C = \{2, 3, 6, 9, 10, 11, 12, 15, 18, 21, 24, 27, 30, 33, 36, 39, 42, 45, 48,$
$51, 54, 57, 60\}$

选项 D 正确, 且 $MS_{80} = 6$, 其中
$A = \{11, 13, 17, 19, 23, 25, 29, 31, 35, 37, 41, 43, 47, 49, 53, 55, 59, 61, 65,$
$67, 71, 73, 77, 79\}$
$B = \{10, 14, 16, 20, 22, 26, 28, 32, 34, 38, 40, 44, 46, 50, 52, 56, 58, 62, 64,$
$68, 70, 74, 76, 80\}$
$C = \{1, 2, 3, 4, 5, 6, 7, 8, 9, 12, 15, 18, 21, 24, \cdots, 75, 78\}$

或

$A = \{11, 13, 17, 19, 23, 25, 29, 31, 35, 37, 41, 43, 47, 49, 53, 55, 59, 61, 65,$
$67, 71, 73, 77, 79\}$
$B = \{2, 8, 14, 16, 20, 22, 26, 28, 32, 34, 38, 40, 44, 46, 50, 52, 56, 58, 62, 64,$
$68, 70, 74, 76, 80\}$
$C = \{1, 3, 4, 5, 6, 7, 9, 10, 12, 15, 18, 21, 24, \cdots, 75, 78\}$

或

$A = \{11, 13, 17, 19, 23, 25, 29, 31, 35, 37, 41, 43, 47, 49, 53, 55, 59, 61, 65,$

$$67,71,73,77,79\}$$
$$B = \{2,4,8,10,16,20,22,26,28,32,34,38,40,44,46,50,52,56,58,62,$$
$$64,68,70,74,76,80\}$$
$$C = \{1,3,5,6,7,9,12,14,15,18,21,24,27,\cdots,75,78\}$$

或

$$A = \{1,5,7,11,17,19,23,25,29,31,35,37,41,43,47,49,53,55,59,61,$$
$$65,67,71,73,77,79\}$$
$$B = \{10,14,16,20,22,26,28,32,34,38,40,44,46,50,52,56,58,62,64,$$
$$68,70,74,76,80\}$$
$$C = \{2,3,4,6,8,9,12,13,15,18,21,24,27,\cdots,75,78\}$$

或

$$A = \{1,5,7,11,17,19,23,25,29,31,35,37,41,43,47,49,53,55,59,61,$$
$$65,67,71,73,77,79\}$$
$$B = \{2,8,14,16,20,22,26,28,32,34,38,40,44,46,50,52,56,58,62,64,$$
$$68,70,74,76,80\}$$
$$C = \{3,4,6,9,10,12,13,15,18,21,24,27,\cdots,75,78\}$$

或

$$A = \{1,5,7,11,17,19,23,25,29,31,35,37,41,43,47,49,53,55,59,61,$$
$$65,67,71,73,77,79\}$$
$$B = \{2,4,8,10,16,20,22,26,28,32,34,38,40,44,46,50,52,56,58,62,$$
$$64,68,70,74,76,80\}$$
$$C = \{3,6,9,12,13,14,15,18,21,24,27,\cdots,75,78\}$$

§15 2017年中国科学技术大学自主招生数学试题(部分)参考答案

1.63. 先研究 $x \geqslant 0$ 的情形. 可得 $15 \cdot 2\pi + \frac{3\pi}{2} < 100 < 16 \cdot 2\pi$,可在同一平面直角坐标系 xOy 中作出直线 $y = \frac{x}{100}$ 和曲线 $y = \sin x (x \geqslant 0)$ 的图像,如图1所示.

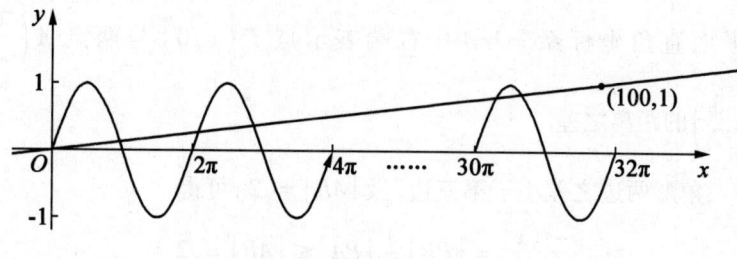

图1

所以当 $x \geq 0$ 时,原方程解的个数是 $2 \cdot 16 = 32$.

由直线 $y = \dfrac{x}{100}$ 和曲线 $y = \sin x$ 均关于原点对称,可得当 $x \leq 0$ 时,原方程解的个数也是 32.

进而可得所求答案是 $32 \cdot 2 - 1 = 63$.

2. $[-2, \sqrt{2})$. 可得 $f'(x) = \dfrac{2x-1}{\sqrt{2x^2-2x+1}} - \dfrac{2x+1}{\sqrt{2x^2+2x+5}}$. 进而可得 $f'(x) = 0 \Leftrightarrow x = 1$(舍去 $x = \dfrac{1}{4}$),从而可得 $f(x)$ 在 $(-\infty, 1]$,$[1, +\infty)$ 上分别是减函数、增函数,所以

$$f(x)_{\min} = f(1) = -2$$

$$\lim_{x \to -\infty} f(x) = 4 \lim_{x \to -\infty} \dfrac{-x-1}{\sqrt{2x^2-2x+1} + \sqrt{2x^2+2x+5}}$$

$$= 4 \lim_{x \to -\infty} \dfrac{1 + \dfrac{1}{x}}{\sqrt{2 - \dfrac{2}{x} + \dfrac{1}{x^2}} + \sqrt{2 + \dfrac{2}{x} + \dfrac{5}{x^2}}} = \sqrt{2}$$

$$\lim_{x \to +\infty} f(x) = -4 \lim_{x \to +\infty} \dfrac{x+1}{\sqrt{2x^2-2x+1} + \sqrt{2x^2+2x+5}}$$

$$= -4 \lim_{x \to +\infty} \dfrac{1 + \dfrac{1}{x}}{\sqrt{2 - \dfrac{2}{x} + \dfrac{1}{x^2}} + \sqrt{2 + \dfrac{2}{x} + \dfrac{5}{x^2}}} = -\sqrt{2}$$

所以函数 $f(x)$ 的值域是 $[-2, \sqrt{2})$.

注 可得

$$\dfrac{f(x)}{\sqrt{2}} = \sqrt{\left(x - \dfrac{1}{2}\right)^2 + \left(0 - \dfrac{1}{2}\right)^2} - \sqrt{\left[x - \left(-\dfrac{1}{2}\right)\right]^2 + \left(0 - \dfrac{3}{2}\right)^2}$$

在平面直角坐标系 xOy 中,右端表示点 $P(x,0)$ 与两点 $A\left(\dfrac{1}{2},\dfrac{1}{2}\right)$, $B\left(-\dfrac{1}{2},\dfrac{3}{2}\right)$ 的距离之差.

由"三角形两边之差小于第三边"及 $|AB|=\sqrt{2}$,可得

$$\dfrac{-f(x)}{\sqrt{2}}=|PB|-|PA|\leqslant|AB|=\sqrt{2}$$

$$f(x)\geqslant -2$$

进而可得,当且仅当点 P 是射线 BA 与 x 轴的交点,即 $x=1$ 时,$f(x)_{\min}=-2$.

但接下来,由此方法却难以求出 $f(x)$ 的上界.

3. 解法1 5.(1)若 $f(1)=1$,可得 $x=1$ 时不满足题设.

(2)若 $f(1)=2$,令 $x=1$ 可得 $f(2)=4$,再令 $x=2$ 可得 $f(4)=2$,所以 $f(1)=f(4)$,与"单射"矛盾!

(3)若 $f(1)=3$,令 $x=1$ 可得 $f(3)=3$,$f(1)=f(3)$,与"单射"矛盾!

(4)若 $f(1)=4$,令 $x=1$ 可得 $f(4)=2$,再令 $x=4$ 可得 $f(2)=4$,$f(1)=f(4)$,与"单射"矛盾!

(5)若 $f(1)=5$,令 $x=1$ 可得 $f(5)=1$. 从而 $f(2)\in\{2,3,4\}$.

①若 $f(2)=2$,令 $x=2$ 可得 $f(2)=3$,前后矛盾!

②若 $f(2)=3$,令 $x=2$ 可得 $f(3)=3$,$f(2)=f(3)$,与"单射"矛盾!

③若 $f(2)=4$,令 $x=2$ 可得 $f(4)=2$. 再由"满射"可得 $f(3)=3$.

所以满足题意的映射只可能是"$f(x)=6-x(x=1,2,3,4,5)$",它显然满足 $f(x)+f(f(x))=f(x)+f(6-x)=6-x+[6-(6-x)]=6(x=1,2,3,4,5)$ 及 f 既是单射又是满射.

综上所述,可得 $f(1)=5$.

解法2 5. 由"满射"知,$\forall x\in\{1,2,3,4,5\}$,可设 $f(x)=t(t=1,2,3,4,5)$.

再由题设中的等式 $f(x)+f(f(x))=6$ 可得,$f(t)=6-t(t=1,2,3,4,5)$,所以 $f(1)=5$.

注 对于映射 $f:A\to B$:若 $\forall y\in B$,有 $\exists x\in A$ 使得 $f(x)=y$,则称该映射是满射;若 $\forall x_1,x_2\in A,x_1\neq x_2$,均有 $f(x_1)\neq f(x_2)$,则称该映射是单射.

对于本题有结论:当 $f(x)$ 是单射时也一定是满射;当 $f(x)$ 是满射时也一定是单射.

4. $\frac{1}{2}$. 可设 $z = r(\cos\theta + i\sin\theta)(r > 0, 0 \leq \theta < 2\pi)$, 得

$$z + \frac{1}{z} = \left(r + \frac{1}{r}\right)\cos\theta + i\left(r - \frac{1}{r}\right)\sin\theta \qquad ①$$

由 $z + \frac{1}{z} \in [1,2]$, 可得 $\left(r - \frac{1}{r}\right)\sin\theta = 0$, 即 $r = 1$, 或 $\theta = 0$, 或 $\theta = \pi$.

(1)若 $r = 1$, 由①可得 $z + \frac{1}{z} = 2\cos\theta$. 再由题设 $z + \frac{1}{z} \in [1,2]$, 可得 $\cos\theta \geq \frac{1}{2}$.

得复数 $z = \cos\theta + i\sin\theta$ 的实部 $\cos\theta$ 的最小值为 $\frac{1}{2}$.

(2)若 $\theta = 0$, 由①可得 $z + \frac{1}{z} = r + \frac{1}{r}$. 再由题设 $z + \frac{1}{z} \in [1,2]$, 可得 $r + \frac{1}{r} \in [1,2]$. 而由均值不等式, 可得 $r + \frac{1}{r} = 2$, 所以 $r = 1$, 进而可得 $z = \cos\theta + i\sin\theta = 1$.

(3)若 $\theta = \pi$, 由①可得 $z + \frac{1}{z} = -\left(r + \frac{1}{r}\right)$, 但不满足题设 $z + \frac{1}{z} \in [1,2]$.

综上所述, 可得答案.

5. 9. 如图2所示, 在正方体的12条棱中: 设前后方向的4条棱分别是 a_1, a_2, a_3, a_4; 左右方向的4条棱分别是 b_1, b_2, b_3, b_4; 上下方向的4条棱分别是 c_1, c_2, c_3, c_4.

若取的四条棱两两不相交, 则这四条棱在正方体的两个平行的表面中(不可能是在两个相交的表面中), 且在每个表面中均应选两条平行的棱.

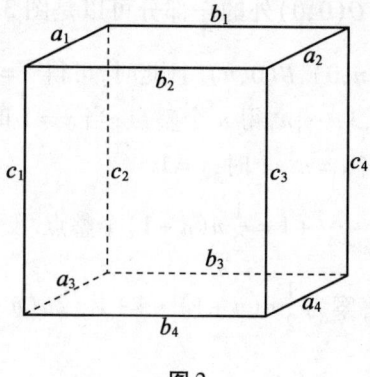

图2

在上下表面中满足题意的选法有且只有 4 组:$a_1,a_2,a_3,a_4;b_1,b_2,b_3,b_4;$ $a_1,a_2,b_3,b_4;b_1,b_2,a_3,a_4.$

在前后表面中满足题意的选法有且只有 4 组:$b_1,b_2,b_3,b_4;c_1,c_2,c_3,c_4;b_1,$ $b_3,c_1,c_3;b_2,b_4,c_2,c_4.$

在左右表面中满足题意的选法有且只有 4 组:$a_1,a_2,a_3,a_4;c_1,c_2,c_3,c_4;a_1,$ $a_3,c_3,c_4;c_1,c_2,a_2,a_4.$

去掉重复的情形后,可得答案是 $4 \cdot 3 - 3 = 9$.

6. $2n(n+1)+1$. 当 $n=0,1$ 时,答案分别为 $1,5$.

当 $n \geq 2$ 时,如图 3 所示,可得区域 $|x|+|y| \leq n(x,y \in \mathbf{R})$ 是图 3 中的正方向及其内部.

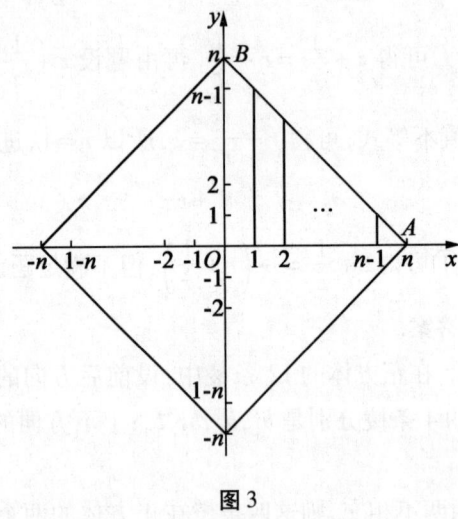

图 3

该区域除坐标原点 $O(0,0)$ 外的 $\frac{1}{4}$ 部分可以是图 3 中的 $\triangle OAB$(但不包括边 OA 上的点),其中 $A(n,0),B(0,n)$. 且此时,可得 $x = 0,1,2,\cdots,n-1$.

当 $x=0$ 时,$y=1,2,3,\cdots,n$,得 n 个整点;当 $x=1$ 时,$y=1,2,3,\cdots,n-1$,得 $n-1$ 个整点;……;当 $x=n-1$ 时,$y=1$.

此时得 $n+(n-1)+\cdots+1 = \frac{1}{2}n(n+1)$ 个整点.

再由对称性,可得答案为 $\frac{1}{2}n(n+1) \cdot 4 + 1 = 2n(n+1)+1$.

7. 略.

8. 略.

9. (1)解法 1:椭圆 C 在点 $\left(\dfrac{4}{\sqrt{5}}, \dfrac{1}{\sqrt{5}}\right)$ 附近的曲线的函数是 $y = \dfrac{1}{2}\sqrt{4-x^2}$.

由复合函数的求导法则,可得 $y' = \dfrac{1}{2} \cdot \dfrac{-2x}{2\sqrt{4-x^2}} = \dfrac{-x}{2\sqrt{4-x^2}}$,所以所求切线的斜率是

$$y'|_{x=\frac{4}{\sqrt{5}}} = \dfrac{-x}{2\sqrt{4-x^2}}\bigg|_{x=\frac{4}{\sqrt{5}}} = -1$$

进而可求得所求切线方程是 $x + y - \sqrt{5} = 0$.

解法 2:对于椭圆 $C: \dfrac{x^2}{4} + y^2 = 1$,两边对 x 求导(由隐函数的求导法则),可得

$$\dfrac{x}{2} + 2y \cdot y' = 1$$

进而可得椭圆 C 在点 $\left(\dfrac{4}{\sqrt{5}}, \dfrac{1}{\sqrt{5}}\right)$ 处的切线斜率 y' 满足

$$\dfrac{1}{2} \cdot \dfrac{4}{\sqrt{5}} + 2 \cdot \dfrac{1}{\sqrt{5}} \cdot y' = 1$$

解得 $y' = -1$,从而可求得所求切线方程是 $x + y - \sqrt{5} = 0$.

(2)如图 4 所示,还可求得曲线 $xy = 4(x > 0)$ 与第(1)问中所求的切线平行的切线是 $l: x + y - 4 = 0$,且切点是 $B(2, 2)$,作 $BH \perp l$ 于 H,可得 $H\left(\dfrac{\sqrt{5}}{2}, \dfrac{\sqrt{5}}{2}\right)$,

$|BH| = \dfrac{|4-\sqrt{5}|}{\sqrt{1^2+1^2}} = \dfrac{4-\sqrt{5}}{\sqrt{2}}$.

因为点 H 与第(1)问中的切点 $\left(\dfrac{4}{\sqrt{5}}, \dfrac{1}{\sqrt{5}}\right)$ 不重合,所以 $|PQ| > |BH| = \dfrac{4-\sqrt{5}}{\sqrt{2}}$.

还可用分析法证得 $\dfrac{4-\sqrt{5}}{\sqrt{2}} > \dfrac{6}{5}$,所以 $|PQ| > \dfrac{6}{5}$.

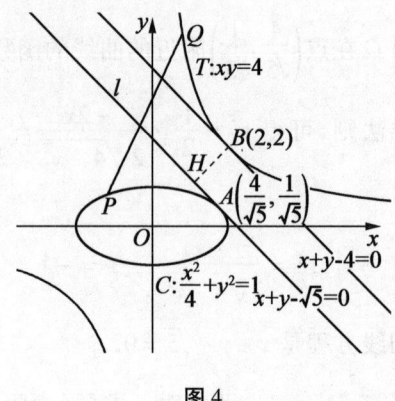

图 4

10. 可得

$$\sum_{i=1}^{2017}[(1-b_i)+(b_i-a_i)+a_i]=\sum_{i=1}^{2017}1=2017$$

$$\sum_{i=1}^{2017}(b_i-a_i)>2016$$

所以

$$\sum_{i=1}^{2017}[(1-b_i)+a_i]<1$$

又由 $0<a_i<b_i<1(i=1,2,3,\cdots,2017)$,可得

$$\max_{i\in\{1,2,3,\cdots,2017\}}(1-b_i)+\max_{i\in\{1,2,3,\cdots,2017\}}a_i=1-\min_{i\in\{1,2,3,\cdots,2017\}}b_i+\max_{i\in\{1,2,3,\cdots,2017\}}a_i<1$$

$$\max_{i\in\{1,2,3,\cdots,2017\}}a_i<\min_{i\in\{1,2,3,\cdots,2017\}}b_i$$

即欲证结论成立.

11. 略.

§16 2016年北京大学自主招生数学试题参考答案

1. B. 先由 $-x^2+x+2>0$ 可求得函数 y 的定义域为 $(-1,2)$. 再由复合函数单调性的判别法则"同增异减"可得本题即求函数 $u=-x^2+x+2(-1<x<2)$ 的单调递减区间,即 $\left(\dfrac{1}{2},2\right)$.

2. **解法 1** D. 如图 1 所示,考虑到平面内使 $\triangle PAB$ 和 $\triangle PBC$ 的面积相等的

点的轨迹为直线 BM 以及过点 B 且与 AC 平行的直线,其中 M 为边 AC 的中点.因此满足题意的点 P 有 4 个:$\triangle ABC$ 的重心或者由 P,A,B,C 四点所构成的平行四边形的顶点.

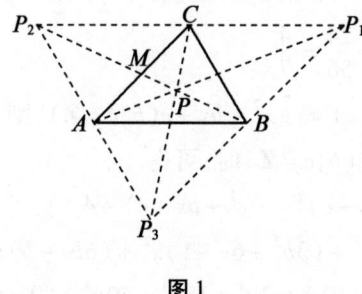

图 1

解法 2 D. 对于正 $\triangle ABC$,满足题意的点 P 只能是其内心及三个旁心,所以选 D.

3. A. 根据四点共圆的四边形对角互补,由余弦定理可得

$$\frac{AB^2+BC^2-AC^2}{2AB\cdot BC}=\cos B=-\frac{CD^2+DA^2-AC^2}{2CD\cdot DA}$$

即

$$\frac{136^2+80^2-AC^2}{2\times 136\times 80}=-\frac{150^2+102^2-AC^2}{2\times 150\times 102}$$

解得 $AC=168$,于是 $\cos B=-\dfrac{13}{85},\sin B=\dfrac{84}{85}$.

再由正弦定理,可得 $2R=\dfrac{AC}{\sin B}=170$.所以答案选 A.

4. **解法 1** B. 设题中的正方体为单位正方体 $ABCD-A_1B_1C_1D_1$.从该正方体的八个顶点中任取 3 个,有 $C_8^3=56$ 种取法.

因为这 56 个三角形的边长只可能是 $1,\sqrt{2}$,或 $\sqrt{3}$,所以其中的等腰三角形的腰长只可能是 1 或 $\sqrt{2}$,共得 $24+8=32$(个).

当腰长是 1 时,有 $6C_4^3=24$ 个(这些等腰三角形都在正方体的表面上);当腰长是 $\sqrt{2}$ 时,有 8 个(以每个顶点的腰长是 $\sqrt{2}$ 的等腰三角形有三个且都是正三角形,去掉重复的情形后就是 8 个).

所以所求概率是 $\dfrac{32}{56}=\dfrac{4}{7}$.

解法 2 B. 设题中的正方体为单位正方体 $ABCD-A_1B_1C_1D_1$.从该正方体的八个顶点中任取 3 个,有 $C_8^3=56$ 种取法.

因为这56个三角形的边长只可能是$1,\sqrt{2}$或$\sqrt{3}$,所以其中的非等腰三角形的三边长分别是$1,\sqrt{2},\sqrt{3}$,而其中以一条棱为边的非等腰三角形有2个(比如$\triangle ABC_1,\triangle ABD_1$),得共24个非等腰三角形.

所以所求概率是$1-\dfrac{24}{56}=\dfrac{4}{7}$.

5. A. 由题意可设$g(x)=\pm x^2+bx+c(b,c\in \mathbf{Z})$,则:

当$g(x)=x^2+bx+c(b,c\in \mathbf{Z})$时,可得
$$f(g(x))=3(x^2+bx+c)^2-(x^2+bx+c)+4$$
$$=3x^4+6bx^3+(3b^2+6c-1)x^2+(6bc-b)x+4-c+3c^2$$
$$f(g(x))=3x^4+18x^3+50x^2+69x+a$$

比较系数得$6b=18,3b^2+6c-1=50,6bc-b=69$,解得$b=3,c=4$,于是$g(x)=x^2+3x+4$,各项系数之和为8.

当$g(x)=-x^2+bx+c(b,c\in \mathbf{Z})$时,……比较系数后,可得此时不满足题设.

综上所述,可得所求$g(x)$各项系数之和为8.

6. B. 因为$2=\dfrac{\sin x}{\sqrt{1-\cos^2 x}}-\dfrac{\cos x}{\sqrt{1-\sin^2 x}}=\dfrac{\sin x}{|\sin x|}-\dfrac{\cos x}{|\cos x|}$,所以$\sin x>0$,$\cos x<0$,于是$x\in\left(\dfrac{\pi}{2},\pi\right)$.

7. C. 可设
$$x^4+ax^3+bx^2+cx+d=(x-\lambda)(x-\bar\lambda)(x-\mu)(x-\bar\mu)$$

得$\lambda+\mu=2+\mathrm{i},\lambda\mu=5-6\mathrm{i}$,所以
$$b=\lambda\bar\lambda+\mu\bar\mu+(\lambda+\bar\lambda)(\mu+\bar\mu)$$
$$=(\lambda+\mu)(\bar\lambda+\bar\mu)+\lambda\mu+\overline{\lambda\mu}$$
$$=(2+\mathrm{i})(2-\mathrm{i})+(5-6\mathrm{i})+(5+6\mathrm{i})=15$$

8. **解法1** C. 考查初始位置为$a_1,a_2,\cdots,a_n$的一般情形(把每一小步均叫作一次操作). 易知当$n=2k$时,经过k次操作后,得到$a_2,a_4,\cdots,a_{2k}$;当$n=2k+1$时,经过k次操作后,得到$a_{2k+1},a_2,a_4,\cdots,a_{2k}$,所以

$1,2,\cdots,54\xrightarrow[\text{操作}1]{\text{偶}}2,4,\cdots,54\xrightarrow[\text{操作}2]{\text{奇}}54,4,8,\cdots,52\xrightarrow[\text{操作}3]{\text{偶}}4,12,\cdots,$
$52\xrightarrow[\text{操作}4]{\text{奇}}52,12,28,44\xrightarrow[\text{操作}5]{\text{偶}}12,44\xrightarrow[\text{操作}6]{\text{偶}}44$

即经过6次操作后,剩下最后一张牌为44.

解法2 B. 考查初始位置为 $a_1,a_2,\cdots,a_n$ 的一般情形(把每一小步均叫作一次操作). 易知当 $n=2k$ 时,经过 k 次操作后,得到 $a_2,a_4,\cdots,a_{2k}$;当 $n=2k+1$ 时,经过 k 次操作后,得到 $a_2,a_4,\cdots,a_{2k}$. 所以

$$1,2,3,\cdots,54 \xrightarrow[偶]{操作1} 2,4,6,\cdots,54 \xrightarrow[奇]{操作2} 4,8,12,\cdots,52 \xrightarrow[奇]{操作3} 8,16,24,$$
$$32,40,48 \xrightarrow[偶]{操作4} 16,32,48 \xrightarrow[奇]{操作5} 32$$

即经过 6 次操作后,剩下最后一张牌为 32.

注 对本题理解的不同,而得出两种答案不同的解法.

本题的一般情形为著名的"约瑟夫问题".

9. 解法1 C. 注意到模数列 $\{2^n(\bmod 10)\}$ 的周期是 4 且前四项依次是 2,4,8,6,所以

$$(2+1)(2^2+1)\cdots(2^{2\,016}+1) \equiv (3\cdot 5\cdot 9\cdot 7)^{\frac{2\,016}{4}} \equiv 5(\bmod 10)$$

即所求答案是 5.

解法2 C. 因为 $2^2+1=5$,且对于任意正整数 k,都有 2^k+1 为奇数,得 $(2+1)(2^2+1)\cdots(2^{2\,016}+1) \equiv 5(\bmod 10)$. 所以答案选 C.

10. B. 设 $|S|=n$,可得 $|A_i|>\dfrac{n}{5}(i=1,2,\cdots,2\,016)$,所以

$$|A_1|+|A_2|+\cdots+|A_{2\,016}|>\dfrac{2\,016}{5}n$$

把这多于 $\dfrac{2\,016}{5}n$ 个元素(它们是集合 $A_i(i=1,2,\cdots,2\,016)$ 中元素的总和, S 中的每个元素在 $A_i(i=1,2,\cdots,2\,016)$ 中出现了几次就算几次)放置在集合 S 的 n 个元素这 n 个"抽屉"中,由抽屉原则可知,至少有一个抽屉中放置了 $\left[\dfrac{2\,016}{5}\right]+1=404$ 个元素.

所以一定有 S 中的某个元素在至少 404 个 A_i 中出现.

11. B. 可以求得棱长为 1 的正四面体的内切球半径为 $\dfrac{\sqrt{6}}{12}$,所以以题中的四个球心为顶点的正四面体的内切球半径为 $\dfrac{\sqrt{6}}{12}\cdot 2=\dfrac{\sqrt{6}}{6}$,球心到外切四面体各表面的距离均为 $\dfrac{\sqrt{6}}{6}+1$,即题中外切正四面体的内切球半径为 $\dfrac{\sqrt{6}}{6}+1$.

设题中正四面体的棱长为 a,可得其内切球半径为 $\dfrac{\sqrt{6}}{12}a$,因而 $\dfrac{\sqrt{6}}{12}a=\dfrac{\sqrt{6}}{6}+1$,

进而可得题中正四面体的棱长 $a=2(1+\sqrt{6})$.

12. D. 由 $\lim\limits_{n\to\infty}q^n=1(|q|<1)$ 可知：当 $n\to\infty$ 时，可得 $-\frac{1}{3}\leqslant x\leqslant\frac{1}{3}$，$-\frac{1}{8}\leqslant y\leqslant\frac{1}{8}$，$-1\leqslant z\leqslant 1$，进而可得 A 中点 P 组成的图形是一个长方体（边界有的包括，有的不包括），所以其体积为 $\frac{2}{3}\cdot\frac{1}{4}\cdot 2=\frac{1}{3}$.

13. 解法1 C. 令 $1\,001=k$，得

$$2k[n\sqrt{k^2+1}]=n[2k\sqrt{k^2+1}]=n[\sqrt{4k^4+4k^2}]=2nk^2$$

$$[n\sqrt{k^2+1}]=nk$$

$$nk\leqslant n\sqrt{k^2+1}<nk+1$$

$$n<2k+\frac{1}{n}=2\,002+\frac{1}{n}$$

$$n=1,2,3,\cdots,2\,002$$

所以满足题设的正整数 n 的个数是 $2\,002$.

解法2 C. 因为

$$2\,002\times 1\,001<2\,002\sqrt{1\,001^2+1}<2\,002\times 1\,001+1$$

所以

$$[2\,002\sqrt{1\,001^2+1}]=2\,002\times 1\,001$$

于是原方程等价于 $[n\sqrt{1\,001^2+1}]=1\,001n$，即 $1\,001n\leqslant n\sqrt{1\,001^2+1}<1\,001n+1$，解得 $n<\sqrt{1\,001^2+1}+1\,001$，所以满足题设的正整数 n 的个数是 $2\,002$.

14. B. 可得 $2\,016a\leqslant[(\sum\limits_{i=1}^{2\,016}|x-x_i|)_{\max}]_{\min}=1\,008\times 4$，即 $a\leqslant 2$.

还可得 $2\,016a\geqslant[(\sum\limits_{i=1}^{2\,016}|x-x_i|)_{\min}]_{\max}=(\sum|x_j-x_i|)_{\max}=1\,008\times 4$（其中 x_i,x_j 是 $x_1,x_2,\cdots,x_{2\,016}$ 中的某一个值），即 $a\geqslant 2$.

所以 $a=2$.

15. B. 设方程 $x^2+ax+1=b$ 有两个不同的非零整数根，分别为 x_1,x_2，可得 $x_1+x_2=-a$，$x_1x_2=1-b$，所以 $a^2+b^2=(1+x_1^2)(1+x_2^2)$ 是合数，所以选项 A 不正确.

选 $x_1=1,x_2=-1$，得 $a^2+b^2=4$，得选项 B 正确.

可得 $x_i^2 \equiv 0,1;1+x_i^2 \equiv \pm 1 (\bmod 3)(i=1,2)$，所以 $a^2+b^2=(1+x_1^2)(1+x_2^2) \equiv \pm 1 (\bmod 3)$，得选项 C 不正确.

16. **解法** 1　B. 可先求出数列 $\{a_n\}$ 的前 13 项分别为
$$1,1,2,2,2,2,3,3,3,3,3,3,4$$
所以可猜测：

当 $2[1+2+3+\cdots+(k-1)]+1 \leqslant n \leqslant 2(1+2+3+\cdots+k)(k \in \mathbf{N}^*)$，即 $k^2-k+1 \leqslant n \leqslant k^2+k(k \in \mathbf{N}^*)$ 时，$a_n=k$.

证明如下：

因为可证"当 x 的小数部分 $\{x\} \neq \dfrac{1}{2}$ 时，与 x 最接近的整数是 $\left[x+\dfrac{1}{2}\right]$"（当 $0 \leqslant \{x\} < \dfrac{1}{2}$ 时，$\left[x+\dfrac{1}{2}\right]=[[x]+\{x\}+\dfrac{1}{2}]=\left[[x]+\left(\{x\}+\dfrac{1}{2}\right)\right]=[x]$；当 $\dfrac{1}{2} < \{x\} < 1$ 时，$\left[x+\dfrac{1}{2}\right]=[[x]+\{x\}+\dfrac{1}{2}]=\left[[x]+1+\left(\{x\}-\dfrac{1}{2}\right)\right]=[x]+1$)，所以证得 $k=\left[\sqrt{n}+\dfrac{1}{2}\right]$，也证得

$$k \leqslant \sqrt{n}+\dfrac{1}{2} < k+1$$

$$k^2-k+\dfrac{1}{4} \leqslant n < k^2+k+\dfrac{1}{4}$$

$$k^2-k+1 \leqslant n \leqslant k^2+k(k \in \mathbf{N}^*)$$

所以欲证结论成立.

因而，在和式 $\sum\limits_{k=1}^{n} \dfrac{1}{a_k}$ 中，值为 $\dfrac{1}{k}(k \in \mathbf{N}^*)$ 的项共有 $2k$ 项，这 $2k$ 项的和为 $\dfrac{1}{k} \cdot 2k=2$.

进而可得满足 $\sum\limits_{k=1}^{n} \dfrac{1}{a_k}=2\,016$ 的数列 $\{a_n\}$ 的各项依次是

$$\underbrace{1,1}_{2\text{个}},\underbrace{2,2,2,2}_{4\text{个}},\underbrace{3,3,\cdots,3}_{6\text{个}},\cdots,\underbrace{1\,008,1\,008,\cdots,1\,008}_{2\,016\text{个}}$$

所以
$$n=2(1+2+3+\cdots+1\,008)=1\,008 \cdot 1\,009=1\,017\,072$$

解法 2　B. 设 $a_n=k(k \in \mathbf{N}^*)$，得 $\left|\sqrt{n}-k\right| < \dfrac{1}{2}$，$k^2-k+1 \leqslant n \leqslant k^2+k$.

所以当且仅当 $k^2-k+1 \leqslant n \leqslant k^2+k(k \in \mathbf{N}^*)$ 时，$a_n=k$.

因而，在和式 $\sum_{k=1}^{n} \frac{1}{a_k}$ 中，值为 $\frac{1}{k}(k \in \mathbf{N}^*)$ 的项共有 $2k$ 项，这 $2k$ 项的和为 $\frac{1}{k} \cdot 2k = 2$.

进而可得满足 $\sum_{k=1}^{n} \frac{1}{a_k} = 2\,016$ 的数列 $\{a_n\}$ 的各项依次是

$$\underbrace{1,1}_{2\text{个}},\underbrace{2,2,2,2}_{4\text{个}},\underbrace{3,3,\cdots,3}_{6\text{个}},\cdots,\underbrace{1\,008,1\,008,\cdots,1\,008}_{2\,016\text{个}}$$

所以
$$n = 2(1+2+3+\cdots+1\,008) = 1\,008 \cdot 1\,009 = 1\,017\,072$$

17. B. 由恒等式
$$x^3 + y^3 + z^3 - 3xyz = (x+y+z)(x^2+y^2+z^2-xy-yz-zx)$$
$$= \frac{1}{2}(x+y+z)\left[(x-y)^2+(y-z)^2+(z-x)^2\right]$$

及题设 $a^3 - b^3 - c^3 = 3abc$，可得 $a = b+c$ 或 $-a = b = c$.

又因为 $a^2 = 2(b+c)$，所以 $a = 0, 2$ 或 -4，得 a 的值有 3 个.

18. A. 可不妨设复数 z_1, z_2, z_3 对应的点分别为 A, B, C，且点 A, C, B 分别在坐标原点、x 轴的正半轴上、x 轴的上方且 $|AC| = 1$.

由 $\frac{z_2 - z_1}{z_3 - z_1} = 1 + 2\mathrm{i}$，可得 $A(0,0), C(1,0), B(1,2)$，所以 $\angle C = \frac{\pi}{2}$.

因而 $\triangle ABC$ 的面积与其最长边的长的平方之比为 $\dfrac{\frac{1}{2} \cdot 1 \cdot 2}{1^2 + 2^2} = \dfrac{1}{5}$.

19. D. 可得 $102x + 203y + 304z = 1+2+3+\cdots+100 = 5\,050\,(x,y,z \in \mathbf{N}^*)$，

所以
$$5\,050 = (x+y+z) + 101(x+2y+3z) = u + 101v$$

其中 $u = x+y+z, v = x+2y+3z\,(u,v \in \mathbf{N}^*)$.

由 $v > u$，可得 $101v < 5\,050 < 102v, 49 < v < 50$，这与 $v \in \mathbf{N}^*$ 矛盾！所以满足题设的分法不存在.

20. A. 由 $\dfrac{1}{x} + \dfrac{1}{y} + \dfrac{1}{z} = \dfrac{1}{2\,016}$ 可得 $xyz = 2\,016(xy+yz+zx)$，所以

$(x - 2\,016)(y - 2\,016)(z - 2\,016)$
$= xyz - 2\,016(xy+yz+zx) + 2\,016^2(x+y+z) - 2\,016^3$
$= 0$

注　取 $x = 2\,016, y = -z$ 后，可排除选项 B.

§17 2016年北京大学博雅计划自主招生数学试题参考答案

1. A. 由切点在切线 $y=-x+2$ 上,可设切点坐标为 $(x_0, 2-x_0)$. 又由切点 $(x_0, 2-x_0)$ 在曲线 $y=-e^{x+a}$ 上,可得 $2-x_0=-e^{x_0+a}$.

再由 $y=-e^{x+a}$,得 $y'=-e^{x+a}$,可得曲线 $y=-e^{x+a}$ 在切点 $(x_0, 2-x_0)$ 处切线的斜率为 $-e^{x_0+a}$. 又由切线 $y=-x+2$ 的斜率为 -1,所以 $-e^{x_0+a}=-1$.

进而可得 $2-x_0=-e^{x_0+a}=-1, x_0=3, a=-3$.

2. B. 可不妨设 $0<a\leq b\leq c$,得 $a+b>c$.

结论(1)正确:因为可得 $a+2\sqrt{ab}+b>c, (\sqrt{a}+\sqrt{b})^2>(\sqrt{c})^2, \sqrt{a}+\sqrt{b}>\sqrt{c}$.

结论(2)错误:$2,3,4$ 是一个三角形的三边长,但 $2^2,3^2,4^2$ 不会是某个三角形的三边长.

结论(3)正确:因为可得 $\dfrac{a+b}{2}\leq\dfrac{c+a}{2}\leq\dfrac{b+c}{2}, \dfrac{a+b}{2}+\dfrac{c+a}{2}>\dfrac{b+c}{2}$.

结论(4)正确:因为 $|a-b|+1=b-a+1, |b-c|+1=c-b+1, |c-a|+1=c-a+1$,所以

$$\begin{cases} |a-b|+1\leq |c-a|+1 \\ |b-c|+1\leq |c-a|+1 \end{cases}$$

$(|a-b|+1)+(|b-c|+1)=c-a+2>c-a+1=|c-a|+1$

3. 解法1 C. 如图1所示,设圆 O 的半径为 r,由相交弦定理和勾股定理,可得

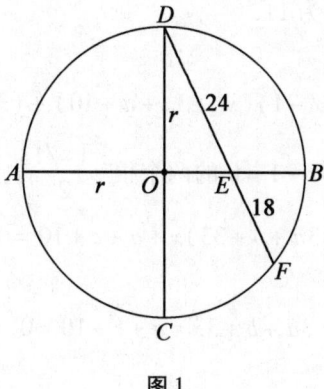

图1

$$\begin{cases} 24 \cdot 18 = AE \cdot EB = (r+OE)(r-OE) = r^2 - OE^2 \\ 24^2 = r^2 + OE^2 \end{cases}$$

将它们相减后,可求得 $OE = 6\sqrt{2}$.

解法2 C. 如图 2 所示,联结 CF,可得 $\triangle DOE \backsim \triangle DFC$,所以

$$\frac{DO}{DF} = \frac{DE}{DC}, \frac{DO}{24+18} = \frac{24}{2DO}, DO^2 = 12 \cdot 42$$

$$OE = \sqrt{DE^2 - OD^2} = \sqrt{24^2 - 12 \cdot 42} = 6\sqrt{2}$$

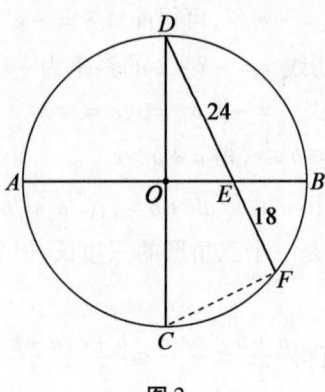

图 2

4. D. 由 $x \in (0,1)$ 知,在 $f(x)$ 的解析式中可不妨设 $p, q \in \mathbf{N}^*, p > q, (p,q) = 1$.

由 $f(x) > \frac{1}{7}$,可得 $x = \frac{q}{p}, f(x) = \frac{1}{p} > \frac{1}{7}; p = 2,3,4,5,6$,进而可得

$$x = \frac{1}{2}, \frac{1}{3}, \frac{2}{3}, \frac{1}{4}, \frac{3}{4}, \frac{1}{5}, \frac{2}{5}, \frac{3}{5}, \frac{4}{5}, \frac{1}{6}, \frac{5}{6}$$

所以满足题设的 x 的个数为 11.

5. **解法1** A. 因为

$x^4 + ax^2 + bx + c = (x^2 - 3x - 1)(x^2 + 3x + a + 10) + (3a + b + 33)x + a + c + 10$

所以由题意,得方程 $x^2 - 3x - 1 = 0$ 的两个根 $\frac{3+\sqrt{13}}{2}, \frac{3-\sqrt{13}}{2}$ 均是方程

$$(3a + b + 33)x + a + c + 10 = 0$$

的根,所以

$$3a + b + 33 = a + c + 10 = 0$$

得

$$a + b - 2c = (3a + b + 33) - 2(a + c + 10) - 13 = -13$$

解法 2 A. 由题设,可得 $x^2 - 3x - 1 \mid x^4 + ax^2 + bx + c$. 又注意到 $x^4 + ax^2 + bx + c$ 不含 x^3 项,所以
$$x^4 + ax^2 + bx + c = (x^2 - 3x - 1)(x^2 + 3x - c)$$
$$x^4 + ax^2 + bx + c = x^4 - (c + 10)x^2 + 3(c - 1)x + c$$
得 $a = -c - 10, b = 3c - 3$,所以
$$a + b - 2c = -13$$

6. B. 由题设,得
$$\left(a + \frac{1}{2}\log_2 k\right)^2 = (a + \log_2 k)\left(a + \frac{1}{3}\log_2 k\right)$$
$$a = -\frac{1}{4}\log_2 k$$

所以所求的公比为
$$\frac{a + \log_4 k}{a + \log_2 k} = \frac{-\frac{1}{4}\log_2 k + \frac{1}{2}\log_2 k}{-\frac{1}{4}\log_2 k + \log_2 k} = \frac{1}{3}$$

7. **解法 1** D. 由题意得
$$\cos\frac{\pi}{11}\cos\frac{2\pi}{11}\cdots\cos\frac{10\pi}{11} = -\left(\cos\frac{\pi}{11}\cos\frac{2\pi}{11}\cos\frac{3\pi}{11}\cos\frac{4\pi}{11}\cos\frac{5\pi}{11}\right)^2$$
$$= -\left(\cos\frac{\pi}{11}\cos\frac{2\pi}{11}\cos\frac{4\pi}{11}\cos\frac{8\pi}{11}\cos\frac{16\pi}{11}\right)^2$$
$$= -\left(\frac{2^5\sin\frac{\pi}{11}\cos\frac{\pi}{11}\cos\frac{2\pi}{11}\cos\frac{4\pi}{11}\cos\frac{8\pi}{11}\cos\frac{16\pi}{11}}{2^5\sin\frac{\pi}{11}}\right)^2$$
$$= -\left(\frac{\sin\frac{32\pi}{11}}{2^5\sin\frac{\pi}{11}}\right)^2 = -\frac{1}{1\,024}$$

解法 2 D. 设
$$x = \cos\frac{\pi}{11}\cos\frac{2\pi}{11}\cos\frac{3\pi}{11}\cos\frac{4\pi}{11}\cos\frac{5\pi}{11}$$
$$y = \sin\frac{\pi}{11}\sin\frac{2\pi}{11}\sin\frac{3\pi}{11}\sin\frac{4\pi}{11}\sin\frac{5\pi}{11}$$

可得
$$32xy = \sin\frac{2\pi}{11}\sin\frac{4\pi}{11}\sin\frac{6\pi}{11}\sin\frac{8\pi}{11}\sin\frac{10\pi}{11}$$

$$= \sin\frac{2\pi}{11}\sin\frac{4\pi}{11}\sin\frac{5\pi}{11}\sin\frac{3\pi}{11}\sin\frac{\pi}{11}$$

$$= y(y \neq 0)$$

$$x = \cos\frac{\pi}{11}\cos\frac{2\pi}{11}\cos\frac{3\pi}{11}\cos\frac{4\pi}{11}\cos\frac{5\pi}{11} = \frac{1}{32}$$

所以

$$\cos\frac{\pi}{11}\cos\frac{2\pi}{11}\cdots\cos\frac{10\pi}{11} = -\left(\cos\frac{\pi}{11}\cos\frac{2\pi}{11}\cos\frac{3\pi}{11}\cos\frac{4\pi}{11}\cos\frac{5\pi}{11}\right)^2 = -\frac{1}{1\,024}$$

8. B. 因为实系数一元二次方程的两个虚数根是一对共轭复数,所以可设

$$x_1 = r(\cos\theta + i\sin\theta), x_2 = r[\cos(-\theta) + i\sin(-\theta)](r > 0)$$

得

$$\frac{x_1^2}{x_2} = r(\cos 3\theta + i\sin 3\theta)$$

因为 $\frac{x_1^2}{x_2}$ 为实数,所以 $\theta = \frac{k\pi}{3}(k \in \mathbf{Z})$,再得

$$\frac{x_1}{x_2} = \cos\frac{2k\pi}{3} + i\sin\frac{2k\pi}{3} \neq 1$$

(若 $\frac{x_1}{x_2} = 1$,可得 $\frac{2k\pi}{3} = 2n\pi(n \in \mathbf{Z})$, $\theta = n\pi(n \in \mathbf{Z})$, $x_1 \in \mathbf{R}$,与题设矛盾)

$$\left(\frac{x_1}{x_2}\right)^{2\,016} = \cos\left(\frac{2k\pi}{3}\cdot 2\,016\right) + i\sin\left(\frac{2k\pi}{3}\cdot 2\,016\right)$$

$$= \cos(2k\pi\cdot 672) + i\sin(2k\pi\cdot 672) = 1$$

所以

$$\sum_{k=0}^{2\,015}\left(\frac{x_1}{x_2}\right)^k = \frac{1-\left(\frac{x_1}{x_2}\right)^{2\,016}}{1-\frac{x_1}{x_2}} = 0$$

9. D. 这是均匀分组问题,不同的分法种类为 $\frac{C_{12}^4 C_8^4 C_4^4}{3!} = 5\,775.$

10. A. 如图 3 所示,由 $\angle BAF = \angle CAE$, $\angle BAC = 90°$,得 $\angle EAF = 90°$.

又因为 $\angle BAD = \angle ACD$,所以 $AD \perp BC$,得

$$DE \cdot DF = AD^2 = BD \cdot DC$$

$$(5-2)(4+2) = 2DC$$

$$DC = 9$$

$$BC = BD + DC = 2 + 9 = 11$$

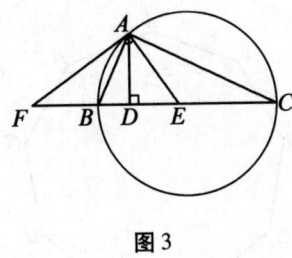

图 3

11. B. 如图 4 所示,设 BK 与小圆交于点 M,联结 ML,设 CD 为两圆在公共点 K 处的公切线.

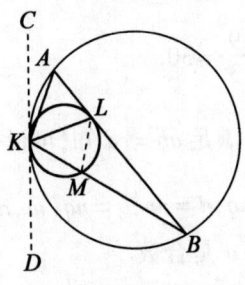

图 4

由弦切角定理,得 ∠BAK = ∠DKM = ∠KLM.

又因为 ∠KLA = ∠KML,所以 ∠AKL = ∠BKL.

再由三角形角平分线性质,可得 $\frac{AL}{BL} = \frac{AK}{BK}$,可求得 $BL = 25$.

12. C. 在题设所给的等式中分别令 $x = 0, 1, -1$,得
$$\begin{cases} 2f(0) + f(-1) = 1 \\ 2f(1) + f(0) = 1 \\ 2f(-1) + f(0) = 1 \end{cases}$$

可解得 $f(0) = f(1) = f(-1) = \frac{1}{3}$.

再在题设所给的等式中令 $x = -\sqrt{2}$,得 $2f(-\sqrt{2}) + f(1) = 1$,所以 $f(-\sqrt{2}) = \frac{1}{3}$.

13. A. 在图 5 所示的正九边形 ABCDEFGHI 中,以 A 为顶角的顶点的等腰三角形有且仅有 4 个(△ABI,△ACH,△ADG,△AEF),其中有且仅有 △ADG 是正三角形.

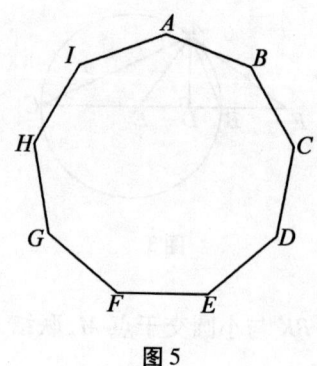

图 5

所以所求答案是 $3 \cdot 9 + \dfrac{9}{3} = 30$.

14. B. 由正整数 a,b,c,d 满足 $ab=cd$ 知,可设 $\dfrac{a}{c} = \dfrac{d}{b} = \dfrac{p}{q}$ (p,q 是互质的正整数),因而可设 $a = mp, c = mq; d = np, b = nq$ ($m, n \in \mathbf{N}^*$),所以 $a+b+c+d = (m+n)(p+q)$,得 $a+b+c+d$ 是合数.

而 101,401 都是质数,且
$$301 = 7 \cdot 43 = (1+6)(1+42)$$
所以取 $m=1, n=6, p=1, q=42$,得 $a=1, b=252, c=42, d=6$,所以本题选 B.

15. D. (1) 当 x, y, z 两两不同时,可设 $x^3 - 3x^2 = y^3 - 3y^2 = z^3 - 3z^2 = m$,得 x, y, z 是关于 t 的一元三次方程 $t^3 - 3t^2 - m = 0$ 的三个实数根.

由韦达定理,得 $x + y + z = 3$.

(2) 当 x, y, z 中恰有两个相同时,可不妨设 $z = y \neq x$.

由 $x^3 - 3x^2 = y^3 - 3y^2$, $3(y^2 - x^2) = y^3 - x^3 (y \neq x)$,可得
$$3(y+x) = y^2 + yx + x^2 (y \neq x)$$
$$y^2 - (3-x)y + x^2 - 3x = 0 (x \neq 0, 2)$$
$$y = \dfrac{3 - x \pm \sqrt{12 - 3(x-1)^2}}{2} (x \in [-1, 0) \cup (0, 2) \cup (2, 3])$$

所以
$$x + y + z = x + 2y = 3 \pm \sqrt{12 - 3(x-1)^2} (x \in [-1, 0) \cup (0, 2) \cup (2, 3])$$

进而可求得 $x + y + z$ 的取值范围是 $[3 - 2\sqrt{3}, 0) \cup (0, 6) \cup (6, 3 + 2\sqrt{3}]$.

由此可得 $x + y + z \neq -1, 0$.

此时,$x + y + z = x + 2y = 1$ 是有可能的. 通过解方程组

$\begin{cases} x+2y=1 \\ 3(y+x)=y^2+yx+x^2(y\neq x) \end{cases}$, 得 $(x,y,z)=\left(1\pm 2\sqrt{\dfrac{2}{3}},\mp\sqrt{\dfrac{2}{3}},\mp\sqrt{\dfrac{2}{3}}\right)$, 此时满足题设且 $x+y+z=1$.

综上所述,可得本题的答案是 D.

16. **解法** 1 C. 可得 $a,b,c\in\left[-\dfrac{1}{4},+\infty\right)$, 所以 $c=1-a-b\leqslant 1+\dfrac{1}{4}+\dfrac{1}{4}=\dfrac{3}{2}$, 进而可得 $a,b,c\in\left[-\dfrac{1}{4},\dfrac{3}{2}\right]$.

设 $f(x)=\sqrt{4x+1}\left(-\dfrac{1}{4}\leqslant x\leqslant\dfrac{3}{2}\right)$, 可得

$$f'(x)=\dfrac{2}{\sqrt{4x+1}},f''(x)=-4(4x+1)^{-\frac{3}{2}}<0$$

说明函数 $f(x)$ 是上凸函数. 可作出函数 $f(x)$ 的图像如图 6 所示.

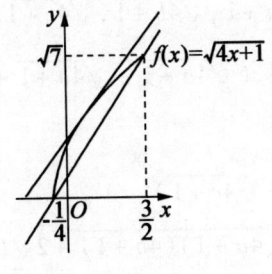

图 6

再作出函数 $f(x)$ 的图像在 $x=\dfrac{1}{3}$ 处的切线 $y=\dfrac{2}{7}\sqrt{21}\left(x-\dfrac{1}{3}\right)+\dfrac{\sqrt{21}}{3}$, 以及该图像过两点 $\left(-\dfrac{1}{4},0\right),\left(\dfrac{3}{2},\sqrt{7}\right)$ 的割线 $y=\dfrac{4}{\sqrt{7}}x+\dfrac{1}{\sqrt{7}}$.

于是可得

$$\dfrac{4}{\sqrt{7}}x+\dfrac{1}{\sqrt{7}}\leqslant\sqrt{4x+1}\leqslant\dfrac{2}{7}\sqrt{21}\left(x-\dfrac{1}{3}\right)+\dfrac{\sqrt{21}}{3}$$

当且仅当 $x=-\dfrac{1}{4}$ 或 $\dfrac{3}{2}$ 时,以上不等式的左边取等号;当且仅当 $x=\dfrac{1}{3}$ 时,以上不等式的右边取等号.

由此,可得:

当且仅当 $a=b=c=\dfrac{1}{3}$ 时, $(\sqrt{4a+1}+\sqrt{4b+1}+\sqrt{4c+1})_{\max}=\sqrt{21}$.

当且仅当 a,b,c 中有两个取 $-\frac{1}{4}$,另一个取 $\frac{3}{2}$ 时,$(\sqrt{4a+1}+\sqrt{4b+1}+\sqrt{4c+1})_{\min}=\sqrt{7}$.

所以 $\sqrt{4a+1}+\sqrt{4b+1}+\sqrt{4c+1}$ 的最大值 $\sqrt{21}$ 与最小值 $\sqrt{7}$ 的乘积 $\sqrt{147}\in[12,13)$.

解法 2 C. 可得
$$(\sqrt{4a+1}+\sqrt{4b+1}+\sqrt{4c+1})^2$$
$$=4(a+b+c)+3+2\sqrt{(4a+1)(4b+1)}+2\sqrt{(4b+1)(4c+1)}+$$
$$2\sqrt{(4c+1)(4a+1)}$$
$$\geq 4(a+b+c)+3=7$$
$$\sqrt{4a+1}+\sqrt{4b+1}+\sqrt{4c+1}\geq\sqrt{7}$$

进而可得,当且仅当 $\sqrt{4a+1},\sqrt{4b+1},\sqrt{4c+1}$ 中有两个取 0,即 a,b,c 中有两个取 $-\frac{1}{4}$,另一个取 $\frac{3}{2}$ 时,$(\sqrt{4a+1}+\sqrt{4b+1}+\sqrt{4c+1})_{\min}=\sqrt{7}$.

还可得
$$(\sqrt{4a+1}+\sqrt{4b+1}+\sqrt{4c+1})^2$$
$$=4(a+b+c)+3+2\sqrt{(4a+1)(4b+1)}+2\sqrt{(4b+1)(4c+1)}+$$
$$2\sqrt{(4c+1)(4a+1)}$$
$$\leq 4(a+b+c)+3+[(4a+1)+(4b+1)]+[(4b+1)+(4c+1)]+$$
$$[(4c+1)+(4a+1)]$$
$$\leq 4(a+b+c)+3+8(a+b+c)+6=21$$
$$\sqrt{4a+1}+\sqrt{4b+1}+\sqrt{4c+1}\leq\sqrt{21}$$

进而可得,当且仅当 $a=b=c=\frac{1}{3}$ 时,$(\sqrt{4a+1}+\sqrt{4b+1}+\sqrt{4c+1})_{\max}=\sqrt{21}$.

(也可由 "$\frac{\sqrt{4a+1}+\sqrt{4b+1}+\sqrt{4c+1}}{3}\leq\sqrt{\frac{(4a+1)+(4b+1)+(4c+1)}{3}}=\sqrt{\frac{7}{3}}$(算术平均小于等于平方平均)",或柯西不等式,或琴生不等式求得最大值)

所以 $\sqrt{4a+1}+\sqrt{4b+1}+\sqrt{4c+1}$ 的最大值 $\sqrt{21}$ 与最小值 $\sqrt{7}$ 的乘积

$\sqrt{147} \in [12,13)$.

注 这道题与2016年清华大学领军计划数学试题第12题(不定项选择题)实质相同：

若实数 a,b,c 满足 $a+b+c=1$，则 $\sqrt{4a+1}+\sqrt{4b+1}+\sqrt{4c+1}$ 的最大值与最小值的乘积属于区间   (   )

    A.$(11,12)$ B.$(12,13)$ C.$(13,14)$ D.$(14,15)$

17. B. 如图7所示,联结 AC.

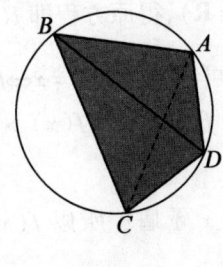

图7

由题意,得 $CD=AD$，$\angle ADC=120°$，所有由余弦定理可得 $AC=\sqrt{3}AD$.
再由托勒密定理,可得

$$AB \cdot CD + AD \cdot BC = AC \cdot BD$$
$$AD(AB+BC) = 6\sqrt{3}AD$$
$$AB+BC = 6\sqrt{3}$$

所以
$$S_{\text{四边形}ABCD} = S_{\triangle ABD} + S_{\triangle CBD} = \frac{3}{2}(AB+BC) = 9\sqrt{3}$$

18. B. 因为当 $n \geq 10$ 且 $n \in \mathbf{N}$ 时，$100 \mid n!$，所以
$$1!+2!+\cdots+2016! \equiv 1!+2!+\cdots+9!$$
$$\equiv 1+2+6+24+20+20+40+20+80$$
$$\equiv 13 \pmod{100}$$

所以选B.

19. C. 顺次记所给的三个方程依次是①,②,③.

①×③－②² 后,可得 $xy^2(x-y)^2=0$，即 $x=0$，或 $\begin{cases} x \neq 0 \\ y=0 \end{cases}$，或 $\begin{cases} xy \neq 0 \\ x=y \end{cases}$.

当 $x=0$ 时,得 $(x,y,z)=(0,0,0)$ 或 $(0,1,1)$.

当 $\begin{cases} x \neq 0 \\ y = 0 \end{cases}$ 时,得 $(x,y,z) = (1,0,1)$,或 $(-1,0,-1)$.

当 $\begin{cases} xy \neq 0 \\ x = y \end{cases}$ 时,得 $(x,y,z) = (-1,-1,0)$,或 $\left(\dfrac{1+\sqrt{5}}{2},\dfrac{1+\sqrt{5}}{2},\dfrac{1+\sqrt{5}}{2}\right)$,或 $\left(\dfrac{1-\sqrt{5}}{2},\dfrac{1-\sqrt{5}}{2},\dfrac{1-\sqrt{5}}{2}\right)$.

综上所述,可得原方程组解的组数是 7.

20. C. 设 $f(x) = \dfrac{x^3 + x}{3} (x \in \mathbf{R})$,得原方程即 $f(f(x)) = x$.

因为 $f(x)$ 是增函数,所以可证 $f(f(x)) = x \Leftrightarrow f(x) = x$.

下面只证:若 $f(x) > x$,则 $f(f(x)) > f(x) > x$;若 $f(x) < x$,则 $f(f(x)) < f(x) < x$.

它们均与题设 $f(f(x)) = x$ 矛盾! 所以 $f(x) = x$,其所有实根为 $0,\sqrt{2}$,$-\sqrt{2}$,它们的平方和等于 4.

§18 2016 年清华大学领军计划数学试题 参考答案

1. C. 由题设,可得 $f'(x) = (x^2 + 2x + a)e^x = e^x g(x)$.

开口向上的抛物线 $y = g(x)$ 的判别式为 $\Delta = 4(1-a)$. 因为 $f'(x)$ 与 $g(x)$ 的符号一致,所以:

当 $\Delta \leq 0$ 即 $a \geq 1$ 时,可得 $f'(x) \geq 0$ 恒成立(当且仅当 $a = -x = 1$ 时 $f'(x) = 0$),得 $f(x)$ 是增函数. 又因为 $\lim\limits_{x \to -\infty} f(x) = \lim\limits_{-x \to +\infty} \dfrac{(-x)^2 + a}{e^{-x}} = 0$(指数爆炸),$\lim\limits_{x \to +\infty} f(x) = +\infty$,所以 $f(x)$ 的值域是 $(0,+\infty)$. 此时不满足题设.

因而 $\Delta > 0$,即函数 $g(x)$ 的零点个数为 2.

注 由 $\Delta > 0$ 可得 $a < 1$,进而可得 $f(x)$ 在 $(-\infty, -\sqrt{1-a}-1)$,$(\sqrt{1-a}-1, +\infty)$ 上均是增函数,在 $(-\sqrt{1-a}-1, \sqrt{1-a}-1)$ 上是减函数.

再由 $\lim\limits_{x \to -\infty} f(x) = 0, \lim\limits_{x \to +\infty} f(x) = +\infty$ 及

$$f(\sqrt{1-a}-1) = (x^2+a)e^x\big|_{x=\sqrt{1-a}-1} = (-2x)e^x\big|_{x=\sqrt{1-a}-1}$$
$$= 2(1-\sqrt{1-a})e^{\sqrt{1-a}-1}$$

可得函数 $f(x)$ 有最小值的充要条件是 $f(\sqrt{1-a}-1)\leqslant 0$，即 $a\leqslant 0$。

2. AD. 对于选项 A，可得 $2-1<c<2+1$，$c=2$，再由边边边公理可知，$\triangle ABC$ 的形状唯一确定．

对于选项 B，由正弦定理，可得 $a^2+c^2+\sqrt{2}ac=b^2$．

再由余弦定理 $a^2+c^2-2ac\cos B=b^2$，可得 $\cos B=-\dfrac{\sqrt{2}}{2}$，$B=135°$，与题设 $A=150°$ 矛盾！所以 $\triangle ABC$ 不存在．

对于选项 C，由题设可得 $\cos A(\sin B\cos C-\cos B\sin C)=\cos A\sin(B-C)=0$，$A=90°$ 或 $B=C$．

当 $A=90°$ 时，由 $C=60°$，可得 $B=30°$；当 $B=C$ 时，由 $C=60°$，可得 $A=B=C=60°$．因而 $\triangle ABC$ 的形状不唯一．

对于选项 D，由正弦定理 $\dfrac{a}{\sin A}=\dfrac{b}{\sin B}$，可求得 $\sin B=\dfrac{1}{2}$．由 $A=60°$，可得 $0°<B<120°$，所以 $B=30°$，$C=90°$，$c=2$．因而 $\triangle ABC$ 的形状唯一确定．

对于选项 D，由余弦定理 $a^2=b^2+c^2-2bc\cos A$，可求得 $c=2$．因而 $\triangle ABC$ 的形状唯一确定．

3. D. 对于选项 A，可求得曲线 $y=f(x)$ 在点 $(1,0)$ 处的切线方程是 $y=2x-2$，曲线 $y=g(x)$ 在点 $(1,0)$ 处的切线方程是 $y=x-1$，所以选项 A 错误．

由 $f'(x)=2x\leqslant 0(x\leqslant 0)$，$g'(x)=\dfrac{1}{x}>0(x>0)$ 可知，选项 B 错误．但我们可以证明：曲线 $y=f(x)(x>0)$ 的任意一条切线均可与曲线 $y=g(x)$ 的某条切线平行．

可求得曲线 $y=f(x)$ 在点 $(x_0,x_0^2-1)(x_0>0)$ 处的切线方程是 $y=2x_0 x-(x_0^2+1)$；曲线 $y=g(x)$ 在点 $(x_1,\ln x_1)$ 处的切线方程是 $y=\dfrac{1}{x_1}x-(1-\ln x_1)$．

这两条切线平行的充要条件是 $\begin{cases}\dfrac{1}{x_1}=2x_0\\ x_0^2+1\neq 1-\ln x_1\end{cases}$，即 $x_0^2\neq \ln 2x_0$．

设 $h(x)=x^2-\ln 2x$，可得 $h'(x)=2x-\dfrac{1}{x}=\dfrac{2x+\sqrt{2}}{x}\left(x-\dfrac{1}{\sqrt{2}}\right)(x>0)$，从而可得

$$h(x)_{\min}=h\left(\dfrac{1}{\sqrt{2}}\right)=\dfrac{1-\ln 2}{2}>0$$

$$x^2 > \ln 2x$$

因而 $x_0^2 \neq \ln 2x_0$ 恒成立,所以曲线 $y = f(x)$ $(x > 0)$ 的任意一条切线均可与曲线 $y = g(x)$ 的某条切线平行.

对于选项 C 与 D,设 $u(x) = f(x) - g(x) = x^2 - 1 - \ln x$,可得

$$u'(x) = 2x - \frac{1}{x} = \frac{2x + \sqrt{2}}{x}\left(x - \frac{1}{\sqrt{2}}\right)(x > 0)$$

因而 $u(x)$ 在 $\left(0, \frac{1}{\sqrt{2}}\right)$,$\left(\frac{1}{\sqrt{2}}, +\infty\right)$ 上分别单调递减和单调递增.

又因为 $u\left(\frac{1}{e}\right) = \frac{1}{e^2} > 0$,$u\left(\frac{1}{\sqrt{2}}\right) = \frac{\ln 2 - 1}{2} < 0$,$\frac{1}{e} < \frac{1}{\sqrt{2}}$,所以 $u(x)$ 在 $\left(0, \frac{1}{\sqrt{2}}\right)$ 上有唯一零点;又因为 $u(x)$ 在递增区间 $\left(\frac{1}{\sqrt{2}}, +\infty\right)$ 上有零点 $x = 1$,所以 $u(x)$ 的零点个数是 2,即曲线 $y = f(x)$ 与 $y = g(x)$ 有且只有两个公共点. 得选项 C 错误,选项 D 正确.

4. AB. 由下面的结论可立得答案:

如图 1 所示,在平面直角坐标系 xOy 中,若倾斜角为 θ 且过抛物线 $\Gamma: y^2 = 2px(p > 0)$ 的焦点 F 的直线与该抛物线交于两点 $A(x_1, y_1)$,$B(x_2, y_2)$(其中点 A 在 x 轴上方),弦 AB 的中点是 $M(x_0, y_0)$,点 A, M, B 在抛物线 Γ 的准线 l 上的射影分别是 A_1, M_1, B_1. 则:

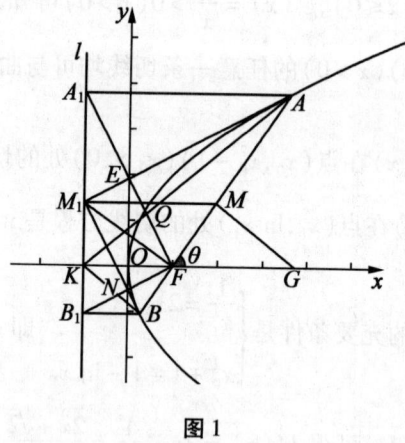

图 1

(1) $|AF| = x_1 + \frac{p}{2} = \frac{p}{1 - \cos\theta}$,$|BF| = x_2 + \frac{p}{2} = \frac{p}{1 + \cos\theta}$,$|AB| = \frac{2p}{\sin^2\theta}$;

(2) AM_1 平分 $\angle A_1AF$,BM_1 平分 $\angle B_1BF$,FA_1 平分 $\angle AFO$,FB_1 平分 $\angle BFO$;

(3) $\angle AM_1B = 90°$,以 AB 为直径的圆与准线 l 相切于点 M_1;

(4) $M_1F \perp AB$,$|M_1F| = \dfrac{p}{\sin\theta}$;

(5) $\angle A_1FB_1 = 90°$,以 A_1B_1 为直径的圆与直线 AB 相切于点 F;

(6) 设 AM_1 与 y 轴交于点 E,BM_1 与 y 轴交于点 N,则 A_1, E, F 三点共线,且 $AM_1 \perp A_1F$,B_1, N, F 三点共线,且 $BM_1 \perp B_1F$;

(7) $AM_1 // FB_1$,$BM_1 // FA_1$;

(8) 以 AF 为直径的圆与 y 轴切于点 E,以 BF 为直径的圆与 y 轴相切于点 N(其中点 E,N 同(6));

(9) 设线段 AB 的中垂线与 x 轴交于点 G,则四边形 $FGMM_1$ 为平行四边形,且 $|FG| = \dfrac{|AB|}{2}$;

(10) 设线段 MM_1 与抛物线 Γ 交于点 Q,则 $|M_1Q| = |QM|$,$|AB| = 4|FQ|$.

证明如下:

(1) 设 $|AF| = t$,可得 $A\left(\dfrac{p}{2} + t\cos\theta, t\sin\theta\right)$,所以 $x_1 = \dfrac{p}{2} + t\cos\theta$.

再由抛物线的定义,可得 $t = |AF| = |AA_1| = x_1 + \dfrac{p}{2} = p + t\cos\theta$,所以 $|AF| = t = \dfrac{p}{1-\cos\theta}$.

同理,可证得 $|BF| = x_2 + \dfrac{p}{2} = \dfrac{p}{1+\cos\theta}$.

进而可得 $|AB| = |AF| + |BF| = \dfrac{2p}{\sin^2\theta}$,所以欲证结论成立.

(2) 由 $|M_1M| = \dfrac{1}{2}(|A_1A| + |B_1B|) = \dfrac{1}{2}|AB| = |AM|$,可得 $\angle M_1AM = \angle AM_1M = \angle A_1AM_1$,$AM_1$ 平分 $\angle A_1AF$.

同理,可得 BM_1 平分 $\angle B_1BF$.

由 $|AF| = |AA_1|$,可得 $\angle AFA_1 = \angle AA_1F = \angle A_1FO$,$FA_1$ 平分 $\angle AFO$.

同理,可得 FB_1 平分 $\angle BFO$.

(3) 由 $M_1M \perp l$ 于 M_1 及(2)中证得的 $|M_1M| = \dfrac{1}{2}|AB|$ 可得欲证结论成立.

(4) 由(2)的结论可得 $\triangle AA_1M_1 \cong \triangle AFM_1$(边角边),所以 $\angle M_1FA = \angle M_1A_1A = 90°$,$M_1F \perp AB$.

再由(1)的结论及射影定理,可得 $|M_1F| = \sqrt{|AF| \cdot |BF|} = \dfrac{p}{\sin\theta}$.

(5)由(2)的后两个结论可得 $\angle A_1FB_1 = 90°$,再由(4)的第一个结论可得以 A_1B_1 为直径的圆与直线 AB 相切于点 F.

(6)可得 $A(x_1,y_1)$,$A_1\left(-\dfrac{p}{2},y_1\right)$,$F\left(\dfrac{p}{2},0\right)$,所以线段 A_1F 的中点 $E'\left(0,\dfrac{y_1}{2}\right)$ 在 y 轴上.

由(5)的结论 $\angle A_1FB_1 = 90°$ 及 M_1 是 A_1B_1 的中点,可得 $|M_1A_1| = |M_1F|$. 再由 $|AA_1| = |AF|$,可得 AM_1 是线段 A_1F 的中垂线.

因而三条直线 A_1F,AM_1,y 轴共点于 E'. 再由题设,可得点 E',E 重合,所以 A_1,E,F 三点共线,且 $AM_1 \perp A_1F$.

同理,可得 B_1,N,F 三点共线,且 $BM_1 \perp B_1F$.

(7)由结论(3)(6),可得 $\angle AM_1F + \angle FM_1N = 90° = \angle NFM_1 + \angle FM_1N$,$\angle AM_1F = \angle NFM_1$,所以 $AM_1 /\!/ FB_1$.

同理,可得 $BM_1 /\!/ FA_1$.

(8)由 E 为线段 A_1F 的中点且 $\angle AEF = 90°$,设线段 AF 的中点是 R,可得 $ER \perp y$ 轴,进而可得以 AF 为直径的圆与 y 轴相切于点 E.

同理,可得以 BF 为直径的圆与 y 轴相切于点 N.

(9)由 $M_1F \perp AB$,$MG \perp AB$,可得 $M_1F /\!/ MG$. 又因为 $M_1M /\!/ FG$,所以四边形 $FGMM_1$ 为平行四边形.

进而可得 $|FG| = |M_1M| = \dfrac{|AA_1| + |BB_1|}{2} = \dfrac{|AB|}{2}$.

(10)在 $Rt\triangle M_1FM$ 中,由 $|QF| = |QM_1|$,可得点 Q 为斜边 MM_1 的中点,所以 $|M_1Q| = |QM|$,$|AB| = 2|M_1M| = 4|FQ|$.

5. ABCD. 由余弦定理及椭圆的定义,可得

$$\cos\angle F_1PF_2 = \dfrac{|PF_1|^2 + |PF_2|^2 - |F_1F_2|^2}{2|PF_1| \cdot |PF_2|}$$

$$= \dfrac{(|PF_1| + |PF_2|)^2 - |F_1F_2|^2}{2|PF_1| \cdot |PF_2|} - 1$$

$$= \dfrac{2b^2}{|PF_1| \cdot |PF_2|} - 1$$

所以

$$\angle F_1PF_2 = 90° \Leftrightarrow \begin{cases} |PF_1| \cdot |PF_2| = 2b^2 \\ |PF_1| \cdot |PF_2| = 2a \end{cases}$$

$\Leftrightarrow (z-a)^2 = a^2 - 2b^2$（其中 $z = |PF_1|$ 或 $|PF_2|$）

进而可得选项 A,B 均正确.

设椭圆 C 的半焦距为 $c = \sqrt{a^2 - b^2}$,则 $\triangle F_1 PF_2$ 的周长 $2a + 2c < 4a$,所以选项 C 正确.

还可得 $\triangle F_1 PF_2$ 的面积 $\dfrac{1}{2} \cdot 2c \cdot |y_P| \leqslant bc \leqslant \dfrac{b^2 + c^2}{2} = \dfrac{a^2}{2}$,所以选项 D 正确.

也可由 $\triangle F_1 PF_2$ 的面积 $\dfrac{1}{2} |PF_1||PF_2| \sin \angle F_1 PF_2 \leqslant \dfrac{1}{2}|PF_1||PF_2| \leqslant \dfrac{1}{2}\left(\dfrac{|PF_1|+|PF_2|}{2}\right)^2 = \dfrac{a^2}{2}$,得选项 D 正确.

6. BD. 由"丁:乙说的对"可得乙与丁的猜测都对或都不对. 又因为四人中有且只有两人的猜测是对的,所以甲与丙的猜测都不对或都对.

(1)若乙的猜测对(乙没有获奖,丙获奖),则甲与丙的猜测都不对.

由丙的猜测"甲、丁中有且只有一人获奖"不对可知"甲、丁都没获奖或都获奖",所以甲、丁中获奖的人数是 0 或 2,甲、乙、丙、丁中获奖的人数是 1 或 3, 不合题意.

(2)若乙的猜测不对,则甲与丙的猜测都对.

由甲的猜测对,可得甲没获奖.再由丙的猜测对,可得丁获奖.

若乙没获奖,则丙获奖(因为四人中有且只有两人获奖),得乙的猜测对, 前后矛盾! 所以乙获奖,进而可得两名获奖者是乙、丁.

7. AC. 如图 2 所示:

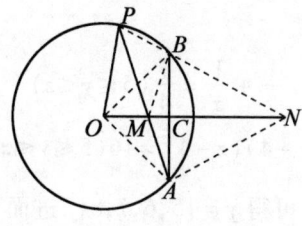

图 2

对于选项 A,由垂径定理及同弧所对的圆周角相等,且等于圆心角的一半, 可得 $\angle POB = 2\angle PAB = \angle PMB$,所以 O,M,B,P 四点共圆,得选项 A 正确.

对于选项 B,若 A,M,B,N 四点共圆,则 $\angle MAN + \angle MBN = 180°$. 又可证得 $\angle MAN = \angle MBN$,所以 $\angle MAN = \angle MBN = 90°$. 而对于任意的点 P,这不是恒成立的,所以选项 B 错误.

对于选项C,因为圆心角$\angle AON$所对的弧为$\overset{\frown}{AB}$的一半,圆周角$\angle APN$所对的弧为$\overset{\frown}{AB}$,所以$\angle AON = \angle APN$,可得选项C正确.

因为选项A,C均正确,所以选项D错误.

8. B. 若$\triangle ABC$为锐角三角形,可得$A+B>\dfrac{\pi}{2},0<\dfrac{\pi}{2}-B<A<\dfrac{\pi}{2}$,所以

$$\sin A > \sin\left(\dfrac{\pi}{2}-B\right) = \cos B.$$

同理,可得$\sin B > \cos C, \sin C > \cos A$.

所以$\sin A + \sin B + \sin C > \cos A + \cos B + \cos C$.

$A=\dfrac{\pi}{2}, B=C=\dfrac{\pi}{4}$满足$\sin A + \sin B + \sin C > \cos A + \cos B + \cos C$,但不满足$\triangle ABC$为锐角三角形.

所以答案是B.

9. B. 由题设,可得$\dfrac{1}{2}=\dfrac{1}{x}+\dfrac{1}{y}+\dfrac{1}{z}\leqslant\dfrac{3}{x}$,因而$x\in\{3,4,5,6\}$.

(1)若$x=3$,可得

$$\dfrac{1}{y}+\dfrac{1}{z}=\dfrac{1}{6}(7\leqslant y\leqslant z)$$

$$(y-6)(z-6)=36(7\leqslant y\leqslant z)$$

再由$\dfrac{1}{6}=\dfrac{1}{y}+\dfrac{1}{z}\leqslant\dfrac{2}{y}$,可得$y\in\{7,8,9,10,11,12\}$,进而可得

$$(y,z)=(7,42),(8,24),(9,18),(10,15),(12,12)$$

(2)若$x=4$,可得

$$\dfrac{1}{y}+\dfrac{1}{z}=\dfrac{1}{4}(5\leqslant y\leqslant z)$$

$$(y-4)(z-4)=16(5\leqslant y\leqslant z)$$

再由$\dfrac{1}{4}=\dfrac{1}{y}+\dfrac{1}{z}\leqslant\dfrac{2}{y}$,可得$y\in\{5,6,7,8\}$,进而可得

$$(y,z)=(5,20),(6,12),(8,8)$$

(3)若$x=5$,可得

$$\dfrac{1}{y}+\dfrac{1}{z}=\dfrac{3}{10}(5\leqslant y\leqslant z)$$

再由$\dfrac{3}{10}=\dfrac{1}{y}+\dfrac{1}{z}\leqslant\dfrac{2}{y}$,可得$y\in\{5,6\}$,再得$(y,z)=(5,10)$.

(4)若$x=6$,可得

$$\frac{1}{y} + \frac{1}{z} = \frac{1}{3}(6 \leqslant y \leqslant z)$$

$$(y-3)(z-3) = 9(6 \leqslant y \leqslant z)$$

再由 $\frac{1}{3} = \frac{1}{y} + \frac{1}{z} \leqslant \frac{2}{y}$,可得 $y \in \{6\}$,再得 $(y,z) = (6,6)$.

综上所述,可得原方程解的组数是 $5+3+1+1=10$.

10. B. 先证明集合 A 中的正数不多于 3 个.

若集合 A 中的正数多于 3 个,可不妨设 $a_1 > a_2 > \cdots > a_n$,且 a_1, a_2, a_3, a_4 均为正数.

取 $i=1, j=2, k=3$,则有 $a_1 + a_2 > a_1, a_1 + a_3 > a_1; a_1 + a_2 \notin A, a_1 + a_3 \notin A$,所以 $a_2 + a_3 = a_1$.

取 $i=1, j=2, k=4$,则有 $a_1 + a_2 > a_1, a_1 + a_4 > a_1; a_1 + a_2 \notin A, a_1 + a_4 \notin A$,所以 $a_2 + a_4 = a_1$.

于是 $a_3 = a_4$,不满足集合元素的互异性.

所以集合 A 中的正数不多于 3 个. 同理,集合 A 中的负数也不多于 3 个.

可验证集合 $A = \{-3, -2, -1, 0, 1, 2, 3\}$ 满足题设,所以 n 的最大值为 7.

11. BD. 设 $x = \tan \alpha, y = \tan \beta, z = \tan \gamma$,由 $\beta - \alpha = \gamma - \beta = 180° + \alpha - \gamma = 60°$,可得

$$\frac{y-x}{1+xy} = \tan(\beta - \alpha) = \sqrt{3}$$

$$\frac{z-y}{1+yz} = \tan(\gamma - \beta) = \sqrt{3}$$

$$\frac{x-z}{1+xz} = \tan(180° + \alpha - \gamma) = \sqrt{3}$$

所以

$$\frac{y-x}{1+xy} = \frac{z-y}{1+yz} = \frac{x-z}{1+xz} = \sqrt{3}$$

$$y - x = \sqrt{3}(1+xy), z - y = \sqrt{3}(1+yz), x - z = \sqrt{3}(1+xz)$$

把它们相加后,可得 $xy + yz + zx = -3$,所以选项 A 错误,选项 B 正确.

设 $\alpha' = 90° - \alpha = 89°, \beta' = 90° - \beta = 29°, \gamma' = 90° - \gamma = -31°, x' = \tan \alpha'$, $y' = \tan \beta', z' = \tan \gamma'$.

由 $\alpha' - \beta' = \beta' - \gamma' = 180° + \gamma' - \alpha' = 60°$,同理可得 $x'y' + y'z' + z'x' = -3$,即

$$\frac{1}{\tan \alpha \tan \beta} + \frac{1}{\tan \beta \tan \gamma} + \frac{1}{\tan \alpha \tan \gamma} = -3$$

$$\frac{\tan\alpha+\tan\beta+\tan\gamma}{\tan\alpha\tan\beta\tan\gamma}=-3$$

所以选项 C 错误,选项 D 正确.

12. **解法 1** B. 可得 $a,b,c\in\left[-\dfrac{1}{4},+\infty\right)$,所以 $c=1-a-b\leqslant 1+\dfrac{1}{4}+\dfrac{1}{4}=\dfrac{3}{2}$,进而可得 $a,b,c\in\left[-\dfrac{1}{4},\dfrac{3}{2}\right]$.

设 $f(x)=\sqrt{4x+1}\left(-\dfrac{1}{4}\leqslant x\leqslant\dfrac{3}{2}\right)$,可得

$$f'(x)=\dfrac{2}{\sqrt{4x+1}},f''(x)=-4(4x+1)^{-\frac{3}{2}}<0$$

说明函数 $f(x)$ 是上凸函数. 可作出函数 $f(x)$ 的图像如图 3 所示.

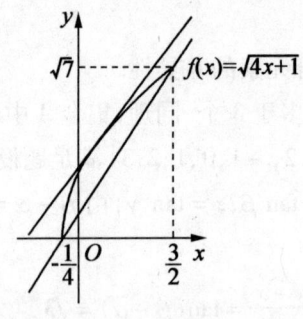

图 3

再作出函数 $f(x)$ 的图像在 $x=\dfrac{1}{3}$ 处的切线 $y=\dfrac{2}{7}\sqrt{21}\left(x-\dfrac{1}{3}\right)+\dfrac{\sqrt{21}}{3}$,以及该图像过两点 $\left(-\dfrac{1}{4},0\right),\left(\dfrac{3}{2},\sqrt{7}\right)$ 的割线为 $y=\dfrac{4}{\sqrt{7}}x+\dfrac{1}{\sqrt{7}}$.

于是可得

$$\dfrac{4}{\sqrt{7}}x+\dfrac{1}{\sqrt{7}}\leqslant\sqrt{4x+1}\leqslant\dfrac{2}{7}\sqrt{21}\left(x-\dfrac{1}{3}\right)+\dfrac{\sqrt{21}}{3}$$

当且仅当 $x=-\dfrac{1}{4}$ 或 $\dfrac{3}{2}$ 时,以上不等式的左边取等号;当且仅当 $x=\dfrac{1}{3}$ 时,以上不等式的右边取等号.

由此可得:

当且仅当 $a=b=c=\dfrac{1}{3}$ 时,$(\sqrt{4a+1}+\sqrt{4b+1}+\sqrt{4c+1})_{\max}=\sqrt{21}$.

当且仅当 a,b,c 中有两个取 $-\dfrac{1}{4}$，另一个取 $\dfrac{3}{2}$ 时，$(\sqrt{4a+1}+\sqrt{4b+1}+\sqrt{4c+1})_{\min}=\sqrt{7}$.

所以 $\sqrt{4a+1}+\sqrt{4b+1}+\sqrt{4c+1}$ 的最大值 $\sqrt{21}$ 与最小值 $\sqrt{7}$ 的乘积 $\sqrt{147}\in(12,13)$.

解法 2 B. 可得
$$(\sqrt{4a+1}+\sqrt{4b+1}+\sqrt{4c+1})^2$$
$$=4(a+b+c)+3+2\sqrt{(4a+1)(4b+1)}+2\sqrt{(4b+1)(4c+1)}+$$
$$2\sqrt{(4c+1)(4a+1)}$$
$$\geqslant 4(a+b+c)+3=7$$
$$\sqrt{4a+1}+\sqrt{4b+1}+\sqrt{4c+1}\geqslant\sqrt{7}$$

进而可得，当且仅当 $\sqrt{4a+1},\sqrt{4b+1},\sqrt{4c+1}$ 中有两个取 0，即 a,b,c 中有两个取 $-\dfrac{1}{4}$，另一个取 $\dfrac{3}{2}$ 时，$(\sqrt{4a+1}+\sqrt{4b+1}+\sqrt{4c+1})_{\min}=\sqrt{7}$.

还可得
$$(\sqrt{4a+1}+\sqrt{4b+1}+\sqrt{4c+1})^2$$
$$=4(a+b+c)+3+2\sqrt{(4a+1)(4b+1)}+2\sqrt{(4b+1)(4c+1)}+$$
$$2\sqrt{(4c+1)(4a+1)}$$
$$\leqslant 4(a+b+c)+3+[(4a+1)+(4b+1)]+[(4b+1)+(4c+1)]+$$
$$[(4c+1)+(4a+1)]$$
$$\leqslant 4(a+b+c)+3+8(a+b+c)+6=21$$
$$\sqrt{4a+1}+\sqrt{4b+1}+\sqrt{4c+1}\leqslant\sqrt{21}$$

进而可得，当且仅当 $a=b=c=\dfrac{1}{3}$ 时，$(\sqrt{4a+1}+\sqrt{4b+1}+\sqrt{4c+1})_{\max}=\sqrt{21}$.

（也可由"$\dfrac{\sqrt{4a+1}+\sqrt{4b+1}+\sqrt{4c+1}}{3}\leqslant\sqrt{\dfrac{(4a+1)+(4b+1)+(4c+1)}{3}}=\sqrt{\dfrac{7}{3}}$（算术平均小于等于平方平均）"，或柯西不等式，或琴生不等式求得最大值）

所以 $\sqrt{4a+1}+\sqrt{4b+1}+\sqrt{4c+1}$ 的最大值 $\sqrt{21}$ 与最小值 $\sqrt{7}$ 的乘积

$\sqrt{147} \in (12,13)$.

注 这道题与 2016 年北京大学博雅计划自主招生数学试题第 16 题实质相同:

若 $a+b+c=1$,则 $\sqrt{4a+1}+\sqrt{4b+1}+\sqrt{4c+1}$ 的最大值与最小值的乘积属于区间 ( )

A. $[10,11)$ B. $[11,12)$ C. $[12,13)$ D. 前三个答案都不对

13. 解法 1 ABD. 由题设可得 $\begin{cases} x+y=1-z \\ x^2+y^2=1-z^2 \end{cases}$.

再由不等式 $(x+y)^2 \leq 2(x^2+y^2)$,可得 $(1-z)^2 \leq 2(1-z^2)$,进而可求得 z 的取值范围是 $\left[-\dfrac{1}{3},1\right]$,因而选项 C 错误,选项 D 正确.

还可得
$$2xy=(x+y)^2-(x^2+y^2)=(1-z)^2-(1-z^2)=2z^2-2z$$
$$xy=z^2-z$$
$$xyz=z^3-z^2$$

设 $f(z)=z^3-z^2\left(-\dfrac{1}{3} \leq z \leq 1\right)$,可得 $f'(z)=3z^2-2z\left(-\dfrac{1}{3} \leq z \leq 1\right)$.

令 $f'(z)=0$,可得 $z=0,\dfrac{2}{3}$. 又因为 $f\left(-\dfrac{1}{3}\right)=f\left(\dfrac{2}{3}\right)=-\dfrac{4}{27}<0=f(0)=f(1)$,所以 xyz 的取值范围是 $\left[-\dfrac{4}{27},0\right]$,因而选项 A,B 均正确.

解法 2 ABD. 由题设及恒等式
$$(x+y+z)^2=(x^2+y^2+z^2)+2(xy+yz+zx)$$

可得 $xy+yz+zx=0$.

设 $xyz=c$,可得关于 t 的一元三次方程 $t^3-t^2-c=0$ 的三个根是 x,y,z.

关于 t 的一元三次方程 $t^3-t^2-c=0$ 的根即方程组 $\begin{cases} y=t^3-t^2 \\ y=c \end{cases}$ 的解中 t 的值.

设 $f(t)=t^3-t^2$,可得 $f'(t)=3t^2-2t$,进而可得 $f(t)$ 在 $(-\infty,0)$,$\left(\dfrac{2}{3},+\infty\right)$ 上均是增函数,在 $\left(0,\dfrac{2}{3}\right)$ 上是减函数,可得 $f(0)=0$,$f\left(\dfrac{2}{3}\right)=-\dfrac{4}{27}=f\left(-\dfrac{1}{3}\right)$.

从而在平面直角坐标系 tOy 中,可作出函数 $f(t)$ 的图像如图 4 所示.

在方程组 $\begin{cases} x+y+z=1 \\ x^2+y^2+z^2=1 \end{cases}$ 中 $x=y=z$ 不成立;但在 x,y,z 中有某两个相等是可以的,比如 $x=y=0, z=1$ 或 $x=y=\dfrac{2}{3}, z=-\dfrac{1}{3}$.

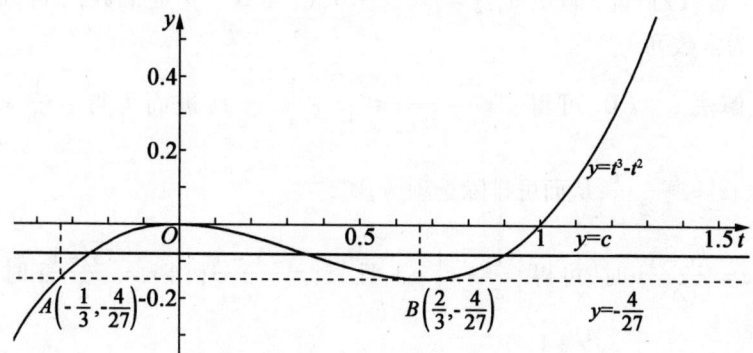

图 4

所以直线 $y=c$ 与曲线 $y=t^3-t^2$ 的公共点个数是 2 或 3,进而可得 c 即 xyz 的取值范围是 $\left[-\dfrac{4}{27}, 0\right]$,因而选项 A,B 均正确.

由图 4 还可得方程组 $\begin{cases} y=t^3-t^2 \\ y=c \end{cases}$ 的解中 t 的取值范围是 $\left[-\dfrac{1}{3}, 1\right]$,因而选项 C 错误,选项 D 正确.

14. ACD. 选项 A 正确. 因

$$a_{n+1}^2 - a_{n+2}a_n = a_{n+1}^2 - (6a_{n+1}-a_n)a_n = a_{n+1}^2 - 6a_{n+1}a_n + a_n^2$$
$$= a_{n+1}(a_{n+1}-6a_n) + a_n^2 = a_n^2 - a_{n+1}a_{n-1} \ (n-1 \in \mathbf{N}^*)$$

所以 $\{a_{n+1}^2 - a_{n+2}a_n\}$ 为常数列,因而

$$a_{n+1}^2 - a_{n+2}a_n = a_2^2 - a_3 a_1 = 2^2 - 11 \cdot 1 = -7 (n \in \mathbf{N}^*)$$

选项 B 错误,由题设可求得 $a_1=1, a_2=2, a_3=11, a_4=64, a_5=373, a_5 \equiv 4 \pmod{9}$.

由选项 A 的结论,可得

$$4a_n a_{n+1} - 7 = 4a_n a_{n+1} + a_{n+1}^2 - a_{n+2}a_n$$
$$= 4a_n a_{n+1} + a_{n+1}^2 - (6a_{n+1}-a_n)a_n$$
$$= a_{n+1}^2 - 2a_{n+1}a_n + a_n^2$$
$$= (a_{n+1}-a_n)^2$$
$$8a_n a_{n+1} - 7 = 4a_n a_{n+1} + (4a_n a_{n+1} - 7)$$

$$= 4a_n a_{n+1} + (a_{n+1} - a_n)^2$$
$$= (a_{n+1} + a_n)^2$$

由题设及数学归纳法可证得 $a_n \in \mathbf{Z}$,因而选项 C,D 均正确.

注 若数列 $\{a_n\}$ 满足 $a_{n+2} = pa_{n+1} - a_n (n \in \mathbf{N}^*, p$ 是常数),则 $\{a_{n+1}^2 - a_{n+2} a_n\}$ 为常数列.

15. **解法 1** CD. 可得 $\left| |z| - \dfrac{1}{|z|} \right| \leq \left| z + \dfrac{1}{z} \right| = 1$,进而可得 $-\dfrac{1}{2} < \dfrac{1}{2} < \dfrac{\sqrt{5}-1}{2} \leq |z| \leq \dfrac{\sqrt{5}+1}{2}$,从而可排除选项 A,B.

当 $z = \dfrac{\sqrt{5}-1}{2}\mathrm{i}$ 时,可得 $\left| \dfrac{1}{z} + z \right| = 1$ 且 $|z| = \dfrac{\sqrt{5}-1}{2}$;当 $z = \dfrac{\sqrt{5}+1}{2}\mathrm{i}$ 时,可得 $\left| \dfrac{1}{z} + z \right| = 1$ 且 $|z| = \dfrac{\sqrt{5}+1}{2}$.

从而可得选项 C,D 均正确.

解法 2 CD. 可设 $z = r(\cos\theta + \mathrm{i}\sin\theta)(r > 0)$,得 $|z| = r$,还可得
$$\dfrac{1}{z} + z = \left(r + \dfrac{1}{r}\right)\cos\theta + \mathrm{i}\left(r - \dfrac{1}{r}\right)\sin\theta$$
$$1 = \left| \dfrac{1}{z} + z \right|^2 = \left(r + \dfrac{1}{r}\right)^2 \cos^2\theta + \left(r - \dfrac{1}{r}\right)^2 \sin^2\theta = r^2 + \dfrac{1}{r^2} + 2\cos 2\theta$$

再由 $\cos 2\theta$ 的取值范围是 $[-1, 1]$,可求得 $r^2 + \dfrac{1}{r^2}$ 的取值范围是 $[2, 3]$,r^2 的取值范围是 $\left[\dfrac{3-\sqrt{5}}{2}, \dfrac{3+\sqrt{5}}{2} \right]$,再求得 r 即 $|z|$ 的取值范围是 $\left[\dfrac{\sqrt{5}-1}{2}, \dfrac{\sqrt{5}+1}{2} \right]$,进而可得答案.

16. C. 由 $6 = 1 \cdot 6 = 2 \cdot 3$ 可得:由正六边形的顶点只能连成一个正六边形或 2 个正三角形;由 $8 = 1 \cdot 8 = 2 \cdot 4$ 可得:由正八边形只能连成一个正八边形或 2 个正四边形,如图 5 所示.

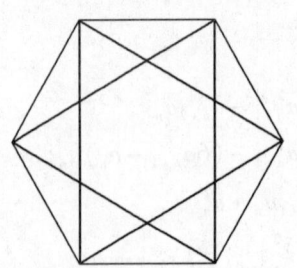 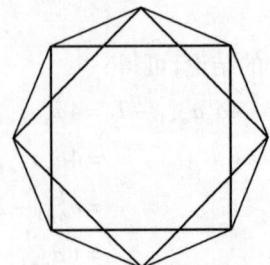

图 5

由 $12 = 1 \cdot 12 = 2 \cdot 6 = 3 \cdot 4 = 4 \cdot 3$ 可得:由正十二边形的顶点可以连成 1 个正十二边形,2 个正六边形,3 个正方形或 4 个正三角形,如图 6 所示.

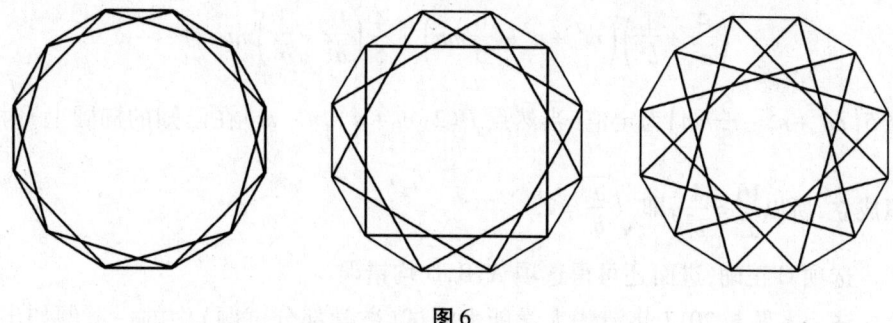

图 6

进而可得:由正 n 边形的顶点共能连出 $\dfrac{n}{k}$ 个正 k 边形,其中 k 是 n 的正约数,且 $k \neq 1, 2$.

因而本题所求的正多边形的个数就是 2 016 所有正约数之和减去 2 016 与 1 008 之和.

由 $2\,016 = 2^5 \cdot 3^2 \cdot 7$,可得所求答案为

$$(1 + 2 + 2^2 + 2^3 + 2^4 + 2^5)(1 + 3 + 3^2)(1 + 7) - 2\,016 - 1\,008 = 3\,528$$

17. **解法 1** C. 设点 $P(x_0, y_0)\left(y_0^2 = b^2 - \dfrac{b^2}{a^2}x_0^2\right)$,可求得 $M\left(\dfrac{1}{2}x_0 - y_0, -\dfrac{1}{4}x_0 + \dfrac{1}{2}y_0\right)$, $N\left(\dfrac{1}{2}x_0 + y_0, \dfrac{1}{4}x_0 + \dfrac{1}{2}y_0\right)$,所以

$$|MN|^2 = \dfrac{1}{4}x_0^2 + 4y_0^2 = \dfrac{1}{4}x_0^2 + 4\left(b^2 - \dfrac{b^2}{a^2}x_0^2\right)$$

$$= \left(\dfrac{1}{4} - \dfrac{4b^2}{a^2}\right)x_0^2 + 4b^2 \, (-a \leqslant x_0 \leqslant a)$$

为定值,所以 $\dfrac{1}{4} = \dfrac{4b^2}{a^2}$,于是 $\sqrt{\dfrac{a}{b}} = 2$.

解法 2 C. 可设 $M(2m, -m), N(2n, n)$,得直线 $PM: y = \dfrac{1}{2}x - 2m$,$PN: y = -\dfrac{1}{2}x + 2n$,进而可求得其交点 $P(2(m+n), n-m)$,所以 $|MN|^2 = 5\left(m^2 + n^2 - \dfrac{6}{5}mn\right)$ 为定值.

再由点 $P(2(m+n), m-n)$ 在椭圆 $\dfrac{x^2}{a^2} + \dfrac{y^2}{b^2} = 1$ 上,可得 $\dfrac{4(m+n)^2}{a^2} +$

$\dfrac{(m-n)^2}{b^2} = 1$，即

$$\left(\dfrac{4}{a^2} + \dfrac{1}{b^2}\right)\left(m^2 + n^2 - \dfrac{6}{5}mn\right) + \dfrac{4}{5}\left(\dfrac{16}{a^2} - \dfrac{1}{b^2}\right)mn = 1$$

在 $5\left(m^2 + n^2 - \dfrac{6}{5}mn\right)$ 为定值（当然点 $P(2(m+n), n-m)$ 在已知的椭圆上）时恒成立，所以 $\dfrac{16}{a^2} = \dfrac{1}{b^2}$，即 $\sqrt{\dfrac{a}{b}} = 2$.

选项 C 正确，进而还可得选项 A，B，D 均错误.

注 本题与 2017 年清华大学能力测试（数学部分试题）中的一道题如出一辙：

已知椭圆 $\dfrac{x^2}{a^2} + \dfrac{y^2}{b^2} = 1(a > b > 0)$，直线 $l_1: y = -\dfrac{1}{2}x$，直线 $l_2: y = \dfrac{1}{2}x$，P 为已知椭圆上的任意一点，过点 P 作 $PM /\!/ l_1$ 且与直线 l_2 交于点 M，作 $PN /\!/ l_2$ 且与直线 l_1 交于点 N. 若 $|PM|^2 + |PN|^2$ 为定值，则 　　　　　　（　　）

A. $ab = 2$　　　　B. $ab = 3$　　　　C. $\dfrac{a}{b} = 2$　　　　D. $\dfrac{a}{b} = 3$

（答案：C.）

18. B. 由 $3 | 615$，可得 $3 | x^2 - 2^y$. 再由 $3 \nmid 2^y$，可得 $3 \nmid x^2$，$3 \nmid x$，所以 $3 | x+1$ 或 $3 | x-1$，进而可得 $3 | x^2 - 1$，$3 | 2^y - 1$，$2 | y$，可设 $y = 2m (m \in \mathbf{N}^*)$，所以

$$2^y - x^2 = 2^{2m} - x^2 = (2^m - x)(2^m + x) = 615 = 3 \cdot 5 \cdot 41$$

再由 $2^m - x < 2^m + x$，可得

$$\begin{cases} 2^m - x = 1 \\ 2^m + x = 615 \end{cases} \text{或} \begin{cases} 2^m - x = 3 \\ 2^m + x = 205 \end{cases} \text{或} \begin{cases} 2^m - x = 5 \\ 2^m + x = 123 \end{cases} \text{或} \begin{cases} 2^m - x = 15 \\ 2^m + x = 41 \end{cases}$$

进而可求得 $x = 59, m = 6, y = 12$.

19. **解法 1** AB. 容易判定选项 A 正确.

对于 I_3，包括 $1+2$ 和 $2+1$ 两种情形，得 $I_3 = C_3^1 I_2 + C_3^2 I_2 = 12$. 所以选项 B 正确.

同理，可得

$$I_4 = C_4^1 I_3 + C_4^2 C_2^2 I_2 I_2 + C_4^3 I_3 = 120$$
$$I_5 = C_5^1 I_4 + C_5^2 C_3^3 I_2 I_3 + C_5^3 C_2^2 I_3 I_2 + C_5^4 I_4 = 1\,680$$

所以选项 C，D 均错误.

解法 2 AB. 根据卡特兰数的定义，可得

$$I_n = C_{n-1} \cdot A_n^n = \frac{1}{n} C_{2n-2}^{n-1} \cdot n! = (n-1)! C_{2n-2}^{n-1}$$

进而可得答案.

20. 0.165. 记甲胜乙为事件 A, 丙胜丁为事件 B, 甲胜丙为事件 C, 丁胜丙为事件 D, 甲胜丁为事件 E. 再设甲获得冠军为事件 F, 可得 $F = A \cdot (BC + DE)$, 所以所求的概率为

$$P(F) = P(A)[P(B) \cdot P(C) + P(D) \cdot P(E)]$$
$$= 0.3(0.5 \cdot 0.3 + 0.5 \cdot 0.8) = 0.165$$

21. $\frac{\sqrt{3}}{2}$. 当 $x \to +\infty$ 时, 正三棱锥 $P - ABC$ 中每条侧棱趋于与平面 ABC 垂直, 所以异面直线 AB 与 CP 的距离趋近于等边 $\triangle ABC$ 的边 AB 上的高 $\frac{\sqrt{3}}{2}$.

22. 解法 1 $\frac{1}{96}$. 如图 7 所示, 在棱 AB 上取点 M, 使得 $\overrightarrow{BA} = 4\overrightarrow{BM}$, 可得 $EM /\!/ A_1B /\!/ OF$, 所以 $EM /\!/$ 平面 OBF.

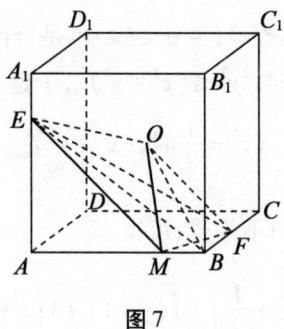

图 7

所以四面体 $OEBF$ 的体积为

$$V_{三棱锥 E-OBF} = V_{三棱锥 M-OBF} = V_{三棱锥 O-MBF}$$
$$= \frac{1}{3}\left(\frac{1}{2} \cdot MB \cdot BF\right) \cdot \frac{1}{2} AA_1$$
$$= \frac{1}{3}\left(\frac{1}{2} \cdot \frac{1}{4} \cdot \frac{1}{2}\right) \cdot \frac{1}{2} = \frac{1}{96}$$

解法 2 $\frac{1}{96}$. 如图 8 所示, 在棱 CC_1 上取点 G, 使得 $\overrightarrow{CC_1} = 4\overrightarrow{CG}$, 易知 E, O, G 三点共线.

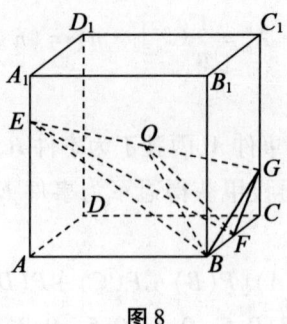

图8

所以四面体 $OEBF$ 的体积为

$$V_{三棱锥O-EBF} = \frac{1}{2}V_{三棱锥G-EBF} = \frac{1}{2}V_{三棱锥E-GBF} = \frac{1}{2} \cdot \frac{1}{16}V_{四棱锥E-BCC_1B_1}$$

$$= \frac{1}{2} \cdot \frac{1}{16}\left(\frac{1}{3} \cdot 1^2\right) = \frac{1}{96}$$

23. 0. 设 $x = t + \pi$,可得原式 $= \int_{-\pi}^{\pi} t^{2n-1}(1 + \sin^{2n} t)\,dt$.

再由 $f(t) = t^{2n-1}(1 + \sin^{2n} t)$ $(-\pi \leqslant t \leqslant \pi)$ 是奇函数,可得答案.

24. 1. 可得 $(x^2 + y^2)^3 = 4x^2y^2 \leqslant (x^2 + y^2)^2$,于是 $x^2 + y^2 \leqslant 1$.

进而可得,当且仅当 $x^2 = y^2 = \frac{1}{2}$ 时,$(x^2 + y^2)_{\max} = 1$.

25. $\frac{3}{2}, \frac{\sqrt{22}-3}{2}$. 由柯西不等式,可得

$$(x + y + z + 3)^2 = \left[1\left(x + \frac{1}{2}\right) + 1(y + 1) + 1\left(z + \frac{3}{2}\right)\right]^2$$

$$\leqslant (1^2 + 1^2 + 1^2)\left[\left(x + \frac{1}{2}\right)^2 + (y + 1)^2 + \left(z + \frac{3}{2}\right)^2\right] = \frac{81}{4}$$

$$x + y + z + 3 \leqslant \frac{9}{2}, x + y + z \leqslant \frac{3}{2}(x, y, z \in \mathbf{R}_+ \cup \{0\})$$

进而可得,当且仅当 $(x, y, z) = \left(1, \frac{1}{2}, 0\right)$ 时,$(x + y + z)_{\max} = \frac{3}{2}$.

以下利用几何意义来求最小值. 方程 $\left(x + \frac{1}{2}\right)^2 + (y + 1)^2 + \left(z + \frac{3}{2}\right)^2 = \frac{27}{4}$ 的

几何意义为球心在 $O'\left(-\frac{1}{2}, -1, -\frac{3}{2}\right)$,半径为 $\frac{3\sqrt{3}}{2}$ 的球在第一象限及坐标平面

上的部分(图9):其中 $A\left(0, 0, \frac{\sqrt{22}-3}{2}\right)$,$B\left(\frac{\sqrt{14}-1}{2}, 0, 0\right)$,$C\left(0, \frac{\sqrt{17}-2}{2}, 0\right)$ 是该

球与坐标轴正半轴的交点.

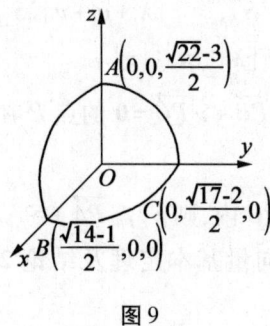

图 9

$t=x+y+z$ 表示法向量为 $(1,1,1)$ 的运动平面. 当该平面与上述球的部分有公共点时, 即求得最小值或最大值, 由于 $\dfrac{\sqrt{22}-3}{2}$ 是球与坐标轴截距的最小值, 所以该平面过点 A 为临界条件, 如图 10 所示.

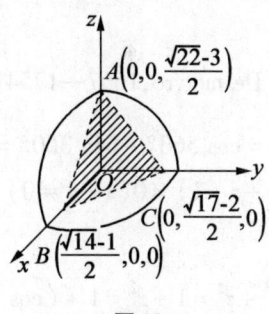

图 10

此时取得最小值 $(x,y,z) = \left(0, 0, \dfrac{\sqrt{22}-3}{2}\right)$, 所以 $(x+y+z)_{\min} = \dfrac{\sqrt{22}-3}{2}$.

26. $\dfrac{2}{3}$. 由 $\overrightarrow{AO} = \lambda \overrightarrow{AB} + \mu \overrightarrow{AC}$, 可得 $(1-\lambda-\mu)\overrightarrow{OA} + \lambda \overrightarrow{OB} + \mu \overrightarrow{OC} = \mathbf{0}$.

甘志国发表于《中学数学研究》2016(10):42~46 的文章"满足 $\lambda \overrightarrow{PA} + \mu \overrightarrow{PB} + \nu \overrightarrow{PC} = \mathbf{0}$ 的点 P 何时在 $\triangle ABC$ 内"给出了下面的结论:

结论 1 若 $\triangle ABC$ 所在平面内的点 P 满足 $\lambda \overrightarrow{PA} + \mu \overrightarrow{PB} + \nu \overrightarrow{PC} = 0 (\lambda, \mu, \nu \in \mathbf{R}$, 且 $|\lambda|+|\mu|+|\nu| \neq 0)$, 则(当 P,B,C 共线时, 约定 $S_{\triangle PBC} = 0$; 当 P,C,A 共线时, 约定 $S_{\triangle PCA} = 0$; 当 P,A,B 共线时, 约定 $S_{\triangle PAB} = 0)$

(1) $\lambda+\mu+\nu \neq 0$;

381

(2) $\dfrac{S_{\triangle PBC}}{S_{\triangle ABC}} = \left|\dfrac{\lambda}{\lambda+\mu+\nu}\right|, \dfrac{S_{\triangle PCA}}{S_{\triangle ABC}} = \left|\dfrac{\mu}{\lambda+\mu+\nu}\right|, \dfrac{S_{\triangle PAB}}{S_{\triangle ABC}} = \left|\dfrac{\nu}{\lambda+\mu+\nu}\right|$;

(3) $S_{\triangle PBC} : S_{\triangle PCA} : S_{\triangle PAB} = |\lambda| : |\mu| : |\nu|$.

结论2 满足 $\lambda \overrightarrow{PA} + \mu \overrightarrow{PB} + \nu \overrightarrow{PC} = \mathbf{0}$ 的点 P 在 $\triangle ABC$ 内 $\Leftrightarrow \lambda, \mu, \nu$ 同号.

下面再证明:

结论3 若点 P 在 $\triangle ABC$ 内,则 $S_{\triangle PBC}\overrightarrow{PA} + S_{\triangle PCA}\overrightarrow{PB} + S_{\triangle PAB}\overrightarrow{PC} = \mathbf{0}$.

事实上,由题设、平面向量基本定理及结论2知,存在正数 λ, μ, ν 使得 $\lambda \overrightarrow{PA} + \mu \overrightarrow{PB} + \nu \overrightarrow{PC} = \mathbf{0}$.

再由结论1(3),可得 $S_{\triangle PBC} : S_{\triangle PCA} : S_{\triangle PAB} = \lambda : \mu : \nu$,进而可得结论3成立.

下面用结论3来解答本题.

可得 $S_{\triangle OAB} : S_{\triangle OBC} : S_{\triangle OCA} = \mu : (1-\lambda-\mu) : \lambda = 4:3:2$,进而可求得 $\lambda = \dfrac{2}{9}, \mu = \dfrac{4}{9}$,所以 $\lambda + \mu = \dfrac{2}{3}$.

27. $\dfrac{1}{2} - \dfrac{\sqrt{3}}{2}\mathrm{i}$. 由棣莫佛(De moivre,1667—1754)公式,可得

$$z^3 = \cos 360° + \mathrm{i}\sin 360° = 1$$

因而 $z^3 - 1 = (z-1)(z^2+z+1) = 0(z-1 \neq 0), z^2+z+1 = 0, z^2+z+2 = 1$,所以

$$z^3 + \dfrac{z^2}{z^2+z+2} = z^3 + z^2 = 1 + z^2 = 1 + (\cos 240° + \mathrm{i}\sin 240°)$$

$$= 1 + \left(-\dfrac{1}{2} - \dfrac{\sqrt{3}}{2}\mathrm{i}\right) = \dfrac{1}{2} - \dfrac{\sqrt{3}}{2}\mathrm{i}$$

28. $\dfrac{200}{3}\pi + 100\sqrt{3} - 300$. 设 $z = x + y\mathrm{i}(x, y \in \mathbf{R})$,可得

$$\dfrac{z}{10} = \dfrac{x}{10} + \dfrac{y}{10}\mathrm{i}, \dfrac{40}{z} = \dfrac{40}{x-y\mathrm{i}} = \dfrac{40x}{x^2+y^2} + \dfrac{40y}{x^2+y^2}\mathrm{i}$$

由题设可得 $\dfrac{x}{10}, \dfrac{y}{10}, \dfrac{40x}{x^2+y^2}, \dfrac{40y}{x^2+y^2} \in [1, +\infty)$,即 $\begin{cases} x \geq 10 \\ y \geq 10 \\ (x-20)^2 + y^2 \leq 20^2 \\ x^2 + (y-20)^2 \leq 20^2 \end{cases}$,其

表示的区域是图11中的阴影部分(其中 $A(10, 10\sqrt{3}), B(10, 10), C(10\sqrt{3}, 10), D(20, 20)$):

该区域由一个四边形 $ABCD$ 和两个弓形构成.

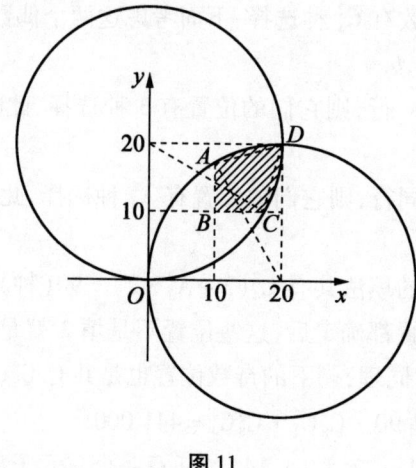

图 11

可求得 $AD = 10(\sqrt{6} - \sqrt{2})$,再由圆 $(x-20)^2 + y^2 \leqslant 20^2$ 的半径是 20,由余弦定理可求得该圆中 $\overparen{AD}$ 所对的圆心角为 $30°$(也可由 $90° - 60° = 30°$ 求得),所以以上区域中一个弓形的面积为

$$\frac{1}{2} \cdot 20^2 \left(\frac{\pi}{6} - \sin\frac{\pi}{6}\right) = \frac{100}{3}\pi - 100$$

则四边形 $ABCD$ 的面积为

$$2S_{\triangle BCD} = BC \cdot (y_D - y_C) = (10\sqrt{3} - 10)(20 - 10) = 100\sqrt{3} - 100$$

于是,所求面积为

$$2\left(\frac{100}{3}\pi - 100\right) + (100\sqrt{3} - 100) = \frac{200}{3}\pi + 100\sqrt{3} - 300$$

29. $\sqrt{3}$. 可得

$$\frac{\sin 4x}{\cos 8x \cos 4x} = \frac{\sin(8x - 4x)}{\cos 8x \cos 4x} = \tan 8x - \tan 4x$$

同理,还可得

$$\frac{\sin 2x}{\cos 4x \cos 2x} = \tan 4x - \tan 2x, \quad \frac{\sin x}{\cos 2x \cos x} = \tan 2x - \tan x$$

又因为 $\frac{\sin x}{\cos x} = \tan x$,所以

原式 $= (\tan 8x - \tan 4x) + (\tan 4x - \tan 2x) + (\tan 2x - \tan x) + \tan x$

$= \tan 8x = \frac{2\tan 4x}{1 - \tan^2 4x} = \sqrt{3}$

30. 441 000. 先确定偶数的位置有多少种选择?

第一行的两个偶数有 C_4^2 种选择,下面考虑这两个偶数所在的列,每列还需再填一个偶数,设为 a,b.

① 若 a,b 位于同一行,则它们的位置有 3 种选择,此时剩下的 4 个偶数所填的位置唯一确定;

② 若 a,b 位于不同行,则它们的位置有 A_3^2 种选择,此时剩下的 4 个偶数所填的位置有 2 种选择.

所以所有的偶数的填法共有 $C_4^2(3 + A_3^2 \cdot 2) = 90$ (种).

当所有的偶数位置都确定后,这些位置不是填 2 就是填 4,共 8 个位置,共有 $C_8^4 C_4^4$ 种选择方法. 同理,剩下的奇数位置也是共有 $C_8^4 C_4^4$ 种选择方法.

因而,所求答案是 $90 \cdot C_8^4 C_4^4 \cdot C_8^4 C_4^4 = 441\,000$.

31. 8. 我们先证明 $\{1,2,3,\cdots,14\}$ 的任意一个 9 元子集中都存在 3 个元素,把它们从小到大排列之后成等差数列.

在 $1,2,3,\cdots,14$ 中选 9 个数,则在 $1,2,3,\cdots,7$ 与 $8,9,10,\cdots,14$ 这两组数中,必有一组选了至少 5 个数,可不妨设在 $1,2,3,\cdots,7$ 这组数中至少选了 5 个数(即至多去掉 2 个数).

若在 $1,2,3,\cdots,7$ 这组数中至少选的 5 个数中,任意 3 个数均不成等差数列,则:

$1,2,3$ 与 $4,5,6$ 中应各去掉 1 个,得 7 必须选上;$1,2,3$ 与 $5,6,7$ 中应各去掉 1 个,得 4 必须选上;$2,3,4$ 与 $5,6,7$ 中应各去掉 1 个,得 1 必须选上.

所以成等差数列的三个数 $7,4,1$ 都必须选上,这就说明欲证结论成立.

若 $1,2 \in A$,则 $3 \notin A$;若 $4,5 \in A$,则 $6,7,8,9 \notin A$(否则 $2,4,6;1,4,7;2,5,8;1,5,9$ 成等差数列);若 $10,11 \in A$,则 $12 \notin A$,还可以 $13,14 \in A$.

因而,满足题设的 8 元子集可以是 $\{1,2,4,5,10,11,13,14\}$. 还可验证它确实满足题设,所以所求答案是 8.

§19 2016 年中国科学技术大学自主招生数学试题参考答案

1. 21. 由

$$3^{2\,016} = 9^{1\,008} = (-1+10)^{1\,008} \equiv (-1)^{1\,008} + C_{1\,008}^1 (-1)^{1\,007} \cdot 10 \equiv -79$$
$$\equiv 21 \pmod{100}$$

可得答案.

2. **解法** 1 $\dfrac{1}{6} \pm \dfrac{\sqrt{15}}{6}$i. 由题设知,可设 $z_1 = 2(\cos\alpha + \mathrm{i}\sin\alpha)$, $z_2 = 3(\cos\beta + \mathrm{i}\sin\beta)$,得

$$z_1 + z_2 = (2\cos\alpha + 3\cos\beta) + \mathrm{i}(2\sin\alpha + 3\sin\beta)$$

$$4^2 = |z_1 + z_2|^2 = (2\cos\alpha + 3\cos\beta)^2 + (2\sin\alpha + 3\sin\beta)^2$$
$$= 13 + 12\cos(\alpha - \beta)$$

$$\cos(\alpha - \beta) = \dfrac{1}{4}, \sin(\alpha - \beta) = \pm\dfrac{\sqrt{15}}{4}$$

$$\dfrac{z_1}{z_2} = \dfrac{2}{3}\left[\cos(\alpha - \beta) + \mathrm{i}\sin(\alpha - \beta)\right] = \dfrac{1}{6} \pm \dfrac{\sqrt{15}}{6}\mathrm{i}$$

解法 2 $\dfrac{1}{6} \pm \dfrac{\sqrt{15}}{6}$i. 复数 $\dfrac{z_1}{z_2}$ 的模 $\left|\dfrac{z_1}{z_2}\right| = \dfrac{|z_1|}{|z_2|} = \dfrac{2}{3}$,接下来求其辐角.

如图 1 所示,设复数 $z_1, z_2, z_1 + z_2$ 在复平面内所对应的点分别是 A, B, C,得 $\square OACB$.

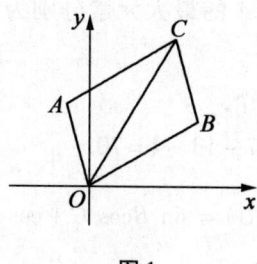

图 1

在 $\triangle OAC$ 中应用余弦定理,可求得 $\cos A = \dfrac{2^2 + 3^2 - 4^2}{2 \cdot 2 \cdot 3} = -\dfrac{1}{4}$.

所以 $\cos \angle AOB = \dfrac{1}{4}$,进而可得

$$\dfrac{z_1}{z_2} = \dfrac{2}{3}\left(\dfrac{1}{4} \pm \dfrac{\sqrt{15}}{4}\mathrm{i}\right) = \dfrac{1}{6} \pm \dfrac{\sqrt{15}}{6}\mathrm{i}$$

3. 70. 将集合 $\{1,2,3,4,5,6,7,8\}$ 划分为 $A_1 = \{1,4,7\}$, $A_2 = \{2,5,8\}$, $A_3 = \{3,6\}$.

我们先求满足 $3 \mid S(A)$ 的集合 A 的选法种数.

对于 A_3 中的两个元素 $3, 6$(它们都是 3 的倍数),均可以选或不选,所以有 2^2 种选法.

接下来,A_1,A_2 中所选元素之和应当是 3 的倍数.

对于 A_1 中的三个元素 1,4,7:

选 0 个时(有 C_3^0 种选法),A_2 中的三个元素 2,5,8 应当都不选或都选(有 $(C_3^0+C_3^3)$ 种选法);选 3 个时(有 C_3^3 种选法),A_2 中的三个元素也应当都不选或都选(有 $(C_3^0+C_3^3)$ 种选法).此时共得 $(C_3^0+C_3^3)^2$ 种选法.

选 1 个时(有 C_3^1 种选法),A_2 中的三个元素 2,5,8 应当也选 1 个(有 C_3^1 种选法).此时共得 $(C_3^1)^2$ 种选法.

选 2 个时(有 C_3^2 种选法),A_2 中的三个元素 2,5,8 应当也选 3 个(有 C_3^2 种选法).此时共得 $(C_3^2)^2$ 种选法.

得 A_1,A_2 中所选的元素共 $[(C_3^0+C_3^3)^2+(C_3^1)^2+(C_3^2)^2]$ 种选法.

再由分步计数原理及"非空",可得满足 $3\mid S(A)$ 的集合 A 的选法种数是
$$[(C_3^0+C_3^3)^2+(C_3^1)^2+(C_3^2)^2]\cdot 2^2-1=87$$

接下来,考虑 $S(A)$ 能被 15 整除的非空集合 A 的个数,此时 $S(A)=15$ 或 30.

当 $S(A)=15$ 时,按集合 A 的最大元素分别为 8,7,6,5 分类,可得分别有 5,4,3,1 个,此时共计 13 个.

当 $S(A)=30$ 时,共有 4 个.

综上所述,可得答案是 $87-13-4=70$.

4. $\dfrac{\sqrt{3}}{3}$. 由 $\sin A=\sin(B+C)=\sin B\cos C+\cos B\sin C$ 及题设可得 $\tan C=-3\tan B$,所以由均值不等式,可得

$$\tan A=-\tan(B+C)=\dfrac{\tan B+\tan C}{\tan B\tan C-1}=\dfrac{2\tan B}{3\tan^2 B+1}=\dfrac{2}{3\tan B+\dfrac{1}{\tan B}}$$

再由题设 $\sin A+2\sin B\cos C=0$ 及 $\sin A>0$,$\sin B>0$,由均值不等式,可得 $\tan A\leqslant\dfrac{\sqrt{3}}{3}$.

进而可得,当且仅当 $\tan B=\dfrac{1}{\sqrt{3}}$,即 $(A,B,C)=\left(\dfrac{\pi}{6},\dfrac{\pi}{6},\dfrac{2\pi}{3}\right)$ 时,$(\tan A)_{\max}=\dfrac{\sqrt{3}}{3}$.

5. $\left[-\dfrac{1}{3},\dfrac{1}{3}\right]$. 由零点讨论法可得,当且仅当 $x=\dfrac{2a}{3}$ 时,$(\mid 2x-a\mid+$

$|3x-2a|)_{\min} = \dfrac{|a|}{3}$.

所以题设即 $\dfrac{|a|}{3} \geqslant |a|^2$, 进而可得答案.

6. >. 可得

$$\log_b x = (\log_b \sin a)^2, \log_b y = (\log_b \cos a)^2$$

由 $a \in \left(\dfrac{\pi}{4}, \dfrac{\pi}{2}\right)$, 可得 $0 < \cos a < \sin a < 1$.

又由 $b \in (0,1)$, 可得 $0 < \log_b \sin a < \log_b \cos a$, $(\log_b \sin a)^2 < (\log_b \cos a)^2$, 即 $\log_b x < \log_b y, x > y$.

7. $\dfrac{ab}{a+bn}$. 如图 2 所示, 设 $P_n Q_n = x_n (n \in \mathbf{N})$, 其中 $P_0 Q_0 = x_0 = CD = b$.

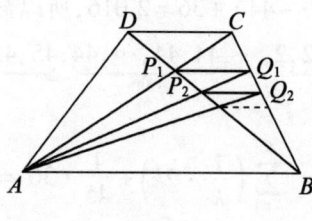

图 2

由平行线分线段成比例定理, 可证得

$$\dfrac{1}{x_{n+1}} = \dfrac{1}{x_n} + \dfrac{1}{a}$$

所以

$$\dfrac{1}{x_n} = \dfrac{1}{x_0} + \dfrac{n}{a}$$

$$P_n Q_n = x_n = \dfrac{ab}{a+bn}$$

8. **解法 1** 88.8. 可先求出数列 $\{a_n\}$ 的前 13 项分别为

$$1,1,2,2,2,2,3,3,3,3,3,3,4$$

所以可猜测:

当 $2[1+2+3+\cdots+(k-1)]+1 \leqslant n \leqslant 2(1+2+3+\cdots+k)(k \in \mathbf{N}^*)$, 即 $k^2-k+1 \leqslant n \leqslant k^2+k(k \in \mathbf{N}^*)$ 时, $a_n = k$.

证明如下:

因为可证"当 x 的小数部分 $\{x\} \neq \dfrac{1}{2}$ 时, 与 x 最接近的整数是 $\left[x+\dfrac{1}{2}\right]$"(当

$0 \leqslant \{x\} < \dfrac{1}{2}$ 时,$\left[x + \dfrac{1}{2}\right] = \left[[x] + \{x\} + \dfrac{1}{2}\right] = [x] + \left[\left(\{x\} + \dfrac{1}{2}\right)\right] = [x]$;当 $\dfrac{1}{2} < \{x\} < 1$ 时,$\left[x + \dfrac{1}{2}\right] = \left[[x] + \{x\} + \dfrac{1}{2}\right] = [x] + 1 + \left[\left(\{x\} - \dfrac{1}{2}\right)\right] = [x] + 1$),所以即证 $k = \left[\sqrt{n} + \dfrac{1}{2}\right]$,也即证

$$k \leqslant \sqrt{n} + \dfrac{1}{2} < k+1$$

$$k^2 - k + \dfrac{1}{4} \leqslant n < k^2 + k + \dfrac{1}{4}$$

$$k^2 - k + 1 \leqslant n \leqslant k^2 + k \, (k \in \mathbf{N}^*)$$

所以欲证结论成立.

又因为 $2(1+2+3+\cdots+44)+36 = 2\,016$,所以数列 $a_1, a_2, \cdots, a_{2\,016}$,即

$$\underbrace{1,1}_{2\text{个}}, \underbrace{2,2,2,2}_{4\text{个}}, \cdots, \underbrace{44,44,\cdots,44}_{88\text{个}}, \underbrace{45,45,\cdots,45}_{36\text{个}}$$

进而可得

$$\sum_{n=1}^{2\,016} \dfrac{1}{a_n} = \sum_{k=1}^{44} \left(\dfrac{1}{k} \cdot 2k\right) + \dfrac{1}{45} \cdot 36 = 88.8$$

解法2 88.8. 设 $a_n = k \, (k \in \mathbf{N}^*)$,得 $|\sqrt{n} - k| < \dfrac{1}{2}$,$k^2 - k + 1 \leqslant n \leqslant k^2 + k$.

所以当且仅当 $k^2 - k + 1 \leqslant n \leqslant k^2 + k \, (k \in \mathbf{N}^*)$ 时,$a_n = k$.

因而,在和式 $\sum_{k=1}^{n} \dfrac{1}{a_k}$ 中,值为 $\dfrac{1}{k} \, (k \in \mathbf{N}^*)$ 的项共有 $2k$ 项,这 $2k$ 项的和为 $\dfrac{1}{k} \cdot 2k = 2$.

进而可得满足 $\sum_{k=1}^{n} \dfrac{1}{a_k} = 2\,016$ 的数列 $\{a_n\}$ 的各项依次是

$$\underbrace{1,1}_{2\text{个}}, \underbrace{2,2,2,2}_{4\text{个}}, \underbrace{3,3,\cdots,3}_{6\text{个}}, \cdots, \underbrace{1\,008, 1\,008, \cdots, 1\,008}_{2\,016\text{个}}$$

所以

$$n = 2(1+2+3+\cdots+1\,008) = 1\,008 \cdot 1\,009 = 1\,017\,072$$

又因为 $2(1+2+3+\cdots+44)+36 = 2\,016$,所以数列 $a_1, a_2, \cdots, a_{2\,016}$,即

$$\underbrace{1,1}_{2\text{个}}, \underbrace{2,2,2,2}_{4\text{个}}, \cdots, \underbrace{44,44,\cdots,44}_{88\text{个}}, \underbrace{45,45,\cdots,45}_{36\text{个}}$$

进而可得

$$\sum_{n=1}^{2\,016} \dfrac{1}{a_n} = \sum_{k=1}^{44} \left(\dfrac{1}{k} \cdot 2k\right) + \dfrac{1}{45} \cdot 36 = 88.8$$

9. 由三元柯西不等式,可得

$$\left(\frac{2a^2}{2a+b+c}+\frac{2b^2}{a+2b+c}+\frac{2c^2}{a+b+2c}\right)\cdot 4(a+b+c)$$

$$=\left[\frac{(\sqrt{2}a)^2}{2a+b+c}+\frac{(\sqrt{2}b)^2}{a+2b+c}+\frac{(\sqrt{2}c)^2}{a+b+2c}\right]\cdot$$

$$[(2a+b+c)+(a+2b+c)+(a+b+2c)]$$

$$\geqslant (\sqrt{2}a+\sqrt{2}b+\sqrt{2}c)^2=2(a+b+c)^2$$

所以

$$\frac{2a^2}{2a+b+c}+\frac{2b^2}{a+2b+c}+\frac{2c^2}{a+b+2c}\geqslant\frac{a+b+c}{2}=\frac{3}{2}$$

再由二元均值不等式,可得

$$\frac{a^2}{a+\sqrt{bc}}+\frac{b^2}{b+\sqrt{ca}}+\frac{c^2}{c+\sqrt{ab}}\geqslant\frac{2a^2}{2a+b+c}+\frac{2b^2}{a+2b+c}+\frac{2c^2}{a+b+2c}\geqslant\frac{3}{2}$$

10. 在题设所给的不等式中,可令 $y=x+1(x\in \mathbf{N}^*)$,得

$$0<|f(x+1)-f(x)|<2$$

即

$$|f(x+1)-f(x)|=1$$
$$f(x+1)=f(x)\pm 1$$

由题设,可得:

当 $x\neq y$ 时

$$f(x)\neq f(y) \qquad\qquad ①$$

还可得 $f(2)=f(1)\pm 1$.

(1) 当 $f(2)=f(1)+1$ 时,下面用数学归纳法证明 $f(x+1)=f(x)+1(x\in \mathbf{N}^*)$.

当 $x=1$ 时成立:$f(2)=f(1)+1$.

假设 $x=k(k\in \mathbf{N}^*)$ 时成立:$f(k+1)=f(k)+1$.

得 $f(k+2)=f(k+1)+1$(否则 $f(k+2)=f(k+1)-1=f(k)$,这与①矛盾),即 $x=k+1$ 时成立.

所以此时欲证结论成立.

得 $\{f(x)\}_{x\in \mathbf{N}^*}$ 是首项为 $f(1)$,公差为 1 的等差数列,得 $f(x)=x+f(1)-1$ ($x,f(1)\in \mathbf{N}^*$).

(2) 当 $f(2)=f(1)-1$ 时,同理也可用数学归纳法证得 $f(x+1)=f(x)-1$ ($x\in \mathbf{N}^*$).

得$\{f(x)\}_{x \in \mathbf{N}^*}$是首项为$f(1)$,公差为$-1$的等差数列,得$f(x) = 1 + f(1) - x(x, f(1) \in \mathbf{N}^*)$.

当$x \geqslant f(1) + 1$时,$f(x) \leqslant 0$,这与$f(x) \in \mathbf{N}^*$矛盾! 即此时不可能出现.

综上所述,可得$f(x) = x + f(1) - 1(x, f(1) \in \mathbf{N}^*)$.

11. 由题设,可得
$$(-1)^x - (-1)^y \equiv 1 \pmod{3}$$

所以x为奇数,y为偶数.

可设$x = 2m + 1, y = 2n(m, n \in \mathbf{N})$,得原方程即$2 \cdot 4^m - 25^n \cdot 7^z = 1$.

若$n \in \mathbf{N}^*$,可得$2(-1)^m = \pm 2 \equiv 1 \pmod{5}$,这不可能! 所以$n = 0, y = 0$.

又得原方程即$2 \cdot 4^m - 7^z = 1$.

(1) 当$z = 0$时,得$m = 0$,此时的解为$(x, y, z) = (1, 0, 0)$.

(2) 当$z \in \mathbf{N}^*$时,得$-(-1)^z \equiv 1 \pmod{4}$,所以$z$为正奇数,设$z = 2p + 1$ $(p \in \mathbf{N})$.

再得原方程即$2 \cdot 4^m - 7 \cdot 49^p = 1$.

① 当$p = 0$时,得$m = 1$,此时的解为$(x, y, z) = (3, 0, 1)$.

② 当$p \in \mathbf{N}^*$时,得$m \geqslant 4$,所以$-7 \cdot 1^p \equiv 1 \pmod{16}$,这不可能!

综上所述,可得原方程的所有非负整数解$(x, y, z) = (1, 0, 0)$,或$(3, 0, 1)$.

§20 2015年北京大学自主招生数学试题参考答案

1. A. 由题设,可得$1 + x^2 = xy + yz + zx + x^2 = (x + y)(x + z)$.

同理,可得$1 + y^2 = (y + z)(y + x), 1 + z^2 = (z + x)(z + y)$. 所以
$$(1 + x^2)(1 + y^2)(1 + z^2) = [(x + y)(y + z)(z + x)]^2$$

因而$(1 + x^2)(1 + y^2)(1 + z^2)(x, y, z \in \mathbf{Z})$是整数的平方.

但$16\,900 = 130^2, 17\,900 = 10\sqrt{179}, 18\,900 = 10\sqrt{189} = 30\sqrt{21}$,得$16\,900$是整数的平方,$17\,900$与$18\,900$均不是整数的平方,所以排除选项 B 和 C.

若$(1 + x^2)(1 + y^2)(1 + z^2) = [(x + y)(y + z)(z + x)]^2 = 16\,900 = 130^2$,得

可选$(x + y)(y + z)(z + x) = 130 = 2 \cdot 5 \cdot 13$,再选$\begin{cases} x + y = 2 \\ y + z = 5 \\ z + x = 13 \end{cases}$,即$\begin{cases} x = 5 \\ y = -3 \\ z = 8 \end{cases}$,且满

足题设 $xy + yz + zx = 1$,所以选 A(排除 D).

2. **解法1** D. 考虑将 $1,2,\cdots,99$ 这 99 个正整数分成如下 50 组
$$(1,99),(2,98),\cdots,(47,53),(48,52),(49,51),(50)$$

若选出的 50 个不同的正整数中没有 50,则必有 2 个数位于 $(1,99)$,$(2,98)$,$\cdots$,$(47,53)$,$(48,52)$,$(49,51)$ 中的同一组,不符合题意.

所以这 50 个不同的正整数中必有 50,且在 $(1,99)$,$(2,98)$,$\cdots$,$(47,53)$,$(48,52)$,$(49,51)$ 中,每组有且只有一个数被选中.

因为 $50+49=99$,所以在 $(49,51)$ 中应选 51;因为 $51+48=99$,所以在 $(48,52)$ 中应选 52;$\cdots\cdots$依此类推,可得 $50,51,52,\cdots,98,99$ 是唯一可能的选法.

经检验知,选 $50,51,52,\cdots,98,99$ 满足题意.

又因为 $50+51+52+\cdots+99 = \dfrac{50}{2}(50+99) = 25 \cdot 149 = 3\,725$,所以选 D.

解法2 D. 考虑将 $1,2,\cdots,99$ 这 99 个正整数分成如下 50 组
$$(1,98),(2,97),\cdots,(47,52),(48,51),(49,50),(99)$$

若选出的 50 个不同的正整数中没有 99,则必有 2 个数位于 $(1,98)$,$(2,97)$,$\cdots$,$(47,52)$,$(48,51)$,$(49,50)$ 中的同一组,不符合题意.

所以这 50 个不同的正整数中必有 99,且在 $(1,98)$,$(2,97)$,$\cdots$,$(47,52)$,$(48,51)$,$(49,50)$ 中,每组有且只有一个数被选中.

因为 $99+1=100$,所以在 $(1,98)$ 中应选 98;因为 $98+2=100$,所以在 $(2,97)$ 中应选 97;$\cdots\cdots$依此类推,可得 $99,98,97,\cdots,51,50$ 是唯一可能的选法.

经检验知,选 $99,98,97,\cdots,51,50$ 满足题意.

又因为 $50+51+52+\cdots+99 = \dfrac{50}{2}(50+99) = 25 \cdot 149 = 3\,725$,所以选 D.

3. A. 设 $t = \cos x \left(0 \leqslant x \leqslant \dfrac{\pi}{2}\right)$,可得 $0 \leqslant t \leqslant 1$,且题设中的函数 y 即
$$y = h(t) = t^2 - 2at + 1 = (t-a)^2 + 1 - a^2 \,(0 \leqslant t \leqslant 1)$$

从而可得
$$g(a) = \begin{cases} h(1) = 2-2a, a \geqslant 1 \\ h(a) = 1-a^2, 0 < a < 1 \\ h(0) = 1, a \leqslant 0 \end{cases}$$

再作出函数 $g(a)$ 的图像(图1)后,可得 $g(a)$ 的最大值为 1.

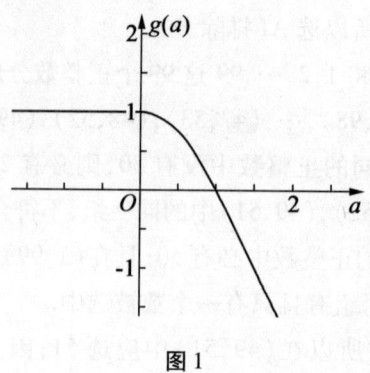

图1

也可求得分段函数 $g(a)$ 在每一段上的值域后,再得函数 $g(a)$ 的值域,最后得出答案.

4. D. 可得
$$10^{20}-2^{20}=2^{20}(5^{20}-1)$$
$$=2^{20}(5^{10}+1)(5^{10}-1)$$
$$=2^{20}(5^{10}+1)(5^{5}+1)(5^{5}-1)$$
$$=2^{20}(5^{10}+1)(5^{5}+1)(5-1)(5^{4}+5^{3}+5^{2}+5+1)$$
$$=2^{20}[(4+1)^{10}+1][(4+1)^{5}+1]\cdot 2^{2}\cdot(5^{4}+5^{3}+5^{2}+5+1)$$

把 $(4+1)^{10}+1$ 与 $(4+1)^{5}+1$ 均用二项式定理展开后可知,它们被4除所得的余数均为2;还可得 $5^{4}+5^{3}+5^{2}+5+1$ 是奇数. 所以可得所求答案是 $20+1+1+2$,即24.

5. A. 设直线 AC,BD 交于点 O,可得 $S_{四边形ABCD}=\dfrac{1}{2}AC\cdot BD\cdot\sin\angle AOB$.

再由四边形中的托勒密定理"$AB\cdot CD+BC\cdot AD\geqslant AC\cdot BD$(当且仅当 A,B,C,D 四点共圆时取等号)"(见沈文选发表于《中学数学教学参考》2003(9):57~60 的论文《托勒密定理及应用》)及题设,可得

$$\dfrac{1}{2}AC\cdot BD\leqslant\dfrac{AB\cdot CD+BC\cdot AD}{2}=S_{四边形ABCD}=\dfrac{1}{2}AC\cdot BD\cdot\sin\angle AOB$$

所以 $\sin\angle AOB=1$(即 $OA\perp OB$),且 A,B,C,D 四点共圆,因而 $AC\perp BD$, $\angle BAD=\angle BCD=90°$, $\angle ABC=120°$, $BC=4$.

可如图2所示建立平面直角坐标系 xOy,且可设 $A(-a,0),B(0,b),C(c,0),D(0,-d)(a,b,c,d\in\mathbf{R}_{+})$.

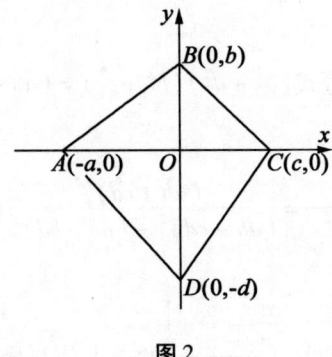

图 2

在 Rt△OBC 中，由 BC=4 及勾股定理，可得
$$4^2 = b^2 + c^2 \qquad ①$$

在 △ABC 中，由余弦定理，可得
$$(\sqrt{a^2+b^2})^2 + 4^2 - 2\cdot\sqrt{a^2+b^2}\cdot 4 \cdot \cos 120° = (a+c)^2 \qquad ②$$

在 Rt△BCD 中，由勾股定理，可得
$$4^2 + (\sqrt{c^2+d^2})^2 = (b+d)^2 \qquad ③$$

在 Rt△ABD 中，由勾股定理，可得
$$(\sqrt{a^2+b^2})^2 + (\sqrt{a^2+d^2})^2 = (b+d)^2 \qquad ④$$

由③④可得 $4^2 + c^2 = 2a^2 + b^2$，再由①可得 $a=c$，又由①②可求得 $a=c=2\sqrt{3}$，$b=2$，由③可求得 $d=6$，所以 $CD=\sqrt{c^2+d^2}=4\sqrt{3}\approx 6.9$（精确到小数点后 1 位）.

6.1. 用导数可证：函数 $y=\left(1+\dfrac{1}{x}\right)^x(x>0)$ 单调递增且趋向于 e，$y=\left(1+\dfrac{1}{x}\right)^{x+1}(x>0)$ 单调递减且趋向于 e. 所以当 $x\in\mathbf{N}^*$ 时，$\left(1+\dfrac{1}{x}\right)^{x+1}>\mathrm{e}>\left(1+\dfrac{1}{2\,015}\right)^{2\,015}$，因而可得题设中的 x 是负整数且 $x\leqslant -2$.

可设 $x=-n(n-1\in\mathbf{N}^*)$，得
$$\left(1+\dfrac{1}{x}\right)^{x+1}=\left(1-\dfrac{1}{n}\right)^{1-n}=\left(\dfrac{n-1}{n}\right)^{1-n}=\left(\dfrac{n}{n-1}\right)^{n-1}=\left(1+\dfrac{1}{n-1}\right)^{n-1}$$
$$=\left(1+\dfrac{1}{2\,015}\right)^{2\,015}(n-1\in\mathbf{N}^*)$$

$$n-1=2\,015, n=2\,016$$
$$x=-n=-2\,016$$

所以所求答案是 1.

7. 解法 1 $\frac{41}{25}$. 由恒等式 $(a^2+d^2)(b^2+c^2)=(ab+cd)^2+(ac-bd)^2$ 及 a, b, c, d 均为正数, 可得

$$\frac{(ab+cd)^2}{(a^2+d^2)(b^2+c^2)} = \frac{(ab+cd)^2}{(ab+cd)^2+(ac-bd)^2} = \frac{1}{1+\left|\frac{ac-bd}{ab+cd}\right|^2}$$

我们先求 $\left|\frac{ac-bd}{ab+cd}\right|$, 即 $\left|\frac{\frac{a}{d}-\frac{b}{c}}{1+\frac{a}{d}\cdot\frac{b}{c}}\right|$ 的最大值与最小值.

可设 $\frac{a}{d}=\tan\alpha$, $\frac{b}{c}=\tan\beta$, 其中 $\alpha,\beta\in\left[\arctan\frac{1}{2},\arctan 2\right]$ (所以 $|\alpha-\beta|\in\left[0,\arctan 2-\arctan\frac{1}{2}\right]$).

因而

$$\left|\frac{ac-bd}{ab+cd}\right| = \left|\frac{\tan\alpha-\tan\beta}{1+\tan\alpha\tan\beta}\right| = |\tan(\alpha-\beta)|$$
$$= |\tan|\alpha-\beta|| = \tan|\alpha-\beta|$$

所以当且仅当 $\alpha=\beta$, 即 $ac=bd$ (比如 $a=b=c=d=2$) 时, $\left|\frac{ac-bd}{ab+cd}\right|_{\min}=0$;

当且仅当 $\{\alpha,\beta\}=\left\{\arctan 2,\arctan\frac{1}{2}\right\}$, 即 $\frac{a}{d}=\frac{c}{b}=2$ 或 $\frac{a}{d}=\frac{c}{b}=\frac{1}{2}$ 时,

$$\left|\frac{ac-bd}{ab+cd}\right|_{\min} = \left|\frac{2-\frac{1}{2}}{1+2\cdot\frac{1}{2}}\right| = \frac{3}{4}.$$

进而可求得

$$\left[\frac{(ab+cd)^2}{(a^2+d^2)(b^2+c^2)}\right]_{\max} = \frac{1}{1+0^2} = 1$$

$$\left[\frac{(ab+cd)^2}{(a^2+d^2)(b^2+c^2)}\right]_{\min} = \frac{1}{1+\left(\frac{3}{4}\right)^2} = \frac{16}{25}$$

$$\left[\frac{(ab+cd)^2}{(a^2+d^2)(b^2+c^2)}\right]_{\max} + \left[\frac{(ab+cd)^2}{(a^2+d^2)(b^2+c^2)}\right]_{\min} = 1+\frac{16}{25} = \frac{41}{25}$$

解法 2 $\frac{41}{25}$. 设 $\boldsymbol{x}=(a,d)$, $\boldsymbol{y}=(b,c)$, $\langle\boldsymbol{x},\boldsymbol{y}\rangle=\theta$, 可得

$$\frac{(ab+cd)^2}{(a^2+d^2)(b^2+c^2)} = \left(\frac{\boldsymbol{x}\cdot\boldsymbol{y}}{|\boldsymbol{x}||\boldsymbol{y}|}\right)^2 = \cos^2\theta$$

如图 3 所示,其中的阴影部分表示正方形区域 $\{(x,y)\mid x,y\in[2,4]\}$,该正方形的两个顶点是 $A(4,2),B(2,4)$,所以

$$\cos\angle AOB = \frac{\overrightarrow{OA}\cdot\overrightarrow{OB}}{|\overrightarrow{OA}|\cdot|\overrightarrow{OB}|} = \frac{4\cdot2+2\cdot4}{\sqrt{4^2+2^2}\cdot\sqrt{2^2+4^2}} = \frac{4}{5}$$

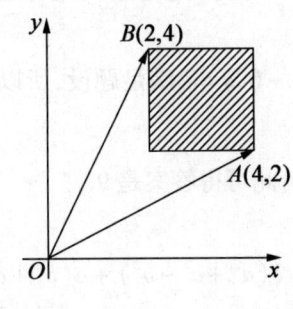

图 3

进而可得 θ 的取值范围是 $[0°,\angle AOB]$,$\cos\theta$ 的取值范围是 $[\cos\angle AOB,\cos 0°]$ 即 $\left[\frac{4}{5},1\right]$,从而可得所求答案是 $1^2+\left(\frac{4}{5}\right)^2$ 即 $\frac{41}{25}$.

8. **解法 1** 9. 令 $x=1,3$,分别得

$$-2\leqslant 1+p+q\leqslant 2 \qquad\qquad ①$$
$$-2\leqslant 9+3p+q\leqslant 2 \qquad\qquad ②$$

由 ② - ①,② - ①×3,分别得 $-6\leqslant p\leqslant -2$,$-1\leqslant q\leqslant 7$,所以

$$\sqrt{p^2+q^2}\leqslant\sqrt{(-6)^2+7^2}=\sqrt{85}$$

又因为当 $p=-6,q=7$ 时,$|x^2-6x+7| = |(x-3)^2-2|\leqslant 2$ 对 $\forall x\in[1,5]$ 成立,所以 $\sqrt{p^2+q^2}$ 的最大值是 $\sqrt{85}$,再得答案是 9.

解法 2 9. 分别令 $x=1,3,5$,可得

$$\begin{cases}-2\leqslant 1+p+q\leqslant 2\\ -2\leqslant 9+3p+q\leqslant 2\\ -2\leqslant 25+5p+q\leqslant 2\end{cases}$$

在平面直角坐标系 pOq 中作出以上不等式组表示的区域后,可得 $p=-6$,$q=7$.

同解法 1,还可验证 $p=-6,q=7$ 满足题设,所以满足题设的 p,q 的值分别是 $-6,7$.

所以 $\sqrt{p^2+q^2} = \sqrt{85}$,由此可得答案是 9.

解法 3 9. 分别令 $x = 1, 3, 5$,可得
$$1 + p + q \leqslant 2 \qquad ③$$
$$-2 \leqslant 9 + 3p + q \qquad ④$$
$$25 + 5p + q \leqslant 2 \qquad ⑤$$

由③ $-$ ④ $\times 2 +$ ⑤,得 $8 \leqslant 8$,所以③④⑤均是等式,进而可求得 $p = -6, q = 7$.

同解法 1,还可验证 $p = -6, q = 7$ 满足题设,所以满足题设的 p, q 的值分别是 $-6, 7$.

所以 $\sqrt{p^2+q^2} = \sqrt{85}$,由此可得答案是 9.

9. 1. 由题设,可得
$$c(b^2+a^2-c^2)+b(a^2+c^2-b^2)+a(b^2+c^2-a^2)=2abc$$
$$a^3-(b+c)a^2-(b^2+c^2-2bc)a+c^3-bc^2+b^3-b^2c=0$$
$$a^3-(b+c)a^2-(b-c)^2 a+(b+c)(b-c)^2=0$$
$$a^2[a-(b+c)]-(b-c)^2(a-b-c)=0$$
$$(a-b-c)(a-b+c)(a+b-c)=0$$
$$a=b+c \text{ 或 } b=c+a \text{ 或 } c=a+b.$$

当 $a = b+c$ 时,可得
$$x = \frac{b^2+c^2-(b+c)^2}{2bc} = -1$$
$$y = \frac{a^2+c^2-(a-c)^2}{2ac} = 1$$
$$z = \frac{b^2+a^2-(a-b)^2}{2ba} = 1$$

所以
$$x^{2015}+y^{2015}+z^{2015}=(-1)^{2015}+1^{2015}+1^{2015}=1.$$

当 $b = c+a$ 或 $c = a+b$ 时,也均可得 $x^{2015}+y^{2015}+z^{2015}=1$.

综上所述,可得所求答案是 1.

10. 9. 用 0,1 分别表示集合 $\{1,2,3,\cdots,9\}$ 中的元素不在和在其子集 $A_i(i=1,2,3,\cdots,n)$ 中,比如当 $A_1 = \{1,3,4,5,9\}$ 时,记向量 $\overrightarrow{A_1}=(1,0,1,1,1,0,0,0,1)$.

再由向量数量积的坐标运算法则,可得 $\overrightarrow{A_i}\cdot\overrightarrow{A_j}=|A_i\cap A_j|$ ($i,j\in\{1,2,3,\cdots,$

$n\}$).

因为任意 $n+1$ 个 n 维向量必线性相关,所以:

若 $n\geqslant 10$,则存在 m 个向量 $\vec{A_1},\vec{A_2},\vec{A_3},\cdots,\vec{A_m}$(它们都是 9 维向量)线性相关,即存在一组不全为 0 的整数 $\lambda_1,\lambda_2,\lambda_3,\cdots,\lambda_m$(其中 $\lambda_1=1$),使得
$$\lambda_1\vec{A_1}+\lambda_2\vec{A_2}+\lambda_3\vec{A_3}+\cdots+\lambda_m\vec{A_m}=(0,0,0,\cdots,0)$$
此时,考虑
$$\vec{A_1}\cdot(\lambda_1\vec{A_1}+\lambda_2\vec{A_2}+\lambda_3\vec{A_3}+\cdots+\lambda_m\vec{A_m})$$
$$=\vec{A_1}\cdot\vec{A_1}+\lambda_2\vec{A_1}\cdot\vec{A_2}+\lambda_3\vec{A_1}\cdot\vec{A_3}+\cdots+\lambda_m\vec{A_1}\cdot\vec{A_m}$$
$$=0$$
$$\lambda_2\vec{A_1}\cdot\vec{A_2}+\lambda_3\vec{A_1}\cdot\vec{A_3}+\cdots+\lambda_m\vec{A_1}\cdot\vec{A_m}=-\vec{A_1}\cdot\vec{A_1}$$

由 $|A_1|$ 为奇数,可得 $\vec{A_1}\cdot\vec{A_1}$ 为奇数;由 $|A_1\cap A_j|$($j=2,3,\cdots,n$)均为偶数,可得 $\vec{A_1}\cdot\vec{A_2},\vec{A_1}\cdot\vec{A_3},\cdots,\vec{A_1}\cdot\vec{A_m}$ 均为偶数. 进而由上面的等式,可得"偶数 = 奇数",这不可能! 所以 $n\leqslant 9$.

又因为取 $A_i=\{i\}$($i=1,2,\cdots,9$)可满足题设;取 $A_1=\{1,2,3\}$,$A_2=\{1,2,4\}$,$A_3=\{1,3,4\}$,$A_4=\{2,3,4\}$,$A_5=\{5,6,7\}$,$A_6=\{5,6,8\}$,$A_7=\{5,7,8\}$,$A_8=\{6,7,8\}$,$A_9=\{9\}$ 也满足题设,所以所求 n 的最大值为 9.

注 同理可证得结论:n 元集合最多有 n 个包含奇数个元素的子集,使得这些子集中任意两个的交集均包含偶数个元素.

§21 2015 年北京大学博雅计划自主招生数学试题参考答案

1. B. 可证得 $10\mid i^{n+4}-i^n$($i=1,2,3,4;n\in\mathbf{N}^*$),所以
$$10\mid(1^{n+4}+2^{n+4}+3^{n+4}+4^{n+4})-(1^n+2^n+3^n+4^n)\ (n\in\mathbf{N}^*)$$
即 $1^{n+4}+2^{n+4}+3^{n+4}+4^{n+4},1^n+2^n+3^n+4^n$($n\in\mathbf{N}^*$)的个位数字相同.

进而可得,数列 $\{(1^n+2^n+3^n+4^n)$ 的个位数字$\}$ 是以 4 为周期的周期数列
$$0,0,0,4,0,0,0,4,0,0,0,4,\cdots$$
所以 $(1^n+2^n+3^n+4^n)$ 的个位数字不为 $0\Leftrightarrow 4\nmid n$.

而 $n\in\mathbf{N}^*$ 且 $n\leqslant 2\,015$,所以满足题设的 n 的个数为 $2\,015-\left[\dfrac{2\,015}{4}\right]=$

$2\,015 - 503 = 1\,512$.

2. D. 可设 $AC = b, BC = a = \sqrt{3}b, AB = c = 2b$.

如图 1 所示,由切线长定理,可得内切圆半径 $r = \frac{1}{2}(a + b - c) = 1$,进而可求得 $b = \sqrt{3} + 1$,所以

$$AD = \sqrt{b^2 + r^2} = \sqrt{(\sqrt{3} + 1)^2 + 1^2} = \sqrt{5 + 2\sqrt{3}}$$

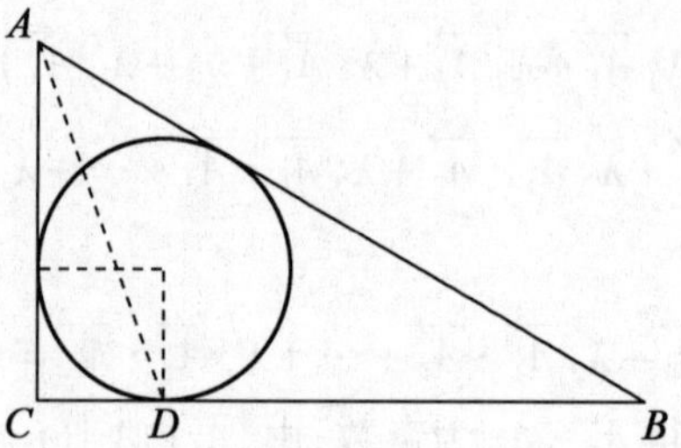

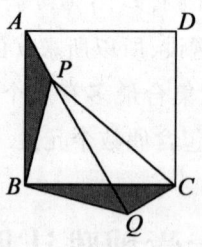

图 1

3. B. 如图 2 所示,把 $\triangle ABP$ 绕点 B 按顺时针方向旋转 $90°$,得 $\triangle ABP \cong \triangle CBQ$.

图 2

可不妨设 $AP = 1, BP = 2, CP = 3$,得 $BP = BQ = 2, BP \perp BQ$,所以 $\angle BQP = 45°, PQ = 2\sqrt{2}$.

又 $CQ = PA = 1, PC = 3$,所以 $PQ^2 + CQ^2 = PC^2, \angle PQC = 90°$,则

$$\angle APB = \angle BQC = \angle BQP + \angle PQC = 45° + 90° = 135°$$

4. D. 可得 $(x - 2\,015)(y - 2\,015) = 2\,015^2 = 5^2 \cdot 13^2 \cdot 31^2 (2\,015 < x \leq y)$,所以 $x - 2\,015$ 是 $5^2 \cdot 13^2 \cdot 31^2$ 的不超过 $2\,015$ 的正约数.

由分步计数原理,可得 $5^2 \cdot 13^2 \cdot 31^2$ 正约数的个数是 $3 \cdot 3 \cdot 3 = 27$,其中不超过 $2\,015$ 的正约数的个数是 14,所以所求答案是 14.

5. C. 若 $3 \mid a + b + c$,由 $(a - b)(b - c)(c - a) = a + b + c$,可得 $3 \mid a - b$ 或

$3\mid b-c$ 或 $3\mid c-a$.

若 $3\mid a-b$,由 $3\mid a+b+c$,可得 $3\mid(a+b+c)+(a-b)-3a$,即 $3\mid c-a$;还可得 $3\mid(a+b+c)-(a-b)-3b$,即 $3\mid b-c$,所以 $3^3\mid(a-b)(b-c)(c-a)$,即 $3^3\mid a+b+c$.

同理,若 $3\mid b-c$ 或 $3\mid c-a$,也均可得 $3^3\mid a+b+c$.

这样就可排除选项 A,B.

下面再验证选项 C 正确,即存在 $a,b,c\in \mathbf{Z}$,使得 $(a-b)(b-c)(c-a)=a+b+c=162$.

由 $3\mid a-b, 3\mid b-c, 3\mid c-a$ 知,可设 $a=3x+r, b=3y+r, c=3z+r(x,y,z,r\in \mathbf{Z})$.

再由 $(a-b)(b-c)(c-a)=162$,得 $(x-y)(y-z)(z-x)=\dfrac{162}{27}=6$.

又因为 $(0-2)(2-3)(3-0)=6$,所以可选 $(x,y,z)=(0,2,3)$,即 $a=3\cdot 0+r, b=3\cdot 2+r, c=3\cdot 3+r$.

再由 $a+b+c=162$,可得 $r=49$,所以 $a=49, b=55, c=58$ 满足题意.

所以选 C.

6. **解法 1** $\sqrt{3}$ 或 $2\sqrt{3}$. 由 $|\alpha-\bar{\alpha}|=2\sqrt{3}$ 知,可设 $\alpha=a\pm\sqrt{3}\mathrm{i}(a\in\mathbf{R})$.

若 $\alpha=a+\sqrt{3}\mathrm{i}(a\in\mathbf{R})$,可得

$$\frac{\alpha}{\alpha^2}=\frac{a+\sqrt{3}\mathrm{i}}{a^2-3-2\sqrt{3}a\mathrm{i}}=\frac{a(a+3)(a-3)+3\sqrt{3}(a+1)(a-1)\mathrm{i}}{(a^2+3)^2}$$

若 $\alpha=a-\sqrt{3}\mathrm{i}(a\in\mathbf{R})$,可得

$$\frac{\alpha}{\alpha^2}=\frac{a-\sqrt{3}\mathrm{i}}{a^2-3+2\sqrt{3}a\mathrm{i}}=\frac{a(a+3)(a-3)-3\sqrt{3}(a+1)(a-1)\mathrm{i}}{(a^2+3)^2}$$

由 $\dfrac{\alpha}{\alpha^2}$ 为纯虚数,得 $a=0$ 或 ± 3,进而可得 $|\alpha|$ 的值为 $\sqrt{3}$ 或 $2\sqrt{3}$.

解法 2 $\sqrt{3}$ 或 $2\sqrt{3}$. 可设 $\alpha=r(\cos\theta+\mathrm{i}\sin\theta)(r>0, 0\leqslant\theta<2\pi)$.

由 $|\alpha-\bar{\alpha}|=2\sqrt{3}$,可得 $|\alpha|=r=\dfrac{\sqrt{3}}{|\sin\theta|}$.

又因为

$$\frac{\alpha}{\alpha^2}=\frac{r(\cos\theta+\mathrm{i}\sin\theta)}{r^2[\cos(-2\theta)+\mathrm{i}\sin(-2\theta)]}=\frac{1}{r}(\cos 3\theta+\mathrm{i}\sin 3\theta)$$

$\dfrac{\alpha}{\alpha^2}$ 为纯虚数,所以 $\cos 3\theta=0, \sin 3\theta\neq 0$,得

$$3\theta = \frac{2k+1}{2}\pi (k=0,1,2,3,4,5)$$

$$\theta = \frac{2k+1}{6}\pi (k=0,1,2,3,4,5)$$

$$|\sin\theta| = 1 \text{ 或 } \frac{1}{2}$$

$$|\alpha| = \frac{\sqrt{3}}{|\sin\theta|} = \sqrt{3} \text{ 或 } 2\sqrt{3}$$

7. **解法 1** $|ab|$. 可设切点 $P(x_0,y_0)(x_0y_0 \neq 0)$, 得切线方程为 $\frac{x_0x}{a^2} + \frac{y_0y}{b^2} = 1$.

再得 $A\left(\frac{a^2}{x_0},0\right), B\left(0,\frac{b^2}{y_0}\right)$, 所以

$$S_{\triangle AOB} = \frac{1}{2}|OA| \cdot |OB| = \frac{|ab|}{2|x_0y_0|}|ab|$$

由点 $P(x_0,y_0)$ 在椭圆 $\frac{x^2}{a^2} + \frac{y^2}{b^2} = 1$ 上, 可得 $\frac{x_0^2}{a^2} + \frac{y_0^2}{b^2} = 1$.

再由均值不等式, 可得

$$1 = \frac{x_0^2}{a^2} + \frac{y_0^2}{b^2} \geq \frac{2|x_0y_0|}{|ab|}$$

$$\frac{|ab|}{2|x_0y_0|} \geq 1$$

所以 $S_{\triangle AOB} \geq |ab|$, 进而可得 $\triangle AOB$ 面积的最小值为 $|ab|$.

解法 2 $|ab|$. 可设切点 $P(a\cos\theta, b\sin\theta)(\sin\theta\cos\theta \neq 0)$, 得切线方程为 $\frac{\cos\theta}{a}x + \frac{\sin\theta}{b}y = 1$, 再得 $A\left(\frac{a}{\cos\theta},0\right), B\left(0,\frac{b}{\sin\theta}\right)$.

所以 $S_{\triangle AOB} = \frac{1}{2}\left|\frac{a}{\cos\theta}\right| \cdot \left|\frac{b}{\sin\theta}\right| = \frac{|ab|}{|\sin 2\theta|} \geq |ab|$, 进而可得 $\triangle AOB$ 面积的最小值为 $|ab|$.

解法 3 $|ab|$. 作伸缩变换 $\varphi: \begin{cases} x' = \frac{x}{|a|} \\ y' = \frac{y}{|b|} \end{cases}$, 得椭圆 $C: \frac{x^2}{a^2} + \frac{y^2}{b^2} = 1$ 变为单位圆 $C': x'^2 + y'^2 = 1$.

可得椭圆 C 的切线 AB 变为单位圆 C' 的切线 $A'B'$, 且点 A', B' 分别在平面直角坐标系 $x'O'y'$ 的坐标轴 x' 轴、y' 轴上.

设切线 $A'B'$ 上的切点为 $(\cos\theta,\sin\theta)$ $(\cos\theta\sin\theta\neq 0)$,得切线 $A'B':x'\cos\theta+y'\sin\theta=1$,再得 $A'\left(\dfrac{1}{\cos\theta},0\right),B'\left(0,\dfrac{1}{\sin\theta}\right)$,所以

$$S_{\triangle A'O'B'}=\dfrac{1}{2}\left|\dfrac{1}{\cos\theta}\right|\left|\dfrac{1}{\sin\theta}\right|=\left|\dfrac{1}{\sin 2\theta}\right|\geq 1$$

可得 $S_{\triangle AOB}=|a||b|S_{\triangle A'O'B'}\geq|ab|$,进而可得 $\triangle AOB$ 面积的最小值为 $|ab|$.

8. **解法** 1 $\dfrac{1}{2}$. 由 $x^2+6x+5=(x+1)(x+5),-y^2+4y+5=(y+1)\cdot(-y+5)$,可得所给方程即

$$(x+y+1)(x-y+5)=0$$
$$x+y+1=0 \text{ 或 } x-y+5=0$$

(1)当 $x+y+1=0$ 时,$-y=x+1$,得

$$x^2+y^2=x^2+(x+1)^2=2\left(x+\dfrac{1}{2}\right)^2+\dfrac{1}{2}\geq\dfrac{1}{2}$$

(2)当 $x-y+5=0$ 时,$y=x+5$,得

$$x^2+y^2=x^2+(x+5)^2=2\left(x+\dfrac{5}{2}\right)^2+\dfrac{25}{2}\geq\dfrac{25}{2}>\dfrac{1}{2}$$

进而可得所求 x^2+y^2 的最小值是 $\dfrac{1}{2}$.

解法 2 $\dfrac{1}{2}$. 由解法 1 可得,所给方程即

$$(x+y+1)(x-y+5)=0$$
$$x+y+1=0 \text{ 或 } x-y+5=0$$

所以点 $P(x,y)$ 在图 3 中的两条互相垂直的直线 $x+y+1=0,x-y+5=0$ 上.

可得坐标原点 $O(0,0)$ 到直线 $x+y+1=0,x-y+5=0$ 的距离分别是

$$d=\dfrac{\sqrt{2}}{2},d'=\dfrac{5}{2}\sqrt{2},d<d'$$

x^2+y^2 表示坐标原点 $O(0,0)$ 到点 $P(x,y)$ 距离的平方,所以 x^2+y^2 的最小值是 $\left(\dfrac{\sqrt{2}}{2}\right)^2=\dfrac{1}{2}$.

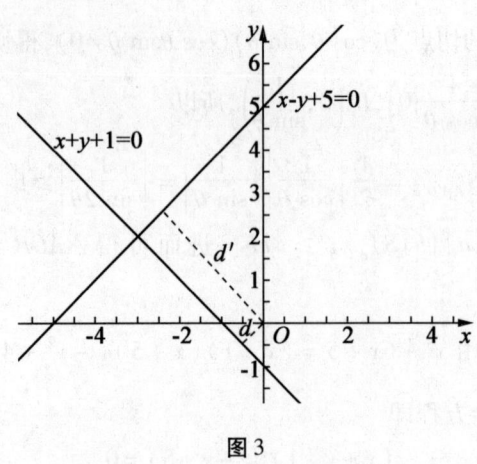

图3

9. $\frac{\pi}{2}+2$. 可得点集 M 中的 x,y 满足 $-1\leqslant x\leqslant 1$, $-1\leqslant y\leqslant 1$.

如图4所示：

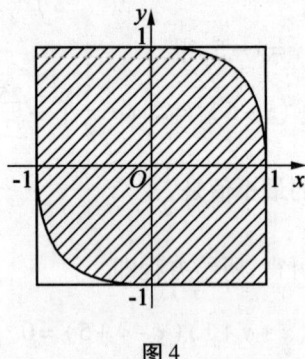

图4

当 $xy\leqslant 0$ 时，可得 $M=\left\{(x,y)\left|\begin{array}{l}-1\leqslant x\leqslant 1\\ -1\leqslant y\leqslant 1\\ xy\leqslant 0\end{array}\right.\right\}$，其面积是2（为两个单位正方形的面积）.

当 $xy>0$ 时，可得 $M=\left\{(x,y)\left|\begin{array}{l}x^2+y^2\leqslant 1\\ xy>0\end{array}\right.\right\}$，其面积是 $\frac{\pi}{2}$（为两个单位圆面积的 $\frac{1}{4}$ 所组成的图形）.

所以所求答案是 $2+\frac{\pi}{2}$.

10. **解法1** 89. 设登上第 n 级楼梯共有 a_n 种走法.

当第一步走1级时,得a_{n-1}种走法;当第一步走2级时,得a_{n-2}种走法.
所以$a_1=1, a_2=2, a_n=a_{n-1}+a_{n-2}(n\geqslant 3)$.
进而可得本题的答案是$a_{10}=89$.

解法2 89.有这样的一些走法:

(1)有0步走2级,剩下10步均走1级:得C_{10}^0种走法;

(2)有1步走2级,剩下8步均走1级:得C_9^1种走法(共走了9步,走法数就是从这9步中选出1步走2级的选法数);

(3)有2步走2级,剩下6步均走1级:得C_8^2种走法;

(4)有3步走2级,剩下4步均走1级:得C_7^3种走法;

(5)有4步走2级,剩下2步均走1级:得C_6^4种走法;

(6)有5步走2级,剩下0步均走1级:得C_5^5种走法.

得走法种数是$C_{10}^0+C_9^1+C_8^2+C_7^3+C_6^4+C_5^5=89$.

§22 2015年北京大学优秀中学生体验营综合测试数学科目试题参考答案

1. **解法1** 由题设,可得$x^2=2x+1$,所以

$$\frac{x^4+1}{x^2}=x^2+\frac{1}{x^2}=2x+1+\frac{1}{2x+1}=\frac{4x^2+4x+2}{2x+1}$$

$$=\frac{4(2x+1)+(4x+2)}{2x+1}=4+2=6$$

$$\frac{x^2}{x^4+1}=\frac{1}{6}$$

解法2 由题设,可得$x^2=2x+1, x-\frac{1}{x}=2$,所以

$$\frac{x^4+1}{x^2}=x^2+\frac{1}{x^2}=\left(x-\frac{1}{x}\right)^2+2=2^2+2=6$$

$$\frac{x^2}{x^4+1}=\frac{1}{6}$$

2. 如图1所示,由$BD:DC=1:2$,可得

$$\vec{AD}=\frac{2}{3}\vec{AB}+\frac{1}{3}\vec{AC}$$ ①

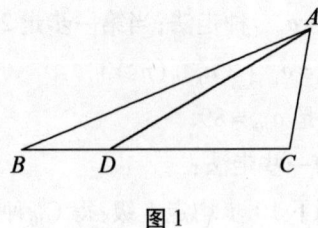

图1

可不妨设 $AB=3, AD=k, AC=1$.
把式①两边平方后,可得
$$k^2 = \frac{37+12\cos A}{9}$$
再由 $0<A<\pi$,可得 k 的取值范围是 $\left(\dfrac{5}{3}, \dfrac{7}{3}\right)$.

3. 由题设及均值不等式,可得
$$(1-a)(1-b)(1-c)=(b+c)(c+a)(a+b)$$
$$\geqslant 2\sqrt{bc}\cdot 2\sqrt{ca}\cdot 2\sqrt{ab}$$
$$=8abc$$

所以
$$\frac{abc}{(1-a)(1-b)(1-c)} \leqslant \frac{abc}{8abc} = \frac{1}{8}$$

进而可得当且仅当 $a=b=c=\dfrac{1}{3}$ 时, $\left[\dfrac{abc}{(1-a)(1-b)(1-c)}\right]_{\max}=\dfrac{1}{8}$.

4. 由 $\sin 3\alpha = \sin(2\alpha+\alpha) = \sin 2\alpha\cos\alpha + \cos 2\alpha\sin\alpha = \cdots$, 可得
$$\sin 3\alpha = 3\sin\alpha - 4\sin^3\alpha$$
令 $\alpha=10°$,可得
$$8(\sin 10°)^3 - 6(\sin 10°) + 1 = 0$$
所以本题的一个答案是 $f(x)=8x^3-6x+1$.

5. 设该椭圆的两焦点分别为 F_1, F_2, 焦距为 $2c$ ($c=\sqrt{a^2-b^2}$).
由 $|PF_1|^2+|PF_2|^2-2|PF_1|\cdot|PF_2|\cos\alpha=4c^2$, $|PF_1|+|PF_2|=2a$, 可得
$$\begin{cases} |PF_1|^2+|PF_2|^2-2|PF_1|\cdot|PF_2|\cos\alpha=4c^2 \\ |PF_1|^2+|PF_2|^2+2|PF_1|\cdot|PF_2|=4a^2 \end{cases}$$
$$2|PF_1|\cdot|PF_2|(1+\cos\alpha)=4b^2$$
$$2|PF_1|\cdot|PF_2|\cdot 2\cos^2\frac{\alpha}{2}=4b^2$$

$$|PF_1| \cdot |PF_2| = \frac{b^2}{\cos^2 \frac{\alpha}{2}}$$

$$S_{\triangle F_1 PF_2} = \frac{1}{2}|PF_1| \cdot |PF_2|\sin\alpha = \frac{1}{2} \cdot \frac{b^2}{\cos^2 \frac{\alpha}{2}} \cdot 2\sin\frac{\alpha}{2}\cos\frac{\alpha}{2} = b^2 \tan\frac{\alpha}{2}$$

即所求答案为 $b^2 \tan \frac{\alpha}{2}$.

6. 只需证明 $n \geq 3$ 时成立.

可得 $\frac{1}{i^2} < \frac{1}{2}\left(\frac{1}{i-1} - \frac{1}{i+1}\right)(i=3,4,\cdots,n)$, 把它们相加后可得

$$\frac{1}{1^2} + \frac{1}{2^2} + \frac{1}{3^2} + \cdots + \frac{1}{n^2}$$

$$< \frac{1}{1^2} + \frac{1}{2^2} + \frac{1}{2}\left[\left(\frac{1}{2} - \frac{1}{4}\right) + \left(\frac{1}{3} - \frac{1}{5}\right) + \left(\frac{1}{4} - \frac{1}{6}\right) + \cdots + \left(\frac{1}{n-2} - \frac{1}{n}\right) + \left(\frac{1}{n-1} - \frac{1}{n+1}\right)\right]$$

$$< 1 + \frac{1}{4} + \frac{1}{2}\left(\frac{1}{2} + \frac{1}{3} - \frac{1}{n} - \frac{1}{n+1}\right) < 1 + \frac{1}{4} + \frac{1}{2}\left(\frac{1}{2} + \frac{1}{3}\right) = \frac{5}{3}$$

7. 易知 $k \neq 0, 1$. 假设欲证结论不成立, 得 $0 < k < 1$.

由 $a^k + b^k = c^k$, 可得 $a^k < c^k$. 因为函数 $f(x) = x^k (0 < k < 1)$ 是增函数, 所以 $a < c$. 同理可得 $b < c$.

所以 $\frac{a}{c}, \frac{b}{c} \in (0, 1)$.

因为函数 $g(x) = \left(\frac{a}{c}\right)^x, h(x) = \left(\frac{b}{c}\right)^x$ 均是减函数, 所以由 $0 < k < 1$, 得

$$\left(\frac{a}{c}\right)^k + \left(\frac{b}{c}\right)^k > \frac{a}{c} + \frac{b}{c} = \frac{a+b}{c} > 1$$

$$a^k + b^k > c^k$$

这与题设相矛盾! 所以欲证结论成立.

注 下面研究问题:

已知三角形的三边长分别为 a, b, c, 且 $a^k + b^k = c^k$, 能否判断该三角形的形状?

由本题的结论知 $k < 0$ 或 $k > 1$.

(1) 当 $k = 2$ 时, 该三角形是直角三角形.

(2) 当 $k > 2$ 时, 可得 c 为最大边. 又因为

$$1 = \left(\frac{a}{c}\right)^k + \left(\frac{b}{c}\right)^k < \left(\frac{a}{c}\right)^2 + \left(\frac{b}{c}\right)^2$$
$$a^2 + b^2 > c^2$$

由余弦定理可知,最大边 c 所对的角(当然是最大角)是锐角,所以该三角形是锐角三角形.

(3) 当 $1 < k < 2$ 时,也可得 c 为最大边. 又

$$1 = \left(\frac{a}{c}\right)^k + \left(\frac{b}{c}\right)^k > \left(\frac{a}{c}\right)^2 + \left(\frac{b}{c}\right)^2$$
$$a^2 + b^2 < c^2$$

由余弦定理可知,边 c 所对的角是钝角,所以该三角形是钝角三角形.

(4) 当 $k < 0$ 时,可得 c 为最小边,所以 $\frac{a}{c} > 1, \frac{b}{c} > 1$.

得 $\lim\limits_{k \to -\infty}\left[\left(\frac{a}{c}\right)^k + \left(\frac{b}{c}\right)^k - 1\right] = -1 < 0, \lim\limits_{k \to 0^-}\left[\left(\frac{a}{c}\right)^k + \left(\frac{b}{c}\right)^k - 1\right] = 1 > 0$,所以由连续函数根的性质(勘根定理)可知:

对于任意的三边长分别是 a, b, c 的三角形,均存在 $k < 0$,使得 $\left(\frac{a}{c}\right)^k + \left(\frac{b}{c}\right)^k - 1 = 0$,即 $a^k + b^k = c^k$.

所以此时该三角形可为任意形状.

§23 2015 年清华大学领军计划数学测试题参考答案

1. **解法 1** B. 可得 $z = -\frac{1}{2} + \frac{\sqrt{3}}{2}\mathrm{i}$,所以 $\frac{1}{1-z} + \frac{1}{1-z^2} = \frac{2-z}{1-z^2} = \frac{\frac{3}{2} + \frac{\sqrt{3}}{2}\mathrm{i}}{\frac{3}{2} + \frac{\sqrt{3}}{2}\mathrm{i}} = 1$.

解法 2 B. 由棣莫佛公式可得 $z^3 = 1, z^2 = \frac{1}{z}$,所以

$$\frac{1}{1-z} + \frac{1}{1-z^2} = \frac{1}{1-z} + \frac{1}{1-\frac{1}{z}} = \frac{1}{1-z} + \frac{z}{z-1} = \frac{1-z}{1-z} = 1$$

2. D. 设等差数列 $\{a_n\}$ 的公差为 d,可得 $(a_p + a_q) - (a_k + a_l) = [(p+q) -$

$(k+l)]d$,所以
$$a_p + a_q > a_k + a_l \Leftrightarrow (a_p + a_q) - (a_k + a_l) > 0$$
$$\Leftrightarrow [(p+q) - (k+l)]d > 0$$

(1)当 $d < 0$ 时,可得 $a_p + a_q > a_k + a_l \Leftrightarrow (p+q) - (k+l) < 0 \Leftrightarrow p+q < k+l$;

(2)当 $d = 0$ 时,可得 $a_p + a_q > a_k + a_l$ 不成立;

(3)当 $d > 0$ 时,可得 $a_p + a_q > a_k + a_l \Leftrightarrow (p+q) - (k+l) > 0 \Leftrightarrow p+q > k+l$.

所以答案是 D.

注 请注意等差数列 $\{a_n\}$ 的公差 d 可以是复数.

3. ABD. 可设 $A(x_1, x_1^2), B(x_2, x_2^2)(x_1 x_2 \neq 0)$,由题设可得
$$\vec{OA} \cdot \vec{OB} = x_1 x_2 (1 + x_1 x_2) = 0, x_1 x_2 = -1, x_2 = -\frac{1}{x_1}$$

对于选项 A,由
$$|OA| \cdot |OB| = \sqrt{x_1^2(1+x_1^2) \cdot \frac{1}{x_1^2}\left(1 + \frac{1}{x_1^2}\right)} = \sqrt{2 + x_1^2 + \frac{1}{x_1^2}} \geq 2 (均值不等式)$$

可知其正确(还可得,当且仅当 $x_1 = \pm 1$ 时, $|OA| \cdot |OB| = 2$).

对于选项 B,由选项 A 正确及均值不等式可得
$$|OA| + |OB| \geq 2\sqrt{|OA| \cdot |OB|} \geq 2\sqrt{2}$$

所以选项 B 也正确(还可得,当且仅当 $x_1 = \pm 1$ 时, $|OA| + |OB| = 2\sqrt{2}$).

对于选项 C,可得直线 AB 的方程为 $y - x_1^2 = \frac{x_2^2 - x_1^2}{x_2 - x_1}(x - x_1)$,即 $y = (x_1 + x_2)x - x_1 x_2$,也即 $y = \left(x_1 - \frac{1}{x_1}\right)x + 1$,它不过抛物线 C 的焦点 $\left(0, \frac{1}{4}\right)$,所以选项 C 错误.(一般性的结论是:若 A, B 是抛物线 $C: y = ax^2$ 上的两个动点,且均与坐标原点 O 不重合,则 $OA \perp OB \Leftrightarrow$ 直线 AB 过定点 $(a, 0)$)

对于选项 D,在"对选项 C"的分析中已得直线 AB 的方程为 $y = \left(x_1 - \frac{1}{x_1}\right)x + 1$,它过点 $(0,1)$,由"垂线段最短"可得,点 O 到直线 AB 的距离不大于 1,即选项 D 正确.

4. AC. 在②中令 $x = y = 0$,可得 $f(0) = 0$;再令 $y = -x$,可得 $f(-x) = -f(x)$,所以 $f(x)$ 为奇函数,得选项 A 正确.

若 $f(x)$ 既为奇函数又为偶函数,则 $\forall x \in (-1, 1), f(x) = 0$,这与题设①矛盾!所以 $f(x)$ 为奇函数但不为偶函数,所以选项 B 错误.

$\forall x, y \in (-1, 1)$,可得

$$\frac{x+y}{1+xy}+1=\frac{(1+x)(1+y)}{1+xy}>0, -1<\frac{x+y}{1+xy}$$

$$\frac{x+y}{1+xy}-1=\frac{(1-x)(y-1)}{1+xy}<0, \frac{x+y}{1+xy}<1$$

所以 $-1<\frac{x+y}{1+xy}<1$. 也可用下面的方法证得此结论.

$\forall x,y \in (-1,1)$,可得

$$(1+xy)^2-(x+y)^2=(1+2xy+x^2y^2)-(x^2+2xy+y^2)$$
$$=(1-x^2)(1-y^2)>0$$
$$|1+xy|^2>|x+y|^2$$
$$\left|\frac{x+y}{1+xy}\right|<1$$
$$-1<\frac{x+y}{1+xy}<1$$

当 $-1<x_1<x_2<1$ 时,可得 $\frac{x_1-x_2}{1-x_1x_2} \in (-1,0)$,所以由题设①,可得

$$f(x_1)-f(x_2)=f(x_1)+f(-x_2)=f\left(\frac{x_1-x_2}{1-x_1x_2}\right)>0$$
$$f(x_1)>f(x_2)$$

因而 $f(x)$ 为减函数,选项 C 正确.

在②中令 $y=x$,可得 $f\left(\frac{2x}{1+x^2}\right)=2f(x)$.

设数列 $\{x_n\}$ 由 $x_1=\frac{1}{2}, x_{n+1}=\frac{2x_n}{1+x_n^2}(n \in \mathbf{N}^*)$ 确定,可得

$$f(x_{n+1})=f\left(\frac{2x_n}{1+x_n^2}\right)=2f(x_n)(n \in \mathbf{N}^*)$$

$$f(x_{n+1})=2^1f(x_n)=2^2f(x_{n-1})=\cdots=2^nf(x_1)=2^nf\left(\frac{1}{2}\right)(n \in \mathbf{N}^*)$$

由 $f(x)$ 为减函数,可得 $f\left(\frac{1}{2}\right)<f(0)=0$. 所以当正整数 $n \to +\infty$ 时, $f(x_{n+1}) \to -\infty$,得选项 D 错误.

5. BC. 由 $F'(x)=f'(x)-k$,可得 $F'(x)=0 \Leftrightarrow f'(x)=k \Leftrightarrow$ 曲线 $y=f(x)$ 的切线与直线 $y=kx+m$ 平行或重合.

在题图中从上到下平移直线 $y=kx+m$ 后,由"切线是割线的极限位置",可得 $f'(x)=k \Leftrightarrow x=x_1,x_2,x_3,x_4,x_5$(其中 $x_1<x_2<x_3<x_4<x_5$,如图 1 所示).

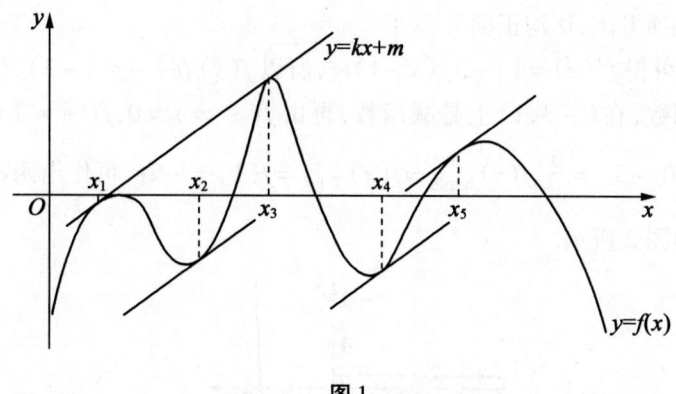

图 1

当 x 变化时,可得表 1:

表 1

x	$(-\infty, x_1)$	x_1	(x_1, x_2)	x_2	(x_2, x_3)	x_3	(x_3, x_4)	x_4	(x_4, x_5)	x_5	$(x_5, +\infty)$
$F'(x)$	+	0	-	0	+	0	-	0	+	0	-
$F(x)$	↗	极大值	↘	极小值	↗	极大值	↘	极小值	↗	极大值	↘

进而可得答案.

6. BCD. 由题设,可得

$$\sin(B+A) + \sin(B-A) = 2\sin 2A$$

$$2\sin B \cos A = 4\sin A \cos A$$

$$\cos A = 0 \text{ 或 } \sin B = 2\sin A$$

$$A = \frac{\pi}{2} \text{ 或 } b = 2a$$

再由题设"$c = 2, C = \frac{\pi}{3}$",可得:

(1)当 $A = \frac{\pi}{2}$ 时, $a = \frac{4}{\sqrt{3}}, b = \frac{2}{\sqrt{3}}$(此时 $a = 2b$,由此可排除选项 A);

(2)当 $b = 2a$ 时,由余弦定理 $c^2 = a^2 + b^2 - 2ab\cos C$ 可得 $c = \sqrt{3}a$,所以 $a = \frac{2}{\sqrt{3}}, b = \frac{4}{\sqrt{3}}$.

总之,$\triangle ABC$ 的三边长分别为 $\frac{2}{\sqrt{3}}, \frac{4}{\sqrt{3}}, 2$,它是有一角为 $\frac{\pi}{6}$ 的直角三角形. 从

而可验证选项 B,C,D 均正确.

7. BD. 可得 $f'(x)=(x+3)(x-1)\mathrm{e}^x$,所以 $f(x)$ 在 $(-\infty,-3),(1,+\infty)$ 上均是增函数,在 $(-3,1)$ 上是减函数,再由 $f(-\infty)=0,f(+\infty)=+\infty$ 及 $f(x)_{极大值}=f(-3)=\dfrac{6}{\mathrm{e}^3},f(x)_{极小值}=f(x)_{最小值}=f(1)=-2\mathrm{e}$,可作出函数 $f(x)$ 的图像大致如图 2 所示.

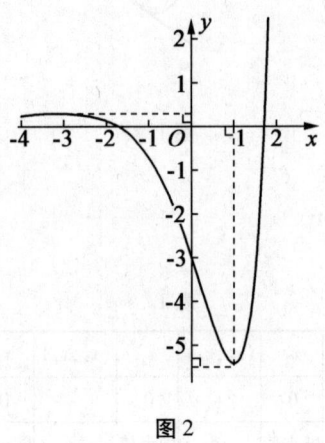

图 2

进而可得答案(对于选项 C,正确的结论应当是:方程 $f(x)=b$ 恰有一个实根,则 $\Leftrightarrow b=-2\mathrm{e}$ 或 $b>\dfrac{6}{\mathrm{e}^3}$).

8. BCD. 若 $r=0$,则 $A=\{(0,0)\},B=\{(a,b)\}$,得 $A\cap B$ 的元素个数是 0 或 1,与题设 $A\cap B$ 的元素个数是 2 矛盾!所以 $r\neq0$.因而题设即两个半径均为 $|r|$ 的圆 $O:x^2+y^2=r^2$ 与圆 $C:(x-a)^2+(y-b)^2=r^2$ 交于相异的两点 $M(x_1,y_1),N(x_2,y_2)$(图 3).

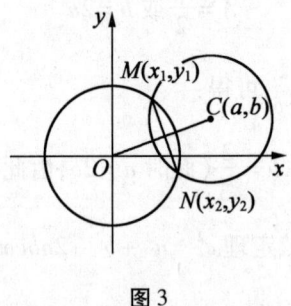

图 3

所以 $0<|OC|<2|r|$,即 $0<a^2+b^2<4r^2$,得选项 A 错误.

可得四边形 $OMCN$ 是菱形,其两条对角线 OC 与 MN 互相垂直平分,进而可得选项 B,C 均正确.

由 $|MO|^2=|MC|^2$, 可得 $x_1^2+y_1^2=(x_1-a)^2+(y_1-b)^2$, $a^2+b^2=2ax_1+2by_1$, 所以选项 D 正确.

把两个圆的方程相减后,可求得其公共弦所在直线的方程 $MN:2ax+2by-a^2-b^2=0$, 再由点 $M(x_1,y_1)$ 在该直线上, 也可得选项 D 正确.

9. **解法 1** C. 由题设,可得
$$x^2+y^2+\left(\frac{z+1}{2}\right)^2=1(x\geq 0,y\geq 0,z\geq 0)$$

因而 $\frac{1}{2}\leq \frac{z+1}{2}\leq 1$, 可设 $\frac{z+1}{2}=\sin\alpha, z=2\sin\alpha-1\left(\alpha\in\left[\frac{\pi}{6},\frac{\pi}{2}\right]\right)$, 再得 $x^2+y^2=\cos^2\alpha(x,y\in[0,\cos\alpha])$, 从而还可再设 $\begin{cases}x=\cos\alpha\cos\beta\\y=\cos\alpha\sin\beta\end{cases}\left(\beta\in\left[0,\frac{\pi}{2}\right]\right)$, 所以

$$5x+4y+3z=\cos\alpha(4\sin\beta+5\cos\beta)+6\sin\alpha-3\left(\alpha\in\left[\frac{\pi}{6},\frac{\pi}{2}\right],\beta\in\left[0,\frac{\pi}{2}\right]\right)$$

设 $f(\beta)=4\sin\beta+5\cos\beta\left(\beta\in\left[0,\frac{\pi}{2}\right]\right)$, 可得

$$f(\beta)=\sqrt{41}\sin\left(\beta+\arctan\frac{5}{4}\right), \beta+\arctan\frac{5}{4}\in\left[\arctan\frac{5}{4},\frac{\pi}{2}+\arctan\frac{5}{4}\right]$$

再由 $0<\arctan\frac{5}{4}<\frac{\pi}{2}<\frac{\pi}{2}+\arctan\frac{5}{4}<\pi$, 可知函数先增后减, 所以

$$f(\beta)_{\min}=\min\left\{f(0),f\left(\frac{\pi}{2}\right)\right\}=\min\{5,4\}=4$$
$$5x+4y+3z\geq 2(3\sin\alpha+2\cos\alpha)-3$$
$$\left(\text{当且仅当}\beta=\frac{\pi}{2}\text{时取等号},\alpha\in\left[\frac{\pi}{6},\frac{\pi}{2}\right],\beta\in\left[0,\frac{\pi}{2}\right]\right)$$

设 $g(\alpha)=3\sin\alpha+2\cos\alpha\left(\alpha\in\left[\frac{\pi}{6},\frac{\pi}{2}\right]\right)$, 可得

$$g(\alpha)=\sqrt{13}\sin\left(\alpha+\arctan\frac{2}{3}\right)\left(\alpha+\arctan\frac{2}{3}\in\left[\frac{\pi}{6}+\arctan\frac{2}{3},\frac{\pi}{2}+\arctan\frac{2}{3}\right]\right)$$

再由 $0<\frac{\pi}{6}+\arctan\frac{2}{3}<\frac{\pi}{6}+\frac{\pi}{4}<\frac{\pi}{2}<\frac{\pi}{2}+\arctan\frac{2}{3}<\pi$, 可知函数先增后减, 所以

$$g(\alpha)_{\min}=\min\left\{g\left(\frac{\pi}{6}\right),g\left(\frac{\pi}{2}\right)\right\}=\min\left\{\frac{3}{2}+\sqrt{3},3\right\}=3$$

$5x+4y+3z\geq 3$(当且仅当 $\alpha=\beta=\frac{\pi}{2}$, 即 $x=y=0,z=1$ 时取等号)

即 $5x+4y+3z$ 的最小值为 3.

解法 2 C. 由题设，可得
$$x^2+y^2+\left(\frac{z+1}{2}\right)^2=1(x\geq 0,y\geq 0,z\geq 0)$$

还可得 $x,y,z\in[0,1]$，因而 $5x\geq 4x^2$（当且仅当 $x=0$ 时取等号），$4y\geq 4y^2$（当且仅当 $y=0$ 或 1 时取等号），$3z\geq z^2+2z$（当且仅当 $z=0$ 或 1 时取等号），所以
$$5x+4y+3z\geq 4x^2+4y^2+z^2+2z=3$$
$$5x+4y+3z\geq 3(\text{当且仅当 }x=y=0,z=1\text{ 时取等号})$$

即 $5x+4y+3z$ 的最小值为 3.

注 可得 $4x^2+4y^2+z^2+2z=3(x,y,z\in\mathbf{R})$，即 $x^2+y^2+\left(\frac{z+1}{2}\right)^2=1$，再由柯西不等式，可得
$$\left(5x+4y+6\cdot\frac{z+1}{2}\right)^2\leq (5^2+4^2+6^2)\left[x^2+y^2+\left(\frac{z+1}{2}\right)^2\right]=77$$
$$-\sqrt{77}\leq 5x+4y+6\cdot\frac{z+1}{2}\leq \sqrt{77}$$
$$-\sqrt{77}-3\leq 5x+4y+3z\leq \sqrt{77}-3$$

进而可得，当且仅当 $(x,y,z)=\left(-\frac{5}{\sqrt{77}},-\frac{4}{\sqrt{77}},-\frac{12}{\sqrt{77}}-1\right)$ 时，$(5x+4y+3z)_{\min}=-\sqrt{77}-3$；当且仅当 $(x,y,z)=\left(\frac{5}{\sqrt{77}},\frac{4}{\sqrt{77}},\frac{12}{\sqrt{77}}-1\right)$ 时，$(5x+4y+3z)_{\max}=\sqrt{77}-3$.

但此解法不能解决原问题.

10. AC. 因为数列 $\{0\},\{n\}$ 均满足题设，所以选项 A 正确.

对于选项 B，可设等比数列 $\{a_n\}$ 的公比为 $q(q\neq 0)$.

当 $q=1$ 时，由 $S_2=2a_1\neq a_1=a_m$ 知，此时选项 B 的结论不正确；当 $q=-1$ 时，由 $S_2=0\neq a_m(m\in\mathbf{N}^*)$ 知，此时选项 B 的结论也不正确.

可得
$$S_n=a_m\Leftrightarrow 1+q+q^2+\cdots+q^{n-1}=q^{m-1}$$

由题设"$\forall n\in\mathbf{N}^*,\exists m\in\mathbf{N}^*$，使得 $S_n=a_m$"知，可设
$$1+q+q^2+\cdots+q^n=q^{m_1}(n,m_1\in\mathbf{N}^*)$$
$$(1+q+q^2+\cdots+q^n)(1+q^{n+1})=1+q+q^2+\cdots+q^n+q^{n+1}+\cdots+q^{2n+1}$$
$$=q^{m_2}(n,m_2\in\mathbf{N}^*)$$

把这两个等式相除后,设 $m_2 - m_1 = m(m \in \mathbf{Z})$,可得
$$1 + q^{n+1} = q^m(n, |m| \in \mathbf{N}^*)$$
$$|1 + q^{n+1}| = |q|^m(n, |m| \in \mathbf{N}^*)$$
所以对于任意的正奇数 n, $\exists |m| \in \mathbf{N}^*$,使得
$$1 + |q|^{n+1} = |q|^m \qquad ①$$
当 $|q| > 1$ 时,可得对于任意的正奇数 n,有
$$|q|^{n+1} < 1 + |q|^{n+1} = |q|^m$$
得 $m > n+1$,即 $m \geq n+2$,所以
$$1 + |q|^{n+1} = |q|^m \geq |q|^{n+2}$$
$$|q|^{n+1}(|q| - 1) \leq 1$$
$$n \leq \log_{|q|} \frac{1}{|q|-1} - 1$$

这显然是不可能的!

当 $0 < |q| < 1$ 时,可设 $|q| = \frac{1}{p}(p > 1)$,由①可得:

对于任意的正奇数 n, $\exists |m| \in \mathbf{N}^*$,使得
$$1 + \left(\frac{1}{p}\right)^{n+1} = \left(\frac{1}{p}\right)^m$$
$$p^{n+1} + 1 = p^{n+1-m}$$

进而可得
$$p^{n+1} + 1 \geq p^{n+2}$$

同理可得,这也是不可能的!

所以选项 B 错误.

若把选项 B 改为"$\{a_n\}_{n \geq 2}$ 可能为等比数列",这是正确的,比如由 $a_n = \begin{cases} 2, n=1 \\ 2^{n-1}, n \geq 2 \end{cases}$ 及 $a_n = \begin{cases} 0, n=1 \\ (-1)^n, n \geq 2 \end{cases}$ 确定的数列 $\{a_n\}$.

选项 C 正确,因为 $S_2 = a_1 + a_2 = a_m$,所以 $a_1 = a_m - a_2$;还可得 $a_{n+1} = S_{n+1} - S_n = a_k - a_l(n \in \mathbf{N}^*)$.

选项 D 错误,一个反例是:数列 $\{n\}$ 满足题设,但不存在正整数 m,使得 $1 + 2 + 3 + \cdots + m = a_2 = 2$.

11. D. 若甲猜对,则乙也猜对,由此可排除选项 A.

若乙猜对,则由题意知,甲、丙中有人猜对,与"有且只有 1 人猜对"矛盾!由此可排除选项 B.

若丙猜对,则乙也猜对,由此可排除选项 C.
所以选 D.

12. **解法 1** B. 如图 4 所示,可求得 $BA_1 = BD = \sqrt{5}, A_1D = \sqrt{2}$,进而可求得等腰 $\triangle A_1BD$ 的面积 $S_{\triangle A_1BD} = \dfrac{3}{2}$.

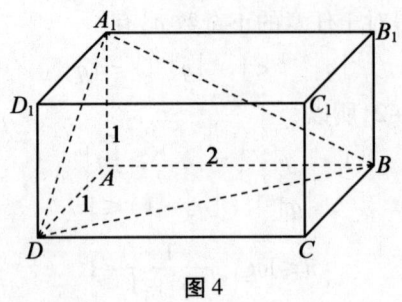

图 4

设点 A 到平面 A_1BD 的距离为 h,由 $V_{三棱锥A-A_1BD} = V_{三棱锥A_1-ABD}$ 可得

$$\dfrac{1}{3}S_{\triangle A_1BD} h = \dfrac{1}{3}S_{\triangle ABD} \cdot A_1A$$

$$\dfrac{1}{3} \cdot \dfrac{3}{2} \cdot h = \dfrac{1}{3}\left(\dfrac{1}{2} \cdot 2 \cdot 1\right) \cdot 1$$

$$h = \dfrac{2}{3}$$

解法 2 B. 可如图 5 所示建立空间直角坐标系 $A-xyz$,可得 $A(0,0,0)$, $A_1(0,0,1), B(0,2,0), D(1,0,0)$,进而可求得平面 A_1BD 的一个法向量是 $\boldsymbol{n} = (2,1,2), \overrightarrow{AA_1} = (0,0,1)$,所以点 A 到平面 A_1BD 的距离为

$$\dfrac{|\boldsymbol{n} \cdot \overrightarrow{AA_1}|}{|\boldsymbol{n}| \cdot |\overrightarrow{AA_1}|} = \dfrac{2}{3 \cdot 1} = \dfrac{2}{3}$$

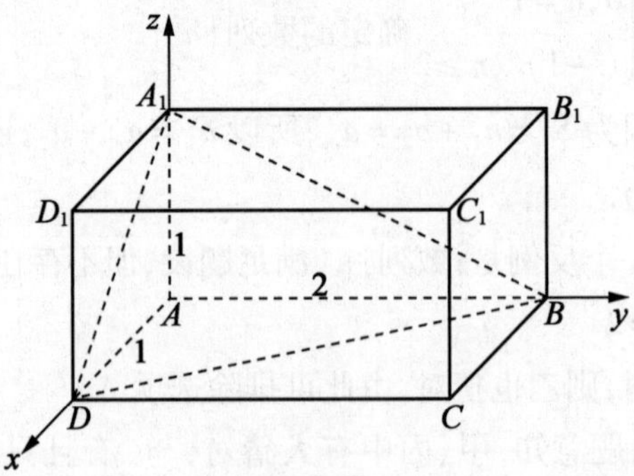

图 5

13. ABD. 如图6所示:区域 D 表示过点 $P(-1,-2)$ 的直线 $y+2=k(x+1)$ 的下方(因为点 $(-\infty,0)$ 满足不等式 $y+2\leqslant k(x+1)$)与正方形 $ABCD$(可得其边长为 $2\sqrt{2}$,所以其面积为8)围成的图形.

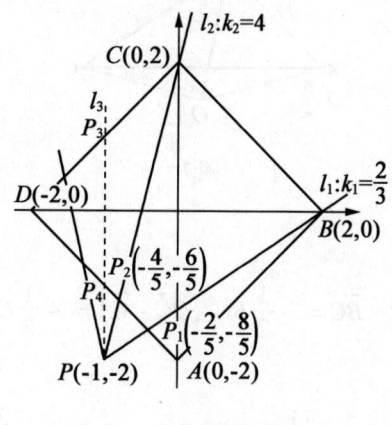

图6

选项 A 正确:若 $S=4$(为正方形 $ABCD$ 面积的一半),则直线 $y+2=k(x+1)$ 过坐标原点,所以该直线的斜率 $k=\dfrac{-2}{-1}=2$.

选项 B 正确:在图6中可得 $|AP_1|=\dfrac{2}{5}\sqrt{2}$,$S_{\triangle ABP_1}=\dfrac{1}{2}\cdot 2\sqrt{2}\cdot\dfrac{2}{5}\sqrt{2}=\dfrac{4}{5}$,所以 $\exists k\in\left(0,\dfrac{2}{3}\right)$,使得 $S=\dfrac{1}{2}$;当 k 不存在时,$S_{\triangle DP_3P_4}=1$,可得 $k_{PD}=\dfrac{0-(-2)}{(-2)-(-1)}=-2$,所以 $\exists k\in(-\infty,-2)$,使得 $S=\dfrac{1}{2}$.(还可得:若 $S=\dfrac{1}{2}$,则 k 的值有且仅有 2 个)

选项 C 错误:由对选项 B 的分析可知,当且仅当 $k\in(-\infty,-2)\cup\left(0,\dfrac{2}{3}\right]$ 时,D 为三角形.

选项 D 正确:由图6中直线 l_2 的斜率是 4 可得.

14. D. 如图7所示(可得 $\triangle ABC$ 是钝角三角形,但以下解答对任意三角形均适合),取 AB 的中点 D,联结 OD,可得 $OD\perp AB$,所以

$$\overrightarrow{OA}\cdot\overrightarrow{AB}=|\overrightarrow{OA}|\cdot|\overrightarrow{AB}|\cos(\pi-\angle OAD)$$
$$=-|\overrightarrow{AB}|\cdot(|\overrightarrow{OA}|\cos\angle OAD)$$
$$=-|\overrightarrow{AB}|\cdot|\overrightarrow{AD}|$$

$$= -\frac{1}{2}|\vec{AB}|^2$$

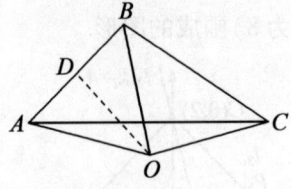

图7

同理,可得

$$\vec{OB} \cdot \vec{BC} = -\frac{1}{2}BC^2, \vec{OC} \cdot \vec{CA} = -\frac{1}{2}CA^2$$

所以

$$原式 = -\frac{1}{2}(AB^2 + BC^2 + CA^2) = -\frac{29}{2}$$

15. ABC. 由题设,可得 $P(\bar{B}) = 1 - 0.5 = 0.5$,所以

$$0.2 = P(A\bar{B}) = P(A) \times P(\bar{B}) = P(A) \times 0.5$$
$$P(A) = 0.4, P(\bar{A}) = 0.6$$
$$P(B\bar{A}) = P(B) \times P(\bar{A}) = 0.5 \times 0.6 = 0.3$$
$$P(AB) = P(A) \times P(B) = 0.4 \times 0.5 = 0.2$$
$$P(A+B) = P(A) + P(B) - P(AB) = 0.4 + 0.5 - 0.2 = 0.7$$

进而可得答案.

16. BD. 如图8所示,设 $\triangle ABC$ 的重心为 G,可不妨设过点 G 的直线与边 AB, AC 分别相交于点 D, E.

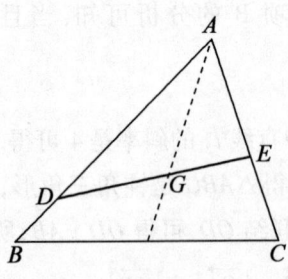

图8

又设 $\vec{AD} = x\vec{AB}, \vec{AE} = y\vec{AC}(x, y \in [0,1])$.

当 $x, y \in \{0, 1\}$ 时,DE 为 $\triangle ABC$ 的中线,此时分成两部分的面积比为1.

当 $x,y \in (0,1)$ 时,可得 $\dfrac{S_{\triangle ADE}}{S_{\triangle ABC}} = xy$.

还可得

$$\dfrac{3}{2}\overrightarrow{AG} = \dfrac{1}{2}\overrightarrow{AB} + \dfrac{1}{2}\overrightarrow{AC} = \dfrac{1}{2x}\overrightarrow{AD} + \dfrac{1}{2y}\overrightarrow{AE}$$

$$\overrightarrow{AG} = \dfrac{1}{3x}\overrightarrow{AD} + \dfrac{1}{3y}\overrightarrow{AE}$$

由 D,G,E 三点共线,可得

$$\dfrac{1}{3x} + \dfrac{1}{3y} = 1, \dfrac{1}{x} + \dfrac{1}{y} = 3, \dfrac{1}{y} = 3 - \dfrac{1}{x}\left(1 < \dfrac{1}{x} < 2\right)$$

设 $\dfrac{1}{x} = t(1 < t < 2)$,可得 $\dfrac{1}{xy} = t(3-t)(1<t<2)$,求得 $\dfrac{1}{xy} \in \left(2, \dfrac{9}{4}\right]$,$xy \in \left[\dfrac{4}{9}, \dfrac{1}{2}\right)$.

综上所述,可得 $\dfrac{S_{\triangle ADE}}{S_{\triangle ABC}} \in \left[\dfrac{4}{9}, \dfrac{1}{2}\right]$,所以过 $\triangle ABC$ 的重心作直线将 $\triangle ABC$ 分成两部分,则这两部分的面积之比的取值范围是 $\left[\dfrac{4}{5}, \dfrac{5}{4}\right]$,进而可得答案.

17. C. 如图 9 所示,设正 15 边形是正 15 边形 $A_1 A_2 \cdots A_{15}$. 规定逆时针方向为正方向. 若某个三角形在正方向意义下的"起点"为 A_1(请注意 $\triangle A_1 A_2 A_{15}$ 的"起点"为 A_{15},应记作 $\triangle A_{15} A_1 A_2$),则该三角形为钝角三角形的充要条件是另两个顶点选自 $A_2, A_3, \cdots, A_8$(因为正 15 边形 $A_1 A_2 \cdots A_{15}$ 的外接圆从顶点 A_1 出发的直径是 $A_1 B$,其中 B 是边 $A_8 A_9$ 的中点),得 C_7^2 个,进而可得所求答案是 $15 C_7^2 = 315$.

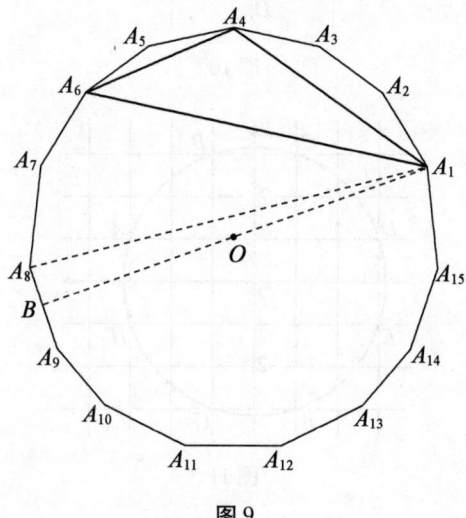

图 9

注 一般的结论是:从正 $2k+1(k\in \mathbf{N},k\geq 2)$ 边形的顶点中选出 3 个,可连成钝角三角形的不同选法有 $(2k+1)C_k^2=\dfrac{1}{2}k(k-1)(2k+1)$ 种,可连成直角三角形的选法有 0 种,可连成锐角三角形的不同选法有 $C_{2k+1}^3-(2k+1)C_k^2=\dfrac{1}{6}k(k+1)(2k+1)$ 种.

18. ACD. 若 $(a,b)(a,b\in \mathbf{Z})$ 是圆周 $x^2+y^2=r^2$ 上的一个整点,可得 $r\neq 0$,所以 a,b 不同时为 0.

(1) 若点 $(a,b)(a=0,b\neq 0)$ 在圆周 $x^2+y^2=r^2$ 上,则四个两两互异的点 $(0,\pm b),(\pm b,0)$ 也均在该圆周上.

(2) 若点 $(a,b)(a\neq 0,b=0)$ 在圆周 $x^2+y^2=r^2$ 上,则四个两两互异的点 $(\pm a,0),(0,\pm a)$ 也均在该圆周上.

(3) 若点 $(a,b)(ab\neq 0,a=b)$ 在圆周 $x^2+y^2=r^2$ 上,则四个两两互异的点 $(\pm a,a),(\pm a,-a)$ 也均在该圆周上.

(4) 若点 $(a,b)(ab\neq 0,a\neq b)$ 在圆周 $x^2+y^2=r^2$ 上,则八个两两互异的点 $(\pm a,b),(\pm a,-b),(\pm b,a),(\pm b,-a)$ 也均在该圆周上.

所以题设中的 n 一定是 4 的倍数,因而排除选项 B.

由图 10($r=1$)可知,选项 A 正确;由图 11($r=\sqrt{10}$)可知,选项 C 正确(当 $r=\sqrt{5}$ 时,也可得选项 C 正确);由图 12($r=5$)可知,选项 D 正确.

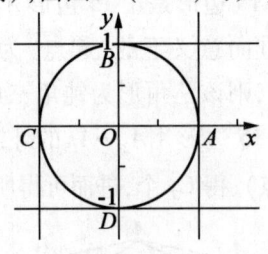

图 10

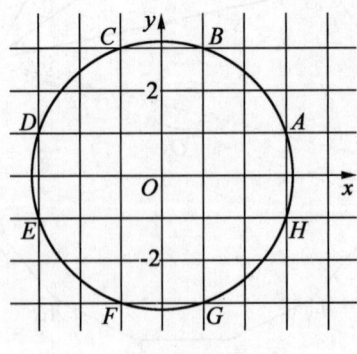

图 11

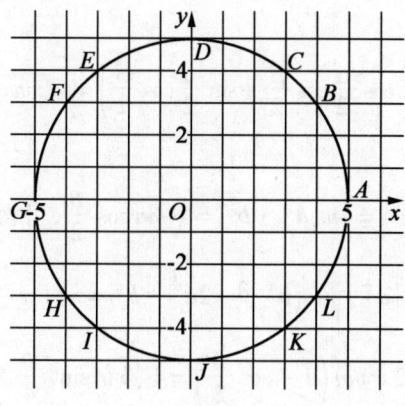

图 12

19. ACD. 设 $z = x + y\mathrm{i}(x, y \in \mathbf{R})$，由题设可得

$$2\sqrt{x^2 + y^2} \leqslant \sqrt{(x-1)^2 + y^2}$$

$$\left(x + \frac{1}{3}\right)^2 + y^2 \leqslant \left(\frac{2}{3}\right)^2$$

它表示以点 $A\left(-\dfrac{1}{3}, 0\right)$ 为圆心，$\dfrac{2}{3}$ 为半径的圆及其内部（图 13）.

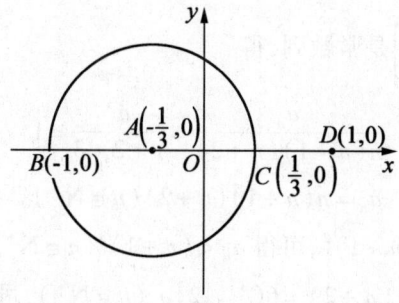

图 13

由直线 OA 与圆 $\left(x + \dfrac{1}{3}\right)^2 + y^2 = \left(\dfrac{2}{3}\right)^2$ 交于点 $B(-1,0), C\left(\dfrac{1}{3}, 0\right)$ 及 $|z| = \sqrt{x^2 + y^2} = |OA|$，可得 $|z|_{\max} = |OB| = 1, |z|_{\min} = 0$，所以选项 A 正确，选项 B 错误.

由 $\left(x + \dfrac{1}{3}\right)^2 + y^2 \leqslant \left(\dfrac{2}{3}\right)^2$，可得 $y_{\max} = \dfrac{2}{3}, x \leqslant \dfrac{1}{3}$，所以选项 C, D 均正确.

20. BCD. 因为 $\boldsymbol{a}^{\frac{1}{2}} \cdot \boldsymbol{a}^{\frac{1}{2}} = \left(\sqrt{m}\cos\dfrac{\alpha}{2}\right)^2 + \left(\sqrt{m}\sin\dfrac{\alpha}{2}\right)^2 = m$ 是数，而 $\boldsymbol{a}$ 是向

量,所以选项 A 错误.

由 $a^{\frac{1}{2}} \cdot b^{\frac{1}{2}} = \sqrt{mn}\left(\cos\frac{\alpha}{2}\cos\frac{\beta}{2} + \sin\frac{\alpha}{2}\cos\frac{\beta}{2}\right) = \sqrt{mn}\cos\frac{\alpha-\beta}{2} = \sqrt{mn}\cos\frac{\theta}{2}$,

知选项 B 正确.

由 $|a^{\frac{1}{2}}| = \sqrt{m}, |b^{\frac{1}{2}}| = \sqrt{n}, a^{\frac{1}{2}} \cdot b^{\frac{1}{2}} = \sqrt{mn}\cos\frac{\theta}{2}$,可得

$$|a^{\frac{1}{2}} - b^{\frac{1}{2}}|^2 = |a^{\frac{1}{2}}|^2 + |b^{\frac{1}{2}}|^2 - 2a^{\frac{1}{2}} \cdot b^{\frac{1}{2}} = m + n - 2\sqrt{mn}\cos\frac{\theta}{2}$$

$$\geq 2\sqrt{mn}\left(1 - \cos\frac{\theta}{2}\right) = 4\sqrt{mn}\sin^2\frac{\theta}{4}$$

$$|a^{\frac{1}{2}} + b^{\frac{1}{2}}|^2 = |a^{\frac{1}{2}}|^2 + |b^{\frac{1}{2}}|^2 + 2a^{\frac{1}{2}} \cdot b^{\frac{1}{2}} = m + n + 2\sqrt{mn}\cos\frac{\theta}{2}$$

$$\geq 2\sqrt{mn}\left(1 + \cos\frac{\theta}{2}\right) = 4\sqrt{mn}\cos^2\frac{\theta}{4}$$

所以选项 C,D 均正确.

21. AB. 由题设,可得

$$\frac{a_{n+1}}{(n+1)(n+2)(n+3)} = \frac{a_n}{n(n+1)(n+2)}$$

所以 $\left\{\dfrac{a_n}{n(n+1)(n+2)}\right\}$ 是常数列,得

$$\frac{a_n}{n(n+1)(n+2)} = \frac{a_1}{1 \cdot 2 \cdot 3} = 1$$

$$a_n = n(n+1)(n+2) \quad (n \in \mathbf{N}^*)$$

再由 $n(n+2) < (n+1)^2$,可得 $a_n < (n+1)^3 (n \in \mathbf{N}^*)$,即选项 A 正确.

再由 $a_n = n(n+1)(n+2) = 6C_{n+2}^3, 2|a_n (n \in \mathbf{N}^*)$,可得选项 B 正确.

由 $(n+1,n) = (n+1,n+2) = 1$,可得 $(n+1,n(n+2)) = 1$. 若 $a_n = (n+1) \cdot n(n+2)$ 为完全平方数,则 $(n+1), n(n+2)$ 均为完全平方数. 但 $n^2 < n(n+2) < (n+1)^2$,所以 $n(n+2)$ 不为完全平方数. 前后矛盾! 说明选项 C 错误.

由 $n^3 < n(n+1)(n+2) < (n+1)^3$,可知 $a_n = n(n+1)(n+2) (n \in \mathbf{N}^*)$ 不为完全立方数,即选项 D 错误.

22. BC. 把选项 A 中的方程化成直角坐标方程为 $x + y = 1$,它表示直线,所以选项 A 错误.

把选项 B 中的方程化成直角坐标方程为

$$2\sqrt{x^2+y^2} = 1-y\,(y\leqslant 1)$$

$$\frac{x^2}{\frac{1}{3}} + \frac{\left(y+\frac{1}{3}\right)^2}{\frac{4}{9}} = 1$$

所以选项 B 正确.

把选项 C 中的方程化成直角坐标方程为

$$2\sqrt{x^2+y^2} = 1+x\,(x\geqslant -1)$$

$$\frac{\left(x-\frac{1}{3}\right)^2}{\frac{4}{9}} + \frac{y^2}{\frac{1}{3}} = 1$$

所以选项 C 正确.

把选项 D 中的方程化成直角坐标方程为

$$\sqrt{x^2+y^2} = 1-2y\left(y\leqslant \frac{1}{2}\right)$$

$$\frac{\left(y-\frac{2}{3}\right)^2}{\frac{1}{9}} - \frac{x^2}{\frac{1}{3}} = 1\left(y\leqslant \frac{1}{3}\right)$$

所以选项 D 错误.

23. ABC. 由 $\sin \pi x \leqslant 1$, 可得 $f(x) = \dfrac{\sin \pi x}{\left(x-\frac{1}{2}\right)^2+\frac{3}{4}} \leqslant \dfrac{1}{\left(x-\frac{1}{2}\right)^2+\frac{3}{4}} \leqslant \dfrac{4}{3}$, 选项 A 正确 (还可得: 当且仅当 $x=\dfrac{1}{2}$ 时, $f(x)_{\max} = \dfrac{4}{3}$).

用导数可证得 $\sin \theta \leqslant \theta\,(\theta \geqslant 0)$, 所以 $|\sin \alpha| \leqslant |\alpha|\,(\alpha \in \mathbf{R})$, $\left|\dfrac{\sin x}{x}\right| \leqslant 1$, 进而可得:

当 $x\neq 0$ 时, $\dfrac{|f(x)|}{|x|} = \left|\dfrac{\sin \pi x}{\pi x}\right| \cdot \dfrac{\pi |x|}{\left(x-\frac{1}{2}\right)^2+\frac{3}{4}} \leqslant \dfrac{\pi |x|}{\left(x-\frac{1}{2}\right)^2+\frac{3}{4}} \leqslant \dfrac{4\pi}{3}|x| <$

$5|x|$; 当 $x=0$ 时, $|f(x)| = 0 = 5|x|$.

所以选项 B 正确.

可得 $f(1-x) = f(x)$, 所以直线 $x = \dfrac{1}{2}$ 是曲线 $y=f(x)$ 的一条对称轴, 得选

项 C 正确.

若选项 D 正确,则可设曲线 $y=f(x)$ 关于点 (a,b) 对称,得 $f(x)+f(2a-x)=2b(x\in\mathbf{R})$ 恒成立.

若 $a=\dfrac{1}{2}$,由对选项 C 的分析得到的结论 $f(1-x)=f(x)$,可得 $f(x)=b(x\in\mathbf{R})$,这不可能! 所以 $a\neq\dfrac{1}{2}$.

还可得 $\begin{cases}f(x)-b=f(1-x)-b\\ f(x)-b+f(2a-x)-b=0\end{cases}$.

设 $g(x)=f(x)-b$,可得 $\begin{cases}g(x)=g(1-x)\\ g(x)=-g(2a-x)\end{cases}$,所以 $g(1-x)=-g(2a-x)$,即 $g(t)=-g(t+2a-1)$,所以

$$g(t)=-g(t+2a-1)=g(t+4a-2)(t\in\mathbf{R})$$
$$f(x)=f(x+4a-2)(x\in\mathbf{R}),a\neq\dfrac{1}{2}$$

这将与对选项 A 的分析得到的结论"当且仅当 $x=\dfrac{1}{2}$ 时,$f(x)_{\max}=\dfrac{4}{3}$"矛盾! 所以选项 D 错误.

24. ABC. 由 $A+B=\pi-C>\dfrac{\pi}{2}$,可得 $0<\dfrac{\pi}{2}-B<A<\dfrac{\pi}{2}$,所以

$$\sin A>\sin\left(\dfrac{\pi}{2}-B\right)=\cos B,\tan A>\tan\left(\dfrac{\pi}{2}-B\right)=\cot B$$

所以选项 A,B 均正确.

由 C 是锐角及余弦定理,可得 $0<\cos C=\dfrac{a^2+b^2-c^2}{2ab}$,所以 $a^2+b^2>c^2$,即选项 C 正确.

由 $4^2+5^2=41>6^2$,可知三边长分别是 $4,5,6$ 的三角形是锐角三角形. 但 $4^3+5^3=189<216=6^3$,说明选项 D 错误. ($a=5,b=9,c=10$ 也是反例)

以下内容是笔者发表于《河北理科教学研究》2017 年第 2 期第 54~55 页的文章《勾股定理的推广》.

普通高中课程标准实验教科书《数学 5·必修·A 版》(人民教育出版社,2007 年第 3 版)第 6 页写道:

"从余弦定理和余弦函数的性质可知,如果一个三角形两边的平方和等于第三边的平方,那么第三边所对的角是直角;如果小于第三边的平方,那么第三

边所对的角是钝角;如果大于第三边的平方,那么第三边所对的角是锐角.从上可知,余弦定理可以看作是勾股定理的推广."

还可得以上三个结论的逆命题也成立,即:

定理1 用 a,b,c 分别表示 $\triangle ABC$ 的内角 A,B,C 所对的边(下同),则
$$C<(=,>)90°\Leftrightarrow a^2+b^2>(=,<)c^2.$$

下面再给出与勾股定理类似的几个结论.

定理2 在 $\triangle ABC$ 中,若 $C\geq 90°,\alpha>2$,则 $a^\alpha+b^\alpha<c^\alpha$.

证明 由定理1,得 $a^2+b^2\leq c^2,\left(\dfrac{a}{c}\right)^2+\left(\dfrac{b}{c}\right)^2\leq 1,\dfrac{a}{c},\dfrac{b}{c}\in(0,1)$,所以
$$\left(\dfrac{a}{c}\right)^\alpha<\left(\dfrac{a}{c}\right)^2,\left(\dfrac{b}{c}\right)^\alpha<\left(\dfrac{b}{c}\right)^2.$$

相加,得
$$\left(\dfrac{a}{c}\right)^\alpha+\left(\dfrac{b}{c}\right)^\alpha<\left(\dfrac{a}{c}\right)^2+\left(\dfrac{b}{c}\right)^2\leq 1$$
$$a^\alpha+b^\alpha<c^\alpha.$$

定理3 在 $\triangle ABC$ 中,若 $C\leq 90°,0<\beta<2$,则 $a^\beta+b^\beta>c^\beta$.

证明 由定理1,得 $a^2+b^2\geq c^2,\left(\dfrac{a}{c}\right)^2+\left(\dfrac{b}{c}\right)^2\geq 1$.

当 c 为最大边时,$\dfrac{a}{c},\dfrac{b}{c}\in(0,1],\left(\dfrac{a}{c}\right)^\beta\geq\left(\dfrac{a}{c}\right)^2,\left(\dfrac{b}{c}\right)^\beta\geq\left(\dfrac{b}{c}\right)^2$.

若 $a=b=c$,得 $a^\beta+b^\beta>c^\beta$;若 a,b,c 不全相等,得
$$\left(\dfrac{a}{c}\right)^\beta+\left(\dfrac{b}{c}\right)^\beta>\left(\dfrac{a}{c}\right)^2+\left(\dfrac{b}{c}\right)^2\geq 1$$
$$a^\beta+b^\beta>c^\beta.$$

当 c 不为最大边时,可不妨设 $a>c$,得 $a^\beta>c^\beta$,所以 $a^\beta+b^\beta>c^\beta$.

所以定理3获证.

下面再分别给出定理2,3的逆否命题:

定理4 在 $\triangle ABC$ 中,若 $\alpha>2,a^\alpha+b^\alpha\geq c^\alpha$,则 $C<90°$.

定理5 在 $\triangle ABC$ 中,若 $0<\beta<2,a^\beta+b^\beta\leq c^\beta$,则 $C>90°$.

《数学通报》2013年第7期给出了数学问题"2129 已知 $\triangle ABC$ 的三边 a,b,c 满足 $a^{\frac{5}{3}}+b^{\frac{5}{3}}=c^{\frac{5}{3}}$,求证:$\triangle ABC$ 是钝角三角形."(供题人:安振平)的解答,解答很复杂,还用到了隐函数的求导.而由定理5立知欲证成立.

由定理1知,第24题的选项C正确.

25. ABC. 对于选项A,由 $f'(0)=1$ 知,函数 $f(x)$ 在 $x=0$ 处连续,所以

$\lim\limits_{x\to 0} f(x) = f(0) = 1 > 0$. 再由极限的保号性可知,选项 A 正确.

对于选项 C,由 $f'(0) = \lim\limits_{x\to 0}\dfrac{f(x)-f(0)}{x-0} = \lim\limits_{x\to 0}\dfrac{f(x)-1}{x} = 1 > 0$ 及极限的保号性知,$\exists \delta \in (0,1)$ 使得当 $x \in (0,\delta)$ 时,$\dfrac{f(x)-1}{x} > 0$,即 $f(x) > 1$.

由 $f'(0) = 1 > 0$ 知,在 0 附近存在区间,使得 $f'(x) > 0$,所以选项 B 正确.

选择函数 $f(x) = x+1(-1<x<1)$,可知选项 D 错误.

26. B. 可得 $\angle AP_kB \in (0,\pi]$,$\sin\angle AP_kB \in [0,1]$ $(k=1,2,\cdots,n)$.

把区间 $[0,1]$ 划分成 $\left[0,\dfrac{1}{3}\right]$,$\left(\dfrac{1}{3},\dfrac{2}{3}\right)$,$\left[\dfrac{2}{3},1\right]$ 这三个区间(每个区间的长度均为 $\dfrac{1}{3}$).对于四个两两互异的点 P_1,P_2,P_3,P_4,由抽屉原理知,必存在两个点 P_i,P_j,使得 $|\sin\angle AP_iB - \sin\angle AP_jB| \leqslant \dfrac{1}{3}$.

设 $P_i(a_i,0)(i=1,2,3)$,选 $a_1 \to 0^+$,$a_2 = \dfrac{\pi}{6}$,$a_3 = \dfrac{\pi}{2}$,可得 $\sin\angle AP_1B \to 0^+$,$\sin\angle AP_2B = \dfrac{1}{2}$,$\sin\angle AP_3B = 1$,进而可得三个点 $P_i(a_i,0)(i=1,2,3)$ 不满足题设.

综上所述,可得所求 n 的最小值为 4.

27. 解法 1 AC. 可得

$$x + \sqrt{x^2+y^2} = x + \sqrt{x^2+(1-2x)^2} = x + \sqrt{5x^2-4x+1}\left(0 \leqslant x \leqslant \dfrac{1}{2}\right)$$

令 $f(x) = x + \sqrt{5x^2-4x+1}\left(0 \leqslant x \leqslant \dfrac{1}{2}\right)$,可得

$$f'(x) = \dfrac{\sqrt{5x^2-4x+1}+5x-2}{\sqrt{5x^2-4x+1}}\left(0 \leqslant x \leqslant \dfrac{1}{2}\right)$$

再令 $f'(x) = 0$,可得 $x = \dfrac{3}{10}$. 进而还可得 $f(x)$ 在 $\left[0,\dfrac{3}{10}\right]$,$\left(\dfrac{3}{10},\dfrac{1}{2}\right]$ 上分别是减函数、增函数,所以 $f(x)_{\min} = f\left(\dfrac{3}{10}\right) = \dfrac{4}{5}$;再由 $f(0) = f\left(\dfrac{1}{2}\right) = 1$,可得 $f(x)_{\max} = 1$.

解法 2 AC. 由柯西不等式,可得

$$x + \sqrt{x^2+y^2} = x + \dfrac{1}{5}\sqrt{(3^2+4^2)(x^2+y^2)}$$

$$\geqslant x + \dfrac{1}{5}(3x+4y)$$

$$= \frac{4}{5}(2x+y)$$

$$= \frac{4}{5}$$

当且仅当 $\begin{cases} \dfrac{x}{3}=\dfrac{y}{4} \\ 2x+y=1 \end{cases}$ 即 $\begin{cases} x=\dfrac{3}{10} \\ y=\dfrac{4}{10} \end{cases}$ 时，$(x+\sqrt{x^2+y^2})_{\min}=\dfrac{4}{5}$.

还可得

$$x+\sqrt{x^2+y^2} \leqslant x+(x+y)=2x+y=1$$

当且仅当 $\begin{cases} xy=0 \\ 2x+y=1 \end{cases}$，即 $(x,y)=(0,1)$ 或 $\left(\dfrac{1}{2},0\right)$ 时，$(x+\sqrt{x^2+y^2})_{\max}=1$.

解法 3　AC. 如图 14 所示，在平面直角坐标系 xOy 中，点 $P(x,y)$ 在线段 AB 上，其中 $A\left(\dfrac{1}{2},0\right),B(0,1)$.

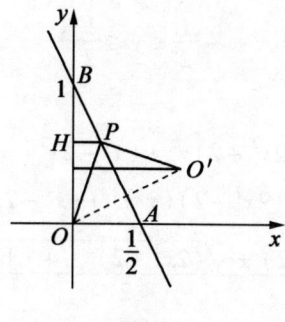

图 14

设点 P 在 y 轴上的射影是点 $H(0,y)$，可得

$$x+\sqrt{x^2+y^2}=|HP|+|PO|=|O'P|+|PH|\geqslant x_{O'}=\frac{4}{5}$$

其中点 O' 是点 O 关于直线 AB 的对称点，可求得 $O'\left(\dfrac{4}{5},\dfrac{2}{5}\right)$. 得 $(x+\sqrt{x^2+y^2})_{\min}=\dfrac{4}{5}$.

在解法 2 中已求得 $(x+\sqrt{x^2+y^2})_{\max}=1$.

28. A.（排除法）当左边连续排 49 个白球（右边连续排 50 个黑球）时，可排除选项 B,D.

当最左边排 50 个黑球，其右边再排 49 个白球时，可排除选项 C.

所以选 A.

29. 解法 1 C. 先从五个数字中选出三个数字,有 C_5^3 种选法,比如选的是 1,2,3;再确定不重复用的数字,有 C_3^1 种方法,比如是 3;对数字 3 的安排有 C_5^1 种方法,对数字 1 的安排有 C_4^2 种方法,剩下的两个位置均安排 2. 因而所求答案是 $C_5^3 C_3^1 C_5^1 C_4^2 = 900$.

解法 2 C. 按照有重复元素的排列方法,可得答案是 $C_5^3 C_3^1 \cdot \dfrac{A_5^5}{A_2^2 A_2^2} = 900$.

30. 解法 1 ABD. 设 $f(x,y) = y^4 + (2x^2 + 2)y^2 + (x^4 - 2x^2)$,可得 $f(x,y) = f(x,-y) = f(-x,y) = f(-x,-y)$,所以曲线 L 关于 x 轴、y 轴、坐标原点均对称,因而选项 A,B 均正确.

由曲线 L 经过点 $(\sqrt{2}, 0)$,可得选项 C 错误.

由 $f(x,y) = 0$,即 $(x^2)^2 + (2y^2 - 2)(x^2)^1 + (y^4 + 2y^2) = 0$,可得

$$\Delta = (2y^2 - 2)^2 - 4 \cdot 1 \cdot (y^4 + 2y^2) = 4(1 + 2y^2)(1 - 2y^2) \geq 0$$

$$-\dfrac{1}{2} \leq y \leq \dfrac{1}{2}$$

所以选项 D 正确.

解法 2 ABD. 由 $y^4 + (2x^2 + 2)y^2 + (x^4 - 2x^2) = 0$,可得

$$(y^2)^2 + (2x^2 + 2)(y^2)^1 + (x^4 - 2x^2) = 0$$

$$y^2 = \dfrac{-(2x^2 + 2) \pm \sqrt{(2x^2 + 2)^2 - 4 \cdot 1 \cdot (x^4 - 2x^2)}}{2}$$

$$y^2 = \sqrt{4x^2 + 1} - x^2 - 1$$

曲线 L 关于 x 轴、y 轴、坐标原点均对称,因而选项 A,B 均正确.

若选项 C 正确,可得 $x^2 + y^2 = \sqrt{4x^2 + 1} - 1 \leq 1, -\dfrac{\sqrt{3}}{2} \leq x \leq \dfrac{\sqrt{3}}{2}$,这与曲线 L: $y^2 = \sqrt{4x^2 + 1} - x^2 - 1$ 过点 $(\sqrt{2}, 0)$ 矛盾! 所以选项 C 错误.

在曲线 L 中,可设 $x = \dfrac{1}{2} \tan\theta \left(-\dfrac{\pi}{2} < \theta < \dfrac{\pi}{2}\right)$,得

$$y^2 = -\dfrac{1}{4}\left(\dfrac{1}{\cos\theta}\right)^2 + \dfrac{1}{\cos\theta} - \dfrac{3}{4} = \dfrac{1}{4} - \dfrac{1}{4}\left(\dfrac{1}{\cos\theta} - 2\right)^2 \leq \dfrac{1}{4} \left(\dfrac{1}{\cos\theta} \geq 1\right)$$

$$-\dfrac{1}{2} \leq y \leq \dfrac{1}{2}$$

所以选项 D 正确.

§24 2015年清华大学数学物理体验营数学试题参考答案

1. 可得

$$f(x) = (1-\cos 2x)\sin 2x - \sin 2x - \frac{1}{2}\cos 4x$$
$$= -\frac{1}{2}\sin 4x - \frac{1}{2}\cos 4x$$
$$= -\frac{\sqrt{2}}{2}\sin\left(4x + \frac{\pi}{4}\right)$$

所以本题的答案是:

(1) $f(x)$ 的最小正周期是 $\frac{\pi}{2}$,最大值是 $\frac{\sqrt{2}}{2}$.

(2) $f(x)$ 的单调递增区间是 $\left[\frac{k\pi}{2}+\frac{\pi}{16}, \frac{k\pi}{2}+\frac{5\pi}{16}\right] (k \in \mathbf{Z})$.

2. 可得 $f'(x) = 4(x-a)(\ln x + 1)(x > 0)$.

(1) 当 $a \leqslant 0$ 时,函数 $f(x)$ 的单调递减、递增区间分别是 $\left(0, \frac{1}{e}\right)$,$\left(\frac{1}{e}, +\infty\right)$;

当 $0 < a < \frac{1}{e}$ 时,函数 $f(x)$ 的单调递增区间是 $(0, a)$,$\left(\frac{1}{e}, +\infty\right)$,单调递减区间是 $\left(a, \frac{1}{e}\right)$;

当 $a = \frac{1}{e}$ 时,函数 $f(x)$ 的单调递增区间是 $(0, +\infty)$,没有单调递减区间;

当 $a > \frac{1}{e}$ 时,函数 $f(x)$ 的单调递增区间是 $\left(0, \frac{1}{e}\right)$,$(a, +\infty)$,单调递减区间是 $\left(\frac{1}{e}, a\right)$.

(2) 解法 1:由(1)的答案,可得:

若 $a \leqslant 1$,则 $f(x)$ 在 $[1, +\infty)$ 上单调递增,所以 $\forall x \in [1, +\infty)$,有 $f(x) \geqslant f(1) = 1 > 0$,满足题意.

若 $a>1$，则 $f(x)$ 在 $[1,a]$，$[a,+\infty)$ 上分别单调递减、单调递增，所以题设等价于 $f(a)=a^2(1-2\ln a)>0$，即 $1<a<\sqrt{e}$．

所以所求 a 的取值范围是 $(-\infty,\sqrt{e})$．

解法 2：可得题设即 $(2x-4a)\ln x+x>0$，也即 $2x+\dfrac{x}{\ln x}>4a$ 在 $x>1$ 时恒成立．

设 $g(x)=2x+\dfrac{x}{\ln x}(x>1)$，可得 $g'(x)=\dfrac{\ln x+1}{\ln^2 x}(2\ln x-1)(x>1)$，进而可得函数 $g(x)$ 在 $(1,\sqrt{e})$，$(\sqrt{e},+\infty)$ 上分别是减函数、增函数，所以 $g(x)_{\min}=g(\sqrt{e})=4\sqrt{e}$．

得题意即 $4\sqrt{e}>4a$，$a<\sqrt{e}$，所以所求 a 的取值范围是 $(-\infty,\sqrt{e})$．

3．(1)可得

$$P(X=0)=\theta\cdot\left(1-\dfrac{1}{2}\right)^2=\dfrac{\theta}{4}$$

$$P(X=1)=\theta\left[\dfrac{1}{2}\cdot\left(1-\dfrac{1}{2}\right)+\left(1-\dfrac{1}{2}\right)\cdot\dfrac{1}{2}\right]=\dfrac{\theta}{2}$$

$$P(X=2)=\theta\cdot\left(\dfrac{1}{2}\right)^2+(1-\theta)\cdot 1\cdot 1=1-\dfrac{3}{4}\theta$$

所以 X 的分布列见表 1．

表 1

X	0	1	2
P	$\dfrac{\theta}{4}$	$\dfrac{\theta}{2}$	$1-\dfrac{3}{4}\theta$

(2)由(1)的答案知，对于任意一次试验，结果中出现正面的概率是 $\dfrac{\theta}{2}+\left(1-\dfrac{3}{4}\theta\right)=1-\dfrac{\theta}{4}$，不出现正面的概率是 $\dfrac{\theta}{4}$，所以

$$P(Y=k)=C_n^k\left(1-\dfrac{\theta}{4}\right)^{n-k}\left(\dfrac{\theta}{4}\right)^k(k=0,1,2,\cdots,n)$$

4．(1)可求得椭圆的方程为 $\dfrac{x^2}{2}+y^2=1$．

(2)可得 $F_1(-1,0)$，$F_2(1,0)$，设 $A(x_0,y_0)$，$B(x_1,y_1)$，$C(x_2,y_2)$．

当 $y_0 = 0$ 时,由对称性知,可不妨设 $A(\sqrt{2}, 0)$,得 $\lambda_1 + \lambda_2 = \dfrac{\sqrt{2}+1}{\sqrt{2}-1} + \dfrac{\sqrt{2}-1}{\sqrt{2}+1} = 6.$

当 $y_0 \neq 0$ 时,联立直线 AB 的方程 $x = \dfrac{x_0+1}{y_0}y - 1$ 与椭圆的方程 $\dfrac{x^2}{2} + y^2 = 1$,得

$$\left[\left(\dfrac{x_0+1}{y_0}\right)^2 + 2\right]y^2 - \dfrac{2(x_0+1)}{y_0}y - 1 = 0$$

由韦达定理,可得 $y_1 = \dfrac{-y_0}{(x_0+1)^2 + 2y_0^2}.$

同理,可得 $y_2 = \dfrac{-y_0}{(x_0-1)^2 + 2y_0^2}.$

由 $\overrightarrow{AF_1} = \lambda_1 \overrightarrow{F_1B}, \overrightarrow{AF_2} = \lambda_2 \overrightarrow{F_2C}$,可得 $\lambda_1 y_1 + y_0 = 0, \lambda_2 y_2 + y_0 = 0$,所以

$$\lambda_1 + \lambda_2 = -\dfrac{y_0}{y_1} - \dfrac{y_0}{y_2} = [(x_0+1)^2 + 2y_0^2] + [(x_0-1)^2 + 2y_0^2] = 6$$

综上所述,可得 $\lambda_1 + \lambda_2 = 6.$

(3)设 $A(x_0, y_0), B(x_1, y_1), C(x_2, y_2).$

可设直线 AC 的方程为 $x = ky + 1$,与椭圆的方程 $\dfrac{x^2}{2} + y^2 = 1$ 联立,得

$$(k^2 + 2)y^2 + 2ky - 1 = 0$$

所以

$$y_0 + y_2 = -\dfrac{2k}{k^2+2}, \quad y_0 y_2 = -\dfrac{1}{k^2+2}$$

得

$$|y_0 - y_2|^2 = (y_0 + y_2)^2 - 4y_0 y_2 = \dfrac{2(4k^2+4)}{(k^2+2)^2} \leq 2$$

$|y_0 - y_2| \leq \sqrt{2}$(当且仅当 $k = 0$ 时取等号)

所以 $\triangle F_1 AC$ 的面积 $S = \dfrac{1}{2} \cdot 2 \cdot |y_0 - y_2| \leq \sqrt{2}$,得 S 的最大值是 $\sqrt{2}.$

5.(1)若 $a_n \leq a_{n+1}$,可得

$$\dfrac{1}{2} = \sum_{k=1}^{n} a_n^k \leq \sum_{k=1}^{n} a_{n+1}^k < \sum_{k=1}^{n+1} a_{n+1}^k = \dfrac{1}{2}$$

这不可能! 所以 $a_n > a_{n+1}.$

(2)易知 $0 < a_n \leq \dfrac{1}{2}$,可得

$$\dfrac{1}{2} = \sum_{k=1}^{n} a_n^k = \dfrac{a_n - a_n^{n+1}}{1 - a_n}, 3a_n - 1 = 2a_n^{n+1}$$

所以
$$0 < 3a_n - 1 = 2a_n^{n+1} \leqslant \frac{1}{2^n}$$

令正整数 $m = \max\left\{1, \left[\log_2 \frac{1}{3\varepsilon}\right]\right\}$（$\left[\log_2 \frac{1}{3\varepsilon}\right]$ 表示不超过 $\log_2 \frac{1}{3\varepsilon}$ 的最大整数），则当 $n > m$ 时，可得

$$n > \log_2 \frac{1}{3\varepsilon}$$

$$0 < 3a_n - 1 \leqslant \frac{1}{2^n} < 3\varepsilon$$

$$0 < a_n - \frac{1}{3} < \varepsilon$$

6.(1) 先给出：

引理 1 $\forall a,b,c \in \{0,1\}$, $||a-c|-|b-c|| = |a-b|$.

事实上,当 $a = b$ 时,引理成立;当 $a \neq b$ 时,根据对称性,可不妨设 $a = 1, b = 0$,得 $||a-c|-|b-c|| = |1-2c| = 1 = |a-b|$,得引理也成立.

再来证明本小题.

记 $C = (c_1, c_2, \cdots, c_n) \in S_n$,得 $A - C = (|a_1 - c_1|, |a_2 - c_2|, \cdots, |a_n - c_n|)$, $B - C = (|b_1 - c_1|, |b_2 - c_2|, \cdots, |b_n - c_n|)$,再由引理得

$$d(A-C, B-C) = \sum_{i=1}^{n} ||a_i - c_i| - |b_i - c_i||$$
$$= \sum_{i=1}^{n} |a_i - b_i|$$
$$= d(A, B)$$

注意到

$$d(A,B) + d(B,C) + d(C,A) = \sum_{i=1}^{n}(|a_i - b_i| + |b_i - c_i| + |c_i - a_i|)$$
$$\equiv \sum_{i=1}^{n}(a_i - b_i + b_i - c_i + c_i - a_i)$$
$$\equiv 0 \pmod{2}$$

所以 $d(A,B), d(B,C), d(C,A)$ 中至少有一个为偶数.

(2) 先给出：

引理 2 设 $\lambda_i \in \{0,1\}(i = 1,2,\cdots,m)$,则 $\sum\limits_{1 \leqslant i < j \leqslant m} |\lambda_i - \lambda_j| \leqslant \frac{m^2}{4}$.

事实上,设 $\lambda_i (i = 1,2,\cdots,m)$ 中有 k 个 0, $m-k$ 个 1,则

$$\sum_{1\leqslant i<j\leqslant m}|\lambda_i-\lambda_j|=k(m-k)\leqslant\frac{m^2}{4}$$

再来证明本小题.

记 $P=\{A_1,A_2,\cdots,A_m\}$, $A_k=(a_{k_1},a_{k_2},\cdots,a_{k_n})$, $k=1,2,\cdots,m$, 则 P 中所有两元素间的距离的总和为

$$S_m=\sum_{1\leqslant i<j\leqslant m}d(A_i,A_j)=\sum_{1\leqslant i<j\leqslant m}\sum_{k=1}^n|a_{i_k}-a_{j_k}|\leqslant\sum_{k=1}^n\frac{m^2}{4}=\frac{m^2n}{4}$$

所以

$$\overline{d}(P)=\frac{S_m}{C_m^2}=\frac{2S_m}{m(m-1)}\leqslant\frac{mn}{2(m-1)}$$

(3) 可得 $M\subseteq S_3$, $S_3=\{(0,0,0),(0,0,1),(0,1,0),(1,0,0),(0,1,1),(1,0,1),(1,1,0),(1,1,1)\}$, 进而可分八种情况, 讨论如下:

若 $(0,0,0)\in M$, 由 M 中元素间的距离均为 2, 可得其他元素只可能是 $(0,1,1),(1,0,1),(1,1,0)$. 还可验证集合 $\{(0,0,0),(0,1,1),(1,0,1),(1,1,0)\}$ 满足题意, 所以此时 $M=\{(0,0,0),(0,1,1),(1,0,1),(1,1,0)\}$.

若 $(0,0,1)\in M$, 由 M 中元素间的距离均为 2, 可得其他元素只可能是 $(0,1,0),(1,0,0),(1,1,1)$. 还可验证集合 $\{(0,0,1),(0,1,0),(1,0,0),(1,1,1)\}$ 满足题意, 所以此时 $M=\{(0,0,1),(0,1,0),(1,0,0),(1,1,1)\}$.

若 $(0,1,0)\in M$, …… 可得此时 $M=\{(0,0,1),(0,1,0),(1,0,0),(1,1,1)\}$.

……

综上所述, 满足题意的集合 M 为 $\{(0,0,0),(0,1,1),(1,0,1),(1,1,0)\}$ 或 $\{(0,0,1),(0,1,0),(1,0,0),(1,1,1)\}$.

§25 2015 年复旦大学自主招生数学试题参考答案

1. 由三次函数图像的拐点是该图像的对称中心(即三次函数 $f(x)$ 图像的对称中心是 $(x_0,f(x_0))$, 其中 $f''(x_0)=0$), 可得函数 $f(x)$ 的图像关于点 $\left(\frac{1}{2},\frac{1}{2}\right)$ 对称, 所以 $f(x)+f(1-x)=1$, 因而 $f\left(\frac{k}{2\,015}\right)+f\left(\frac{2\,015-k}{2\,015}\right)=1$ ($k=1,2,3,\cdots,2\,014$).

因为

$$\sum_{k=1}^{2\,015} f\left(\frac{k}{2\,015}\right) = f\left(\frac{1}{2\,015}\right) + f\left(\frac{2}{2\,015}\right) + f\left(\frac{3}{2\,015}\right) + \cdots + f\left(\frac{2\,014}{2\,015}\right) + f(1)$$

$$\sum_{k=1}^{2\,015} f\left(\frac{k}{2\,015}\right) = f\left(\frac{2\,014}{2\,015}\right) + f\left(\frac{2\,013}{2\,015}\right) + f\left(\frac{2\,012}{2\,015}\right) + \cdots + f\left(\frac{1}{2\,015}\right) + f(1)$$

再由倒序相加法及 $f(1) = \frac{2\,013}{8}$，可得

$$2\sum_{k=1}^{2\,015} f\left(\frac{k}{2\,015}\right) = 2\,014 + 2f(1)$$

$$\sum_{k=1}^{2\,015} f\left(\frac{k}{2\,015}\right) = 1\,007 + f(1) = 1\,007 + \frac{2\,013}{8} = \frac{10\,069}{8}$$

2.(1)用数学归纳法来证明.

①由均值不等式，可得 $2a_2 = a_1 + \frac{1}{a_1} \geqslant 2\sqrt{a_1 \cdot \frac{1}{a_1}} = 2$，$a_2 \geqslant 1$，即 $n = 2$ 时成立.

②假设 $n = k(k \geqslant 2)$ 时成立：$a_k \geqslant 1$，可得

$$(a_k - 1)(ka_k - 1) \geqslant 0$$
$$ka_k^2 - (k+1)a_k + 1 \geqslant 0$$
$$ka_k + \frac{1}{a_k} \geqslant k + 1$$
$$(k+1)a_{k+1} \geqslant k + 1$$

得 $n = k + 1$ 时也成立.

所以欲证结论成立.

(2)当 $n \geqslant 2$ 时，由(1)的结论，可得

$$a_{n+1} = \frac{n}{n+1}a_n + \frac{1}{(n+1)a_n}$$

$$\frac{a_{n+1}}{a_n} = \frac{n}{n+1} + \frac{1}{(n+1)a_n^2} \leqslant \frac{n}{n+1} + \frac{1}{n+1} = 1$$

$$1 \leqslant a_{n+1} \leqslant a_n$$

得数列 $\{a_n\}_{n \geqslant 2}$ 递减且有下界 1，所以数列 $\{a_n\}$ 收敛.

3.可得切线 $PQ: x_0 x + y_0 y = 5$，把它与椭圆 C_1 的方程联立后，可得

$$\begin{cases} 5y_0^2 x^2 + 9(y_0 y)^2 = 45y_0^2 \\ y_0 y = 5 - x_0 x \\ y_0^2 = 5 - x_0^2 \end{cases}$$

$$5(5 - x_0^2)x^2 + 9(5 - x_0 x)^2 = 45(5 - x_0^2)$$

$$(4x_0^2+25)x^2-90x_0x+45x_0^2=0$$

$$\Delta=(-90x_0)^2-4(4x_0^2+25)\cdot45x_0^2=720x_0^2(5-x_0^2)=720x_0^2y_0^2>0$$

设 $P(x_1,y_1),Q(x_2,y_2)$,可得 $x_1+x_2=\dfrac{90x_0}{4x_0^2+25}$.

由 $y_0^2=5-x_0^2$,可得

$$|PQ|=\sqrt{\left(-\dfrac{x_0}{y_0}\right)^2+1}\,|x_1-x_2|$$

$$=\sqrt{\left(-\dfrac{x_0}{y_0}\right)^2+1}\cdot\dfrac{\sqrt{720x_0^2y_0^2}}{4x_0^2+25}$$

$$=\dfrac{60x_0}{4x_0^2+25}$$

又由 $|PF|=3-\dfrac{2}{3}x_1$,$|QF|=3-\dfrac{2}{3}x_2$,可得 $\triangle PFQ$ 的周长为定值 6,即

$$|PQ|+|PF|+|QF|=\dfrac{60x_0}{4x_0^2+25}+6-\dfrac{2}{3}(x_1+x_2)$$

$$=\dfrac{60x_0}{4x_0^2+25}+6-\dfrac{2}{3}\cdot\dfrac{90x_0}{4x_0^2+25}$$

$$=6$$

4. 把球放在球托上如图 1 所示. 如图 2,设球托上面的三个顶点分别为点 A,B,C,它们在球托下底面上的射影分别为 A',B',C',可得正 $\triangle A'B'C'$ 且其边长为 1.

设球的球心为点 O,半径为 R.

由正 $\triangle A'B'C'$ 可得正 $\triangle ABC$(且其边长为 1). 由 $OA=OB=OC=R$,可得球心 O 在平面 ABC 上的射影 H 是 $\triangle ABC$ 的中心.

可求得正 $\triangle ABC$ 的高 $\dfrac{\sqrt{3}}{2}$ 小于球 O 的直径 $\dfrac{2\sqrt{6}}{3}$,所以球 O 会被平面 ABC 托住.

在 $Rt\triangle OAH$ 中,可求得

$$OH=\sqrt{\left(\dfrac{\sqrt{6}}{3}\right)^2-\left(\dfrac{1}{\sqrt{3}}\right)^2}=\dfrac{\sqrt{3}}{3}$$

所以球心 O 到底面 $A'B'C'$ 的距离是 $OH+AA'=\dfrac{\sqrt{3}}{3}+\sqrt{3}=\dfrac{4}{3}\sqrt{3}$.

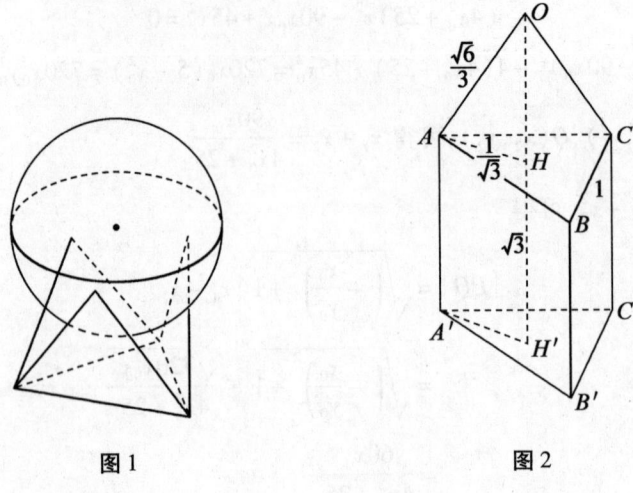

图1　　　　　图2

§26　2015年上海交通大学自主招生数学试题(部分)参考答案

1.6. 由图1可得答案:

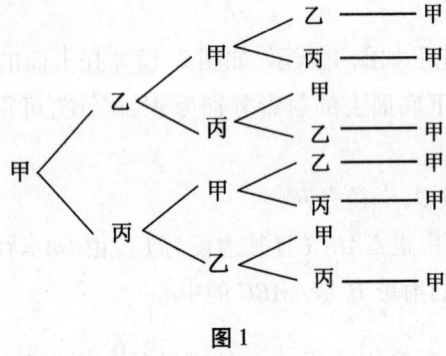

图1

注　对于本题的一般情形,可用递推数列来求解.

2. 由二项式定理,可得

$$\left[1+\frac{1}{n(n+2)}\right]^{n+1} > 1+\frac{C_{n+1}^1}{n(n+2)} > 1+\frac{1}{n+1}$$

$$\frac{(n+1)^{2n+2}}{n^{n+1}(n+2)^{n+1}} > \frac{n+2}{n+1}$$

$$\frac{(n+1)^{2n+2}}{n^{n+1}} > \frac{(n+2)^{n+2}}{(n+1)^{n+2}}$$

$$\left(1+\frac{1}{n}\right)^{n+1} > \left(1+\frac{1}{n+1}\right)^{n+2}$$

所以数列 $\left\{\left(1+\dfrac{1}{n}\right)^{n+1}\right\}$ 是递减数列.

注 下面来证明数列 $\left\{\left(1+\dfrac{1}{n}\right)^{n}\right\}$ 是递增数列且有上界.

用均值不等式证明数列 $\left\{\left(1+\dfrac{1}{n}\right)^{n}\right\}$ 单调递增,则

$$\left(1+\frac{1}{n+1}\right)^{n+1} = \left(\frac{1}{n}+\frac{1}{n}+\cdots+\frac{1}{n}+\frac{1}{n+1}\right)^{n+1}$$

$$> \left[(n+1)\cdot\sqrt[n+1]{\left(\frac{1}{n}\right)^n\cdot\frac{1}{n+1}}\right]^{n+1}$$

$$= \left(1+\frac{1}{n}\right)^{n}$$

再证数列 $\left\{\left(1+\dfrac{1}{n}\right)^{n}\right\}$ 有上界,则

$$\left(1+\frac{1}{n}\right)^{n} = C_n^0 + \frac{C_n^1}{n} + \frac{C_n^2}{n^2} + \cdots + \frac{C_n^k}{n^k} + \cdots + \frac{C_n^n}{n^n}$$

又因为 $\dfrac{C_n^k}{n^k} = \dfrac{n(n-1)(n-2)\cdots[n-(k-1)]}{k!\,n^k} \leqslant \dfrac{1}{k!}(k=0,1,2,\cdots,n)$,所以

$$\left(1+\frac{1}{n}\right)^{n} \leqslant 1 + 1 + \frac{1}{2!} + \frac{1}{3!} + \cdots + \frac{1}{n!}$$

$$\leqslant 2 + \frac{1}{2} + \frac{1}{2^2} + \cdots + \frac{1}{2^{n-1}}$$

$$= 2 + \left(1 - \frac{1}{2^{n-1}}\right) < 3$$

由下面的推论也可得第 2 题的结论成立.

定理 若 $x \in \mathbf{R}_+$,则函数 $y = \left(1+\dfrac{1}{x}\right)^{x}, y = \left(1+\dfrac{1}{x}\right)^{x+1}$ 分别单调递增、单调递减,且 $\left(1+\dfrac{1}{x}\right)^{x} < \mathrm{e} < \left(1+\dfrac{1}{x}\right)^{x+1}$.

证明 (1) 先证 $\left(1+\dfrac{1}{x}\right)^{x} < \mathrm{e}\,(x>0)$.

即证 $(1+t)^{\frac{1}{t}} < \mathrm{e}, 1+t < \mathrm{e}^t, \mathrm{e}^t - t > 1\,(t>0)$.

设 $f(t) = e^t - t(t>0)$，可得 $f'(t) = e^t - 1 > 0$（因为 $t>0$），所以 $f(t)$ 在 $(0, +\infty)$ 上是增函数，得 $f(t) > f(0) = 1, e^t - t > 1$，所以结论(1)成立.

(2) 再证函数 $y = \left(1 + \dfrac{1}{x}\right)^x (x>0)$ 单调递增.

设 $t = \dfrac{1}{x}(x>0)$，可得 $y = \left(1+\dfrac{1}{x}\right)^x = (1+t)^{\frac{1}{t}}(t>0)$. 由复合函数的单调性"同增异减"知，要证函数 $f(t) = (1+t)^{\frac{1}{t}}(t>0)$ 单调递减，只需证 $g(t) = \ln(1+t)^{\frac{1}{t}} = \dfrac{\ln(t+1)}{t}(t>0)$ 单调递减，即证

$$g'(t) = \dfrac{\dfrac{t}{t+1} - \ln(t+1)}{t^2} < 0 (t>0)$$

$$\dfrac{t}{t+1} < \ln(t+1)(t>0) \qquad\qquad ①$$

$$s - \ln s > 1(0<s<1)\left(\text{其中 } s = \dfrac{1}{t+1}\right)$$

而这用导数易证.

(3) 来证 $e < \left(1 + \dfrac{1}{x}\right)^{x+1}(x>0)$.

即证 $(x+1)\ln\left(1+\dfrac{1}{x}\right) > 1$，在式①中令 $t = \dfrac{1}{x}$ 后立得.

(4) 最后证函数 $y = \left(1+\dfrac{1}{x}\right)^{x+1}(x>0)$ 单调递减.

只需证 $f(x) = \ln y = (x+1)\ln\left(1+\dfrac{1}{x}\right)(x>0)$ 单调递减，可得

$$f'(x) = \ln\left(1+\dfrac{1}{x}\right) + (x+1)\cdot\dfrac{1}{1+\dfrac{1}{x}}\cdot\left(-\dfrac{1}{x^2}\right) = \ln\left(1+\dfrac{1}{x}\right) - \dfrac{1}{x}$$

由 $\left(1+\dfrac{1}{x}\right)^x < e$，可得 $\ln\left(1+\dfrac{1}{x}\right) < \dfrac{1}{x}, f'(x) < 0, f(x)$ 在 $(0, +\infty)$ 上单调递减.

推论 数列 $\left\{\left(1+\dfrac{1}{n}\right)^n\right\}$ 单调递增，$\left\{\left(1+\dfrac{1}{n}\right)^{n+1}\right\}$ 单调递减，且 $\left(1+\dfrac{1}{n}\right)^n < e < \left(1+\dfrac{1}{n}\right)^{n+1}(n \in \mathbf{N}^*)$.

3. 设

$$\frac{2}{p} = \frac{1}{x} + \frac{1}{y} (x < y; x, y \in \mathbf{N}^*)$$

得

$$\frac{1}{p} = \frac{1}{2x} + \frac{1}{2y} (p < 2x < 2y; x, y \in \mathbf{N}^*)$$

$$(2x - p)(2y - p) = p^2 (2x - p < 2y - p; 2x - p, 2y - p \in \mathbf{N}^*)$$

所以

$$\begin{cases} 2x - p = 1 \\ 2y - p = p^2 \end{cases}$$

即

$$\begin{cases} x = \dfrac{p+1}{2} \\ y = \dfrac{p(p+1)}{2} \end{cases} (x < y; x, y \in \mathbf{N}^*)$$

所以欲证结论成立.

4. **证法 1** 我们将证明更强的结论:

若圆 C 的圆心为 $(a,b)(a,b$ 不均为有理数),则圆 C 上不可能存在 3 个有理点(横、纵坐标均为有理数的点叫作有理点).

可不妨设 b 为无理数,圆 C 的半径为 r.

假设圆 C 上存在 3 个两两互异的有理点 $A(x_1, y_1), B(x_2, y_2), C(x_3, y_3)$,则

$$(x_1 - a)^2 + (y_1 - b)^2 = r^2 \qquad ①$$
$$(x_2 - a)^2 + (y_2 - b)^2 = r^2 \qquad ②$$
$$(x_3 - a)^2 + (y_3 - b)^2 = r^2 \qquad ③$$

由②-①,可得

$$(x_2 - x_1)(x_2 + x_1 - 2a) + (y_2 - y_1)(y_2 + y_1 - 2b) = 0$$

若 $x_2 - x_1 = 0$,可得 $y_2 - y_1 \neq 0$,所以 $y_2 + y_1 = 2b$. 而该等式的左、右两边分别是有理数和无理数,矛盾! 所以 $x_2 - x_1 \neq 0$. 从而,可得

$$x_2 + x_1 - 2a + \frac{y_2 - y_1}{x_2 - x_1}(y_2 + y_1 - 2b) = 0 \qquad ③$$

同理,可得

$$x_3 + x_1 - 2a + \frac{y_3 - y_1}{x_3 - x_1}(y_3 + y_1 - 2b) = 0 \qquad ④$$

由④-③,可得

$$\left(x_3 - x_2 + \frac{y_3-y_1}{x_3-x_1}y_3 - \frac{y_2-y_1}{x_2-x_1}y_2\right) + \left(\frac{y_3-y_1}{x_3-x_1} - \frac{y_2-y_1}{x_2-x_1}\right)(y_1 - 2b) = 0$$

由 $y_1 - 2b$ 为无理数,$x_3 - x_2 + \frac{y_3-y_1}{x_3-x_1}y_3 - \frac{y_2-y_1}{x_2-x_1}y_2$,$\frac{y_3-y_1}{x_3-x_1} - \frac{y_2-y_1}{x_2-x_1}$ 均为有理数,可得

$$\frac{y_3-y_1}{x_3-x_1} - \frac{y_2-y_1}{x_2-x_1} = 0 \qquad ⑤$$

$$x_3 - x_2 + \frac{y_3-y_1}{x_3-x_1}y_3 - \frac{y_2-y_1}{x_2-x_1}y_2 = 0 \qquad ⑥$$

将式⑤代入式⑥,可得

$$x_3 - x_2 + \frac{y_2-y_1}{x_2-x_1}(y_3 - y_2) = 0$$

$$(x_2 - x_1)(x_3 - x_2) + (y_2 - y_1)(y_3 - y_2) = 0$$

$$(x_2 - x_1, y_2 - y_1)(x_3 - x_2, y_3 - y_2) = 0$$

$$\overrightarrow{AB} \cdot \overrightarrow{BC} = 0$$

得 AC 是该圆的一条直径,所以 $y_1 + y_3 = 2b$. 而该等式的左、右两边分别是有理数和无理数,矛盾!

所以假设错误,得欲证结论成立.

证法2 我们将证明更强的结论:

若圆 C 的圆心为 (a,b)(a,b 不均为有理数),则圆 C 上不可能存在 3 个有理点(横、纵坐标均为有理数的点叫作有理点).

假设圆 C 上存在 3 个两两互异的有理点 $A(x_1, y_1), B(x_2, y_2), C(x_3, y_3)$,得线段 AB 的中垂线 m 的方程是

$$(x-x_1)^2 + (y-y_1)^2 = (x-x_2)^2 + (y-y_2)^2$$

即

$$2(x_1 - x_2)x + 2(y_1 - y_2)y = x_1^2 - x_2^2 + y_1^2 - y_2^2$$

同理,可得线段 AC 的中垂线 n 的方程是

$$2(x_1 - x_3)x + 2(y_1 - y_3)y = x_1^2 - x_3^2 + y_1^2 - y_3^2$$

而圆 C 的圆心 (a,b) 就是直线 m,n 的交点,所以方程组

$$\begin{cases} 2(x_1 - x_2)x + 2(y_1 - y_2)y = x_1^2 - x_2^2 + y_1^2 - y_2^2 \\ 2(x_1 - x_3)x + 2(y_1 - y_3)y = x_1^2 - x_3^2 + y_1^2 - y_3^2 \end{cases}$$

有唯一的一组实数解(且这组实数解就是 $(x,y) = (a,b)$). 因为该方程组中的系数及常数项均是有理数,所以由加减消元法或代入消元法可知,a,b 均为有

理数. 但这与题设相矛盾! 得欲证结论成立.

§27 2015年华中科技大学理科实验班选拔试题(数学)参考答案

1. $\pm\dfrac{3}{2}\sqrt{2}$. 如图1所示,可得 $F\left(\dfrac{1}{\sqrt{2}},0\right)$, 可设 $N(0,a)$, $P\left(-\dfrac{1}{\sqrt{2}},b\right)$, 得 $\overrightarrow{PN}=\left(\dfrac{1}{\sqrt{2}},a-b\right)$, $\overrightarrow{PF}=(\sqrt{2},-b)$.

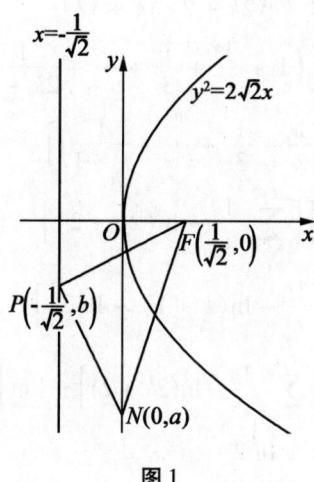

图1

由题设,可得 $\begin{cases}\overrightarrow{PN}\cdot\overrightarrow{PF}=0\\|\overrightarrow{PN}|^2=|\overrightarrow{PF}|^2\end{cases}$, 即 $\begin{cases}b^2+1=ab\\b=\dfrac{2a^2-3}{4a}\end{cases}$, 进而可得

$$\left(\dfrac{2a^2-3}{4a}\right)^2+1=a\cdot\dfrac{2a^2-3}{4a}$$

$$4a^4-16a^2-9=0$$

$$(2a^2+1)(2a^2-9)=0$$

$$a=\pm\dfrac{3}{2}\sqrt{2}$$

即点 N 的纵坐标为 $\pm\dfrac{3}{2}\sqrt{2}$.

2. 15. 由分母有理化,可得

原式 $= (\sqrt{2} - 1) + (\sqrt{3} - \sqrt{2}) + (\sqrt{4} - \sqrt{3}) + \cdots + (\sqrt{256} - \sqrt{255})$

$\qquad = \sqrt{256} - 1 = 15$

3. $\ln 2$. 设 $\lim\limits_{n \to +\infty}\left(\sum\limits_{k=1}^{n} \dfrac{1}{k} - \ln n\right) = x$, 则

$$\sum_{k=0}^{+\infty} \dfrac{(-1)^{k+2}}{k+1} = \lim_{n \to +\infty}\left[1 - \dfrac{1}{2} + \dfrac{1}{3} - \dfrac{1}{4} + \cdots + \dfrac{(-1)^n}{n+1}\right]$$

当 n 为正奇数时,设 $n = 2k + 1 (k \in \mathbf{N})$, 可得

$$\sum_{k=0}^{+\infty} \dfrac{(-1)^{k+2}}{k+1} = \lim_{k \to +\infty}\left[1 + \left(\dfrac{1}{2} - 1\right) + \dfrac{1}{3} + \left(\dfrac{1}{4} - \dfrac{1}{2}\right) + \cdots + \right.$$

$$\left. \dfrac{1}{2k+1} + \left(\dfrac{1}{2k+2} - \dfrac{1}{k+1}\right)\right]$$

$$= \lim_{k \to +\infty}\left[\left(1 + \dfrac{1}{2} + \dfrac{1}{3} + \cdots + \dfrac{1}{2k+2}\right) - \right.$$

$$\left.\left(1 + \dfrac{1}{2} + \dfrac{1}{3} + \cdots + \dfrac{1}{k+1}\right)\right]$$

$$= \lim_{k \to +\infty}\left\{\left[\sum_{i=1}^{2k+2} \dfrac{1}{i} - \ln(2k+2)\right] - \right.$$

$$\left.\left[\sum_{i=1}^{k+1} \dfrac{1}{i} - \ln(k+1) - \ln 2\right]\right\}$$

$$= \lim_{k \to +\infty}\left[\sum_{i=1}^{2k+2} \dfrac{1}{i} - \ln(2k+2)\right] - \lim_{k \to +\infty}\left[\sum_{i=1}^{k+1} \dfrac{1}{i} - \ln(k+1)\right] + \ln 2$$

$$= x - x + \ln 2$$

$$= \ln 2$$

当 n 为正偶数时,设 $n = 2k (k \in \mathbf{N}^*)$, 可得

$$\sum_{k=0}^{+\infty} \dfrac{(-1)^{k+2}}{k+1} = \lim_{k \to +\infty}\left[1 + \left(\dfrac{1}{2} - 1\right) + \dfrac{1}{3} + \left(\dfrac{1}{4} - \dfrac{1}{2}\right) + \cdots + \right.$$

$$\left.\left(\dfrac{1}{2k} - \dfrac{1}{k}\right) + \dfrac{1}{2k+1}\right]$$

$$= \lim_{k \to +\infty}\left[\left(1 + \dfrac{1}{2} + \dfrac{1}{3} + \cdots + \dfrac{1}{2k+1}\right) - \right.$$

$$\left.\left(1 + \dfrac{1}{2} + \dfrac{1}{3} + \cdots + \dfrac{1}{k}\right)\right]$$

$$= \lim_{k \to +\infty}\left\{\left(\sum_{i=1}^{2k} \dfrac{1}{i} - \ln 2k\right) - \left(\sum_{i=1}^{k} \dfrac{1}{i} - \ln k - \ln 2\right) + \dfrac{1}{2k+1}\right\}$$

$$= \lim_{k \to +\infty}\left(\sum_{i=1}^{2k} \dfrac{1}{i} - \ln 2k\right) - \lim_{k \to +\infty}\left(\sum_{i=1}^{k} \dfrac{1}{i} - \ln k\right) + \ln 2 + \lim_{k \to +\infty} \dfrac{1}{2k+1}$$

$$= x - x + \ln 2 + 0$$
$$= \ln 2$$

所以 $\sum_{k=0}^{+\infty} \frac{(-1)^{k+2}}{k+1} = \ln 2$.

注 下面证明 $\lim_{n \to +\infty} \left(\sum_{k=1}^{n} \frac{1}{k} - \ln n \right)$ 存在.

设 $a_n = 1 + \frac{1}{2} + \cdots + \frac{1}{n} - \ln n$,下证 $\lim_{n \to \infty} a_n$ 存在.

用导数可证得 $\left(1 + \frac{1}{n}\right)^{n+1} > e(n \in \mathbf{N}^*)$,由此可证数列 $\{a_n\}$ 单调递减,即

$$a_{n+1} - a_n = \frac{1}{n+1} - \ln(n+1) + \ln n = \frac{1}{n+1} - \ln\left(1 + \frac{1}{n}\right)$$
$$= \frac{1}{n+1}\left[1 - \ln\left(1 + \frac{1}{n}\right)^{(n+1)}\right] < 0$$

用导数可证得 $\ln\left(1 + \frac{1}{n}\right) < \frac{1}{n}(n \in \mathbf{N}^*)$,所以

$$a_n = 1 + \frac{1}{2} + \cdots + \frac{1}{n} - \ln n$$
$$> \ln\left(1 + \frac{1}{1}\right) + \ln\left(1 + \frac{1}{2}\right) + \cdots + \ln\left(1 + \frac{1}{n}\right) - \ln n$$
$$= \ln\left(\frac{2}{1} \cdot \frac{3}{2} \cdot \frac{4}{3} \cdot \cdots \cdot \frac{n+1}{n}\right) - \ln n$$
$$= \ln(n+1) - \ln n > 0$$

得数列 $\{a_n\}$ 有下界.

所以 $\lim_{n \to \infty} a_n$ 存在.

4. $\frac{1}{8}$.如图 2 所示,联结单位正方形对边的中点,把该正方形均分成 4 份.由抽屉原则可知,必有三个点在同一个小正方形中(含边界).

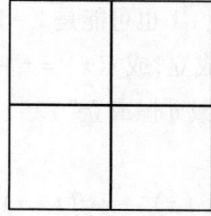

图 2

如图 3 所示,欲使该三角形的面积最大,则该三角形的顶点均在小正方形的边上,进而可得,当且仅当一个顶点(比如顶点 A)在小正方形的一条边上,另外两个顶点(B,C)是该边的对边的两个端点(即 D,E)时,该三角形的面积最大,且最大值是小正方形面积的一半,即 $\dfrac{1}{8}$,得所求答案是 $\dfrac{1}{8}$.

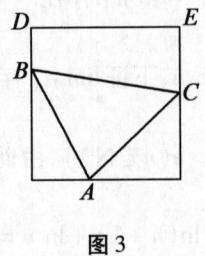

图 3

5. 0.093 5. 依三枪中打中 10 环的次数(不可能是 0 次)分类讨论如下:

(1)打中 10 环一次(另外二次必须都是 9 环),其概率为 $C_3^1 \times 0.2 \times 0.25^2 = 0.037\ 5$;

(2)打中 10 环二次(另外一次必须是 9 环或 8 环),其概率为 $C_3^2 \times 0.2^2 \times (0.15 + 0.25) = 0.048$;

(3)打中 10 环三次,其概率为 $0.2^3 = 0.008$.

所以所求概率为 $0.037\ 5 + 0.048 + 0.008 = 0.093\ 5$.

6. **错解** 令 $y = x$,可得 $f(0) = (f(x) - x)^2$(所以 $f(0) \geqslant 0$).

再令 $x = 0$,可得 $f(0) = f^2(0)$,$f(0) = 0$ 或 1.

当 $f(0) = 0$ 时,$f(x) = x$;当 $f(0) = 1$ 时,$f(x) = x \pm 1$(由 $f(0) \geqslant 0$ 知,应舍去 $f(x) = x - 1$).

还可验证:当 $f(x) = x$,$f(x) = x + 1$ 时均满足题设.

所以 $f(x) = x$ 或 $f(x) = x + 1$.

剖析 在以上解答中"当 $f(0) = 1$ 时,$f(x) = x \pm 1$"的意义是"对于某个确定的 x 的值,$f(x)$ 的值可能是 $x + 1$ 也可能是 $x - 1$(且没有其他的可能)",但不能得到 $f(x) = x + 1(x \in \mathbf{R})$ 恒成立,或 $f(x) = x - 1(x \in \mathbf{R})$ 恒成立(即由 "$p \vee q$ 恒成立"并不能推出"p 恒成立或 q 恒成立").

正解 令 $y = t + x$ 后,可得

$$f(t^2) = (t + x)^2 - 2xf(t + x) + f^2(x) \qquad ①$$

再令 $x = 0$,可得

$$f(t^2) = t^2 + f^2(0) \qquad ②$$

又令 $t=0$,可得 $f(0)=0$ 或 1.

(1)当 $f(0)=0$ 时,由②可得 $f(t^2)=t^2(t\in\mathbf{R})$. 再由①可得
$$t^2=(t+x)^2-2xf(t+x)+f^2(x)$$
又令 $t=0$,可得 $0=[x-f(x)]^2$, $f(x)=x(x\in\mathbf{R})$.

(2)当 $f(0)=1$ 时,由②可得
$$f(t^2)=t^2+1(t\in\mathbf{R}) \qquad ③$$
再在①中令 $t=1-x$,可得
$$(1-x)^2+1=1^2-2x(1^2+1)+f^2(x)$$
$$f^2(x)=(x+1)^2$$
又由①③,可得
$$t^2+1=(t+x)^2-2xf(t+x)+(x+1)^2$$
$$2x[f(t+x)-(t+x)-1]=0$$
因为该式在 $t,x\in\mathbf{R}$ 时恒成立,所以
$$f(t+x)-(t+x)-1=0$$
$$f(t+x)=(t+x)+1$$
$$f(x)=x+1(x\in\mathbf{R})$$
综上所述,可得 $f(x)=x(x\in\mathbf{R})$,或 $f(x)=x+1(x\in\mathbf{R})$.

还可验证:当 $f(x)=x(x\in\mathbf{R})$,或 $f(x)=x+1(x\in\mathbf{R})$ 时均满足题设.

所以 $f(x)=x(x\in\mathbf{R})$,或 $f(x)=x+1(x\in\mathbf{R})$.

7. **解法1** 可设 $x=\sin\theta\left(0\leq\theta\leq\dfrac{\pi}{2}\right)$,可得题设即
$$\dfrac{1-\sqrt{2}}{2}-b\leq a\sin\theta-\cos\theta\leq\dfrac{\sqrt{2}-1}{2}-b\left(0\leq\theta\leq\dfrac{\pi}{2}\right)$$

恒成立.

设 $f(\theta)=a\sin\theta-\cos\theta\left(0\leq\theta\leq\dfrac{\pi}{2}\right)$.

若 $a\geq 0$,由 $y=a\sin\theta\left(0\leq\theta\leq\dfrac{\pi}{2}\right)$ 是常数函数或增函数及 $y=-\cos\theta$ $\left(0\leq\theta\leq\dfrac{\pi}{2}\right)$ 是增函数,可得 $f(\theta)$ 是增函数.

因而,题设即 $\begin{cases}\dfrac{1-\sqrt{2}}{2}-b\leq f(0)=-1\\ 0\leq f\left(\dfrac{\pi}{2}\right)=a\leq\dfrac{\sqrt{2}-1}{2}-b\end{cases}$,所以 $\begin{cases}b\geq\dfrac{3-\sqrt{2}}{2}\\ b\leq\dfrac{\sqrt{2}-1}{2}\end{cases}$, $\dfrac{\sqrt{2}-1}{2}\geq\dfrac{3-\sqrt{2}}{2}$,

$\sqrt{2} \geqslant 2$,这不可能! 所以 $a < 0$.

可设 $a = -a'(a' > 0)$,得题设即

$$\frac{1-\sqrt{2}}{2} - b \leqslant -a'\sin\theta - \cos\theta \leqslant \frac{\sqrt{2}-1}{2} - b \left(0 \leqslant \theta \leqslant \frac{\pi}{2}\right)$$

$$b - \frac{\sqrt{2}-1}{2} \leqslant a'\sin\theta + \cos\theta \leqslant b + \frac{\sqrt{2}-1}{2} \left(0 \leqslant \theta \leqslant \frac{\pi}{2}\right)$$

$$b - \frac{\sqrt{2}-1}{2} \leqslant \sqrt{a'^2+1}\sin\left(\theta + \arctan\frac{1}{a'}\right) \leqslant b + \frac{\sqrt{2}-1}{2} \left(0 \leqslant \theta \leqslant \frac{\pi}{2}\right)$$

恒成立.

设 $g(\theta) = \sqrt{a'^2+1}\sin\left(\theta + \arctan\frac{1}{a'}\right)\left(0 \leqslant \theta \leqslant \frac{\pi}{2}\right)$,可得函数 $g(\theta)$ 先增后减,所以题设即

$$\begin{cases} b - \frac{\sqrt{2}-1}{2} \leqslant g(\theta)_{\min} = \min\left\{g(0), g\left(\frac{\pi}{2}\right)\right\} = \min\{1, a'\} \\ g(\theta)_{\max} = \sqrt{a'^2+1} \leqslant b + \frac{\sqrt{2}-1}{2} \end{cases}$$

也即

$$\begin{cases} b - \frac{\sqrt{2}-1}{2} \leqslant 1 \\ b - \frac{\sqrt{2}-1}{2} \leqslant a' \\ \sqrt{a'^2+1} \leqslant b + \frac{\sqrt{2}-1}{2} \end{cases}$$

下面由线性规划知识来解此不等式组.

如图 4 所示,在平面直角坐标系 $a'Ob$ 中,不等式组 $\begin{cases} b - \frac{\sqrt{2}-1}{2} \leqslant 1 \\ b - \frac{\sqrt{2}-1}{2} \leqslant a' \end{cases}$ 表示的区域是 $\angle BAC$ 及其内部,其中点 $A\left(1, \frac{\sqrt{2}+1}{2}\right)$;不等式 $\sqrt{a'^2+1} \leqslant b + \frac{\sqrt{2}-1}{2}$ 表示的区域是双曲线上支 $\sqrt{a'^2+1} = b + \frac{\sqrt{2}-1}{2}$ 及其上方,且该双曲线上支过点 A,进而可得题设即 $(a', b) = \left(1, \frac{\sqrt{2}+1}{2}\right)$,也即 $(a, b) = \left(-1, \frac{\sqrt{2}+1}{2}\right)$.

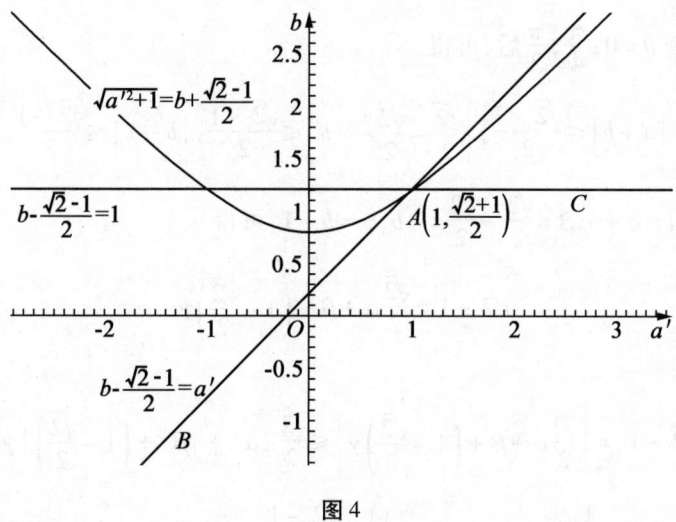

图 4

注 下面给出该题结论的几何意义.

如图 5 所示,函数 $f(x)=\sqrt{1-x^2}(0\leqslant x\leqslant 1)$ 的图像表示单位圆在第一象限的部分(含端点),函数 $g(x)=ax+b(0\leqslant x\leqslant 1)$ 的图像表示一条线段,该题结论的几何意义即:使得 $|f(x)-g(x)|\leqslant\dfrac{\sqrt{2}-1}{2}(0\leqslant x\leqslant 1)$ 恒成立的线段所在的直线是线段 PN 的中垂线,其中点 P,N 分别是直线 $l:x+y=1$、曲线 $y=f(x)$ 与直线 $y=x$ 的交点.

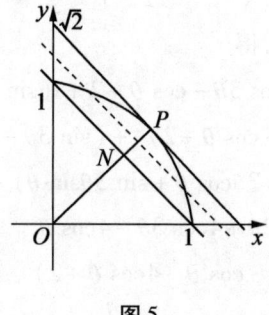

图 5

解法 2 可设 $x=\cos\theta\left(0\leqslant\theta\leqslant\dfrac{\pi}{2}\right)$,可得题设即

$$|\sin\theta-a\cos\theta-b|\leqslant\dfrac{\sqrt{2}-1}{2}\left(0\leqslant\theta\leqslant\dfrac{\pi}{2}\right)$$

恒成立.

分别令 $\theta=0,\dfrac{\pi}{4},\dfrac{\pi}{2}$ 后,可得

$$|a+b|\leqslant\dfrac{\sqrt{2}-1}{2},\left|\dfrac{\sqrt{2}}{2}-\dfrac{\sqrt{2}}{2}a-b\right|\leqslant\dfrac{\sqrt{2}-1}{2},|b-1|\leqslant\dfrac{\sqrt{2}-1}{2}$$

再令 $\alpha=a+b,\beta=\dfrac{\sqrt{2}}{2}-\dfrac{\sqrt{2}}{2}a-b,\gamma=b-1$,可得

$$\sqrt{2}-1=\dfrac{\sqrt{2}}{2}\alpha+\beta+\left(1-\dfrac{\sqrt{2}}{2}\right)\gamma$$

所以

$$\sqrt{2}-1=\left|\dfrac{\sqrt{2}}{2}\alpha+\beta+\left(1-\dfrac{\sqrt{2}}{2}\right)\gamma\right|\leqslant\dfrac{\sqrt{2}}{2}|\alpha|+|\beta|+\left(1-\dfrac{\sqrt{2}}{2}\right)|\gamma|$$

$$\leqslant\left[\dfrac{\sqrt{2}}{2}+1+\left(1-\dfrac{\sqrt{2}}{2}\right)\right]\cdot\dfrac{\sqrt{2}-1}{2}=\sqrt{2}-1$$

所以以上式子中的两个"$\leqslant$"均取等号,即 $\alpha=\beta=\gamma=\pm\dfrac{\sqrt{2}-1}{2}$,进而可得

$$(a,b)=\left(-1,\dfrac{\sqrt{2}+1}{2}\right).$$

还可验证:当 $(a,b)=\left(-1,\dfrac{\sqrt{2}+1}{2}\right)$ 时满足题设.

所以所求答案是 $(a,b)=\left(-1,\dfrac{\sqrt{2}+1}{2}\right).$

8. 可设 $z=\cos\theta+\mathrm{i}\sin\theta$,得

$$z^3-z+2=\cos3\theta-\cos\theta+2+\mathrm{i}(\sin3\theta-\sin\theta)$$

$$|z^3-z+2|^2=(\cos3\theta-\cos\theta+2)^2+(\sin3\theta-\sin\theta)^2$$

$$=6-2(\cos3\theta\cos\theta+\sin3\theta\sin\theta)+4\cos3\theta-4\cos\theta$$

$$=6-2\cos2\theta+4\cos3\theta-4\cos\theta$$

$$=4(4\cos^3\theta-\cos^2\theta-4\cos\theta+2)$$

再用导数,可求得:当且仅当 $\cos\theta=\dfrac{2}{3}$ 时,$(|z^3-z+2|^2)_{\min}=\dfrac{8}{27}.$

9. **解法 1** (1)设三次方程 $x^3+ax^2+bx+c=0$ 的三个实根分别为 x_1,x_2,x_3($x_1\leqslant x_2\leqslant x_3$),还可设 $x_1=x_2-u,x_3=x_2+v(u\geqslant0,v\geqslant0).$

由韦达定理,可得 $x_1+x_2+x_3=-a,x_1x_2+x_2x_3+x_3x_1=b$,所以

$$a^2-3b=\dfrac{1}{2}[(x_1-x_2)^2+(x_2-x_3)^2+(x_3-x_1)^2]$$

$$a^2 - 3b = \frac{1}{2}[u^2 + v^2 + (u+v)^2]$$

进而可得

$$0 \leq \frac{3}{4}(u+v)^2 \leq a^2 - 3b \leq (u+v)^2$$

$$\sqrt{a^2 - 3b} \leq u + v \leq 2\sqrt{\frac{a^2 - 3b}{3}}$$

$$\sqrt{a^2 - 3b} \leq x_3 - x_1 \leq 2\sqrt{\frac{a^2 - 3b}{3}}$$

还可得:当且仅当 $x_1 = x_2$ 或 $x_2 = x_3$ 时,$\sqrt{a^2 - 3b} = x_3 - x_1$;当且仅当 $x_1 + x_3 = 2x_2$ 时,$x_3 - x_1 = 2\sqrt{\frac{a^2 - 3b}{3}}$. 再由 $x_3 - x_1$ 的值是连续变化的,可得 $x_3 - x_1$ 的取值范围是 $\left[\sqrt{a^2 - 3b}, 2\sqrt{\frac{a^2 - 3b}{3}}\right]$.

(2) 可设 $x^3 + ax^2 + bx + c = (x-a)(x-b)(x-c)$,得

$$\begin{cases} a + b + c = -a \\ ab + bc + ca = b \\ abc = -c \end{cases} \quad ①$$

由①可得,$c = 0$ 或 $ab = -1$.

当 $c = 0$ 时,可得 $\begin{cases} b = -2a \\ ab = b \end{cases}$,即 $\begin{cases} a = 0 \\ b = 0 \end{cases}$ 或 $\begin{cases} a = 1 \\ b = -2 \end{cases}$.

当 $ab = -1$ 时,可得 $\begin{cases} c = -2a - b \\ -1 + (a+b)c = b \end{cases}$,消去 c, a 后可得

$$b^4 + b^3 - 2b^2 + 2 = 0$$
$$(b+1)(b^3 - 2b + 2) = 0$$
$$b = -1 \text{ 或 } b^3 - 2b + 2 = 0$$

当 $b = -1$ 时,可得 $\begin{cases} a = 1 \\ c = -1 \end{cases}$.

当 $b^3 - 2b + 2 = 0$ 时,由求解一元三次方程的卡丹公式可得 $b = \sqrt[3]{\sqrt{\frac{19}{27}} - 1} - \sqrt[3]{\sqrt{\frac{19}{27}} + 1}$. 还可得 $a = -\frac{1}{b}, c = \frac{2}{b} - b$.

总之,满足条件的 (a, b, c) 的值为 $(0, 0, 0)$,$(1, -2, 0)$,$(1, -1, -1)$ 或

$\left(-\dfrac{1}{k}, k, \dfrac{2}{k}-k\right)$（其中 $k = \sqrt[3]{\sqrt{\dfrac{19}{27}}-1} - \sqrt[3]{\sqrt{\dfrac{19}{27}}+1}$）.

解法 2 （1）设 $f(x) = x^3 + ax^2 + bx + c$，可得 $f'(x) = 3x^2 + 2ax + b$.

设三次方程 $f(x) = 0$ 的三个实根分别为 $x_1, x_2, x_3 (x_1 \leq x_2 \leq x_3)$.

当 $x_1 = x_2 = x_3$ 时，得 $f(x) = (x-x_1)^3$，得 $f'(x) = 3(x-x_1)^2$，所以一元二次方程 $f'(x) = 0$ 的判别式 $\Delta = 4(a^2 - 3b) = 0$，即 $a^2 - 3b = 0$. 此时，有 $x_3 - x_1 = 0$.

否则，可得一元二次方程 $f'(x) = 0$ 的判别式 $\Delta = 4(a^2 - 3b) > 0$（若 $\Delta \leq 0$，则 $f(x)$ 是增函数），即 $a^2 - 3b > 0$. 且可得两个极值点分别为 $\dfrac{-a - \sqrt{a^2 - 3b}}{3}$，$\dfrac{-a + \sqrt{a^2 - 3b}}{3}$，所以 x_2 的取值范围是 $\left[\dfrac{-a - \sqrt{a^2 - 3b}}{3}, \dfrac{-a + \sqrt{a^2 - 3b}}{3}\right]$.

由韦达定理，可得 $x_1 + x_2 + x_3 = -a, x_1 x_2 + x_2 x_3 + x_3 x_1 = b$，所以

$$x_1 + x_3 = -a - x_2, \quad x_1 x_3 = b - x_2(x_1 + x_3) = b + x_2(a + x_2)$$

$$\begin{aligned}(x_3 - x_1)^2 &= (x_1 + x_3)^2 - 4x_1 x_3 \\ &= (-a - x_2)^2 - 4[b + x_2(a + x_2)] \\ &= -3x_2^2 - 2ax_2 + a^2 - 4b \\ &= -3\left(x_2 + \dfrac{a}{3}\right)^2 + \dfrac{4}{3}a^2 - 4b\end{aligned}$$

再由此时 x_2 的取值范围，可求得 $x_3 - x_1$ 的取值范围是 $\left[\sqrt{a^2 - 3b}, 2\sqrt{\dfrac{a^2 - 3b}{3}}\right]$.

综上所述，可得 $x_3 - x_1$ 的取值范围是 $\left[\sqrt{a^2 - 3b}, 2\sqrt{\dfrac{a^2 - 3b}{3}}\right]$.

（2）同解法 1 的（2）可得 $c = 0$ 或 $ab = -1$.

① 当 $c = 0$ 时，可得 $(a,b) = (0,0)$ 或 $(1,-2)$.

② 当 $ab = -1$ 时，可得 $b = -1$ 或 $b^3 - 2b + 2 = 0$.

当 $b = -1$ 时，可得 $(a,c) = (1,-1)$.

当 $b^3 - 2b + 2 = 0$ 时，用导数知识可得它有唯一实根. 设 $g(b) = b^3 - 2b + 2$，可得 $g(-2) = -4 < 0, g\left(-2\sqrt{\dfrac{2}{3}}\right) = \dfrac{4}{3}\left(\dfrac{3}{2} - \sqrt{\dfrac{2}{3}}\right) > 0$，所以方程 $g(b) = 0$ 的唯一实根 $b \in \left(-2, -2\sqrt{\dfrac{2}{3}}\right)$.

由 $b < -2\sqrt{\dfrac{2}{3}}$ 知，可设 $b = t + \dfrac{2}{3t}\left(-\sqrt{\dfrac{2}{3}} < t < 0\right)$，再得

$$t^3 + \frac{8}{27t^3} + 2 = 0$$

$$t^3 = \frac{\sqrt{57}}{9} - 1$$

$$t = \sqrt[3]{\frac{\sqrt{57}}{9} - 1}$$

$$b = \sqrt[3]{\frac{\sqrt{57}}{9} - 1} - \sqrt[3]{\frac{\sqrt{57}}{9} + 1}$$

此时,还可得 $a = -\frac{1}{b}, c = \frac{2}{b} - b$.

总之,满足条件的 (a,b,c) 的值为 $(0,0,0),(1,-2,0),(1,-1,-1)$,或 $\left(-\frac{1}{k}, k, \frac{2}{k} - k\right)$(其中 $k = \sqrt[3]{\frac{\sqrt{57}}{9} - 1} - \sqrt[3]{\frac{\sqrt{57}}{9} + 1}$).

注 本题与第 11 届(1950 年)普特南数学竞赛试题第 B-6 题"设三次方程 $x^3 + ax^2 + bx + c = 0$ 的所有根均为实数,试证:最大根与最小根之差不小于 $\sqrt{a^2 - 3b}$ 且不大于 $2\sqrt{\frac{a^2 - 3b}{3}}$",如出一辙.

§28 2018 年全国高中数学联合竞赛一试(A 卷)参考答案

1. 24. 可得

$$B \cap C = \{2,4,6,\cdots,198\} \cap \left\{\frac{1}{2}, 1, \frac{3}{2}, 2, \cdots, 49, \frac{99}{2}\right\} = \{2,4,6,\cdots,48\}$$

进而可得答案.

2. 8π. 设点 P 到平面 α 上的射影是 H(H 是定点),可得直线 PQ 与 α 所成的角 $\angle PQH \in [30°, 60°]$,所以 $QH = \frac{PH}{\tan \angle PQH} = \frac{\sqrt{3}}{\tan \angle PQH}$,$QH \in [1,3]$,因而点 Q 所构成的区域为以点 H 为圆心,1 和 3 为半径的两个圆所组成的圆环(包括这两个圆),其面积为 $\pi(3^2 - 1^2) = 8\pi$.

3. $\frac{9}{10}$. 可得 $1,2,3,4,5,6$ 中的奇数是 $1,3,5$,偶数是 $2,4,6$. 若 $abc + def$ 是奇数,则 abc 与 def 分别是奇数与偶数(有 $3! \cdot 3!$ 种情形),或分别是偶数与奇

数(有 $3!\cdot 3!$ 种情形),进而可得所求答案是 $1-\dfrac{(3!\cdot 3!)\cdot 2}{6!}=\dfrac{9}{10}$.

4. $\sqrt{15}$. 由椭圆的对称性知,可不妨设本题对应的图形如图1所示.

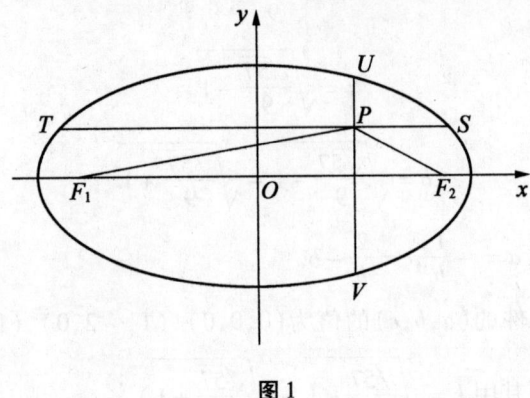

图1

可得点 P 的坐标为 $\left(\dfrac{6+2}{2}-2,\dfrac{3+1}{2}-1\right)$ 即 $(2,1)$,还可得 $S(4,1)$,$U(2,2)$.

再由两点 S,U 均在椭圆 C 上可求得 $a^2=20$,$b^2=5$,所以椭圆 C 的半焦距是 $\sqrt{15}$,因此 $\triangle PF_1F_2$ 的面积为 $\dfrac{1}{2}\cdot 2\sqrt{15}\cdot 1=\sqrt{15}$.

5. $[\pi-2,8-2\pi]$. 由 $f(x)$ 为偶函数及在区间 $[0,1]$ 上严格递减,可得 $f(x)$ 在 $[-1,0]$ 上严格递增. 又因为 $f(x)$ 是定义在 $\mathbf{R}$ 上的以 2 为周期的周期函数,所以 $f(x)$ 在 $[1,2]$ 上严格递增.

又因为

$$f(\pi-2)=f(\pi)=1$$
$$f(8-2\pi)=f(-2\pi)=f(2\pi)=2$$
$$1<\pi-2<8-2\pi<2$$

所以

$$\left.\begin{array}{l}1\leqslant x\leqslant 2\\1\leqslant f(x)\leqslant 2\end{array}\right\}\Leftrightarrow\begin{cases}1\leqslant x\leqslant 2\\f(\pi-2)\leqslant f(x)\leqslant f(8-2\pi)\end{cases}$$

再由 $f(x)$ 在 $[1,2]$ 上严格递增,可求得答案.

6. $-\dfrac{3}{2}$. 可设 $z=\cos\theta+\mathrm{i}\sin\theta$,进而可得方程 $zx^2+2\bar{z}x+2=0(x\in\mathbf{R})$ 即

$$\begin{cases}x^2\cos\theta+2x\cos\theta+2=0\\x(x-2)\sin\theta=0\end{cases}$$

亦即

$$\begin{cases} \cos\theta = -\dfrac{1}{4} \\ x = 2 \end{cases} \text{或} \begin{cases} x^2\cos\theta + 2x\cos\theta + 2 = 0 \\ \sin\theta = 0 \\ \cos\theta = \pm 1 \end{cases}$$

也即

$$\begin{cases} \cos\theta = -\dfrac{1}{4} \\ \sin\theta = \pm\dfrac{\sqrt{15}}{4} \\ x = 2 \end{cases} \text{或} \begin{cases} x = -1 \pm \sqrt{3} \\ \sin\theta = 0 \\ \cos\theta = -1 \end{cases}$$

再由 $z = \cos\theta + \mathrm{i}\sin\theta$,可得 $z = -\dfrac{1}{4} \pm \dfrac{\sqrt{15}}{4}$ 或 $z = -1$,进而可求得答案.

7. $\dfrac{\sqrt{10}}{4}$. **解法**1 如图 2 所示,可不妨设 $\triangle ABC$ 的外接圆半径 $OB = 4$. 由 $\overrightarrow{AO} = \overrightarrow{AB} + 2\overrightarrow{AC}$,可得 $2\overrightarrow{AC} = \overrightarrow{AO} - \overrightarrow{AB} = \overrightarrow{BO}$, $AC /\!/ BO$.

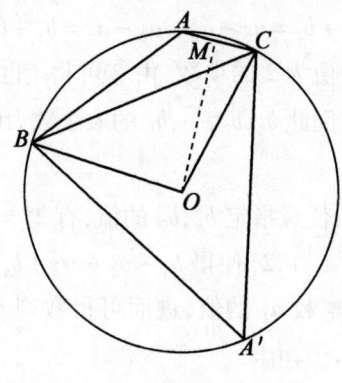

图 2

设线段 AC 的中点是 M,可得 $CM = \dfrac{BO}{4} = 1$,所以

$$\cos\angle BOC = \cos(90° + \angle MOC) = -\sin\angle MOC = -\dfrac{MC}{OC} = -\dfrac{1}{4}$$

在 $\triangle OBC$ 中,由余弦定理可求得 $BC = 2\sqrt{10}$.

在 $\triangle ABC$ 中,由正弦定理可得

$$2 \cdot 4 = \dfrac{BC}{\sin\angle BAC} = \dfrac{2\sqrt{10}}{\sin\angle BAC}$$

$$\sin\angle BAC = \dfrac{\sqrt{10}}{4}$$

解法 2 如图 2 所示,设点 A' 是 $\triangle ABC$ 外接圆的优弧 $\overset{\frown}{BC}$ 上的任意一点,可得

$$\sin \angle BAC = \sin A' = \sin \frac{\angle BOC}{2}$$

$$= \sqrt{\frac{1-\cos \angle BOC}{2}}$$

$$= \sqrt{\frac{1-\left(-\frac{1}{4}\right)}{2}}$$

$$= \frac{\sqrt{10}}{4}$$

8.80. 设 $b_i = a_{i+1} - a_i (i = 1, 2, \cdots, 9)$,可得 $b_i \in \{1, 2\} (i = 1, 2, \cdots, 9)$,再由题设可得

$$2a_1 = a_{10} - a_1 = b_1 + b_2 + \cdots + b_9 \qquad ①$$

$$b_2 + b_3 + b_4 = a_5 - a_2 = a_8 - a_5 = b_5 + b_6 + b_7 \qquad ②$$

用 t 表示 b_2, b_3, b_4 中值为 2 的项数,由②可得 t 也是 b_5, b_6, b_7 中值为 2 的项数,其中 $t \in \{0, 1, 2, 3\}$. 因此 $b_2, b_3, \cdots, b_7$ 的取法数为 $(C_3^0)^2 + (C_3^1)^2 + (C_3^2)^2 + (C_3^3)^2 = 20$.

取定 $b_2, b_3, \cdots, b_7$ 后,任意指定 b_8, b_9 的值,有 $2^2 = 4$ 种方式.

最后由①知,应取 $b_1 \in \{1, 2\}$ 使得 $b_1 + b_2 + \cdots + b_9$ 为偶数,这样的 b_1 的取法是唯一的,并且确定了整数 a_1 的值,进而可得数列 $b_1, b_2, \cdots, b_9$ 唯一对应一个满足题设的数列 $a_1, a_2, \cdots, a_{10}$.

再由分步乘法计数原理,可得所求答案为 $20 \cdot 4 = 80$.

9. 可得 $f(x)$ 在 $(0, 3), [3, 9], [9, +\infty)$ 上分别是减函数、增函数、减函数,且 $f(3) = 0, f(16) = 0, f(1) = f(9) = 1$,从而可作出函数 $f(x)$ 的图像如图 3 所示.

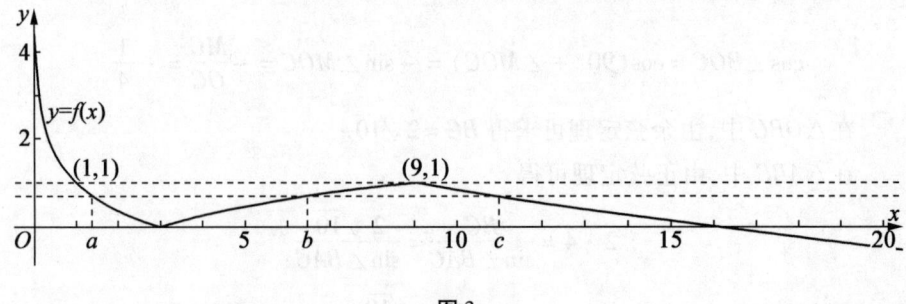

图 3

在 $f(a)=f(b)=f(c)$ 中,可不妨设 $a<b<c$,进而可得 $a\in(1,3)$, $b\in(3,9)$, $c\in(9,16)$.

由 $f(a)=f(b)$,可得 $1-\log_3 a=\log_2 b-1$, $ab=9$,所以 $abc=9c$.

再由 c 的取值范围是 $(9,16)$,可得 abc 的取值范围是 $(81,144)$.

10. (1) 约定 $S_0=0$,可得

$$1=a_n(2S_n-a_n)=(S_n-S_{n-1})(S_n+S_{n-1})=S_n^2-S_{n-1}^2\ (n\in\mathbf{N}^*)$$

再由累加法,可求得 $S_n^2=n$, $S_n=\pm\sqrt{n}\ (n\in\mathbf{N}^*)$,所以

$$a_n=S_n-S_{n-1}\leqslant\sqrt{n}+\sqrt{n-1}<2\sqrt{n}$$

(2) 仅需考虑 $a_n a_{n+1}>0$ 的情形. 不失一般性,还可设 $a_n>0$, $a_{n+1}>0$ (否则,将原数列的各项均变为相反数,仍满足题设),得 $S_{n+1}>S_n>S_{n-1}>-\sqrt{n}$,所以

$$S_n=\sqrt{n},\ S_{n+1}=\sqrt{n+1}$$

因而 $a_n=\sqrt{n}\pm\sqrt{n-1}$, $a_{n+1}=\sqrt{n+1}-\sqrt{n}$,所以

$$a_n a_{n+1}<(\sqrt{n}+\sqrt{n-1})(\sqrt{n+1}-\sqrt{n})$$
$$<(\sqrt{n+1}+\sqrt{n})(\sqrt{n+1}-\sqrt{n})$$
$$=1$$

11. 可设 $A\left(\dfrac{y_1^2}{4},y_1\right)$, $B\left(\dfrac{y_2^2}{4},y_2\right)$, $P\left(\dfrac{y_3^2}{4},y_3\right)$,由题设可得 $0,y_1,y_2,y_3$ 两两不等.

可设直线 $AB: x=ty+1$,让其与抛物线 $y^2=4x$ 联立,可得 $y^2-4ty-4=0$,所以

$$y_1 y_2=-4 \qquad\qquad ①$$

因为 $\triangle AOB$ 的外接圆过坐标原点,所以可设该圆的方程为 $x^2+y^2+dx+ey=0$. 让其与抛物线 $y^2=4x$ 联立,可得 $\dfrac{y^4}{16}+\left(1+\dfrac{d}{4}\right)y^2+ey=0$,且该四次方程的全部实根为 $0,y_1,y_2,y_3$,由韦达定理可得

$$0+y_1+y_2+y_3=0$$
$$y_3=-(y_1+y_2) \qquad\qquad ②$$

由 PF 平分 $\angle APB$ 及角平分线性质定理,可得 $\dfrac{|PA|}{|PB|}=\dfrac{|AF|}{|BF|}=\left|\dfrac{y_1}{y_2}\right|$,再由第 8 题中的式①②可得

$$\frac{y_1^2}{y_2^2} = \frac{|PA|^2}{|PB|^2} = \frac{\left(\frac{y_3^2}{4} - \frac{y_1^2}{4}\right)^2 + (y_3 - y_1)^2}{\left(\frac{y_3^2}{4} - \frac{y_2^2}{4}\right)^2 + (y_3 - y_2)^2} = \frac{[(y_1+y_2)^2 - y_1^2]^2 + 16(2y_1+y_2)^2}{[(y_1+y_2)^2 - y_2^2]^2 + 16(2y_2+y_1)^2}$$

$$= \frac{(y_2^2-8)^2 + 16(4y_1^2 + y_2^2 - 16)}{(y_1^2-8)^2 + 16(4y_2^2 + y_1^2 - 16)} = \frac{y_2^4 + 64y_1^2 - 192}{y_1^4 + 64y_2^2 - 192}$$

即

$$y_1^6 = 64y_1^2 y_2^2 - 192 y_1^2 = y_2^6 + 64 y_1^2 y_2^2 - 192 y_2^2$$

$$(y_1^2 - y_2^2)(y_1^4 + y_1^2 y_2^2 + y_2^4 - 192) = 0$$

当 $y_1^2 = y_2^2$ 时,可得 $y_2 = -y_1, y_3 = 0$,点 O, P 重合,不满足题设,所以 $y_1^4 + y_1^2 y_2^2 + y_2^4 - 192 = 0$,再由①可得

$$(y_1^2 + y_2^2)^2 = 192 + (y_1 y_2)^2 = 208$$

因为 $y_1^2 + y_2^2 = 4\sqrt{13} > 8 = |2y_1 y_2|$,所以满足第 8 题中的式①及 $y_1^2 + y_2^2 = 4\sqrt{13}$ 的实数 y_1, y_2 存在,对应可得满足题设的点 A, B.

此时,结合式①②,可得

$$|PF| = \frac{y_3^2}{4} + 1 = \frac{(y_1+y_2)^2 + 4}{4} = \frac{y_1^2 + y_2^2 - 4}{4} = \frac{\sqrt{208} - 4}{4} = \sqrt{13} - 1$$

§29 2018 年全国高中数学联合竞赛一试(B 卷)参考答案

1. 31. 可得 $A = \{0,1,2,8\}, B = \{0,2,4,16\}, A \cup B = \{0,1,2,4,8,16\} = \{2^i \mid i = 0,1,2,3,4\}$,所以 $A \cup B$ 的所有元素之和是 $2^5 - 1 = 31$.

2. 3π. 设圆锥的底面中心为点 O,可得题设"在圆锥底面上取一点 Q,使得直线 PQ 与底面所成的角不大于 $45°$",即

$$1 = \tan 45° \geqslant \tan \angle PQO = \frac{OP}{OQ} = \frac{1}{OQ}$$

$$OQ \geqslant 1$$

也即 $1 \leqslant OQ \leqslant 2$. 再由点 Q 在圆锥底面上,可知满足条件的点 Q 所构成的区域为以点 O 为圆心,1 与 2 为半径的两个圆所组成的圆环,所以所求答案是 $\pi(2^2 - 1^2) = 3\pi$.

3. $\frac{1}{10}$. 可得 $1,2,3,4,5,6$ 中的奇数是 $1,3,5$,偶数是 $2,4,6$. 若 $abc + def$ 是

奇数,则 abc 与 def 分别是奇数与偶数(有 3! · 3! 种情形),或分别是偶数与奇数(有 3! · 3! 种情形),进而可得所求答案是 $\dfrac{(3! \cdot 3!) \cdot 2}{6!} = \dfrac{1}{10}$.

4. -32. 可得直线 l 的方程是 $3x + y = 0$,再得 $a_{n+1} = -\dfrac{1}{3} a_n$,所以 $a_3 = -\dfrac{1}{3} a_2 = -2$,因而 $a_1 a_2 a_3 a_4 a_5 = a_3^5 = -32$.

5. $-\dfrac{7}{4}$. 由题设,可得

$$\dfrac{1}{-\tan(\alpha - \beta)} = \tan\left(\alpha - \beta + \dfrac{\pi}{2}\right)$$

$$= \tan\left[\left(\alpha + \dfrac{\pi}{3}\right) - \left(\beta - \dfrac{\pi}{6}\right)\right]$$

$$= \dfrac{-3 - 5}{1 + (-3) \cdot 5} = \dfrac{4}{7}$$

$$\tan(\alpha - \beta) = -\dfrac{7}{4}$$

6. $\dfrac{1}{2}$. 可得 $A\left(-\dfrac{1}{2}, 0\right)$. 可设抛物线 C 的切线 l 的方程是 $y = k(x + 1)$,用判别式法可求得 $k = \pm\dfrac{1}{\sqrt{2}}$.

当 $k = \dfrac{1}{\sqrt{2}}$ 时,可求得切点 $K(1, \sqrt{2})$,直线 AMN 的方程是 $y = \dfrac{1}{\sqrt{2}}\left(x + \dfrac{1}{2}\right)$,即 $x - \sqrt{2} y + \dfrac{1}{2} = 0$,点 K 到直线 AMN 的距离是 $\dfrac{1}{2\sqrt{3}}$.

将直线 AMN 的方程与抛物线 C 的方程联立后,可得 $x^2 - 3x + \dfrac{1}{4} = 0$,由弦长公式可求得 $|MN| = 2\sqrt{3}$.

所以 $\triangle KMN$ 的面积为 $\dfrac{1}{2} \cdot 2\sqrt{3} \cdot \dfrac{1}{2\sqrt{3}} = \dfrac{1}{2}$.

7. $[2\pi - 6, 4 - \pi]$. 由 $f(x)$ 为偶函数及在区间 $[1, 2]$ 上严格递减,可得 $f(x)$ 在 $[-2, -1]$ 上严格递增. 又因为 $f(x)$ 是定义在 $\mathbf{R}$ 上的以 2 为周期的周期函数,所以 $f(x)$ 在 $[0, 1]$ 上严格递增.

又因为

$$f(4 - \pi) = f(\pi - 4) = f(\pi) = 1$$

$$f(2\pi-6)=f(2\pi)=0$$
$$0<2\pi-6<4-\pi<1$$

所以
$$\left.\begin{matrix}0\leqslant x\leqslant 1\\0\leqslant f(x)\leqslant 1\end{matrix}\right\}\Leftrightarrow\begin{cases}0\leqslant x\leqslant 1\\f(2\pi-6)\leqslant f(x)\leqslant f(4-\pi)\end{cases}$$

再由 $f(x)$ 在 $[0,1]$ 上严格递增,可求得答案.

8. $\dfrac{r^2-3}{2}$. 记 $w=\dfrac{z_1}{z_2}+\dfrac{z_2}{z_3}+\dfrac{z_3}{z_1}$. 由 $|z_1|=|z_2|=|z_3|=1$, 可得 $\dfrac{1}{z_1}=\overline{z_1}, \dfrac{1}{z_2}=\overline{z_2},$ $\dfrac{1}{z_3}=\overline{z_3}$, 所以

$$w=\dfrac{z_1}{z_2}+\dfrac{z_2}{z_3}+\dfrac{z_3}{z_1}=z_1\overline{z_2}+z_2\overline{z_3}+z_3\overline{z_1}$$

再由 $|z_1+z_2+z_3|=r$, 可得

$$r^2=(z_1+z_2+z_3)(\overline{z_1}+\overline{z_2}+\overline{z_3})$$
$$=|z_1|^2+|z_2|^2+|z_3|^2+w+\overline{w}$$
$$=3+2\mathrm{Re}\,w$$

$$\mathrm{Re}\,w=\dfrac{r^2-3}{2}$$

9. 由 $\dfrac{a_{n+1}}{a_n}=a_n+2$, 可得 $a_{n+1}+1=(a_n+1)^2(n\in\mathbf{N}^*)$, 再由 $a_1+1=8>0$ 及数学归纳法可证得 $a_n+1>0(n\in\mathbf{N}^*)$, 所以

$$\ln(a_{n+1}+1)=\ln(a_n+1)^2=2\ln(a_n+1)(n\in\mathbf{N}^*)$$
$$\ln(a_n+1)=2^{n-1}\ln(a_1+1)=2^{n-1}\ln 8=\ln 2^{3\cdot 2^{n-1}}(n\in\mathbf{N}^*)$$
$$a_n+1=2^{3\cdot 2^{n-1}}(n\in\mathbf{N}^*)$$
$$a_n=2^{3\cdot 2^{n-1}}-1(n\in\mathbf{N}^*)$$

所以
$$a_n>4^{2\,018}\Leftrightarrow 2^{3\cdot 2^{n-1}}-1>2^{2\cdot 2\,018}\Leftrightarrow 3\cdot 2^{n-1}>2\cdot 2\,018$$
$$\Leftrightarrow 2^{n-1}\geqslant 1\,346\Leftrightarrow n\geqslant 12(n\in\mathbf{N}^*)$$

因而满足 $a_n>4^{2\,018}$ 的最小正整数 n 是 12.

10. 解答见 2018 年全国高中数学联合竞赛一式(A卷)第 9 题

11. 设 $P(x_0,y_0)$. 由 $\overrightarrow{OQ}/\!/\overrightarrow{AP},\overrightarrow{AP}=\overrightarrow{OP}-\overrightarrow{OA};\overrightarrow{OR}/\!/\overrightarrow{OM},\overrightarrow{OM}=\dfrac{1}{2}(\overrightarrow{OP}+\overrightarrow{OA})$,

所以存在 $\lambda,\mu\in\mathbf{R}$, 使得

$$\overrightarrow{OQ} = \lambda(\overrightarrow{OP} - \overrightarrow{OA}), \overrightarrow{OR} = \mu(\overrightarrow{OP} + \overrightarrow{OA})$$

进而可得 $Q(\lambda(x_0+a), \lambda y_0), R(\mu(x_0-a), \mu y_0)$. 再由点 Q, R 都在椭圆 Γ 上, 可得

$$\lambda^2\left[\frac{(x_0+a)^2}{a^2} + \frac{y_0^2}{b^2}\right] = \mu^2\left[\frac{(x_0-a)^2}{a^2} + \frac{y_0^2}{b^2}\right] = 1$$

再由 $\frac{x_0^2}{a^2} + \frac{y_0^2}{b^2} = 1$, 可得

$$\lambda^2\left(2 + \frac{2x_0}{a}\right) = \mu^2\left(2 - \frac{2x_0}{a}\right) = 1$$

$$\lambda^2 = \frac{a}{2(a+x_0)}, \mu^2 = \frac{a}{2(a-x_0)}$$

因此

$$|OQ|^2 + |OR|^2 = \lambda^2\left[(x_0+a)^2 + y_0^2\right] + \mu^2\left[(x_0-a)^2 + y_0^2\right]$$

$$= \frac{a}{2(a+x_0)}\left[(x_0+a)^2 + y_0^2\right] + \frac{a}{2(a-x_0)}\left[(x_0-a)^2 + y_0^2\right]$$

$$= \frac{a(a+x_0)}{2} + \frac{ay_0^2}{2(a+x_0)} + \frac{a(a-x_0)}{2} + \frac{ay_0^2}{2(a-x_0)}$$

$$= a^2 + \frac{ay_0^2}{2}\left(\frac{1}{a+x_0} + \frac{1}{a-x_0}\right) = a^2 + \frac{ay_0^2}{2} \cdot \frac{2a}{a^2-x_0^2}$$

$$= a^2 + \frac{a \cdot b^2\left(1 - \frac{x_0^2}{a^2}\right)}{2} \cdot \frac{2a}{a^2-x_0^2} = a^2 + b^2 = |BC|^2$$

从而线段 OQ, OR, BC 能构成一个直角三角形.

§30 2017 年全国高中数学联合竞赛一试(A 卷)参考答案

1. $-\frac{1}{2}$. 由题设可得 $f(x+14) = \frac{-1}{f(x+7)} = f(x)$, 所以

$$f(-100) = f(-100 + 14 \cdot 7) = f(-2) = \frac{-1}{f(5)} = \frac{-1}{\log_2 4} = -\frac{1}{2}$$

2. $[-1, \sqrt{3}+1]$. 由 $2\cos y = 1 - x^2$, 可得 $-2 \leqslant 1-x^2 \leqslant 2, -\sqrt{3} \leqslant x \leqslant \sqrt{3}$.

还可得 $x - \cos y = x - \frac{1-x^2}{2} = \frac{1}{2}(x+1)^2 - 1$, 进而可求得答案.

3. $\frac{3}{2}\sqrt{11}$. 可得 $A(3,0), F(0,1)$, 可设 $P(3\cos\theta, \sqrt{10}\sin\theta)\left(0<\theta<\frac{\pi}{2}\right)$, 得

$$S_{\text{四边形}OAPF} = S_{\triangle OAP} + S_{\triangle OFP}$$
$$= \frac{1}{2} \cdot 3 \cdot \sqrt{10}\sin\theta + \frac{1}{2} \cdot 1 \cdot 3\cos\theta$$
$$= \frac{3}{2}\sqrt{11}\sin\left(\theta + \arctan\frac{1}{\sqrt{10}}\right)$$

从而可得, 当且仅当 $\theta = \arctan\sqrt{10}$ 时, $(S_{\text{四边形}OAPF})_{\max} = \frac{3}{2}\sqrt{11}$.

4. 75. 考虑平稳数 $\overline{abc}$.

若 $b=0$, 则 $a=1, c\in\{0,1\}$, 得 2 个平稳数.

若 $b=1$, 则 $a=\{1,2\}, c\in\{0,1,2\}$, 得 $2 \cdot 3 = 6$ 个平稳数.

若 $2\leq b\leq 8$, 则 $a,c=\{b-1,b+1\}$, 得 $7 \cdot 3 \cdot 3 = 63$ 个平稳数.

若 $b=9$, 则 $a,c\in\{8,9\}$, 得 $2 \cdot 2 = 4$ 个平稳数.

进而可得答案为 $2+6+63+4=75$.

5. $\frac{3}{10}\sqrt{5}$. 设棱 AB, PC 的中点分别为 K, M, 则易证平面 ABM 就是平面 α, 由中线长公式知

$$AM^2 = \frac{1}{2}(AP^2+AC^2) - \frac{1}{4}PC^2 = \frac{1}{2}(2^2+1^2) - \frac{1}{4} \cdot 2^2 = \frac{3}{2}$$

所以

$$KM = \sqrt{AM^2 - AK^2} = \sqrt{\frac{3}{2} - \left(\frac{1}{2}\right)^2} = \frac{\sqrt{5}}{2}$$

如图 1 所示, 由 $MA=MB$ 可得 $MK\perp AB$, 由正三棱锥的对棱互相垂直可得 $AB\perp PC$, 所以 $AB\perp$ 平面 KCP.

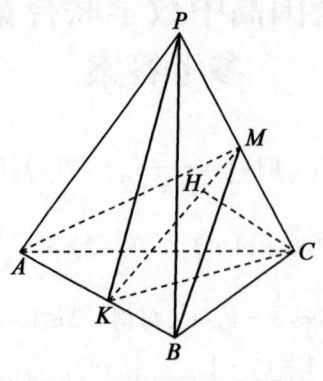

图 1

作 $CH \perp MK$ 于 H，可得 $CH \perp$ 平面 ABM. 因而棱 PC 与平面 α 所成的角即为 $\angle KMC$，在 $\triangle KMC$ 中，由余弦定理可求得答案.

注 也可建立空间直角坐标系求解.

6. $\dfrac{4}{7}$. 如图 2 所示，易知点集 K 中有 9 个元素（即图中的点 $O,A_1,A_2,\cdots,A_8$），所以在 K 中随机取出三个点的方式数为 $C_9^3 = 84$.

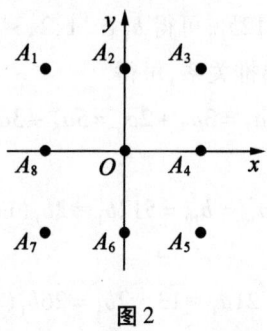

图 2

在图 2 中的 9 个点 $O,A_1,A_2,\cdots,A_8$ 中，有 8 个点对之间的距离为 $\sqrt{5}$. 由对称性，考虑取 A_1,A_4 两点的情况，则剩下的一个点有 7 种取法，这样有 $7 \cdot 8 = 56$ 个三点组（不计每组中三点的次序）.

对每个 $A_i(i=1,2,3,\cdots,8)$，K 中恰有 A_{i+3},A_{i+5} 两点之间的距离为 $\sqrt{5}$（这里的下标按模 8 来理解，下同），因而恰有 $\{A_i,A_{i+3},A_{i+5}\}(i=1,2,3,\cdots,8)$ 这 8 个三点组计算了两次，从而满足条件的三点组个数为 $56-8=48$，得所求概率为 $\dfrac{48}{84} = \dfrac{4}{7}$.

7. $\sqrt{3}+1$. 由题设可得
$$\overrightarrow{AM} \cdot \overrightarrow{AN} = \dfrac{1}{2}(\overrightarrow{AB}+\overrightarrow{AC})\left(\dfrac{3}{4}\overrightarrow{AB}+\dfrac{1}{4}\overrightarrow{AC}\right)$$
$$= \dfrac{1}{8}(3|\overrightarrow{AB}|^2 + |\overrightarrow{AC}|^2 + 4\overrightarrow{AB} \cdot \overrightarrow{AC})$$

由 $\sqrt{3} = S_{\triangle ABC} = \dfrac{1}{2}|\overrightarrow{AB}| \cdot |\overrightarrow{AC}|\sin\dfrac{\pi}{3}$，可得 $|\overrightarrow{AB}| \cdot |\overrightarrow{AC}| = 4$，从而
$$\overrightarrow{AB} \cdot \overrightarrow{AC} = |\overrightarrow{AB}| \cdot |\overrightarrow{AC}|\cos A = 2$$
所以
$$\overrightarrow{AM} \cdot \overrightarrow{AN} = \dfrac{1}{8}(3|\overrightarrow{AB}|^2 + |\overrightarrow{AC}|^2) + 1$$

$$\geqslant \frac{1}{4}\sqrt{3|\overrightarrow{AB}|^2 \cdot |\overrightarrow{AC}|^2} + 1$$

$$= \sqrt{3} + 1$$

进而可得当且仅当 $|\overrightarrow{AB}| = \frac{2}{\sqrt[4]{3}}, |\overrightarrow{AC}| = 2\sqrt[4]{3}$ 时,$(\overrightarrow{AM} \cdot \overrightarrow{AN})_{\min} = \sqrt{3} + 1$.

8. 13,20. 由题设可得 $a_1, a_2, b_1 \in \mathbf{N}^*, a_1 < a_2$.

由 $2\,017 > b_{10} = 2^9 b_1 = 512 b_1$,可得 $b_1 \in \{1, 2, 3\}$.

反复运用数列 $\{a_n\}$ 的递推关系,可得

$$a_{10} = a_9 + a_8 = 2a_8 + a_7 = 3a_7 + 2a_6 = 5a_6 + 3a_5 = \cdots = 34a_2 + 21a_1$$

因此
$$21a_1 \equiv a_{10} = b_{10} = 512 b_1 \equiv 2b_1 \pmod{34}$$

而 $13 \cdot 21 = 34 \cdot 8 + 1$,所以

$$a_1 \equiv 13 \cdot 21 a_1 \equiv 13 \cdot 2b_1 \equiv 26 b_1 \pmod{34} \qquad ①$$

另一方面,由 $a_1 < a_2$,可得 $55 a_1 < 34 a_2 + 21 a_1 = 512 b_1$,所以

$$a_1 < \frac{512}{55} b_1 \qquad ②$$

当 $b_1 = 1$ 时,可得①②不可能同时成立.
当 $b_1 = 2$ 时,由①②可得 $a_1 = 18$,所以 $a_1 + b_1 = 20$.
当 $b_1 = 3$ 时,由①②可得 $a_1 = 10$,所以 $a_1 + b_1 = 13$.
综上所述,可得 $a_1 + b_1$ 的所有可能值为 13,20.

9. 令 $f(x) = x^2 - kx - m, x \in [a, b]$,可得 $f(x) \in [-1, 1]$. 于是

$$f(a) = a^2 - ka - m \leqslant 1 \qquad ①$$

$$f(b) = b^2 - kb - m \leqslant 1 \qquad ②$$

$$f\left(\frac{a+b}{2}\right) = \left(\frac{a+b}{2}\right)^2 - k \cdot \frac{a+b}{2} - m \geqslant -1 \qquad ③$$

由① + ② - 2×③,可得

$$\frac{(a-b)^2}{2} = f(a) + f(b) - 2f\left(\frac{a+b}{2}\right) \leqslant 4$$

$$b - a \leqslant 2\sqrt{2}$$

10. 由柯西不等式,可得

$$(x_1 + 3x_2 + 5x_3)\left(x_1 + \frac{x_2}{3} + \frac{x_3}{5}\right) \geqslant \left(\sqrt{x_1} \cdot \sqrt{x_1} + \sqrt{3x_2} \cdot \sqrt{\frac{x_2}{3}} + \sqrt{5x_3} \cdot \sqrt{\frac{x_3}{5}}\right)$$

$$= (x_1 + x_2 + x_3)^2 = 1$$

进而可得,当且仅当$(x_1,x_2,x_3)=(1,0,0)$,或$(0,1,0)$,或$(0,0,1)$时,以上不等式取等号,因而所求最小值为1.

因为

$$(x_1+3x_2+5x_3)\left(x_1+\frac{x_2}{3}+\frac{x_3}{5}\right)$$

$$=\frac{1}{5}(x_1+3x_2+5x_3)\left(5x_1+\frac{5x_2}{3}+x_3\right)$$

$$\leqslant\frac{1}{5}\cdot\frac{1}{4}\left[(x_1+3x_2+5x_3)+\left(5x_1+\frac{5x_2}{3}+x_3\right)\right]^2$$

$$=\frac{1}{20}\left(6x_1+\frac{14x_2}{3}+6x_3\right)^2$$

$$\leqslant\frac{1}{20}(6x_1+6x_2+6x_3)^2=\frac{9}{5}$$

进而可得,当且仅当$(x_1,x_2,x_3)=\left(\frac{1}{2},0,\frac{1}{2}\right)$时,以上不等式同时取等号,因而所求最大值为$\frac{9}{5}$.

11. 设$z_k=x_k+y_k\mathrm{i}(x_k,y_k\in\mathbf{R},k=1,2)$.

(1)由题设,可得

$$x_k=\mathrm{Re}(z_k)>0,x_k^2-y_k^2=\mathrm{Re}(z_k^2)=2$$

因此

$$\mathrm{Re}(z_1z_2)=\mathrm{Re}((x_1+y_1\mathrm{i})(x_2+y_2\mathrm{i}))$$

$$=x_1x_2-y_1y_2$$

$$=\sqrt{(y_1^2+2)(y_2^2+2)}-y_1y_2$$

$$\geqslant(|y_1y_2|+2)-y_1y_2$$

$$\geqslant 2$$

进而可得,当且仅当$z_1=z_2=\sqrt{2}$时,$(\mathrm{Re}(z_1z_2))_{\min}=2$.

(2)对$k=1,2$,将z_k对应到平面直角坐标系xOy中的点$P_k(x_k,y_k)$,记点P_2'是点P_2关于x轴的对称点,则点P_1,P_2'均在双曲线$C:x^2-y^2=2$的右支上.

可得双曲线C的左、右焦点分别是$F_1(-2,0),F_2(2,0)$.

由双曲线的定义,可得$|P_1F_1|=|P_1F_2|+2\sqrt{2}$,$|P_2'F_1|=|P_2'F_2|+2\sqrt{2}$,进而可得

$$|z_1+2|+|\overline{z_2}+2|-|z_1-z_2|=|z_1+2|+|\overline{z_2}+2|-|z_1-\overline{z_2}|$$

$$= |P_1F_1| + |P_2'F_1| - |P_1P_2'|$$
$$= 4\sqrt{2} + |P_1F_2| + |P_2'F_2| - |P_1P_2'|$$
$$\geq 4\sqrt{2}$$

等号成立当且仅当点 F_2 位于线段 P_1P_2' 上(比如,当 $z_1 = z_2 = 2 + \sqrt{2}\mathrm{i}$ 时,点 F_2 恰是线段 P_1P_2' 的中点).

综上所述,可得所求的最小值为 $4\sqrt{2}$.

§31 2017 年全国高中数学联合竞赛一试(B 卷)参考答案

1. $\dfrac{8}{9}$. 设等比数列 $\{a_n\}$ 的公比为 q,可得 $q^6 = \left(\dfrac{a_3}{a_2}\right)^6 = \dfrac{9}{8}$,所以

$$\frac{a_1 + a_{2011}}{a_7 + a_{2017}} = \frac{1}{q^6} = \frac{8}{9}$$

2. $\sqrt{5}$. 设 $z = a + b\mathrm{i}(a, b \in \mathbf{R})$,可得题设即

$$(a + 9) + b\mathrm{i} = 10a + (22 - 10b)\mathrm{i} (a, b \in \mathbf{R})$$

再由这两个复数的实部、虚部分别相等,可求得 $a = 1, b = 2$,所以 $z = 1 + 2\mathrm{i}$, $|z| = \sqrt{5}$.

3. $-\dfrac{7}{4}$. 由题设,可得

$$f(-1) + (-1)^2 = -[f(1) + 1], f(1) + f(-1) = -2$$
$$f(-1) + \frac{1}{2} = f(1) + 2, f(1) - f(-1) = -\frac{3}{2}$$

把得到的两个等式相加后,可求得答案.

4. $-\dfrac{\sqrt{2}}{4}$. 由 $\sin A = 2\sin C$ 及正弦定理,可得 $a = 2c$.

可不妨设 $c = 1$,可得 $a = 2$. 再由 a, b, c 成等比数列,可得 $b = \sqrt{2}$.

再由余弦定理,可求得答案.

5. $2\sqrt{33}$. 如图 1 所示,可得 $EF \parallel BC$,因而有正 $\triangle AEF$, $AE = EF = 4$. 还可得 $AD = AB = AE + EB = 7$.

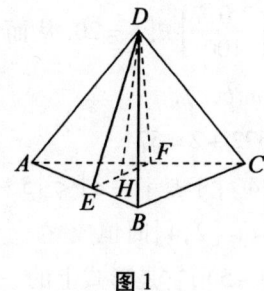

图 1

在 $\triangle ADE$ 中,由余弦定理可求得 $DE = \sqrt{37}$.

在等腰 $\triangle DEF$ 中,由勾股定理可求得高 $DH = \sqrt{33}$,进而可求得答案.

6. $\dfrac{5}{14}$. 因为 K 中共有 9 个点,所以从 K 中随机取出三个点的取法是 $C_9^3 = 84$ 种.

当取出的三个点两两之间的距离均不超过 2 时,有如下三类情况:

(1)这三个点在一横线或一纵线上,共有 6 种情况;

(2)这三个点是边长分别为 $1,1,\sqrt{2}$ 的等腰直角三角形的三个顶点,共有 $4 \times 4 = 16$ 种情况;

(3)这三个点是边长分别为 $\sqrt{2},\sqrt{2},2$ 的等腰直角三角形的三个顶点,其中直角顶点位于点 $(0,0)$ 的有 4 个,直角顶点位于点 $(\pm 1, 0), (0, \pm 1)$ 的各有 1 个,共有 8 种情况.

所以取出的三个点两两之间的距离均不超过 2 的情况共有 $6 + 16 + 8 = 30$ 种.

因而所求概率是 $\dfrac{30}{84} = \dfrac{5}{14}$.

7. $\dfrac{1-\sqrt{17}}{2}$. 题中的二次曲线方程可写成 $\dfrac{y^2}{-a} - \dfrac{x^2}{a^2} = 1$,因而 $-a > 0$,得二次曲线为双曲线 $\dfrac{y^2}{(\sqrt{-a})^2} - \dfrac{x^2}{a^2} = 1$.

设半焦距为 2,可得 $2^2 = a^2 - a(a<0)$,解得 $a = \dfrac{1-\sqrt{17}}{2}$.

8. 574. 由题设可得 $c \leqslant \left[\dfrac{2\,017}{1\,000}\right] = 2, c = 1$ 或 2.

当 $c = 1$ 时,可得 $10 \leqslant b \leqslant 20$. 对于每个这样的正整数 b,由 $10b \leqslant a \leqslant 201$ 知,相应的 a 的个数为 $202 - 10b$,从而这样的正整数组的个数为

$$\sum_{b=10}^{20}(202 - 10b) = \dfrac{11}{2}(102 + 2) = 572$$

当 $c=2$ 时,由 $20 \leqslant b \leqslant \left[\dfrac{2\,017}{100}\right]$ 知 $b=20$. 从而 $200 \leqslant a \leqslant \left[\dfrac{2\,017}{10}\right]=201$, 得 $a=200,201$. 此时共有 2 组 (a,b,c).

综上所述,可得答案是 $572+2=574$.

9. 设 $2^x=t$, 可得 $t\in[2,4]$, 于是 $|t-a|<|5-t|$, 即 $|t-a|^2<|5-t|^2$, 也即 $(5-a)(2t-a-5)<0$ 在 $t\in[2,4]$ 时恒成立.

设 $f(t)=(5-a)(2t-a-5)$, 它是形式上的一次函数, 因而题设即
$$\begin{cases} f(2)=(a-5)(a+1)<0 \\ f(4)=(a-5)(a-3)<0 \end{cases}$$

进而可求得实数 a 的取值范围是 $(3,5)$.

10. (1) 设等差数列 $\{a_n\}$ 的公差是 d, 则
$$\begin{aligned}
b_{n+1}-b_n &= (a_{n+2}a_{n+3}-a_{n+1}^2)-(a_{n+1}a_{n+2}-a_n^2) \\
&= a_{n+2}(a_{n+3}-a_{n+1})-(a_{n+1}+a_n)(a_{n+1}-a_n) \\
&= 2da_{n+2}-d(a_{n+1}+a_n) \\
&= d[(a_{n+2}-a_{n+1})+(a_{n+2}-a_n)] \\
&= 3d^2
\end{aligned}$$

所以数列 $\{b_n\}$ 是公差为 $3d^2$ 的等差数列.

(2) 由题设及(1)的证明过程可得 $3d^2=d\neq 0$, 所以 $d=\dfrac{1}{3}$. 从而
$$b_n=a_{n+1}a_{n+2}-a_n^2=(a_n+d)(a_n+2d)-a_n^2=3da_n+2d^2=a_n+\dfrac{2}{9}$$

若正整数 s,t 满足 a_s+b_t 是整数, 则
$$a_s+b_t=a_s+a_t+\dfrac{2}{9}=2a_1+\dfrac{s+t-2}{3}+\dfrac{2}{9}$$

设 $l=2a_1+\dfrac{s+t-2}{3}+\dfrac{2}{9}$, 得 $l\in\mathbf{Z}$, 且 $18a_1=3(3l-s-t+1)+1$ 是一个非零的整数, 所以 $|18a_1|>1$, $|a_1|>\dfrac{1}{18}$.

又因为当 $a_1=\dfrac{1}{18}$ 时, $a_1+b_3=\dfrac{1}{18}+\dfrac{17}{18}=1$, $a_1+b_3\in\mathbf{Z}$.

综上所述,可得 $|a_1|$ 的最小值为 $\dfrac{1}{18}$.

11. 可设 $P(t^2,2t)$, 得直线 $l:y=x+2t-t^2$, 把它代入曲线 C_2 的方程得
$$(x-4)^2+(x+2t-t^2)^2=8$$

$$2x^2 - 2(t^2 - 2t + 4)x + (t^2 - 2t)^2 + 8 = 0 \qquad ①$$

由于直线 l 与曲线 C_2 交于两个不同的点,所以关于 x 的方程①的判别式 $\Delta > 0$,即

$$\frac{\Delta}{4} = (t^2 - 2t + 4)^2 - 2[(t^2 - 2t)^2 + 8] = \cdots = -t(t-2)(t+2)(t-4) > 0$$

$$t \in (-2, 0) \cup (2, 4) \qquad ②$$

设点 Q, R 的横坐标分别为 x_1, x_2,由①可得

$$x_1 + x_2 = t^2 - 2t + 4, \quad x_1 x_2 = \frac{1}{2}[(t^2 - 2t)^2 + 8]$$

再由直线 l 的倾斜角为 $45°$,可得

$$|PQ| \cdot |PR| = \sqrt{2}(x_1 - t^2) \cdot \sqrt{2}(x_2 - t^2)$$
$$= 2x_1 x_2 - 2t^2(x_1 + x_2) + 2t^4$$
$$= \cdots = (t^2 - 2)^2 + 4 \qquad ③$$

由②③可求得 $|PQ| \cdot |PR|$ 的取值范围是 $[4, 8) \cup (8, 200)$.

注 (1)利用圆 C_2 的圆心到直线 l 的距离小于圆 C_2 的半径,可得不等式 $\left|\frac{4 + 2t - t^2}{\sqrt{2}}\right| < 2\sqrt{2}$,进而也可求得结论②.

(2)用圆幂定理可简捷地计算出 $|PQ| \cdot |PR|$. 事实上,圆 C_2 的圆心为 $M(4, 0)$,半径为 $r = 2\sqrt{2}$,所以

$$|PQ| \cdot |PR| = |PM|^2 - r^2 = (t^2 - 4)^2 + (2t)^2 - (2\sqrt{2})^2 = t^4 - 4t^2 + 8$$

§32 2016 年全国高中数学联合竞赛一试(A 卷)参考答案

1. $\left(-\dfrac{2}{3}\sqrt{3}, -\dfrac{\sqrt{10}}{3}\right)$. 由 $a < |a|$,可得 $a < 0$,所以原不等式即

$$1 > 9a^2 - 11 > -1 \quad (a < 0)$$

$$\frac{10}{9} < a^2 < \frac{4}{3} \quad (a < 0)$$

$$-\frac{2}{3}\sqrt{3} < a < -\frac{\sqrt{10}}{3}$$

2. $\sqrt{65}$. 可得 $|z|^2 - |\omega|^2 - (z\omega - \overline{z\omega}) = 7 + 4i$,又因为 $|z|^2, |\omega|^2 \in \mathbf{R}$,

$\operatorname{Re}(z\overline{\omega} - \overline{z}\omega) = 0$,所以 $|z|^2 - |\omega|^2 = 7, z\overline{\omega} - \overline{z}\omega = -4\mathrm{i}$.

再由 $|z| = 3$,可得 $|\omega|^2 = 2$,所以

$$(z + 2\overline{\omega})(\overline{z} - 2\omega) = |z|^2 - 4|\omega|^2 - 2(z\overline{\omega} - \overline{z}\omega) = 1 + 8\mathrm{i}$$

$$|(z + 2\overline{\omega})(\overline{z} - 2\omega)| = \sqrt{1^2 + 8^2} = \sqrt{65}$$

3. $\dfrac{4}{5}$. 令 $\log_u v = a, \log_v w = b$,可得

$$\log_v u = \frac{1}{a}, \log_w v = \frac{1}{b}, \log_u vw = a + ab$$

再由题设,可得 $a + ab + b = 5, \dfrac{1}{a} + \dfrac{1}{b} = 3$,再得 $ab = \dfrac{5}{4}$,所以

$$\log_w u = \log_w v \log_v u = \frac{1}{ab} = \frac{4}{5}$$

4. $\dfrac{9}{35}$. 因为两个袋子中的纸币总数都是 23 元,所以题设即从袋子 A 中取走的两张纸币的面值和 ab 小于从袋子 B 中取走的两张纸币的面值和 b,得 $a < b \leqslant 5 + 5 = 10$.

所以从袋子 A 中取走的两张纸币一定都是 1 元的,有 $C_3^2 = 3$ 种取法.

还得 $b > a = 2$,所以从袋子 B 中取走的两张纸币不能都是 1 元的,有 $C_7^2 - C_3^2 = 18$ 种取法.

可得所求概率是 $\dfrac{3 \cdot 18}{C_5^2 C_7^2} = \dfrac{9}{35}$.

5. $\arctan \dfrac{2}{3}$. 如图 1 所示,由 $\angle ABC = 90°$ 知,AC 为底面圆 O(O 是圆心)的直径,得 $PO \perp$ 平面 ABC. 可得 $AO = \dfrac{1}{2}AC = 1, PO = \sqrt{AP^2 - AO^2} = 1$.

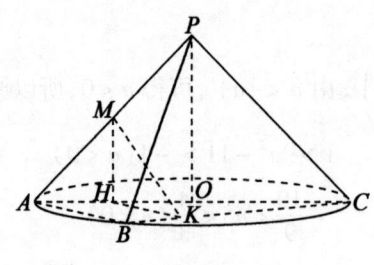

图 1

设 AO 的中点是 H,可得 $MH \perp$ 平面 ABC. 作 $HK \perp BC$ 于 K,由三垂线定理可

得 $MK \perp BC$,从而 $\angle MKH$ 为二面角 $M-BC-A$ 的平面角.

由 $MH = AH = \dfrac{1}{2}, KH /\!/ AB$,可得 $\dfrac{HK}{AB} = \dfrac{HC}{AC} = \dfrac{3}{4}, HK = \dfrac{3}{4}$,所以 $\tan \angle MKH = \dfrac{MH}{HK} = \dfrac{2}{3}$,即二面角 $M-BC-A$ 的大小为 $\arctan \dfrac{2}{3}$.

6.16. 可得
$$f(x) = \left(\sin^2 \dfrac{kx}{10} + \cos^2 \dfrac{kx}{10}\right)^2 - 2\sin^2 \dfrac{kx}{10} \cos^2 \dfrac{kx}{10}$$
$$= 1 - \dfrac{1}{2}\sin^2 \dfrac{kx}{5}$$
$$= \dfrac{1}{4}\cos \dfrac{2kx}{5} + \dfrac{3}{4}$$

当且仅当 $\dfrac{2kx}{5} = 2n$ 即 $x = \dfrac{5n}{k}\pi (n \in \mathbf{Z})$ 时,函数 $f(x)$ 取到最大值.

由题设可得,任意一个长为 1 的开区间 $(a, a+1)$ 上至少包含函数 $f(x)$ 的一个最大值点,所以 $\dfrac{5\pi}{k} < 1, k > 5\pi$.

反之,当 $k > 5\pi$ 时,可得任意一个长为 1 的开区间 $(a, a+1)$ 上均包含函数 $f(x)$ 的一个完整周期,所以 $\{f(x) \mid a < x < a+1\} = \{f(x) \mid x \in \mathbf{R}\}$ 成立.

所以所求正整数 k 的最小值是 $[5\pi] + 1 = 16$.

7. $\sqrt{7} - 1$. 如图 2 所示,可得 $|F_1F_2| = 2\sqrt{1+3} = 4, |PF_1| - |PF_2| = |QF_1| - |QF_2| = 2$.

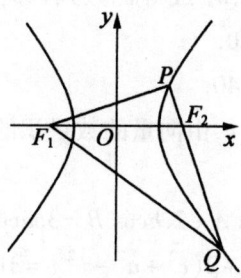

图 2

再由 $\angle F_1PQ = 90°$,可得 $|PF_1|^2 + |PF_2|^2 = |F_1F_2|^2 = 16$,所以
$$|PF_1| + |PF_2| = \sqrt{2(|PF_1|^2 + |PF_2|^2) - (|PF_1| - |PF_2|)^2}$$
$$= \sqrt{2 \cdot 16 - 2^2} = 2\sqrt{7}$$

从而可得 $\triangle F_1PQ$ 的内切圆半径长是

$$\frac{1}{2}(|PF_1|+|PQ|-|F_2Q|)=\frac{1}{2}(|PF_1|+|PF_2|)-\frac{1}{2}(|QF_1|-|QF_2|)$$
$$=\sqrt{7}-1$$

8.40. 由柯西不等式知

$$(a_1^2+a_2^2+a_3^2)(a_2^2+a_3^2+a_4^2)\geqslant(a_1a_2+a_2a_3+a_3a_4)^2$$

（当且仅当 $\dfrac{a_1}{a_2}=\dfrac{a_2}{a_3}=\dfrac{a_3}{a_4}$ 即成等比数列时取等号）

于是问题转化为在 $1,2,\cdots,100$ 中的 4 个互不相同的数 a_1,a_2,a_3,a_4 使之成等比数列.

可设等比数列 a_1,a_2,a_3,a_4 的公比为 $\dfrac{n}{m}(m,n\in\mathbf{N}^*;m\neq n;m,n$ 互质$)$.

先考虑 $m<n$ 的情形.

此时 $a_4=a_1\left(\dfrac{n}{m}\right)^3=\dfrac{a_1}{m^3}n^3$，设 $k=\dfrac{a_1}{m^3}$（可得 $k\in\mathbf{N}^*$），得 $(a_1,a_2,a_3,a_4)=(km^3,km^2n,kmn^2,kn^3)$，所以当 n 已知时，此时 (a_1,a_2,a_3,a_4) 的组数即满足 $kn^3\leqslant 100$ 的正整数 k 的个数，也即 $\left[\dfrac{100}{n^3}\right]$.

由 $4^3<100<5^3$ 知，公比 $\dfrac{n}{m}=2,3,\dfrac{3}{2},4$，或 $\dfrac{4}{3}$，进而可得相应的等比数列的组数之和为 $\left[\dfrac{100}{2^3}\right]+\left[\dfrac{100}{3^3}\right]+\left[\dfrac{100}{3^3}\right]+\left[\dfrac{100}{4^3}\right]+\left[\dfrac{100}{4^3}\right]=20$.

当 $m>n$ 时，由"a_1,a_2,a_3,a_4 成等比数列 $\Leftrightarrow a_4,a_3,a_2,a_1$ 成等比数列"，可得此时等比数列的组数也为 20.

所以所求答案是 $20\cdot 2=40$.

9. 设 $BC=a,CA=b,AB=c$，由向量的数量积的定义及余弦定理，可得题设即

$$cb\cos A+2ca\cos B=3ba\cos C$$
$$(c^2+b^2-a^2)+2(c^2+a^2-b^2)=3(b^2+a^2-c^2)$$
$$a^2+2b^2=3c^2$$

再由余弦定理及均值不等式，可得

$$\cos C=\frac{a^2+b^2-c^2}{2ab}=\frac{a^2+b^2-\dfrac{a^2+2b^2}{3}}{2ab}=\frac{a}{3b}+\frac{b}{6a}\geqslant\frac{\sqrt{2}}{3}$$

$$\sin C=\sqrt{1-\cos^2 C}\leqslant\frac{\sqrt{7}}{3}$$

进而可得,当且仅当 $a:b:c=\sqrt{3}:\sqrt{6}:\sqrt{5}$ 时,$(\sin C)_{\max}=\dfrac{\sqrt{7}}{3}$.

10. 设 $a_n=f\left(\dfrac{1}{n}\right)(n\in \mathbf{N}^*)$,得 $a_1=f(1)=1$.

在 $f\left(\dfrac{x}{x-1}\right)=xf(x)$ 中,令 $x=-\dfrac{1}{k}(k\in \mathbf{N}^*)$,再由 $f(x)$ 是 $\mathbf{R}$ 上的奇函数,可得

$$f\left(\dfrac{1}{k+1}\right)=-\dfrac{1}{k}f\left(-\dfrac{1}{k}\right)=\dfrac{1}{k}f\left(\dfrac{1}{k}\right)$$

$$a_{k+1}=\dfrac{1}{k}a_k(k\in \mathbf{N}^*)$$

进而可得 $a_n=\dfrac{1}{(n-1)!}(n\in \mathbf{N}^*)$,所以

$$\sum_{i=1}^{50}a_ia_{101-i}=\sum_{i=1}^{50}\dfrac{1}{(i-1)!\cdot(100-i)!}$$

$$=\sum_{i=0}^{49}\dfrac{1}{i!\cdot(99-i)!}=\dfrac{1}{99!}\sum_{i=0}^{49}C_{99}^{i}$$

$$=\dfrac{1}{99!}\sum_{i=0}^{49}\dfrac{C_{99}^{i}+C_{99}^{99-i}}{2}$$

$$=\dfrac{1}{99!}\cdot\dfrac{(1+1)^{99}}{2}=\dfrac{2^{98}}{99!}$$

11. 可设抛物线 C 的方程是 $y^2=2px(p>0)$,点 $Q(-a,0)(a>0)$,圆 C_1 与 C_2 的圆心分别为 $O_1(x_1,y_1)$,$O_2(x_2,y_2)$.

设直线 $PQ:x=my-a(m>0)$,将其与抛物线 C 的方程联立,消去 x 后,可得

$$y^2-2pmy+2pa=0$$

因为直线 PQ 与抛物线 C 相切于点 P,所以上述一元二次方程的判别式

$$\Delta=4p^2m^2-8pa=0$$

$$m=\sqrt{\dfrac{2a}{p}}$$

进而还可得 $P(a,\sqrt{2pa})$,所以

$$|PQ|=\sqrt{1+m^2}\left|\sqrt{2pa}-0\right|=\sqrt{1+\dfrac{2a}{p}}\cdot\sqrt{2pa}=\sqrt{4a^2+2pa}$$

再由 $|PQ|=2$,得

$$4a^2+2pa=4 \qquad ①$$

如图 3 所示,由直线 OP 与圆 C_1,C_2 均相切于点 P,可得 $OP \perp O_1O_2$.

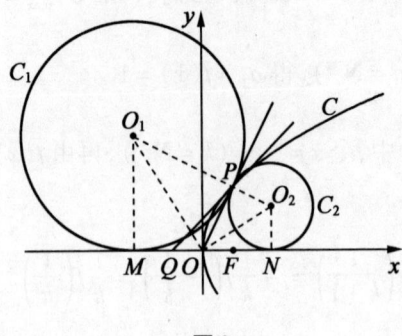

图 3

设圆 C_1,C_2 分别与 x 轴切于点 M,N,可得 OO_1,OO_2 分别是 $\angle POM, \angle PON$ 的平分线,所以 $\angle O_1OO_2 = 90°$.

再由射影定理,可得
$$y_1y_2 = |O_1M| \cdot |O_2N| = |O_1P| \cdot |O_2P| = |OP|^2 = x_P^2 + y_P^2 = a^2 + 2pa$$

又由①,得
$$y_1y_2 = a^2 + 2pa = 4 - 3a^2 \qquad ②$$

由 O_1,P,O_2 共线,可得
$$\frac{y_1 - \sqrt{2pa}}{\sqrt{2pa} - y_2} = \frac{y_1 - y_P}{y_P - y_2} = \frac{|O_1P|}{|PO_2|} = \frac{|O_1M|}{|O_2N|} = \frac{y_1}{y_2}$$

$$y_1 + y_2 = \frac{2}{\sqrt{2pa}} y_1 y_2 \qquad ③$$

设 $T = y_1^2 + y_2^2$,得圆 C_1 与 C_2 的面积之和为 πT. 再由②③,可得
$$T = y_1^2 + y_2^2 = (y_1 + y_2)^2 - 2y_1y_2 = \frac{4}{2pa} y_1^2 y_2^2 - 2y_1y_2$$

$$= \frac{4}{4 - 4a^2}(4 - 3a^2)^2 - 2(4 - 3a^2)$$

$$= \frac{(4 - 3a^2)(2 - a^2)}{1 - a^2}$$

又设 $t = 1 - a^2$. 由 $4t = 4 - 4a^2 = 2pa > 0$,得 $0 < t < 1$,所以
$$T = \frac{(3t+1)(t+1)}{t} = 3t + \frac{1}{t} + 4 \geq 4 + 2\sqrt{3}$$

(当且仅当 $t = \frac{1}{\sqrt{3}}$,即 $a = \sqrt{1 - \frac{1}{\sqrt{3}}}$ 时取等号)

再由①可得,当且仅当 $\dfrac{p}{2} = \dfrac{1-a^2}{a} = \dfrac{1}{\sqrt{3-\sqrt{3}}}$,即点 F 的坐标是 $\left(\dfrac{1}{\sqrt{3-\sqrt{3}}},0\right)$ 时,圆 C_1 与 C_2 的面积之和取到最小值.

§33 2016年全国高中数学联合竞赛一试(B卷)参考答案

1.6. 可得 $36 = a_2^2 + a_4^2 + 2a_2a_4 = (a_2+a_4)^2$,$a_2+a_4>0$,所以 $a_2+a_4=6$.

2.7. 点集 B 对应的图形即图 1 中的阴影部分,其面积为
$$S_{\text{正方形}MNPQ} - S_{\text{Rt}\triangle MRS} = (2+1)^2 - \dfrac{1}{2}\cdot 2\cdot 2 = 7.$$

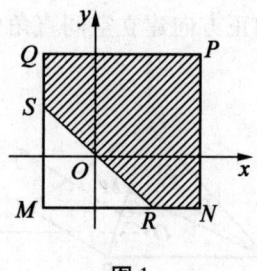

图 1

3.3. 设 $z = a+bi(a,b\in \mathbf{R})$,由 $z^2+2z=\bar z$,可得
$$a^2 - b^2 + 2abi + 2a + 2bi = a - bi$$
所以
$$a^2 - b^2 + a = 2ab + 3b = 0$$
再由 $\bar z \neq z$ 知 $b \neq 0$,所以 $2a+3=0$,$a=-\dfrac{3}{2}$,进而还可得 $b = \pm\sqrt{a^2+a} = \pm\dfrac{\sqrt{3}}{2}$,所以所求答案是 $\left(-\dfrac{3}{2}+\dfrac{\sqrt{3}}{2}i\right)\left(-\dfrac{3}{2}-\dfrac{\sqrt{3}}{2}i\right) = 3$.

4.2 016. 由题设,可得
$$f(0) + g(0) = 2 \qquad ①$$
$$f(2) + g(2) = 81 + 8 + 1 = 90 \qquad ②$$
由 $f(x),g(x)$ 图像的对称性,可得 $f(0) = f(2)$,$g(0) + g(2) = -4$. 再由①

可得
$$f(2)-g(2)-4=f(0)+g(0)=2 \qquad ③$$
由②③可解得 $f(2)=48, g(2)=42$,所以 $f(2)g(2)=2\,016$.

5. $\dfrac{12}{25}$. $\dfrac{C_3^2 A_5^2}{5^3}=\dfrac{60}{125}=\dfrac{12}{25}$.

6. $2x-4y+5=0$. 可得圆 C_1, C_2 的标准方程分别为
$$C_1: x^2+y^2=a; \quad C_2:(x+1)^2+(y-a)^2=a^2-2.$$
由它们关于直线 l 对称,可得两圆的半径相等,所以 $a=a^2-2>0$,解得 $a=2$.

进而可得圆 C_1, C_2 的圆心分别为 $O_1(0,0), O_2(-1,2)$,再得直线 l 即线段 O_1O_2 的中垂线,可求得直线 l 的方程为 $2x-4y+5=0$.

7. $\dfrac{\sqrt{11}}{11}$. 如图2所示,以底面 $ABCD$ 的中心 O 为坐标原点,分别以 $\overrightarrow{AB}, \overrightarrow{BC}$, $\overrightarrow{OV}$ 的方向为 x 轴、y 轴、z 轴的正方向建立空间直角坐标系 $O-xyz$.

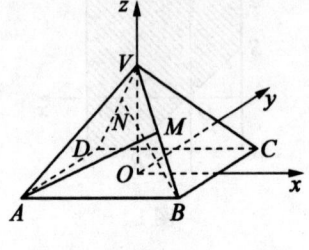

图2

可不妨设 $AB=2, VO=1$,进而可得 $A(-1,-1,0), B(1,-1,0), D(-1,1,0), V(0,0,1), M\left(\dfrac{1}{2}, -\dfrac{1}{2}, \dfrac{1}{2}\right), N\left(-\dfrac{1}{3}, \dfrac{1}{3}, \dfrac{2}{3}\right)$,因此 $\overrightarrow{AM}=\left(\dfrac{3}{2}, \dfrac{1}{2}, \dfrac{1}{2}\right), \overrightarrow{BN}=\left(-\dfrac{4}{3}, \dfrac{4}{3}, \dfrac{2}{3}\right)$.

设异面直线 AM, BN 所成的角为 θ,可得
$$\cos\theta=\dfrac{|\overrightarrow{AM}\cdot\overrightarrow{BN}|}{|\overrightarrow{AM}|\cdot|\overrightarrow{BN}|}=\dfrac{|-1|}{\dfrac{\sqrt{11}}{2}\cdot 2}=\dfrac{\sqrt{11}}{11}$$

8. 168. $\forall n\in\mathbf{Z}$,有
$$3=\left\{\dfrac{n}{2}\right\}+\left\{\dfrac{n}{4}\right\}+\left\{\dfrac{n}{6}\right\}+\left\{\dfrac{n}{12}\right\}\leqslant \dfrac{1}{2}+\dfrac{3}{4}+\dfrac{5}{6}+\dfrac{11}{12}=3$$

所以 $\left\{\dfrac{n}{2}\right\}=\dfrac{1}{2}, \left\{\dfrac{n}{4}\right\}=\dfrac{3}{4}, \left\{\dfrac{n}{6}\right\}=\dfrac{5}{6}, \left\{\dfrac{n}{12}\right\}=\dfrac{11}{12}$,即 $12\mid n+1$.

再由正整数 $n\leqslant 2\,016$,可得 $n=12k-1(k=1,2,3,\cdots,168)$,所以所求答案为 168.

9. 对 $k=50,51$,有
$$100\lg^2 a_k = \lg(100 a_k) = 2+\lg a_k$$
$$100(\lg a_k)^2 - \lg a_k - 2 = 0$$

所以 $\lg a_{50}, \lg a_{51}$ 是一元二次方程 $100x^2-x-2=0$ 的两个不等实根,因而
$$\lg a_{50}+\lg a_{51}=\lg a_{50}a_{51}=\dfrac{1}{100}$$
$$a_{50}a_{51}=10^{\frac{1}{100}}$$

再由等比数列的性质,可得 $a_1 a_2 \cdots a_{100}=(a_{50}a_{51})^{50}=(10^{\frac{1}{100}})^{50}=\sqrt{10}$.

10.(1)由向量的数量积的定义及余弦定理,可得题设即
$$cb\cos A + 2ca\cos B = 3ba\cos C$$
$$(c^2+b^2-a^2)+2(c^2+a^2-b^2)=3(b^2+a^2-c^2)$$
$$a^2+2b^2=3c^2$$

(2)再由余弦定理及均值不等式,可得
$$\cos C=\dfrac{a^2+b^2-c^2}{2ab}=\dfrac{a^2+b^2-\dfrac{a^2+2b^2}{3}}{2ab}=\dfrac{a}{3b}+\dfrac{b}{6a}\geqslant \dfrac{\sqrt{2}}{3}$$

进而可得,当且仅当 $a:b:c=\sqrt{3}:\sqrt{6}:\sqrt{5}$ 时,$(\cos C)_{\min}=\dfrac{\sqrt{2}}{3}$.

11.若过点 $(a,0)$ 所作的两条互相垂直的直线是 $l_1:x=a$ 与 $l_2:y=0$,可得 $P(a,\sqrt{a^2-1}), Q(a,-\sqrt{a^2-1})(a>1); R(1,0), S(-1,0)$.

若 $|PQ|=|RS|$,可得 $2\sqrt{a^2-1}=2(a>1)$,所以 $a=\sqrt{2}$.

这就说明满足题设的实数 a 只可能是 $\sqrt{2}$.

下面验证 $a=\sqrt{2}$ 确实满足题设.

事实上,当直线 l_1 与 l_2 中有斜率不存在或斜率为 0 时,由前面的论述可得欲证结论成立.

对于其余的情形,可不妨设
$$l_1:y=k(x-\sqrt{2}) \text{ 与 } l_2:y=-\dfrac{1}{k}(x-\sqrt{2})(k\neq 0)$$

还可得 $k\neq \pm 1$(否则直线 l_1 将与双曲线 C 的渐近线平行,它与双曲线 C 不

可能交于 P,Q 两点).

联立直线 l_1 与双曲线 C 的方程后,可得
$$(k^2-1)x^2+2\sqrt{2}k^2x+2k^2+1=0$$
因为其判别式 $\Delta=4k^2+4>0$,所以直线 l_1 与双曲线 C 交于不同的两点.
同理,可得直线 l_2 也与双曲线 C 交于不同的两点.
由弦长公式,可得
$$|PQ|=\sqrt{k^2+1}\cdot\frac{\sqrt{4k^2+4}}{|k^2-1|}=2\cdot\left|\frac{k^2+1}{k^2-1}\right|$$

用 $-\dfrac{1}{k}$ 代替 k 后,可得
$$|RS|=2\cdot\left|\frac{\left(-\dfrac{1}{k}\right)^2+1}{\left(-\dfrac{1}{k}\right)^2-1}\right|=2\cdot\left|\frac{k^2+1}{k^2-1}\right|$$

所以 $|PQ|=|RS|$.

综上所述,可得所求的答案是 $\sqrt{2}$.

§34 第32届(2016年)中国数学奥林匹克试题参考答案

1. 记 $y_0=0, y_1=1, y_n=2y_{n-1}-3y_{n-2}(n\geq 2)$,可得 $u_n, y_n\in\mathbf{Z}$.

由特征根法求通项公式,可得
$$u_n=\frac{\varepsilon^n+\bar{\varepsilon}^n}{2},y_n=\frac{\varepsilon^n-\bar{\varepsilon}^n}{\varepsilon-\bar{\varepsilon}}$$

$$v_n=p'\cdot 3^n+q'\cdot\varepsilon^{2n}+r'\cdot\bar{\varepsilon}^{2n}=p\cdot 3^n+qu_n^2+ru_nv_n$$

其中 $\varepsilon=1+\sqrt{2}\mathrm{i},\bar{\varepsilon}=1-\sqrt{2}\mathrm{i},p=\dfrac{-3a+2b+c}{12},q=\dfrac{5a-2b-c}{12},r=\dfrac{-3a+4b-c}{12}$.

因为当 $n\geq N$ 时,$u_n|v_n$,所以 $v_n\in\mathbf{Z}$. 又因为 $v_{n-3}=\dfrac{v_n-v_{n-1}+3v_{n-2}}{27}(n\geq 3)$,

所以 $v_n\in\mathbf{Q}(n\in\mathbf{N})$,得 $a,b,c\in\mathbf{Q}$,再得 $p,q,r\in\mathbf{Q}$.

设把 p,q,r 化成既约分数后诸分母的最小公倍数为 m,又设 $A=mp, B=mq, C=mr$,得 $A,B,C\in\mathbf{Z}$.

由题设,可得 $u_n \mid mv_n, mv_n = A \cdot 3^n + Bu_n^2 + Cu_nv_n$. 由因为 $u_n, v_n \in \mathbf{Z}$,所以 $u_n \mid A \cdot 3^n$.

由递推式,可得 $u_n \equiv \pm 1 (\bmod\ 3)$,所以 $(u_n,3) = 1$,得 $u_n \mid A$.

因为 u_n 可无限大,所以 $A = 0$,进而可得 $p = 0, 3a = 2b + c$.

2. 如图 1 所示,设直线 AL 交圆 O 于点 K,延长 PQ 与直线 BC 交于点 Z,过点 A 作圆 O 的切线 AZ' 与直线 BC 交于点 Z'.

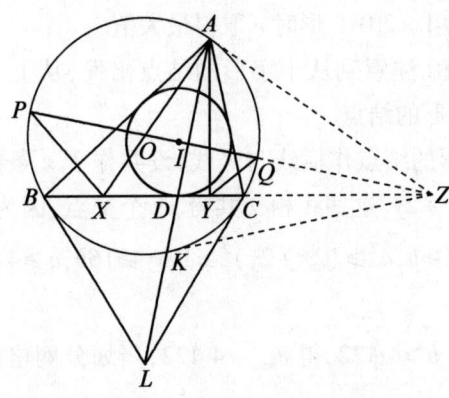

图 1

因为点 Z' 在点 L 关于圆 O 的极线上,所以点 L 也在点 Z' 关于圆 O 的极线上,极线为 AL.

因为 $\angle AYX = 90°$,所以 AZ' 为圆 O 与圆 AXY 的公切线.

P, Q, X, Y 四点共圆 $\Leftrightarrow ZX \cdot ZY = ZP \cdot ZQ \Leftrightarrow ZX \cdot ZY = ZB \cdot ZC \Leftrightarrow Z$ 在圆 O 与圆 AXY 的根轴即直线 AZ' 上 $\Leftrightarrow$ 点 Z, Z' 重合.

若 P, Q, X, Y 四点共圆,则点 Z, Z' 重合,因为直线 AL 为点 Z' 关于圆 O 的极线,所以 $AL \perp OZ', AL \perp IZ$. 由调和点列的性质,可得直线 LB, LC, LA, LZ 为调和线束. 所以 AB, AC, AL, AZ 也为调和线束.

又因为 $AL \perp IZ$,所以直线 AL 为点 Z 关于圆 I 的极线,得切点 D 在极线 AL 上,所以 A, D, L 三点共线.

若 A, D, L 三点共线,则 A, C, D, Z' 四点是调和点列,得直线 AD 是点 Z' 关于圆 I 的极线,所以 $OZ' \perp AL, IZ' \perp AL$,得 O, I, Z' 三点共线,所以点 Z, Z' 重合,P, Q, X, Y 四点共圆.

证毕!

3. 所求基本线段数量的最小值和最大值分别是 4 122 与 6 049.

设结点数、基本线段数、将平面划分成的区域个数分别为 v, e, f,则 $f = 2\ 017$.

由欧拉公式,得
$$v - e + f = 2 \quad ①$$
设 L 字形,T 字形,十字形的结点个数分别为 $4,a,b$,则
$$v = 4 + a + b \quad ②$$
$$2e = 2 \times 4 + 3a + 4b \quad ③$$

由①②③,可得 $a = 4\,030 - 2b, v = 4\,034 - b, e = 6\,049 - b$,进而可得 $e_{max} = 6\,049$. 当划分网格为 $1 \times 2\,016$ 形时 e 取得最大值.

下面再求最小值. 注意到从十字形的结点出发,从上、下、左、右任意方向走,一定会遇到 T 字形的结点.

现对所有十字形的结点作横线与竖线,设共作了 x 条横线与 y 条竖线,由以上分析可得 $a \geq 2x + 2y$. 这些线相交共得 xy 个交点,因为它们覆盖了所有十字形的结点,所以 $xy \geq b, a^2 \geq (2x + 2y)^2 \geq 16xy \geq 16b, a \geq 4\sqrt{b}$,可得 $a = 4\,030 - 2b \geq 4\sqrt{b}, b \leq 1\,927$.

所以 $e = 6\,049 - b \geq 4\,122$,得 $e_{min} = 4\,122$,当划分网格为 42×98 时取得最小值.

4. 下面证明加强命题:存在 $P_1 = (1, 2, \cdots, n), P_m = (n, n-1, \cdots, 1)$ 的翻转序列.

(1) 当 $n = 2$ 时,$P_1 = (1, 2), P_2 = (2, 1)$ 满足题设.

(2) 假设加强命题对 n 成立,那么对于 $n + 1$,记 $n' = n + 1, m' = n'!$.

又记 $f(\alpha, k) = (a_1 + k, a_2 + k, \cdots, a_{n'} + k)$,规定 $n' + i = i$.

对 n 的满足题设的序列 $P_1, P_2, \cdots, P_m$ 中每个排列的末尾都添加 n',得到的排列仍记为 $P_1, P_2, \cdots, P_m$,考虑序列 $f(P_1, 0), \cdots, f(P_m, 0), \cdots, f(P_1, -n), \cdots, f(P_m, -n)$ 在每段 $f(P_1, -i), \cdots, f(P_m, -i)$ 内,由归纳假设相邻排列互为翻转,而 $f(P_m, -i)$ 的翻转为 $(n' - i, 1 - i, 2 - i, \cdots, n' - 1 - i) = f(P_1, -i - 1)$,所以整个序列都是邻项互为翻转,且 $f(P_1, 0) = (1, 2, \cdots, n'), f(P_m, -n) = (n', n' - 1, \cdots, 1)$.

证毕!

5. 设 $A = \{a_1, a_2, \cdots, a_n\}$ $(a_1 < a_2 < \cdots < a_n), G = \{b_1, b_2, \cdots, b_k\}$ $(b_1 < b_2 < \cdots < b_k)$.

(1) 可得 $n \in G$. 否则 $n \in A$,设 $a_{m-1} = \dfrac{n}{x}, a_{m-2} = \dfrac{n}{y}, x, y$ 为 n 的非平凡因子,得 $n + \dfrac{n}{y} = 2 \cdot \dfrac{n}{x}, \dfrac{2}{x} = 1 + \dfrac{1}{y} > 1, x < 2$,所以 $x = 1$,前后矛盾! 所以 $n \in G$.

(2) 可得 $n \neq p^i$, 其中 p 为素数, $i \in \mathbf{N}^*$. 否则, 对于集合 A 中的前三个元素, 有 $p^{i_1} + p^{i_3} = 2p^{i_2}(i_1 < i_2 < i_3)$, 可得 $p^{i_2} | p^{i_1}$, 而这是不可能的!

(3) 由(2)知, n 至少有两个不同的素因子. 可不妨设 $p, q(p < q)$ 是 n 的最小和次最小的两个素因子.

若 $\dfrac{n}{p} \in G$, 又因为 $n \in G$, 所以数列 G 的公比为 p, 得 $1, p, \dfrac{n}{q} \in A$.

若 $\dfrac{n}{p} \in A$, 注意到 $1, p, q$ 中至少有两个在集合 A 中, 所以

$$m = \dfrac{a_m - a_1}{d} + 1 \geqslant \min\left\{\dfrac{\dfrac{n}{q} - 1}{p - 1} + 1, \dfrac{\dfrac{n}{p} - 1}{q - 1} + 1\right\} > \dfrac{n}{pq} + 1$$

得 $m \geqslant \dfrac{n}{pq} + 2$.

设 $n = p_1^{\alpha_1} p_2^{\alpha_2} \cdots p_j^{\alpha_j}$ 为 n 的质因数分解式, $p_1 = p, p_2 = q$, 得

$$m = (\alpha_1 + 1)(\alpha_2 + 1)\cdots(\alpha_j + 1) - k \geqslant \dfrac{n}{pq} + 2$$
$$= p^{\alpha_1 - 1} q^{\alpha_2 - 1} p_3^{\alpha_3} \cdots p_j^{\alpha_j} + 2$$
$$\geqslant 2^{\alpha_1 - 1} 3^{\alpha_2 - 1} 5^{\alpha_3} \cdots 5^{\alpha_j} + 2$$

由于 $k \geqslant 3, 5^\alpha > (\alpha + 1)^2$, 所以 $(\alpha_1 + 1)(\alpha_2 + 1) \geqslant 2^{\alpha_1 - 1} 3^{\alpha_2 - 1} + 5$, 而此不等式不成立! 所以不存在满足题设的 n.

6. 先给出下面的引理.

引理 若 $x_1, x_2, \cdots, x_n \in \{a, b\}$, 则

$$\dfrac{\dfrac{x_1^2}{x_2} + \dfrac{x_2^2}{x_3} + \cdots + \dfrac{x_{n-1}^2}{x_n} + \dfrac{x_n^2}{x_1}}{x_1 + x_2 + \cdots + x_{n-1} + x_n} \leqslant k_n = \begin{cases} \dfrac{a^2 - ab + b^2}{ab} & (n \text{ 为偶数}) \\ \dfrac{(n-1)(a^3 + b^3) + 2a^2 b}{ab[(n+1)a + (n-1)b]} & (n \text{ 为奇数}) \end{cases}$$

记

$$f(x_1, x_2, \cdots, x_n) = \dfrac{\dfrac{x_1^2}{x_2} + \dfrac{x_2^2}{x_3} + \cdots + \dfrac{x_{n-1}^2}{x_n} + \dfrac{x_n^2}{x_1}}{x_1 + x_2 + \cdots + x_{n-1} + x_n}$$

$$g(x_1, x_2, \cdots, x_n) = \dfrac{x_1^2}{x_2} + \dfrac{x_2^2}{x_3} + \cdots + \dfrac{x_{n-1}^2}{x_n} + \dfrac{x_n^2}{x_1}$$

证明 (1) 当 $n = 1, 2$ 时, 显然成立.

(2) 若当 $n < m$ 时引理成立, 则当 $n = m$ 时:

当 m 为偶数时, 若 $x_1, x_2, \cdots, x_m$ 交错的取 a, b, 则引理成立.

否则,必有两个相邻项取同一个数,可不妨设为 $x_{m-1} = x_m = x$,得
$$g(x_1, x_2, \cdots, x_m) = g(x_1, x_2, \cdots, x_{m-1}) + x$$
因为 $m-1$ 为奇数,所以又必有两个相邻项取同一个数,记为 y,所以
$$g(x_1, x_2, \cdots, x_m) = g(x_1, x_2, \cdots, x_{m-2}) + x + y$$
$$< k_m(x_1, x_2, \cdots, x_{m-2} + x + y)$$
$$f(x_1, x_2, \cdots, x_m) < k_m$$

得此时引理成立.

当 m 为奇数时,同理可证,只需注意到当 $u > 0, k > 1$ 时,$\dfrac{uk+x}{u+x} \le \dfrac{uk+a}{u+a}$,其中 $x \in \{a, b\}$.

总之,引理成立.

下面用引理来解答原题,所求的最大值为 k_n.

原题即证
$$h = h(x_1, x_2, \cdots, x_n) = \dfrac{x_1^2}{x_2} + \dfrac{x_2^2}{x_3} + \cdots + \dfrac{x_{n-1}^2}{x_n} + \dfrac{x_n^2}{x_1} - k_n(x_1 + x_2 + \cdots + x_n) \le 0$$

可把 $x_2, \cdots, x_n$ 暂时看作常量,把 x_1 看作自变量,注意到 $h = h(x_1)$ 是下凸函数,所以在端点处取得最大值.因而只需考虑 $x_1 \in \{a, b\}$ 的情形,同理只需考虑 $x_2, \cdots, x_n \in \{a, b\}$ 的情形,再由引理可得欲证结论成立.

§35 第 31 届(2015 年)中国数学奥林匹克试题参考答案

1. 设 $\sum$ ① 为对 $a_j \ge b_j$ 求和, $\sum$ ② 为对 $a_j < b_j$ 求和.

因为 $\sum_{j=1}^{31} a_j = \sum_{j=1}^{31} b_j$,所以可设 $m = \sum (a_j - b_j)① = \sum (b_j - a_j)②$,得 $S = 2m$.

设和式①有 u 对,和式②有 v 对,得 $u + v = 31$.

则和式①中必有一对满足 $a_k - b_k \ge \dfrac{m}{u}$,②中也必有一对满足 $b_s - a_s \ge \dfrac{m}{v}$.

可不妨设 $k > s$,得
$$\dfrac{31m}{240} = \dfrac{m}{15} + \dfrac{m}{16} \le \dfrac{m}{u} + \dfrac{m}{v} \le (a_k - b_k) + (b_s - a_s) = a_k - (b_k - b_s) - a_s$$

$$\leqslant [2\,015-(31-k)]-(k-s)-s=1\,984$$

所以
$$\frac{31m}{240}\leqslant 1\,984, S=2m\leqslant 30\,720$$

而当取 $\{a_j\}:1,2,\cdots,16,2\,001,2\,002,\cdots,2\,015,\{b_j\}:961,962,\cdots,991$ 时，$S=30\,720$.

所以所求 S 的最大值是 $30\,720$.

2. 如图 1 所示，设 $AB=a, BC=b, CD=c, DA=d$，得 $AK=\dfrac{ad}{b+d}, KB=\dfrac{ab}{b+d}$，$BL=\dfrac{ab}{a+c}, LC=\dfrac{bc}{a+c}, CM=\dfrac{bc}{b+d}, MD=\dfrac{cd}{b+d}, DN=\dfrac{cd}{a+c}, NA=\dfrac{ad}{a+c}$.

若 $a+c\neq b+d$，可不妨设 $a+c<b+d$，得 $AK<AN$，所以 $\angle AKN>90°-\dfrac{1}{2}\angle A$. 同理，可得 $\angle BKL>90°-\dfrac{1}{2}\angle B$. 所以

$$\angle LKN=180°-(\angle AKN+\angle BKL)<\dfrac{1}{2}(\angle A+\angle B)$$

同理，可得 $\angle LMN<\dfrac{1}{2}(\angle C+\angle D)$. 所以

$$\angle LKN+\angle LMN<\dfrac{1}{2}(\angle A+\angle B+\angle C+\angle D)=180°$$

因此 K,L,M,N 四点不可能共圆.

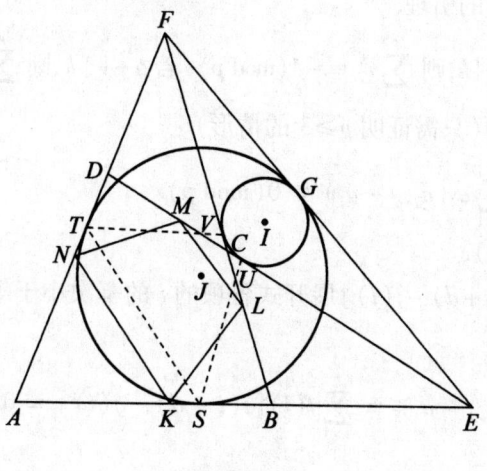

图 1

若 $a+c=b+d$，得 $AK=AN$，所以 $\angle AKN=90°-\dfrac{1}{2}\angle A$. 同理，可得 $\angle BKL=$

$90° - \frac{1}{2}\angle B$. 所以

$$\angle LKN = 180° - (\angle AKN + \angle BKL) = \frac{1}{2}(\angle A + \angle B)$$

同理,可得 $\angle LMN = \frac{1}{2}(\angle C + \angle D)$,所以

$$\angle LKN + \angle LMN = \frac{1}{2}(\angle A + \angle B + \angle C + \angle D) = 180°$$

由此知,K, L, M, N 四点共圆.

所以当且仅当 $a + c = b + d$,即凸四边形 $ABCD$ 为圆外切四边形时,K, L, M, N 四点共圆.

因为 K, L, M, N 四点共圆,所以凸四边形 $ABCD$ 为圆外切四边形,所以 $AE - AF = CE - CF$,得 $\triangle CEF$ 的内切圆圆 I 在 EF 上的切点与 $\triangle AEF$ 的内切圆圆 J 在 EF 上的切点重合为一点,记作点 G.

于是 $ES = EG = EU, FT = FG = FV; AT = AS, CU = CV$,所以

$$\angle TSU + \angle TVU = (180° - \angle AST - \angle ESU) + (360° - \angle FVT - \angle FVU)$$
$$= (180° - \angle ATS - \angle EUS) + (360° - \angle FTV - \angle FUV)$$
$$= (180° - \angle ATS - \angle FTV) + (360° - \angle EUS - \angle EUV)$$
$$= \angle KNM + \angle KLM = 180°$$

因此 S, T, V, U 四点共圆.

3. 先给出下面的引理.

引理 若 $p - 1 \mid k$,则 $\sum_{i=1}^{p} i^k \equiv -1 \pmod{p}$;若 $p - 1 \nmid k$,则 $\sum_{i=1}^{p} i^k \equiv 0 \pmod{p}$.

下面证明本题(只需证明 $p \geq 3$ 的情形).

条件(2)即 $\sum_{i=1}^{p} a_i(a_{i+d} - a_i) \equiv 0 \pmod{p}$.

先证 (1) $\Rightarrow$ (2).

由于 $f(i)[f(i+d) - f(i)]$ 展开式各项的 i 的幂次小于等于 $2n - 1 < p - 1$,由(1)及引理知

$$\sum_{i=1}^{p} a_i(a_{i+d} - a_i) \equiv \sum_{i=1}^{p} f(i)[f(i+d) - f(i)] \equiv 0 \pmod{p}$$

获证.

再证 (2) $\Rightarrow$ (1).

注意到对 $d = 0$ 条件(2)也成立,且 $\sum_{i=1}^{p} (a_{i+d} - a_i)^2 = \sum_{i=1}^{p} (a_i - a_{i-d})^2$,所以

条件(2)对任意的 $1 \leqslant d \leqslant p$ 都成立.

设 $\sum_{i=1}^{p} \prod_{j \neq i} \frac{x-j}{i-j} a_i \equiv f(x) \pmod{p}$，$f(x)$ 是 $n(n \leqslant p-1)$ 次整系数多项式，其首项系数 $a_n \not\equiv 0 \pmod{p}$.

因为

$$\sum_{i=1}^{p} a_i(a_{i+d} - a_i) \equiv \sum_{i=1}^{p} f(i)[f(i+d) - f(i)] \equiv g(d) \pmod{p}$$

所以由(2)知 $g(d) \equiv 0 \pmod{p}$，其中 $g(d)$ 为 d 的 n 次整系数多项式，次同余方程对 $1 \leqslant d \leqslant p$ 都成立，有 p 个解，由拉格朗日定理知，解的个数不超过次数 $n \leqslant p-1$，所以只能是 $g(d) = 0$ 为零多项式.

若 $n > \frac{p-1}{2}$，现考虑 $d^{2n-(p-1)}$ 项，其系数含 i^{p-1} 的项只能是 $i^n i^{p-1-n}$，由引理知 $d^{2n-(p-1)}$ 项系数恒等于 $\sum_{i=1}^{p} a_n i^n a_n C_n^{p-1-n} i^{p-1-n} \equiv -a_n^2 C_n^{p-1-n} \not\equiv 0 \pmod{p}$，这与 $g(d) = 0$ 为零多项式矛盾！所以 $n \leqslant \frac{p-1}{2}$，获证.

4. 现将集合 $\{2, 3, \cdots, n\}$ 中的元素按如下方法分成 k 类：素数 $p \leqslant n, a \in A_p \Leftrightarrow a$ 的最大素因数为 p.

设 A 还差 j 个元素即为 k 元集合，由已知，存在 j 个素数 $p_1, p_2, \cdots, p_j$，使得 A 中的元素不在类别 $A_{p_1}, A_{p_2}, \cdots, A_{p_j}$ 中，对每个 p_i，设 $a_i = p_i^{k_i}$ 是不超过 n 的 p_i 的最大幂 $(i = 1, 2, \cdots, j)$.

显然诸 a_i 不是 A 中任意一个数的倍数，若有某个 $a \in A$ 是每个 a_i 的倍数，则 $p_i | a_i, a_i | a$. 设此 $a \in A_p$，得 $p > p_i$，所以 $n \geqslant a \geqslant p p_i^{k_i} = p a_i$，得 $p_i^{k_i+1} \leqslant n$，与 $p_i^{k_i}$ 是不超过 n 的 p_i 的最大幂矛盾！所以 $B = A \cup \{a_1, a_2, \cdots, a_j\}$ 为所求.

5. (1)若凸四边形 $ABCD$ 不是矩形，可不妨设 $\angle A < 90°$.

又设 C_1 为 AC 上的动点，$D_1 = D, B_1C_1 \perp C_1D_1$ 交 AB 于 B_1.

注意到 $\angle A < 90°$，当点 $C_1 = A$ 时，$B_1C_1 = 0 < C_1D_1$.

当 $C_1D_1 \perp AB$ 时，$B_1C_1 = +\infty > C_1D_1$.

由连续变化知，当点 C_1 在某个位置时，必有 $B_1C_1 = C_1D_1$，由此可作出正方形 $A_1B_1C_1D_1$，使得 AA_1, BB_1, CC_1, DD_1 都过点 A，再以 A 为位似中心，即可得到正方形 $A'B'C'D'$ 即满足条件，四条直线都过点 A.

(2)若凸四边形 $ABCD$ 是矩形，可在点 A 处外侧作正方形 $AB_1C_1D_1, B_1$ 在 AD 上.

设 CC_1 交 BB_1 于点 O，易知 O, D, D_1 三点共线，再以点 O 为位似中心，放大

或者缩小正方形 $AB_1C_1D_1$，得到正方形 $A'B'C'D'$ 即满足条件，四条直线都过点 O．

证毕．

6．(1) 把每个人看成一个点，则得到一个有向图，满足条件的图称为友好图，称 $u_1\to u_2\to\cdots\to u_k$ 为（有向）链，简记为链 $u_1u_2\cdots u_k$，此链的长度为 k，称 $u_1\to u_2\to\cdots\to u_k\to u_1$ 为（有向）圈，简记为圈 $u_1u_2\cdots u_k$，此圈的长度为 k．

如果对友好图 V，存在满足条件的整数 m，则称 V 是正则的，并称 m 为正则数．

下面对 n 位选手对应的图 V 进行归纳法．

引理 若友好图 V 既有三点圈，又有四点圈，则 V 是正则的．

证明 因为 $(3,4)=1$，所以对任意整数 $r\geqslant 12$，存在自然数 p,q 使得 $3p+4q=r$．

设长度为 k 的链可联结任意两点，取 $m=3k+10$，对任意两点 x,y，设分别联结从 x 到三点圈长为 k_1，在三点圈处重复 p 遍，从三点圈到四点圈长为 k_2，在四点圈处重复 q 遍，最后从四点圈到 y 的链长为 k_3，则总链长为 $k_1+3p+k_2+4q+k_3-2$，它等于 m，等价于 $m-(k_1+k_2+k_3)+2=3p+4q$．

由于 $m-(k_1+k_2+k_3)+2\geqslant m-3k+2=12$，所以自然数 p,q 是存在的．

这就证明了图 V 是正则的．引理获证．

下面用引理解答本题．

① 对 $n=4,5$，经检验，成立，V 是正则的．

② 假设对 $n<k$，V 是正则的．

现考虑 $n=k$，把此图记为 V，V 中去掉点 $p_1,p_2,\cdots,p_j$，余下 $k-j$ 个点的子图记为 $V_{p_1p_2\cdots p_j}$．

如果存在两个 V_p 是友好的，记为 V_a,V_b，由归纳假设，它们是正则的，对应的正则数分别记为 m_1,m_2，那么对任意两点 x,y，另找点 z 同属于 V_a,V_b，由归纳假设，有长度为 $m=m_1+m_2-1$ 的链 $x=z_1\to z_2\to\cdots\to z_{m_1}=z=w_1\to w_2\to\cdots\to w_{m_2}=y$，$V$ 也是正则的．

所以只要考虑至多有一个 V_p 是友好的情形．

设 V_a 不是友好的，则存在 x,y，使得 x 到 y 的链只能经过 a，设此链的一段为 $b\to a\to c$，得 $c\to b$（否则有 $b\to c$，得此链可以不经过 a，矛盾！），所以有圈 abc．

现考虑 V_{ab}．若 V_{ab} 是不友好的，则 V_{ab} 中存在 x,y，使得 x 到 y 的链只能经过 a,b 中的至少一个，由对称性知，只需考虑此链的一段为链 $eabf$ 或者链 eaf 的情形，因为只能经过 a,b 之一，所以有 $f\to e$，这样就得到圈 $eabf$ 或者圈 eaf，由于有

圈 abc,所以由后者也可得到四点圈.

再由引理知,V 是正则的.

所以只需考虑 V_{ab} 是友好的情况.由归纳假设知,V_{ab} 是正则的.同理,V_{bc},V_{ca} 也都是正则的.设对应的正则数分别为 m_3,m_1,m_2.

对任意两点,由对称性知,只需考虑 $ab,ax,xy(x,y,a,b,c$ 互不相同)的情形,取 $xyabc$ 以外的点 z,则分别有链 $a\cdots x\cdots y\cdots b$,链 $a\cdots y\cdots z\cdots x$,链 $x\cdots y\cdots z\cdots y$,链的长度分别为 $m_1+m_3+m_2-2$,$m_1+m_2+m_3-2$,$m_1+m_2+m_3-2$,把此相同的数记为 m,所以 V 是正则的.

证毕.

(2)下面证明 $m(T)$ 的最小值是 3.

将选手依次编号为 $1,2,\cdots,2n(2n=100)$.

对任意两位选手 $i,j(i\neq j)$,存在 $1\leqslant r\leqslant 2n-1$,使得 $i-j\equiv r(\bmod 2n)$,简记为 $i-j=r$.

现假设当 $r=2,3,\cdots,n-2,n+1$ 时,$j\to i$;当 $r=1$ 时,$i\to j$;当 $r=n$ 时,任意.

①若 $1\leqslant r\leqslant n-3$,$j\to j-1\to j+r=i$;

②若 $4\leqslant r\leqslant 2n-4$,$j\to j+\left[\dfrac{r+1}{2}\right]\to j+r=i$;

③若 $n+3\leqslant r\leqslant 2n-1$,$j\to j+n+1\to j+r=i$.

把以上编号按模 $2n$ 看待,得 $m=3$ 对任意两位选手都成立,显然 $m\neq 2$,所以 $m(T)$ 的最小值是 3.

注 对于每一种情形 T,都有一个最小值 $m(T)$,$m(T)$ 就是"T"的函数.第(2)问就是对所有的 T,求"函数" $m(T)$ 的最小值.

§36 2015 年湖南省高中数学竞赛试卷(A 卷) 参考答案

1.B.这组数据为 $87,87,90,90,91,91,94,99,90+x$,其中的最高分为 99,最低分为 87.

由剩余分数的平均分为 91,可求得 $x=4$,进而可求出 7 个剩余分数的方差为 $\dfrac{36}{7}$.

2.B.当 r 取最大值 $r_{\max}$ 时,四个小球两两外切,且这四个小球均与大球内切.

如图 1 所示,设四个小球的球心分别是 O_1, O_2, O_3, O_4,可得正四面体 $O_1O_2O_3O_4$(因为由两球外切,可得其六条棱长都是 $2r_{max}$).

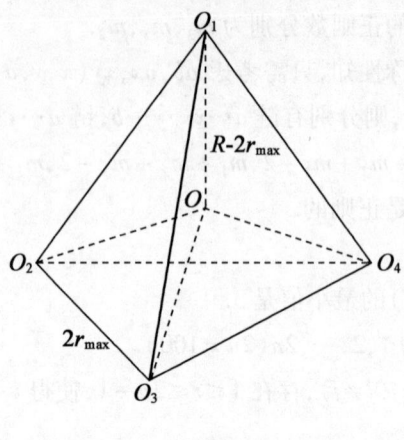

图 1

设大球的球心是 O,由四个小球均与大球内切,可得 $OO_1 = OO_2 = OO_3 = OO_4 = R - 2r_{max}$,所以球心 O 也是正四面体 $O_1O_2O_3O_4$ 外接球的球心(当然也是正四面体 $O_1O_2O_3O_4$ 的中心).

从选项来看,本题的要求是已知 R 求 r_{max},所以需先寻求出 R 与 r_{max} 的一个等量关系,再通过方程求解即可.

已经得出了棱长是 $2r_{max}$ 的正四面体 $O_1O_2O_3O_4$ 的外接球半径 $OO_1 = R - 2r_{max}$;若能再求出棱长是 $2r_{max}$ 的正四面体 $O_1O_2O_3O_4$ 的外接球半径 OO_1(它一定能用半棱长 r_{max} 表示出来,可设 $OO_1 = f(r_{max})$),所以 $R - 2r_{max} = f(r_{max})$.再通过解方程就可用 R 表示出 r_{max}(这种解法就是"算两次").

而计算棱长是 $2r_{max}$ 的正四面体 $O_1O_2O_3O_4$ 的外接球半径 OO_1 即 $f(r_{max})$,是容易的.下面给出两种常用方法:

解法 1 如图 2 所示,设正四面体 $O_1O_2O_3O_4$ 的一条高是 O_1H,由正三棱锥的定义可得 H 是正 $\triangle O_2O_3O_4$ 的中心.延长 O_2H 交 O_3O_4 于点 A,可得 A 是 O_3O_4 的中点,$O_3A = AO_4 = r_{max}$,$O_2A = \sqrt{3}r_{max}$,$AH = \dfrac{O_2A}{3} = \dfrac{r_{max}}{\sqrt{3}}$,$O_2H = 2AH = \dfrac{2}{\sqrt{3}}r_{max}$.

在正 $\triangle O_1O_3O_4$ 中,可得其高 $O_1A = O_2A = \sqrt{3}r_{max}$.在 $\text{Rt}\triangle O_1AH$ 中,可求得

$$O_1H = \sqrt{O_1A^2 - AH^2} = \sqrt{(\sqrt{3}r_{max})^2 - \left(\dfrac{r_{max}}{\sqrt{3}}\right)^2} = \sqrt{\dfrac{8}{3}}r_{max}$$

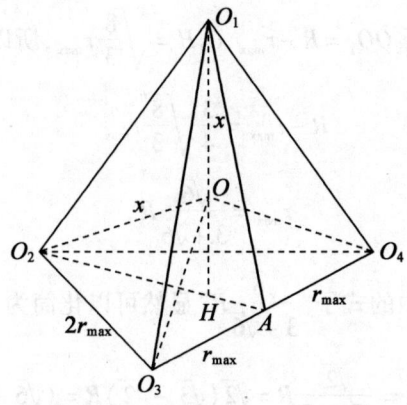

图2

可得正三棱锥 $O-O_2O_3O_4$，所以点 O 在平面 $O_2O_3O_4$ 上的射影也是正 $\triangle O_2O_3O_4$ 的中心 H，因而点 O 在正四面体 $O_1O_2O_3O_4$ 的高 O_1H 上.

可设 $OO_1=OO_2=x$，得 $OH=O_1H-O_1O=\dfrac{2\sqrt{6}}{3}r_{\max}-x$.

在 $\text{Rt}\triangle OHO_2$ 中，由勾股定理可得 $OH^2+O_2H^2=OO_2^2$，所以

$$\left(\dfrac{2\sqrt{6}}{3}r_{\max}-x\right)^2+\left(\dfrac{2\sqrt{3}}{3}r_{\max}\right)^2=x^2$$

$$x=\dfrac{\sqrt{6}}{3}r_{\max}$$

再由 $x=R-r_{\max}$，可得 $\dfrac{\sqrt{6}}{2}r_{\max}=R-r_{\max}$，解得 $r_{\max}=\dfrac{\sqrt{6}}{3+\sqrt{6}}=R$

（注：在该解答中，也可不设出字母 x，因为 $x=R-r_{\max}$）.

解法2　如图2所示，在解法1中已得点 O 在正四面体 $O_1O_2O_3O_4$ 的高 O_1H 上.

如图1所示，可得

$$V_{\text{正三棱锥}O-O_1O_2O_3}=V_{\text{正三棱锥}O-O_3O_4O_1}=V_{\text{正三棱锥}O-O_4O_1O_2}=V_{\text{正三棱锥}O-O_2O_3O_4}$$

所以

$$V_{\text{三棱锥}O_1-O_2O_3O_4}=4V_{\text{三棱锥}O-O_2O_3O_4}$$

$$\dfrac{1}{3}S_{\triangle O_2O_3O_4}\cdot O_1H=4\cdot\dfrac{1}{3}S_{\triangle O_2O_3O_4}\cdot OH$$

$$O_1H=4OH$$

$$OO_1=O_1H-OH=\dfrac{3}{4}O_1H$$

在解法 1 中已求得 $OO_1 = R - r_{max}$, $O_1H = \sqrt{\dfrac{8}{3}} r_{max}$, 所以

$$R - r_{max} = \dfrac{3}{4}\sqrt{\dfrac{8}{3}} r_{max}$$

$$r_{max} = \dfrac{\sqrt{6}}{3+\sqrt{6}} R$$

注 该题选项 B 中的式子"$\dfrac{\sqrt{6}}{3+\sqrt{6}}R$"显然可以化简为

$$\dfrac{\sqrt{6}}{3+\sqrt{6}}R = \dfrac{\sqrt{2}}{\sqrt{3}+\sqrt{2}}R = \sqrt{2}(\sqrt{3}-\sqrt{2})R = (\sqrt{6}-2)R$$

但是若只化简选项 B 中的式子,考生就容易猜测正确答案是 B,所以建议把这道题改述为:

半径为 R 的球内装有 4 个半径均为 r 的小球,则 r 的最大值是　　(　　)

A. $(2\sqrt{3}-3)R$　　B. $(\sqrt{6}-2)R$　　C. $\dfrac{\sqrt{3}-1}{2}R$　　D. $(5-2\sqrt{5})R$

3. B. 因为 $A - B = \lim\limits_{n \to +\infty} a_n - \lim\limits_{n \to +\infty} b_n = \lim\limits_{n \to +\infty}(a_n - b_n) \geq 0$, 所以 $A \geq B$.

4. A. 由离心率 $e = C_m^n > 1$, 得 $m > n$, 再得不同的 e 只有 6 个值 $C_5^1, C_5^2, C_4^1, C_4^2, C_3^1, C_2^1$. 所以共有 6 条.

注 此题也是 2006 年复旦大学千分考第 128 题.

5. D. 设 $y = \sqrt{x-3} + \sqrt{6-x}(3 \leq x \leq 6)$, 由均值不等式可得

$$y^2 = 3 + 2\sqrt{(x-3)(6-x)} \leq 3 + (x-3) + (6-x) = 6(3 \leq x \leq 6)$$

当且仅当 $x - 3 = 6 - x$ 即 $x = \dfrac{9}{2}$ 时, $y_{max} = \sqrt{6}$. 进而可得答案.

6. C. 因为

$$4n = (n+1)^2 - (n-1)^2 (n \in \mathbf{Z})$$
$$4n+1 = (2n+1)^2 - (2n)^2 (n \in \mathbf{Z})$$
$$4n+3 = (2n+2)^2 - (2n+1)^2 (n \in \mathbf{Z})$$

若 $\exists x, y \in \mathbf{Z}, 4n+2 = x^2 - y^2$, 可得 x, y 均为奇数或均为偶数, 所以

$$4n+2 = 4 \cdot \dfrac{x+y}{2} \cdot \dfrac{x-y}{2} \left(\dfrac{x+y}{2}, \dfrac{x-y}{2} \in \mathbf{Z}\right)$$

得 $4 | 4n+2, 4 | 2$, 这不可能!所以 $4n+2 \notin M$.

7. 15. 设三角形的三边长分别为 $n-1, n, n+1(n \geq 3, n \in \mathbf{N})$, 最小角为 α, 由正弦定理,可得

$$\frac{n-1}{\sin\alpha} = \frac{n}{\sin 3\alpha} = \frac{n+1}{\sin 2\alpha}$$

$$n-1 = \frac{n}{3-4\sin^2\alpha} = \frac{n+1}{2\cos\alpha}$$

$$n = 5$$

即满足题意的三角形的三边长分别是 $4,5,6$,得其周长为 15.

注 此题有两个原型:

(1)(普通高中课程标准实验教科书《数学 5·必修·A 版》(人民教育出版社,2007 年第 3 版)第一章复习参考题 B 组第 3 题)研究一下,是否存在一个三角形同时具有下面两条性质:

①三边是三个连续的自然数;

②最大角是最小角的 2 倍.

答案:存在唯一的满足题意的三角形,且此三角形的三边长分别是 $4,5,6$.

(2)(2005 年上海交通大学冬令营数学试题第二题第 2 题)三角形的三边长为连续整数.

①是否存在这样的三角形,其最大角是最小角的 2 倍;

②是否存在这样的三角形,其最大角是最小角的 3 倍.

答案:①存在唯一满足题意的三角形,且此三角形的三边长分别是 $4,5,6$.

②不存在.

8. 819. 设序列 ΔA 的首项为 d,可得 $\Delta A = (d, d+1, d+2, \cdots)$,其第 n 项是 $d+(n-1)$. 因此序列 A 可以写成

$$A = (a_1, a_1+d, a_1+d+(d+1), a_1+d+(d+1)+(d+2), \cdots)$$

其第 n 项是 $a_n = a_1 + (n-1)d + \frac{1}{2}(n-1)(n-2)$.

由 $a_{19} = a_{92} = 0$,可得

$$a_1 + 18d + 9 \cdot 17 = a_1 + 91d + 45 \cdot 91 = 0$$

解得 $a_1 = 819$.

9. 3. 可得 $I = \left[\frac{1}{\sqrt{3}}\left(\cos\frac{\pi}{6} + i\sin\frac{\pi}{6}\right)\right]^n = 3^{-\frac{n}{2}}\left(\cos\frac{n\pi}{6} + i\sin\frac{n\pi}{6}\right)$ 为纯虚数,所以 $\begin{cases} \cos\frac{n\pi}{6} = 0 \\ \sin\frac{n\pi}{6} \neq 0 \end{cases} (n \in \mathbf{N}^*)$,进而可得 $n_{\min} = 3$.

10. 6. 第一行从左到右的前面两个格子只能填 $1,2$,最右下角的格子只能

填9,这样只要在剩余的四个数字5,6,7,8中任选两个填在右边一列的上面两个格子中(从小到大),剩余的两个数字填在最下面一行的前两个格子中(从小到大),所以总的填法数就是在四个数字5,6,7,8中任选两个的方法数$C_4^2=6$.

11. $\dfrac{386}{2\,401}$. 将集合 M 中的元素都乘以 7^4,得

$$M' = \{7^3 a_1 + 7^2 a_2 + 7 a_3 + a_4 \mid a_i \in T, i = 1,2,3,4\}$$
$$= \{\overline{a_1 a_2 a_3 a_4}_{(7)} \mid a_i \in T, i = 1,2,3,4\}$$

可得 M' 中的最大数为 $6\,666_{(7)} = 2\,400_{(10)}$. 在 10 进制中,从 2 400 起从大到小排列的第 2 015 个数是 $2\,400 - 2\,014 = 386$. 这就是 M' 中的元素按从大到小顺序排列的第 2 015 个数. 将它再除以 7^4,得 $\dfrac{386}{2\,401}$ 即为所求答案.

注 此题源于 2005 年全国高中数学联赛第一试第 6 题:

记集合 $T = \{0,1,2,3,4,5,6\}$, $M = \left\{ \dfrac{a_1}{7} + \dfrac{a_2}{7^2} + \dfrac{a_3}{7^3} + \dfrac{a_4}{7^4} \,\bigg|\, a_i \in T, i = 1,2,3,4 \right\}$, 若将 M 中的元素按从大到小的顺序排列,则第 2 005 个数是 ( )

A. $\dfrac{5}{7} + \dfrac{5}{7^2} + \dfrac{6}{7^3} + \dfrac{3}{7^4}$ B. $\dfrac{5}{7} + \dfrac{5}{7^2} + \dfrac{6}{7^3} + \dfrac{2}{7^4}$

C. $\dfrac{1}{7} + \dfrac{1}{7^2} + \dfrac{0}{7^3} + \dfrac{4}{7^4}$ D. $\dfrac{1}{7} + \dfrac{1}{7^2} + \dfrac{0}{7^3} + \dfrac{3}{7^4}$

12. **解法 1** ②③. 可得点 $P(0,2)$ 到直线 $x\cos\theta + (y-2)\sin\theta = 1$ 的距离是 1,所以直线系 M 是圆 $x^2 + (y-2)^2 = 1$ 的切线组成的集合,从而直线系 M 中有两条平行的直线,比如当 $\theta = 0, \pi$ 时,得①错误.

可得定点 $(0,2)$ 不在 M 中的任一条直线上,所以②正确.

由直线系 M 是圆 $x^2 + (y-2)^2 = 1$ 的切线所组成的集合,可得③正确.

④错误:如图 3 所示,正 $\triangle ABC$ 的内切圆半径为 1 时,$\triangle ABC$ 的面积是 $3\sqrt{3}$;正 $\triangle ABC$ 的旁切圆半径为 1 时,$\triangle ABC$ 的面积是 $\dfrac{\sqrt{3}}{3}$.

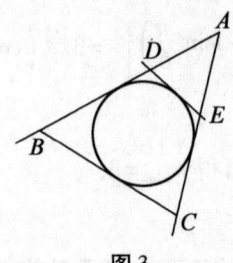

图 3

解法2 ②③. 先把直线系 $M: x\cos\theta + (y-2)\sin\theta = 1 (0 \leq \theta \leq 2\pi)$ 沿向量 $(0,-2)$ 平移，得到直线系 $M': x\cos\theta + y\sin\theta = 1 (0 \leq \theta \leq 2\pi)$，可得它表示单位圆 $x^2 + y^2 = 1$ 上的任一点 $(\cos\theta, \sin\theta)(0 \leq \theta \leq 2\pi)$ 的切线的集合.

由此知：

命题①假，因为圆 $x^2 + y^2 = 1$ 有平行切线.

命题②真，因为单位圆 $x^2 + y^2 = 1$ 的圆心 $(0,0)$ 不会在该圆的切线上，并且单位圆 $x^2 + y^2 = 1$ 内的点都不会在该圆的切线上.

命题③真，因为单位圆 $x^2 + y^2 = 1$ 的外切正 $n(n \geq 3)$ 边形的所有边均是该圆的切线.

命题④假，因为圆 $x^2 + y^2 = 1$ 可能是一个正三角形的内切圆，也可能是一个正三角形的旁切圆，而这两个正三角形的面积不相等.

注 此题源于 2009 年高考江西卷理科第 16 题，只是在表述上略有改动.

13. 在 $\triangle IAB$ 中，$\angle AIB = 180° - \dfrac{1}{2}(\angle CAB + \angle CBA) = 135°$.

由正弦定理，可得 $R = \dfrac{AB}{2\sin\angle AIB} = \dfrac{AB}{\sqrt{2}}$.

在 $\text{Rt}\triangle ABC$ 中，设 $\angle BAC = \theta (0° < \theta < 90°)$，可得 $\triangle ABC$ 的内切圆半径

$$r = \dfrac{1}{2}(BC + AC - AB) = \dfrac{1}{2}AB(\sin\theta + \cos\theta - 1)$$

从而可得

$$R = \dfrac{AB}{\sqrt{2}} = \dfrac{\sqrt{2}r}{\sin\theta + \cos\theta - 1} = \dfrac{\sqrt{2}r}{\sqrt{2}\sin(\theta + 45°) - 1} (0° < \theta < 90°)$$

$$R \geq \dfrac{\sqrt{2}r}{\sqrt{2}-1} = (2+\sqrt{2})r$$

14. (1) 由点 O 为线段 AB 的中点，可得 $\overrightarrow{AP} + \overrightarrow{BP} = 2\overrightarrow{OP}$，$\overrightarrow{AQ} + \overrightarrow{BQ} = 2\overrightarrow{OQ}$.

再由题设，可得 $\overrightarrow{OP} = \lambda \overrightarrow{OQ}$，所以 O, P, Q 三点在同一直线上.

(2) 可得 $A(-a, 0), B(a, 0)$. 设 $P(x_1, y_1), Q(x_2, y_2)$，可得 $x_1^2 - a^2 = \dfrac{a^2}{b^2}y_1^2$，

$x_2^2 - a^2 = -\dfrac{a^2}{b^2}y_2^2$，所以

$$k_1 + k_2 = \dfrac{y_1}{x_1 + a} + \dfrac{y_1}{x_1 - a} = \dfrac{2x_1 y_1}{x_1^2 - a^2} = \dfrac{2b^2}{a^2} \cdot \dfrac{x_1}{y_1}$$

$$k_3 + k_4 = \dfrac{y_2}{x_2 + a} + \dfrac{y_2}{x_2 - a} = \dfrac{2x_2 y_2}{x_2^2 - a^2} = -\dfrac{2b^2}{a^2} \cdot \dfrac{x_2}{y_2}$$

由(1)的结论可得 $\dfrac{x_1}{y_1}=\dfrac{x_2}{y_2}$,所以 $k_1+k_2+k_3+k_4=0$,得 $k_1+k_2+k_3+k_4$ 是定值.

15. 一元二次方程 $f_n(x)=0$ 的判别式是 $\Delta_n=a_n^2-4b_n$.

因为函数 $f_k(x)=x^2+a_k x+b_k\,(a_k,b_k\in\mathbf{Z})$ 有两个不同的整数零点 $\dfrac{-a_k-\sqrt{\Delta_k}}{2},\dfrac{-a_k+\sqrt{\Delta_k}}{2}$,所以可设 $\Delta_k=m^2\,(m\in\mathbf{N}^*)$.

又因为
$$\Delta_{k+1}=a_{k+1}^2-4b_{k+1}=(a_k+1)^2-4\left(\dfrac{1}{2}a_k+b_k\right)=a_k^2-4b_k+1=\Delta_k+1$$

所以
$$\Delta_{k+2m+1}=\Delta_k+2m+1=m^2+2m+1=(m+1)^2$$

又由题意知 $\dfrac{-a_k-\sqrt{\Delta_k}}{2}=\dfrac{-a_k-m}{2},\dfrac{-a_k+\sqrt{\Delta_k}}{2}=\dfrac{-a_k+m}{2}$ 都是整数,所以 a_k 和 m 具有相同的奇偶性.

又因为
$$a_{k+2m+1}=a_k+2m+1\equiv a_k+1\equiv m+1\pmod{2}$$

所以函数 $f_{k+2m+1}(x)=x^2+a_{k+2m+1}x+b_{k+2m+1}$ 的两个零点
$$\dfrac{-a_{k+2m+1}-\sqrt{\Delta_{k+2m+1}}}{2}=\dfrac{-a_{k+2m+1}-(m+1)}{2}$$
$$\dfrac{-a_{k+2m+1}+\sqrt{\Delta_{k+2m+1}}}{2}=\dfrac{-a_{k+2m+1}+(m+1)}{2}$$

都是整数.

由正整数 m 的任意性,可得欲证结论成立.

16. (1)设曲线 $y=g(x)$ 上的切点是 (e^{x_0},x_0),可得切线 l_2 的斜率为
$$k_2=(\mathrm{e}^x)'\big|_{x=x_0}=\dfrac{\mathrm{e}^{x_0}-0}{x_0-0},x_0=1$$
$$k_2=\mathrm{e}$$

所以切线 l_1 的斜率为 $\dfrac{1}{\mathrm{e}}$.

可设切线 l_1 上的切点为 $(t,\ln t-a(t-1))$.由 $f'(t)=\dfrac{1}{t}-a$,可得
$$\dfrac{1}{\mathrm{e}}=\dfrac{1}{t}-a=\dfrac{\ln t-a(t-1)-0}{t-0}=\dfrac{\ln t+a}{t}-a$$

进而可得 $\begin{cases} 1 = \ln t + a \\ \dfrac{1}{e} = \dfrac{1}{t} - a \end{cases}$ 即 $\begin{cases} \ln t = 1 - a \\ t = \dfrac{1}{a + \dfrac{1}{e}} \end{cases}$ ，所以

$$\ln\left(a + \frac{1}{e}\right) - a + 1 = 0 (a > 0).$$

设 $h(a) = \ln\left(a + \dfrac{1}{e}\right) - a + 1 = 0 (a > 0)$ ，可得 $h'(a) = \dfrac{1 - \dfrac{1}{e} - a}{a + \dfrac{1}{e}}(a > 0)$ ，所以函数 $h(a)$ 在 $\left(0, 1 - \dfrac{1}{e}\right), \left(1 - \dfrac{1}{e}, +\infty\right)$ 上分别是增函数、减函数.

再由 $h(0) = 0, h\left(1 - \dfrac{1}{e}\right) = \dfrac{1}{e} > 0, h\left(e - \dfrac{1}{e}\right) = 2 + \dfrac{1}{e} - e < 0$ ，可得 $a \in \left(1 - \dfrac{1}{e}, e - \dfrac{1}{e}\right)$ ，即 $\dfrac{e - 1}{e} < a < \dfrac{e^2 - 1}{e}$.

(2) 可得 $h(x) = \ln(x+1) - ax + e^x (x \geq 0), h'(x) = e^x + \dfrac{1}{x+1} - a (x \geq 0)$.

当 $a \leq 2$ 时，由 $e^x \geq x + 1$（用导数可证），所以由均值不等式，可得 $h'(x) \geq (x+1) + \dfrac{1}{x+1} - a \geq 2 - a \geq 0$ ，得 $h(x)$ 是增函数，所以 $h(x) \geq h(0) = 1$ 恒成立，得 $a \leq 2$ 满足题意.

当 $a > 2$ 时，可得 $h''(x) = e^x - \dfrac{1}{(x+1)^2} = \dfrac{(x+1)^2 e^x - 1}{(x+1)^2} \geq 0 (x \geq 0)$ ，所以 $h'(x)$ 是增函数.

又由 $h'(0) = 2 - a < 0, h'(\ln a) = \dfrac{1}{\ln a + 1} > 0$ ，可得存在正数 x_0 使得 $h'(x_0) = 0$ ，进而可得 $h(x)$ 在 $[0, x_0]$ 上是减函数，所以 $h(x_0) < h(0) = 1$ ，得 $a > 2$ 不满足题意.

综上所述，可得所求实数 a 的取值范围是 $(-\infty, 2]$.

§37 2015年湖南省高中数学竞赛试卷(B卷) 参考答案

1. A. 由 $a^2 + 1 = -2a$ ，可得 $(a+1)^2 = 0, a = -1$ ；由 $b + |b| = 2$ 及 $|b| = \begin{cases} -b, b \leq 0 \\ b, b > 0 \end{cases}$ ，可得 $b = 1$.

所以 $a^{2014} \cdot b^{2015} = (-1)^{2014} \cdot 1^{2015} = 1$.

2. B. 由题设可得 $f(x)$ 在 $[1,+\infty)$ 上是增函数. 再由 $\frac{4}{3} < \frac{3}{2} < \frac{5}{3}$, 可得 $f\left(\frac{4}{3}\right) < f\left(\frac{3}{2}\right) < f\left(\frac{5}{3}\right)$.

再由题设可得 $f(x) = f(2-x)$, 所以 $f\left(\frac{1}{3}\right) = f\left(\frac{5}{3}\right), f\left(\frac{2}{3}\right) = f\left(\frac{4}{3}\right)$.

从而可得答案.

3. B. 可得 $A = (-\infty,1] \cup [5,+\infty)$, $\complement_U B = [-1,7]$, 所以 $(A \cap \complement_U B) = [-1,1] \cup [5,7]$, $(A \cap \complement_U B) \cap \mathbf{N} = \{0,1,5,6,7\}$, 从而可得答案.

4. C. 显然 $f(2k) = f(0) = 0 (k \in \mathbf{Z})$.

还可证得结论"是奇函数的周期函数的半周期是零点".

设函数 $g(x)$ 的一个周期是 T, 可得 $g\left(\frac{T}{2}\right) = g\left(\frac{T}{2} - T\right) = g\left(-\frac{T}{2}\right) = -g\left(\frac{T}{2}\right)$, 所以 $g\left(\frac{T}{2}\right) = 0$.

因而 $f(1) = 0$, 再得 $f(2k+1) = f(1) = 0 (k \in \mathbf{Z})$.

所以 $f(n) = 0 (n \in \mathbf{Z})$. 从而可得答案是 C.

注 将题中的"最小正周期"改为"一个周期"后,答案不变.

2005 年高考福建卷理科第 12 题没有注意到结论"是奇函数的周期函数的半周期是零点"而导致该题是错题. 这道高考题是: $f(x)$ 是定义在 **R** 上的以 3 为周期的奇函数, 且 $f(2) = 0$, 则方程 $f(x) = 0$ 在区间 $(0,6)$ 内解的个数的最小值是 ( )

A. 2   B. 3   C. 4   D. 5

(参考答案: D.)

可得 $f(3) = f(0) = 0$, $f(5) = f(2) = 0$, $f(1) = -f(-1) = -f(2) = 0$, $f(4) = f(1) = 0$, 所以方程 $f(x) = 0$ 在区间 $(0,6)$ 内有解 $1, 2, 3, 4, 5$. 但方程 $f(x) = 0$ 还有两个零点 $\frac{3}{2}, \frac{9}{2}$, 所以方程 $f(x) = 0$ 在区间 $(0,6)$ 内至少有 7 个解 $1, \frac{3}{2}, 2, 3, 4, \frac{9}{2}, 5$. 通过画函数图像, 容易找到满足题设且方程 $f(x) = 0$ 在区间 $(0,6)$ 内有且仅有上述 7 个解的函数 $f(x)$, 所以所求最小值是 7.

5. A. 由题设可得 $\frac{1}{1*2} = -\frac{1}{2}, -\frac{1}{a*b} = \frac{1}{a} - \frac{1}{b}$, 因而

$$\frac{1}{1*2} - \frac{1}{2*3} - \frac{1}{3*4} - \cdots - \frac{1}{2\,014*2\,015}$$

$$= -\frac{1}{2} + \left(\frac{1}{2} - \frac{1}{3}\right) + \left(\frac{1}{3} - \frac{1}{4}\right) + \cdots + \left(\frac{1}{2\,014} - \frac{1}{2\,015}\right)$$

$$= -\frac{1}{2\,015}.$$

6. 解法1 B. 可得 $\begin{cases} 3x+z=1-7y \\ 4x+z=2\,016-10y \end{cases}$,解得 $\begin{cases} x=2\,015-3y \\ z=2y-6\,044 \end{cases}$,从而可得答案.

解法2 B. 可得 $\begin{cases} 2(x+3y)+(x+y+z)=1 \\ 3(x+3y)+(x+y+z)=2\,016 \end{cases}$,解得 $\begin{cases} x+3y=2\,015 \\ x+y+z=-4\,029 \end{cases}$, 从而可得答案.

7. B. 一般的结论是:若 $f(x+a)=f(b-x)$ 恒成立,则函数 $y=f(x)$ 的图像关于直线 $x=\dfrac{a+b}{2}$ 对称,由此可得答案.

8. D. 由题设可得 $f^{(1)}(2\,015)=f(2\,015)=2\,014, f^{(2)}(2\,015)=2\,013, \cdots, f^{(2\,015)}(2\,015)=0, f^{(2\,016)}(2\,015)=0, f^{(2\,017)}(2\,015)=0, \cdots$.

所以当 $n=1,2,3,\cdots,2\,014$ 时, $f^{(n)}(2\,015)=2\,015-n>0$;当正整数 $n \geqslant 2\,015$ 时, $f^{(n)}(2\,015)=0$. 由此可得答案.

9. C. 由题设可得

$$V_{\text{四面体}AA_1EF}=V_{\text{三棱锥}F-AA_1E}=\frac{1}{3}S_{\triangle AA_1E}\cdot A_1B_1=\frac{1}{3}\left(\frac{1}{2}AA_1\cdot DA\right)\cdot A_1B_1=\frac{1}{6}$$

10. C. 由结论 "$\dfrac{1}{a}+\dfrac{1}{b}>\dfrac{2}{\dfrac{a+b}{2}}$(其中 a,b 是不相等的正数)",可得

$$\frac{1}{2\,006}+\frac{1}{2\,018}>\frac{1}{2\,012}, \frac{1}{2\,007}+\frac{1}{2\,017}>\frac{1}{2\,012}, \frac{1}{2\,011}+\frac{1}{2\,013}>\frac{1}{2\,012},$$

所以

$$\frac{1}{2\,006}+\frac{1}{2\,007}+\frac{1}{2\,008}+\cdots+\frac{1}{2\,018}>\frac{13}{2\,012}$$

$$k<\frac{2\,012}{13}<155$$

还可得

$$k>\frac{1}{\dfrac{1}{2\,006}\cdot 13}=\frac{2\,006}{13}>154$$

从而可得答案.

11. $\dfrac{15}{16}$. 可得 $a=1, b=-\dfrac{1}{2}$, 所以 $a^{2015}-b^4=1^{2015}-\left(-\dfrac{1}{2}\right)^4=1-\dfrac{1}{16}=\dfrac{15}{16}$.

12. 23. 可设三个连续正奇数分别为 $n-2, n, n+2$ ($n\geqslant 3, n$ 为奇数).
由题设可得 $(n-2)+n+(n+2)=3n\geqslant 70$ ($n\geqslant 3, n$ 为奇数), 所以奇数 $n\geqslant 25$, 进而可得答案.

13. $(-4,4)$. 设 $f(x)=x|x-a|=\begin{cases}-x^2+ax & (x\leqslant a)\\ x^2-ax & (x>a)\end{cases}$.

当 $a>0$ 时, 由函数 $f(x)$ 的图像, 可得题意即 $a>\dfrac{a^2}{4}$, 解得 $0<a<4$.

当 $a=0$ 时, 满足题意.

当 $a<0$ 时, 由函数 $f(x)$ 的图像, 可得题意即 $a<-\dfrac{a^2}{4}$, 解得 $-4<a<0$.

综上所述, 可得答案.

14. $[2,5]$. 题意即 $\begin{cases}a>1\\ \dfrac{a}{4}\geqslant\dfrac{1}{2}\\ -\dfrac{1}{4}+\dfrac{a}{4}-1\leqslant 0\end{cases}$, 解得 $2\leqslant a\leqslant 5$, 进而可得答案.

15. 当 $x\geqslant 0$ 时, $g(x)=x^2$, 所以 $f[g(x)]=f(x^2)=2x^2-1$; 当 $x<0$ 时, $g(x)=-1$, 所以 $f[g(x)]=f(-1)=2\cdot(-1)-1=-3$.

因此, $f[g(x)]=\begin{cases}-3 & (x<0)\\ 2x^2-1 & (x\geqslant 0)\end{cases}$.

由题设, 可得

$$g[f(x)]=\begin{cases}(2x-1)^2 & (2x-1\geqslant 0)\\ -1 & (2x-1<0)\end{cases}$$

即

$$g[f(x)]=\begin{cases}4x^2-4x+1 & (x\geqslant\dfrac{1}{2})\\ -1 & (x<\dfrac{1}{2})\end{cases}$$

16. (1) 如图 1 所示.
(2) 在图 1 中, 由 $ND \underline{\underline{}} MB$, 可得 $\square NDBM, MN\parallel BD$. 又因为 $BD\subset$ 平面 $PBD, MN\not\subset$ 平面 PBD, 所以 $MN\parallel$ 平面 PBD.

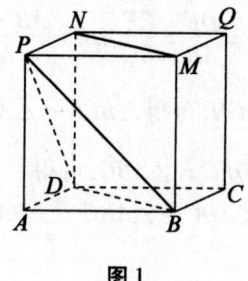

图1

(3) 在图1中, 由 $QC \perp$ 平面 $ABCD, BD \subset$ 平面 $ABCD$, 可得 $BD \perp QC$.

又由 $BD \perp AC$, 可得 $BD \perp$ 平面 AQC.

因为 $AQ \subset$ 平面 AQC, 所以 $AQ \perp BD$.

同理可得 $AQ \perp BP$.

又因为 $BD \cap BP = B$, 所以 $AQ \perp$ 平面 PBD.

17. 用一元二次方程根的分布知识来求解. 设 $f(x) = x^2 + 2mx + 2m + 1$.

(1) 题设即 $\begin{cases} f(-1) = 2 > 0 \\ f(0) = 2m+1 < 0 \\ f(1) = 4m+2 < 0 \\ f(2) = 6m+5 > 0 \end{cases}$, 解得 $-\dfrac{5}{6} < m < -\dfrac{1}{2}$, 进而可求得答案是 $\left(-\dfrac{5}{6}, -\dfrac{1}{2}\right)$.

(2) 题设即 $\begin{cases} f(0) = 2m+1 < 0 \\ f(1) = 4m+2 < 0 \\ \Delta = (2m)^2 - 4(2m+1) > 0 \\ 0 < -\dfrac{2m}{2} < 1 \end{cases}$, 解得 $-\dfrac{1}{2} < m \leqslant 1-\sqrt{2}$, 进而可求得答案是 $\left(-\dfrac{1}{2}, 1-\sqrt{2}\right]$.

18. 如图2所示, 在四边形 $ABCD$ 内取一点 E, 联结 EB, EC, ED, 使得 $\angle EDC = \angle BAC, \angle ECB = \angle ACD$, 则 $\angle ECD = \angle BCA$.

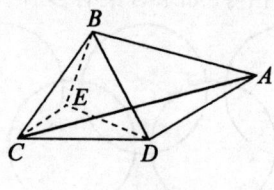

图2

所以 $\triangle ECD \backsim \triangle BCA$, $\dfrac{CD}{AC}=\dfrac{DE}{AB}=\dfrac{CE}{BC}$, $DE=\dfrac{AB \cdot CD}{AC}$.

由 $\dfrac{EC}{BC}=\dfrac{CD}{AC}$, $\angle BCE = \angle ACD$, 可得 $\triangle BCE \backsim \triangle ACD$, $BE=\dfrac{AD \cdot BC}{AC}$.

又由 $\angle BEC = \angle ADC$, $\angle DEC = \angle ABC$, 可得

$$\angle BED = 360° - \angle ADC - \angle ABC = \angle BAD + \angle BCD = 90°$$

所以 $DE^2 + BE^2 = BD^2$, 即

$$\left(\dfrac{AB \cdot CD}{AC}\right)^2 + \left(\dfrac{AD \cdot BC}{AC}\right)^2 = BD^2$$

$$(AB \cdot CD)^2 + (AD \cdot BC)^2 = (AC \cdot BD)^2$$

19. 设每个环内数字之和为 k, 可得

$$\begin{aligned}5k &= (a+b)+(b+c+d)+(d+e+f)+(f+g+h)+(h+i)\\ &= (a+b+c+d+e+f+g+h+i)+(b+d+f+h)\\ &= 45+(b+d+f+h)\end{aligned}$$

得 $5 | b+d+f+h$, 而 $1+2+3+4=10, 9+7+8+6=30$, 它们都是 5 的倍数, 所以 $11 \leqslant k \leqslant 15$.

若 $k=15$, 则 $\{b,d,f,h\}=\{9,8,7,6\}$, 但 $9+6=15$, 这样就会出现有一个环内的数字之和 $k>15$, 所以 $k \neq 15$.

图 3 中的两个图分别是 $k=14$ 和 $k=11$ 的情形:

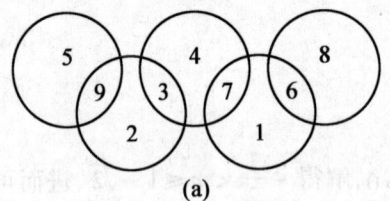

图 3

所以所求的最大值与最小值分别是 14 和 11.

注 笔者猜测本题很可能源于日本第 3 届初级广中杯决赛试题(2006 年)第 II (i) 题:

请在图 4 所示的 5 个圆所围成的 9 个区域中, 不重复地填入 1~9 的数字, 使得每个圆中的数字之和都相等. 如果答案有多种, 写出一种即可.

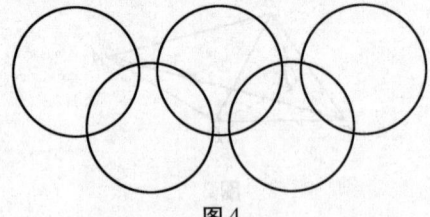

图 4

参考答案:可给出如图 5 所示的四种答案:

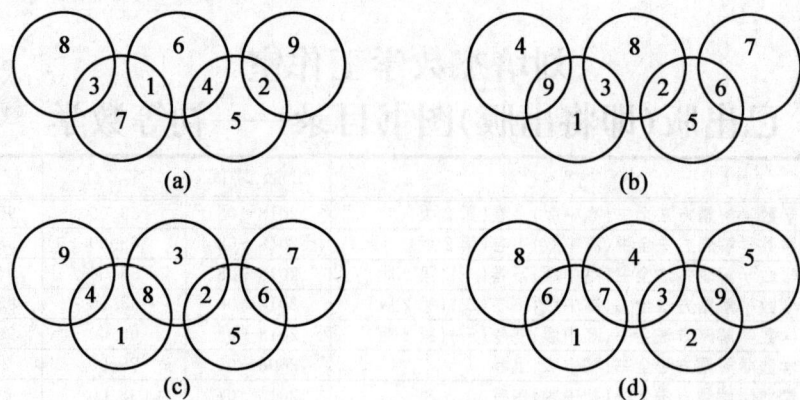

图 5

刘培杰数学工作室
已出版(即将出版)图书目录——初等数学

书　名	出版时间	定　价	编号
新编中学数学解题方法全书(高中版)上卷(第2版)	2018-08	58.00	951
新编中学数学解题方法全书(高中版)中卷(第2版)	2018-08	68.00	952
新编中学数学解题方法全书(高中版)下卷(一)(第2版)	2018-08	58.00	953
新编中学数学解题方法全书(高中版)下卷(二)(第2版)	2018-08	58.00	954
新编中学数学解题方法全书(高中版)下卷(三)(第2版)	2018-08	68.00	955
新编中学数学解题方法全书(初中版)上卷	2008-01	28.00	29
新编中学数学解题方法全书(初中版)中卷	2010-07	38.00	75
新编中学数学解题方法全书(高考复习卷)	2010-01	48.00	67
新编中学数学解题方法全书(高考真题卷)	2010-01	38.00	62
新编中学数学解题方法全书(高考精华卷)	2011-03	68.00	118
新编平面解析几何解题方法全书(专题讲座卷)	2010-01	18.00	61
新编中学数学解题方法全书(自主招生卷)	2013-08	88.00	261
数学奥林匹克与数学文化(第一辑)	2006-05	48.00	4
数学奥林匹克与数学文化(第二辑)(竞赛卷)	2008-01	48.00	19
数学奥林匹克与数学文化(第二辑)(文化卷)	2008-07	58.00	36′
数学奥林匹克与数学文化(第三辑)(竞赛卷)	2010-01	48.00	59
数学奥林匹克与数学文化(第四辑)(竞赛卷)	2011-08	58.00	87
数学奥林匹克与数学文化(第五辑)	2015-06	98.00	370
世界著名平面几何经典著作钩沉——几何作图专题卷(上)	2009-06	48.00	49
世界著名平面几何经典著作钩沉——几何作图专题卷(下)	2011-01	88.00	80
世界著名平面几何经典著作钩沉(民国平面几何老课本)	2011-03	38.00	113
世界著名平面几何经典著作钩沉(建国初期平面三角老课本)	2015-08	38.00	507
世界著名解析几何经典著作钩沉——平面解析几何卷	2014-01	38.00	264
世界著名数论经典著作钩沉(算术卷)	2012-01	28.00	125
世界著名数学经典著作钩沉——立体几何卷	2011-02	28.00	88
世界著名三角学经典著作钩沉(平面三角卷Ⅰ)	2010-06	28.00	69
世界著名三角学经典著作钩沉(平面三角卷Ⅱ)	2011-01	38.00	78
世界著名初等数论经典著作钩沉(理论和实用算术卷)	2011-07	38.00	126
发展你的空间想象力	2017-06	38.00	785
走向国际数学奥林匹克的平面几何试题诠释.第1卷	即将出版		1043
走向国际数学奥林匹克的平面几何试题诠释.第2卷	即将出版		1044
走向国际数学奥林匹克的平面几何试题诠释.第3卷	2019-03	78.00	1045
走向国际数学奥林匹克的平面几何试题诠释.第4卷	即将出版		1046
平面几何证明方法全书	2007-08	35.00	1
平面几何证明方法全书习题解答(第2版)	2006-12	18.00	10
平面几何天天练上卷·基础篇(直线型)	2013-01	58.00	208
平面几何天天练中卷·基础篇(涉及圆)	2013-01	28.00	234
平面几何天天练下卷·提高篇	2013-01	58.00	237
平面几何专题研究	2013-07	98.00	258

刘培杰数学工作室
已出版(即将出版)图书目录——初等数学

书　名	出版时间	定　价	编号
最新世界各国数学奥林匹克中的平面几何试题	2007—09	38.00	14
数学竞赛平面几何典型题及新颖解	2010—07	48.00	74
初等数学复习及研究(平面几何)	2008—09	58.00	38
初等数学复习及研究(立体几何)	2010—06	38.00	71
初等数学复习及研究(平面几何)习题解答	2009—01	48.00	42
几何学教程(平面几何卷)	2011—03	68.00	90
几何学教程(立体几何卷)	2011—07	68.00	130
几何变换与几何证题	2010—06	88.00	70
计算方法与几何证题	2011—06	28.00	129
立体几何技巧与方法	2014—04	88.00	293
几何瑰宝——平面几何500名题暨1000条定理(上、下)	2010—07	138.00	76,77
三角形的解法与应用	2012—07	18.00	183
近代的三角形几何学	2012—07	48.00	184
一般折线几何学	2015—08	48.00	503
三角形的五心	2009—06	28.00	51
三角形的六心及其应用	2015—10	68.00	542
三角形趣谈	2012—08	28.00	212
解三角形	2014—01	28.00	265
三角学专门教程	2014—09	28.00	387
图天下几何新题试卷.初中(第2版)	2017—11	58.00	855
圆锥曲线习题集(上册)	2013—06	68.00	255
圆锥曲线习题集(中册)	2015—01	78.00	434
圆锥曲线习题集(下册·第1卷)	2016—10	78.00	683
圆锥曲线习题集(下册·第2卷)	2018—01	98.00	853
论九点圆	2015—05	88.00	645
近代欧氏几何学	2012—03	48.00	162
罗巴切夫斯基几何学及几何基础概要	2012—07	28.00	188
罗巴切夫斯基几何学初步	2015—06	28.00	474
用三角、解析几何、复数、向量计算解数学竞赛几何题	2015—03	48.00	455
美国中学几何教程	2015—04	88.00	458
三线坐标与三角形特征点	2015—04	98.00	460
平面解析几何方法与研究(第1卷)	2015—05	18.00	471
平面解析几何方法与研究(第2卷)	2015—06	18.00	472
平面解析几何方法与研究(第3卷)	2015—07	18.00	473
解析几何研究	2015—01	38.00	425
解析几何学教程.上	2016—01	38.00	574
解析几何学教程.下	2016—01	38.00	575
几何学基础	2016—01	58.00	581
初等几何研究	2015—02	58.00	444
十九和二十世纪欧氏几何学中的片段	2017—01	58.00	696
平面几何中考.高考.奥数一本通	2017—07	28.00	820
几何学简史	2017—08	28.00	833
四面体	2018—01	48.00	880
平面几何证明方法思路	2018—12	68.00	913
平面几何图形特性新析.上篇	2019—01	68.00	911
平面几何图形特性新析.下篇	2018—06	88.00	912
平面几何范例多解探究.上篇	2018—04	48.00	910
平面几何范例多解探究.下篇	2018—12	68.00	914
从分析解题过程学解题:竞赛中的几何问题研究	2018—07	68.00	946
二维、三维欧氏几何的对偶原理	2018—12	38.00	990
星形大观及闭折线论	2019—03	68.00	1020

— 2 —

刘培杰数学工作室
已出版(即将出版)图书目录——初等数学

书 名	出版时间	定 价	编号
俄罗斯平面几何问题集	2009—08	88.00	55
俄罗斯立体几何问题集	2014—03	58.00	283
俄罗斯几何大师——沙雷金论数学及其他	2014—01	48.00	271
来自俄罗斯的5000道几何习题及解答	2011—03	58.00	89
俄罗斯初等数学问题集	2012—05	38.00	177
俄罗斯函数问题集	2011—03	38.00	103
俄罗斯组合分析问题集	2011—01	48.00	79
俄罗斯初等数学万题选——三角卷	2012—11	38.00	222
俄罗斯初等数学万题选——代数卷	2013—08	68.00	225
俄罗斯初等数学万题选——几何卷	2014—01	68.00	226
俄罗斯《量子》杂志数学征解问题100题选	2018—08	48.00	969
俄罗斯《量子》杂志数学征解问题又100题选	2018—08	48.00	970
463个俄罗斯几何老问题	2012—01	28.00	152
《量子》数学短文精粹	2018—09	38.00	972
谈谈素数	2011—03	18.00	91
平方和	2011—03	18.00	92
整数论	2011—05	38.00	120
从整数谈起	2015—10	28.00	538
数与多项式	2016—01	38.00	558
谈谈不定方程	2011—05	28.00	119
解析不等式新论	2009—06	68.00	48
建立不等式的方法	2011—03	98.00	104
数学奥林匹克不等式研究	2009—08	68.00	56
不等式研究(第二辑)	2012—02	68.00	153
不等式的秘密(第一卷)	2012—02	28.00	154
不等式的秘密(第一卷)(第2版)	2014—02	38.00	286
不等式的秘密(第二卷)	2014—01	38.00	268
初等不等式的证明方法	2010—06	38.00	123
初等不等式的证明方法(第二版)	2014—11	38.00	407
不等式·理论·方法(基础卷)	2015—07	38.00	496
不等式·理论·方法(经典不等式卷)	2015—07	38.00	497
不等式·理论·方法(特殊类型不等式卷)	2015—07	48.00	498
不等式探究	2016—03	38.00	582
不等式探秘	2017—01	88.00	689
四面体不等式	2017—01	68.00	715
数学奥林匹克中常见重要不等式	2017—09	38.00	845
三正弦不等式	2018—09	98.00	974
函数方程与不等式:解法与稳定性结果	2019—04	68.00	1058
同余理论	2012—05	38.00	163
[x]与{x}	2015—04	48.00	476
极值与最值.上卷	2015—06	28.00	486
极值与最值.中卷	2015—06	38.00	487
极值与最值.下卷	2015—06	28.00	488
整数的性质	2012—11	38.00	192
完全平方数及其应用	2015—08	78.00	506
多项式理论	2015—10	88.00	541
奇数、偶数、奇偶分析法	2018—01	98.00	876
不定方程及其应用.上	2018—12	58.00	992
不定方程及其应用.中	2019—01	78.00	993
不定方程及其应用.下	2019—02	98.00	994

刘培杰数学工作室
已出版(即将出版)图书目录——初等数学

书 名	出版时间	定 价	编号
历届美国中学生数学竞赛试题及解答(第一卷)1950—1954	2014—07	18.00	277
历届美国中学生数学竞赛试题及解答(第二卷)1955—1959	2014—04	18.00	278
历届美国中学生数学竞赛试题及解答(第三卷)1960—1964	2014—06	18.00	279
历届美国中学生数学竞赛试题及解答(第四卷)1965—1969	2014—04	28.00	280
历届美国中学生数学竞赛试题及解答(第五卷)1970—1972	2014—06	18.00	281
历届美国中学生数学竞赛试题及解答(第六卷)1973—1980	2017—07	18.00	768
历届美国中学生数学竞赛试题及解答(第七卷)1981—1986	2015—01	18.00	424
历届美国中学生数学竞赛试题及解答(第八卷)1987—1990	2017—05	18.00	769
历届IMO试题集(1959—2005)	2006—05	58.00	5
历届CMO试题集	2008—09	28.00	40
历届中国数学奥林匹克试题集(第2版)	2017—03	38.00	757
历届加拿大数学奥林匹克试题集	2012—08	38.00	215
历届美国数学奥林匹克试题集:多解推广加强	2012—08	38.00	209
历届美国数学奥林匹克试题集:多解推广加强(第2版)	2016—03	48.00	592
历届波兰数学竞赛试题集.第1卷,1949~1963	2015—03	18.00	453
历届波兰数学竞赛试题集.第2卷,1964~1976	2015—03	18.00	454
历届巴尔干数学奥林匹克试题集	2015—05	38.00	466
保加利亚数学奥林匹克	2014—10	38.00	393
圣彼得堡数学奥林匹克试题集	2015—01	38.00	429
匈牙利奥林匹克数学竞赛题解.第1卷	2016—05	28.00	593
匈牙利奥林匹克数学竞赛题解.第2卷	2016—05	28.00	594
历届美国数学邀请试题集(第2版)	2017—10	78.00	851
全国高中数学竞赛试题及解答.第1卷	2014—07	38.00	331
普林斯顿大学数学竞赛	2016—06	38.00	669
亚太地区数学奥林匹克竞赛题	2015—07	18.00	492
日本历届(初级)广中杯数学竞赛试题及解答.第1卷(2000~2007)	2016—05	28.00	641
日本历届(初级)广中杯数学竞赛试题及解答.第2卷(2008~2015)	2016—05	38.00	642
360个数学竞赛问题	2016—08	58.00	677
奥数最佳实战题.上卷	2017—06	38.00	760
奥数最佳实战题.下卷	2017—05	58.00	761
哈尔滨市早期中学数学竞赛试题汇编	2016—07	28.00	672
全国高中数学联赛试题及解答:1981—2017(第2版)	2018—05	98.00	920
20世纪50年代全国部分城市数学竞赛试题汇编	2017—07	28.00	797
高中数学竞赛培训教程:平面几何问题的求解方法与策略.上	2018—05	68.00	906
高中数学竞赛培训教程:平面几何问题的求解方法与策略.下	2018—06	78.00	907
高中数学竞赛培训教程:整除与同余以及不定方程	2018—01	88.00	908
高中数学竞赛培训教程:组合计数与组合极值	2018—04	48.00	909
高中数学竞赛培训教程:初等代数	2019—04	78.00	1042
国内外数学竞赛题及精解:2016~2017	2018—07	45.00	922
许康华竞赛优学精选集.第一辑	2018—08	68.00	949
高考数学临门一脚(含密押三套卷)(理科版)	2017—01	45.00	743
高考数学临门一脚(含密押三套卷)(文科版)	2017—01	45.00	744
新课标高考数学题型全归纳(文科版)	2015—05	72.00	467
新课标高考数学题型全归纳(理科版)	2015—05	82.00	468
洞穿高考数学解答题核心考点(理科版)	2015—11	49.80	550
洞穿高考数学解答题核心考点(文科版)	2015—11	46.80	551

刘培杰数学工作室
已出版(即将出版)图书目录——初等数学

书　名	出版时间	定　价	编号
高考数学题型全归纳:文科版.上	2016—05	53.00	663
高考数学题型全归纳:文科版.下	2016—05	53.00	664
高考数学题型全归纳:理科版.上	2016—05	58.00	665
高考数学题型全归纳:理科版.下	2016—05	58.00	666
王连笑教你怎样学数学:高考选择题解题策略与客观题实用训练	2014—01	48.00	262
王连笑教你怎样学数学:高考数学高层次讲座	2015—02	48.00	432
高考数学的理论与实践	2009—08	38.00	53
高考数学核心题型解题方法与技巧	2010—01	28.00	86
高考思维新平台	2014—03	38.00	259
30分钟拿下高考数学选择题、填空题(理科版)	2016—10	39.80	720
30分钟拿下高考数学选择题、填空题(文科版)	2016—10	39.80	721
高考数学压轴题解题诀窍(上)(第2版)	2018—01	58.00	874
高考数学压轴题解题诀窍(下)(第2版)	2018—01	48.00	875
北京市五区文科数学三年高考模拟题详解:2013～2015	2015—08	48.00	500
北京市五区理科数学三年高考模拟题详解:2013～2015	2015—09	68.00	505
向量法巧解数学高考题	2009—08	28.00	54
高考数学万能解题法(第2版)	即将出版	38.00	691
高考物理万能解题法(第2版)	即将出版	38.00	692
高考化学万能解题法(第2版)	即将出版	28.00	693
高考生物万能解题法(第2版)	即将出版	28.00	694
高考数学解题金典(第2版)	2017—01	78.00	716
高考物理解题金典(第2版)	2019—05	68.00	717
高考化学解题金典(第2版)	2019—05	58.00	718
我一定要赚分:高中物理	2016—01	38.00	580
数学高考参考	2016—01	78.00	589
2011～2015年全国及各省市高考数学文科精品试题审题要津与解法研究	2015—10	68.00	539
2011～2015年全国及各省市高考数学理科精品试题审题要津与解法研究	2015—10	88.00	540
最新全国及各省市高考数学试卷解法研究及点拨评析	2009—02	38.00	41
2011年全国及各省市高考数学试题审题要津与解法研究	2011—10	48.00	139
2013年全国及各省市高考数学试题解析与点评	2014—01	48.00	282
全国及各省市高考数学试题审题要津与解法研究	2015—02	48.00	450
新课标高考数学——五年试题分章详解(2007～2011)(上、下)	2011—10	78.00	140,141
全国中考数学压轴题审题要津与解法研究	2013—04	78.00	248
新编全国及各省市中考数学压轴题审题要津与解法研究	2014—05	58.00	342
全国及各省市5年中考数学压轴题审题要津与解法研究(2015版)	2015—04	58.00	462
中考数学专题总复习	2007—04	28.00	6
中考数学较难题、难题常考题型解题方法与技巧.上	2016—01	48.00	584
中考数学较难题、难题常考题型解题方法与技巧.下	2016—01	58.00	585
中考数学较难题常考题型解题方法与技巧	2016—09	48.00	681
中考数学难题常考题型解题方法与技巧	2016—09	48.00	682
中考数学中档题常考题型解题方法与技巧	2017—08	68.00	835
中考数学选择填空压轴好题妙解365	2017—05	38.00	759

— 5 —

刘培杰数学工作室
已出版(即将出版)图书目录——初等数学

书　名	出版时间	定　价	编号
中考数学小压轴汇编初讲	2017—07	48.00	788
中考数学大压轴专题微言	2017—09	48.00	846
北京中考数学压轴题解题方法突破(第4版)	2019—01	58.00	1001
助你高考成功的数学解题智慧:知识是智慧的基础	2016—01	58.00	596
助你高考成功的数学解题智慧:错误是智慧的试金石	2016—04	58.00	643
助你高考成功的数学解题智慧:方法是智慧的推手	2016—04	68.00	657
高考数学奇思妙解	2016—04	38.00	610
高考数学解题策略	2016—05	48.00	670
数学解题泄天机(第2版)	2017—10	48.00	850
高考物理压轴题全解	2017—04	48.00	746
高中物理经典问题25讲	2017—05	28.00	764
高中物理教学讲义	2018—01	48.00	871
2016年高考文科数学真题研究	2017—04	58.00	754
2016年高考理科数学真题研究	2017—04	78.00	755
2017年高考理科数学真题研究	2018—01	58.00	867
2017年高考文科数学真题研究	2018—01	48.00	868
初中数学、高中数学脱节知识补缺教材	2017—06	48.00	766
高考数学小题抢分必练	2017—10	48.00	834
高考数学核心素养解读	2017—09	38.00	839
高考数学客观题解题方法和技巧	2017—10	38.00	847
十年高考数学精品试题审题要津与解法研究.上卷	2018—01	68.00	872
十年高考数学精品试题审题要津与解法研究.下卷	2018—01	58.00	873
中国历届高考数学试题及解答.1949—1979	2018—01	38.00	877
历届中国高考数学试题及解答.第二卷,1980—1989	2018—10	28.00	975
历届中国高考数学试题及解答.第三卷,1990—1999	2018—10	48.00	976
数学文化与高考研究	2018—03	48.00	882
跟我学解高中数学题	2018—07	58.00	926
中学数学研究的方法及案例	2018—05	58.00	869
高考数学抢分技能	2018—07	68.00	934
高一新生常用数学方法和重要数学思想提升教材	2018—06	38.00	921
2018年高考数学真题研究	2019—01	68.00	1000
新编640个世界著名数学智力趣题	2014—01	88.00	242
500个最新世界著名数学智力趣题	2008—06	48.00	3
400个最新世界著名数学最值问题	2008—09	48.00	36
500个世界著名数学征解问题	2009—06	48.00	52
400个中国最佳初等数学征解老问题	2010—01	48.00	60
500个俄罗斯数学经典老题	2011—01	28.00	81
1000个国外中学物理好题	2012—04	48.00	174
300个日本高考数学题	2012—05	38.00	142
700个早期日本高考数学试题	2017—02	88.00	752
500个前苏联早期高考数学试题及解答	2012—05	28.00	185
546个早期俄罗斯大学生数学竞赛题	2014—03	38.00	285
548个来自美苏的数学好问题	2014—11	28.00	396
20所苏联著名大学早期入学试题	2015—02	18.00	452
161道德国工科大学生必做的微分方程习题	2015—05	28.00	469
500个德国工科大学生必做的高数习题	2015—06	28.00	478
360个数学竞赛问题	2016—08	58.00	677
200个趣味数学故事	2018—02	48.00	857
470个数学奥林匹克中的最值问题	2018—10	88.00	985
德国讲义日本考题.微积分卷	2015—04	48.00	456
德国讲义日本考题.微分方程卷	2015—04	38.00	457
二十世纪中叶中、英、美、日、法、俄高考数学试题精选	2017—06	38.00	783

刘培杰数学工作室
已出版(即将出版)图书目录——初等数学

书　　名	出版时间	定　价	编号
中国初等数学研究　2009卷(第1辑)	2009—05	20.00	45
中国初等数学研究　2010卷(第2辑)	2010—05	30.00	68
中国初等数学研究　2011卷(第3辑)	2011—07	60.00	127
中国初等数学研究　2012卷(第4辑)	2012—07	48.00	190
中国初等数学研究　2014卷(第5辑)	2014—02	48.00	288
中国初等数学研究　2015卷(第6辑)	2015—06	68.00	493
中国初等数学研究　2016卷(第7辑)	2016—04	68.00	609
中国初等数学研究　2017卷(第8辑)	2017—01	98.00	712
几何变换(Ⅰ)	2014—07	28.00	353
几何变换(Ⅱ)	2015—06	28.00	354
几何变换(Ⅲ)	2015—01	38.00	355
几何变换(Ⅳ)	2015—12	38.00	356
初等数论难题集(第一卷)	2009—05	68.00	44
初等数论难题集(第二卷)(上、下)	2011—02	128.00	82,83
数论概貌	2011—03	18.00	93
代数数论(第二版)	2013—08	58.00	94
代数多项式	2014—06	38.00	289
初等数论的知识与问题	2011—02	28.00	95
超越数论基础	2011—03	28.00	96
数论初等教程	2011—03	28.00	97
数论基础	2011—03	18.00	98
数论基础与维诺格拉多夫	2014—03	18.00	292
解析数论基础	2012—08	28.00	216
解析数论基础(第二版)	2014—01	48.00	287
解析数论问题集(第二版)(原版引进)	2014—05	88.00	343
解析数论问题集(第二版)(中译本)	2016—04	88.00	607
解析数论基础(潘承洞,潘承彪著)	2016—07	98.00	673
解析数论导引	2016—07	58.00	674
数论入门	2011—03	38.00	99
代数数论入门	2015—03	38.00	448
数论开篇	2012—07	28.00	194
解析数论引论	2011—03	48.00	100
Barban Davenport Halberstam 均值和	2009—01	40.00	33
基础数论	2011—03	28.00	101
初等数论100例	2011—05	18.00	122
初等数论经典例题	2012—07	18.00	204
最新世界各国数学奥林匹克中的初等数论试题(上、下)	2012—01	138.00	144,145
初等数论(Ⅰ)	2012—01	18.00	156
初等数论(Ⅱ)	2012—01	18.00	157
初等数论(Ⅲ)	2012—01	28.00	158

刘培杰数学工作室
已出版(即将出版)图书目录——初等数学

书　　名	出版时间	定　价	编号
平面几何与数论中未解决的新老问题	2013—01	68.00	229
代数数论简史	2014—11	28.00	408
代数数论	2015—09	88.00	532
代数、数论及分析习题集	2016—11	98.00	695
数论导引提要及习题解答	2016—01	48.00	559
素数定理的初等证明.第2版	2016—09	48.00	686
数论中的模函数与狄利克雷级数(第二版)	2017—11	78.00	837
数论：数学导引	2018—01	68.00	849
范式大代数	2019—02	98.00	1016
解析数论讲义.第一卷，导来式及微分、积分、级数	2019—04	88.00	1021
解析数论讲义.第二卷，关于几何的应用	2019—04	68.00	1022
解析数论讲义.第三卷，解析函数论	2019—04	78.00	1023
分析·组合·数论纵横谈	2019—04	58.00	1039
数学精神巡礼	2019—01	58.00	731
数学眼光透视(第2版)	2017—06	78.00	732
数学思想领悟(第2版)	2018—01	68.00	733
数学方法溯源(第2版)	2018—08	68.00	734
数学解题引论	2017—05	58.00	735
数学史话览胜(第2版)	2017—01	48.00	736
数学应用展观(第2版)	2017—08	68.00	737
数学建模尝试	2018—04	48.00	738
数学竞赛采风	2018—01	68.00	739
数学测评探营	2019—05	58.00	740
数学技能操握	2018—03	48.00	741
数学欣赏拾趣	2018—02	48.00	742
从毕达哥拉斯到怀尔斯	2007—10	48.00	9
从迪利克雷到维斯卡尔迪	2008—01	48.00	21
从哥德巴赫到陈景润	2008—05	98.00	35
从庞加莱到佩雷尔曼	2011—08	138.00	136
博弈论精粹	2008—03	58.00	30
博弈论精粹.第二版(精装)	2015—01	88.00	461
数学 我爱你	2008—01	28.00	20
精神的圣徒　别样的人生——60位中国数学家成长的历程	2008—09	48.00	39
数学史概论	2009—06	78.00	50
数学史概论(精装)	2013—03	158.00	272
数学史选讲	2016—01	48.00	544
斐波那契数列	2010—02	28.00	65
数学拼盘和斐波那契魔方	2010—07	38.00	72
斐波那契数列欣赏(第2版)	2018—08	58.00	948
Fibonacci 数列中的明珠	2018—06	58.00	928
数学的创造	2011—02	48.00	85
数学美与创造力	2016—01	48.00	595
数海拾贝	2016—01	48.00	590
数学中的美(第2版)	2019—04	68.00	1057
数论中的美学	2014—12	38.00	351

刘培杰数学工作室
已出版(即将出版)图书目录——初等数学

书　　名	出版时间	定　价	编号
数学王者　科学巨人——高斯	2015—01	28.00	428
振兴祖国数学的圆梦之旅:中国初等数学研究史话	2015—06	98.00	490
二十世纪中国数学史料研究	2015—10	48.00	536
数字谜、数阵图与棋盘覆盖	2016—01	58.00	298
时间的形状	2016—01	38.00	556
数学发现的艺术:数学探索中的合情推理	2016—07	58.00	671
活跃在数学中的参数	2016—07	48.00	675
数学解题——靠数学思想给力(上)	2011—07	38.00	131
数学解题——靠数学思想给力(中)	2011—07	48.00	132
数学解题——靠数学思想给力(下)	2011—07	38.00	133
我怎样解题	2013—01	48.00	227
数学解题中的物理方法	2011—06	28.00	114
数学解题的特殊方法	2011—06	48.00	115
中学数学计算技巧	2012—01	48.00	116
中学数学证明方法	2012—01	58.00	117
数学趣题巧解	2012—03	28.00	128
高中数学教学通鉴	2015—05	58.00	479
和高中生漫谈:数学与哲学的故事	2014—08	28.00	369
算术问题集	2017—03	38.00	789
张教授讲数学	2018—07	38.00	933
自主招生考试中的参数方程问题	2015—01	28.00	435
自主招生考试中的极坐标问题	2015—04	28.00	463
近年全国重点大学自主招生数学试题全解及研究.华约卷	2015—02	38.00	441
近年全国重点大学自主招生数学试题全解及研究.北约卷	2016—05	38.00	619
自主招生数学解证宝典	2015—09	48.00	535
格点和面积	2012—07	18.00	191
射影几何趣谈	2012—04	28.00	175
斯潘纳尔引理——从一道加拿大数学奥林匹克试题谈起	2014—01	28.00	228
李普希兹条件——从几道近年高考数学试题谈起	2012—10	18.00	221
拉格朗日中值定理——从一道北京高考试题的解法谈起	2015—10	18.00	197
闵科夫斯基定理——从一道清华大学自主招生试题谈起	2014—01	28.00	198
哈尔测度——从一道冬令营试题的背景谈起	2012—08	28.00	202
切比雪夫逼近问题——从一道中国台北数学奥林匹克试题谈起	2013—04	38.00	238
伯恩斯坦多项式与贝齐尔曲面——从一道全国高中数学联赛试题谈起	2013—03	38.00	236
卡塔兰猜想——从一道普特南竞赛试题谈起	2013—06	18.00	256
麦卡锡函数和阿克曼函数——从一道前南斯拉夫数学奥林匹克试题谈起	2012—08	18.00	201
贝蒂定理与拉格贝克莫斯尔定理——从一个拣石子游戏谈起	2012—08	18.00	217
皮亚诺曲线和豪斯道夫分球定理——从无限集谈起	2012—08	18.00	211
平面凸图形与凸多面体	2012—10	28.00	218
斯坦因豪斯问题——从一道二十五省市自治区中学数学竞赛试题谈起	2012—07	18.00	196

刘培杰数学工作室
已出版(即将出版)图书目录——初等数学

书 名	出版时间	定 价	编号
纽结理论中的亚历山大多项式与琼斯多项式——从一道北京市高一数学竞赛试题谈起	2012—07	28.00	195
原则与策略——从波利亚"解题表"谈起	2013—04	38.00	244
转化与化归——从三大尺规作图不能问题谈起	2012—08	28.00	214
代数几何中的贝祖定理(第一版)——从一道IMO试题的解法谈起	2013—08	18.00	193
成功连贯理论与约当块理论——从一道比利时数学竞赛试题谈起	2012—04	18.00	180
素数判定与大数分解	2014—08	18.00	199
置换多项式及其应用	2012—10	18.00	220
椭圆函数与模函数——从一道美国加州大学洛杉矶分校(UCLA)博士资格考题谈起	2012—10	28.00	219
差分方程的拉格朗日方法——从一道2011年全国高考理科试题的解法谈起	2012—08	28.00	200
力学在几何中的一些应用	2013—01	38.00	240
高斯散度定理、斯托克斯定理和平面格林定理——从一道国际大学生数学竞赛试题谈起	即将出版		
康托洛维奇不等式——从一道全国高中联赛试题谈起	2013—03		337
西格尔引理——从一道第18届IMO试题的解法谈起	即将出版		
罗斯定理——从一道前苏联数学竞赛试题谈起	即将出版		
拉克斯定理和阿廷定理——从一道IMO试题的解法谈起	2014—01	58.00	246
毕卡大定理——从一道美国大学数学竞赛试题谈起	2014—07	18.00	350
贝齐尔曲线——从一道全国高中联赛试题谈起	即将出版		
拉格朗日乘子定理——从一道2005年全国高中联赛试题的高等数学解法谈起	2015—05	28.00	480
雅可比定理——从一道日本数学奥林匹克试题谈起	2013—04	48.00	249
李天岩-约克定理——从一道波兰数学竞赛试题谈起	2014—06	28.00	349
整系数多项式因式分解的一般方法——从克朗耐克算法谈起	即将出版		
布劳维不动点定理——从一道前苏联数学奥林匹克试题谈起	2014—01	38.00	273
伯恩赛德定理——从一道英国数学奥林匹克试题谈起	即将出版		
布查特—莫斯特定理——从一道上海市初中竞赛试题谈起	即将出版		
数论中的同余数问题——从一道普林南竞赛试题谈起	即将出版		
范·德蒙行列式——从一道美国数学奥林匹克试题谈起	即将出版		
中国剩余定理:总数法构建中国历史年表	2015—01	28.00	430
牛顿程序与方程求根——从一道全国高考试题解法谈起	即将出版		
库默尔定理——从一道IMO预选试题谈起	即将出版		
卢丁定理——从一道冬令营试题的解法谈起	即将出版		
沃斯滕霍姆定理——从一道IMO预选试题谈起	即将出版		
卡尔松不等式——从一道莫斯科数学奥林匹克试题谈起	即将出版		
信息论中的香农熵——从一道近年高考压轴题谈起	即将出版		
约当不等式——从一道希望杯竞赛试题谈起	即将出版		
拉比诺维奇定理	即将出版		
刘维尔定理——从一道《美国数学月刊》征解问题的解法谈起	即将出版		
卡塔兰恒等式与级数求和——从一道IMO试题的解法谈起	即将出版		
勒让德猜想与素数分布——从一道爱尔兰竞赛试题谈起	即将出版		
天平称重与信息论——从一道基辅市数学奥林匹克试题谈起	即将出版		
哈密尔顿-凯莱定理:从一道高中数学联赛试题的解法谈起	2014—09	18.00	376
艾思特曼定理——从一道CMO试题的解法谈起	即将出版		

刘培杰数学工作室
已出版(即将出版)图书目录——初等数学

书　名	出版时间	定　价	编号
阿贝尔恒等式与经典不等式及应用	2018—06	98.00	923
迪利克雷除数问题	2018—07	48.00	930
贝克码与编码理论——从一道全国高中联赛试题谈起	即将出版		
帕斯卡三角形	2014—03	18.00	294
蒲丰投针问题——从2009年清华大学的一道自主招生试题谈起	2014—01	38.00	295
斯图姆定理——从一道"华约"自主招生试题的解法谈起	2014—01	18.00	296
许瓦兹引理——从一道加利福尼亚大学伯克利分校数学系博士生试题谈起	2014—08	18.00	297
拉姆塞定理——从王诗宬院士的一个问题谈起	2016—04	48.00	299
坐标法	2013—12	28.00	332
数论三角形	2014—04	38.00	341
毕克定理	2014—07	18.00	352
数林掠影	2014—09	48.00	389
我们周围的概率	2014—10	38.00	390
凸函数最值定理:从一道华约自主招生题的解法谈起	2014—10	28.00	391
易学与数学奥林匹克	2014—10	38.00	392
生物数学趣谈	2015—01	18.00	409
反演	2015—01	28.00	420
因式分解与圆锥曲线	2015—01	18.00	426
轨迹	2015—01	28.00	427
面积原理:从常庚哲命的一道CMO试题的积分解法谈起	2015—01	48.00	431
形形色色的不动点定理:从一道28届IMO试题谈起	2015—01	38.00	439
柯西函数方程:从一道上海交大自主招生的试题谈起	2015—02	28.00	440
三角恒等式	2015—02	28.00	442
无理性判定:从一道2014年"北约"自主招生试题谈起	2015—03	38.00	443
数学归纳法	2015—03	18.00	451
极端原理与解题	2015—04	28.00	464
法雷级数	2014—08	18.00	367
摆线族	2015—01	38.00	438
函数方程及其解法	2015—05	38.00	470
含参数的方程和不等式	2012—09	28.00	213
希尔伯特第十问题	2016—01	38.00	543
无穷小量的求和	2016—01	28.00	545
切比雪夫多项式:从一道清华大学金秋营试题谈起	2016—01	38.00	583
泽肯多夫定理	2016—03	38.00	599
代数等式证题法	2016—01	28.00	600
三角等式证题法	2016—01	28.00	601
吴大任教授藏书中的一个因式分解公式:从一道美国数学邀请赛试题的解法谈起	2016—06	28.00	656
易卦——类万物的数学模型	2017—08	68.00	838
"不可思议"的数与数系可持续发展	2018—01	38.00	878
最短线	2018—01	38.00	879
幻方和魔方(第一卷)	2012—05	68.00	173
尘封的经典——初等数学经典文献选读(第一卷)	2012—07	48.00	205
尘封的经典——初等数学经典文献选读(第二卷)	2012—07	38.00	206
初级方程式论	2011—03	28.00	106
初等数学研究(Ⅰ)	2008—09	68.00	37
初等数学研究(Ⅱ)(上、下)	2009—05	118.00	46,47

刘培杰数学工作室
已出版(即将出版)图书目录——初等数学

书　名	出版时间	定　价	编号
趣味初等方程妙题集锦	2014—09	48.00	388
趣味初等数论选美与欣赏	2015—02	48.00	445
耕读笔记(上卷):一位农民数学爱好者的初数探索	2015—04	28.00	459
耕读笔记(中卷):一位农民数学爱好者的初数探索	2015—05	28.00	483
耕读笔记(下卷):一位农民数学爱好者的初数探索	2015—05	28.00	484
几何不等式研究与欣赏.上卷	2016—01	88.00	547
几何不等式研究与欣赏.下卷	2016—01	48.00	552
初等数列研究与欣赏·上	2016—01	48.00	570
初等数列研究与欣赏·下	2016—01	48.00	571
趣味初等函数研究与欣赏.上	2016—09	48.00	684
趣味初等函数研究与欣赏.下	2018—09	48.00	685
火柴游戏	2016—05	38.00	612
智力解谜.第1卷	2017—07	38.00	613
智力解谜.第2卷	2017—07	38.00	614
故事智力	2016—07	48.00	615
名人们喜欢的智力问题	即将出版		616
数学大师的发现、创造与失误	2018—01	48.00	617
异曲同工	2018—09	48.00	618
数学的味道	2018—01	58.00	798
数学千字文	2018—10	68.00	977
数贝偶拾——高考数学题研究	2014—04	28.00	274
数贝偶拾——初等数学研究	2014—04	38.00	275
数贝偶拾——奥数题研究	2014—04	48.00	276
钱昌本教你快乐学数学(上)	2011—12	48.00	155
钱昌本教你快乐学数学(下)	2012—03	58.00	171
集合、函数与方程	2014—01	28.00	300
数列与不等式	2014—01	38.00	301
三角与平面向量	2014—01	28.00	302
平面解析几何	2014—01	38.00	303
立体几何与组合	2014—01	28.00	304
极限与导数、数学归纳法	2014—01	38.00	305
趣味数学	2014—03	28.00	306
教材教法	2014—04	68.00	307
自主招生	2014—05	58.00	308
高考压轴题(上)	2015—01	48.00	309
高考压轴题(下)	2014—10	68.00	310
从费马到怀尔斯——费马大定理的历史	2013—10	198.00	I
从庞加莱到佩雷尔曼——庞加莱猜想的历史	2013—10	298.00	II
从切比雪夫到爱尔特希(上)——素数定理的初等证明	2013—07	48.00	III
从切比雪夫到爱尔特希(下)——素数定理100年	2012—12	98.00	III
从高斯到盖尔方特——二次域的高斯猜想	2013—10	198.00	IV
从库默尔到朗兰兹——朗兰兹猜想的历史	2014—01	98.00	V
从比勃巴赫到德布朗斯——比勃巴赫猜想的历史	2014—02	298.00	VI
从麦比乌斯到陈省身——麦比乌斯变换与麦比乌斯带	2014—02	298.00	VII
从布尔到豪斯道夫——布尔方程与格论漫谈	2013—10	198.00	VIII
从开普勒到阿诺德——三体问题的历史	2014—05	298.00	IX
从华林到华罗庚——华林问题的历史	2013—10	298.00	X

刘培杰数学工作室
已出版(即将出版)图书目录——初等数学

书 名	出版时间	定 价	编号
美国高中数学竞赛五十讲.第1卷(英文)	2014—08	28.00	357
美国高中数学竞赛五十讲.第2卷(英文)	2014—08	28.00	358
美国高中数学竞赛五十讲.第3卷(英文)	2014—09	28.00	359
美国高中数学竞赛五十讲.第4卷(英文)	2014—09	28.00	360
美国高中数学竞赛五十讲.第5卷(英文)	2014—10	28.00	361
美国高中数学竞赛五十讲.第6卷(英文)	2014—11	28.00	362
美国高中数学竞赛五十讲.第7卷(英文)	2014—12	28.00	363
美国高中数学竞赛五十讲.第8卷(英文)	2015—01	28.00	364
美国高中数学竞赛五十讲.第9卷(英文)	2015—01	28.00	365
美国高中数学竞赛五十讲.第10卷(英文)	2015—02	38.00	366
三角函数(第2版)	2017—04	38.00	626
不等式	2014—01	38.00	312
数列	2014—01	38.00	313
方程(第2版)	2017—04	38.00	624
排列和组合	2014—01	28.00	315
极限与导数(第2版)	2016—04	38.00	635
向量(第2版)	2018—08	58.00	627
复数及其应用	2014—08	28.00	318
函数	2014—01	38.00	319
集合	即将出版		320
直线与平面	2014—01	28.00	321
立体几何(第2版)	2016—04	38.00	629
解三角形	即将出版		323
直线与圆(第2版)	2016—11	38.00	631
圆锥曲线(第2版)	2016—09	48.00	632
解题通法(一)	2014—07	38.00	326
解题通法(二)	2014—07	38.00	327
解题通法(三)	2014—05	38.00	328
概率与统计	2014—01	28.00	329
信息迁移与算法	即将出版		330
IMO 50年.第1卷(1959—1963)	2014—11	28.00	377
IMO 50年.第2卷(1964—1968)	2014—11	28.00	378
IMO 50年.第3卷(1969—1973)	2014—09	28.00	379
IMO 50年.第4卷(1974—1978)	2016—04	38.00	380
IMO 50年.第5卷(1979—1984)	2015—04	38.00	381
IMO 50年.第6卷(1985—1989)	2015—04	58.00	382
IMO 50年.第7卷(1990—1994)	2016—01	48.00	383
IMO 50年.第8卷(1995—1999)	2016—06	38.00	384
IMO 50年.第9卷(2000—2004)	2015—04	58.00	385
IMO 50年.第10卷(2005—2009)	2016—01	48.00	386
IMO 50年.第11卷(2010—2015)	2017—03	48.00	646

刘培杰数学工作室
已出版(即将出版)图书目录——初等数学

书　　名	出版时间	定　价	编号
数学反思(2006—2007)	即将出版		915
数学反思(2008—2009)	2019—01	68.00	917
数学反思(2010—2011)	2018—05	58.00	916
数学反思(2012—2013)	2019—01	58.00	918
数学反思(2014—2015)	2019—03	78.00	919
历届美国大学生数学竞赛试题集.第一卷(1938—1949)	2015—01	28.00	397
历届美国大学生数学竞赛试题集.第二卷(1950—1959)	2015—01	28.00	398
历届美国大学生数学竞赛试题集.第三卷(1960—1969)	2015—01	28.00	399
历届美国大学生数学竞赛试题集.第四卷(1970—1979)	2015—01	18.00	400
历届美国大学生数学竞赛试题集.第五卷(1980—1989)	2015—01	28.00	401
历届美国大学生数学竞赛试题集.第六卷(1990—1999)	2015—01	28.00	402
历届美国大学生数学竞赛试题集.第七卷(2000—2009)	2015—08	18.00	403
历届美国大学生数学竞赛试题集.第八卷(2010—2012)	2015—01	18.00	404
新课标高考数学创新题解题诀窍:总论	2014—09	28.00	372
新课标高考数学创新题解题诀窍:必修1~5分册	2014—08	38.00	373
新课标高考数学创新题解题诀窍:选修2—1,2—2,1—1,1—2分册	2014—09	38.00	374
新课标高考数学创新题解题诀窍:选修2—3,4—4,4—5分册	2014—09	18.00	375
全国重点大学自主招生英文数学试题全攻略:词汇卷	2015—07	48.00	410
全国重点大学自主招生英文数学试题全攻略:概念卷	2015—01	28.00	411
全国重点大学自主招生英文数学试题全攻略:文章选读卷(上)	2016—09	38.00	412
全国重点大学自主招生英文数学试题全攻略:文章选读卷(下)	2017—01	58.00	413
全国重点大学自主招生英文数学试题全攻略:试题卷	2015—07	38.00	414
全国重点大学自主招生英文数学试题全攻略:名著欣赏卷	2017—03	48.00	415
劳埃德数学趣题大全.题目卷.1.英文	2016—01	18.00	516
劳埃德数学趣题大全.题目卷.2.英文	2016—01	18.00	517
劳埃德数学趣题大全.题目卷.3.英文	2016—01	18.00	518
劳埃德数学趣题大全.题目卷.4.英文	2016—01	18.00	519
劳埃德数学趣题大全.题目卷.5.英文	2016—01	18.00	520
劳埃德数学趣题大全.答案卷.英文	2016—01	18.00	521
李成章教练奥数笔记.第1卷	2016—01	48.00	522
李成章教练奥数笔记.第2卷	2016—01	48.00	523
李成章教练奥数笔记.第3卷	2016—01	38.00	524
李成章教练奥数笔记.第4卷	2016—01	38.00	525
李成章教练奥数笔记.第5卷	2016—01	38.00	526
李成章教练奥数笔记.第6卷	2016—01	38.00	527
李成章教练奥数笔记.第7卷	2016—01	38.00	528
李成章教练奥数笔记.第8卷	2016—01	48.00	529
李成章教练奥数笔记.第9卷	2016—01	28.00	530

刘培杰数学工作室
已出版(即将出版)图书目录——初等数学

书　名	出版时间	定　价	编号
第19～23届"希望杯"全国数学邀请赛试题审题要津详细评注(初一版)	2014－03	28.00	333
第19～23届"希望杯"全国数学邀请赛试题审题要津详细评注(初二、初三版)	2014－03	38.00	334
第19～23届"希望杯"全国数学邀请赛试题审题要津详细评注(高一版)	2014－03	28.00	335
第19～23届"希望杯"全国数学邀请赛试题审题要津详细评注(高二版)	2014－03	38.00	336
第19～25届"希望杯"全国数学邀请赛试题审题要津详细评注(初一版)	2015－01	38.00	416
第19～25届"希望杯"全国数学邀请赛试题审题要津详细评注(初二、初三版)	2015－01	58.00	417
第19～25届"希望杯"全国数学邀请赛试题审题要津详细评注(高一版)	2015－01	48.00	418
第19～25届"希望杯"全国数学邀请赛试题审题要津详细评注(高二版)	2015－01	48.00	419
物理奥林匹克竞赛大题典——力学卷	2014－11	48.00	405
物理奥林匹克竞赛大题典——热学卷	2014－04	28.00	339
物理奥林匹克竞赛大题典——电磁学卷	2015－07	48.00	406
物理奥林匹克竞赛大题典——光学与近代物理卷	2014－06	28.00	345
历届中国东南地区数学奥林匹克试题集(2004～2012)	2014－06	18.00	346
历届中国西部地区数学奥林匹克试题集(2001～2012)	2014－07	18.00	347
历届中国女子数学奥林匹克试题集(2002～2012)	2014－08	18.00	348
数学奥林匹克在中国	2014－06	98.00	344
数学奥林匹克问题集	2014－01	38.00	267
数学奥林匹克不等式散论	2010－06	38.00	124
数学奥林匹克不等式欣赏	2011－09	38.00	138
数学奥林匹克超级题库(初中卷上)	2010－01	58.00	66
数学奥林匹克不等式证明方法和技巧(上、下)	2011－08	158.00	134,135
他们学什么:原民主德国中学数学课本	2016－09	38.00	658
他们学什么:英国中学数学课本	2016－09	38.00	659
他们学什么:法国中学数学课本.1	2016－09	38.00	660
他们学什么:法国中学数学课本.2	2016－09	28.00	661
他们学什么:法国中学数学课本.3	2016－09	38.00	662
他们学什么:苏联中学数学课本	2016－09	28.00	679
高中数学题典——集合与简易逻辑·函数	2016－07	48.00	647
高中数学题典——导数	2016－07	48.00	648
高中数学题典——三角函数·平面向量	2016－07	48.00	649
高中数学题典——数列	2016－07	58.00	650
高中数学题典——不等式·推理与证明	2016－07	38.00	651
高中数学题典——立体几何	2016－07	48.00	652
高中数学题典——平面解析几何	2016－07	78.00	653
高中数学题典——计数原理·统计·概率·复数	2016－07	48.00	654
高中数学题典——算法·平面几何·初等数论·组合数学·其他	2016－07	68.00	655

刘培杰数学工作室
已出版(即将出版)图书目录——初等数学

书　名	出版时间	定　价	编号
台湾地区奥林匹克数学竞赛试题.小学一年级	2017—03	38.00	722
台湾地区奥林匹克数学竞赛试题.小学二年级	2017—03	38.00	723
台湾地区奥林匹克数学竞赛试题.小学三年级	2017—03	38.00	724
台湾地区奥林匹克数学竞赛试题.小学四年级	2017—03	38.00	725
台湾地区奥林匹克数学竞赛试题.小学五年级	2017—03	38.00	726
台湾地区奥林匹克数学竞赛试题.小学六年级	2017—03	38.00	727
台湾地区奥林匹克数学竞赛试题.初中一年级	2017—03	38.00	728
台湾地区奥林匹克数学竞赛试题.初中二年级	2017—03	38.00	729
台湾地区奥林匹克数学竞赛试题.初中三年级	2017—03	28.00	730
不等式证题法	2017—04	28.00	747
平面几何培优教程	即将出版		748
奥数鼎级培优教程.高一分册	2018—09	88.00	749
奥数鼎级培优教程.高二分册.上	2018—04	68.00	750
奥数鼎级培优教程.高二分册.下	2018—04	68.00	751
高中数学竞赛冲刺宝典	2019—04	68.00	883
初中尖子生数学超级题典.实数	2017—07	58.00	792
初中尖子生数学超级题典.式、方程与不等式	2017—08	58.00	793
初中尖子生数学超级题典.圆、面积	2017—08	38.00	794
初中尖子生数学超级题典.函数、逻辑推理	2017—08	48.00	795
初中尖子生数学超级题典.角、线段、三角形与多边形	2017—07	58.00	796
数学王子——高斯	2018—01	48.00	858
坎坷奇星——阿贝尔	2018—01	48.00	859
闪烁奇星——伽罗瓦	2018—01	58.00	860
无穷统帅——康托尔	2018—01	48.00	861
科学公主——柯瓦列夫斯卡娅	2018—01	48.00	862
抽象代数之母——埃米·诺特	2018—01	48.00	863
电脑先驱——图灵	2018—01	58.00	864
昔日神童——维纳	2018—01	48.00	865
数坛怪侠——爱尔特希	2018—01	68.00	866
当代世界中的数学.数学思想与数学基础	2019—01	38.00	892
当代世界中的数学.数学问题	2019—01	38.00	893
当代世界中的数学.应用数学与数学应用	2019—01	38.00	894
当代世界中的数学.数学王国的新疆域(一)	2019—01	38.00	895
当代世界中的数学.数学王国的新疆域(二)	2019—01	38.00	896
当代世界中的数学.数林撷英(一)	2019—01	38.00	897
当代世界中的数学.数林撷英(二)	2019—01	48.00	898
当代世界中的数学.数学之路	2019—01	38.00	899

刘培杰数学工作室
已出版(即将出版)图书目录——初等数学

书 名	出版时间	定 价	编号
105个代数问题:来自AwesomeMath夏季课程	2019—02	58.00	956
106个几何问题:来自AwesomeMath夏季课程	即将出版		957
107个几何问题:来自AwesomeMath全年课程	即将出版		958
108个代数问题:来自AwesomeMath全年课程	2019—01	68.00	959
109个不等式:来自AwesomeMath夏季课程	2019—04	58.00	960
国际数学奥林匹克中的110个几何问题	即将出版		961
111个代数和数论问题	2019—05	58.00	962
112个组合问题:来自AwesomeMath夏季课程	2019—05	58.00	963
113个几何不等式:来自AwesomeMath夏季课程	即将出版		964
114个指数和对数问题:来自AwesomeMath夏季课程	即将出版		965
115个三角问题:来自AwesomeMath夏季课程	即将出版		966
116个代数不等式:来自AwesomeMath全年课程	2019—04	58.00	967
紫色慧星国际数学竞赛试题	2019—02	58.00	999
澳大利亚中学数学竞赛试题及解答(初级卷)1978～1984	2019—02	28.00	1002
澳大利亚中学数学竞赛试题及解答(初级卷)1985～1991	2019—02	28.00	1003
澳大利亚中学数学竞赛试题及解答(初级卷)1992～1998	2019—02	28.00	1004
澳大利亚中学数学竞赛试题及解答(初级卷)1999～2005	2019—02	28.00	1005
澳大利亚中学数学竞赛试题及解答(中级卷)1978～1984	2019—03	28.00	1006
澳大利亚中学数学竞赛试题及解答(中级卷)1985～1991	2019—03	28.00	1007
澳大利亚中学数学竞赛试题及解答(中级卷)1992～1998	2019—03	28.00	1008
澳大利亚中学数学竞赛试题及解答(中级卷)1999～2005	2019—03	28.00	1009
澳大利亚中学数学竞赛试题及解答(高级卷)1978～1984	即将出版		1010
澳大利亚中学数学竞赛试题及解答(高级卷)1985～1991	即将出版		1011
澳大利亚中学数学竞赛试题及解答(高级卷)1992～1998	即将出版		1012
澳大利亚中学数学竞赛试题及解答(高级卷)1999～2005	即将出版		1013
天才中小学生智力测验题.第一卷	2019—03	38.00	1026
天才中小学生智力测验题.第二卷	2019—03	38.00	1027
天才中小学生智力测验题.第三卷	2019—03	38.00	1028
天才中小学生智力测验题.第四卷	2019—03	38.00	1029
天才中小学生智力测验题.第五卷	2019—03	38.00	1030
天才中小学生智力测验题.第六卷	2019—03	38.00	1031
天才中小学生智力测验题.第七卷	2019—03	38.00	1032
天才中小学生智力测验题.第八卷	2019—03	38.00	1033
天才中小学生智力测验题.第九卷	2019—03	38.00	1034
天才中小学生智力测验题.第十卷	2019—03	38.00	1035
天才中小学生智力测验题.第十一卷	2019—03	38.00	1036
天才中小学生智力测验题.第十二卷	2019—03	38.00	1037
天才中小学生智力测验题.第十三卷	2019—03	38.00	1038

刘培杰数学工作室
已出版(即将出版)图书目录——初等数学

书　名	出版时间	定价	编号
重点大学自主招生数学备考全书:函数	即将出版		1047
重点大学自主招生数学备考全书:导数	即将出版		1048
重点大学自主招生数学备考全书:数列与不等式	即将出版		1049
重点大学自主招生数学备考全书:三角函数与平面向量	即将出版		1050
重点大学自主招生数学备考全书:平面解析几何	即将出版		1051
重点大学自主招生数学备考全书:立体几何与平面几何	即将出版		1052
重点大学自主招生数学备考全书:排列组合.概率统计.复数	即将出版		1053
重点大学自主招生数学备考全书:初等数论与组合数学	即将出版		1054
重点大学自主招生数学备考全书:重点大学自主招生真题.上	2019—04	68.00	1055
重点大学自主招生数学备考全书:重点大学自主招生真题.下	2019—04	58.00	1056

联系地址:哈尔滨市南岗区复华四道街10号　哈尔滨工业大学出版社刘培杰数学工作室
网　　址:http://lpj.hit.edu.cn/
邮　　编:150006
联系电话:0451—86281378　　　13904613167
E-mail:lpj1378@163.com